Salmang / Scholze

Die physikalischen und chemischen Grundlagen der Keramik

Fünfte völlig neubearbeitete Auflage von

Horst Scholze

Springer-Verlag Berlin Heidelberg GmbH 1968

Dr. rer. nat. HORST SCHOLZE

Professor für Glas, Keramik und Bindemittel
an der Technischen Universität Berlin

Mit 197 Abbildungen

ISBN 978-3-662-37260-9   ISBN 978-3-662-37988-2 (eBook)
DOI 10.1007/978-3-662-37988-2

Library of Congress Catalog Card Number 68-54520

Titelnummer 0872

Vorwort zur fünften Auflage

Professor Dr. HERMANN SALMANG, dem verdienstvollen Forscher und Hochschullehrer im weiten Bereich der Keramik, war es nicht mehr vergönnt, auch die fünfte Auflage seines Keramik-Buches zu betreuen. Seine Ziele jedoch, wie er sie in den anschließend zu findenden Auszügen aus den Vorworten zu den früheren Auflagen geschildert hat, gelten auch für diese Auflage.

Das Erscheinen der letzten Auflage liegt zehn Jahre zurück, eine lange Zeit im Vergleich zu den Entwicklungen in Wissenschaft und Technologie der Keramik. Es stellte sich daher die Frage, entweder die an zahlreichen Stellen notwendigen Ausbesserungen und Ergänzungen vorzunehmen, oder den Text vollkommen neu zu fassen. Die Entscheidung fiel zugunsten einer Neufassung, die zugleich auch zu einer neuen Gliederung an vielen Stellen ausgenützt wurde.

Zur Bewältigung des inzwischen angewachsenen Stoffes mußten am Inhalt der letzten Auflage Kürzungen oder Streichungen vorgenommen werden. Aber auch dann noch war eine Auswahl nötig, die meist unter dem Gesichtspunkt erfolgte, die Grundlagen herauszuarbeiten, die zum Verständnis der Eigenschaften der vielen keramischen Werkstoffe und deren Herstellung nötig sind. Nicht immer war es dabei möglich, die manchmal recht komplizierten Zusammenhänge im begrenzten Rahmen dieses Buches in allen Einzelheiten zu behandeln, so daß nur vereinfachte Darstellungen gebracht werden konnten.

Die verschiedenen wichtigen Eigenschaften der keramischen Produkte werden jeweils bei dem Werkstoff besprochen, bei dem sie die größte Bedeutung haben oder am besten bekannt sind. Ähnliches gilt auch für einige wichtige Untersuchungsverfahren.

Interessenten an Einzelheiten müssen auf das Literaturverzeichnis verwiesen werden, in dem Veröffentlichungen bis Ende 1967 berücksichtigt sind. Standen mehrere Arbeiten zur Auswahl, wurde oft nur die neueste Arbeit angeführt, in der man die älteren Arbeiten finden kann. Außerdem sei auf die zahlreichen älteren Zitate in den früheren Auflagen dieses Buches hingewiesen. Der Verlag hat sich freundlicherweise bereit erklärt, im Literaturverzeichnis die vollständigen Titel aufzunehmen, die eine schnellere Orientierung über den Inhalt der Originalarbeit ermöglichen.

Abschließend möchte ich dem Verlag danken, daß er einer Erweiterung des Umfanges zugestimmt und den Druck schnell ermöglicht hat. Ich hoffe, daß auch diese Auflage guten Anklang finden möge und wäre für Anregungen aus dem Leserkreis sehr dankbar.

Berlin, im August 1968

H. Scholze

Aus dem Vorwort zur ersten Auflage

Das vorliegende Buch entstand aus dem Bedürfnis heraus, dem Praktiker und dem Studierenden der Keramik eine kritische Darstellung der Ergebnisse der keramischen Forschung zu geben. Dieses Bedürfnis wurde seit vielen Jahren stark empfunden und dem Verfasser von verschiedenen Seiten gegenüber geäußert, da die Verästelung der Forschung die Übersicht über ihre Ergebnisse immer mehr erschwert.

Da es an guten Büchern und Monographien über die keramische Technik nicht fehlt, sind alle Ausführungen über die keramische Technologie sehr kurz gehalten und die Beschreibung der Apparatur, Maschinerie und Ofenanlagen vollständig fortgelassen worden. Der Forderung des Tages ist weiterhin dadurch Rechnung getragen worden, daß gegenüberstehende Anschauungen nur dann eingehend behandelt wurden, wenn sie noch nicht geklärt waren oder die unterlegene Anschauung hohen wissenschaftlichen Wert hatte. Im übrigen hat sich Verfasser bemüht, nur die obsiegende Ansicht anzuführen. Die selbst auferlegte Beschränkung brachte es mit sich, daß längere geschichtliche Übersichten über die Entstehung der modernen Anschauung meist vermieden werden mußten. So kam es dazu, daß manche Arbeiten unserer Altmeister nicht entsprechend den Anregungen, die sie gaben, behandelt werden konnten. Mögen die Manen von SEGER und anderer Meister dies dem Verfasser vergeben.

Aachen, im September 1933

H. Salmang

Aus dem Vorwort zur vierten Auflage

Da die dritte Auflage bereits nach 3 Jahren vergriffen war, und der Strom der neu hinzugekommenen Literatur eine beängstigende Breite erreicht hatte, war es nötig, eine Entscheidung über den Charakter des Buches zu treffen.

Die ersten drei Auflagen wollten ein Lehrbuch für den Studenten und ein handliches Nachschlagebuch für den Ingenieur sein. Es war dem Verfasser eine Genugtuung, daß sie darüber hinaus auch ein gern gebrauchtes Werkzeug in der Forschung sein konnten. Seinem ursprünglichen Zweck konnte das Buch aber nur gerecht werden, wenn es ein erschwingliches Buch blieb.

Um das Buch seinem alten Benutzerkreis und diesem das Buch zu erhalten, waren Opfer nötig. Sie waren um so mehr nötig, weil die Aufnahme neuer erfolgreicher Gebiete der Keramik in die neue Auflage ein Gebot der Stunde war.

Maastricht, im April 1958

H. Salmang

Inhaltsverzeichnis

1 Einführung

Die meisten keramischen Produkte zeigen in ihrer Analyse einen hohen SiO_2-Gehalt. Die beiden Elemente Sauerstoff und Silicium sind auch die häufigsten Elemente der Erdrinde, die in Tab. 1 aufgeführt sind. Zusammen mit dem Aluminium, das meist ebenfalls in keramischen Produkten enthalten ist, bilden sie einen Anteil von über 80 Gew.-%, während die ersten zehn Elemente einen Betrag von 99,2 Gew.-% liefern. Es ist deshalb verständlich, daß die Menschheit schon frühzeitig versucht hat, sich die aus diesen Elementen bestehenden Rohstoffe nutzbar zu machen. Die so entstandene Keramik kann damit auf eine vieltausendjährige Geschichte zurückblicken. Die Analyse vieler heute hergestellter keramischer Produkte zeigt eine auffallende Ähnlichkeit mit der Reihenfolge der häufigsten Elemente, wie in Tab. 1 am Beispiel eines Ziegels zu erkennen ist.

Tabelle 1. *Häufigste Elemente der Erdrinde und Analyse eines Ziegels*

Element	Anteil in Gew.-%	
	Erdrinde	Ziegel
O	49,4	48,8
Si	25,8	30,3
Al	7,5	11,3
Fe	4,7	2,1
Ca	3,4	3,3
Na	2,6	0,5
K	2,4	2,0
Mg	1,9	1,1
H	0,9	—
Ti	0,6	0,6
Summe	99,2	100,0

Es kann hier nicht näher auf die Geschichte der Keramik eingegangen werden, die im Laufe der Zeit zunächst eine stetige, in den letzten Jahrzehnten eine stürmische Entwicklung erlebt hat. Kennzeichnend für die ältere Keramik ist die in den Grundzügen konstant gebliebene Technologie (Formen bei normaler Temperatur und Festigung der Form durch einen Brennprozeß) und daß die Produkte auf Silicatbasis aufgebaut waren. Die neuere Keramik versucht dagegen die bekannten Verfahren auch auf nichtsilicatische und sogar nichtoxidische Rohstoffe auszudehnen und außerdem neue Verfahren zu entwickeln. Das hat dazu geführt, daß man im amerikanischen Schrifttum unter „Ceramics" die Wissenschaft von allen nichtmetallischen, anorganischen Feststoffen versteht. In Europa hat sich diese Begriffsbestimmung noch nicht durchgesetzt, obwohl sie viel für sich hat und die zahlreichen Gemeinsamkeiten zwischen der herkömmlichen Keramik, dem Glas und den Bindemitteln Zement, Kalk und Gips auch schon äußerlich hervortreten läßt. Die Erweiterungen der herkömmlichen Keramik in bezug sowohl auf die Technologie als auch auf die chemische Zusammensetzung hat die bisherigen Grenzen immer mehr abgebaut, so daß eine eindeutige Definition der Keramik immer schwieriger wird und deshalb hier nicht versucht werden soll.

Erst Ende des 19. Jh. hat die exakte wissenschaftliche Forschung auf dem Gebiet der Keramik eingesetzt. Die dabei gewonnenen Erkenntnisse dienen nicht nur zur Entwicklung neuer, sondern auch zur Verbesserung der altbekannten Produkte und Verfahren. Diese Erfolge waren nur dadurch möglich, daß man auf breiteren Grundlagen aufbaute. Diese beginnen bereits bei den chemischen Bindungen und den Strukturen von Festkörpern. Der Weg vom Rohstoff zum Endprodukt wird einerseits durch die möglichen Gleichgewichte, andererseits durch die Reaktionsgeschwindigkeiten, also die Kinetik bestimmt. Wichtige Aussagen dazu sind durch die Thermodynamik möglich. Damit ergibt sich zugleich die Anlage dieses Buches. Erst nach Behandlung dieser physikalisch-chemischen Grundlagen kann näher auf die Vorgänge bei der Herstellung der Masse und deren Weiterverarbeitung eingegangen werden, um abschließend dann im einzelnen die verschiedenen Typen von keramischen Werkstoffen zu erörtern.

Im Rahmen eines Buches ist es nicht möglich, alle Fragen bis in die letzten Einzelheiten zu behandeln. Auch kann aus dem zahlreichen Schrifttum nur eine kleine Auswahl zitiert werden, die als Anregung zu einem vertieften Studium dienen soll.

Mit der Keramik allgemein oder mit größeren Teilbereichen beschäftigen sich die Bücher von HAASE [250], JOUENNE [340], KINGERY [362, 366], SEARLE und GRIMSHAW [660], F. SINGER und S. S. SINGER [671] und VAN VLACK [733], während EITEL [167, 168] und HINZ [290] alle Silicate behandeln. Zusammenfassende Beiträge über begrenzte Teilgebiete findet man in der von BURKE [88] herausgegebenen Buchreihe, während in anderen Buchreihen, z. B. von STEWART [692], die Vorträge von Tagungen enthalten sind. Weitere Bücher mit mehr speziellem Inhalt werden später genannt werden. Neben diesen Büchern gibt es viele Fachzeitschriften, in denen man den Fortschritt der Keramik verfolgen kann. Die wichtigsten davon sind in Tab. 2 aufgeführt.

Tabelle 2. *Wichtige keramische Fachzeitschriften*

Berichte der Deutschen Keramischen Gesellschaft	Deutschland
Die Ziegelindustrie	Deutschland
Euro-Ceramic	Deutschland
Glas-Email-Keramo-Technik	Deutschland
Keramische Zeitschrift	Deutschland
Silikat-Journal	Deutschland
Silikattechnik	Deutschland
Sprechsaal für Keramik, Glas, Email	Deutschland
Tonindustrie-Zeitung	Deutschland
Bulletin de la Sociedad Española de Ceramica	Spanien
Bulletin de la Société Française de Céramique	Frankreich
Bulletin of the American Ceramic Society	U.S.A.
Bulletin of the Ceramic Research Association	Israel
Central Glass and Ceramic Research Institute Bulletin	Indien
Cerâmica	Brasilien
Ceramic Age	U.S.A.
Ceramic Industry	U.S.A.
Ceramics	Großbritannien
Claycraft	Großbritannien
Clay Minerals Bulletin	Großbritannien
Indian Ceramics	Indien
Journal of the American Ceramic Society	U.S.A.
Journal of the British Ceramic Society	Großbritannien
Journal of the Canadian Ceramic Society	Kanada
Journal of the Ceramic Association of Japan	Japan
Klei en Keramiek	Niederlande
L'Industrie Céramique	Frankreich
Ogneupory	UdSSR
Pottery and Glass	Großbritannien
Radex-Rundschau	Österreich
Refractories Journal	Großbritannien
Schweizerische Tonwarenindustrie	Schweiz
Silicates Industriels	Belgien
Silikáty	Tschechoslowakei
Sklář a Keramik	Tschechoslowakei
Steklo i Keramika	UdSSR
Szkło i Ceramika	Polen
Transactions of the British Ceramic Society	Großbritannien
Transactions of the Indian Ceramic Society	Indien
Verres et Réfractaires	Frankreich

2 Strukturen

Festkörper treten in kristalliner und nichtkristalliner Form auf. Bei einheitlich aufgebauten, homogenen Körpern, die also keine Korngrenzen im Inneren zeigen, hat man dann entweder Einkristalle oder Gläser vorliegen. In Festkörpern sind die sie aufbauenden Elemente in ihren Lagen räumlich fixiert und haben nur wenig Bewegungsmöglichkeiten. Die Art der chemischen Bindung bestimmt dabei wesentlich die Wechselwirkung zwischen den Elementen, deren räumliche Anordnung die Struktur dieser Einzelkörper darstellt.

Keramische Produkte sind fast ausschließlich heterogen, d. h. aus vielen einheitlichen oder verschiedenen Kristallen aufgebaut, die oft von Glas umgeben sind. Daneben enthalten sie manchmal noch Poren. Die Menge und Art dieser Bestandteile und ihre gegenseitige Anordnung wird als Gefüge oder Mikrostruktur (S. 101 ff.) bezeichnet. Sie kann einen deutlichen Einfluß auf einige Eigenschaften des Körpers haben.

2.1 Bindungsarten

Die Materie ist aus Atomen aufgebaut. Materiesorten aus nur einer bestimmten Atomart sind die Elemente, während die Verbindungen verschiedene Atome enthalten.

Die Atome bestehen aus einem positiv geladenen Kern, der von den negativen Elektronen umgeben ist. Die Zahl der Ladungen des Kerns entspricht der Zahl der Elektronen und ist die Ordnungszahl des Atoms. Die Elektronen befinden sich in bestimmten Energiezuständen, die anschaulich durch das Bohrsche Atommodell dargestellt werden können. Die Quantenmechanik hat dieses Modell im wesentlichen bestätigt, in Einzelheiten aber verfeinert. Danach ist es nur möglich, für die Elektronen Aufenthaltswahrscheinlichkeiten anzugeben. Die folgende kurze Darstellung ist deshalb stark vereinfacht.

Die Elektronen können sich auf verschiedenen Schalen um den Kern befinden, die von innen beginnend mit den Buchstaben K, L, M, N ... bezeichnet werden und denen die Hauptquantenzahlen $n = 1, 2, 3, 4$ ... zugeordnet sind. Für die chemische Bindung ist der Bahndrehimpuls wichtig, der durch die beiden Nebenquantenzahlen $l = 0, 1, 2, \ldots (n-1)$ und $m = -l, (-l+1), \ldots (+l-1), +l$ bestimmt ist. Diese Zustände werden in neuerer Zeit mit Orbital bezeichnet. Sie können jeweils mit zwei Elektronen mit entgegengesetztem Spin besetzt werden. Elektronen mit $l = 0, 1, 2, 3, 4, \ldots$ werden als

s-, p-, d-, f-, g-, ... Elektronen bezeichnet. Danach hat jede Schale nur einen s-Orbital, und damit ist die K-Schale schon besetzt. Von der L-Schale ab kommen noch 3 p-Orbitale, von der M-Schale 5 d-Orbitale usw. hinzu. Die vollständigen K-, L- und M-Schalen enthalten demnach 2, 8 und 18 Elektronen und werden auch mit Helium-, Neon- und Argonschale bezeichnet, weil diese Elemente derartig aufgefüllte Schalen aufweisen. Die Elektronenkonfiguration der Elemente wird so beschrieben, daß nach der Hauptquantenzahl n der Buchstabe der Nebenquantenzahl l und daran als hochgeschriebener Index die Anzahl der Elektronen geschrieben wird, die sich im jeweiligen Orbital befindet. Für das Kalium ergibt sich damit $1\,s^2\,2\,s^2\,2\,p^6\,3\,s^2\,3\,p^6\,4\,s$, d. h., es hat je zwei s-Elektronen in der K-, L- und M-Schale, ein s-Elektron in der N-Schale und je sechs p-Elektronen in der L- und M-Schale.

Der Aufbau der Elektronenschalen bei den Elementen des periodischen Systems unterliegt mehreren Regeln, die in den einschlägigen Lehrbüchern erläutert werden, z. B. bei PAULING [542], worin auch Näheres über die weiteren Abschnitte dieses Kapitels steht. Es ist immer ein Bestreben vorhanden, möglichst stabile Elektronenkonfigurationen auszubilden, wobei oft ein Elektronenoktett angestrebt wird. Das chemische Verhalten bestimmen die Elektronen der äußeren Schale oder Schalen, die Valenzelektronen. Die Alkalien sind durch ein äußeres s-Elektron, die Erdalkalien durch zwei äußere s-Elektronen charakterisiert, während die Edelgase vollständige Orbitale zeigen. Das erklärt die hohe Reaktionsfreudigkeit der Alkali- oder Erdalkalielemente und die Stabilität der Edelgase.

2.1.1 Atombindung

Wenn Elemente für sich allein keine stabile Elektronenkonfiguration besitzen, dann haben sie das Bestreben, diese durch Ausbildung von Bindungen zu erreichen, indem Elektronen zweier Atome gemeinsame Elektronenpaare ausbilden. Diese Art der chemischen Bindung wird mit Atombindung oder kovalenter oder homöopolarer Bindung bezeichnet. Wichtig dabei ist, daß der s-Orbital kugelsymmetrisch ist und damit nach jeder Richtung eine Bindung ausbilden kann. Dagegen zeigen die drei p-Orbitale in die drei Richtungen eines rechtwinkligen Koordinatensystems, bilden also gerichtete Bindungen aus. Vielfach wird dann ein Bindungswinkel von 90° beobachtet, doch treten auch Abweichungen auf, z. B. beim H_2O mit 104,5°, die auf zusätzliche Einflüsse zurückzuführen sind.

Die Ausbildung einer kovalenten Bindung verlangt nur mit einem einzigen Elektron besetzte Orbitale. Die reine kovalente Bindung wird vor allem bei organischen Verbindungen beobachtet. Das C-Atom hat in der Valenzschale im Grundzustand je zwei 2 s- und 2 p-Orbitale, der s-Orbital ist also doppelt besetzt. Im allgemeinen liegt aber das C-Atom nicht im Grundzustand vor, sondern ein Elektron aus dem 2 s-Orbital ist in den 2 p-Orbital angehoben worden. Die Elektronenkonfiguration ist dann $1s^2\,2s\,2p^3$. Quantenmechanische Berechnungen haben für einen solchen Zustand ergeben, daß die größten Bindungsstärken dann erreicht werden, wenn alle vier Orbitale gleich werden und nach den Ecken eines Tetraeders zeigen. In solchen Fällen spricht man von Bastardisierung oder Hybridisierung, hier vom $s\,p^3$-Hybrid. Dieser spielt auch beim Silicium eine wichtige Rolle (S. 13).

2.1.2 Ionenbindung

Das Natriumatom hat in seiner äußersten Elektronenschale nur ein Elektron, während z. B. dem Chloratom zur Auffüllung seiner äußersten Elektronenschale ein Elektron fehlt. Ein gemeinsames System gewinnt nun Energie, wenn durch den Übergang des einzelnen Elektrons vom Natrium- zum Chloratom beide Atome Elektronenschalen vom Edelgastyp erhalten. Dadurch entsteht das einfach positiv geladene Natriumion mit einer Elektronenschale vom Neontyp und das einfach negativ geladene Chlorion mit einer Elektronenschale vom Argontyp. Auf diese Art können auch mehrwertige Ionen entstehen. Die positiven Ionen nennt man Kationen, die negativen Anionen.

Durch den Elektronenaustausch bilden sich entgegengesetzt geladene Ionen, die sich infolge des Coulombschen Gesetzes anziehen. Dadurch entsteht die Ionenbindung, die auch als heteropolare Bindung bezeichnet wird. Das Kraftfeld um ein Ion ist kugelsymmetrisch aufgebaut, so daß die Ionenbindung nicht gerichtet ist.

2.1.3 Metallische Bindung

Während die Atom- und Ionenbindung unabhängig vom Aggregatzustand behandelt werden konnten, ist die metallische Bindung an den kondensierten Zustand gebunden. Kennzeichnend dafür ist, daß die Valenzelektronen nicht bestimmten Atomen zugeordnet werden können, sondern mehr oder weniger frei im Metallgitter beweglich sind. Das Gitter bilden dann die entsprechend ionisierten Metallatome, und die Bindung wird durch die Elektronen bewirkt. Dabei liegt wieder Kugelsymmetrie vor, so daß auch diese Bindung ungerichtet ist.

In der Keramik spielt diese Art der Bindung kaum eine Rolle. Die frei beweglichen Elektronen machen aber die hohe elektrische Leitfähigkeit der Metalle gegenüber den Isolatoreigenschaften der üblichen keramischen Produkte verständlich. Zwischen beiden stehen die Halbleiter, die wieder für die Keramik wichtig sind (S. 360).

2.1.4 Van der Waalssche Bindung

Die Ladungen in Atomen, Ionen oder Molekülen sind nicht streng lokalisiert. Bei ihrer gegenseitigen Annäherung kann es zu Ladungsverschiebungen kommen, wodurch Dipole induziert werden und eine Bindung durch Induktionskräfte auftritt. Enthalten Moleküle von vornherein Dipole, dann spricht man von Dipol-Dipol-Anziehungskräften. Die nähere Untersuchung hat ergeben, daß ganz allgemein eine Wechselwirkung zwischen benachbarten Atomen, Ionen oder Molekülen durch die sich bewegenden Elektronen stattfindet. Die sich daraus ergebenden Anziehungskräfte werden als Dispersionskräfte bezeichnet.

Alle diese Bindungen, die also auch zwischen neutralen Atomen oder Molekülen auftreten, werden mit van der Waalssche Bindung bezeichnet. Gegenüber den bisher behandelten Bindungen sind die Kräfte allerdings sehr klein. Ein Zeichen dafür sind die tiefen Schmelztemperaturen von entsprechenden Kristallen, z. B. den Edelgasen oder vielen organischen Verbindungen.

2.1.5 Sonstige Bindungsarten

Die bisher genannten Bindungsarten sind Grenzformen, die allein in reiner Form selten oder gar nicht auftreten. Normalerweise sind Anteile mehrerer Bindungsarten, also Mischbindungen vorhanden. Man spricht dann von einer *Resonanz* der beteiligten Bindungsarten, wobei eine Resonanzenergie auftritt, die das System stabiler, d. h. energieärmer macht. Diese Mischbindungen werden auch als Hybride der Grenzbindungen bezeichnet. Im allgemeinen ist dieser Übergang kontinuierlich, wobei in der Keramik besonders der Übergang von der Ionen- zur Atombindung interessiert.

Die Ionen bestehen aus einem positiv geladenen Kern, der von der kugelförmigen Elektronenschale umgeben wird. Befindet sich aber in der Nachbarschaft eines Ions ein anderes Ion mit einem starken positiven Feld, dann wird die Elektronenhülle des ersteren Ions etwas zu diesem hingezogen, sie wird deformiert oder polarisiert. Diese *Polarisations-* bzw. Deformationserscheinungen hat besonders FAJANS untersucht. Aus Obigem ergibt sich sofort, daß die Anionen leichter polarisierbar sind als die Kationen. Die Polarisierbarkeit der Anionen ist dabei um so größer, je größer das Anion ist. Dagegen ist die polarisierende Wirkung der Kationen um so stärker, je höher geladen und je kleiner sie sind. Im allgemeinen ist die Polarisationskraft der Kationen mit Edelgasschale kleiner als die der Kationen mit unvollständig besetzter äußerer Schale.

Bei reiner Ionenbindung liegen die Ionen in Kugelgestalt vor, sind also nicht deformiert. In dem Maße wie die Deformation ansteigt nimmt auch der Anteil an Atombindung zu, bis bei der reinen Atombindung gemeinsame Elektronenpaare vorliegen. Dadurch ist eine anschauliche Darstellung der Mischbindung

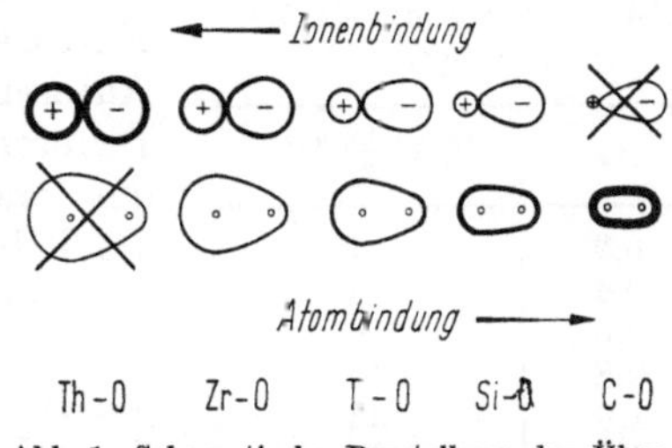

Abb. 1. Schematische Darstellung des Übergangs zwischen Atom- und Ionenbindung

geschaffen worden. Abb. 1 zeigt dies am Beispiel der Sauerstoffbindung durch vierwertige Kationen. Die Strichdicke soll dabei den jeweiligen Anteil symbolisieren. Bei der Th—O-Bindung liegt praktisch reine Ionenbindung vor. Mit abnehmendem Kationenradius wird die Deformation immer stärker, bis bei der C—O-Bindung praktisch reine Atombindung vorhanden ist.

Ein einfaches Hilfsmittel zur Berechnung des Anteils an Ionenbindung stellen die von PAULING abgeleiteten Elektronegativitäten dar, die Tab. 3 bringt. Die Werte für die Übergangsmetalle liegen

Tabelle 3. *Elektronegativitäten einiger Elemente*

Element	Elektronegativität x	Element	Elektronegativität x
H	2,1	C	2,5
		Si	1,8
Li	1,0	Sn	1,8
Na	0,9	Pb	1,8
K	0,8	N	3,0
Rb	0,8	P	2,1
Cs	0,7	As	2,0
		Sb	1,9
Be	1,5	O	3,5
Mg	1,2	S	2,5
Ca	1,0	Se	2,4
Sr	1,0	Te	2,1
Ba	0,9	F	4,0
B	2,0	Cl	3,0
Al	1,5	Br	2,8
		J	2,5

zwischen 1,1 und 2,4 und sind bei PAULING [542] zu finden. Aus der Differenz der Elektronegativitäten Δx erhält man nach Tab. 4 den Ionencharakter der Bindung. Auf die interessante Erscheinung, daß die Si—O-Bindung etwa je zur Hälfte aus Atom- und Ionenbindung besteht, wird später noch eingegangen werden (S. 13). Für die Bindungen der Abb. 1 ergeben sich in der Reihe Th—O bis C—O folgende prozentuale Anteile an Ionencharakter: 70, 67, 63, 51 und 22.

Tabelle 4. *Elektronegativitätsdifferenz Δx und Ionencharakter von Einfachbindungen*

Δx	Ionencharakter %
0,2	1
0,4	4
0,6	9
0,8	15
1,0	22
1,2	30
1,4	39
1,6	47
1,8	55
2,0	63
2,2	70
2,4	76
2,6	82
2,8	86
3,0	89
3,2	92

Die Paulingschen Elektronegativitäten sind mehrfach modifiziert worden, z. B. von FINEMAN und DAIGNAULT [186]. Letztere Autoren weisen darauf hin, daß bei einer Differenz der Elektronegativitäten von $> 2,0$ der Ionencharakter meist deutlich größer ist als Tab. 4 angibt, was auch schon von PAULING erwähnt wird.

Unter den Ionen nimmt das Wasserstoffion H⁺, das Proton, eine Sonderstellung ein, da es keine eigene Elektronenschale besitzt. Es kann sich deshalb bis an die Elektronenschale eines anderen Atoms nähern. Ist letzteres stark elektronegativ, wie z. B. Sauerstoff oder Fluor, dann hat die Bindung einen wesentlichen Anteil an Ionenbindung, und das Wasserstoffion hat die Möglichkeit, noch zu einem weiteren stark elektronegativen Atom eine Bindung einzugehen. Diese besondere

Bindungsart wird als *Wasserstoffbrückenbindung* bezeichnet. Die dabei auftretenden Bindungsenergien für die Reaktion $X-H + Y \to X-H \cdots Y$ sind mit etwa 5 kcal/mol recht schwach, spielen aber in vielfacher Hinsicht eine wichtige Rolle. So sind z. B. sie dafür verantwortlich, daß das Wasser H_2O bei Zimmertemperatur flüssig ist. Weiterhin vermitteln sie den Zusammenhalt vieler OH-gruppenhaltiger Kristalle und bestimmen auch oft das Adsorptionsverhalten von H_2O-Dampf.

Zur Charakterisierung der Wasserstoffbrückenbindung sei noch bemerkt, daß sich das Wasserstoffatom im allgemeinen näher bei einem seiner Partner befindet, was durch die Schreibweise $O-H \cdots O$ symbolisiert wird. Meist ist diese Bindung linear. Dem Wasserstoffatom kann man somit die Koordinationszahl zwei zuordnen. Das ist zugleich die maximale Koordinationszahl, da die Bindung eines dritten Partners nicht möglich ist.

2.1.6 Ionenradien — Koordinationszahlen

Entgegengesetzt geladene Ionen ziehen sich infolge der Coulombschen Wechselwirkung an, wobei die Energie proportional $1/r$ zunimmt, wenn r den Ionenabstand darstellt. Dieser Anziehung überlagert sich aber eine Abstoßungsenergie, wenn sich die Elektronenschalen der beiden Ionen zu berühren beginnen. Letztere Energie wächst sehr schnell mit abnehmendem Ionenabstand. Dadurch ergibt sich ein bestimmter Abstand r_0, bei dem eine maximale Anziehungsenergie herrscht, wie in Abb. 2 zu erkennen ist. Für jedes Ionenpaar wird sich dann dieser Gleichgewichtsabstand r_0 einstellen, der die Summe der beiden Ionenradien $r_A + r_K$ darstellt.

Die Größe der Ionenradien spielt eine entscheidende Rolle beim Aufbau der Strukturen, weshalb man nach Möglichkeiten gesucht hat, sie zu bestimmen. Einen Weg dazu eröffnen die Kristallstrukturen. Nimmt man an, daß Kristalle aus Ionen aufgebaut sind und daß die Ionen starre Kugeln darstellen, die einander berühren, dann kann man

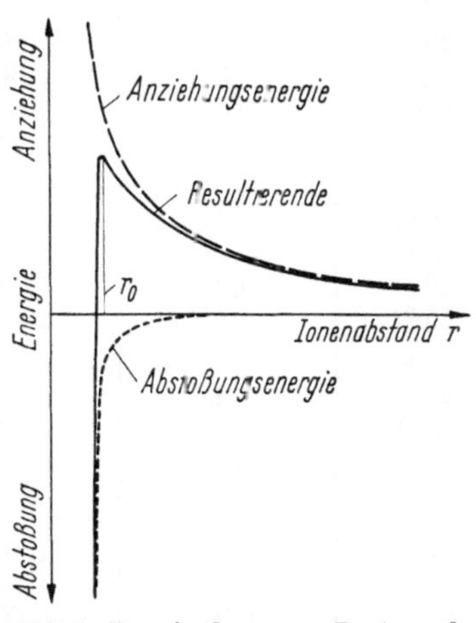

Abb. 2. Energieschema zur Deutung des Ionenabstandes

aus den kristallographischen Daten die Ionenabstände berechnen. Die Ionenradien ergeben sich daraus, wenn der Ionenradius von mindestens einem Ion bekannt ist. Diesen Weg hat V. M. GOLDSCHMIDT beschritten, der die Werte 1,33 Å für das F^--Ion und 1,32 Å für das O^{2-}-Ion von J. A. WASASTJERNA übernommen hat. In Tab. 5 sind diese Ionenabstände für die wichtigsten Ionen aufgeführt.

PAULING hat die Ionenabstände aus quantenmechanischen Berechnungen ermittelt. Mit steigender Anzahl von Elektronenschalen wird der Ionenradius größer. Bei gleichen Elektronenschalen wird aber der Ionenradius um so kleiner, je größer die Ordnungszahl Z ist. Dabei macht sich noch eine Abschirmung S durch die anderen Elektronen des Ions bemerkbar, so daß sich insgesamt für den Ionenradius $r = C_n/(Z-S)$ ergibt, worin die Konstante C_n durch die Hauptquantenzahl n der äußersten Elektronen bestimmt ist. Auch die so berechneten Ionenradien sind in Tab. 5 enthalten.

Tabelle 5. *Radien einiger Ionen*
(für Koordinationszahl 6)

Ion	Ionenradius in Å nach		Ion	Ionenradius in Å nach	
	GOLDSCHMIDT	PAULING		GOLDSCHMIDT	PAULING
Li^+	0,78	0,60	Cu^+	—	0,96
Na^+	0,98	0,95	Ag^+	1,13	1,26
K^+	1,33	1,33	Au^+	—	1,37
Rb^+	1,49	1,48			
Cs^+	1,65	1,69	Zn^{2+}	0,83	0,74
			Cd^{2+}	1,03	0,97
Be^{2+}	0,34	0,31	Hg^{2+}	1,12	1,10
Mg^{2+}	0,78	0,65			
Ca^{2+}	1,06	0,99	Sc^{3+}	0,83	0,81
Sr^{2+}	1,27	1,13	Y^{3+}	1,06	0,93
Ba^{2+}	1,43	1,35	La^{3+}	1,22	1,15
			Ce^{3+}	1,18	—
B^{3+}	—	0,20	Ce^{4+}	1,02	1,01
Al^{2+}	0,57	0,50			
Ga^{3+}	0,62	0,62	Ti^{4+}	0,64	0,68
			Zr^{4+}	0,87	0,80
C^{4+}	0,2	0,15	Hf^{4+}	0,84	—
Si^{4+}	0,39	0,41	Th^{4+}	1,10	1,02
Ge^{4+}	0,44	0,53			
Sn^{4+}	0,74	0,71	V^{5+}	0,4	0,59
Pb^{4+}	0,84	0,84	Nb^{5+}	0,69	0,70
Pb^{2+}	1,32	1,21	Ta^{5+}	0,68	—
N^{5+}	0,15	0,11	Cr^{3+}	0,64	—
P^{5+}	0,35	0,34	Cr^{6+}	0,35	0,52
As^{5+}	—	0,47	Mo^{6+}	—	0,62
Sb^{5+}	—	0,62	W^{6+}	—	0,62
Bi^{5+}	—	0,74	U^{4+}	1,05	0,97
O^{2-}	1,32	1,40	Mn^{2+}	0,91	0,80
S^{2-}	1,74	1,84	Mn^{4+}	0,52	0,50
S^{6+}	0,34	0,29	Mn^{7+}	—	0,46
Se^{2-}	1,91	1,98			
Se^{6+}	0,35	0,42	Fe^{2+}	0,82	0,80
Te^{2-}	2,11	2,21	Fe^{3+}	0,67	—
F^-	1,33	1,36	Co^{2+}	0,82	0,72
Cl^-	1,81	1,81	Ni^{2+}	0,78	0,69
Br^-	1,96	1,95			
J^-	2,20	2,16			

Tab. 5 läßt einige Gesetzmäßigkeiten erkennen. So nehmen in einer Reihe des periodischen Systems die Ionenradien wegen der steigenden

Kernladungszahlen ab, wie z. B. die Reihe

$$Na^+ \quad Mg^{2+} \quad Al^{3+} \quad Si^{4+} \quad P^{5+} \quad S^{6+}$$
$$0{,}95 \quad 0{,}65 \quad 0{,}50 \quad 0{,}41 \quad 0{,}34 \quad 0{,}29$$

erkennen läßt. In einer Gruppe steigen sie dagegen mit der Ordnungszahl, wie es z. B. die Alkalien zeigen. Eine Ausnahme machen die Elemente nach dem Lanthan wegen der sog. Lanthanidenkontraktion, die durch die Auffüllung innerer Elektronenschalen bedingt ist. Deshalb haben z. B. Mo^{6+} und W^{6+} die gleichen Ionenradien. Schließlich kann man noch erkennen, daß beim gleichen Element mit zunehmender Zahl an Elektronen, also mit abnehmender Ladung, der Ionenradius ansteigt, wie es deutlich z. B. beim Mangan oder beim Vergleich von S^{6+} mit S^{2-} zu sehen ist. Die Anionen sind daher meist größer als die Kationen.

Beim Vergleich der experimentell ermittelten Ionenabstände mit den aus Tab. 5 berechneten haben sich geringe Abweichungen ergeben. Sie erklären sich dadurch, daß die in Tab. 5 angeführten Werte nur für eine ganz bestimmte gegenseitige Anordnung von Ionen gelten, bei der immer sechs Ionen einer Sorte ein Ion der anderen Sorte umgeben, also die Koordinationszahl (KZ) 6 vorliegt. Je größer die Zahl der Nachbarn eines Ions ist, desto größer wird auch der Ionenradius des Zentralions sein. Die mögliche genaue Umrechnung auf eine andere KZ erfordert spezielle Kenntnisse über das vorliegende System. So nimmt der Ionenradius beim Übergang zur KZ 8 im Durchschnitt um 3 bis 4% zu, zur KZ 12 sogar um 8 bis 10%, während er sich bei der KZ 4 um 4 bis 6% verkleinert. Mit diesen Korrekturen erhält man gute Übereinstimmung mit den kristallographischen Daten.

Für die gegenseitige Anordnung von Ionen läßt sich aus der Ionenbindung nichts aussagen; denn durch die kugelsymmetrische Ladungs-

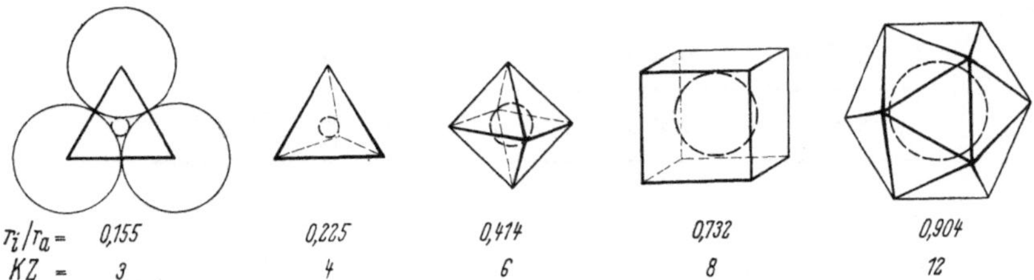

Abb. 3. Koordinationspolyeder (alle Eckpunkte stellen die Mittelpunkte von Kugeln gleicher Größe wie beim Dreieck dar; dick gestrichelt: eingelagerte Kugel mit minimalem Radienverhältnis $r_{innen} : r_{außen}$)

verteilung ergibt sich keine Auswahl in bezug auf die Anzahl und Anordnung der nächsten Nachbarn. Sobald jedoch Anteile an Atombindung wirksam werden, werden sich bestimmte Anordnungen hervorheben. Die Ionen haben das Bestreben, in möglichst günstige Lagen zu kommen. Bei Ionen mit verschiedenen Radien ist das dann erreicht, wenn sich räumliche Anordnungen so aufbauen, daß sich alle Ionen gerade berühren. Aus Abb. 3 sind die wichtigsten Koordinationen mit den dazugehörigen Polyedern zu ersehen.

Die einfachste Anordnung ist durch drei Ionen gegeben, deren Mittelpunkte ein gleichseitiges Dreieck aufspannen. Dazwischen hat ein Ion Platz, dessen Radius allerdings sehr klein ist. In idealer Größe beträgt das Verhältnis des Radius r_i des inneren Ions zum Radius r_a des äußeren Ions $r_i : r_a = 0{,}155$. Das innere Ion hat dann drei nächste Nachbarn, d. h., es hat die KZ 3. Ist das innere Ion, das Zentralion, etwas größer, so werden die Lagen der äußeren Ionen aufgeweitet. Das geschieht in steigendem Maße bis das Radienverhältnis so groß geworden ist, daß die nächste Koordination stabil wird, indem bei dieser das Zentralion gerade die äußeren Ionen berührt. Nach Abb. 3 ist das bei $r_i : r_a = 0{,}225$ der Fall, wobei dann die äußeren Ionen einen Tetraeder mit KZ 4 aufspannen. Ab $r_i : r_a = 0{,}414$ bildet sich ein Oktaeder (KZ 6), ab 0,732 ein Hexaeder (oder Würfel, KZ 8) und ab 0,904 ein Ikosaeder (= 20-Flächner, KZ 12).

Die Größe der Ionen läßt damit bereits eine Aussage über die Art der sich aufbauenden Polyeder zu. Da im allgemeinen die Anionen größer als die Kationen sind, werden die Polyeder meist von den Anionen aufgebaut. Nach Tab. 5 wurden einige Beispiele berechnet, die in Tab. 6 aufgeführt sind. Die Werte stimmen mit anderen Experimenten gut überein. Für die Kombination B—O ergibt sich ein Wert etwas unterhalb des Grenzwertes, was aber innerhalb der Genauigkeit der Berechnung des Ionenradius liegt. Man kennt viele Verbindungen mit der $[BO_3]$-Gruppe, aber auch solche mit der $[BO_4]$-Gruppe, wo das B^{3+}-Ion in KZ 4 auftritt. Solche Wechsel in den Koordinationszahlen werden auch bei anderen Ionen beobachtet, vor allem dann, wenn das entsprechende Radienverhältnis an der Grenze zweier Bereiche liegt. So kann das Al^{3+}-Ion gegenüber dem O^{2-}-Ion die KZ 4 (wie in Tab. 6), aber auch die KZ 6 haben. Im ersteren Fall spricht man auch von Aluminoverbindungen, um sie von den Aluminiumverbindungen mit Al in KZ 6 zu unterscheiden.

Tabelle 6. *Beispiele von Koordinationspolyedern*

Kation	Anion	$r_i : r_a = r_K : r_A$	daraus folgende Koordinationszahl
Na^+	Cl^-	0,525	6
Li^+	O^{2-}	0,429	6
Na^+	O^{2-}	0,679	6
K^+	O^{2-}	0,950	12
B^{3+}	O^{2-}	0,143	(3)
Al^{3+}	O^{2-}	0,357	4
Si^{4+}	O^{2-}	0,293	4

Der Koordinationswechsel macht sich besonders dann bemerkbar, wenn noch andere Eigenschaften einen Einfluß haben. Oben wurde bereits angedeutet, daß die Bindungsart eine Rolle spielen kann. Weiterhin sind z. B. Polarisationseinflüsse wichtig.

Schließlich sei noch auf die Koordination des Si^{4+} hingewiesen, das nach Tab. 6 die KZ 4 aufweist. In den Silicaten hat man danach mit $[SiO_4]$-Tetraedern zu rechnen.

2.1.7 Silicatische Bindung

In der Keramik hat man es meist mit oxidischen Verbindungen zu tun, wobei wiederum die Silicate die größte Rolle spielen. Der silicatischen Bindung kommt deshalb große Bedeutung zu.

Im vorangegangenen Abschnitt ergab sich aus den Ionenradien, daß in Silicaten [SiO$_4$]-Tetraeder auftreten werden. Nun gelten diese Regeln exakt nur für reine Ionenbindung. Inwieweit diese für die Si—O-Bindung zutrifft, kann man aus den Tab. 3 und 4 berechnen. Nach Tab. 3 beträgt die Differenz der Elektronegativitäten $\Delta x = 1{,}7$, was nach Tab. 4 einen Ionencharakter von etwa 50 % ergibt.

Die Art der Atombindung wird nach Abschn. 2.1.1 durch die Elektronenkonfiguration bestimmt. Beim Silicium hat die äußerste Schale im Grundzustand zwei s- und zwei p-Elektronen. Ähnlich wie früher (S. 5) beim C-Atom angeführt, wird beim Si-Atom ebenfalls ein Elektron in einen anderen Orbital angehoben, hier vom $3s$- in den $3p$-Orbital. Damit bildet sich ein sp^3-Hybrid aus, dessen vier Orbitale gleichwertig sind, so daß die Bindungen nach den vier Ecken eines Tetraeders gerichtet sind. Damit ergibt sich auch aus der Atombindung die Tetraederanordnung.

Beim Sauerstoffatom wird die Bindung durch zwei p-Orbitale vermittelt. Die sich dann ausbildende Atombindung wird auch als σ-Bindung bezeichnet. Damit ergeben sich die beiden folgenden Grenzformen, in denen wie üblich die Valenzelektronenpaare durch Striche gekennzeichnet wurden:

$$
\begin{array}{cc}
\text{Atombindung} & \text{Ionenbindung}
\end{array}
$$

Die weiteren Untersuchungen haben aber gezeigt, daß diese Vorstellungen nicht ausreichen. Nach Tab. 5 beträgt die Summe der Si^{4+}- und O^{2-}-Ionenradien nach PAULING 1,81 Å, während der experimentelle Wert in den verschiedenen SiO$_2$-Modifikationen bei 1,60 Å liegt. Der Anteil an Atombindung verkürzt diesen Abstand, doch nach Berechnungen mehrerer Autoren nur auf 1,67 Å. Nach PAULING [541] liegt die Ursache darin, daß neben den beiden obigen Bindungsarten noch ein Anteil einer Doppelbindungsform auftritt, der auch mit π-Bindung bezeichnet wird. In obiger Art der Darstellung ergibt sich dann die Form:

$$
\text{Doppelbindung}
$$

Damit wird der Si—O-Abstand weiter verkürzt, nach den Berechnungen von PAULING auf 1,63 Å. Diese Berechnungen ergaben auch, daß alle drei Bindungsarten, die in Resonanz stehen, etwa gleiche Anteile haben. Das hat zur Folge, daß dann die effektive Ladung am Si-Atom Null ist, wie es das Prinzip der Elektroneutralität fordert.

NOLL [516] hat diese Verhältnisse in einem breiteren Rahmen diskutiert und besonders darauf hingewiesen, daß der Si—O-Abstand auch vom zweiten Partner des O-Atoms abhängt. In den Silicaten hat der zweite Partner oft eine geringere Elektronegativität als das Si-Atom Dann neigt dieses Kation R mehr zur Ionenbindung, da es leichter ein Elektron abgibt. Man sagt dann auch, daß es als Elektronendonator wirkt. Wenn die Bindung O—R mehr Ionencharakter hat, wird bei der anschließenden Si—O-Bindung der Anteil an Atom- und Doppelbindung verstärkt, so daß sich der Si—O-Abstand verkürzt. Gleichzeitig kann dadurch der Abstand der anderen Si—O-Bindung in demselben Tetraeder vergrößert werden. In Silicaten ist deshalb kein einheitlicher Si—O-Abstand vorhanden. Eine statistische Auswahl ergab folgende Mittelwerte:

$$\text{in Silicaten} \qquad \text{Si—O } (\rightarrow \text{R}) = 1{,}58\ \text{Å}$$
$$\text{Si—O } (\rightarrow \text{Si}) = 1{,}64\ \text{Å},$$
$$\text{in SiO}_2\text{-Modifikationen} \quad \text{Si—O } (\rightarrow \text{Si}) = 1{,}60\ \text{Å}.$$

Der Vergleich der Si—O-Abstände einer großen Zahl von Mineralen durch J. V. SMITH und BAILEY [679] ergab, daß außerdem ein Einfluß der Struktur besteht, indem der Mittelwert aller Si—O-Abstände einer Struktur um so geringer ist, je höher die gegenseitige Vernetzung der [SiO$_4$]-Tetraeder ist, was sich indirekt auch aus obigen Zahlen ergibt. Für die Al—O-Abstände in [AlO$_4$]-Tetraedern gelten ähnliche Zusammenhänge.

Mit diesen Betrachtungen wird zugleich die Frage der *weiteren Verknüpfung* der [SiO$_4$]-Tetraeder angeschnitten, die isoliert eine vierfach negative Ladung tragen. Die Si—O—Si-Bindung wurde eben erwähnt. Sie wurde früher meist als gestreckte Bindung angesehen, aber eingehendere Untersuchungen haben ergeben, daß diese Bindung gewinkelt ist. In Silicaten sind die Bindungswinkel nicht einheitlich; sie schwanken meist um den Wert 145°. Ein Bindungswinkel am O-Atom ist auch dadurch verständlich, daß das O-Atom zur Bindung zwei p-Orbitale benötigt, die im Idealfall der reinen Atombindung einen Winkel von 90° ergeben.

Der Quarz entspricht in seiner Zusammensetzung der Formel SiO$_2$. Isolierte SiO$_2$-Moleküle sind aber nicht beständig, sondern es bilden sich [SiO$_4$]-Tetraeder aus, wie eben erläutert wurde. Vielleicht etwas anschaulicher läßt sich das auch damit deuten, daß das vierwertige Si-Ion bestrebt ist, sich mit vier O-Ionen zu umgeben und dadurch abzuschirmen, wozu zwei O-Ionen nicht ausreichen. (Den Begriff der Abschirmung hat WEYL eingeführt und zusammen mit MARBOE [763] vor allem auf Glasprobleme angewendet.)

Der Aufbau von SiO$_2$ aus [SiO$_4$]-Tetraedern gelingt nur, wenn zumindest einige O-Atome mehreren Tetraedern gemeinsam angehören. Die gegenseitige Verknüpfung von [SiO$_4$]-Tetraedern ist auf die drei

Arten denkbar, die in Abb. 4 dargestellt sind. Am stabilsten wird die
Art sein, bei der die hochgeladenen Si-Ionen den größten Abstand haben,
d. h., es findet die Eckenverknüpfung statt. Im reinen SiO_2 gehören dann
alle O-Ionen jeweils zwei benachbarten $[SiO_4]$-Tetraedern an. Die O-
Ionen sind Brückensauerstoffe (zwischen zwei Tetraedern), und sie
haben die Koordinationszahl 2. Man kann genauer $[SiO_{4/2}]$ schreiben,
was der Formel SiO_2 entspricht. Aus dieser Eckenverknüpfung ergibt
sich zugleich die Bildung eines Raumnetzwerks, da die vier O-Ionen
eines Tetraeders in die Ecken dieses Tetraeders zeigen.

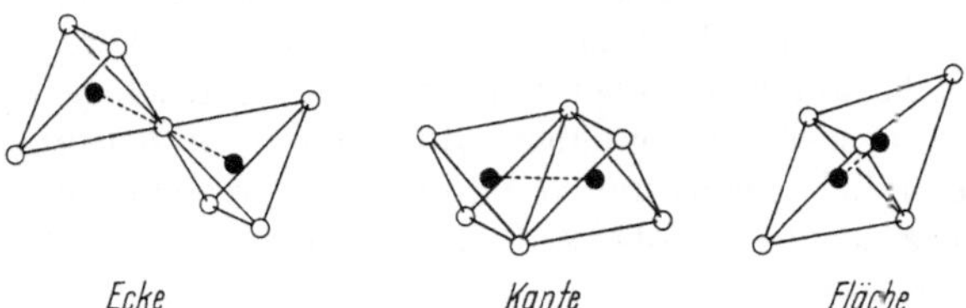

Abb. 4. Möglichkeiten der Verknüpfung von $[SiO_4]$-Tetraedern ($\bullet$ = Si^{4+}, $\circ$ = O^{2-})

Die weitere Art der Zusammenlagerung führt zu den verschiedenen
Kristall- oder Glasstrukturen, die im nächsten Abschnitt behandelt
werden. Hier sei nur noch erwähnt, daß NOLL [515] auf Grund von
kristallchemischen Überlegungen einige Auswahlprinzipien aufgestellt
hat. Danach werden solche Strukturen bevorzugt, in denen der Si—O—Si-
Winkel nicht kleiner als 130° ist und bei denen die Verknüpfung möglichst hohe geometrische Dimensionen ergibt.

Für die silicatische Bindung und den Aufbau der Silicate ergeben
sich also zwei *Grundregeln*:

1. Es bilden sich $[SiO_4]$-Tetraeder, d. h., das Silicium hat die Koordinationszahl 4.

2. Die Verknüpfung der $[SiO_4]$-Tetraeder erfolgt über die Ecken.
Bei beiden Regeln gibt es allerdings vereinzelte *Ausnahmen*. Es ist seit
längerem bekannt, daß mit organischen Partnern das Silicium in der
KZ 6 auftreten kann, wobei die Stabilität solcher Verbindungen von der
Art des Partners abhängt und besonders dann groß ist, wenn dieser an
einem aromatischen Kern ortho-ständige Sauerstoffe hat. Es lagern sich
dann drei dieser Moleküle um das Silicium. Anorganische Verbindungen
mit Si in *KZ* 6 sind z. B. $Na_2[SiF_6]$ oder SiP_2O_7. In der $[SiO_6]$-Konfigu-
ration ist der Si—O-Abstand größer als im $[SiO_4]$-Tetraeder. Bei der *KZ* 6
sind andere Verknüpfungen der Polyeder möglich, so daß insgesamt
eine dichtere Packung erreicht wird. So ist es STISHOV und POPOVA [694]
gelungen, durch hohen Druck eine neue SiO_2-Modifikation mit Si in
KZ 6 zu erhalten, die jetzt nach dem Entdecker Stischowit genannt
wird und eine Dichte von 4,35 g/cm³ hat. Nach STISHOV und BELOV
[693] und nach PREISINGER [561] hat sie Rutilstruktur, und der kleinste
Si—O-Abstand beträgt etwa 1,72 Å.

Eine Ausnahme bei der Verknüpfung haben AL. WEISS und AR. WEISS
[755] gefunden. Im praktischen Ofenbetrieb wurden oft an kälteren
Stellen weiße Beschläge eines faserigen Materials beobachtet, das die

Zusammensetzung SiO_2 hatte. Die Untersuchungen ergaben, daß unter bestimmten Bedingungen über das gasförmige SiO eine SiO_2-Modifikation entsteht, deren Struktur durch eine Kantenverknüpfung der $[SiO_4]$-Tetraeder ausgezeichnet ist. Ihre Dichte beträgt nur etwa 1,98 g/cm³. Dieselbe Struktur ist schon längere Zeit beim SiS_2, der „anorganischen Faser", bekannt. Die Kantenverknüpfung ermöglicht einen kettenförmigen Aufbau, so daß sich Fasern ausbilden. Das faserige SiO_2 ist allerdings sehr instabil und wandelt sich schnell in stabile Modifikationen um, wobei aber der Habitus erhalten bleibt.

Abschließend sei zum gesamten Abschnitt betont, daß nur in den seltensten Fällen reine Bindungen auftreten. In der Keramik herrscht oft der Ionencharakter vor, aber es ist auch mit beträchtlichen Anteilen anderer Bindungsarten zu rechnen. Zum einfacheren Sprachgebrauch ist es jedoch üblich, meist nur von Ionen zu sprechen. Das wird auch im folgenden geschehen, wobei auf diese Vereinfachung hier ausdrücklich hingewiesen sei.

2.2 Kristalle

Die Ausbildung von Bindungen führt zu einem Zusammenlagern der Ionen. Da normalerweise eine endliche Anzahl verschiedener Ionen vorhanden ist, treten immer wieder dieselben Bindungsenergien auf, so daß sich eine periodische, meist dreidimensionale Anordnung ausbilden wird, die als Kristall bezeichnet wird. Einer solchen Anordnung wirkt die Wärmeschwingung entgegen, die mit steigender Temperatur immer stärker wird. Kristalle sind deshalb nur bis zu einer bestimmten Temperatur stabil, oberhalb der sie in die Schmelzphase übergehen.

Im vorangehenden Abschnitt wurde gezeigt, daß es verschiedene Bindungsarten gibt und daß die Größe der Ionen stark variiert. Die Folge davon ist, daß es eine große Anzahl von Kristallstrukturen gibt, die darüber hinaus noch von den äußeren Bedingungen, vor allem von Temperatur und Druck, beeinflußt werden. Es ist aber möglich gewesen, diese Vielfalt nach mehreren Gesichtspunkten zu ordnen. Anschließend können nur einige Grundlagen angeführt werden, die für die wichtigsten keramischen Produkte von besonderem Interesse sind. Näheres ist den einschlägigen Lehr- und Fachbüchern zu entnehmen.

2.2.1 Grundlagen der Kristallographie

Einen Kristall kann man als ein dreidimensionales Punktgitter auffassen, in dem die einzelnen Bausteine (Atome, Ionen, Moleküle) die einzelnen Gitterpunkte darstellen. Zur näheren Beschreibung legt man in das Raumgitter ein Koordinatensystem, dessen Ursprung sich in einem Gitterpunkt befindet. Die Lage der Achsen wird so gewählt, daß ein möglichst einfaches, z. B. rechtwinkliges System entsteht. Durch Verschiebung (Translation) auf jeder Achse bis zum nächsten gleichwertigen Gitterpunkt erhält man die Gitterkonstanten der Elementarzellen. Durch diese drei Werte und die Winkel zwischen den Achsen

Tabelle 7. *Die sieben Kristallsysteme*

Bezeichnung	Elementarzelle		Zur Kennzeichnung sind notwendig
	Achsen	Winkel	
triklin	$a \neq b \neq c$	$\alpha \neq \beta \neq \gamma$	$a,\ b,\ c;\ \alpha,\ \beta,\ \gamma$
monoklin	$a \neq b \neq c$	$\alpha = \gamma = 90° \neq \beta$	$a,\ b,\ c;\quad \beta$
orthorhombisch	$a \neq b \neq c$	$\alpha = \beta = \gamma = 90°$	$a,\ b,\ c$
hexagonal	$a = b \neq c$	$\alpha = \beta = 90°,$ $\gamma = 120°$	$a,\quad c$
tetragonal	$a = b \neq c$	$\alpha = \beta = \gamma = 90°$	$a,\quad c$
rhomboedrisch (= trigonal)	$a = b = c$	$\alpha = \beta = \gamma \neq 90°$	$a;\quad \alpha$
kubisch	$a = b = c$	$\alpha = \beta = \gamma = 90°$	a

nach Abb. 5 wird ein Kristall bestimmt. Insgesamt gibt es sieben verschiedene Kristallsysteme, die mit ihren Bezeichnungen in Tab. 7 aufgeführt sind.

Aus diesen Betrachtungen läßt sich bereits eine wichtige Folgerung ableiten: im allgemeinen Fall sind die Abstände in den verschiedenen Richtungen nicht gleich, d. h., auch einige Eigenschaften werden in ver-

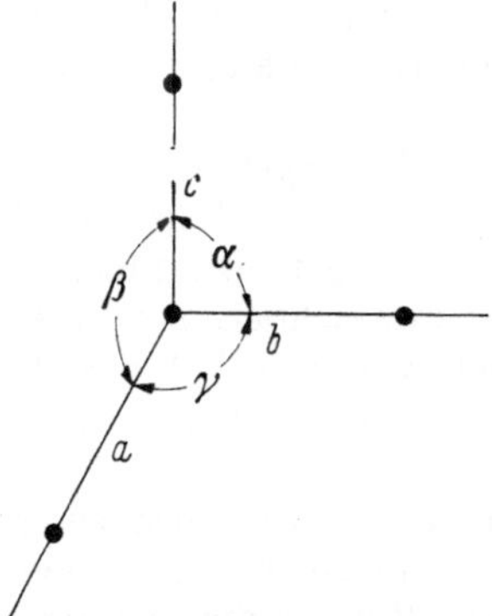

Abb. 5. Schema der Gitterkonstanten

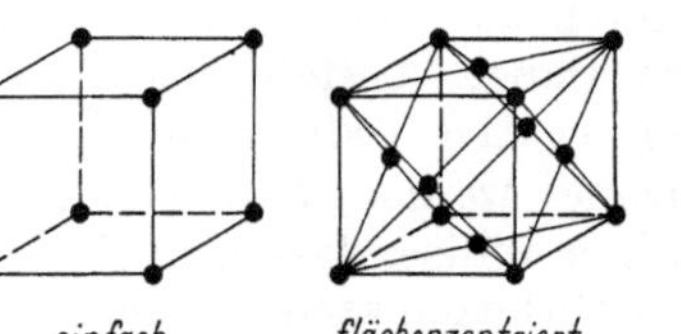

Abb. 6. Kubische Translationsgitter

schiedenen Richtungen unterschiedliche Werte haben. Kristalle sind daher im allgemeinen anisotrop, nur in wenigen Fällen sind sie isotrop.

Durch Translation in den sieben Kristallsystemen ergeben sich nach BRAVAIS insgesamt 14 Translationsgitter. Abb. 6 enthält diese für das kubische System.

Durch die einzelnen Gitterpunkte kann man Flächen legen, die die Achsen in bestimmten Vielfachen der Gitterkonstanten a, b und c schneiden, z. B. in Abb. 7 bei $2a$, $3b$, $1c$ oder $4a$, $6b$, $2c$ oder allgemein ma, nb, pc. Solche Flächen werden auch Netzebenen genannt. Flächen gleicher Neigung haben immer dasselbe Verhältnis $m : n : p$. Es genügt deshalb zur Kennzeich-

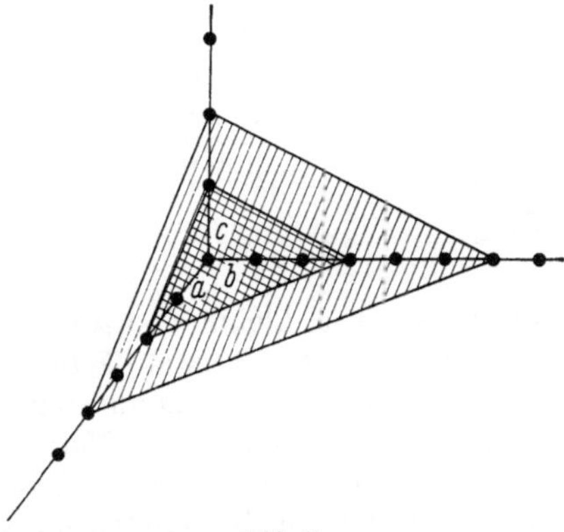

Abb. 7. Schema zur Kennzeichnung von Kristallflächen

nung einer Fläche, dieses Verhältnis anzugeben, wobei es in der Kristallographie üblich ist, nicht die Vielfachen m, n und p direkt, sondern deren reziproken Wert anzugeben, umgerechnet auf ganze und teilerfremde Zahlen. Dann erhält man nach

$$\frac{1}{m} : \frac{1}{n} : \frac{1}{p} = h : k : l$$

das Zahlentripel h, k, l, die Millerschen Indizes einer Fläche bzw. Netzebene. Eine Fläche wird durch dieses in Klammern gesetzte Tripel, das Flächensymbol $(h\,k\,l)$ gekennzeichnet. Die Normale auf eine solche Fläche gibt eine Richtung im Kristall an, die durch in eckige Klammern gesetzte Indizes symbolisiert wird: $[h\,k\,l]$. Im obigen Beispiel ist

$$h : k : l = \frac{1}{2} : \frac{1}{3} : \frac{1}{1} = \frac{3}{6} : \frac{2}{6} : \frac{6}{6} = 3 : 2 : 6.$$

Flächen, die parallel einer Achse liegen, schneiden diese im Unendlichen; für die c-Achse z. B. ergibt sich $p = \infty$ oder $l = 0$, also allgemein $(h\,k\,0)$. Flächen parallel zu zwei Achsen haben dann z. B. das Flächensymbol $(1\,0\,0)$.

Bei Kristallen des trigonalen oder hexagonalen Systems ist es praktischer, in die Ebene senkrecht zur Hauptachse $(= c$-Achse$)$ drei gleichwertige Achsen mit einem Winkel von 120° zu legen. Die Flächen werden dann durch die vier Indizes $(h\,k\,i\,l)$ gekennzeichnet. Zwischen den ersten drei Indizes besteht der Zusammenhang $h + k + i = 0$. Es treten dabei negative Indizes auf, die durch einen Querstrich über der Zahl bezeichnet werden, z. B. $(1\,0\,\bar{1}\,1)$.

Die Millerschen Indizes lassen auch Aussagen über die Besetzung einer Fläche mit Gitterpunkten und den Abstand einzelner Netzebenen zu, weshalb sie auch zur Kennzeichnung von Röntgendiagrammen dienen. Aus Abb. 8 wird sofort verständlich, daß Flächen mit hoher

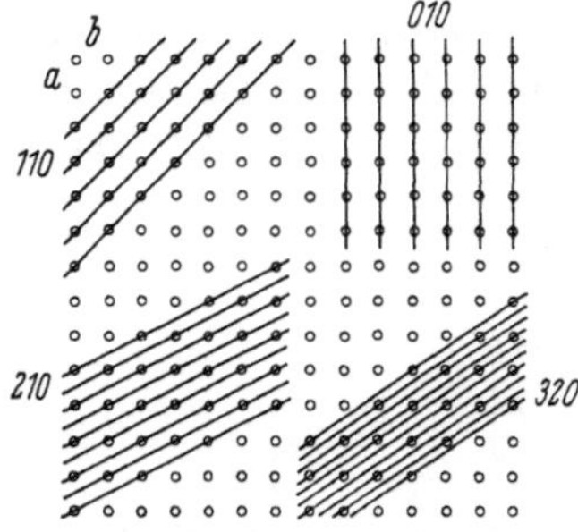

Abb. 8. Zweidimensionale Darstellung der Abhängigkeit der Flächenbesetzungsdichte und des Netzebenenabstandes von den Millerschen Indizes

Besetzungsdichte kleine Indizes haben. Sie treten deshalb auch oft als makroskopische Kristallflächen auf. Weiterhin ist aus Abb. 8 zu entnehmen, daß die Indizes um so größer werden, je kleiner der Abstand zwischen zwei benachbarten Netzebenen wird.

In den Kristallen herrschen bestimmte Symmetriebeziehungen. Es gibt eine Reihe von Symmetrieoperationen, nach deren Durchführung wieder vollständige Deckung aller Gitterpunkte erreicht wird. Jede

Symmetrieoperation wird mit einem Symmetrieelement durchgeführt:
Drehungen um Drehachsen oder Spiegelung an einer Symmetrieebene
oder an einem Symmetriezentrum (Inversion). Die möglichen Kombinationen der Symmetrieoperationen führen zu 32 Kristallklassen,
die den sieben Kristallsystemen untergeordnet werden können. Durch
eine weitere Unterteilung kommt man zu 230 Raumgruppen, die durch
bestimmte Symbole gekennzeichnet werden.

2.2.2 Gittertypen

Der Aufbau eines Gitters aus Ionen wird bestimmt durch die Bindungsart, die Forderung nach Elektroneutralität auf kleinstem Raum
und die Größenverhältnisse der beteiligten Ionen. Es hat sich gezeigt,
daß bestimmte Strukturen besonders häufig auftreten, weshalb diese
oft nach einem charakteristischen Vertreter bezeichnet werden. Verbindungen mit gleicher Struktur bezeichnet man als isotyp. (Manchmal
wird der Begriff der Isotypie auf Verbindungen gleicher Summenformeln
beschränkt und bei Unterschieden in der Summenformel von Homöotypie gesprochen.)

Da Gitter aus nur einem Element in der Keramik eine untergeordnete
Rolle spielen, sollen hier nur Gitter aus mehreren Elementen näher
behandelt werden, und zwar als wichtigste Beispiele die Typen AX,
AX_2, ABO_3 und AB_2O_4 (A und B = Kationen, X = Anion, O = Sauerstoff). Auf die Silicatstrukturen wird in späteren Abschnitten eingegangen
werden (S. 31ff., 161ff.).

Es wurde früher gezeigt (S. 11), daß im allgemeinen die Anionen
größer als die Kationen sind. Die Raumerfüllung wird deshalb meist
durch die Anionen bestimmt. Da diese als kugelförmig angenommen
werden können, werden durch die Anionen bestimmte *Kugelpackungen*
ausgebildet. Wird dabei die maximal mögliche Packungsdichte erreicht,
spricht man von dichtesten Kugelpackungen.

Bei der einfachsten Art der Kugelpackung besetzen die Kugeln
die acht Ecken eines Würfels; es entsteht eine einfache kubische Packung,

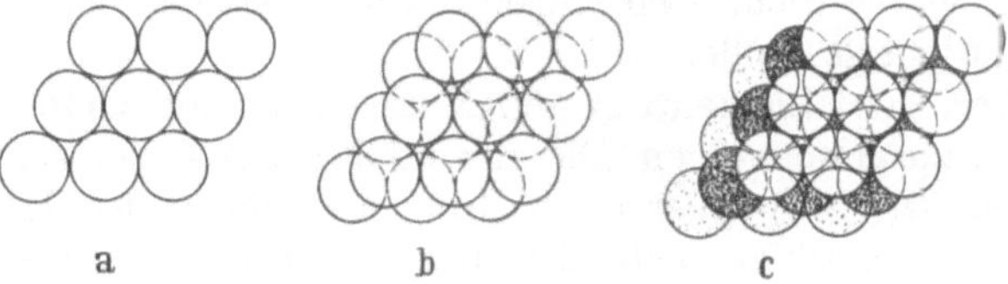

Abb. 9a—c. Aufbau der kubisch dichtesten Kugelpackung

in der alle Kugeln von sechs nächsten Nachbarn umgeben sind. In der
Mitte entsteht ein Hohlraum mit acht nächsten Nachbarn. Insgesamt
beträgt das Hohlraumvolumen 48%.

Dichtere Packung erreicht man, wenn man die Kugeln zunächst
in einer Ebene so anordnet, daß eine hexagonale Symmetrie entsteht,
indem eine Kugel immer von sechs anderen umgeben ist (Abb. 9a).
Auf diese Kugelschicht läßt sich eine gleiche Schicht am dichtesten

packen, wenn die Kugeln der zweiten Schicht gerade über den von drei
Kugeln der ersten Schicht gebildeten Zwickeln liegen. Das erfordert
eine Verschiebung um je einen Kugelradius in beiden Achsenrichtungen
(Abb. 9b). Baut man die weiteren Schichten analog auf (Abb. 9c), dann
entspricht die vierte Schicht wieder vollständig der ersten Schicht.
Damit wird ein Gitter aufgebaut, das dem kubisch flächenzentrierten
Gitter vollkommen entspricht, nur daß in Abb. 9 die Ebenen der dichtesten Packung der (1 1 1)-Netzebene entsprechen. Diese Art der Packung
bezeichnet man als kubisch dichteste Kugelpackung.

Eine dichteste Kugelpackung erhält man auch, wenn man nicht
wie in Abb. 9 die dritte Schicht nach weiterer Verschiebung aufbaut,
sondern die Verschiebung der zweiten Schicht wieder rückgängig macht,
so daß bereits die dritte Schicht wieder der ersten Schicht entspricht.
Dann entsteht die hexagonal dichteste Kugelpackung. Die Kugelebenen
entsprechen dann den (0 0 0 1)-Netzebenen. Während bei der kubisch
dichtesten Kugelpackung der Packungsrhythmus *ABCABCA* ... ist,
zeigt die hexagonal dichteste Kugelpackung den Packungsrhythmus
ABABA ...

In beiden dichtesten Kugelpackungen ist jede Kugel von zwölf
nächsten Nachbarn umgeben. Zwischen den Kugeln sind Hohlräume
vorhanden, die insgesamt einen Volumenanteil von 26% ergeben.
Je nach Lage ist aber zwischen tetraedrischen und oktaedrischen Lücken
zu unterscheiden. In Abb. 9b kann man erkennen, daß links unten die drei
Kugeln der unteren Schicht mit der darüber liegenden Kugel der oberen
Schicht eine tetraedrische Lücke bilden. Dagegen bilden die drei Kugeln
nach der ersten Kugel der unteren Schicht mit den drei ersten Kugeln
der oberen Schicht eine oktaedrische Lücke. Je Kugel gibt es eine oktaedrische und zwei tetraedrische Lücken. In der kubisch dichtesten Kugelpackung sind dann in der Elementarzelle acht tetraedrische und vier
oktaedrische Lücken enthalten, denn die Elementarzelle enthält insgesamt vier Atome (acht in jeder Ecke, die jeweils acht Elementarzellen gleichzeitig angehören und sechs in jeder Fläche, jeweils zwei
Elementarzellen zugehörig, also $8 \cdot {}^1/_8 + 6 \cdot {}^1/_2 = 4$).

Diese Arten der dichtesten Kugelpackungen spielen bei vielen Strukturen eine wichtige Rolle.

AX-Gitter. Zwei Elemente A und X lassen sich auf vielfältige Art zu
einem Gitter zusammenfügen. Die vier wichtigsten Typen zeigt Abb. 10.

Im *Steinsalz(NaCl)-Gitter* (Abb. 10a) sind die beiden Ionen immer
abwechselnd angeordnet. Jedes Ion für sich zeigt ein kubisch flächenzentriertes Gitter, das um eine halbe Würfelkante gegenüber dem anderen
Gitter verschoben ist. Dadurch ist jedes Ion von sechs Ionen der anderen
Sorte in gleichem Abstand umgeben, so daß die Koordinationszahl 6
vorliegt. In diesem Gitter bilden im allgemeinen die großen Anionen
eine kubisch dichteste Kugelpackung (siehe oben), in der die kleineren
Kationen alle oktaedrischen Lücken besetzen. Solche Strukturen werden
immer dann zu erwarten sein, wenn das für die *KZ* 6 günstige Ionenradienverhältnis von 0,414 bis 0,732 vorliegt (S. 12). Diese Bedingung
ist bei den Oxiden MgO, MnO, FeO, CoO und NiO erfüllt. CaO, SrO,

BaO und CdO mit einem größeren Radienverhältnis kristallisieren auch noch im NaCl-Gitter, haben dann aber eine stark aufgeweitete Sauerstoffpackung.

Ein größeres Ionenradienverhältnis fordert eine größere Koordinationszahl, die mit $KZ\,8$ beim kubisch innenzentrierten *Cäsiumchlorid- (CsCl)-Gitter* (Abb. 10b) gegeben ist. Auch dieses Gitter läßt sich aus zwei einfachen kubischen Gittern aufbauen, indem das Gitter der einen Ionensorte in der Raummitte der Elementarzelle des anderen beginnt.

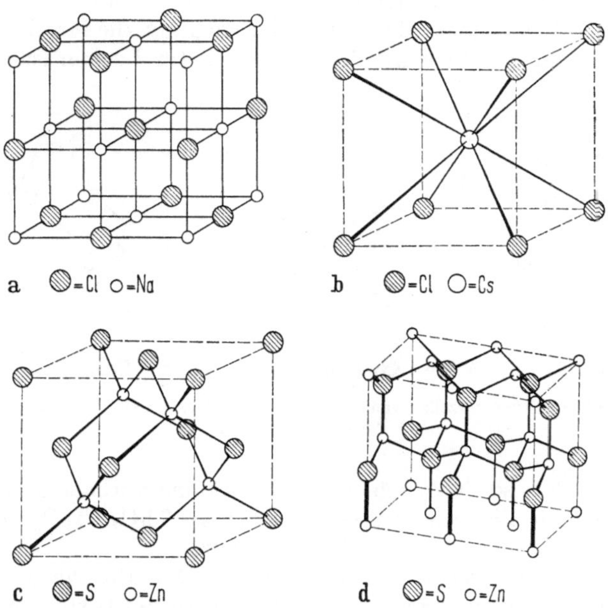

Abb. 10a—d. Elementarzellen von AX-Gittern. a) Steinsalz NaCl, b) Cäsiumchlorid CsCl, c) Zinkblende ZnS, d) Wurtzit ZnS

Bei kleineren Ionenradienverhältnissen ist die $KZ\,4$ bevorzugt. Diese wird im *Zinkblende(ZnS)-Gitter* erreicht, in dem nach Abb. 10c die großen S^{2-}-Ionen wieder ein kubisch flächenzentriertes Gitter als dichteste Kugelpackung bilden. Die Zn^{2+}-Ionen besetzen abwechselnd die Mitten der Achtelwürfel, also die Hälfte der tetraedrischen Lücken. Dadurch ist jedes Zn-Atom von vier S-Atomen, aber auch jedes S-Atom von vier Zn-Atomen umgeben.

Tetraedrische Koordination tritt auch im *Wurtzit(ZnS)-Gitter* auf (Abb. 10d), das mit dem Zinkblendegitter sehr verwandt ist, nur daß hier die Anionen eine hexagonal dichteste Kugelpackung bilden. Auch beim Wurtzitgitter haben beide Ionenarten die $KZ\,4$. ZnS kann also in zwei verschiedenen Modifikationen auftreten, was man als Polymorphie bezeichnet. Bei den Oxiden findet man das Wurtzitgitter beim BeO und ZnO.

Es bestehen zwischen den Gittertypen und den Bindungsarten bestimmte Zusammenhänge. Mit abnehmendem Ionenradienverhältnis nimmt im allgemeinen der Anteil an Atombindung zu, also auch in der Reihe Cäsiumchlorid-, Steinsalz-, Zinkblendegitter. Im letzteren Gittertyp findet man im Diamanten sogar einen Vertreter mit reiner Atombindung.

AX_2-Gitter. Auch wenn das Verhältnis Kation : Anion = 1 : 2 ist, wird für das Ionenradienverhältnis eine bestimmte Koordinationszahl ausschlaggebend sein. Die *KZ* 8 ist nach Abb. 11a im *Fluorit(CaF_2)-Gitter* vorhanden, in dem die Kationen ein kubisch flächenzentriertes Gitter bilden und die Anionen alle Achtelwürfel besetzen. Damit ergibt sich für die Anionen eine einfach kubische Packung, die für die Kationen die *KZ* 8 ermöglicht. Aber nur jede zweite dieser Lücken ist durch die

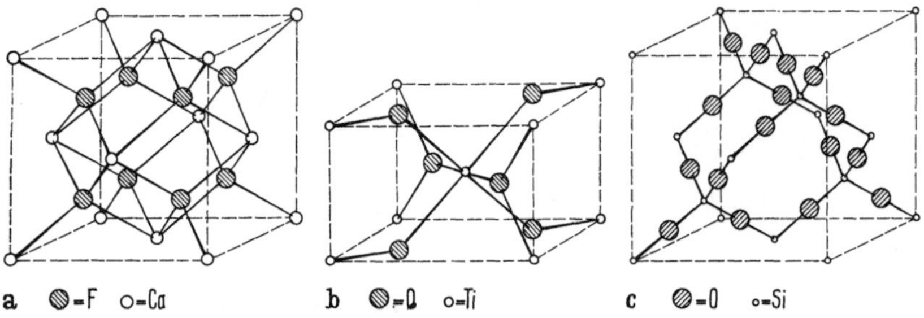

Abb. 11a—c. Elementarzellen von AX_2-Gittern. a) Fluorit CaF_2, b) Rutil TiO_2, c) Hochcristobalit SiO_2

Kationen besetzt, so daß noch große Hohlräume vorhanden sind. Von den Oxiden kristallisieren in diesem Gittertyp ThO_2, TeO_2, UO_2 und CeO_2 sowie ZrO_2 in einer gestörten Struktur.

Im *Rutil(TiO_2)-Gitter* tritt das Kation in *KZ* 6 auf. Nach Abb. 11b bilden die Kationen ein tetragonales raumzentriertes Gitter, in das eine etwas gestörte hexagonal dichteste Anionenpackung so eingebaut ist, daß jedes Kation von sechs Anionen in fast gleichen Abständen umgeben ist, während jedes Anion drei Kationen als nächste Nachbarn hat. Die Kationen besetzen die Hälfte der oktaedrischen Lücken. Neben TiO_2 findet man in dieser Struktur u. a. die Oxide GeO_2, PbO_2, SnO_2, TeO_2, MoO_2 und MnO_2.

Unter die allgemeine Formel AX_2 fällt auch SiO_2, das, wie später (S. 37ff.) noch gezeigt werden wird, in mehreren polymorphen Formen auftritt. Hier sei es nur als Beispiel für solche Verbindungen erwähnt, in denen das Ionenradienverhältnis die *KZ* 4 fordert. Abb. 11c bringt die Struktur des *Hochcristobalits*, in dem die Si-Atome ein kubisch flächenzentriertes Gitter bilden, in dem sich gleichzeitig noch abwechselnd angeordnet in Achtelwürfeln vier Si-Atome befinden. Alle Si-Atome sind tetraedrisch von O-Atomen umgeben, so daß letztere die *KZ* 2 haben. Insgesamt enthält dann die Elementarzelle acht Si- und sechzehn O-Atome. Die O-Atome für sich bilden eine Art dichteste Kugelpackung, bei der aber nur die Hälfte aller Lagen besetzt ist, so daß ein locker gepacktes Gerüst entsteht.

Die bisher besprochenen AX_2-Gittertypen stellen echte dreidimensionale Koordinationsgitter dar. Abhängig von der Art des Anions wird aber ein Übergang zu einem *Schichtengitter* beobachtet, wovon das CdJ_2-Gitter ein Beispiel ist. Hier bilden jeweils zwei dicht übereinander liegende Anionenschichten ein Schichtpaket, in dessen Lücken sich die Kationen einlagern. Durch Übereinanderlagern solcher Schichtpakete baut sich das Gitter auf, in dem dann die Anionen eine sehr asymmetrische Koordination haben; denn die Kationen befinden sich jeweils nur auf einer Seite der Anionen. Solche Gitter werden deshalb nur dann entstehen, wenn die Anionen stark polarisierbar sind oder — hier interessanter — die Bindung der Schichtpakete durch Wasserstoffbrückenbindungen erfolgen kann, also bei den Hydroxiden. Bekannte Beispiele sind Brucit $Mg(OH)_2$ und Bayerit $Al(OH)_3$. In beiden Verbindungen ist das Kation in der Oktaederlücke. Beim $Mg(OH)_2$ sind also alle, beim $Al(OH)_3$ nur $^2/_3$ der oktaedrischen Lücken besetzt. Man bezieht diese Besetzung jeweils auf drei oktaedrische Lücken und sagt dann, daß $Al(OH)_3$ eine dioktaedrische und $Mg(OH)_2$ eine trioktaedrische Schichtstruktur habe.

$A_mB_nO_p$-**Gitter.** Die Anzahl der möglichen Strukturen mit drei verschiedenen Elementen ist sehr groß. Hier sollen nur zwei Gittertypen behandelt werden, die in der Keramik häufiger auftreten. Nach dem *Perowskit $CaTiO_3$* wird ein Gittertyp ABO_3 bezeichnet, der nach Abb. 12 ein kubisch flächenzentriertes Gitter zeigt und somit auch eine dichteste Kugelpackung hat, die aber jetzt aus Anionen (O) und Kationen (A = Ca) aufgebaut ist. Raumzentriert in der Mitte der Würfel sitzt das relativ kleine Ti-Ion (= B). Die Kationen A und B haben dann gegenüber Sauerstoff die *KZ* 12 bzw. 6. Das Kation A muß deshalb relativ groß sein. Die Wertigkeiten von A und B spielen eine untergeordnete Rolle, nur muß ihre Summe gleich 6 sein. Dadurch kristallisiert eine große Zahl von Verbindungen im Perowskitgitter, z. B. neben $CaTiO_3$ auch $SrTiO_3$, $BaTiO_3$, $CaZrO_3$, $KNbO_3$, $CaAlO_3$ und $YAlO_3$.

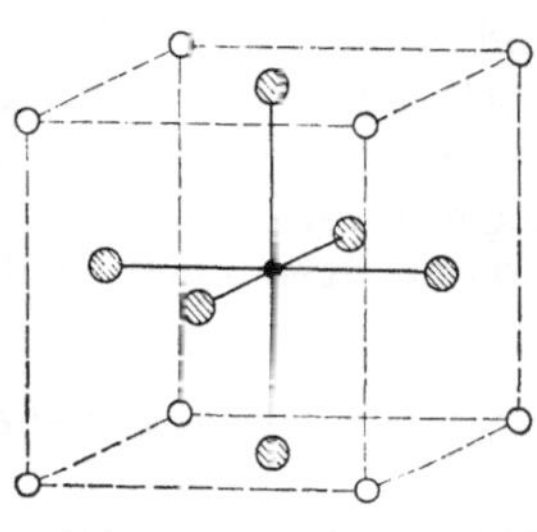

Abb. 12. Elementarzelle des Perowskitgitters $CaTiO_3$

Schließlich sei das *Spinellgitter AB_2O_4* noch erwähnt. Hier ist wieder eine kubisch dichteste Sauerstoffpackung vorhanden. Früher (S. 20) wurde gezeigt, daß in der einfachen Elementarzelle, die kubisch flächenzentriert ist, vier oktaedrische und acht tetraedrische Lücken sind. Durch die Kationen A und B werden jetzt jeweils die Hälfte der oktaedrischen (also zwei) und $^1/_8$ der tetraedrischen (also eine) Lücken gefüllt. Die neue Elementarzelle enthält dann 32 O-, 16 B- und 8 A-Ionen.

Geschieht die Besetzung der Lücken so, daß alle Kationen A in tetraedrischen und alle Kationen B in oktaedrischen Lücken sitzen und eine geordnete Verteilung vorliegt, dann spricht man von normalen Spinellen. Das klassische Beispiel ist der Magnesiumaluminiumspinell

$MgAl_2O_4$; weitere Beispiele sind $ZnAl_2O_4$, $MnAl_2O_4$, $CoAl_2O_4$, $NiAl_2O_4$, $FeAl_2O_4$, $ZnFe_2O_4$ und $CdFe_2O_4$.

In einer anderen Spielart besetzt die Hälfte der Kationen B tetraedrische Lücken, während die andere Hälfte und die Kationen A sich in statistischer Verteilung in oktaedrischen Lücken befinden. Solche Gitter werden Austauschspinelle (oder statistische Spinelle oder Inversspinelle) genannt. Wenn man die Koordinationszahl als römischen Exponenten schreibt, dann hat der Normalspinell den Gittertyp $A^{IV}B^{VI}_2O_4$ und der Austauschspinell den Gittertyp $B^{IV}(AB)^{VI}O_4$. Die Mannigfaltigkeit der möglichen Spinelle wird noch dadurch vermehrt, daß die Wertigkeiten (für $A = 2$ und für $B = 3$) nicht notwendig sind, sondern daß nur die Summe aller Wertigkeiten der Kationen gleich 8 sein muß. Man findet deshalb besonders bei den Austauschspinellen eine große Vielfalt, z. B. $MgFe^{3+}_2O_4$, $MgGa_2O_4$, $NiFe^{3+}_2O_4$, Fe_3O_4 ($= Fe^{2+}Fe^{3+}_2O_4$), Mg_2TiO_4, $Fe^{2+}_2TiO_4$ und Zn_2SnO_4. Die Art der Besetzung ist für die ferromagnetischen Spinelle (S. 336 ff.) sehr wichtig.

Eng verwandt mit dem Spinellgitter sind die Strukturen von γ-Al_2O_3 und γ-Fe_2O_3, bei denen dieselbe Sauerstoffpackung vorliegt, die Kationen aber auf die Plätze von A und B statistisch verteilt sind. Zum Ausgleich der Wertigkeit ist dann $^1/_9$ aller entsprechenden Plätze des reinen Spinells nicht besetzt.

Bei diesen Betrachtungen wurden wiederholt die Anionenpackungen hervorgehoben. Dichteste Kugelpackungen lassen sich in die kubischen und hexagonalen Packungen einteilen, während die Art der *Lückenbesetzung* eine weitere Einteilungsmöglichkeit erlaubt. Für die Oxide hat FLÖRKE [193] sich dieser Methode bedient (Tab. 8). Die meisten der angeführten Gittertypen wurden oben schon erwähnt, weshalb nur einige Ergänzungen nötig sind.

Tabelle 8. *Gittertypeneinteilung nach Anionenpackung und Lückenbesetzung mit oxidischen Beispielen*

Lücke	Besetzung	dichteste Anionenpackung	
		kubisch	hexagonal
tetraedrisch	alle	Antifluorit (Li_2O)	—
	teilweise	Zinkblende (metastabiles ZnO)	Wurtzit (BeO)
oktaedrisch	alle	Steinsalz (MgO)	—
	teilweise	Anatas (TiO_2)	$^1/_2$: Rutil (TiO_2) $^2/_3$: Korund (Al_2O_3)
tetraedrisch und oktaedrisch	alle	—	—
	teilweise	Spinell ($MgAl_2O_4$)	Olivin (Mg_2SiO_4)

Beim Antifluoritgitter sind gegenüber dem Fluoritgitter die Anionen- und die Kationenplätze vertauscht, so daß es zu einer kubisch dichtesten Anionenpackung kommt. Diese Struktur zeigt das Li_2O, bei dem die Li-Ionen alle tetraedrischen Lücken besetzen. Da aber das Li-Ion für die tetraedrische Koordination etwas zu groß ist, zeigt die Sauerstoffpackung beim Li_2O eine deutliche Aufweitung.

Dem Rutil sehr verwandt ist die Struktur des Korunds (α-Al_2O_3), nur daß nicht nur die Hälfte der oktaedrischen, sondern $^2/_3$ aller dieser Lücken mit Al-Ionen besetzt sind. Das Al-Ion liegt also im Korund in *KZ* 6 vor. Isotyp mit dem Korund sind z. B. α-Fe_2O_3, Cr_2O_3 und α-Ga_2O_3.

TiO_2 bildet drei verschiedene Modifikationen, von denen hier nur neben dem Rutil noch der Anatas erwähnt sei, der eine deformierte kubisch dichte Sauerstoffpackung mit teilweiser Besetzung der oktaedrischen Lücken durch Ti-Ionen aufweist.

Eine zum Spinell analoge Besetzung findet man im Olivingitter mit hexagonal dichtester Kugelpackung. So ist beim Forsterit Mg_2SiO_4 $^1/_8$ der tetraedrischen Lücken mit Si-Ionen und die Hälfte der oktaedrischen Lücken mit den Mg-Ionen besetzt. Dabei wird die Sauerstoffpackung etwas deformiert und aufgeweitet, so daß ein orthorhombisches Gitter entsteht.

2.2.3 Gitterenergie

Die Stabilität eines Gitters kann man zahlenmäßig durch die Gitterenergie U erfassen, die die Wärmemenge darstellt, die aufgewendet werden muß, um ein Mol der kristallinen Verbindung in ihre Ionen im gasförmigen Zustand zu überführen. Dieser Vorgang, z. B. für eine binäre Verbindung (eckige Klammer = kristalline Phase) mit einwertigen Ionen nach

$$[AX] \xrightarrow{+U} A^+ + X^-, \tag{1}$$

ist der direkten Berechnung nicht zugänglich. Man schlägt deshalb einen Umweg ein. Ausgehend vom Ionengas führt man die Ionen zunächst in Atome über. Dabei wird beim Kation die Ionisationsenergie I frei, während beim Anion, dem ein Elektron entfernt werden muß, die Elektronenaffinität E aufzuwenden ist. Die Anionen treten dann unter Abgabe der Dissoziationsenergie D zu Molekülen zusammen, während die Kationen unter Abgabe der Sublimationswärme S kondensieren. Beide bilden schließlich den Kristall, wobei die Reaktionswärme Q auftritt. Diese Vorgänge ergeben den Born-Haberschen Kreisprozeß

$$\begin{array}{ccc} [AX] & \xrightarrow{+U} & A^+ + X^- \\ {\scriptstyle -Q}\Big\uparrow & & \Big\downarrow{\scriptstyle \begin{array}{c}-I\\+E\end{array}} \\ [A] + {}^1/_2\,X_2 & \xleftarrow[-D,\,-S]{} & A + X \end{array} \tag{2}$$

In einem solchen Kreisprozeß ist die Summe aller auftretenden Energien gleich Null, so daß folgt:

$$U = Q + S + D + I - E. \tag{3}$$

Oft sind die einzelnen Glieder bekannt und können den verschiedenen Tabellenwerken entnommen werden. An einer Anzahl keramisch wichtiger Oxide hat Žagar [789] solche Berechnungen durchgeführt, die Tab. 9 enthält.

Tabelle 9. *Gitterenergien (in kcal/mol) einiger Oxide nach Berechnungen von Žagar* [789]

Gittertyp	Oxid	berechnet nach			Schmelz-temperatur °C
		Kreisprozeß Gl. (3)	Born Gl. (4)	Kapustinsky Gl. (5)	
Steinsalz	MgO	910	936	927	2800
	CaO	821	830	821	2560
	SrO	781	784	788	2460
	BaO	752	740	733	1925
	CdO	893	873	829	—
	FeO	922	948	901	—
	CoO'	942	950	909	1805
	NiO	963	968	916	1960
Wurtzit	BeO	1066	1080	1056	2570
	ZnO	953	983	901	1260
Fluorit	ZrO_2	2629	—	2648	2690
	ThO_2	—	—	2444	3300
	UO_2	—	—	2487	2800
Rutil	TiO_2	2870	—	2767	1830
	SnO_2	2911	2734	2730	1800
	PbO_2	2683	2620	2602	—
Quarz	SiO_2	3091	—	3071	(1723)
Korund	Al_2O_3	3632	3720	3693	2050
	Cr_2O_3	3586	3675	3528	2200
—	B_2O_3	4497	—	4164	450

Nimmt man an, daß in den Kristallen Ionenbindung vorliegt, kann man auch über die elektrostatische Anziehung der Ionen zur Gitterenergie kommen. Diesen Weg hat Born bereits 1918 beschritten, wobei er zu folgender Gleichung für die Gitterenergie kam:

$$U = \frac{\alpha \, z_A \, z_X \, e^2 \, N_L}{(r_A + r_B)} \left(1 - \frac{1}{m} \right) \tag{4}$$

mit α = Madelungfaktor, z_i = Wertigkeiten, e = Elementarladung, N_L = Loschmidtsche Zahl, r_i = Ionenradien und m = Abstoßungsexponent, der aus der Kompressibilität des Kristalls zu berechnen ist.

Gl. (4) hat zwei Glieder, von denen das erste die Anziehung, das zweite die begrenzte Annäherung zweier Ionen durch die Abstoßung sich berührender Elektronenhüllen berücksichtigt. Durch den Madelungfaktor wird der Einfluß der Lage und der Ladung der Ionen, also der Gittertyp, auf die Gitterenergie berücksichtigt. Der Madelungfaktor gibt das Verhältnis der Energien von einem Ion in einem Gitter zu dem

in einem isolierten Ionenpaar an. Er ist für viele Gittertypen berechnet
worden und kann nach HOPPE [311] auch aus partiellen Madelungfaktoren ermittelt werden. Sein Wert beträgt z. B. für das Steinsalz-
gitter 1,748, das Zinkblendegitter 1,638, das Fluoritgitter 2,52 und das
Korundgitter 4,17.

Später fand dann KAPUSTINSKY, daß der Quotient aus Madelungfaktor und Zahl der Ionen in einer Formeleinheit ($= n$) in erster Näherung konstant ist. Er schlug deshalb eine vereinfachte Gleichung zur
Berechnung der Gitterenergien vor, die nicht mehr den Madelungfaktor
enthält:

$$U = 287{,}2 \frac{n\,z_A\,z_X}{(r_A + r_X)} \left[1 - \frac{0{,}345}{(r_A + r_X)} \right]. \tag{5}$$

Einige der nach diesen Gleichungen von ŽAGAR [789] berechneten
Gitterenergien enthält ebenfalls Tab. 9. Die Übereinstimmung nach
den verschiedenen Methoden ist recht gut. Tab. 9 enthält gleichzeitig
noch die Schmelztemperaturen, die danach nicht allgemein mit den Gitterenergien parallellaufen. Nur im gleichen Strukturtyp und auch dann nur,
wenn keine Störungen auftreten, nehmen die Schmelztemperaturen mit
den Gitterenergien zu. Verständlich wird diese Erscheinung, wenn man
bedenkt, daß beim Schmelzen der Übergang fest → flüssig eintritt,
während die Gitterenergien den Übergang fest → Ionengas darstellen.
FLÖRKE [193] hat außerdem auf die Abhängigkeit der Schmelztemperaturen von der Packungsdichte der Sauerstoffionen hingewiesen, die sich
nur selten dem Wert der idealen dichtesten Kugelpackung von 74%
Raumerfüllung nähert. Normalerweise sind die eingelagerten Kationen
größer als der minimale Radius für die Lückenatome, so daß eine Aufweitung der Sauerstoffpackung eintritt. Zunehmende Aufweitung läßt
aber die Schmelztemperaturen sinken. Direkte Vergleiche sind allerdings
nur bei gleichen Strukturen möglich. So nimmt in der Reihe MgO—
CaO—SrO—BaO die Raumerfüllung der Sauerstoffionen von 52%
über 35% und 28% nach 23% ab, während die Schmelztemperaturen
in der gleichen Reihenfolge 2800 — 2560 — 2460 — 1925 °C betragen.
Schließlich wirkt sich auch die Art der Bindung auf die Schmelztemperatur aus. Führt die reine Atombindung zur Bildung von Molekülen wie
beim CO_2, dann wird der Kristallverband nur durch die schwachen
van der Waalsschen Kräfte vermittelt und ist deshalb nur bei tiefen
Temperaturen stabil. Mit steigendem Anteil an Ionenbindung kann
man im allgemeinen mit einem Anstieg der Schmelztemperaturen rechnen, z. B. bei den Oxiden der Abb. 1 in der Reihe CO_2 — SiO_2 — TiO_2 —
ZrO_2 — ThO_2 von -78 °C über 1723 — 1830 — 2690 bis 3300 °C.
Jedoch kann auch bei reiner Atombindung mit geeigneter Koordination
eine hohe Schmelztemperatur auftreten, wofür Diamant und SiC deutliche Beispiele sind.

2.2.4 Abweichungen von der idealen Ordnung

Der bisher geschilderte Aufbau der Kristalle führt zu einer Ideal-
struktur, die nur in den seltensten Fällen erreicht wird. Meist treten
beim Wachstum der Kristalle Störungen ein. Dem Idealkristall ist

deshalb der Realkristall gegenüberzustellen. Dadurch können einige Eigenschaften beeinflußt werden.

Bei jedem Idealkristall kann man bereits die Oberfläche als Störstelle auffassen; denn die Ionen in der Oberfläche müssen eine andere Koordination als die im Innern des Kristalls haben. Auf diese Erscheinung wird später gesondert eingegangen (S. 82ff.).

Jeder Kristall ist durch einen Wachstumsprozeß entstanden (S. 136ff.). Normalerweise setzt das Wachstum an mehreren Stellen ein, so daß man keinen einheitlichen Einkristall erhält, sondern einen Kristall, der aus mehreren, meist regellos angeordneten Kristalliten besteht und damit eine Mosaikstruktur aufweist.

Einen wirklich idealen Kristall kann man nur am absoluten Nullpunkt erwarten. Mit steigender Temperatur bewirken die thermischen Schwingungen bereits ein Abweichen von der idealen Struktur. Die dabei auftretenden Gitterschwingungen sind quantentheoretisch behandelt worden. In Analogie zu den Photonen der Lichtwellen werden die gequantelten Gitterwellen als Phononen bezeichnet. Ihre Verwendung erleichtert z. B. die Behandlung der Wärmeleitfähigkeit.

Weiter können Elektronen aus ihrer normalen Lage in ein höheres Energieniveau angeregt werden, wobei eine Elektronenleerstelle hinterbleibt. Gleichzeitig bildet sich dabei ein angeregtes Ion, das auch als Exziton bezeichnet wird. Solche angeregten Zustände vermögen durch ein Gitter zu wandern.

Sind beim Kristallwachstum noch *Fremdbausteine* vorhanden, so können diese unter bestimmten Bedingungen einzelne Bausteine ersetzen, ohne daß sich der Gittertyp ändert. Man spricht dann von Diadochie. Folgende zwei Faktoren sind dafür maßgebend:

1. Der Ersatz erfolgt um so leichter, je mehr sich die Ionen in ihrer Größe gleichen. Bei Größenunterschieden von mehr als 15% wird der Ersatz nur noch sehr gering.

2. Gleiche Wertigkeiten der auszutauschenden Ionen begünstigen den diadochen Ersatz, sind aber nicht Vorbedingung. Es muß jedoch immer für einen Wertigkeitsausgleich gesorgt werden, indem entweder z. B. ein zusätzliches Kation mit eingebaut wird ($Si^{4+} \rightleftarrows Al^{3+} + Na^+$) oder ein paarweiser Austausch erfolgt ($Si^{4+} + Na^+ \rightleftarrows Al^{3+} + Ca^{2+}$).

Bei diesem Vorgang bildet sich dann ein Mischkristall aus. Es gibt begrenzte Mischbarkeit und auch lückenlose Mischkristallreihen zwischen zwei verschiedenen Kristallen. Letztere beobachtet man oft bei isotypen Kristallarten und spricht dann von Isomorphie.

Die Mischkristallbildung tritt in der Keramik häufig auf. Sehr ausgeprägt findet man sie bei den Spinellen (S. 23); weitere Beispiele sind die Mischkristallreihen der Olivine (Forsterit Mg_2SiO_2 — Fayalit Fe_2SiO_4) und der Plagioklase (Albit $NaAlSi_3O_8$ — Anorthit $CaAl_2Si_2O_8$).

Neben dieser Art der Mischkristallbildung durch Ersatz (Substitution) besteht noch die Möglichkeit einer Mischkristallbildung durch zusätzlichen Einbau. Kleine Bausteine treten dabei in die Lücken des Gitters. Man beobachtet sie deshalb nur bei Gittern mit größeren Hohlräumen in der Struktur, z. B. bei den Zeolithen.

Diese Arten der Realstruktur erfassen das ganze Volumen, sind also dreidimensional. Daneben treten auch *Baufehler* geringerer Dimension auf, wobei man die Ober- und Grenzflächen als zweidimensionale Baufehler auffassen kann.

Beim Wachstum oder durch mechanische Beanspruchungen der Kristalle entstehen oft verschobene Bereiche, die als *Versetzungen* bezeichnet werden. Man unterscheidet dabei Stufen- und Schraubenversetzung, deren Mechanismen in Abb. 13 schematisch dargestellt sind. Der Beginn der Versetzung, der in Abb. 13 jeweils in der Mitte einer Oberfläche des Kristalls liegt und sich durch den ganzen Kristall fortsetzt, wird Versetzungslinie genannt. Die Richtung der Versetzung wird durch den Burgersvektor angegeben

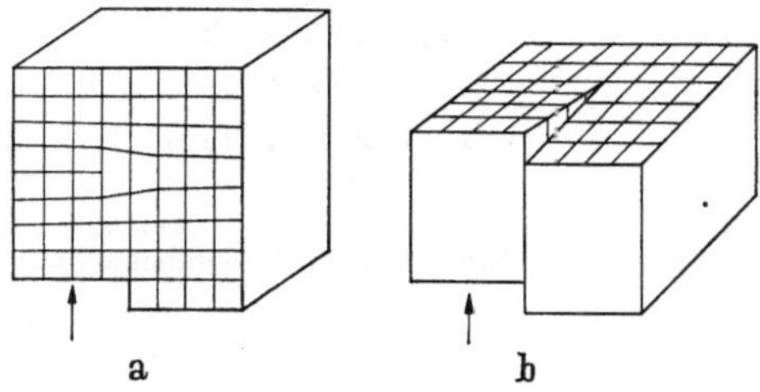

Abb. 13a u. b. Schematische Darstellung der Stufenversetzung (a) und der Schraubenversetzung (b)

(Pfeile in Abb. 13). Er liegt bei der Stufenversetzung senkrecht, bei der Schraubenversetzung parallel zur Versetzungslinie. Versetzungen sind demnach eindimensionale Kristallfehler.

Die Schraubenversetzung ermöglicht eine besondere Art des Kristallwachstums, indem sich an der Versetzung die neuen Bausteine anlagern. Der Aufbau des Kristalls vollzieht sich dann spiralförmig, weshalb man auch von Spiralwachstum spricht. Es läßt sich manchmal makroskopisch an Wachstumsspiralen auf Kristalloberflächen erkennen, besonders deutlich beim SiC.

Das Strukturprinzip der Oxidgitter ist oft die dichteste Kugelpackung (S. 19), bei der zwei Möglichkeiten der Anordnung der einzelnen Schichten bestehen. Der Packungsrhythmus *ABABAB*... führt zur hexagonal dichtesten Kugelpackung, der Packungsrhythmus *ABCABC*... zur kubisch dichtesten Kugelpackung. Treten Störungen in diesem Rhythmus ein, z. B. *ABCABABC*..., dann wird die Ordnung in einer Richtung gestört: es liegt *eindimensionale Fehlordnung* vor. Diese Art der Fehlordnung wird bei Strukturen beobachtet, die aus einzelnen Schichtlagen oder aus größeren Schichtpaketen aufgebaut sind. Sie spielen eine größere Rolle beim SiO_2 (S. 40) und SiC (S. 384).

Eine weitere Möglichkeit der Realstruktur der Kristalle sind die *Punktfehler*, also nulldimensionale Fehler. Die beiden wichtigsten Typen zeigt Abb. 14. Bei der Frenkelfehlordnung hat ein Ion seinen Platz verlassen und ist auf einen Zwischengitterplatz getreten. Bei der Schottkyfehlordnung bilden sich Anionen- und Kationenleerstellen in gleicher Anzahl (entsprechend den jeweiligen Wertigkeiten). Beide Arten der Fehlordnung nehmen exponentiell mit der Temperatur zu, doch macht sich diese Fehlordnung bei den Oxiden erst bei sehr hohen Temperaturen bemerkbar.

Verwandt mit diesen beiden Fehlordnungstypen sind die nichtstöchiometrischen oder Defektstrukturen. Man beobachtet sie bei Ver-

bindungen mit Ionen, die leicht ihre Wertigkeit wechseln können.
Abb. 15 zeigt zwei Beispiele. Beim Wüstit FeO wird in Luft leicht ein
Teil der Fe^{2+}-Ionen zu Fe^{3+}-Ionen oxydiert. Der Ladungsausgleich im
Gitter erfolgt, indem einige Kationenplätze frei bleiben, also Kationen-

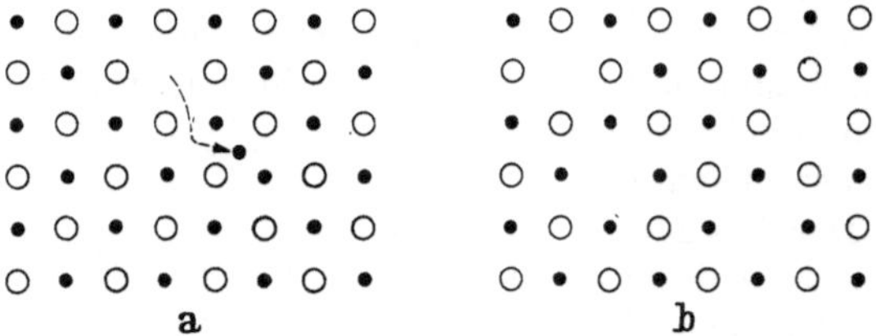

Abb. 14a u. b.
Schematische Darstellung der Fehlordnungstypen nach FRENKEL (a) und SCHOTTKY (b)

leerstellen entstehen, die in Abb. 15a mit $\square$ gezeichnet wurden. Die
so entstehende Verbindung hat gegenüber der reinen Verbindung FeO
einen Sauerstoffüberschuß, ist daher eine nichtstöchiometrische Verbindung.

Den umgekehrten Fall eines Sauerstoffdefizits beobachtet man beim
TiO_2, wo unter reduzierenden Bedingungen ein Teil der Ti^{4+}-Ionen als

$$
\begin{array}{cccccc}
Fe^{2+} & O^{2-} & Fe^{3+} & O^{2-} & Fe^{2+} & O^{2-} \\
O^{2-} & \square & O^{2-} & Fe^{2+} & O^{2-} & Fe^{2+} \\
Fe^{3+} & O^{2-} & Fe^{2+} & O^{2-} & Fe^{3+} & O^{2-} \\
O^{2-} & Fe^{2+} & O^{2-} & \square & O^{2-} & Fe^{2+} \\
Fe^{2+} & O^{2-} & Fe^{3+} & O^{2-} & Fe^{2+} & O^{2-} \\
O^{2-} & Fe^{2+} & O^{2-} & Fe^{2+} & O^{2-} & Fe^{2+}
\end{array}
\qquad
\begin{array}{cccccc}
O^{2-} & O^{2-} & O^{2-} & O^{2-} & O^{2-} & O^{2-} \\
Zr^{4+} & & Zr^{4+} & & Zr^{4+} & \\
O^{2-} & \square & O^{2-} & O^{2-} & O^{2-} & O^{2-} \\
Ca^{2+} & & Zr^{4+} & & Zr^{4+} & \\
O^{2-} & O^{2-} & O^{2-} & O^{2-} & \square & O^{2-} \\
Zr^{4+} & & Zr^{4+} & & Ca^{2+} &
\end{array}
$$

a   b

Abb. 15a u. b. Schematische Darstellung der Strukturen von nichtstöchiometrischem FeO (a) und
CaO-stabilisiertem ZrO_2 (b)

Ti^{3+}-Ionen auftreten kann. Der Ladungsausgleich wird dann durch
Sauerstoffleerstellen erreicht. In Abb. 15b ist der ganz entsprechende
Fall skizziert, nur daß bei diesem CaO-stabilisierten ZrO_2 (S. 356) die
Ionen geringerer Wertigkeit Fremdkationen sind.

Die Stellen des Ladungsausgleiches kann man auch als Elektronen-
defektstellen auffassen. Die fehlenden oder überschüssigen Elektronen
sind nicht an ein bestimmtes Ion gebunden, haben daher eine gewisse
Beweglichkeit, was den elektrischen Widerstand solcher Verbindungen
erniedrigt. Diese Erscheinungen spielen deshalb bei den elektrischen
Eigenschaften eine wichtige Rolle (S. 357ff.).

Die hier beschriebenen Fehler waren nur einige charakteristische
Typen. Man hat sie weiter aufgegliedert und bestimmte Nomenklaturen
geschaffen.

Das Vorliegen von Realkristallen statt Idealkristallen macht sich
in der Keramik in vielen Bereichen bemerkbar. Einzelne Beispiele wurden

oben erwähnt. Die zahlreichen Möglichkeiten der Auswirkungen der Punktfehler auf die Eigenschaften von keramischen Stoffen sind in zwei Sammelheften [824] mit Veröffentlichungen über dieses Problem aufgezeigt.

2.2.5 Silicate

Die meisten Rohstoffe und Endprodukte der klassischen Keramik, aber auch viele neuere Entwicklungen, bestehen aus Silicaten. Es ist deshalb angebracht, den kristallinen Silicaten einen eigenen Abschnitt zu widmen, zumal die Vielfalt der Erscheinungsformen ein Ordnungsprinzip verlangt, ohne das ein Verständnis des Verhaltens unter den verschiedenen Bedingungen kaum erreicht werden kann. Es ist hier allerdings nicht möglich, alle Silicatstrukturen zu behandeln, sondern es wird vorzugsweise auf die keramisch wichtigen Silicate eingegangen. Wegen einer ausführlicheren Behandlung dieses Gebietes muß auf die zahlreich vorhandenen einschlägigen Werke verwiesen werden.

2.2.5.1 Stabilitätskriterien

Im Abschnitt 2.1.7 wurde die silicatische Bindung besprochen. Danach ergeben sich für die gegenseitige Anordnung der daraus entstehenden Komplexe folgende Grundregeln:

1. Der Grundbaustein ist das $[SiO_4]$-Tetraeder.
2. Die Verknüpfung der $[SiO_4]$-Tetraeder erfolgt über die Ecken.
3. Die Si—O—Si-Bindung ist bestrebt, einen Valenzwinkel am Brückensauerstoff von etwa 145° auszubilden.

Aus einer Sichtung der bisher bekannten Strukturen von Silicaten konnte NOLL [515] eine weitere Regel ableiten:

4. In stabilen Silicatgittern werden bei gegebenem Si : O-Verhältnis diejenigen Tetraederverknüpfungen bevorzugt, die die höchste Dimensionszahl haben.

Die Dimensionszahlen charakterisieren dabei die Art der Verknüpfung. Kettenförmige Tetraederverbände erstrecken sich nur in eine Dimension, haben also die Dimensionszahl 1. Entsprechend haben schichtförmige Tetraederverbände die Dimensionszahl 2 und Tetraedergerüste die Dimensionszahl 3, während isolierten $[SiO_4]$-Tetraedern eine solche von Null zukommt.

Danach sind viele Strukturen möglich, die aber nicht alle beobachtet worden sind. NOLL leitet deshalb noch eine zusätzliche Regel ab:

5. Bei der Verknüpfung der $[SiO_4]$-Tetraeder werden dichtere Strukturen bevorzugt.

Die bisher bekannten Silicatstrukturen hat auch LIEBAU [453] auf ihre Bauprinzipien untersucht und dabei besonders die Anzahl der Verknüpfungsstellen beachtet. Jedes $[SiO_4]$-Tetraeder kann mit jedem seiner Sauerstoffe ein anderes Tetraeder binden, so daß sich bis zu vier Brückensauerstoffe ausbilden können. Aus energetischen Gründen wird sich beim Zusammenlagern mehrerer Tetraeder eine solche Struktur ausbilden, daß an allen Tetraedern möglichst ähnliche Verhältnisse herrschen. Damit kommt LIEBAU zu folgender Regel:

6. Eine Silicatstruktur enthält nur $[SiO_4]$-Tetraeder, die sich um höchstens ein Brückensauerstoffatom pro Tetraeder unterscheiden.

Diese sechs Regeln sind keine Gesetze, lassen also auch Ausnahmen zu, die z. T. schon erwähnt wurden (S. 15). Auf weitere Ausnahmen kann hier nicht eingegangen werden. Bei der Vielzahl der Silicate sind sie überraschend gering, so daß obige sechs Regeln den weiten Bereich der Silicate sehr gut erfassen. Sie haben sich als eine wertvolle Hilfe bei der Beurteilung von fraglichen Strukturen erwiesen.

2.2.5.2 Systematik der Silicate

Aus den genannten Regeln lassen sich bestimmte Strukturen ableiten, die zu einer Systematik zusammengefaßt werden können. In der geschichtlichen Entwicklung stand allerdings zuerst die Systematik im Vordergrund. Die ersten Gesetzmäßigkeiten beim Aufbau der Silicate erkannte MACHATSCHKI [464]. Kurze Zeit später konnte BRAGG [61] eine Systematik vorlegen, die sich lange Jahre gut bewährt hat. Das $[SiO_4]$-Tetraeder allein ist vierfach negativ geladen. Sind noch genügend andere Kationen R zur Valenzabsättigung vorhanden, können isolierte $[SiO_4]$-Tetraeder auftreten (Abb. 16a). Die Zusammensetzung würde dann z. B. den Formeln $2\,R^+_2O \cdot SiO_2$ $(= R^+_4[SiO_4])$ oder $2\,R^{2+}O \cdot SiO_2$ $(= R^{2+}_2[SiO_4])$ entsprechen. Dabei ist das $O:Si$-Verhältnis $V = 4$. Ein kleineres Verhältnis führt zu einer Verknüpfung, die im einfachsten Fall aus zwei Tetraedern besteht (Abb. 16b). Es bildet sich die $[Si_2O_7]^{6-}$-Gruppe aus mit $V = 3{,}5$ und z. B. einer Verbindung des Typs $3\,R^{2+}O \cdot 2\,SiO_2$ $(= R^{2+}_3\,[Si_2O_7])$. Noch kleinere $O:Si$-Verhältnisse bedingen weitere Verknüpfungen, wobei sich zunächst entweder Ringe (Abb. 16c bis e) oder Einfachketten (Abb. 16f) bilden. Die zugehörigen Anionen und V-Werte sind in Tab. 10 aufgeführt. Die weitere Verknüpfung läßt Doppelketten (Abb. 16g) entstehen, die sich durch Zusammenlagerung zweier Ketten bilden. Lagern sich auf dieselbe Art weitere Ketten an, dann entstehen die Schichtstrukturen (Abb. 16h).

Von allen bisher genannten Typen kennt man Einfach- und Doppelformen, wovon in Abb. 16 die Paare a)—b) und f)—g) zeugen. Nicht gezeichnet sind die Doppelringe und die Doppelschichten. Jede Verdoppelung führt zu einer Verringerung des $O:Si$-Verhältnisses, das bei den Einfachschichten $V = 2{,}5$ und bei den Doppelschichten nur noch $V = 2{,}0$ beträgt, wenn sich die Schichten mit den Tetraederspitzen zueinander verknüpfen. Es ist aber auch möglich, daß sich die Tetraederschichten in derselben Lage übereinanderschichten, was schließlich zu einem Raumnetzwerk mit einer Gerüststruktur führt. Nach den im vorigen Abschnitt genannten Regeln ist das die stabilere und damit im allgemeinen auftretende Form; denn bei den Gerüststrukturen ist die Dimensionszahl 3, während sie bei den Schichtstrukturen nur 2 beträgt.

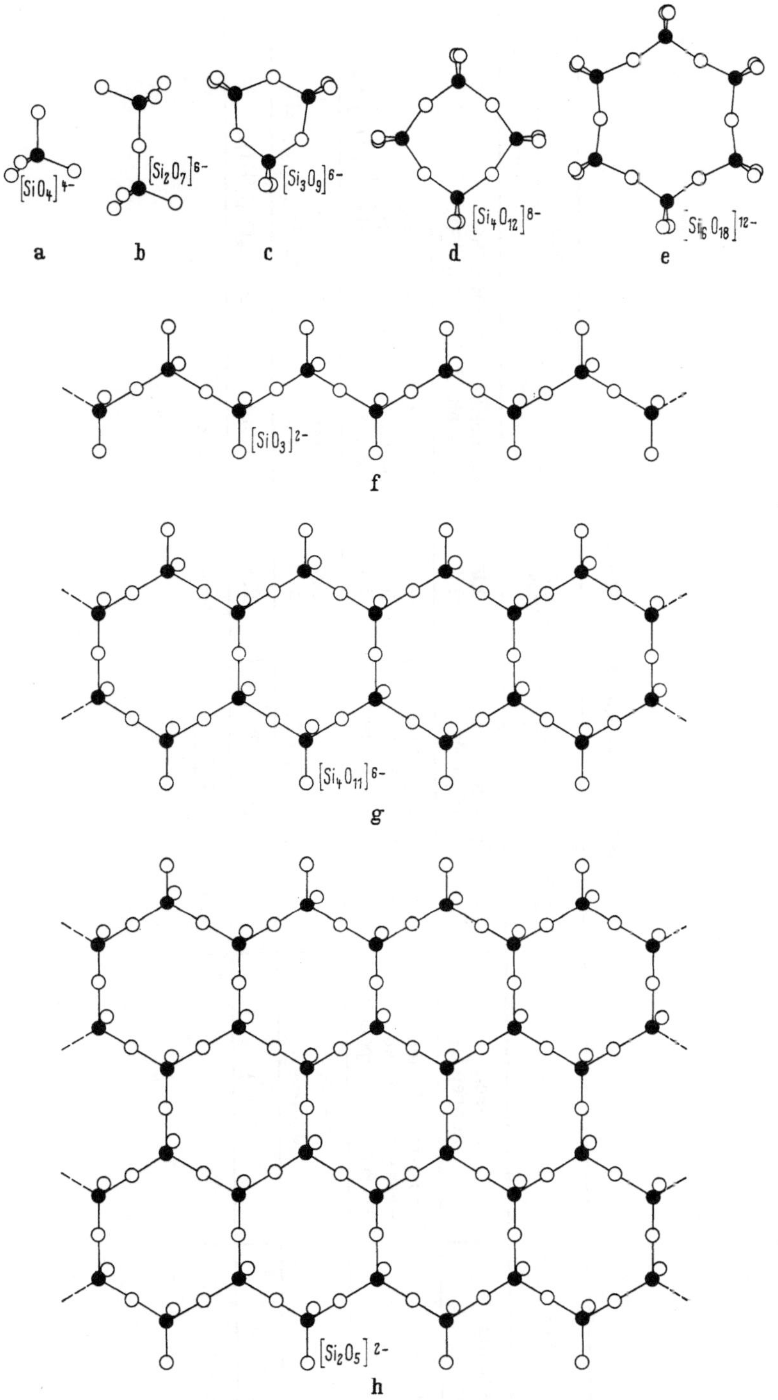

Abb. 16a—h. Verknüpfung von [SiO$_4$]-Tetraedern (● = Si, ○ = O)

Tabelle 10. *Systematik der Silicate*

Typ	Form	Dimensionszahl	Silicatanion	O : Si-Verhältnis V	Beispiel	
					Name	Formel
Tetraeder	einfach	0	$[SiO_4]^{4-}$	4,0	Forsterit	$Mg_2[SiO_4]$
	doppelt	0	$[Si_2O_7]^{6-}$	3,5	Rankinit	$Ca_3[Si_2O_7]$
Ringe	Dreierring, einfach	0	$[Si_3O_9]^{6-}$	3,0	Benitoit	$BaTi[Si_3O_9]$
	Sechserring, einfach	0	$[Si_6O_{18}]^{12-}$	3,0	Beryll	$Al_2Be_3[Si_6O_{18}]$
	Sechserring, doppelt	0	$[Si_{12}O_{30}]^{12-}$	2,5	Milarit	$KCa_2AlBe_2[Si_{12}O_{30}] \cdot {}^1/_2 H_2O$
Ketten	einfach	1	$[SiO_3]^{2-}$	3,0	Enstatit	$Mg[SiO_3]$
	doppelt	1	$[Si_4O_{11}]^{6-}$	2,75	Tremolit	$Ca_2Mg_5[Si_4O_{11}]_2(OH)_2$
Schichten	einfach	2	$[Si_4O_{10}]^{4-}$	2,5	Kaolinit	$Al_4[Si_4O_{10}](OH)_8$
Gerüste	—	3	$[SiO_2]$	2,0	Quarz	SiO_2

Die bisher abgeleitete Systematik unterteilt die Silicate in verschiedene Haupttypen. Innerhalb dieser Typen ist aber eine weitere Unterteilung möglich, wenn man die gegenseitige Verknüpfung der Tetraeder genauer betrachtet, wie LIEBAU [454] gezeigt hat. So ist in Abb. 17 zu erkennen, daß Einfachketten unterschiedliche Identitätsperioden haben können, d. h., in Kettenrichtung fortschreitend wird nach einer unterschiedlichen Anzahl von Tetraedern wieder die Lage des Ausgangstetraeders erreicht. Nach der Größe der Identitätsperiode bezeichnet

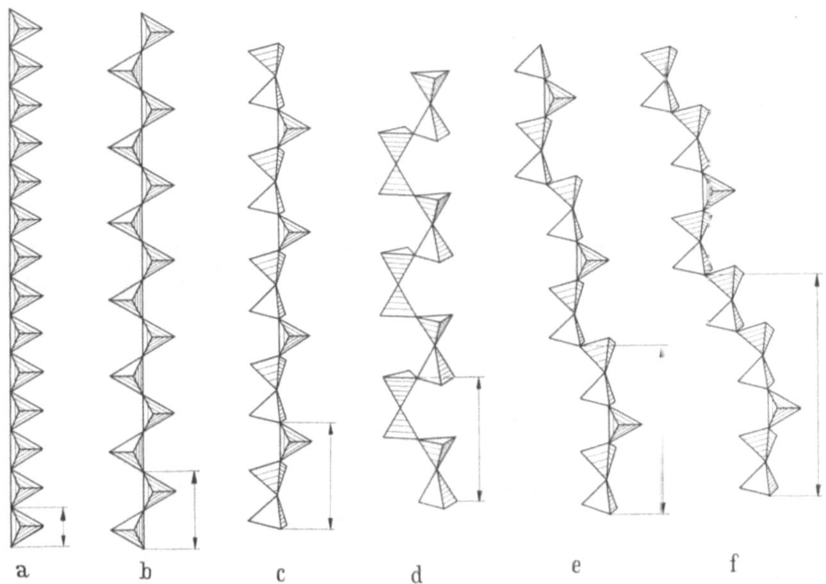

Abb. 17 a—f. Bisher bekannte Typen von Einfachketten. a) Einer-, b) Zweier-, c) Dreier-, d) Vierer-, e) Fünfer-, f) Siebenereinfachkette

LIEBAU diese Typen mit Einereinfachkette (Abb. 17a), Zweiereinfachkette (Abb. 17b) usw. bis Siebenereinfachkette (Abb. 17f). Bis auf die Einer- und Sechsereinfachkette hat man Strukturbeispiele finden können. Von den keramisch wichtigeren Silicaten haben die Pyroxene, z. B. Enstatit $MgSiO_3$, Zweiereinfachketten und Wollastonit $CaSiO_3$ Dreiereinfachketten. Alle Einfachketten haben das $O : Si$-Verhältnis $V = 3$.

Entsprechend den Einfachketten hat LIEBAU auch die anderen Strukturtypen unterteilt. Unterschiedlich zu den Einfachketten, bei denen alle $[SiO_4]$-Tetraeder zwei Brückensauerstoffe haben, treten bei den Doppelketten verschiedene Typen mit $V = 2,5$ bis $2,83$ auf. Ähnlich liegen die Verhältnisse bei den Schichten. Abb. 18 zeigt als Beispiel eine Zweiereinfachschicht, die u. a. in den Tonmineralen auftritt. Bemerkenswert ist dabei, daß sie eine hexagonale Symmetrie hat und daß alle freien Tetraederspitzen nach einer Seite der Schicht zeigen. (Es gibt auch Strukturen solcher Zweiereinfachschichten mit wechselweiser Anordnung von Gruppen von Tetraederspitzen; sie sind aber nicht so häufig.) Die gleichseitige Ausrichtung der Tetraederspitzen hat dort

eine starke Anhäufung von negativen Ladungen zur Folge, während die
andere Schichtseite keine freien Ladungen enthält, so daß eine solche
Schicht instabil ist. Die Stabilisierung wird erreicht, wenn sich zwei
solche Schichten mit den Spitzen zusammenlagern, was aber sehr selten

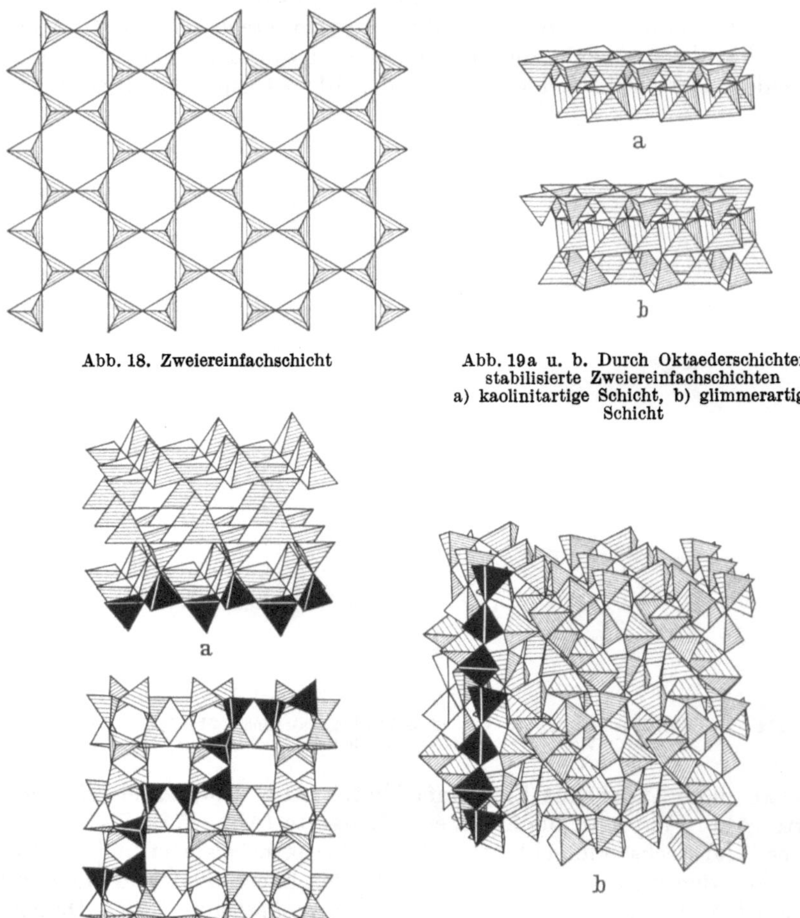

Abb. 18. Zweiereinfachschicht

Abb. 19a u. b. Durch Oktaederschichten
stabilisierte Zweiereinfachschichten
a) kaolinitartige Schicht, b) glimmerartige
Schicht

Abb. 20a—c. Einige Typen von Tetraedergerüsten. a) Zweier-, b) Dreier-, c) Viererraumnetz
(je eine Kette, aus denen sich das Raumnetz aufbauen läßt, ist schwarz eingezeichnet)

ist. Häufig werden dagegen diese Zweiereinfachschichten durch Verknüpfung mit hexagonalen Schichten aus [Me(O, OH)$_6$]-Oktaedern
stabilisiert, wobei Me meist Al oder Mg ist. Die Zusammenlagerung von
je einer [SiO$_4$]- und einer [Me(O, OH)$_6$]-Schicht führt zu den kaolinit-
artigen Schichten (Abb. 19a), während zwei [SiO$_4$]-Schichten, die durch
eine [Me(O, OH)$_6$]-Schicht verbunden sind, die Grundlage der glimmerartigen Strukturen darstellen (Abb. 19b). Schließlich zeigt Abb. 20 einige

Grundstrukturen, bei denen u. a. Zweier-, Dreier- und Viererraumnetze auftreten. Auch hier findet man zahlreiche keramisch wichtige Minerale. So bestehen Zweierraumnetze beim Cristobalit und Tridymit (Abb. 20a), Dreierraumnetze beim Quarz und Keatit (Abb. 20b) und Viererraumnetze beim Coesit und den Feldspäten (Abb. 20c). Die Struktur des Quarzes kann z. B. als aus spiralartig gewundenen Dreierketten aufgebaut gedacht werden.

Der häufige Ersatz von Si^{4+} durch Al^{3+} in den Silicaten wurde schon früher erwähnt (S. 28). In Viererkoordination findet man auch noch andere Kationen, z. B. B^{3+}, Be^{2+} oder Li^+. LIEBAU setzt in seiner Systematik diese Kationen nur dann dem Si^{4+}-Ion gleich, wenn der Ersatz von Silicium in bestimmten Punktlagen der Struktur statistisch erfolgt. Dagegen schließt ZOLTAI [799], der eine ähnliche Systematik entworfen hat, alle $[MeO_4]$-Gruppen in den Anionenverband ein, wodurch seine Systematik über die Silicate hinausgeht.

Bisher wurden nur die sich bildenden Silicatanionen betrachtet. Wesentlich für das Ausmaß der Verknüpfung ist das $O : Si$-Verhältnis V, indem mit abnehmendem V-Wert die Verknüpfung stärker wird. Aber aus den oben angeführten Beispielen kann schon entnommen werden, daß der V-Wert allein nicht ausschlaggebend ist. Auf die Rolle der sonst noch vorhandenen Kationen hat vor allem BELOV [35] hingewiesen. Sie bilden meist größere Koordinationen und stabilisieren dann die Verknüpfung, bei der bestimmte Abstände mit den Kantenlängen der Kationenpolyeder übereinstimmen.

Mit diesen neuen Ordnungsprinzipien ist es gelungen, die große Vielfalt der Silicate in bestimmte Typen zu gliedern. Die damit erzielten Fortschritte sind bemerkenswert, doch kann die Entwicklung noch nicht als abgeschlossen betrachtet werden. Es ist anzunehmen, daß bei stärkerer Beachtung der unterschiedlichen Bindekräfte das Bild noch klarer werden wird.

2.2.5.3 Wichtige SiO_2-Modifikationen

Die einfachste kieselsäurehaltige Verbindung, SiO_2, ist zugleich für die Keramik von großer Bedeutung. Aus obigen Regeln ist sofort abzuleiten, daß es eine Gerüststruktur aufbauen wird, wie es auch schon im vorangegangenen Abschnitt erwähnt wurde. Man kann jedoch für SiO_2 nicht eine einzelne Struktur angeben, da es in mehreren kristallinen Modifikationen auftritt. Die Stabilitätsbereiche der wichtigsten Modifikationen werden im Abschnitt 4.1.1 über das Einstoffsystem SiO_2 erörtert. Hier sollen nur die Strukturen mit ihren Daten behandelt werden. Ausführlicher sind die verschiedenen SiO_2-Minerale in den beiden Monographien von FRONDEL [212] und SOSMAN [685] und in einer zusammenfassenden Arbeit von FLÖRKE [194] beschrieben. Die im folgenden angeführten Zahlenwerte sind meist diesen Veröffentlichungen entnommen worden.

Quarz. Die wichtigste natürliche SiO_2-Modifikation ist der Quarz. Er hat die Eigenschaft, beim Erhitzen bei 573 °C in eine andere Modifikation überzugehen. Die Namensgebung α- und β-Quarz für diese

beiden Modifikationen erfolgt leider mit unterschiedlicher Zuordnung
zur Tief- oder Hochtemperaturmodifikation. Es ist deshalb besser, die
klaren Begriffe Tief- und Hochquarz zu verwenden, wie es sich jetzt
allgemein durchsetzt.

Der Strukturtyp des Tiefquarzes wurde bereits in Abb. 20 b gebracht.
Tiefquarz zeigt eine trigonale Symmetrie. Die Einheitszelle, deren
Gitterkonstanten in Tab. 11 aufgeführt sind, enthält drei Formeleinheiten
SiO_2 und hat den Aufbau der Abb. 21 a. Die eingeschriebenen Zahlen,
multipliziert mit der Gitterkonstante c, bezeichnen die Höhenlagen
in Richtung der c-Achse. In der Mitte ist ein $[SiO_4]$-Tetraeder deutlicher
markiert worden. Von dort ausgehend bildet der punktierte Linienzug

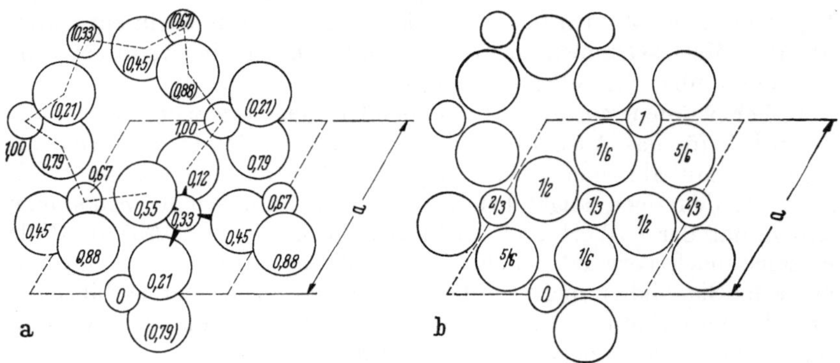

Abb. 21a u. b. Einheitszellen des Tiefquarzes (a) und des Hochquarzes (b), projiziert auf (0001)
(große Kreise: Sauerstoff, kleine Kreise: Silicium)

einen Sechserring, der aber nicht geschlossen ist, sondern in Form einer
Schraube in Richtung der c-Achse, also senkrecht zur Blattebene, an
Höhe gewinnt.

Beim Übergang des Tiefquarzes in den Hochquarz findet nur eine
geringe Verschiebung der Atomlagen und Bindungswinkel statt, die,
wie Abb. 21 b im Vergleich zu Abb. 21 a deutlich erkennen läßt, zu einer
höheren, der hexagonalen Symmetrie führt. Umgekehrt kann man sagen,
daß der Tiefquarz eine gestörte Form des Hochquarzes darstellt. Deshalb
zeigen die Gitterkonstanten in Tab. 11 nur geringe Unterschiede, die
noch geringer würden, wenn man sie auf gleiche Temperaturen bezöge.
Neuere röntgenographische Untersuchungen führten ARNOLD [21] zu einer
etwas anderen Strukturvorstellung vom Hochquarz, indem bei diesem
submikroskopische Verzwillingung des Tiefquarzes angenommen wird,
die ebenfalls zu einer Erhöhung der Symmetrie führt.

Cristobalit. Abb. 21 läßt erkennen, daß in der Struktur des Quarzes
Hohlräume auftreten, die in Abb. 20 b nicht so deutlich zu sehen sind.
Aus Abb. 20 kann man aber entnehmen, daß ein anderer Aufbau des
Raumnetzes nach Art der Abb. 20 a zu einer noch lockereren Packung
führt. Hier entsteht das Raumnetz durch Übereinanderlagern von Zweiereinfachschichten. Eine solche Schicht ist auch in Abb. 16 h dargestellt, nur
daß jetzt die Spitzen der Tetraeder abwechselnd nach oben und unten

Tabelle 11. *Eigenschaften von SiO₂-Modifikationen*

Modifikation	Kristallsystem	Gitter-konstanten Å	bei Tem-peratur °C	Si—O-Abstand Å	Si—O—Si-Winkel °	Dichte (20 °C) g/cm³	Brechungsindizes n_D	linearer Ausdehnungs-koeffizient $a_{0/100}\,10^6$ grd^{-1}
Tiefquarz	trigonal	$a = 4,913$ $c = 5,405$	25	1,61	144	2,651	$n_0 = 1,5533$ $n_E = 1,5442$	12,3
Hochquarz	hexagonal	$a = 4,999$ $c = 5,457$	575	1,62	147	—	—	—
Tiefcristobalit	tetragonal	$a = 4,972$ $c = 6,921$	20	1,60—1,61	147	2,33	$n_0 = 1,484$ $n_E = 1,487$	10,3
Hochcristobalit	kubisch	$a = 7,12$	300	1,58—1,69	151	—	—	—
Tieftridymit	monoklin	$a = 18,45$ $b = 4,99$ $c = 23,83$ $\beta = 105°\,39'$	20	1,54—1,71	≈140	2,27	$n_X = 1,470$ $n_Z = 1,474$	21,0
Hochtridymit	hexagonal	$a = 5,06$ $c = 8,25$	200	1,53—1,55	180	—	—	—
Keatit	tetragonal	$a = 7,46$ $c = 8,59$	25	1,57—1,61	149—156	2,50	$n_0 = 1,522$ $n_E = 1,513$	—
Coesit	monoklin	$a = 7,17$ $b = 7,17$ $c = 12,38$ $\beta = 120°$	25	1,59—1,64	139—148 und 180	2,92	$n_X = 1,594$ $n_Z = 1,599$	—
Stischowit	tetragonal	$a = 4,18$ $c = 2,66$	25	1,72—1,87	—	4,35	$n_0 = 1,799$ $n_E = 1,826$	
Melanophlogit	kubisch	$a = 13,2$	20	—	—	2,05	1,425	—
faseriges SiO₂	ortho-rhombisch	$a = 4,7$ $b = 5,2$ $c = 8,4$	20	1,87	—	1,98	—	—
Kieselglas	glasig	—	20	≈1,6	≈145	2,20	1,458	0,5

aus der Blattebene herausragen. Eine direkte senkrechte Überlagerung ist dann nicht möglich, sondern es bedarf gleichzeitig einer Verschiebung parallel einer Sechseckkante um einen Si—Si-Abstand. Die Verhältnisse liegen damit ganz analog dem früher (S. 19) besprochenen Aufbau der Kugelpackungen (Abb. 9). Mit Hilfe dieser Vorstellungen gelang es FLÖRKE [189], die bis dahin bekannten und eigene Beobachtungen einem einheitlichen Prinzip unterzuordnen, das auch hier verwendet werden soll.

Bezeichnet man die Ausgangsschicht mit A und die — wie oben erwähnt — weiteren Schichten mit B und C, dann entspricht die vierte Schicht wieder der Ausgangsschicht A. Die so entstehende Schichtenfolge $ABCABCABC$ usw., die auch als 3-Schicht-Struktur bezeichnet wird, hat analog den Kugelpackungen eine kubische Symmetrie und stellt die Struktur des Hochcristobalits dar. Die Einheitszelle wurde bereits in Abb. 11c gezeigt, in der die Schichten parallel der Oktaederfläche (1 1 1) liegen.

Beim Abkühlen unter 270 °C geht der Hochcristobalit in den Tiefcristobalit über, dessen Struktur (ähnlich wie beim Übergang Hoch- in Tiefquarz) von der des Hochcristobalits durch eine geringe Verschiebung der Atomlagen und Bindungswinkel entsteht. Die Symmetrie erniedrigt sich dadurch zu einer tetragonalen Symmetrie. Nach Tab. 11 ist beim Hochcristobalit die Gitterkonstante $a = 7,12$ Å. Dieser Wert entspricht beim Tiefcristobalit der Gitterkonstante c direkt und der Prismendiagonalen, also $a_{\mathrm{Hochcr}} : \sqrt{2} \approx a_{\mathrm{Tiefcr}}$. Das ergibt einen berechneten Wert von etwa 5,0 Å, was gut mit dem experimentellen Wert des Tiefcristobalits in Tab. 11 übereinstimmt.

Tridymit. Neben der oben erwähnten 3-Schicht-Struktur des Cristobalits ist auch eine 2-Schicht-Struktur denkbar, wenn auf die erste Schicht A eine zweite Schicht B folgt, die 60° um die c-Achse verdreht ist. Dann kann dieser als weitere Schicht sofort die Ausgangslage A folgen. Bezeichnet man die verdrehten Schichten mit einem Strichindex, dann ergibt sich die Schichtenfolge $AB'AB'AB'$ usw., die das Bauprinzip des Hochtridymits nach dem Strukturvorschlag von R. E. GIBBS [220] darstellt. Wie bei den Kugelpackungen ergibt sich daraus eine hexagonale Symmetrie. Die späteren Untersuchungen haben allerdings ergeben, daß diese Struktur stark idealisiert ist. So ist es z. B. unwahrscheinlich, daß bei der Si—O—Si-Bindung ein Winkel von 180° auftritt. Genauere Strukturuntersuchungen liegen jedoch bis jetzt noch nicht vor.

Bei Temperaturen < 250 °C geht Hochtridymit durch eine oder mehrere Umwandlungen zu dem bei Zimmertemperatur stabilen Tieftridymit über (S. 166). Ähnlich wie bei den Hoch-Tief-Umwandlungen beim Quarz und Cristobalit werden dabei die Atomlagen etwas verschoben werden. Genaue Strukturbestimmungen fehlen bisher auch hier. Doch ist nach den vorläufigen Untersuchungen von FLEMING und LYNTON [187] sicher, daß der Bindungswinkel Si—O—Si etwa 140° beträgt. Durch die Verschiebungen entsteht nach W. HOFFMANN [294] eine monokline Struktur (Tab. 11).

Die Tief-Hoch-Umwandlungen dieser SiO_2-Modifikationen beruhen nur auf einer Verschiebung der Atomlagen und Änderung des Si—O—Si-Bindungswinkels, was auch der Vergleich der Abb. 21a und 21b zeigt. Nach BUERGER bezeichnet man solche Umwandlungen als *displaziv*. Dem stehen die *rekonstruktiven Umwandlungen* gegenüber, bei denen Bindungen aufgebrochen werden müssen. Das tritt z. B. bei der Umwandlung von Quarz in Cristobalit ein, über die später (S. 164ff.) berichtet wird.

Zum Nachweis der verschiedenen Modifikationen hat sich besonders die Röntgenographie bewährt. Diagramme sind in den oben angeführten Arbeiten zu finden. Die genauere röntgenographische Untersuchung von Cristobalit und Tridymit, vor allem durch FLÖRKE [189], hat diffuse Reflexe ergeben, die auf eine *eindimensionale Fehlordnung* (S. 29) in der Anordnung der Schichten zurückgeführt werden konnte. Die ideale kubische 3-Schicht-Folge des Cristobalits ist durch langes Tempern bei hohen Temperaturen erreichbar, während idealer Tridymit mit der hexagonalen 2-Schicht-Folge noch nicht hergestellt werden konnte. Immer ist ein gewisser Anteil an 3-Schicht-Folgen in der Struktur enthalten. Steigende Anteile an den anderen Schichtenfolgen bedingen zunehmende Fehlordnung. Das kann so weit gehen, daß eine Unterscheidung zwischen Cristobalit und Tridymit sinnlos wird. Die Auswirkung der Fehlordnung auf einige Eigenschaften wird ebenfalls später (S. 166ff.) besprochen. Hier sei nur noch erwähnt, daß die Fehlordnung auch zu einer Verbreiterung der Röntgeninterferenzen führt.

Bei Tridymiten kann man im Röntgendiagramm Überperioden in der Schichtpackung erkennen, die zunächst als Überstrukturen — ähnlich wie beim SiC (S. 384) — gedeutet wurden. Aus dem Verschwinden dieser Reflexe bei der Tief-Hoch-Umwandlung ziehen aber W. HOFFMANN und LAVES [295] den Schluß, daß es sich dabei um periodische displazive Verzerrungsfehler handelt, die sie mit Polytropie bezeichnen.

Weitere Untersuchungen von FLÖRKE ergaben, daß sich Tridymit nur in *Gegenwart von Fremdionen* bildet. Daraus ergeben sich wichtige Folgerungen für das Einstoffsystem SiO_2 (S. 166ff.). Die Fremdionen sind auch für die relativ großen Schwankungen in den Röntgendiagrammen verantwortlich. Meist werden in das Tridymitgitter Alkaliionen eingebaut, aber PATZAK und KONOPICKY [539] fanden auch Ca- und Al-Ionen, die eine beträchtliche Kontraktion des Gitters hervorrufen können.

Die Ergebnisse und Folgerungen von FLÖRKE haben viele weitere Versuche ausgelöst. Hier sei nur auf HILL und ROY [288] hingewiesen, die u. a. Hydrothermalversuche durchgeführt haben. FLÖRKE [192, 194] hat sich mit deren Anschauungen eingehend auseinandergesetzt. Vor allem konnte er zeigen, daß der von obigen Autoren beschriebene stabile Tridymit-S dem geordneten Tridymit entspricht, während der metastabile Tridymit-M fehlgeordnet ist. Da es zwischen beiden alle möglichen Übergänge gibt, ist es nicht sinnvoll, von zwei bestimmten Tridymitformen zu sprechen.

Die in diesem Abschnitt bisher genannten SiO_2-Modifikationen sind zwar bei verschiedenen Temperaturen, aber einheitlich bei normalem Druck stabil. In Tab. 11 sind daneben noch einige *Hochdruck-modifikationen* aufgeführt, die nach ihren Entdeckern benannt wurden. Die Struktur von Coesit ist vom Typ der Abb. 20 c, während die des Keatits zum Typ der Abb. 20 b gehört. Beide Modifikationen lassen sich demnach in das übliche Schema der Silicatstruktur einordnen. Das ist nicht der Fall bei einigen *anderen SiO_2-Modifikationen*. Es sei hier nur nochmals der Stischowit mit $[SiO_6]$-Oktaedern und Rutilstruktur (S. 22) und das faserige SiO_2 mit der Kantenverknüpfung der $[SiO_4]$-Tetraeder (S. 16) erwähnt. Schließlich ist noch der seltene kubische Melanophlogit zu nennen, dessen geringe Dichte von 2,05 g/cm³ eine sehr lockere Struktur anzeigt. Man weiß schon seit einiger Zeit, daß er immer organische Verbindungen enthält (mindestens 6 Gew.-%), die wahrscheinlich in den Hohlräumen einer sehr weiten Struktur aus $[SiO_4]$-Tetraedern eingelagert sind. Solche Einlagerungsverbindungen, Klathrate, kennt man u. a. vom H_2O z. B. mit CH_4 oder Cl_2 der Form $6 X \cdot 46 H_2O$. KAMB [345] hat auf die Ähnlichkeit dieser Strukturen mit der des Melanophlogits hingewiesen und dabei auch gezeigt, daß allen hier erwähnten SiO_2-Modifikationen (mit Ausnahme des faserigen SiO_2) ähnliche Strukturen bei den verschiedenen Eismodifikationen zugeordnet werden können. (Auch im Eis findet man ein tetraedrisches Netzwerk, s. S. 173.)

2.2.5.4 Wichtige Schichtsilicate

Die geschichtlich so frühzeitige Entwicklung der Keramik ist auf die leichte Formbarkeit der in der Natur häufig vorkommenden Tone und Kaoline zurückzuführen. (Man bezeichnet primäre Vorkommen als Kaoline, sekundäre als Tone. Beide enthalten Tonminerale, von denen das wichtigste der Kaolinit ist.) Diese Eigenschaft ist eng mit der Struktur der Tonminerale verbunden, die deshalb eine eingehendere Besprechung verdient. Die Tonminerale gehören zur Gruppe der Schichtsilicate und sollen hier in diesem Zusammenhang gemeinsam mit den anderen wichtigen Schichtsilicaten, den Glimmern, behandelt werden. Ausführlicher sind sie in den Monographien von JASMUND [328] und GRIM [234] beschrieben.

Auf S. 35 wurde bereits erwähnt, daß in den meisten Schichtsilicaten Zweiereinfachschichten (Abb. 18) auftreten, die eine hexagonale Symmetrie haben. Die Ausrichtung aller freien Tetraederspitzen nach einer Seite macht eine solche Schicht instabil. Meist wird eine Stabilisierung dadurch erreicht, daß eine Verknüpfung mit hexagonalen Schichten aus $[Me(O, OH)_6]$-Oktaedern erfolgt. Lagert sich nur eine Tetraederschicht an, so spricht man von Zweischichtmineralen, während bei beidseitiger Anlagerung von Tetraederschichten an die Oktaederschicht die Dreischichtminerale entstehen. In der Oktaederschicht tritt als Me meist Al oder Mg auf. Aus Gründen der Elektroneutralität sind dann mit Al nur $^2/_3$ der Oktaederlücken besetzt, dagegen mit Mg alle. Die ersteren Strukturen bezeichnet man deshalb als dioktaedrisch, die letzteren als trioktaedrisch. Die Vielfalt der Möglichkeiten wird noch dadurch vergrößert, daß das Si der Tetraederschicht in gesetzmäßiger Weise durch

Al (mit zusätzlichen K-Ionen zum Wertigkeitsausgleich) ersetzt werden kann, und daß schließlich noch zwischen die einzelnen Schichtpakete H_2O-Moleküle als Zwischenschichtwasser eintreten können. Jedes Mal ergibt sich dabei ein neues Mineral. Das Schema der Abb. 22 erlaubt aber, eine Ordnung in diese Vielfalt zu bringen.

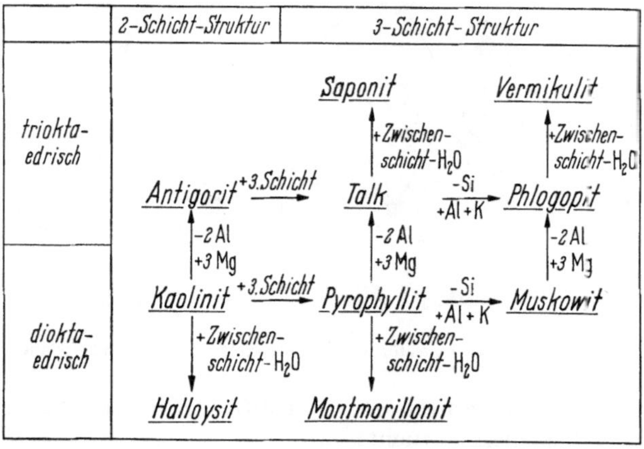

Abb. 22. Schematischer struktureller Zusammenhang der wichtigsten Silicatminerale mit Schichtstruktur

Kaolinitgruppe. Obiges Schema baut die verschiedenen Strukturen vom wichtigsten Tonmineral, dem *Kaolinit*, auf, mit dessen Struktur die nähere Besprechung begonnen werden soll. Wie bei den folgenden Strukturen stammen die grundlegenden Ansätze von PAULING [540], während J. W. GRUNER [239] den ersten speziellen Vorschlag für den Kaolinit machte. Die theoretische Zusammensetzung des Kaolinits $Al_2O_3 \cdot 2\,SiO_2 \cdot 2\,H_2O$ ergibt 46,53 Gew.-% SiO_2, 39,49 Gew.-% Al_2O_3 und 13,98 Gew.-% H_2O. Auf eine $[SiO_4]$-Tetraederschicht kommt eine dioktaedrische $[AlO_6]$-Schicht, wobei in letzterer mehrere der Sauerstoffe durch OH-Gruppen ersetzt sind.

Ein solches Schichtpaket aus zwei Schichten zeigt Abb. 19a. Darin erkennt man in der Tetraederschicht die Sechserringe und die Eckenverknüpfung, während die Oktaederschicht Kantenverknüpfung zeigt. Die Projektion auf die Ebene (0 0 1) zeigt Abb. 23, in der jeweils ein $[SiO_4]$-Tetraeder und ein $[AlO_2(OH)_4]$-Oktaeder deutlicher markiert wurden. Die geometrischen Dimensionen der Polyeder lassen jedoch eine derartige ideale Struktur nicht zu. Die geringen Differenzen werden durch Verdrehungen der Tetraeder in der Zeichenebene ausgeglichen, so daß die Symmetrie erniedrigt wird.

Die Schichtpakete haben auf der einen Seite O-Atome, auf der anderen Seite OH-Gruppen. Die sich dazwischen ausbildenden Wasserstoffbrückenbindungen bestimmen die weitere Zusammenlagerung der Schichtpakete, die daher so erfolgt, daß sich immer eine $[SiO_4]$-Tetraederschicht über eine $[AlO_2(OH)_4]$-Oktaederschicht lagert. Diese Art des Aufbaues ist in Abb. 24a dargestellt. Formelmäßig läßt sich das wie

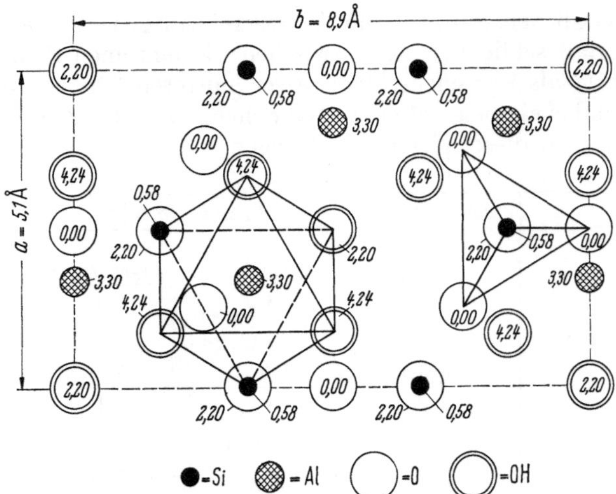

Abb. 23. Projektion eines ungestörten Schichtpakets vom Kaolinittyp auf (0 0 1)

folgt schreiben, wobei man nur auf die Hälfte der in Abb. 24a gezeichneten Atome zu beziehen braucht:

$$
\left.
\begin{array}{l}
\text{Oktaederschicht} \quad \left\{
\begin{array}{l}
(\text{OH})_3 \\
\text{Al}_2 \\
\text{O}_2, \text{ OH}
\end{array}
\right. \\[1ex]
\text{Tetraederschicht} \quad \left\{
\begin{array}{l}
\text{Si}_2 \\
\text{O}_3
\end{array}
\right.
\end{array}
\right\}
\begin{array}{l}
= \text{Al}_2\text{O}_3 \cdot 2\,\text{SiO}_2 \cdot 2\,\text{H}_2\text{O} \text{ oder} \\
\quad\quad \text{Al}_2[(\text{OH})_4/\text{Si}_2\text{O}_5]
\end{array}
$$

Letztere Schreibweise entspricht besser der Struktur. In der eckigen Klammer stehen die Anionen, davor die Kationen, d. h., das Al tritt hier in der Koordinationszahl 6 auf.

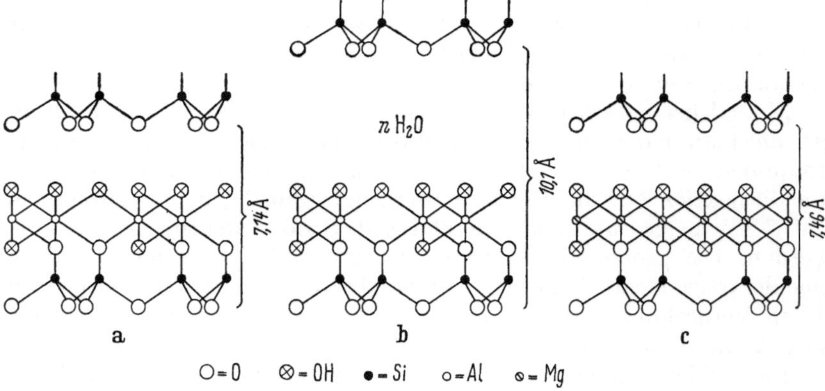

Abb. 24a—c. Schematische Darstellung der Strukturen von Zweischichtmineralen. a) Kaolinit, b) Halloysit, c) Antigorit

In Abb. 24a befindet sich das obere Schichtpaket in derselben Lage wie die untere Schicht. Daneben gibt es noch andere Möglichkeiten

Tabelle 12. *Kristallographische Daten von Schichtsilicaten*

| Zahl der Einzel-schichten | Besetzung | | Mineralname | Formel (idealisiert) | a | b | c | β^1 |
| | di- | tri- | | | | Å | | |
	oktaedrisch							
2	×		Kaolinit	$Al_2[(OH)_4/Si_2O_5]$	5,14	8,93	7,14	104° 30'
	×		Dickit	$Al_2[(OH)_4/Si_2O_5]$	5,15	8,94	2×7,14	96° 44'
	×		Nakrit	$Al_2[(OH)_4/Si_2O_5]$	5,14	8,94	6×7,2	90° 20'
	×		Halloysit	$Al_2[(OH)_4/Si_2O_5] \cdot nH_2O$	5,15	8,9	10,1	100° 12'
		×	Antigorit	$Mg_3[(OH)_4/Si_2O_5]$	5,30	9,20	7,46	91° 24'
3	×		Pyrophyllit	$Al_2[(OH)_2/Si_4O_{10}]$	5,15	8,92	2×9,2	99° 55'
	×		Montmorillonit	$Al_2[(OH)_2/Si_4O_{10}] \cdot nH_2O$	5,15	8,94	15,2	90°
		×	Talk	$Mg_3[(OH)_2/Si_4O_{10}]$	5,27	9,12	2×9,4	100°
		×	Saponit	$Mg_3[(OH)_2/Si_4O_{10}] \cdot nH_2O$	5,33	9,21	2×15,4	97°
	×		Muskowit	$KAl_2[(OH)_2/AlSi_3O_{10}]$	5,19	9,04	2×10,0	95° 30'
		×	Phlogopit	$KMg_3[(OH)_2/AlSi_3O_{10}]$	5,33	9,23	10,3	100° 12'
	×	×	Illit	$(K, H) Al_2 [(OH)_2/AlSi_3O_{10}]$	5,19	8,99	2×10,1	94° 40'
		×	Vermikulit	$Mg_{0,33} (Mg, Al)_3 [(OH)_2/AlSi_3O_{10}] \cdot nH_2O$	5,33	9,2	2×14,4	97°
4		×	Chlorit	$3 Mg(OH)_2 \cdot Mg_3[(OH)_2/Si_4O_{10}]$	5,3	9,2	14,3	97°

[1] Alle hier angeführten Minerale zeigen monokline Symmetrie mit Ausnahme des triklinen Kaolinits, bei dem $\alpha = 91° 48'$ und $\gamma = 90°$.

des Aufbaues, indem die obere Schicht um $^2/_3$ der Gitterkonstanten in
Richtung der a- oder b-Achse verschoben ist und Drehungen der Schichten möglich sind. Insgesamt ergeben sich nach ZVYAGIN [800] 52 Möglichkeiten, bei denen spätestens wieder das sechste Schichtpaket dem ersten
entspricht. (Die hohe Zahl ist durch die nur teilweise gefüllte Oktaederschicht bedingt.) Von diesen Strukturen werden aber nur wenige beobachtet, da sich nach NEWNHAM [512] nur die bilden werden, bei denen
sich besonders günstige Wasserstoffbrückenbindungen ausbilden können. In der Natur treten vor allem drei auf: *Kaolinit*, *Dickit* und *Nakrit*,
wobei Kaolinit am häufigsten ist. Nach BAILEY [25] sind beim Kaolinit
und Dickit die Schichten um jeweils $^2/_3$ a verschoben. Während beim
Kaolinit die Besetzung der Oktaederschichten in allen Schichtpaketen
gleich ist, variiert diese beim Dickit in jedem zweiten Schichtpaket,
so daß eine Überstruktur entsteht. Schließlich findet beim Nakrit eine
Verschiebung um $^1/_3$ b mit gleichzeitiger Drehung von 180° statt. Tab. 12
bringt einige kristallographische Daten.

Aus der Struktur kann man die Morphologie des Kaolinits verstehen, der in der Natur in Form von kleinen dünnen pseudohexagonalen
Blättchen vorkommt (Abb. 25-1). Die Durchmesser der Täfelchen

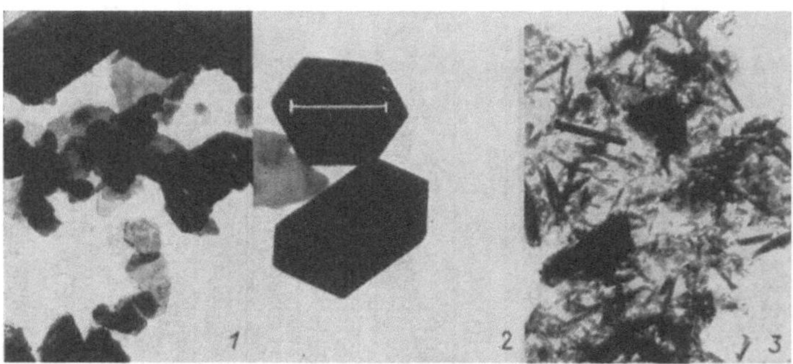

Abb. 25. Elektronenmikroskopische Aufnahmen von Kaolinit (1), Dickit (2) und Halloysit (3)
(├───┤ = 1 μm)

liegen meist bei 0,2 bis 1 μm, die Dicken unter 0,1 μm. In der Struktur
ist die hexagonale Form durch die [SiO$_4$]-Tetraederschicht vorgegeben.
Das Wachstum in der Blättchenebene, d. h. in Richtung der a- und
b-Achse, unterliegt keinen besonderen Hemmungen, wohl aber senkrecht
dazu, da dann neue Schichtpakete in der richtigen Lage aufgebaut werden müssen. Dadurch entstehen die dünnen Blättchen. Nach NEWNHAM
[512] ist beim Dickit die Lage der Wasserstoffbrückenbindungen günstiger als beim Kaolinit. Die Struktur ist damit stabiler, was vielleicht
ein Grund dafür ist, daß im allgemeinen die Korngröße der Dickitteilchen
größer als die der Kaolinitteilchen ist (vgl. Abb. 25-1 mit 25-2).

Obige Strukturen sind als Idealformen anzusehen, während in der
Natur Abweichungen sowohl in der Struktur wie in der Zusammensetzung auftreten. Man beobachtet bei den Schichtsilicaten fast alle
im Abschn. 2.2.4 erwähnten Abweichungen von der idealen Ordnung.

Einige dieser Minerale werden mit besonderen Namen belegt. Da man aber sehr große strukturelle Ähnlichkeiten findet, faßt man sie oft zu Gruppen zusammen, denen meist das bekannteste Mineral zugleich den Namen liefert. So gehören u. a. die eben erwähnten Minerale Kaolinit, Dickit und Nakrit zur Kaolinitgruppe. Sie unterscheiden sich in ihrer Struktur nur in der Anordnungsfolge der Schichtpakete. Eine unregelmäßigere Schichtenfolge liegt dagegen beim *Fireclay* vor, der ebenfalls für die Keramik von großer Bedeutung ist.

Neben diesen strukturellen Abweichungen findet man auch solche in der Zusammensetzung. Das hat seinen Grund darin, daß der Ersatz von Kationen in den Tetraeder- oder Oktaederschichten viel allgemeiner sein kann als in Abb. 22 z. B. beim Übergang von den di- zu den trioktaedrischen Mineralen zu sehen ist, wo er nach ganz bestimmten Gesetzen erfolgte. Sehr oft beobachtet man, daß diese Ersatzmöglichkeiten nur zu einem kleinen Teil eintreten oder daß auch noch andere als die bisher erwähnten Kationen in das Gitter eingebaut werden. Wesentlich ist dabei, daß die Ionenradien der neuen Kationen ähnlich sind und daß ein Wertigkeitsausgleich geschaffen wird. Besonders häufig findet man auf Al-Plätzen das Fe^{3+}-Ion, auf Mg-Plätzen die zweiwertigen Ionen Fe oder Mn und als Zwischenschichtkationen (S. 51) neben K auch Na, Ca oder Mg. Die Zahl der möglichen Strukturen wird dadurch wesentlich erhöht. Oft sind für bestimmte Minerale neue Namen verwendet worden, weswegen aber auf die einschlägigen Bücher verwiesen werden muß. Hier kann nur auf einige keramisch wichtige Erscheinungen eingegangen werden.

Die chemische Analyse von Kaolinen zeigt meist einen Alkali- + Erdalkalioxidgehalt von etwa 1 Gew.-%. Diese Ionen sind verhältnismäßig locker gebunden; denn sie lassen sich in wäßrigen Suspensionen gegen andere Kationen austauschen. Man sagt dann, daß ein *Kationenaustauschvermögen* vorliegt, eine Erscheinung, die für alle Tonminerale typisch und keramisch von großer Bedeutung ist (S. 233ff.). Sie ist deshalb häufig untersucht worden, wobei man das Kationenaustauschvermögen in mval bezogen auf 100 g mißt. (1 val = 1 Mol eines einwertigen Ions. Statt mval findet man auch die Bezeichnung mäq = Milliäquivalente.) Tab. 13 bringt eine Übersicht über die bei den wichtigsten Tonmineralen gemessenen Werte.

Tabelle 13. *Austauschvermögen von Tonmineralen*

Tonmineral	Kationen-	Anionen-
	austauschvermögen mval/100 g	
Kaolinit	0— 15	7—20
Halloysit	5— 50	80
Montmorillonit	60—150	20—30
Vermikulit	100—150	4
Chlorit	3— 40	
Illit	3— 40	

Das Vorliegen der leicht austauschbaren Kationen bedeutet, daß die restliche Struktur ein Defizit an positiver Ladung haben muß. Das kann zwei Gründe haben, nämlich Ersatz von Si^{4+} in der Tetraederschicht durch Al^{3+} oder Ersatz von Al^{3+} in der Oktaederschicht durch Mg^{2+} (oder andere Ionen mit gleichen Wertigkeiten). Die Ansichten darüber waren lange Zeit uneinheitlich, bis schließlich WEISS und RUSSOW [752] den mehrfachen Beweis dafür erbringen konnten, daß nur der Ersatz von Si durch Al erfolgt. In einem Kristall tritt dieser Ersatz aber nicht in jedem, sondern nur in dem äußersten Schichtpaket ein.

In eingehenden Versuchen hat WEISS [744] das Kationenaustauschvermögen der Tonminerale untersucht. Zur quantitativen Bestimmung gibt es mehrere Vorschläge. Hier seien nur dem Namen nach die Ammonacetat- und die Ammonchloridmethode erwähnt. Wegen der anderen Methoden und der experimentellen Durchführung muß auf die einschlägige Literatur verwiesen werden.

Neben dem Kationen- gibt es auch ein *Anionenaustauschvermögen*, das WEISS u. Mitarb. [750] an Hand des OH^-—F^--Austausches untersucht haben. Einige Zahlenwerte sind in Tab. 13 enthalten. Die Versuche ergaben, daß bei den Mineralen, die in ihrer Struktur an den Außenseiten der Schichtpakete OH-Gruppen haben (z. B. Kaolinit), die äußere Basisfläche ausgetauscht wird. (Dagegen zeigen die Dreischichtminerale Anionenaustauschvermögen nur an den Rändern der Oktaederschichten, wo freie OH-Gruppen an der Oberfläche des Kristalls liegen können.)

Halloysit. Von der Kaolinitstruktur lassen sich leicht andere Strukturen ableiten. So ist in Abb. 24b die Struktur des Halloysits zu sehen, die der des Kaolinits gleicht, nur daß jetzt zwischen benachbarten Schichtpaketen keine direkten Wasserstoffbrückenbindungen auftreten, sondern sich sogenanntes Zwischenschichtwasser eingelagert hat. Die Art des Einbaues ist noch nicht ganz geklärt. Wahrscheinlich ist eine gewisse Ordnung vorhanden, die aber nicht streng festgelegt ist, so daß die Zahlenangaben für die Menge dieses Zwischenschichtwassers schwanken; in der Formel $Al_2O_3 \cdot 2\,SiO_2 \cdot n\,H_2O$ mit n von 4 bis 6. Durch das Zwischenschichtwasser wird die Struktur in Richtung der c-Achse aufgeweitet. Die lockere Bindung des Wassers läßt aber bereits ab 50 °C eine Entwässerung zu, wodurch der *Metahalloysit* entsteht. Dabei verringert sich der Abstand der benachbarten Schichten, bis fast die Struktur des Kaolinits erreicht wird.

Während beim Kaolinit benachbarte Schichten durch die Wasserstoffbrückenbindungen relativ fest miteinander verbunden werden, ist die Bindung beim Halloysit weitgehend aufgehoben. Dadurch erhalten die einzelnen Schichtpakete eine gewisse Beweglichkeit und können den unterschiedlichen Dimensionen der Oktaeder- und Tetraederschicht nachgeben. Da die Oktaederschicht etwas kleiner als die Tetraederschicht ist, findet ein Einrollen der Schichten statt, so daß man im Elektronenmikroskop stäbchenförmige Teilchen erkennt (Abb. 25-3). HOFMANN u. Mitarb. [304] konnten nachweisen, daß Halloysit aus hohlen Röhrchen besteht mit Innen- bzw. Außendurchmessern um 400 bzw. 700 Å.

Kaolinitkristalle sind eben, nur vereinzelt hat man gebogene Kristalle in der Natur beobachtet. Das zeigt, daß auch beim Kaolinit durch die unterschiedlichen Dimensionen der Schichten Spannungen bestehen, die durch Verdrehen der $[SiO_4]$-Tetraeder nicht vollkommen aufgehoben werden können. WEISS und RUSSOW [751] haben über organische Einlagerungsverbindungen, über die später noch berichtet wird (S. 56), die Wasserstoffbrückenbindung im Kaolinit aufheben können und dann durch Reiben eine Aufteilung der größeren Schichtpakete erreicht. Die so erhaltenen äußerst dünnen Kaolinitblättchen zeigten dann ein deutliches Einrollen.

Antigoritgruppe. Ersetzt man in der Oktaederschicht die Al- durch Mg-Ionen, dann müssen zum Wertigkeitsausgleich drei Mg an die Stelle von zwei Al treten, d. h., aus den di- werden trioktaedrische Strukturen. Bei den trioktaedrischen Zweischichtstrukturen hat STEADMAN [689] die verschiedenen Möglichkeiten des Aneinanderlagerns der Schichten diskutiert. Ähnlich wie bei den dioktaedrischen Schichten sind die Dimensionen der Oktaeder- und Tetraederschicht verschieden, wobei jetzt wegen des größeren Radius des Mg-Ions und der besseren Raumerfüllung die Oktaederschicht größer als die Tetraederschicht ist. Das führt wieder zur Biegung der Schichten, so daß der Chrysotil (= Faserserpentin, Asbest) nach JAGODZINSKI und KUNZE [327] eine Röllchenstruktur aufweist, während nach KUNZE [425] der Antigorit (= Blätterserpentin) eine wellblechartige Struktur hat. Abb. 24 c zeigt von letzterer Struktur nur das wichtigste Bauprinzip, aus dem sich folgende Formeln ableiten lassen:

$$\text{Oktaederschicht} \begin{cases} (OH)_3 \\ Mg_3 \\ O_2,\ OH \end{cases} = 3\,MgO \cdot 2\,SiO_2 \cdot 2\,H_2O \text{ oder}$$
$$\text{Tetraederschicht} \begin{cases} Si_2 \\ O_3 \end{cases} \quad Mg_3[(OH)_4/Si_2O_5]$$

Pyrophyllit. Ist die Oktaederschicht beidseitig mit je einer Tetraederschicht verbunden, wie es Abb. 19 b zeigt, dann kommt man zur Gruppe der Dreischichtminerale. (Im angloamerikanischen Schrifttum werden die Zweischichtminerale als *Kandite*, die Dreischichtminerale — allerdings ohne die Glimmergruppe — als *Smektite* bezeichnet.) Nach Abb. 22 leitet sich auf diese Weise vom Kaolinit direkt der Pyrophyllit ab, dessen Struktur Abb. 26a zeigt. Daraus ergibt sich:

$$\text{Tetraederschicht} \begin{cases} O_3 \\ Si_2 \\ O_2,\ OH \end{cases}$$
$$\text{Oktaederschicht} \begin{cases} Al_2 \\ O_2,\ OH \end{cases} = Al_2O_3 \cdot 4\,SiO_2 \cdot H_2O \text{ oder}$$
$$\text{Tetraederschicht} \begin{cases} Si_2 \\ O_3 \end{cases} \quad Al_2[(OH)_2/Si_4O_{10}]$$

Die Ähnlichkeit der Strukturen ergibt sich auch aus der guten Übereinstimmung der Gitterkonstanten a und b von Pyrophyllit und Kaolinit in Tab. 12. Die c-Achse ist natürlich vergrößert und in Tab. 12

noch verdoppelt, da hier ebenfalls eine Überstruktur ähnlich wie beim
Dickit vorhanden ist. Die Bindung zwischen den einzelnen Schichtpaketen geschieht durch van der Waalssche Kräfte.

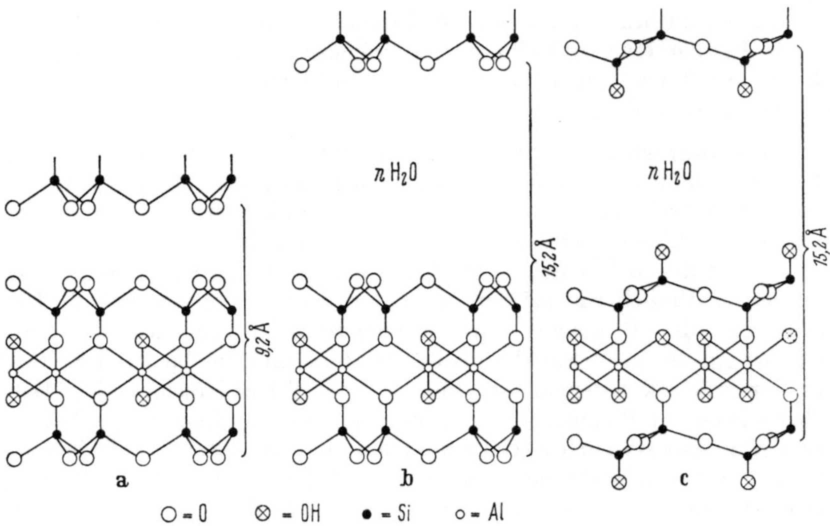

Abb. 26a−c. Schematische Darstellung der Strukturen von Pyrophyllit und Montmorillonit.
a) Pyrophyllit, b) Montmorillonit nach HOFMANN u. Mitarb.,
c) Montmorillonit nach EDELMAN u. Mitarb.

Montmorillonitgruppe. Analog dem Übergang Kaolinit → Halloysit
(Abb. 22 und 24) kommt man beim Dreischichttyp vom Pyrophyllit zur
Gruppe der Montmorillonite (Abb. 22 und 26), bei der durch das Zwischenschichtwasser das Gitter in Richtung c-Achse erheblich aufgeweitet
ist (Tab. 12). (Wie die natürlichen Vorkommen von Kaolinit als Kaoline
oder Tone bezeichnet werden, so werden Vorkommen, die hauptsächlich
aus Montmorillonit bestehen, Bentonite genannt.) Abb. 26 enthält
zwei Strukturvorschläge für den Montmorillonit, wovon sich der von
HOFMANN u. Mitarb. [301] (Abb. 26b) allgemein durchgesetzt hat.
Demgegenüber nehmen EDELMAN und FAVEJEE [162] an, daß einige der
Tetraeder eine inverse Stellung haben (Abb. 26c). Obwohl dieser Strukturvorschlag keinen großen Anklang gefunden hat, haben GRIM und
KULBICKI [235] zeigen können, daß sich bei einem kleinen Teil der Montmorillonite das Reaktionsverhalten beim Brennen besser durch die
Struktur der Abb. 26c erklären läßt, so daß es möglich ist, daß in ge-
ringem Maße auch inverse Tetraeder vorliegen.

Die in Abb. 26 angegebenen Strukturen sind stark idealisiert, was
beim Montmorillonit besonders auch für die Zusammensetzung gilt;
denn alle natürlichen Montmorillonite zeigen einen deutlichen Gehalt an weiteren Kationen, die sich zwischen den Schichtpaketen befinden und das sehr hohe Kationenaustauschvermögen (Tab. 13) bedingen. 100 mval/100 g Montmorillonit ergeben umgerechnet pro

Formeleinheit etwa $1/3$ val, was auch analytisch gefunden wird. Das Auftreten von positiven Ionen in dieser Menge in den Zwischenschichten bedeutet, daß die Schichtpakete selbst eine negative Überschußladung besitzen müssen. Diese wird durch einen teilweisen Ersatz von Al-Ionen der Oktaederschicht durch Mg-Ionen hervorgerufen. Die richtige Formel muß daher lauten

$$(Al_{2-x} Mg_x) [(OH)_2/Si_4O_{10}] \cdot Na_x \cdot nH_2O,$$

wobei Na^+ als austauschfähiges Kation angegeben wurde, wie es auch oft in der Natur neben Ca^{2+}-Ionen beobachtet wird. Für obiges Beispiel beträgt $x = 0,33$. Man spricht dann auch vom Na- bzw. Ca-Montmorillonit.

Die negativen Überschußladungen in den Schichtpaketen sind der eigentliche Grund für das Auftreten solcher Strukturen mit Zwischenschichtwasser; denn diese Überschußladungen bewirken eine Abstoßung der Schichtpakete und ermöglichen damit das Eindringen des Wassers, wobei zusätzliche Kationen für den Wertigkeitsausgleich sorgen, die aber leicht austauschbar sind und das hohe Kationenaustauschvermögen bedingen.

Das Verhalten des Zwischenschichtwassers des Montmorillonits unterscheidet sich deutlich von dem des Halloysits, indem die obere Grenze des Wassergehaltes variieren kann. Im lufttrockenen Zustand beträgt der H_2O-Gehalt etwa 20 Gew.-%, was ungefähr der Formel $Al_2O_3 \cdot 4 SiO_2 \cdot 5 H_2O$ entspricht. Nach Tab. 12 hat dann die Gitterkonstante c den Wert 15,2 Å. Lagert man Montmorillonit unter Wasser, dann nimmt er noch mehr Zwischenschichtwasser auf unter Vergrößerung des c-Wertes, während durch Trocknen und Erhitzen der Wassergehalt geringer wird und fast die Werte des Pyrophyllits erreicht werden. Nach nicht zu hohem Erhitzen (bis etwa 550 °C) wird das abgegebene Wasser reversibel wieder aufgenommen, so daß der Montmorillonit die Eigenschaften der eindimensionalen *innerkristallinen Quellung* hat. Über die Anordnung und die Eigenschaften des Wassers und der Kationen darin hat man sich verschiedentlich Gedanken gemacht, ohne bisher zu einer endgültigen Klärung gekommen zu sein. Nach WEISS u. Mitarb. [748] ist mit einer gewissen Ordnung in der Zwischenschicht zu rechnen, die von der Ladung der Schichtpakete, der Art der Zwischenschichtkationen und der Menge des Zwischenschichtwassers abhängt. Auch die eindimensionale innerkristalline Quellung ist davon abhängig. Mit Alkaliionen als Zwischenschichtkationen tritt eine sehr große Quellung ein, aber mit Erdalkaliionen nur bis etwa $c = 20$ Å. HOFMANN [298] hat gezeigt, daß bei anderen Mineralen der Montmorillonitgruppe, die gleich behandelt werden, die Verhältnisse anders liegen können. Innerkristalline Quellung ist nur bei Mineralen mit austauschbaren Kationen möglich. Deshalb findet man sie unter den anderen Dreischichtmineralen nicht beim Pyrophyllit und Talk, aber auch nicht beim Muskowit, in dem die K-Ionen zu fest gebunden sind, wohl aber beim Vermikulit.

Die austauschfähigen Kationen können ihre Ursache aber auch in einem teilweisen Ersatz des Si der Tetraederschicht durch Al haben.

Tabelle 14. *Formelmäßige Zusammensetzung einiger quellfähiger Tonminerale nach* HOFMANN [298]

Mineral	Herkunft	Typ	Besetzung der Okta-ederschicht	$(Mg_r Al_s Fe_t^{3+})\,[(OH)_u/Al_v Si_w O_x]\cdot Na_y \cdot nH_2O$							
				r	s	t	u	v	w	x	y
Montmorillonit	Geisenheim	dioktaedrisch	2,03	0,37	1,49	0,17	2,00	0,14	3,86	9,97	0,34
Montmorillonit	Cypern	dioktaedrisch	2,03	0,45	1,46	0,12	2,00	0,10	3,90	10,00	0,40
Beidellit I	Unterrupsroth	dioktaedrisch	2,02	0,19	1,82	0,01	2,00	0,45	3,55	9,92	0,58
Beidellit II	Unterrupsroth	dioktaedrisch	2,04	0,27	1,76	0,01	2,00	0,44	3,56	10,00	0,42
Nontronit	Untergriesbach	dioktaedrisch	2,02	0,11	0,15	1,76	2,00	0,50	3,50	10,00	0,52
Saponit	Großschlattengrün	trioktaedrisch	3,00	2,95	0,03	0,02	2,00	0,62	3,38	9,99	0,57
Vermikulit	—	trioktaedrisch	3,00	2,61	0,29	0,10	2,00	1,05	2,95	10,00	0,65

Das ist der Fall beim *Beidellit*

$$Al_2\,[(OH)_2/Al_{0,5}\,Si_{3,5}\,O_{10}]\cdot Na_{0,5}\cdot nH_2O$$

und gilt auch für den *Nontronit*, bei dem aber die Oktaederschicht anstatt Al^{3+}- nur Fe^{3+}-Ionen enthält:

$$Fe^{3+}_2\,[(OH)_2/Al_{0,5}\,Si_{3,5}\,O_{10}]\cdot Na_{0,5}\cdot nH_2O.$$

In beiden Formeln wurde der Austausch idealisiert; die wahren Zusammensetzungen dieser Minerale kann man Tab. 14 entnehmen.

Talk. Der Ersatz von zwei Al durch drei Mg im Pyrophyllit führt zum Talk, der auch das Mineral des Specksteins ist. Nach Abb. 27a baut sich folgende Struktur auf:

$$
\begin{array}{l}
\text{Tetraeder-schicht}\left\{\begin{array}{l}O_3\\Si_2\end{array}\right.\\[4pt]
\text{Oktaeder-schicht}\left\{\begin{array}{l}O_2,\ OH\\Mg_3\\O_2,\ OH\end{array}\right.\quad
\begin{array}{l}OH = 3\,MgO\cdot 4\,SiO_2\cdot H_2O\\ \text{oder}\\ Mg_3[(OH)_2/Si_4O_{10}]\end{array}\\[4pt]
\text{Tetraeder-schicht}\left\{\begin{array}{l}Si_2\\O_3\end{array}\right.
\end{array}
$$

Die Gitterdimensionen a und b sind nach Tab. 12 denen des Antigorits sehr ähnlich, nur der c-Wert ist größer und hier dazu noch verdoppelt.

Saponit. Ähnlich wie beim Pyrophyllit kann sich zwischen die Schichtpakete des Talks Zwischenschichtwasser lagern, wodurch das Mineral Saponit entsteht (Abb. 22), dessen Gitterkonstanten a und b denen des Talks, aber c dem Montmorillonit nahekommen. Wie man Montmorillonit als expandierten Pyrophyllit betrachten kann, so kann man beim Saponit vom expandierten Talk sprechen. Wie beim Montmorillonit spielen auch beim Saponit Überschußladungen der Schichtpakete und Kationen in der Zwischenschicht eine wichtige Rolle, wobei ein Si—Al-Ersatz in der Tetraederschicht vorliegt:

$$Mg_3\,[(OH)_2/Al_{0,5}\,Si_{3,5}\,O_{10}]\cdot Na_{0,5}\cdot nH_2O.$$

Dieser idealen Formel kommt der in Tab. 14 angeführte Saponit recht nahe.

Glimmergruppe. Der regelmäßige Ersatz jedes vierten Si-Atoms durch ein Al-Atom (als [AlO$_4$]-Tetraeder) gemeinsam mit einem K-Atom in der Zwischenschicht führt zur großen Mineralgruppe der Glimmer. Auf diese Weise leitet sich vom Pyrophyllit der *Muskowit* ab (Abb. 22), dessen Struktur näher in Abb. 27b aufgeführt ist. Daran erkennt man,

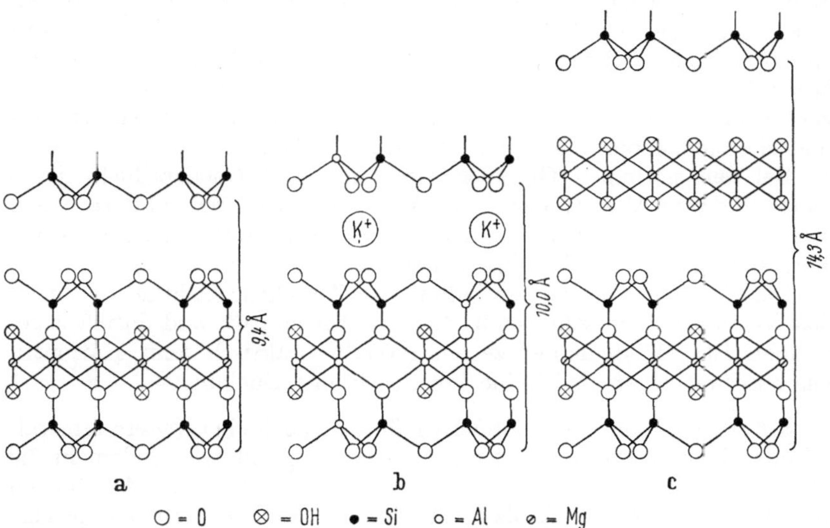

Abb. 27a—c. Schematische Darstellung der Strukturen von Talk, Muskowit und Chlorit.
a) Talk,   b) Muskowit,   c) Chlorit

daß jedem Al-Ion in einer Tetraederschicht ein K-Ion benachbart liegt, dem insgesamt gegenüber Sauerstoff die *KZ* 12 zukommt, eine Koordinationszahl, die beim Kalium ganz allgemein zu sehr stabilen, unlöslichen Verbindungen führt. Benachbarte Schichtpakete erhalten deshalb über die van der Waalssche Bindung noch einen zusätzlichen Bindungsmechanismus. Abb. 27b läßt folgende Anordnung erkennen:

$$
\begin{array}{ll}
\text{Zwischenschicht} & \text{K} \\
\text{Tetraederschicht} & \left\{ \begin{array}{l} O_6 \\ Al,\ Si_3 \end{array} \right. \\
\text{Oktaederschicht} & \left\{ \begin{array}{l} O_4,\ (OH)_2 \\ Al_4 \\ O_4,\ (OH)_2 \end{array} \right. \\
\text{Tetraederschicht} & \left\{ \begin{array}{l} Al,\ Si_3 \\ O_6 \end{array} \right. \\
\text{Zwischenschicht} & \text{K}
\end{array}
\quad
\begin{array}{l}
= K_2O \cdot 3\,Al_2O_3 \cdot 6\,SiO_2 \cdot 2\,H_2O \text{ oder} \\
\quad KAl_2[(OH)_2/AlSi_3O_{10}]
\end{array}
$$

Die Gitterkonstanten *a* und *b* verändern sich dabei kaum, während *c* durch den Einbau der K-Ionen vergrößert wird (Tab. 12).

Ganz analog gelangt man vom Talk zum *Phlogopit* (Abb. 22), einem trioktaedrischen Glimmer. Er gehört zur Gruppe der *Biotite*, die dieselbe Struktur haben, aber nach dem häufiger vorkommenden eisenhaltigen Mineral Biotit bezeichnet werden.

Die Gruppe der Glimmer unterteilt sich also in die dioktaedrische Muskowit- und die trioktaedrische Biotitreihe. Viele Substitutionen wurden beobachtet, u. a. auch ein Ersatz der OH-Gruppen durch F-Ionen. Die wichtigsten Minerale Muskowit, Biotit und Phlogopit wurden eben erwähnt. Zur letzteren Reihe gehört auch noch der *Lepidolith*, bei dem die Oktaederbesetzung nicht aus Mg- oder Mg- und Fe^{2+}-Ionen, sondern aus Li- und Al-Ionen besteht und der als Li-haltiger Rohstoff eine Rolle spielt. Schließlich sei noch der *Sericit* erwähnt, der kein eigenes Mineral, sondern Muskowit in sehr geringer Korngröße darstellt. Die zahlreichen weiteren Glimmer können hier nicht genannt werden, zumal sie auch keramisch keine Bedeutung haben.

Bei den normalen Glimmern war in der Tetraederschicht jedes vierte Si durch Al ersetzt worden. Geht der Ersatz weiter bis zu jedem zweiten Si, dann spricht man von den *Sprödglimmern*, denen z. B. die Formel $CaAl_2[(OH)_2/Al_2Si_2O_{10}]$ zukommt.

Die Glimmerminerale enthalten als Zwischenschichtkation meist das K-Ion, das sich sehr gut in die Struktur einpaßt und dort fest gebunden ist. Die Glimmer zeigen deshalb praktisch kein Kationenaustauschvermögen und keine innerkristalline Quellung.

Illitgruppe. Von den Glimmern läßt sich noch eine weitere Mineralgruppe ableiten, die durch deren Verwitterung entsteht, indem in die Struktur H-Ionen und H_2O vorwiegend an die Stelle der Alkaliionen treten. Man bezeichnet sie als Hydroglimmer. Sie haben oft sehr geringe Korngröße und werden dann Illite genannt, die wieder zu den Tonmineralen gehören. Wegen der geringen Korngröße und dem gemeinsamen Vorkommen mit anderen Tonmineralen hat man bis jetzt keine genauere Strukturbestimmung durchführen können. Die große Vielfalt der Glimmer, die u. a. di- und trioktaedrisch auftreten, ergibt eine ebensolche der Hydroglimmer.

Für die Struktur der Illite gibt es drei Vorschläge:

a) Die K^+-Ionen werden durch Hydroxonium-Ionen $(H_3O)^+$ ersetzt.

b) Ein K^+-Ion wird gemeinsam mit einer $(OH)^-$-Gruppe der Oktaederschicht durch zwei H_2O-Moleküle ersetzt.

c) Ein Si^{4+}-Ion wird durch vier H^+-Ionen ersetzt.

Letzterer Mechanismus ist nicht mehr auf Verwitterung zurückzuführen, sondern kann bei direkter Bildung der Illite eintreten. Damit ergeben sich folgende Formeln:

Muskowit: $KAl_2[(OH)_2/AlSi_3O_{10}]$ oder $K_2O \cdot 3\,Al_2O_3 \cdot 6\,SiO_2 \cdot 2\,H_2O$

a) $K_{0,5}(H_3O)_{0,5}Al_2[(OH)_2/AlSi_3O_{10}]$ oder $\frac{1}{2}K_2O \cdot 3\,Al_2O_3 \cdot 6\,SiO_2 \cdot 3\frac{1}{2}H_2O$

b) $K_{0,5}(H_2O)_{0,5}Al_2[(H_2O)_{0,5}(OH)_{1,5}/AlSi_3O_{10}]$

$$\text{oder } \tfrac{1}{2}K_2O \cdot 3\,Al_2O_3 \cdot 6\,SiO_2 \cdot 3\tfrac{1}{2}H_2O$$

c) $KAl_2[(OH)_2/AlSi_2H_4O_{10}]$ oder $K_2O \cdot 3\,Al_2O_3 \cdot 4\,SiO_2 \cdot 6\,H_2O$.

Daraus kann man erkennen, daß die Illite sich in ihrer Zusammensetzung dem Kaolinit, in ihrer Struktur aber dem Montmorillonit nähern. Nur haben sie einen größeren Al-Gehalt in der Tetraederschicht und damit eine größere Menge K-Ionen als Zwischenschichtkationen, so daß keine innerkristalline Quellung eintritt und eine feste c-Dimension gemessen werden kann (Tab. 12). Das Kationenaustauschvermögen ist deshalb auch wesentlich geringer als beim Montmorillonit (Tab. 13), aber im Gegensatz zu den Glimmern zu beobachten. Ein Unterschied gegenüber den Glimmern besteht auch noch darin, daß die Packungsfolge der Schichtpakete bei den Illiten oft gestört ist.

Die Lage der Zusammensetzung des Illits zwischen Muskowit und Kaolinit läßt sich gut aus Abb. 28 nach KEELING [348] erkennen. KEELING hat hieraus noch weitere Folgerungen gezogen, die im Hinblick auf einige andere Eigenschaften gerechtfertigt sein mögen, aber strukturell nicht begründet werden können.

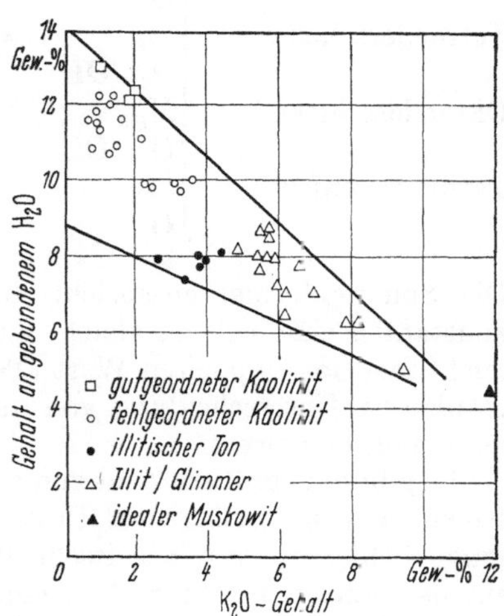

Abb. 28. Zusammenhang zwischen H_2O- und K_2O-Gehalt einiger Tonminerale

Vermikulitgruppe. Das Strukturprinzip der Vermikulite (Abb. 22, Tab. 12) kann man von der Phlogopitstruktur ableiten, indem in der Oktaederschicht jedes neunte Mg durch Al ersetzt wird. Dadurch verringert sich entsprechend die Menge der Zwischenschichtkationen, die jetzt aber Mg-Ionen sind. Die Struktur wird damit sehr ähnlich der der Saponite, was sich auch in den Eigenschaften, insbesondere nach Tab. 13 im Kationenaustauschvermögen zeigt.

Aus Tab. 14 kann man erkennen, daß der eigentliche Mineralname Vermikulit für ein eisenhaltiges Mineral gilt, während das eisenfreie, mehr der idealen Formel der Tab. 12 entsprechende Mineral Botarit heißt. Vermikulite haben die besondere Eigenschaft, beim Erhitzen sehr stark aufzublähen und sich dabei meist wurmförmig zu krümmen.

Chloritgruppe. Die Zwischenschicht der Vermikulite enthält hydratisierte Mg-Ionen. Man kennt aber auch Schichtsilicate, bei denen eine wohlgeordnete Zwischenschicht aus $Mg(OH)_2$ in Form einer Brucitschicht vorliegt. Auch findet man zwischen den Schichtpaketen Hydrargillitschichten $Al(OH)_3$. Liegen Brucitschichten vor, dann spricht man von den Chloriten, von denen eine sehr idealisierte Struktur in Abb. 27c skizziert ist. Daraus ergibt sich:

$$
\begin{array}{ll}
\text{Zwischenschicht} & \left\{\begin{array}{l}(OH)_3\\ Mg_3\\ (OH)_3\end{array}\right.\\[2ex]
\text{Tetraederschicht} & \left\{\begin{array}{l}O_3\\ Si_2\\ O_2,\ OH\end{array}\right. = 6\,MgO\cdot 4\,SiO_2\cdot 4\,H_2O \quad \text{oder}\\[2ex]
\text{Oktaederschicht} & \left\{\begin{array}{l}O_2,\ OH\\ Mg_3\\ O_2,\ OH\end{array}\right. \quad 3\,Mg(OH)_2\cdot Mg_3[(OH)_2/Si_4O_{10}]\\[2ex]
\text{Tetraederschicht} & \left\{\begin{array}{l}Si_2\\ O_3\end{array}\right.
\end{array}
$$

Die Summenformel entspricht der des Antigorits, auch die Gitterkonstanten sind nahezu gleich, nur die c-Achse ist vergrößert und erreicht fast den doppelten Wert (Tab. 12). Dadurch wird eine röntgenographische Unterscheidung von diesem und von anderen Zweischichtmineralen erschwert.

Es gibt eine größere Zahl von verschiedenen Chloriten, da nach demselben Bauprinzip nicht nur Talkschichten, sondern auch viele glimmerartige Schichten mit Brucitschichten kombiniert sind, wobei darüber hinaus letztere in ihrer Zusammensetzung noch sehr variabel sind, indem Mg durch z. B. Al oder Fe^{2+} ersetzt sein kann.

Wechsellagerungsstrukturen. Bisher wurden bestimmte einzelne Minerale bzw. Mineralgruppen behandelt, deren Strukturen zwar gestört sein können, die aber trotzdem einheitlich aufgebaut sind. Die große Ähnlichkeit der Strukturen und Gitterkonstanten (Tab. 12) läßt vermuten, daß sich innerhalb eines einzelnen Kristalls verschiedene Strukturtypen abwechseln können. Man spricht dann von Wechsellagerungsstrukturen (oder mixed-layer-Strukturen), die mit der Verbesserung der Untersuchungsmethoden immer häufiger festgestellt wurden. In solchen Strukturen findet man vor allem die Bautypen von Illit, Montmorillonit und Chlorit; aber auch andere sind gefunden worden. Die Vielfalt ist sehr groß und wird noch größer dadurch, daß geordnete und ungeordnete Wechsellagerungen auftreten können. Es ist schwierig zu beurteilen, wann eigene Namen gerechtfertigt sind, die oft gegeben wurden, hier aber nicht gebracht werden sollen.

Einlagerungsverbindungen. Die eindimensionale innerkristalline Quellung des Montmorillonits tritt nicht nur mit Wasser, sondern auch mit vielen organischen Verbindungen ein. Eine Ausnahme machen praktisch nur gesättigte Kohlenwasserstoffe. WEISS [745] berichtet, daß man etwa 9000 organische Derivate des Montmorillonits kennt. Solche Einlagerungsverbindungen können auch zur Strukturaufklärung herangezogen werden, vor allem, wenn man an Stelle der anorganischen Zwischenschichtkationen organische Oniumionen, z. B. Alkylammoniumionen einführt. Der Schichtabstand zwischen den einzelnen Paketen nimmt dann im Rhythmus der Anzahl der C-Atome der Alkylkette zu. Man kann nach WEISS und KANTNER [749] aus solchen Messungen zu einer Aussage über die Ladung der Schichtpakete kommen. Das Verfahren ist allgemeiner anwendbar; denn auch Vermikulite und Glimmer zeigen ein ähnliches Verhalten.

Die Möglichkeiten der organischen Derivate von Kaolinit sind wesentlich geringer. WEISS u. Mitarb. [754] haben sie in vier Gruppen geteilt. In der ersten entstehen Einlagerungsverbindungen mit organischen Molekülen, die eine starke Tendenz zur Wasserstoffbrückenbindung haben, wie z. B. Harnstoff, Formamid oder Hydrazin; die c-Achse wird dadurch auf 9,5 bis 11 Å aufgeweitet. Weiterhin lagern sich leicht viele Salze der niederen Fettsäuren ein, z. B. Kaliumacetat. Die Lösungen der Verbindungen dieser beiden Gruppen können als Schlepper dienen, weitere organische Verbindungen einzuführen. Schließlich gelingt es noch, bereits eingelagerte Moleküle mit anderen zu verdrängen. Auf die wichtige praktische Bedeutung solcher Einlagerungsverbindungen wird später noch eingegangen (S. 236), aber auch für Strukturuntersuchungen haben sie ihren Wert. So sei nur erwähnt, daß Kaolinit leicht Einlagerungsverbindungen gibt, aber nicht mehr mit gestörtem Gitter als Fireclay.

Nachweis. Aus dem bisher Gesagten folgt sofort, daß der Nachweis und die Unterscheidung der verschiedenen Schichtsilicate besonderer Sorgfalt bedürfen. Auf einige chemische Methoden wird später (S. 214) eingegangen. Die einfache Lichtmikroskopie, beschrieben von CORRENS und PILLER [118], ist wegen der meist zu geringen Teilchengröße nur selten geeignet. Außerdem schwankt der Brechungsindex nur gering um 1,56. Mit dem Elektronenmikroskop kann man die einzelnen Teilchen gut sichtbar machen (Abb. 25), eine genaue Identifizierung ist aber nur in seltenen Fällen möglich. Etwas bessere Aussagen erhält man, wenn man die Elektronenbeugung an Einkristallen zu Hilfe nimmt, die nach BRINDLEY und DEKIMPE [69] recht genau die b-Werte ermitteln läßt, die ihrerseits besonders zwischen den di- und trioktaedrischen Gruppen deutliche Unterschiede aufweisen (Tab. 12). Man muß dabei allerdings berücksichtigen, daß durch im Gitter eingebaute Fe-Ionen die b-Werte vergrößert werden können. Für eine quantitative Bestimmung sind diese Verfahren kaum geeignet.

Die Röntgenographie wurde schon frühzeitig nicht nur zur qualitativen, sondern auch zur quantitativen Bestimmung der Tonminerale herangezogen, wobei trotz der großen prinzipiellen Schwierigkeiten gute Erfolge erzielt werden konnten. Es sei hier nur auf die Arbeiten von BRINDLEY [66], HOFMANN u. Mitarb. [302] oder BEUTELSPACHER und VAN DER MAREL [41] verwiesen, die auch weitere Arbeiten zitieren. Die wesentlichen Schwierigkeiten liegen einmal in den z. T. beträchtlichen Fehlordnungen im Gitter und zum anderen in der Blättchengestalt der Teilchen, die beim Präparieren der Proben sehr leicht zu einer Textur führt. Durch beide Effekte werden die Intensitäten der Röntgenreflexe oder deren Verhältnisse beeinflußt. Zur quantitativen Bestimmung kann man sich deshalb nicht allein auf die stärksten Reflexe beziehen, die die Basisreflexe (0 0 1) sind. Es hat sich bewährt, zusätzlich noch den Reflex (0 6 0) zu verwenden. BRINDLEY und KURTOSSY [71] konnten zeigen, daß das Verhältnis der Intensitäten der Reflexe (0 0 1) : (0 6 0),

das sie als Orientierungsindex bezeichnen, nur dann dem theoretischen
Wert entspricht, wenn die Proben keine Orientierung zeigen. Der Orientierungsindex ist bei normal hergestellten Röntgenpräparaten um so
größer, je größer die Teilchen sind, was einer abnehmenden Halbwertsbreite der (0 0 1)-Reflexe entspricht. Letztere Autoren vermeiden die

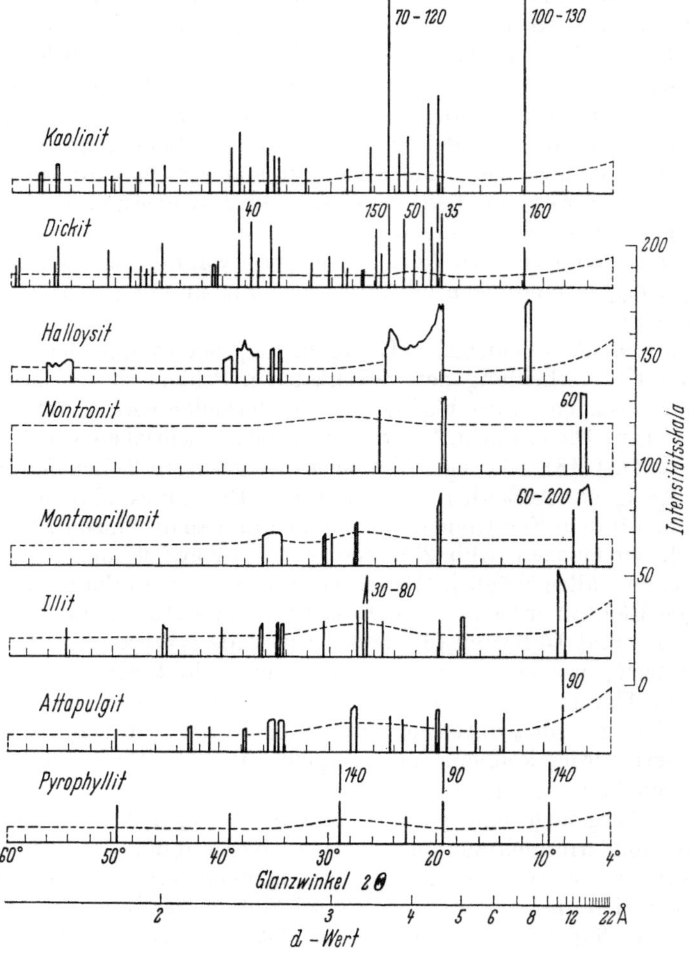

Abb. 29. Schematische Darstellung von Röntgen-Pulver-Diagrammen einiger Tonminerale nach
MOLLOY und KERR [497]. (Cu-Kα-Strahlung; punktierte Linien: Untergrund)

Orientierung, indem sie die Proben in Kunststoff einbetten und diesen
nach Erhärten pulvern. FLÖRKE und SAALFELD [195] zersprühen mit
einem Zerstäuber das in einer Kunststofflösung suspendierte Pulver
und erhalten so kleine Kügelchen.

Angaben von Röntgendiagrammen findet man in zahlreichen Veröffentlichungen. In Abb. 29 treten deutliche Unterschiede vor allem bei
kleinen Glanzwinkeln auf, aber auch andere Reflexe sind zur Messung

geeignet. Die geringe Ordnung bei einigen Mineralen führt bei diesen zu einem Anheben des Untergrundes und zur Verschmierung einiger Reflexe. Die Bestimmung wird dann erschwert, kann aber erleichtert werden, wenn man die Proben einer bestimmten Behandlung unterwirft, auf die nur einige der Schichtsilicate ansprechen. MOLLOY und KERR [497] z. B. verwenden zu diesem Zweck das Erhitzen auf 550 °C oder die Behandlung mit Glykolmonobutyläther.

Die in Tab. 12 angegebenen Gitterkonstanten werden bei natürlichen Proben nicht immer beobachtet, sondern die vielen Möglichkeiten der Substitution von Gitterkationen beeinflussen auch die Gitterkonstanten. Es hat deshalb nicht an Versuchen gefehlt, aus der Zusammensetzung die Gitterkonstanten zu berechnen. Diese Versuche hat RADOSLOVICH [570] einer eingehenden Kritik unterzogen, in der er ganz allgemeine Überlegungen zur Struktur der Schichtsilicate durchführt. In der Natur kommen die idealen Strukturen praktisch nicht vor, sondern immer werden mehr oder weniger große Gehalte an Fremdionen beobachtet. Bindungsmäßige Überlegungen führen nun RADOSLOVICH zu dem Schluß, daß die b-Achse vor allem durch die Besetzung der Oktaederschicht und, wenn vorhanden, die Zwischenschichtkationen bestimmt wird. Je nach Anzahl, Größe und Wertigkeit der Kationen in der Oktaederschicht werden die Oktaeder mehr oder weniger stark deformiert. Die äußeren Tetraeder passen sich den Verhältnissen an, indem sich vor allem die Bindungswinkel ändern, was verhältnismäßig leicht durch eine geringe Verdrehung der [SiO$_4$]-Tetraeder in der Schichtebene erfolgen kann. Strukturen, deren Atomlagen genauer bestimmt sind, lassen wirklich solche Verdrehungen bis zu 25° erkennen. Dadurch geht die hexagonale Symmetrie dieser Schicht in eine ditrigonale über, da benachbarte Tetraeder gegenläufig drehen. Dagegen hat die Al—Si-Substitution kaum einen Einfluß auf die Gitterkonstante b. Mit diesen Vorstellungen, den deformierten Oktaederschichten und den ditrigonalen Tetraederschichten, lassen sich die Schichtsilicate einheitlich behandeln. Die bisherigen idealen Strukturen sind zu begrenzt und erfordern zu viele Ausnahmen, die eigentlich die Regel sind. Damit haben die röntgenographischen Untersuchungen obige strukturelle Überlegungen bestätigt.

Die röntgenographischen Methoden können zum Nachweis und zur Strukturaufklärung dienen, scheitern aber im letzteren Fall an der Bestimmung der Lagen der Wasserstoffatome. Hier hat man die Ultrarotspektroskopie erfolgreich ansetzen können. Die im Wellenlängenbereich > 8 µm auftretenden UR-Banden sind durch die verschiedenen Schwingungsmöglichkeiten der Si—O- bzw. Al—O-Gruppierungen bedingt. (Von den zahlreichen Arbeiten, die sich mit der Zuordnung befaßt haben, sei hier nur die von FARMER und J. D. RUSSELL [182] erwähnt.) In diesem Bereich sind die Unterschiede der Spektren gering, da die für die UR-Absorption verantwortlichen Bindungen oder Gruppierungen bei den Tonmineralen ähnlich sind.

Dagegen erlaubt der Bereich um 3 µm weitere Aussagen, wozu es allerdings einer wesentlich besseren Auflösung bedarf. In diesem Bereich liegt die O—H-Valenzschwingung. Abb. 30 nach SERRATOSA

u. Mitarb. [663] zeigt für den Kaolinit vier Banden. Daraus folgt, daß mindestens vier verschiedene OH-Gruppen im Kaolinit vorhanden sein müssen. Ausgangspunkt der Zuordnung dieser Banden ist die Wasser-stoffbrückenbindung O—H $\cdots$ O zu einem benachbarten O-Atom. Je näher letzteres liegt, um so stärker wird das H-Ion von diesem angezogen, um so schwächer wird die Ausgangs-OH-Bindung, bei um so geringeren Frequenzen (Wellenzahlen) liegt dann die UR-Bande. Abnehmende OH-Frequenzen (also zunehmende Wellenlängen) zeigen daher stärkere Wasserstoffbrückenbindungen bzw. kürzere OH $\cdots$ O-Abstände an.

Beim Kaolinit sind nur an Al gebundene OH-Gruppen vorhanden. Diese können in Richtung der offenen $[SiO_4]$-Ringe der Tetraederschicht zeigen und sind dann verhältnismäßig frei, so daß obige Autoren diesen die Bande bei 3695 cm^{-1} zuordnen. Die nächsten beiden Banden entsprechen der Bindung der Oktaederschicht zur Tetraederschicht eines benachbarten Schichtpakets, für die es auf Grund der Struktur zwei Möglichkeiten mit etwas unterschiedlicher Bindungslänge gibt.

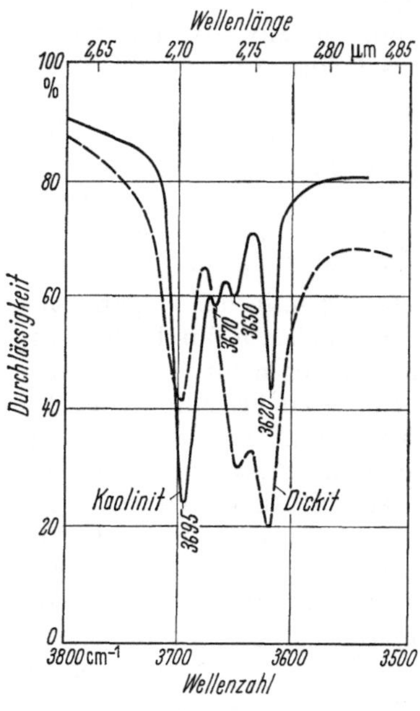

Abb. 30.
„OH-Bereich" von Kaolinit (———) und Dickit (————)

Schließlich können die OH-Gruppen auch noch in die freien Oktaederlücken ragen, wo sie verhältnismäßig stark gebunden werden (Bande bei 3620 cm^{-1}). Beim Dickit ist die gegenseitige Lage der Schichtpakete anders, so daß dort nur eine der mittleren Banden auftritt, die das Zwischenschicht-OH darstellen. Mit ähnlichen Überlegungen gelang es NEWNHAM [512], die Dickitstruktur zu vereinfachen.

Neben den OH-Gruppen kann in einigen Mineralen auch H_2O auftreten, z. B. als Zwischenschichtwasser oder als adsorbiertes Wasser. H_2O selbst hat seine stärkste Bande ebenfalls bei 3 µm, so daß eine einfache Unterscheidung nicht möglich ist. Die Deformationsschwingung des H_2O-Moleküls bei 6 µm ist oft durch andere Banden überdeckt. Zur Unterscheidung von OH und H_2O eignet sich aber gut die Kombinationsschwingungsbande aus Valenz (OH)- und Deformationsschwingung (R—OH), die beim H_2O-Molekül bei 1,95 µm, aber bei OH-Gruppen bei 2,2 µm liegt [625].

Trotz der verschiedenen Meßmethoden hat man noch nicht alle Fragen, die mit dem Wassereinbau zusammenhängen, klären können, wozu u. a. die Anordnung und Eigenschaften des Zwischenschichtwassers gehören. Es ist zu erwarten, daß neue Methoden bessere Antworten zulassen. So haben GRAHAM u. Mitarb. [229] mit Hilfe der magnetischen Protonenresonanz feststellen können, daß beim Montmorillonit oder Vermikulit geringe H_2O-Gehalte bei tiefen Temperaturen geordnet in die Zwischenschicht eingebaut werden, während mit steigender Temperatur und Quellung die Beweglichkeit der H_2O-Moleküle zunimmt, bis schließlich die Struktur des normalen flüssigen Wassers erreicht wird.

2.2.5.5   *Weitere keramisch wichtige Silicate*

Neben dem reinen SiO_2 und den Schichtsilicaten hat eine Reihe weiterer Silicate eine enge Beziehung zur Keramik, indem sie als Rohstoff Verwendung finden oder sich während des Brennprozesses bilden. Die Strukturen einiger wichtiger oder interessanter Typen sollen hier behandelt werden. Die Einteilung wird sich dabei im wesentlichen nach der Systematik der Silicate richten. Den Tab. 15 bis 17 sind die kristallographischen Daten zu entnehmen.

Zu den Inselsilicaten gehört die *Olivinreihe* $(Mg, Fe)_2[SiO_4]$, die eine Mischkristallreihe mit den Endgliedern Forsterit $Mg_2[SiO_4]$ und Fayalit $Fe^{2+}[SiO_4]$ ist. Die Struktur besteht aus isolierten Einfachtetraedern, wobei die Sauerstoffe eine pseudohexagonale, annähernd dichte Sauerstoffpackung bilden, in deren Tetraederlücken sich die Si-Ionen befinden, während die Mg-Ionen Oktaederlücken besetzen (Tab. 8). Insgesamt ergibt sich eine orthorhombische Symmetrie.

Beim *Zirkon* $Zr[SiO_4]$ ist dieses einfache Strukturprinzip nicht mehr möglich, da der Ionenradius des Zr-Ions dafür zu groß ist. In der Struktur des Zirkons sind deshalb die Einfachtetraeder so angeordnet, daß dem Zr-Ion die Möglichkeit zur Koordinationszahl 8 gegeben wird.

Zu den Kettenstrukturen, als Zweiereinfachkette, gehört der *Diopsid* $CaMg[Si_2O_6]$, ein wichtiges Mineral der Pyroxengruppe. Bei diesen Strukturen werden die Ketten aus $[SiO_4]$-Tetraedern durch die Kationen miteinander verknüpft, beim Diopsid durch $[CaO_8]$- und $[MgO_6]$-Polyeder.

Eine dazu sehr verwandte Struktur hat der *Klinoenstatit* $Mg_2[Si_2O_6]$. Vom Magnesiummetasilicat $MgSiO_3$ gibt es noch weitere Modifikationen, über deren Stabilitätsbedingungen später (S. 181) berichtet wird. Zwischen ihren Strukturen besteht ein Zusammenhang, indem die Umwandlungen durch geringe Verschiebungen einiger Atomlagen erfolgen. Jedoch sind die Ansichten darüber noch nicht einheitlich, wie man aus einer Zusammenfassung von SCHÜLLER [636] entnehmen kann. Tab. 15 zeigt aber, daß einige der Gitterkonstanten der anderen Modifikationen *Enstatit* und *Protoenstatit* denen des Klinoenstatis sehr nahe liegen.

Das entsprechende reine Calciummetasilicat, der *Wollastonit*, zeigt als Tieftemperaturmodifikation in seiner Struktur dagegen Dreiereinfachketten, ist also mit $Ca_3[Si_3O_9]$ zu schreiben. Er ist triklin. Bei hohen Temperaturen wandelt er sich in den *Pseudowollastonit* um, der Dreierringe enthält, die man früher auch in der Tieftemperaturmodifikation angenommen hatte.

Sillimanit — Mullit. Einerdoppelketten findet man beim *Sillimanit* $Al[AlSiO_5]$, dem häufigsten natürlichen Aluminiumsilicat der Zusam-

Tabelle 15. *Eigenschaften einiger binärer Silicate*

Mineral	Formel	Kristallsystem	Gitterkonstanten a b c Å	α β γ	Dichte (20 °C) g/cm³	Brechungsindizes n_α n_β n_γ	linearer Ausdehnungskoeffizient $\alpha \cdot 10^6$ grd^{-1}
Forsterit	$Mg_2[SiO_4]$	orthorhombisch	5,99 / 4,78 / 10,26		3,21	1,636 / 1,651 / 1,669	20/1000 : 11
Fayalit	$Fe_2[SiO_4]$	orthorhombisch	6,17 / 4,81 / 10,61		4,35	1,824 / 1,864 / 1,875	
Zirkon	$Zr[SiO_4]$	tetragonal	6,59 / — / 5,94		4,6	1,94 / 1,99	20/1000 : 4,5
Enstatit	$Mg_2[Si_2O_6]$	orthorhombisch	18,22 / 8,81 / 5,20		3,18	1,650 / 1,653 / 1,658	
Protoenstatit	$Mg_2[Si_2O_6]$	orthorhombisch	9,25 / 8,74 / 5,32		3,10	ähnlich Enstatit	20/1000 : 11
Klinoenstatit	$Mg_2[Si_2O_6]$	monoklin	9,61 / 8,82 / 5,20	71°40′	3,18	1,651 / 1,654 / 1,660	20/600 : 8,9
Wollastonit	$Ca_2[Si_3O_6]$	triklin	7,94 / 7,32 / 7,07	90°02′ / 95°22′ / 103°26′	2,92	1,620 / 1,632 / 1,634	20/800 : 12
Sillimanit	$Al[AlSiO_5]$	orthorhombisch	7,48 / 7,67 / 5,77		3,25	1,657 / 1,658 / 1,677	25/300: 3,2 / 25/600: 4,6 / 25/900: 6,0
Andalusit	$Al_2[O/SiO_4]$	orthorhombisch	7,79 / 7,90 / 5,56		3,14	1,632 / 1,638 / 1,643	25/300: 8,7 / 25/600: 10,6 / 25/900: 11,9
Kyanit	$Al_2[O/SiO_4]$	triklin	7,10 / 7,74 / 5,57	90°05′ / 101°02′ / 105°44′	3,67	1,717 / 1,722 / 1,729	25/300: 8,8 / 25/600: 9,2 / 25/900: 9,5
Mullit (3:2)	$Al[Al_{1,25}Si_{0,75}O_{4,875}]$	orthorhombisch	7,54 / 7,67 / 5,76		3,16	1,642 / 1,644 / 1,654	20/1000: 4,5
Mullit (2:1)	$Al[Al_{1,4}Si_{0,6}O_{4,8}]$	orthorhombisch	7,57 / 7,68 / 5,76		3,17	1,650 / — / 1,663	

mensetzung $Al_2O_3 \cdot SiO_2$. Die Struktur wurde zuerst von W. H. TAYLOR [712] bestimmt. Nach BURNHAM [89], der diese Struktur verfeinert hat, ist Abb. 31a gezeichnet. Man erkennt darin, daß parallel der c-Achse (senkrecht zur Zeichenebene) an den Ecken und in der Mitte der Elementarzelle jeweils Ketten aus $[AlO_6]$-Oktaedern liegen, die gemeinsame Kanten haben. Sie sind durch weitere Ketten aus $[SiO_4]$- bzw. $[AlO_4]$-Tetraedern verknüpft, von denen in Abb. 31a jeweils nur die obersten Tetraeder durch Striche hervorgehoben wurden. An der rechten Seite wurde noch ein weiteres Tetraeder eingezeichnet, um die Lage der Doppelkette besser erkenntlich zu machen. In Richtung der c-Achse wechseln sich in den Tetraedern die Si- und Al-Atome ab.

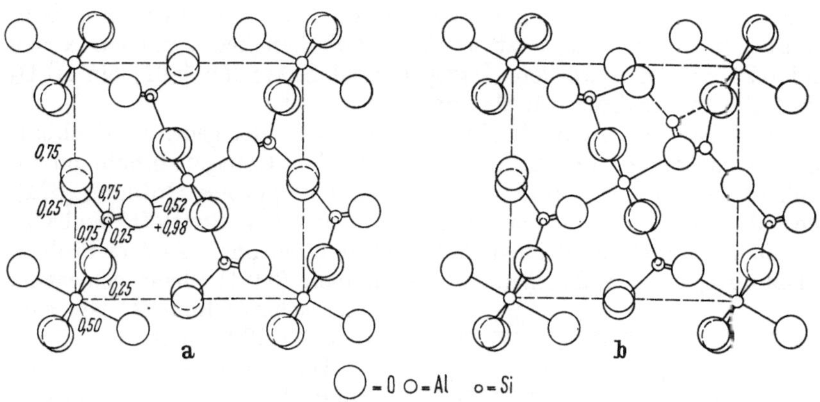

Abb. 31a—b. Einheitszellen von Sillimanit und Mullit, projiziert auf (0 0 1). a) Sillimanit, b) Mullit

Neben dem Sillimanit findet man in der Natur noch zwei weitere Aluminiumsilicate der Formel $Al_2O_3 \cdot SiO_2$, den *Andalusit* und den *Kyanit* (letzterer auch als Disthen bezeichnet). Beide haben nach HEY und W. H. TAYLOR [286] mit dem Sillimanit strukturelle Verwandtschaft. Für den Andalusit wurde das von BURNHAM und BUERGER [90] bestätigt, indem hier ebenfalls parallel zur c-Achse Ketten von $[AlO_6]$-Oktaedern liegen, die jetzt aber nicht nur durch $[SiO_4]$-Tetraeder, sondern auch durch $[AlO_5]$-Gruppen verknüpft sind. Hier liegt also der seltene Fall der $KZ\,5$ für das Al vor. Während beim Sillimanit die Al-Ionen je zur Hälfte in $KZ\,6$ und $KZ\,4$ und beim Andalusit je zur Hälfte in $KZ\,6$ und $KZ\,5$ vorhanden sind, liegen beim Kyanit alle Al-Ionen in $KZ\,6$ vor. Die Struktur kann als eine dichte Sauerstoffpackung mit Al in Oktaederlücken angesehen werden. Der Wertigkeitsausgleich erfolgt durch eine Verzerrung des Gitters, so daß eine trikline Symmetrie entsteht (Tab. 15). In beiden Strukturen haben sich die Ketten in einzelne $[SiO_4]$-Tetraeder aufgelöst.

Strukturell noch näher verwandt mit dem Sillimanit ist der *Mullit*, das wichtigste Mineral in den gebrannten normalen keramischen Produkten. Seine Zusammensetzung ist allerdings anders und schwankt zwischen $3\,Al_2O_3 \cdot 2\,SiO_2$ und $2\,Al_2O_3 \cdot SiO_2$ (S. 177ff.). Die erste Strukturbestimmung stammt ebenfalls von W. H. TAYLOR [712]. Später haben sich damit Ďurovič [156] und SADANAGA u. Mitarb. [604] befaßt. Nach Abb. 31b enthält die Mullitstruktur ebenfalls die $[AlO_6]$-Oktaederketten, ein Teil der Si-Ionen ist aber durch Al-Ionen ersetzt. Zum Wertigkeitsausgleich muß dann ein Teil der O-Ionen entfallen, was zur Folge hat, daß eine benachbarte Tetraederkette teilweise andere Lagen einnimmt. In Abb. 31b ist eine solche Anordnung oben rechts eingezeichnet.

Die Strukturformel des Sillimanits lautete $Al[AlSiO_5]$. Durch den Ersatz Si—Al muß sie für den Mullit modifiziert werden zu $Al[Al_{1+x} \cdot Si_{1-x}O_{5-x/2}]$. Beim 3:2-Mullit ist $x = 0{,}25$, also $Al[Al_{1,25}Si_{0,75}O_{4,875}]$ und beim 2:1-Mullit $x = 0{,}40$, also $Al[Al_{1,40}Si_{0,60}O_{4,80}]$. Die Mullitmischkristallreihe liegt daher zwischen $x = 0{,}25$ und $0{,}40$. (Für Sillimanit gilt $x = 0$. Bis jetzt ist kein Zwischenglied zwischen $x = 0$ und $0{,}25$ gefunden worden. Dagegen fand SAALFELD [601] ein Al_2O_3 mit Sillimanitstruktur, für das dann $x = 1$ ist.)

Der Ersatz Si—Al im Mullit ist statistisch oder geordnet denkbar. Die Beobachtung von diffusen Reflexen bei Röntgenaufnahmen an Einkristallen von 3:2-Mulliten spricht für eine gewisse Ordnung [624]. Diese diffusen Reflexe haben auch AGRELL und J. V. SMITH [6] beobachtet, die deshalb solche Proben als D-Mullite bezeichnen. Andere Proben, 2:1-Mullite, zeigten dagegen auf der halben (0 0 1)-Ebene schwache, aber scharfe Reflexe; sie wurden S-Mullite genannt.

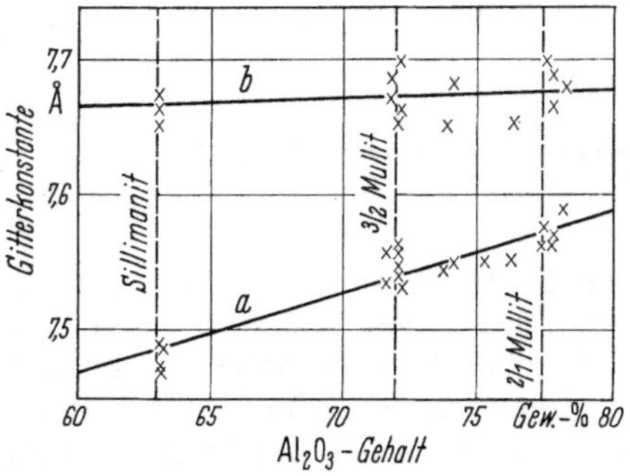

Das Auftreten dieser scharfen Reflexe bedingt eine Verdoppelung der Gitterkonstanten, die beim Mullit sehr variabel sind. Zunächst sei bemerkt, daß mit den eben genannten schwachen, aber scharfen Reflexen der c-Wert dem des Sillimanits entspricht. Sieht man von Verunreinigungen ab, deren Einfluß vielfach untersucht wurde, dann ist es vor allem das variable Al-Si-Verhältnis, das sich auf die Gitterkonstanten a und b, aber praktisch nicht auf c auswirkt. In Abb. 32 hat Ďurovič [155] zahlreiche Literaturwerte gesammelt und daraus folgende Beziehungen abgeleitet, in denen p den Gehalt an Al_2O_3 in Gew.-% darstellt:

Abb. 32. Abhängigkeit der Gitterkonstanten a und b von Sillimanit und Mullit vom Al_2O_3-Gehalt

$$a = 7{,}120 + 5{,}83 \cdot 10^{-3} \cdot p \quad \text{und}$$

$$b = 7{,}629 + 6{,}15 \cdot 10^{-4} \cdot p\,.$$

Die Streuung der Literaturwerte in Abb. 32 ist zu groß, um durch experimentelle Fehler erklärt werden zu können. Eine Deutung ergibt die Beobachtung von Aramaki und Roy [18], wonach die Gitterkonstanten auch von der thermischen Vorgeschichte abhängen. Diese wird den Ordnungsgrad und damit die Zelldimensionen beeinflussen. Trotzdem ist in den meisten Fällen eine röntgenographische Unterscheidung zwischen Sillimanit und Mullit möglich, wozu man allerdings eine gut auflösende Kammer benötigt. Es eignen sich dazu vor allem die $(h\,k\,0)$-Reflexe.

Zur Unterscheidung von Sillimanit und Mullit haben verschiedene Autoren auch die Ultrarotspektroskopie herangezogen. Die UR-Spektren beider Minerale sind ähnlich, nur sind beim Mullit durch den Si—Al-Austausch und die damit verknüpfte Verzerrung des Gitters die Banden verbreitert. Diese Spektren bringt z. B. Tarte [708], der in dieser Arbeit die Anwendung der Ultrarotspektroskopie auf silicatische Probleme allgemeiner diskutiert.

Gerüstsilicate — Feldspäte. Oben wurde der Pseudowollastonit mit Dreierringen erwähnt. Sechsereinfachringe sind in der Struktur des Berylls $Al_2Be_3[Si_6O_{18}]$ enthalten. Die Sechserringe werden durch $[BeO_4]$- und $[AlO_6]$-Polyeder verknüpft. Rechnet man die $[BeO_4]$-Tetraeder mit zum Netzwerk, wie es einige Autoren tun, dann gehört der Beryll bereits zu den Gerüstsilicaten und ist als $Al_2[Be_3Si_6O_{18}]$ zu schreiben. Isotyp mit dem Beryll ist der *Indialith* $Mg_2[Al_4Si_5O_{18}]$. Eine andere Modifikation derselben Verbindung ist schließlich der keramisch wichtige *Cordierit*, der aber nicht mehr hexagonal, sondern durch eine geringe Deformation orthorhombisch ist. Der Cordierit wird später noch näher besprochen (S. 191).

Zu den Gerüstsilicaten gehören auch die keramisch sehr wichtigen *Feldspäte*. Strukturell leiten sie sich vom SiO_2 her, indem Si^{4+}- durch

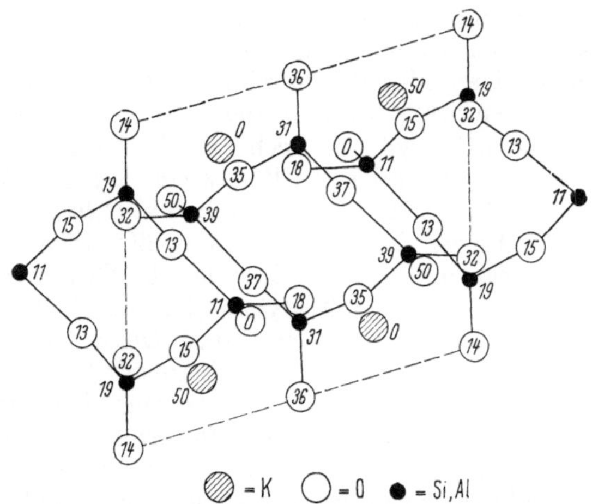

Abb. 33. Halbe Einheitszelle des Kaliumfeldspates, projiziert auf (0 1 0)

Al^{3+}-Ionen ersetzt werden und der Wertigkeitsausgleich durch Na^+-, K^+-, Ca^{2+}- oder Ba^{2+}-Ionen erfolgt, die sich dann in den Hohlräumen des Netzwerks aus $[SiO_4]$- und $[AlO_4]$-Tetraedern befinden. Aus Abb. 33

kann man das Bauprinzip entnehmen: Viererringe, deren gegenseitige Verknüpfung zu größeren Ringen führt. Die Feldspäte unterscheiden sich nicht nur in der Art des ein- oder zweiwertigen Kations, sondern auch darin, ob die Al/Si-Verteilung geordnet oder ungeordnet ist. Bei tiefen Temperaturen ist die geordnete, bei hohen die ungeordnete Verteilung stabil, was zugleich die Symmetrie beeinflußt.

Die stabile Hochtemperaturmodifikation des *Kalifeldspats* $K[AlSi_3O_8]$ ist der monokline Sanidin, die stabile Tieftemperaturmodifikation der trikline Mikroklin. Das bekannte Mineral Orthoklas derselben Zusammensetzung ist nach LAVES [429] keine stabile Phase, sondern ein Übergangszustand zwischen beiden Phasen. Die Umwandlung des geordneten in den ungeordneten Zustand oder umgekehrt kann nur über Wanderung von Al- und Si-Ionen erfolgen, benötigt deshalb lange Zeit. Zwischenzeitlich bilden sich Bereiche mit monokliner und trikliner Symmetrie aus, weshalb man den Grad der Umwandlung mit dem Grad der Triklinität ausdrückt, der an der Verzwillingung erkannt werden kann.

Beim *Natronfeldspat* $Na[AlSi_3O_8]$ ist die geordnete stabile Tieftemperaturmodifikation der trikline Albit, die ungeordnete stabile Hochtemperaturmodifikation der monokline Monalbit. Die Umwandlung zwischen beiden Modifikationen verläuft ebenfalls langsam, doch ist es nicht möglich, den Monalbit auf Raumtemperatur abzukühlen, da während der Abkühlung eine spontane Umwandlung in den triklinen Analbit stattfindet, der demnach eine ungeordnete Al/Si-Verteilung aufweist und bei allen Temperaturen instabil ist.

Beim *Erdalkalifeldspat* Anorthit $Ca[Al_2Si_2O_8]$ fördert das Verhältnis $Al:Si = 1$ das Ordnungsbestreben, so daß die geordnete trikline Form bei allen Temperaturen stabil ist. Außerdem wird die Elementarzelle verdoppelt.

Tab. 16 enthält die kristallographischen Daten der Feldspäte, die sehr ähnlich sind. Deutlich lassen sich die beiden Gruppen K—Ba und Na—Ca erkennen, deren Mischkristallbildung seit langem bekannt ist und später noch besprochen wird (S. 190).

Neben den Feldspäten gibt es noch eine Reihe ähnlicher Verbindungen, die sich aus SiO_2 durch den Ersatz von Si gegen Al + Me ableiten. Während die Feldspäte eine eigene Struktur haben, findet man bei anderen Verbindungen die Strukturen des SiO_2 wieder, indem sich die zusätzlichen Kationen in den Hohlräumen des Gitters befinden. Da diese beim Quarz kleiner als beim Tridymit oder Cristobalit sind, werden die Verbindungen mit kleinen Kationen (Li) zur Quarz-, die mit größeren Kationen (Na, K) zur Tridymit- oder Cristobalitstruktur tendieren.

So hat der Nephelin $Na_2O \cdot Al_2O_3 \cdot 2\,SiO_2$ eine dem Hochtridymit entsprechende Struktur, also die Strukturformel $Na[AlSiO_4]$. Der Vergleich der Tab. 11 und 17 zeigt, daß beim Nephelin der a-Wert verdoppelt ist. Bei hohen Temperaturen wandelt sich Nephelin langsam in den Carnegieit um, der dann die Struktur des Hochcristobalits aufweist. Beide Modifikationen zeigen außerdem spontane Tief-Hoch-Umwandlungen (Tab. 17). Die Struktur des Hochtridymits hat auch die entsprechende Kaliumverbindung $K[AlSiO_4]$, der metastabile Kalio-

Tabelle 16. *Eigenschaften einiger Feldspäte*

Mineral	Formel	Kristallsystem	Gitterkonstanten		Dichte (20 °C)	Brechungsindizes	Bemerkungen
			a b c Å	α β γ	g/cm³	n_α n_β n_γ	
Mikroklin	$K[AlSi_3O_8]$	triklin	8,57 12,98 7,22	90° 41′ 115° 59′ 87° 30′	2,57	1,514 1,518 1,521	stabile Tiefform, geordnet
Sanidin	$K[AlSi_3O_8]$	monoklin	8,56 13,03 7,18	— 115° 59′ —	2,57	1,521 1,527 1,527	stabile Hochform, ungeordnet
Albit	$Na[AlSi_3O_8]$	triklin	8,14 12,79 7,16	94° 19′ 116° 34′ 87° 39′	2,62	1,528 1,532 1,538	stabile Tiefform, geordnet
Analbit	$Na[AlSi_3O_8]$	triklin	8,23 13,00 7,25	94° 03′ 116° 20′ 88° 09′	2,62	1,527 1,532 1,534	instabile Form, ungeordnet
Monalbit	$Na[AlSi_3O_8]$	monoklin	7,52 12,98 6,41	— 116° 07′ —		1,523 1,528 1,529	stabile Hochform, ungeordnet
Anorthit	$Ca[Al_2Si_2O_8]$	triklin	8,18 12,88 14,17	93° 10′ 115° 51′ 91° 13′	2,77	1,576 1,583 1,589	geordnet
Celsian	$Ba[Al_2Si_2O_8]$	monoklin	8,65 13,13 14,60	— 115° 02′ —	3,8	1,587 1,593 1,600	

philit, dessen a-Wert allerdings stark vergrößert ist. Bei hohen Temperaturen geht er in eine orthorhombische Modifikation über. Zwischen diesen Modifikationen und dem Kaliumfeldspat liegt in seiner Zusammensetzung der Leucit $K[AlSi_2O_6]$, ebenfalls mit einer Gerüststruktur, der bei tiefen Temperaturen eine tetragonale, bei hohen Temperaturen eine kubische, dem Hochcristobalit analoge Symmetrie hat (Tab. 17).

Lithiumaluminiumsilicate $Li_2O \cdot Al_2O_3 \cdot n\,SiO_2$ gibt es in der Natur (bei tiefen Temperaturen stabile Modifikationen) als Eukryptit (n = 2), Spodumen (n = 4) und Petalit (n = 8). Sie haben sehr unterschiedliche Strukturen. Tiefeukryptit ist isotyp mit dem Phenakit $Be_2[SiO_4]$, bei dem die $[BeO_4]$-Tetraeder nicht mit den $[SiO_4]$-Tetraedern gleichwertig sind, so daß man es als eine Inselstruktur auffassen muß. Die Strukturformel ist demnach $LiAl[SiO_4]$. Tiefspodumen hat eine dem Diopsid verwandte Pyroxenstruktur, ist also als $LiAl[Si_2O_6]$ zu schreiben. Petalit schließlich zeigt eine Gerüststruktur $Li[AlSi_4O_{10}]$.

Mit steigender Temperatur findet eine Umwandlung in die beiden Hochtemperaturmodifikationen des Hocheukryptits und des Hochspodumens statt, die wegen ihrer sehr geringen Ausdehnungskoeffizienten von Bedeutung für die Keramik geworden sind (S. 324]. Nach WINKLER [776] besitzt der Hocheukryptit eine Struktur, die der des Hochquarzes sehr ähnlich ist. Die Hälfte der Sauerstofftetraeder enthält Al-Ionen, während die den Ladungsausgleich bewirkenden Li-Ionen

Tabelle 17. *Eigenschaften einiger ternärer Aluminiumsilicate*

Mineral	Formel	Kristallsystem	Gitterkonstanten		Dichte (20 °C) g/cm³	Brechungs-indizes n_α n_β n_γ	Bemerkungen
			a b c Å	β			
Tiefnephelin	Na[AlSiO$_4$]	hexagonal	10,01 8,41		2,62	1,533 1,537	bei 850 °C → Hochform
Hochnephelin	Na[AlSiO$_4$]	orthorhombisch	10,2 17,6 8,5		2,47		bei 1254 °C → Hochcarnegieit
Tiefcarnegieit	Na[AlSiO$_4$]	triklin			2,51	1,509 1,514 1,514	bei 690 °C → Hochform
Hochcarnegieit	Na[AlSiO$_4$]	kubisch	7,32		2,34	1,51	
Tiefleucit	K[AlSi$_2$O$_6$]	tetragonal	13,04 13,85		2,47	1,508 1,509	bei 620 °C → Hochform
Hochleucit	K[AlSi$_2$O$_6$]	kubisch	13,43		2,47	1,509	
Kaliophilit	K[AlSiO$_4$]	hexagonal	27,06 8,61		2,6	1,532 1,527	metastabil
Kalsilit	K[AlSiO$_4$]	hexagonal	5,18 8,69		2,59	1,542 1,539	metastabil
synthetisch	K[AlSiO$_4$]	orthorhombisch	9,01 15,67 8,57		2,60	1,528 1,536 1,537	stabil
Petalit	Li[AlSi$_4$O$_{10}$]	monoklin	11,76 5,14 7,62	112°24′	2,42	1,504 1,510 1,516	beständig nur <900 °C
Tiefspodumen	LiAl[Si$_2$O$_6$]	monoklin	9,52 8,32 5,25	110°28′	3,15	≈1,72	bei 700 °C → Hochform
Hochspodumen	Li[AlSi$_2$O$_6$]	orthorhombisch	18,38 10,61 10,68		2,44	≈1,52	
Tiefeukryptit	LiAl[SiO$_4$]	trigonal	13,53 9,04		2,67	1,572 1,587	bei 970 °C → Hochform
Hocheukryptit	Li[AlSiO$_4$]	hexagonal	5,24 11,13		2,33	1,524 1,520	

sich in den Hohlkanälen der Quarzstruktur befinden. Auch der Struktur des Hochspodumens liegt nach SAALFELD [600] das Tetraedergerüst des Hochquarzes zugrunde, wobei der Unterschied durch die Art der Verteilung der Li-, Al- und Si-Ionen bedingt ist. Wie der Hochquarz, so hat auch der Hocheukryptit hexagonale Symmetrie, nur ist der c-Wert verdoppelt. Hochspodumen zeigt dagegen orthorhombische Symmetrie, die aber in einem engen Zusammenhang zum Hocheukryptit steht (Tab. 17). Die Mischkristallbildung dieser Modifikationen wird später erörtert (S. 188).

2.2.5.6 Isotypie und Modellstrukturen

Die Feldspäte und andere Aluminosilicate entstanden durch den Ersatz von Si^{4+}- durch Al^{3+}-Ionen, wobei die fehlende Wertigkeit durch zusätzliche Alkali- oder Erdalkaliionen in den Hohlräumen des Netzwerkes ergänzt wurde. Geht man dabei vom SiO_2 aus, so muß das Gitter geändert werden, und nur z. T. haben die neuen Verbindungen Strukturen, die den bekannten SiO_2-Modifikationen entsprechen. Nicht so große Eingriffe in die Struktur treten auf, wenn man den Wertigkeitsausgleich dadurch erzielt, daß man gleichzeitig ein zweites Si^{4+}-Ion durch ein fünfwertiges Kation ersetzt. Man kommt damit zu einer großen Klasse von Verbindungen, die wegen ihrer strukturellen Verwandtschaft oft isotyp mit den Modifikationen des SiO_2 oder anderen Silicaten sind.

Das klassische Beispiel für die mit dem SiO_2 isotypen Verbindungen $A^{3+}B^{5+}O_4$ ist das $AlPO_4$, das in der Natur als das Mineral Berlinit vorkommt und Tiefquarzstruktur aufweist. Zahlreiche Autoren haben diese

Tabelle 18. *Strukturen von $A^{3+}B^{5+}O_4$-Verbindungen*

$A^{3+}B^{5+}O_4$	Mittlerer Ionenradius $\frac{1}{2}(A+B)$ Å	Radienverhältnis $\frac{1}{2}\left(\frac{A+B}{O}\right)$	Quarz Tief-	Quarz Hoch-	Tridymit	Cristobalit Tief-	Cristobalit Hoch-	andere
BPO_4	0,29	0,21	+			+		
$BAsO_4$	0,34	0,24				+		
BVO_4	0,41	0,29						unbekannt
$SiSiO_4$	0,42	0,30	+	+	+	+	+	
$AlPO_4$	0,43	0,31	+	+	+	+	+	
$AlAsO_4$	0,48	0,34	+					
$GaPO_4$	0,48	0,34	+			+	+	
$FePO_4$	0,49	0,35	+	+				
$CrPO_4$	0,49	0,35						unbekannt
$MnPO_4$	0,50	0,36	+			+	+	
$GaAsO_4$	0,54	0,38	+					
$FeAsO_4$	0,55	0,39						unbekannt
$CrAsO_4$	0,55	0,39						wie $CrPO_4$
$AlVO_4$	0,55	0,39						unbekannt
$AlSbO_4$	0,56	0,40						Rutil
$MnAsO_4$	0,56	0,40						unbekannt
$GaVO_4$	0,60	0,43						unbekannt
$GaSbO_4$	0,62	0,44						Rutil

und analoge Verbindungen untersucht und dabei z. T. überraschende Übereinstimmung mit dem Verhalten von SiO_2 festgestellt. Tab. 18 bringt eine Übersicht nach den Arbeiten von ROY u. Mitarb. [590], der man entnehmen kann, daß $AlPO_4$ in allen SiO_2-Modifikationen auftritt und daß das Ausmaß der Isotypie von den Ionenradien abhängt.

Auch bei den Silicaten gibt es Beispiele dieser Art, von denen hier nur die Isotypie zwischen Forsterit $Mg_2[SiO_4]$, Triphylin $Li_3(Mn, Fe)[PO_4]$ und Chrysoberyll $Al_2[BeO_4]$ erwähnt sei.

In vielen Fällen besteht eine Verwandtschaft zwischen den Silicaten und den Germanaten, die STRUNZ [702] zum Aufstellen einer Germanatklassifikation veranlaßt hat.

Ersetzt man im SiO_2 das Si^{4+}-Ion durch ein Be^{2+}-Ion, dann kann man den Wertigkeitsausgleich auch durch einen zusätzlichen Austausch der O^{2-}- gegen F^{1-}-Ionen erreichen und kommt zum BeF_2. GOLDSCHMIDT [224] hat gezeigt, daß mit der Halbierung der Wertigkeiten bei fast gleichen Ionenradien das BeF_2 eine abgeschwächte Form des SiO_2 darstellt, die wirklich die Strukturen der verschiedenen SiO_2-Modifikationen (außer Tieftridymit) zeigt. Die Analogie ist aber nicht nur auf das BeF_2 beschränkt, sondern besteht z. B. auch bei folgenden Paaren: $MgO—LiF$, $CaO—NaF$, $SrO—KF$, $BaO—RbF$, $TiO_2—MgF_2$ und $ThO_2—CaF_2$. Die Fluoride mit ihren wesentlich tieferen Schmelztemperaturen stellen die Modelle der entsprechenden Oxide dar. Es lag nahe, daraus Modellsysteme herzustellen und zu untersuchen. Dabei wurde u. a. eine überraschende Ähnlichkeit der Systeme $NaF—BeF_2$ und $CaO—SiO_2$ gefunden, die bis in die verschiedenen Modifikationen des Ca_2SiO_4 bzw. Na_2BeF_4 geht.

Die Modellstrukturen und Isotypiebetrachtungen können bei Strukturuntersuchungen eine wesentliche Hilfe sein, darüber hinaus aber den Weg für neue Entwicklungen zeigen.

2.3 Nichtkristalline Festkörper

Die im vorangegangenen Abschnitt besprochenen Kristalle lassen in ihrer Struktur eine Nahordnung erkennen, die sich regelmäßig in alle drei Dimensionen fortsetzt, so daß auch eine Fernordnung auftritt. Diese Fernordnung ist aber nicht die Voraussetzung, daß ein Festkörper vorliegt, d. h. ein Körper, in dem die einzelnen Bauelemente in ihrer Lage fixiert sind. Es gibt daher auch nichtkristalline Festkörper, die durch das Fehlen der Fernordnung in der Struktur gekennzeichnet sind. Die Nomenklatur für diese Stoffklasse ist nicht einheitlich, da es nicht möglich ist, scharfe Grenzen anzugeben und die Bearbeitung von verschiedenen Seiten erfolgt. Hier sei nur auf den Einführungsvortrag von PRINS [562] zu einem Symposium über die nichtkristallinen Festkörper verwiesen.

2.3.1 Amorphe Festkörper

Die Herstellung von nichtkristallinen Festkörpern ist auf verschiedene Arten möglich. Eine geht vom Kristall aus und zerteilt diesen so lange, bis die Kantenlänge der Teilchen in die Größenordnung der Elementarzelle kommt, also im Bereich von 10 bis 100 Å liegt. Die Dimensionen der Teilchen reichen dann nicht zur Ausbildung einer Fernordnung aus. Solche Substanzen sollen hier mit amorph bezeichnet werden. Sie werden auch erhalten, wenn man z. B. den Dampf einer Substanz schnell auf eine kalte Unterlage abschreckt oder ein Sol durch Abdampfen des Lösungsmittels zu einem Gel erstarren läßt. Im letzteren Fall ist der Festkörper äußerlich betrachtet einheitlich, enthält aber eine große Anzahl kleinster Poren.

Es ist verständlich, daß es nicht möglich ist, eine scharfe Grenze zwischen kristallinen und nichtkristallinen Festkörpern zu ziehen, da ein kontinuierlicher Übergang zwischen einem sichtbaren Kristall und einem Teilchen mit einem Durchmesser von z. B. 100 Å besteht. Man kann aber Grenzfälle charakterisieren, wozu WEYL und MARBOE [762] Energieprofile verwenden, die anschaulich in Abb. 34 dargestellt sind. Im idealen Kristall ist nur an der Oberfläche die Energie erhöht (siehe den folgenden Abschnitt), während sie im Innern konstant ist. Der amorphe Festkörper zeigt dagegen durch die zahlreichen inneren Oberflächen ein ganz ungeordnetes Energieprofil.

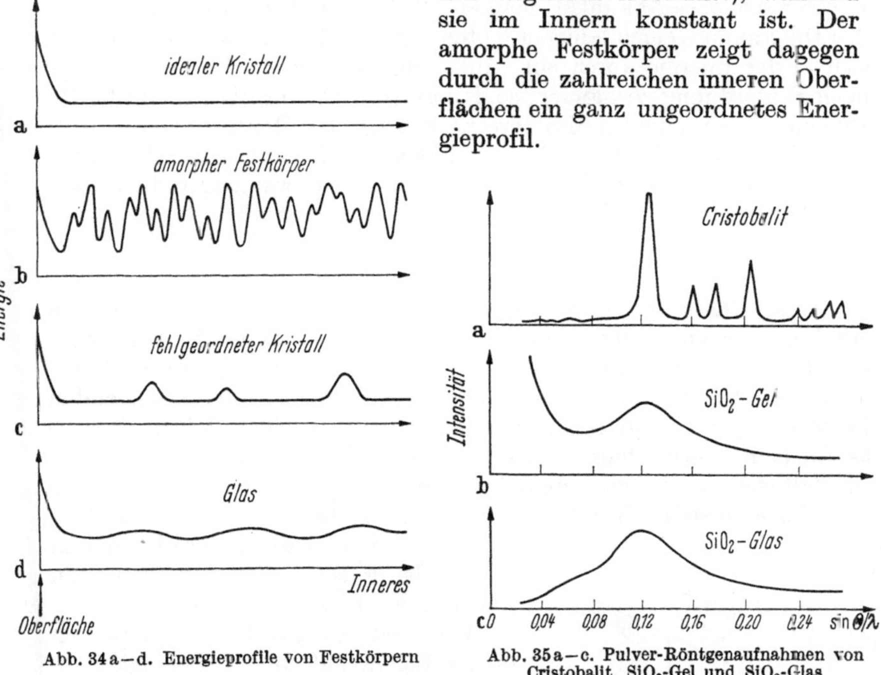

Abb. 34a—d. Energieprofile von Festkörpern

Abb. 35a—c. Pulver-Röntgenaufnahmen von Cristobalit, SiO₂-Gel und SiO₂-Glas

Diese Unterschiede machen sich auch in den experimentellen Nachweisverfahren bemerkbar. Die bekannteste Methode zur Bestimmung von Kristallen ist die Röntgenographie, die z. B. bei Pulveraufnahmen von Cristobalit ein scharfes Liniendiagramm liefert, wie Abb. 35a zeigt. Mit abnehmender Teilchengröße — deutlich bemerkbar ab 0,1 μm — tritt eine Verbreiterung der Röntgeninterferenzen ein, bis schließlich beim SiO₂-Gel in Abb. 35b nur noch die Hauptinterferenz des Cristobalits zu erkennen ist, die jetzt durch die Nahordnung der [SiO₄]-Tetraeder

hervorgerufen wird. Die kleinsten Teilchen oder Poren bedingen aber
einen zusätzlichen Effekt, den Anstieg der Intensität in der Nähe des
Nullpunkts, die Kleinwinkelstreuung. Sie tritt immer bei dieser Art
der amorphen Festkörper auf.

2.3.2 Gläser

Während man oben durch Zerkleinern die Fernordnung zerstört
hat und so zu einem Festkörper gekommen ist, der nur noch Nahordnung besitzt, kann man auch einen anderen Weg einschlagen, indem
man gleich von einer Substanz ausgeht, die von vornherein nur Nahordnung aufweist. Solche Substanzen sind die Flüssigkeiten, bei denen
die ständige Bewegung der Teilchen keine Fernordnung zuläßt. Um zu
einem Festkörper zu kommen, muß man daher diese Bewegung der
Teilchen verhindern und einen augenblicklichen Zustand der Flüssigkeit
einfrieren. Das gelingt bei einer Reihe von Flüssigkeiten durch mehr oder
weniger schnelles Abkühlen; man erhält dann ein Glas. In Abb. 34 zeigt
das Diagramm c einen fehlgeordneten Kristall. Jede Fehlordnung macht
sich in der Energie durch eine Anhebung bemerkbar. Im Glas ist nur
noch Fehlordnung vorhanden, so daß in Abb. 34d die Stellen konstanter
Energie gänzlich fehlen. Entsprechend zeigt das Röntgendiagramm in
Abb. 35c nur noch die breite Interferenz der Nahordnung, aber keine
Kleinwinkelstreuung mehr, da die Struktur sich zwar ungeordnet, aber
trotzdem kontinuierlich fortsetzt.

2.3.2.1 Struktur der Gläser

Wenn Gläser durch Abkühlen von Flüssigkeiten bzw. Schmelzen
erhalten werden können, dann müssen auch strukturelle Verwandt-
schaften zwischen diesen bestehen. Leider sind die heutigen Kenntnisse
über die Struktur von Flüssigkeiten noch begrenzt. Für die folgenden
Betrachtungen genügt es zunächst einmal festzustellen, daß in Flüssigkeiten keine Fernordnung vorhanden ist und ihre Viskosität so gering
ist, daß sich bei Anlegen eines äußeren Zwanges in kürzester Zeit eine
neue Lage einstellt. Ihre Relaxationszeit ist also sehr klein. Diese läßt
sich aus der Viskosität berechnen und
beträgt bei Flüssigkeiten und Schmelzen
nur Bruchteile von Sekunden.

Während des Abkühlens ändern sich
einige Eigenschaften der Flüssigkeiten.
So verringern normale Flüssigkeiten ihr
Volumen, wie schematisch in Abb. 36
dargestellt ist. Bei einer bestimmten
Temperatur wird der Schmelzpunkt T_s
erreicht, bei dem normalerweise Kristallisation eintritt. Unterhalb T_s ist dann
der Kristall stabil. Es gibt nun einige

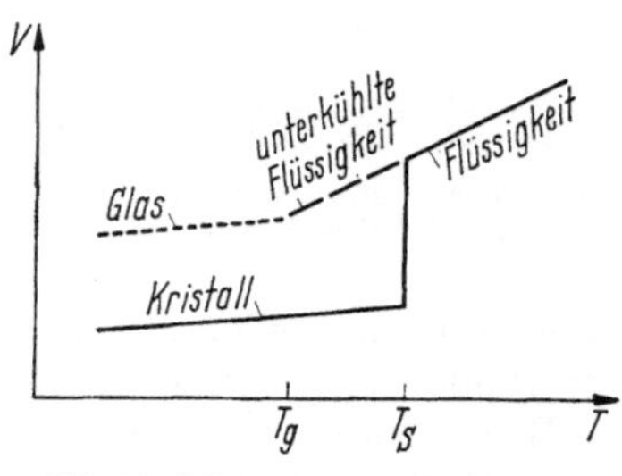

Abb. 36. Schematische Darstellung der
Temperaturabhängigkeit des Volumens

Flüssigkeiten oder Schmelzen, die man unterkühlen kann. Die V, T-
Kurve in Abb. 36 setzt sich dann kontinuierlich in den Bereich der unter-

kühlten Flüssigkeit fort. Während die Flüssigkeit und der Kristall sich im stabilen thermodynamischen Gleichgewicht befinden, sind unterkühlte Flüssigkeiten nur im metastabilen thermodynamischen Gleichgewicht.

Die Unterkühlung erfolgt um so leichter, je höher die Viskosität der Schmelze ist. Hohe Viskositäten werden besonders bei silicatischen Schmelzen beobachtet. Auch in der Schmelze sind die früher besprochenen Polyeder vorhanden, die das Bestreben haben, sich gegeneinander zu binden. Bei hohen Temperaturen wird das durch die Wärmeschwingungen gestört. Mit sinkender Temperatur können sich aber immer größere Einheiten ausbilden, die im allgemeinen eine regellose Struktur haben. Dadurch wird die Beweglichkeit der Schmelze verringert, die Viskosität steigt an. (Die Einheit der Viskosität η ist 1 Poise = 1 dyn $\cdot$ sec $\cdot$ cm^{-2}. Wegen der großen Viskositätsunterschiede trägt man meist $\log\eta$ gegen T auf.) Abb. 37 zeigt die Viskositätskurve eines handelsüblichen Fensterglases. Mit sinkender Temperatur wird der Anstieg der Viskosität immer größer, bis bei etwa 550 °C ein Wendepunkt erreicht wird. Ein derartiges Verhalten zeigen im Prinzip alle Gläser, nur daß die Temperaturen und die Steilheit der Kurven variieren. Einheitlich liegt aber der Wendepunkt bei $\log\eta = 13$.

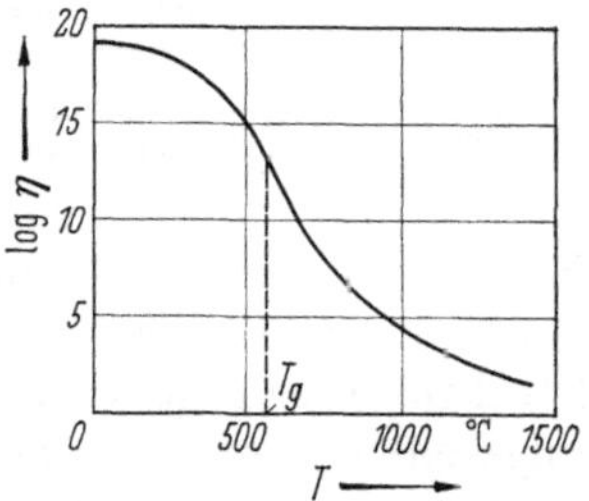

Abb. 37. Viskositäts-Temperatur-Verlauf eines Natronkalkglases

Bei dieser Viskosität beträgt die Relaxationszeit etwa 1 min und wird damit so lang, daß sich ein Körper normalerweise wie ein Festkörper verhält.

Dieses Verhalten macht sich auch bei anderen Eigenschaften bemerkbar, so auch im V, T-Diagramm der Abb. 36. Die Viskosität ist dann so hoch, daß bei weiterer Abkühlung keine strukturellen Umordnungen mehr stattfinden, die Struktur der Flüssigkeit „eingefroren" wird. Diese ausgezeichnete Temperatur wird als *Transformationstemperatur Tg* bezeichnet. (Tg leitet sich von dem früher verwendeten Begriff Glasbildungstemperatur ab.) Unterhalb Tg liegt das feste Glas vor. Bei weiterer Abkühlung ist dessen Volumenabnahme geringer als die der Flüssigkeit, so daß in der V, T-Kurve bei Tg ein Knick entsteht. In Wirklichkeit ist dort jedoch kein scharfer Knick vorhanden; denn die Lage ist abhängig von der Versuchszeit. Kühlt man schnell ab, wird ein Zustand höherer Temperatur eingefroren; wartet man länger, kann man die konkave η, T-Kurve noch bis zu längeren Relaxationszeiten, also höheren Viskositäten als $\log\eta = 13$ verfolgen. Exakt sollte man deshalb von einem Transformationsbereich sprechen.

Der Transformationsbereich ist für ein Glas eine sehr wichtige Größe; denn unterhalb verhält es sich wie ein Festkörper, oberhalb wie eine Schmelze. In diesem Zusammenhang soll auf seine experimentelle Bestimmung hingewiesen werden, die sich an das V, T-Diagramm der Abb. 36 anlehnt, aber nicht die Veränderung des Volumens, sondern die der Länge verwendet. Diese dilatometrische Methode ist in

DIN 52 324 [822] genormt. Eine Meßkurve zeigt Abb. 38. Man erkennt
deutlich den Transformationsbereich beim Übergang vom festen Glas zur
unterkühlten Flüssigkeit. Da in obiger Norm die Versuchsbedingungen
festgelegt sind, kommt der wie in Abb. 38 skizzierten Bestimmung von Tg wirklich die Bezeichnung einer Transformationstemperatur zu.

Obige Ausführungen hatten mehr die Natur des Glases zum Gegenstand, aber deren Kenntnis ist zum Verständnis der Struktur des Glases Voraussetzung. Man kann daraus sofort ableiten, daß die Struktur eines Glases nicht nur von der Zusammensetzung, sondern auch von der Vorgeschichte abhängt. Genaue Aussagen über die Struktur sind heute noch nicht möglich, da es bis jetzt keine Versuchsmethode gibt, die eine einwandfreie Auskunft zuläßt. Es ist deshalb nicht überraschend, daß verschiedene Strukturvorschläge gemacht worden sind, die alle nur als Hypothesen angesehen werden können.

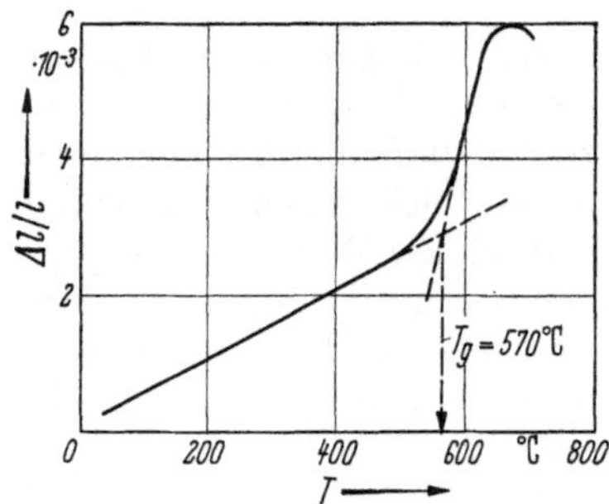

Abb. 38. Beispiel der Bestimmung der Transformationstemperatur Tg

Die bekannteste und zugleich fruchtbarste dieser Hypothesen stammt von ZACHARIASEN [786], der annimmt, daß z. B. in Silicatgläsern die

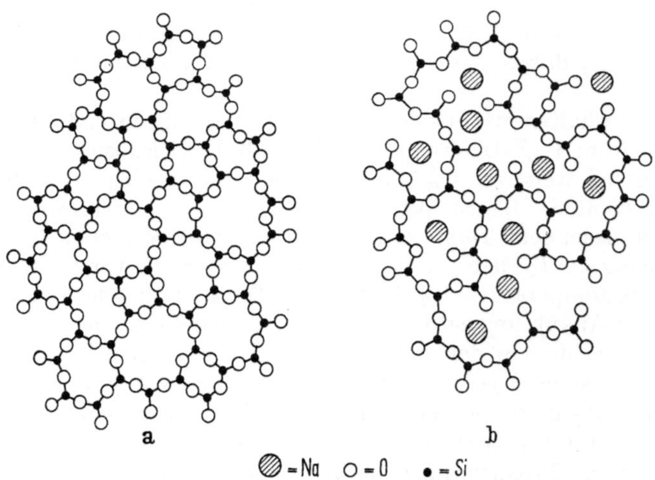

Abb. 39a u. b. Schematische zweidimensionale Darstellung der Strukturen eines unregelmäßigen SiO_2-Netzwerks (a) und eines Natriumsilicatglases (b) nach ZACHARIASEN-WARREN

$[SiO_4]$-Tetraeder ein unregelmäßiges Netzwerk ausbilden, weshalb man auch von der *Netzwerkhypothese* spricht. Für das SiO_2-Glas ergibt sich das schematische Bild der Abb. 39a, das man mit der regelmäßigen Anordnung einer SiO_2-Schicht in Abb. 16h vergleichen kann. WARREN [740] konnte unter Zugrundelegen dieses Modells die Röntgenaufnahmen von SiO_2-Glas deuten. ZACHARIASEN hat noch einige Bedingungen für die Bildung von Oxidgläsern abgeleitet, die sich im wesentlichen bestätigt haben. Es werden dabei bestimmte Forderungen an das Kation in den Sauerstoffpolyedern gestellt. Man bezeichnet alle die Kationen, die zur Glasbildung führen, als Netzwerkbildner. Neben dem Si gehören dazu z. B. noch B, Ge oder P.

Nicht nur bei diesen Oxiden, sondern auch in Gegenwart anderer Oxide tritt Glasbildung ein, jedoch unter Änderung der Struktur des Glases. Den Einfluß von Alkalioxid kann man leicht erkennen, wenn man aus der Struktur des SiO_2-Glases den kleinen Bereich $\equiv Si-O-Si\equiv$ herausgreift und diesem Na_2O zufügt:

$$\equiv Si-O-Si\equiv \ +Na-O-Na \ \rightarrow \ \equiv Si-O \diagup^{Na}_{Na} \diagdown O-Si\equiv$$

Im reinen SiO_2-Glas sind alle O^{2-}-Ionen an zwei Si^{4+}-Ionen gebunden (Abb. 39a). Da sie Brücken zwischen benachbarten Si^{4+}-Ionen darstellen, werden sie auch als Brückensauerstoffe bezeichnet. Die Einführung von Na_2O sprengt den geschlossenen Verband, indem O^{2-}-Ionen auftreten, die nur noch an ein Si^{4+}-Ion gebunden sind. Es bilden sich zwischen benachbarten $[SiO_4]$-Tetraedern Trennstellen aus, weshalb man die nur an ein Si^{4+}-Ion gebundenen O^2-Ionen auch als Trennstellensauerstoffe bezeichnet. Die Struktur eines solchen Glases zeigt Abb. 39b.

Kationen, die das Netzwerk wie das Na^+-Ion (im obigen Beispiel) verändern, nennt man Netzwerkwandler. Zu ihnen gehören neben den Alkali- u. a. auch die Erdalkaliionen.

Zwischen den Netzwerkbildnern und den Netzwerkwandlern gibt es keine scharfe Grenze. Darüber hinaus hängt bei einigen Kationen die Art des Einbaues in die Glasstruktur von der restlichen Zusammensetzung des Glases ab. Ein für die Keramik besonders wichtiges Kation dieser Art ist das Al^{3+}-Ion. Wie früher erwähnt (S. 12), hat es die Möglichkeit sowohl in *KZ* 4 als auch in *KZ* 6 aufzutreten. Geht man von einem Natriumsilicatglas aus, dann werden die ersten Al^{3+}-Ionen in *KZ* 4 in das Netzwerk eingebaut, wie es in Abb. 40 dargestellt ist. Jedem Al^{3+}-Ion ist zum Wertigkeits-

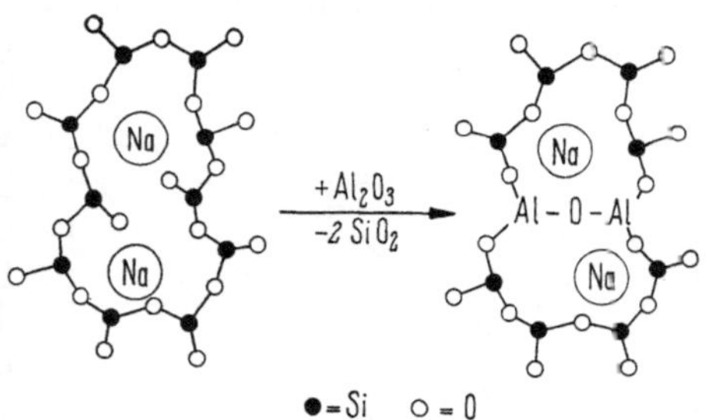

Abb. 40. Schematische zweidimensionale Darstellung des Ersatzes von SiO_2 durch Al_2O_3 in einem Natriumsilicatglas

ausgleich ein Na^+-Ion benachbart, das dann keine Trennstelle mehr bildet. Man kann auch sagen, daß der Ersatz von SiO_2 durch Al_2O_3 Trennstellen schließt. Diese Art des Einbaues ist aber nur so lange möglich, solange diese Kationen zum Wertigkeitsausgleich zur Verfügung stehen, also bis zum Molverhältnis $Al_2O_3 : Na_2O = 1$. Wird dieses Verhältnis >1, dann bilden die überschüssigen Al^{3+}-Ionen die *KZ* 6 und wirken als Netzwerkwandler. Später wird gezeigt werden, wie sich das auf einige Eigenschaften auswirkt.

Diese Hinweise auf den Einfluß der Zusammensetzung auf die Glasstruktur müssen hier genügen. Eine ausführlichere Darstellung findet man z. B. in [627].

2.3.2.2 Eigenschaften der Gläser

Die Glasphase spielt in der Keramik in mehrfacher Hinsicht eine wichtige Rolle. Dabei ist nicht nur an die Glasuren zu denken, sondern auch in vielen Scherben tritt beim Brand eine Schmelzphase auf, die häufig beim Abkühlen glasig erstarrt. So hat z. B. das übliche Porzellan einen Anteil von etwa 60% an Glasphase. Es ist deshalb wichtig, die Eigenschaften dieser Glasphase zu kennen. Hier können allerdings nur wenige behandelt werden; nähere Ausführungen kann man z. B. in [627] finden.

Auf die *Viskosität* wurde schon oben eingegangen. Charakteristisch ist ihre starke Temperaturabhängigkeit, die oberhalb Tg am besten durch die sog. Vogel-Fulcher-Tammann-Gleichung (VFT-Gleichung) erfaßt werden kann:

$$\log \eta = A + \frac{B}{T - T_0} . \tag{6}$$

Diese Gleichung hat drei Konstante A, B und T_0, zu deren Bestimmung man mindestens drei Wertepaare benötigt, wozu man sich meist einiger Fixpunkte bedient. Einer davon ist die Transformationstemperatur Tg. Für Kieselglas ergibt sich z. B.

$$\log \eta = -2{,}487 + \frac{15004}{T - 253} \quad (\text{mit } T \text{ in } °C).$$

Tg liegt danach bei etwa 1200 °C, also sehr hoch. Die hohe Viskosität des SiO_2-Glases hat ihre Ursache in der trennstellenfreien Struktur des Glases. Jede Einführung von Trennstellen, also durch Zusatz von z. B. Alkali- oder Erdalkalioxiden, hat eine beträchtliche Erniedrigung der Viskosität zur Folge. Man bezeichnet deshalb solche Zusätze als Flußmittel. Umgekehrt führt die Beseitigung von Trennstellen, beispielsweise durch den oben beschriebenen Ersatz von SiO_2 durch Al_2O_3 in einem Alkalisilicatglas, zu einer Erhöhung der Viskosität. Beim Molverhältnis $Al_2O_3 : R_2O = 1$ sind ebenfalls keine Trennstellen vorhanden, was die hohe Viskosität der Feldspatschmelzen (S. 187) erklärt. Abb. 41, in der nach Gl. (6) $\log \eta$ gegen $1/T$ aufgetragen wurde,

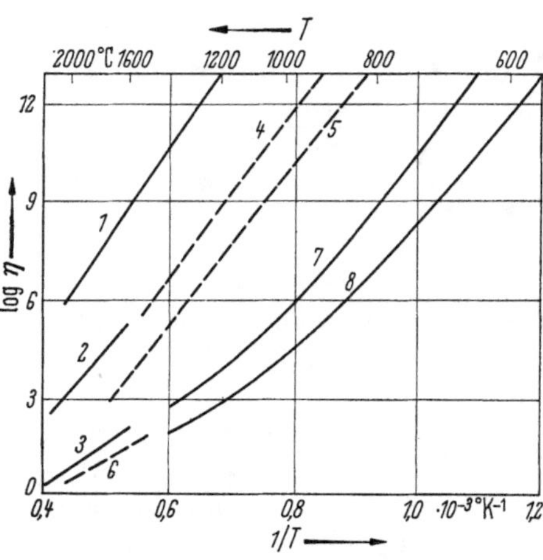

Abb. 41. Temperaturabhängigkeit der Viskositäten η (in Poise) von Kieselglas (*1*), SiO_2 + Al_2O_3 mit 90 : 10 Gew.-% (*2*) und 50 : 50 Gew.-% (*3*), Schmelzen von K-Feldspat (*4*), Na-Feldspat (*5*) und Ca-Feldspat (*6*), Hartporzellanglasur (*7*) und Natronkalkglas (*8*)

bringt einige Viskositätskurven. Man kann darin die großen Unterschiede zwischen den verschiedenen Substanzen erkennen.

Für das Verhalten der Glasphase in der Keramik, wo sie immer mit anderen Komponenten auftritt, ist auch ihre *Wärmedehnung* wichtig. Zu große Unterschiede können zu mikroskopischen oder auch makroskopischen Brüchen führen. Die Wärmedehnung wird gekennzeichnet durch den mittleren Längenausdehnungskoeffizienten α (linearer Ausdehnungskoeffizient) oder den mittleren Volumenausdehnungskoeffizienten β (kubischer Ausdehnungskoeffizient):

$$\alpha_{\Delta T} = \frac{1}{l_0}\frac{\Delta l}{\Delta T} \quad \text{oder} \quad \beta_{\Delta T} = \frac{1}{V_0}\frac{\Delta V}{\Delta T}. \tag{7}$$

Dabei gilt allgemein $\beta \approx 3\alpha$. Die Angabe erfolgt in 10^{-6} grd^{-1}.

Strukturell ist die Wärmedehnung durch die Schwingungen der Einzelteilchen infolge der thermischen Energie bedingt. Letztere wird mit steigender Temperatur größer, was auch die Schwingungsamplitude vergrößert. Zwei miteinander durch (anharmonische) Kräfte verbundene Atome vergrößern dadurch ihren Abstand, d. h., es findet eine Ausdehnung statt. Beim Kieselglas ist die Wärmedehnung mit etwa $0{,}5 \cdot 10^{-6}$ grd^{-1} sehr gering. Die Einführung von Alkalioxiden vergrößert die Anharmonizität, weshalb die Wärmedehnung stark ansteigt und beim

Tabelle 19. *Faktoren zur Berechnung der linearen Ausdehnungskoeffizienten* α *(20—400 °C) von Gläsern aus der Zusammensetzung in Mol-% nach* APPEN *[17].* (Nach Gl. (8) ergibt sich α in 10^{-8} grd^{-1})

Oxid	α_i	Bemerkung	Oxid	α_i	Bemerkung
Li_2O	27 (27)	1	B_2O_3	$-5{,}0$ bis $0{,}0$	3
Na_2O	39,5 (41)	1	Al_2O_3	$-3{,}0$	
K_2O	46,5 (50)	1, 2	SiO_2	$0{,}5$ bis $3{,}8$	4
BeO	4,5		TiO_2	$-1{,}5$ bis $+3{,}0$	5
MgO	6,0		ZrO_2	$-6{,}0$	
CaO	13		P_2O_5	14,0	
SrO	16		ZnO	5,0	
BaO	20		PbO	13 bis 19	6

1 Die Werte in den Klammern gelten für die binären R_2O—SiO_2-Gläser.
2 Der Faktor 46,5 gilt nur für Gläser, die mehr als 1% Na_2O enthalten; andernfalls gilt 42,0.

$$3 \quad \alpha_{B_2O_3} = -1{,}25\,\varphi \quad \text{mit} \quad \varphi = \frac{\Sigma\, p_{R_2O} + \Sigma\, p_{RO} - p_{Al_2O_3}}{p_{B_2O_3}}$$
$$\qquad\qquad = -5{,}0 \quad \text{für} \quad \varphi > 4.$$

$$4 \quad \alpha_{SiO_2} = 10{,}5 - 0{,}1 \cdot p_{SiO_2} \quad \text{für} \quad 100 \geqq p_{SiO_2} \geqq 67,$$
$$\qquad\qquad = 3{,}8 \qquad\qquad\qquad \text{für} \qquad\qquad p_{SiO_2} \leqq 67.$$

$$5 \quad \alpha_{TiO_2} = 10{,}5 - 0{,}15\,p_{SiO_2} \quad \text{für} \quad 80 \geqq p_{SiO_2} \geqq 50.$$

$$6 \quad \alpha_{PbO} = 13{,}0 \quad \text{für} \quad \text{a) alkalifreie Gläser,}$$

b) Alkalibleisilicatgläser mit $\Sigma\, p_{R_2O} < 3$,

c) andere Gläser mit $\dfrac{\Sigma\, p_{RO} + \Sigma\, p_{RmOn}}{\Sigma\, p_{R_2O}} > \dfrac{1}{3}$,

$$= 11{,}5 + 0{,}5\,\Sigma\, p_{R_2O} \quad \text{wenn die Bedingungen a) bis c) nicht erfüllt sind.}$$

üblichen Fensterglas bei $9 \cdot 10^{-6}\,\mathrm{grd}^{-1}$ liegt. Der Ersatz von SiO_2 durch Al_2O_3 ändert die Anharmonizität nur wenig, so daß sich auch α wenig ändert.

Schon frühzeitig hat man versucht, aus der Zusammensetzung die Wärmedehnung zu berechnen und dabei mehr Erfolg als bei der Viskosität gehabt. Das zeigt, daß obige Deutung der Wärmedehnung allgemeiner anwendbar ist und daß man jeder Komponente einen bestimmten Beitrag zuordnen kann. Von den vielen Vorschlägen bringt Tab. 19 nur die Faktoren von APPEN [17], die sich am besten bewährt haben. Die Berechnung erfolgt nach der Formel

$$\alpha = \alpha_1 p_1 + \alpha_2 p_2 + \cdots + \alpha_n p_n = \sum \alpha_i p_i, \tag{8}$$

in der α_i die für jedes Oxid charakteristischen Faktoren und p_i die Anteile der einzelnen Oxide in Mol-% darstellen. Für einige Komponenten hängen die Faktoren von der Zusammensetzung des Glases ab. Strukturell bedeutet das, daß der Einfluß dieser Komponenten nicht linear ist, sondern von den sonst noch vorhandenen Partnern beeinflußt wird. Dies gilt auch für einige in Glasuren übliche Oxide. Als Berechnungsbeispiel sei deshalb eine Glasur mit der folgenden Segerformel (S. 286) ausgewählt:

$$
\left.\begin{array}{l}
0{,}056\ Na_2O \\
0{,}166\ K_2O \\
0{,}430\ CaO \\
0{,}136\ ZnO \\
0{,}212\ PbO
\end{array}\right\}
\qquad 0{,}259\ Al_2O_3 \qquad
\left\{\begin{array}{l}
2{,}400\ SiO_2 \\
0{,}304\ B_2O_3
\end{array}\right.
$$

Tabelle 20. *Beispiel der Berechnung des Ausdehnungskoeffizienten einer Glasur nach Tab. 19*

Zusammensetzung		Faktor α_i	$\alpha_i \cdot p_i$
Oxid	p_i [Mol-%]		
Na_2O	1,41	39,5	55,7
K_2O	4,19	46,5	194,8
CaO	10,86	13,0	141,2
ZnO	3,43	5,0	17,2
PbO	5,35	13,0	69,5
Al_2O_3	6,53	−3,0	−19,6
B_2O_3	7,66	−3,05	−23,4
SiO_2	60,57	3,8	230,2
			$\Sigma = 665,6$

Tab. 20 bringt die entsprechenden Berechnungen, wobei aus Tab. 19 die Faktoren α_i entweder direkt entnommen oder nach den Bemerkungen berechnet wurden. Danach ist

$$\varphi = \frac{(1{,}41 + 4{,}19) + (10{,}86 + 3{,}43 + 5{,}35) - 6{,}53}{7{,}66} = \frac{18{,}71}{7{,}66} = 2{,}44,$$

also $\alpha_{B_2O_3} = -1{,}25 \cdot 2{,}44 = -3{,}05$. Insgesamt ergibt sich ein berechneter Ausdehnungskoeffizient $\alpha = 6{,}66 \cdot 10^{-6}\,\mathrm{grd}^{-1}$, der sehr gut mit dem experimentell ermittelten Wert übereinstimmt. Es ist daher zu erwarten, daß auch in anderen Fällen die berechneten Werte richtig sein werden. So ergibt die Berechnung des Ausdehnungskoeffizienten einer Glasphase der Zusammensetzung (in Mol-%) 7 K_2O, 7 Al_2O_3, 86 SiO_2, wie sie im Porzellan auftreten kann, einen Wert von $\alpha = 4{,}4 \cdot 10^{-6}$ grd^{-1}.

Das Bild von der Struktur des Glases erlaubt auch den Einfluß der Zusammensetzung auf andere Eigenschaften zu diskutieren. Oft ist die Trennstellenbildung durch die Netzwerkwandler wichtig, die — wie bereits mehrfach erwähnt — durch Einführung von Al_2O_3 wieder aufgehoben werden kann. Leider sind systematische Messungen an Gläsern mit hohen Al_2O_3-Gehalten, wie sie oft in der Keramik auftreten, bisher nur vereinzelt ausgeführt worden. Es ist deshalb nicht immer möglich, die strukturellen Überlegungen mit den entsprechenden Meßergebnissen zu vergleichen. Eine Möglichkeit besteht beim Brechungsindex, wo SCHAIRER und BOWEN [614] Messungen im System $Na_2O-Al_2O_3-SiO_2$ durchgeführt haben, die Abb. 42 zeigt. Ohne hier auf die Deutung einzugehen, sei nur auf die Umkehrung der Wirkung des Al_2O_3

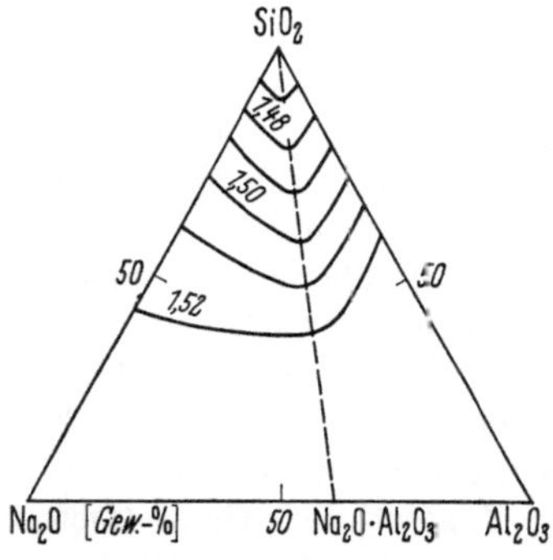

Abb. 42.
Linien gleicher Brechungsindizes n_D von Gläsern des Systems $Na_2O-Al_2O_3-SiO_2$

beim Molverhältnis $Al_2O_3 : Na_2O = 1$ hingewiesen, die oben schon erwähnt wurde. Man muß immer berücksichtigen, daß das Al^{3+}-Ion in $KZ\,4$ (beim Molverhältnis $Al_2O_3 : R_2O \leqq 1$) als Netzwerkbildner, in $KZ\,6$ aber als Netzwerkwandler wirkt.

Von praktischem Interesse ist auch die *chemische Beständigkeit* der Gläser, in der Keramik vor allem im Hinblick auf die Glasuren. Sind einfache wäßrige Lösungen die angreifenden Medien, dann sind es vorwiegend zwei Mechanismen, die die chemische Beständigkeit von Gläsern bestimmen. Im sauren Medium wird das $Si-O$-Netzwerk nicht angegriffen, aber die im Glas enthaltenen leichter beweglichen Netzwerkwandler diffundieren nach außen in die Lösung, während gleichzeitig die Protonen H^+ (oder hydratisierten Protonen, die Hydroxoniumionen H_3O^+) in das Glas einwandern. Es findet also ein Ionenaustauschprozeß statt, dessen Ausmaß von der Glaszusammensetzung und der Temperatur bestimmt wird. Im allgemeinen sind die Umsätze dabei sehr gering und werden infolge des Diffusionsmechanismus mit der Zeit immer geringer. Man kann daher sagen, daß gegenüber sauren wäßrigen Lösungen das Glas mit der Zeit immer beständiger wird.

Ganz anders ist die Natur des Angriffs durch Laugen. Nach dem Schema

$$\equiv Si-O-Si\equiv \;+\; OH^- \;\rightarrow\; \equiv Si-OH \;+\; {}^-O-Si\equiv$$

führen die OH^--Ionen zum Aufbrechen von $Si-O-Si$-Bindungen, so daß schließlich eine vollkommene Auflösung des Glases eintreten kann. Das ist aber nur dann der Fall, wenn die Struktur des Glases von vorn-

herein recht locker ist, also viele Trennstellen enthält, und die Lauge
sehr stark ist. Bei den normalen Gläsern ist der Angriff gering, aber deutlich feststellbar.

Reines Wasser zeigt einen kombinierten Mechanismus. Im Wasser
sind sowohl H^+- als auch OH^--Ionen enthalten. Im allgemeinen ist
zunächst der Ionenaustausch durch die H^+-Ionen am schnellsten, was
eine Verarmung an H^+-Ionen zur Folge hat, d. h., der pH-Wert steigt
an. Damit beginnt der Abtragungsmechanismus durch die OH^--Ionen.
Die Stärke des Angriffs ist von der Struktur des Glases, d. h. von der
Zusammensetzung, der Temperatur und auch von der Versuchszeit abhängig. Gläser mit hohen SiO_2-, Al_2O_3- und gewissen B_2O_3-Gehalten haben
insgesamt eine sehr gute chemische Beständigkeit. In der Keramik hat
man es meist mit Gläsern oder Glasuren solcher Zusammensetzung zu
tun, so daß meist die chemische Beständigkeit sehr gut ist.

Abschließend soll kurz auf die *mechanische Festigkeit* von Gläsern
eingegangen werden, der auch bei der mechanischen Festigkeit keramischer Produkte (S. 316ff.) eine wichtige Rolle zukommt. Schon lange
ist bekannt, daß die Druckfestigkeit von Gläsern wesentlich höher als
deren Zugfestigkeit ist. Auf verschiedenen Wegen hat man versucht,
die Zugfestigkeit theoretisch zu berechnen, wobei man übereinstimmend
zu einem Wert von ungefähr $1 \cdot 10^5$ kp/cm² gekommen ist. Ohne besondere Vorsichtsmaßnahmen liegen aber die experimentellen Werte mit
etwa $5 \cdot 10^2$ kp/cm² wesentlich tiefer. Diese Diskrepanz und die alte
Beobachtung, daß die Festigkeit von Glasfasern mit abnehmendem
Faserdurchmesser bis fast an den theoretischen Wert kommt, hat zu
sehr vielen Versuchen Anlaß gegeben. Zusammenfassend kann man
jetzt sagen, daß sorgfältigst hergestellte Proben unter saubersten Meß-
bedingungen Zugfestigkeiten ergeben, die bei $^1/_3$ der theoretischen Festigkeit liegen und unabhängig von der Probengröße sind. Für diesen ver-
bleibenden Unterschied kann man Fehler in der Glasstruktur verantwortlich machen.

Bei den Zugfestigkeitsmessungen geht der Bruch immer von der
Oberfläche aus. Jede dort vorhandene Störung erniedrigt die Festigkeit
um so mehr, je tiefer sie in die Oberfläche eindringt. Bereits Mikrofehler,
die nicht einmal mit dem Elektronenmikroskop zu erkennen sind, machen
sich bemerkbar. Deren Anzahl und Größe hängt von der Vorbehandlung
ab. Durch den normalen Gebrauch von Gläsern entstehen in der Oberfläche bereits so tiefe Fehler, daß die Festigkeit auf den oben genannten
Wert herabgesetzt wird. Der weite Bereich der Zugfestigkeit von Gläsern ist nach einem Vorschlag von KRUITHOF und ZYLSTRA [419] in
Abb. 43 dargestellt.

Der Einfluß der Fehler- oder Rißtiefe *l* ergibt sich quantitativ aus
der Griffithschen Ableitung:

$$\sigma = 2\sqrt{\frac{E\gamma}{\pi l}}. \tag{9}$$

Danach ist die Festigkeit σ außerdem abhängig vom Elastizitätsmodul E
und der Oberflächenenergie γ des Glases. Die Elastizitätsmoduln sind

nur sehr begrenzt variabel, aber die Oberflächenenergie γ kann sich stärker verändern, vor allem durch die Gegenwart von Gasen oder Flüssig-

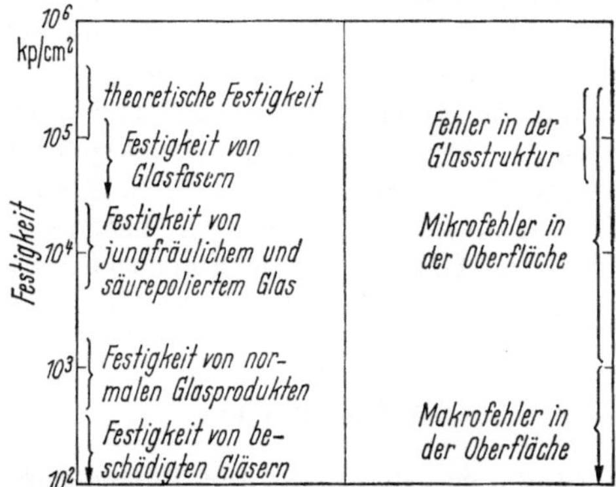

Abb. 43. Festigkeit von Glas und Ursachen der Festigkeitserniedrigung

keiten deutlich herabgesetzt werden. Beim Bruch erfordert dann die Bildung der neuen Ober- bzw. Grenzflächen weniger Energie, d. h., die Festigkeit sinkt ab.

Neben diesen Einflüssen hat man auch eine Abhängigkeit der Festigkeit von der Temperatur und Zeit festgestellt, die auf die Mitwirkung der Luftfeuchtigkeit zurückgeführt werden konnte. Nach dem Modell von CHARLES (zitiert bei HILLIG [289]) findet eine Korrosion statt, die

nach Abb. 44a den Krümmungsradius an der Spitze des Risses vergrößert, was zu einer Erhöhung der Festigkeit führt. (Man kann Gl. (9) so umformen, daß statt der Rißtiefe im Nenner der Krümmungsradius im Zähler steht.) Man bezeichnet diese Erscheinung als Alterung. Steht der Riß dagegen unter Spannung, wie z. B. beim Zugversuch, dann setzt die Korrosion bevorzugt am Ort der höchsten

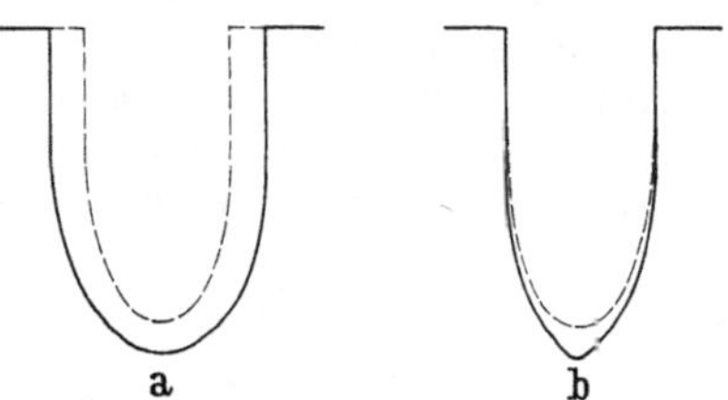

Abb. 44a u. b. Schematische Darstellung der Korrosion von Rissen ohne (a) und mit (b) Spannungen nach CHARLES (gestrichelte Kurve: Ausgangszustand)

Spannung, also an der Rißspitze ein. Nach Abb. 44b wird dadurch der Riß länger, und nach Gl. (9) erniedrigt sich die Festigkeit. Man spricht dann von Ermüdung. Daraus folgt, daß mit zunehmender Belastungszeit die Festigkeit geringer wird.

Zusammenfassenden Darstellungen der Probleme der Festigkeit des Glases, z. B. von CHARLES [100], ERNSBERGER [177] oder HILLIG [289] kann man ausführlichere Angaben entnehmen. Die obige kurze Beschreibung zeigt Wege, die Glasfestigkeit zu erhöhen. Es ist sehr schwierig, Mikrofehler auf der Glasoberfläche zu vermeiden. Man kann diese Mikro- und oft auch Makrofehler unschädlich machen, wenn man die Glasoberfläche unter eine entsprechend hohe Druckspannung setzt. Dazu gibt es viele Möglichkeiten. Lange bekannt ist das Abschrecken von Temperaturen oberhalb Tg. Dabei wird die Oberfläche des Glases zuerst fest, während sich das Glasinnere noch auf höherer Temperatur befindet. Beim Abkühlen des Glasinneren kann die Oberfläche nicht mehr nachgeben, so daß das Innere unter Zug-, das Äußere unter Druckspannung steht. Weiterhin kann man die Zusammensetzung der Glasoberfläche so ändern, daß sie einen geringeren Ausdehnungskoeffizienten hat. Auch dann entstehen in der Oberfläche Druckspannungen. (Näheres über den Mechanismus siehe bei den Glasuren S. 293.)

An anderen Stellen dieses Buches wird in besonderem Zusammenhang noch mehr über das Glas und seine Eigenschaften gesagt werden, z. B. bei der Besprechung der Oberflächenenergie (S. 84 ff.) oder der Härte (S. 296).

2.4 Oberflächen

2.4.1 Bindungsverhältnisse und Eigenschaften

Die bisher betrachteten Strukturen waren in ihrer Ausdehnung unbegrenzt, so daß im Innern die Wirkung der Umgebung auf ein bestimmtes Ion überall dieselbe ist. Betrachtet man aber ein Ion in der Oberfläche, dann fehlen diesem einige Nachbarn, d. h., sein Bindungszustand und damit auch seine Eigenschaften werden sich gegenüber einem Ion im Innern ändern. Insgesamt ergibt sich daraus, daß Oberflächen andere Eigenschaften als der massive Körper haben werden. Oberflächen spielen aber im weiten Bereich der Keramik eine wichtige Rolle, so z. B. bei allen Reaktionen mit festen Partnern und bei Benetzungs- und Adsorptionserscheinungen.

Abb. 45 soll die Verhältnisse schematisch darstellen. Das Ion *1* wird allseitig von Nachbarn gebunden, in der ebenen Darstellung der Abb. 45 von sechs Nachbarn. Die Oberflächenionen *2* und *3* haben dagegen nur

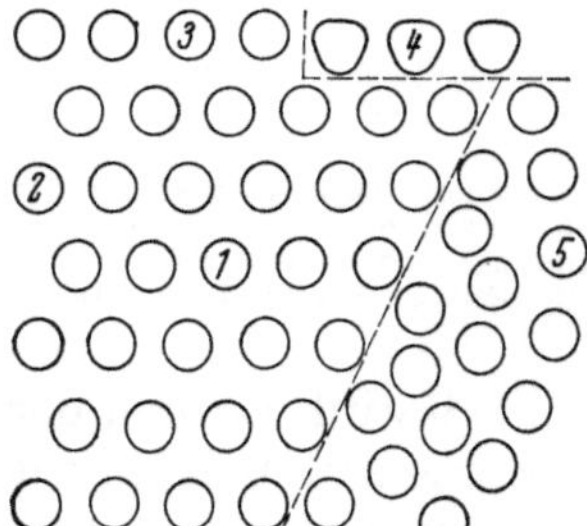

Abb. 45. Schematische Darstellung eines Festkörpers mit Ionen in geordneter Umgebung (*1*), in der Oberfläche (*2*, *3*), dort deformiert (*4*) und in einer kugelförmigen Oberfläche einer ungeordneten Struktur (*5*)

drei oder vier nächste Nachbarn, d. h., sie sind nach außen nicht abgesättigt und haben das Bestreben, ins Innere zu kommen. Die Oberfläche befindet sich daher in einem Zustand höherer Energie. Diese Energie kann auf verschiedene Weise abgebaut werden. In Flüssigkeiten, die leicht beweglich sind, stellt sich die geometrische Form ein, die pro Volumen die kleinste Oberfläche hat, die Kugel. Das ist in Abb. 45 auf der rechten Seite bei *5* durch die ungeordnete Lage der Ionen dargestellt. In Festkörpern ist eine solche starke Bewegung der Ionen nicht möglich.

Hier werden sich die äußeren Ionen deformieren, was bei 4 in Abb. 45 skizziert ist. Ionen mit großer Polarisierbarkeit lassen sich leichter deformieren, weshalb bei Oxiden meist das leichter deformierbare O^{2-}-Ion in der Oberfläche liegt. In Kristallen ist die Lage der Ionen nicht beliebig. So erkennt man auch in Abb. 45 Unterschiede der Packung in der Oberfläche bei 2 und 3. Wenn ein Kristall wächst oder sich auflöst, wird er immer versucht sein, die Oberflächen mit den höchsten Energien klein zu halten.

Oberflächen kann man auch durch Spalten von Festkörpern herstellen. Unmittelbar nach dem Bruch müssen in der frischen Bruchfläche freie Bindungen offen liegen, die ein sehr starkes Bestreben zur Absättigung haben. Dieses wird dadurch befriedigt, daß Bestandteile der umgebenden Atmosphäre angelagert werden. Damit ist zwar der erste Bedarf an fehlenden Bausteinen gedeckt, aber trotzdem noch die allgemeine überschüssige Energie der Oberfläche vorhanden. Dies führt zu einer weiteren Anlagerung von Gasmolekülen, vor allem von den meist vorhandenen H_2O-Molekülen. Treffen diese auf eine noch nicht abgesättigte Oberfläche, dann bilden sich OH-Gruppen aus, die mit Si als Kation oft als Silanolgruppen bezeichnet werden. Ein einzelner Bruch ist wie folgt zu skizzieren:

$$\equiv Si \diagup \atop \equiv Si \diagdown O + H_2O \rightarrow \qquad \equiv Si-OH \atop \equiv Si-OH$$

Ein ähnlicher Mechanismus kann aber auch bei zunächst geschlossener $Si-O-Si$-Bindung eintreten, wenn diese in der Oberfläche eine hohe Energie hat:

$$\equiv Si \diagdown \atop \equiv Si \diagup O + H_2O \rightarrow \qquad \equiv Si-OH \atop \equiv Si-OH$$

An diesen und den sonst noch vorhandenen Oberflächensauerstoffen können weitere H_2O-Moleküle adsorbiert werden, was wegen der Ausbildung von Wasserstoffbrückenbindungen sehr leicht erfolgt. Das ist dann eine reine Adsorption (S. 93) von H_2O-Dampf, während obige Reaktionen als Chemisorption anzusprechen sind. Ähnliche Erscheinungen sind auch mit anderen Gasen möglich, doch ist deren Affinität zu den Oxiden wesentlich geringer. Ganz allgemein kann man sagen, daß an Oberflächen mit einer Anreicherung von Verunreinigungen zu rechnen ist.

Oberflächen, vor allem Oxidoberflächen, können sich damit auch in ihrem Chemismus vom Innern des Festkörpers unterscheiden. Neben der unter normalen Bedingungen meist vorhandenen adsorbierten H_2O-Schicht muß man damit rechnen, daß die Oberfläche auch OH-Gruppen enthält. Es gibt viele experimentelle Möglichkeiten, diese nachzuweisen. Hier sei nur erwähnt, daß die UR-Spektroskopie empfindlich auf OH-Gruppen anspricht und daß es möglich ist, diese OH-Gruppen durch chemische Reaktionen zu erkennen. In einem Übersichtsartikel hat

BOEHM [51] dieses Thema zusammenfassend dargestellt. Für die Praxis
ergibt sich die Folgerung, daß wirklich wasserfreie Oberflächen nur unter
den sorgfältigsten Bedingungen hergestellt werden können. Adsorbiertes
H_2O ist durch gründliches Evakuieren zu entfernen, während man zur
Beseitigung der oberflächlichen OH-Gruppen zusätzlich bis etwa 400 °C
erhitzen muß.

2.4.2 Oberflächenspannung — Oberflächenenergie

Die Tendenz kleiner Tropfen, eine Kugelgestalt anzunehmen, wurde
früher einer Spannkraft parallel der Oberfläche zugeschrieben, woraus
sich der noch jetzt übliche Ausdruck der Oberflächenspannung für diese
Erscheinung entwickelt hat. Die Oberflächenspannung kann experimentell als die Arbeit bestimmt werden, die zur Vergrößerung der Oberfläche um eine Flächeneinheit erforderlich ist. Ihre Dimension ist daher
erg/cm^2 oder dyn/cm. (Letztere Dimension ist bei Flüssigkeiten gebräuch-
licher, da sie mehr an die Spannung erinnert.)

Aus dem vorangegangenen Abschnitt ging hervor, daß die Atome
in der Oberfläche eine höhere Energie als im Innern haben. Um ein Atom
vom Innern in die Oberfläche zu bringen, bedarf es daher einer bestimmten Energie. Bezogen auf die Flächeneinheit der neu gebildeten Oberfläche ist sie dann die freie Oberflächenenergie mit der Dimension
erg/cm^2.

Dimensions- und zahlenmäßig sind bei Flüssigkeiten Oberflächenspannung und freie Oberflächenenergie gleich. Das gilt nicht notwendig
für Festkörper, wenn z. B. nach einem Bruch, der ja die Bildung einer
neuen Oberfläche darstellt, die Beweglichkeit der Atome in der neuen
Oberfläche so gering ist, daß sich eine neue Gleichgewichtslage nicht
einstellen kann. Bei erhöhter Temperatur werden aber die Oberflächenatome bald so beweglich, daß auch bei Festkörpern Oberflächenspannung
und freie Oberflächenenergie gleich werden.

Für die experimentelle Bestimmung der Oberflächenspannung von
Flüssigkeiten gibt es viele Methoden, von denen z. B. die Blasendruckmethode (S. 90) oder die Methode des liegenden Tropfens auch bei
höheren Temperaturen mit Schmelzen anwendbar sind. Weiterhin
gibt es auch hier Faktoren zur Berechnung der Oberflächenspannung
von Silicatschmelzen. Wegen genauerer Angaben muß auf die Fachbücher
verwiesen werden. Tab. 21 bringt eine Zusammenstellung einiger Werte
von Schmelzen, die mehreren Arbeiten entnommen oder nach den Faktoren berechnet wurden. (In starker Näherung entspricht bei der Schmelztemperatur T_s der Zahlenwert der Oberflächenspannung von Metallen
$\approx T_s$ in °K, während er bei den Oxiden nur $\approx {}^1/_6\, T_s$ beträgt.)

Nach Tab. 21 haben silicatische Schmelzen Oberflächenspannungen
um 300 dyn/cm, während die Werte der Al_2O_3- und B_2O_3-Schmelzen
davon stark abweichen. Letztere Erscheinung ist für die Praxis von großer
Bedeutung. Mischungen aus zwei Komponenten zeigen in der Oberflächenspannung nicht additives Verhalten, sondern die Komponente
mit geringerer Oberflächenspannung reichert sich in der Oberfläche an,

so daß schon geringe Zusätze eine starke Erniedrigung hervorrufen können. (Hierauf beruht auch die Wirkung der Netzmittel.) Die geringe Oberflächenspannung der B_2O_3-Schmelze ist dadurch bedingt, daß sich in einer solchen Schmelze [BO_3]-Gruppen ausbilden, die eben sind und sich deshalb parallel der Oberfläche anordnen können. Der Energieunterschied zwischen dem Inneren und der Oberfläche ist dabei gering. B_2O_3 ist eine häufige Komponente von Glasuren, wo es ebenfalls die Oberflächenspannung stark herabsetzt. Ähnlich wirkt die Glasurkomponente PbO, wobei hier die Ursache in der großen Polarisierbarkeit des Pb-Ions liegt.

Tabelle 21. *Oberflächenspannungen von Schmelzen*

Substanz	Temperatur °C	Oberflächenspannung dyn/cm
H_2O	25	72
B_2O_3	900	80
Al_2O_3	2150	550
SiO_2	1800	307
Natronkalkglas ($Na_2O : CaO : SiO_2 = 16 : 10 : 74$ Gew.-%)	1000	316
Natriumborosilicatglas ($Na_2O : B_2O_3 : SiO_2 = 20 : 10 : 70$ Gew.-%)	1000	265
Porzellanglasphase	1000	320
Glasuren	1000	250—280
NaCl	1080	94
Na_2SO_4	1080	184
KCl	1080	75
Hg	0	480
Al	700	840
Pb	350	450

Die meisten silicatischen Schmelzen haben einen negativen Temperaturkoeffizienten der Oberflächenspannung, d. h., mit steigender Temperatur nimmt die Oberflächenspannung ab; bei Fenstergläsern etwa um 4 dyn/cm pro 100 grd. Anders verhalten sich dagegen die Schmelzen, die von vornherein eine geringe Oberflächenspannung haben. Mit steigender Temperatur wird bei diesen die Orientierung oder Anreicherung bestimmter Komponenten in der Oberfläche gestört, so daß die Oberflächenspannung ansteigt, also ein positiver Temperaturkoeffizient vorliegt. Allgemein sind die Änderungen mit der Temperatur gering.

Die experimentelle Bestimmung der Oberflächenenergie von Festkörpern ist schwierig. Als Methoden eignen sich u. a. die direkte Messung der Energie bei der Bildung neuer Oberflächen, die Auswertung der Griffithschen Gleichung (S. 80), die Abhängigkeit der Löslichkeit von der Korngröße (S. 92) oder die Bestimmung von Lösungswärmen. Auch Randwinkelmessungen mit verschiedenen Flüssigkeiten lassen sich heranziehen, wie von Sell und Neumann [662] in einer allgemeineren Arbeit beschrieben wird.

Zahlreicher sind die Versuche zur Berechnung der freien Oberflächenenergie von Festkörpern, ausgehend von der Kristallstruktur und den
Gitterenergien. Die meisten dieser Berechnungen beziehen sich auf die
Alkalihalogenide und auf den absoluten Nullpunkt. Mit Hilfe thermodynamischer Daten hat WALTON [738] die Werte bis zur Raumtemperatur ausgedehnt.

Die Ergebnisse verschiedener Autoren in Tab. 22 lassen starke Unterschiede erkennen. Der tiefe Meßwert von 1040 erg/cm² beim MgO stammt
aus Lösungswärmemessungen, also von einer natürlichen Oberfläche.
Demgegenüber sind die Berechnungen auf ideale Oberflächen bezogen.

Tabelle 22. *Freie Oberflächenenergien einiger Festkörper*

Substanz	Fläche	Temperatur °C	Freie Oberflächenenergie erg/cm²	Art der Bestimmung
MgO	(100)	$-273{,}16$	$1090-1460$	berechnet
		$-273{,}16$	1040	berechnet
		196	1200	experimentell
		25	1390	berechnet
CaO	(100)	$-273{,}16$	$820-1030$	berechnet
		25	980	berechnet
BaO	(100)	$-273{,}16$	$510-640$	berechnet
		25	650	berechnet
Quarz	$(10\bar{1}1)$	-196	410	experimentell
	$(\bar{1}011)$	-196	500	experimentell
	$(10\bar{1}0)$	-196	1030	experimentell
Natronkalkglas	—	20	1210	experimentell
		20	73	experimentell
		20 (nach Ausheizen)	260	experimentell

Ganz allgemein ordnet man den natürlichen, d. h. gestörten Oberflächen
eine um etwa 20 % erniedrigte Oberflächenenergie zu. Dann ist die Übereinstimmung gut. Unterschiedliche Werte sind für verschiedene Kristallflächen (siehe beim Quarz) zu erwarten, da die Flächen auch unterschiedlich besetzt sind. Beim Glas sind die Streuungen sehr groß. Der hohe
Wert 1210 erg/cm² wird auf Meßfehlern beruhen, während der geringe
Wert von nur 73 erg/cm² dadurch vorgetäuscht wird, daß bei diesen
Versuchen die Glasoberfläche noch eine adsorbierte H_2O-Schicht enthielt, so daß die Oberflächenspannung von Wasser gemessen wurde.
Erst nach sorgfältigem Ausheizen erhält man den vernünftigen Wert
260 erg/cm².

2.4.3 Grenzflächenspannung

Bisher wurden die Oberflächen nur gegenüber dem Vakuum oder
ihrem eigenen Dampf betrachtet. Die im allgemeinen ungesättigte
Natur der Oberflächen führt zu dem Bestreben, zur besseren Absättigung auch fremde Substanzen anzulagern, wodurch die Energie der
Oberfläche erniedrigt wird. In Gegenwart einer anderen Phase, die in
direkter Berührung mit der Oberfläche ist, muß man deshalb von Grenzflächenspannung bzw. Grenzflächenenergie sprechen.

Die Anlagerung von Gasmolekülen an eine feste oder flüssige Oberfläche wird als Adsorption bezeichnet. Diese Erscheinungen werden weiter unten etwas ausführlicher behandelt (S. 93). Hier sei nur erwähnt, daß PARIKH [534] bei Gläsern in verschiedenen Atmosphären sehr große Unterschiede der Oberflächenspannung gefunden hat. (Exakt müßte man hier Grenzflächenenergie sagen, aber für das System flüssig — gasförmig wird meist der Begriff Oberflächenspannung verwendet.) Ein einfaches Natronkalkglas zeigte im Vakuum bei 600 °C eine Oberflächenspannung von 315 dyn/cm, dagegen in Gegenwart von H_2O-Dampf mit einem Druck von 16 mm Hg nur noch 205 dyn/cm.

Noch wichtiger als die Systeme fest — gasförmig sind in der Keramik die Systeme fest — flüssig. Ebenso wie Moleküle aus der Gasphase können auch die Komponenten einer flüssigen Phase zur besseren Absättigung einer Oberfläche dienen. Allgemein bezeichnet man die Erscheinung mit Benetzung, wobei das Ausmaß der Benetzung von der Art der Partner abhängt, wie gleich gezeigt werden wird. Zuvor seien aber einige sehr instruktive Versuche von BENEDICKS [36] erwähnt. Dieser hat die Dehnung von Kieselglasfasern gemessen. In trockener Atmosphäre ergab sich ein geringer Wert. Sobald eine Flüssigkeit zugegeben wurde, trat eine deutliche Verlängerung der Fasern ein, die am größten beim Wasser war. Diese Versuche zeigen, daß durch die Anwesenheit einer zweiten Phase die Oberflächenatome abgesättigt werden und dadurch die gegenseitige Bindung der Oberflächenatome geringer werden kann, so daß eine Ausdehnung der Faser beobachtet wird. Diese Erscheinung wird als Liquostriktion bezeichnet. Man beobachtet ähnliche Effekte auch bei der Adsorption von Gasen an porösen Körpern, doch sind dabei die Erscheinungen nicht so einfach zu deuten.

Die eben geschilderten Effekte kann man nur bei Proben beobachten, bei denen das Verhältnis Oberfläche : Volumen groß ist. Bei anderer Versuchsanordnung, z. B. beim Auftragen eines Flüssigkeits-

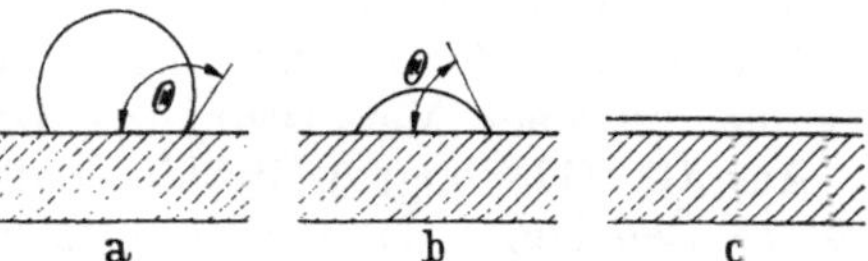

Abb. 46a—c. Beispiele für das Benetzungsverhalten von Flüssigkeiten auf Festkörpern. a) nicht benetzend ($\Theta > 90°$), b) benetzend ($\Theta < 90°$), c) spreitend

tropfens auf eine feste Oberfläche, erkennt man das Ausmaß der Wechselwirkung am Verhalten des Tropfens, der je nach System verschiedene Formen annehmen kann. Abb. 46 zeigt einige Beispiele. Dabei liegen mehrere Oberflächen- bzw. Grenzflächenenergien nebeneinander vor:

γ_l = Oberflächenenergie der Flüssigkeit gegenüber der eigenen Dampfphase (wobei angenommen wird, daß der Dampfdruck des Festkörpers vernachlässigt werden kann),

γ_{sv} = Grenzflächenenergie des Festkörpers gegen die Atmosphäre und

γ_{sl} = Grenzflächenenergie des Festkörpers gegen die Flüssigkeit.

(In Anlehnung an den englischen Sprachgebrauch bedeuten die Indizes s = fest, l = flüssig und v = gasförmig.) Die verschiedenen Systeme der Abb. 46 können durch den sich ausbildenden Randwinkel Θ (auch

Kontaktwinkel genannt) gekennzeichnet werden. Zwischen diesem und obigen Größen gilt die Youngsche Beziehung für den Zustand minimaler Energie

$$\gamma_{sl} - \gamma_{sv} + \gamma_l \cos\Theta = 0 \tag{10}$$

oder

$$\cos\Theta = \frac{\gamma_{sv} - \gamma_{sl}}{\gamma_l}. \tag{11}$$

Darin ist γ_l durch andere Methoden bestimmbar. γ_{sv} hat nur dann den Wert der Oberflächenenergie des Festkörpers, wenn der Dampfdruck der Flüssigkeit zu vernachlässigen ist und eine vorhandene Atmosphäre keinen Einfluß ausübt. Schließlich ist γ_{sl} unbekannt. Der Randwinkel läßt sich daher nicht voraussagen und muß von Fall zu Fall gemessen werden.

Die Messung des Randwinkels bedarf großer Sorgfalt. Oft wird eine Hysterese bei Be- und Entnetzungsversuchen gemessen, die durch eine Rauhigkeit der Oberfläche bedingt sein kann. Weiterhin wird eine zusätzliche Änderung des Randwinkels beobachtet, wenn zwischen den beiden Partnern Reaktionen eintreten, auch wenn sie nur sehr gering sind.

Nach Abb. 46 spricht man bei Randwinkeln $\Theta > 90°$ von nicht benetzend (obwohl noch eine gemeinsame Grenzfläche vorhanden ist), bei $\Theta < 90°$ von benetzend und bei $\Theta = 0°$ von spreitend. Aus Gl. (11) folgt, daß die Voraussetzung für *Benetzung* $\gamma_{sv} > \gamma_{sl}$ ist, daß also die Grenzflächenenergie γ_{sl} gering ist. Das ist immer dann zu erwarten, wenn der Chemismus bzw. die Bindungsarten beider Partner verwandt sind. Deshalb zeigen Silicatschmelzen auf Oxiden meist nur geringe Randwinkel oder vollständige Benetzung. Im umgekehrten Fall, bei geringer Verwandtschaft, ist die Grenzflächenenergie groß, und bei $\gamma_{sv} < \gamma_{sl}$ wird nach Gl. (11) $\Theta > 90°$. Dieses Verhalten beobachtet man meist bei den Systemen Metallschmelze—Oxid.

Aus Gl. (11) folgt weiterhin, daß abnehmende Randwinkel, also bessere Benetzung dann zu erreichen sind, wenn γ_{sl} kleiner und γ_{sv} größer wird, während der Einfluß von γ_l unterschiedlich ist. Abnehmende γ_l-Werte erniedrigen Θ in benetzenden Systemen ($\gamma_{sv} > \gamma_{sl}$), aber erhöhen Θ in nicht benetzenden Systemen ($\gamma_{sv} < \gamma_{sl}$). Voraussetzung für diese Überlegungen ist, daß γ_{sv} und γ_{sl} durch die Änderung nicht beeinflußt werden, was nur selten genau, aber oft annähernd erfüllt ist.

Aus den zahlreichen Messungen wurden für Tab. 23 nur wenige Werte nach den Angaben von KINGERY [361], OEL [524] und BARTLETT und J. K. HALL [28] ausgewählt. Sie lassen erkennen, daß der Einfluß der Atmosphäre sehr stark ist, vor allem bei den angeführten Systemen mit metallischen Festkörpern. In Luft ist anzunehmen, daß sich auf dem Metall ein Oxidfilm bildet, der zu der guten Benetzung führt. Die nach Gl. (10) berechneten Grenzflächenenergien γ_{sl} zeigen die erwartet hohen Werte bei diesen Systemen.

Wenn der Randwinkel gegen $0°$ geht, geht $\cos\Theta \to 1$. Beim Erreichen der vollständigen Benetzung gilt

$$\gamma_{sl} - \gamma_{sv} + \gamma_l = 0. \tag{12}$$

Damit wird der Grenzfall der beginnenden *Spreitung* erreicht. Spreitung wird nur dann eintreten, wenn dadurch Arbeit gewonnen wird. Bei diesem Vorgang verschwindet die Grenzflächenenergie γ_{sv}, während neu die Grenzflächenenergie γ_{sl} und auch die Oberflächenenergie γ_l aufgebracht werden muß. Für die Spreitung muß diese Differenz positiv sein, also

$$\gamma_{sv} > \gamma_{sl} + \gamma_l \quad \text{oder}$$

$$\gamma_{sv} - (\gamma_{sl} + \gamma_l) \equiv p_{Sp} > 0, \tag{13}$$

wobei der manchmal zu lesende Spreitungsdruck p_{Sp} eingeführt wurde, der dieses Verhalten kennzeichnet.

Tabelle 23. *Randwinkel Θ und Grenzflächenenergien γ einiger Systeme*

Flüssige Phase	Feste Phase	Temp. °C	Atmosphäre	Θ °	γ_l erg/cm²	γ_{sv} erg/cm²	γ_{sl} erg/cm²
$Na_2Si_2O_5$	Ag	900	He oder H_2	70	275	1140	1045
			Luft	0			
	Cu	900	He oder H_2	60	275	1650	1510
			Luft	0			
$SiO_2 : Na_2O : CaO$ = 74 : 16 : 10 Gew.-%	Pt	1080	$N_2 + H_2$	64			
			Luft	25			
				oder 0[1]			
Al_2O_3	W	2150	Vakuum	50			
			N_2	36			
			H_2	17			
Ag	Al_2O_3	1100	N_2	115	920	≈ 900	≈ 1300
		1150	Luft	95			

[1] 25° bei be-, 0° bei entnetzend

Die Spreitung oder vollständige Benetzung wird in der Keramik u. a. beim Glasieren benötigt. Da die Oberflächenenergie des Festkörpers kaum beeinflußbar ist, muß man also dafür sorgen, daß die Grenzflächenenergie γ_{sl} und/oder die Oberflächenenergie γ_l erniedrigt werden. Ersteres kann man dadurch erreichen, daß man verwandte Komponenten nimmt, letzteres durch Zusatz von Komponenten, die die Oberflächenspannung von Gläsern erniedrigen, wie z. B. B_2O_3 oder PbO.

Für andere Zwecke ist es wichtig zu wissen, wie stark die Haftung einer Schmelze auf der Unterlage ist. Diese Größe, die durch die *Adhäsionsarbeit* W (= Haftarbeit) gekennzeichnet wird, ergibt sich aus der Überlegung, daß beim Trennen zwei neue Oberflächen mit γ_{sv} und γ_l entstehen, während die Grenzfläche mit γ_{sl} verschwindet, also

$$W = \gamma_{sv} + \gamma_l - \gamma_{sl} \tag{14}$$

und mit Gl. (10)

$$W = \gamma_l (\cos\Theta + 1). \tag{15}$$

Auch hier ist normalerweise nur γ_l bekannt. Die Differenz der restlichen beiden Größen $(\gamma_{sv} - \gamma_{sl})$ wird als Benetzungs- bzw. Haft-

spannung bezeichnet. Die Adhäsionsarbeit ist also um so größer, je größer
diese Benetzungsspannung ist.

Zum Erzielen einer guten Spreitung und großer Adhäsionsarbeit
verwendet man in der Praxis oft chemisch verwandte Systeme, bei denen
es während des Brandes zu Reaktionen kommen kann. Dabei ändern
sich nicht nur die Werte der Grenzflächenenergie, sondern meist tritt
noch eine Aufrauhung der Unterlage ein. Dadurch wird aber die Haftung
wesentlich beeinflußt; wenn die Schmelze alle Unebenheiten der Unterlage ausfüllt, tritt neben die obige Adhäsion noch eine mechanische
Haftung durch das gegenseitige Verzahnen.

Für zwei Flüssigkeiten gelten im Prinzip ähnliche Folgerungen.
Eine Besonderheit zeigen zwei gegeneinander nicht vollständig misch-
bare Flüssigkeiten. Werden die Oberflächenspannungen der jeweils
gesättigten Flüssigkeiten mit γ_1 und γ_2 bezeichnet, dann gilt für die
Grenzflächenenergie γ_{12} die Antonowsche Regel

$$\gamma_{12} = \gamma_1 - \gamma_2, \tag{16}$$

d. h., die Grenzflächenenergie ist hier leicht zu bestimmen. Diese Regel
hat sich bei vielen Flüssigkeitspaaren bestätigt, gilt allerdings nicht
uneingeschränkt. Aus ihr folgt mit der entsprechend angewandten
Gl. (13), daß bei solchen Systemen der Spreitungsdruck gleich Null ist.

Eine weitere Besonderheit wird beim Zusammenbringen von misch-
baren Flüssigkeitspaaren beobachtet, bei denen das Verhältnis der
Differenzen der Oberflächenspannungen zu den Dichten negativ ist.
Bei geeigneter Wahl der Versuchsbedingungen tritt eine starke Wirbel-
erscheinung auf. Jebsen-Marwedel [329] hat solche Flüssigkeitspaare
als dynaktiv bezeichnet. Von Brückner [76] wurden diese Erscheinungen näher untersucht. Sie haben sich zur Deutung einiger Effekte in
Silicatschmelzen als sehr wertvoll erwiesen.

2.4.4 Gekrümmte Oberflächen

Die Oberflächenspannung wird oft nach der Blasendruckmethode
bestimmt. Diese Methode soll hier nicht im einzelnen beschrieben werden,
sondern dazu dienen, den Einfluß von gekrümmten Oberflächen kennenzulernen. Abb. 47 zeigt eine Skizze der Versuchsanordnung, bei der eine
Kapillare in eine Flüssigkeit mit der Oberflächenspannung γ taucht.
Durch Aufwenden eines bestimmten Druckes p entsteht am Ende der
Kapillare eine Blase mit dem Radius r. Will man diesen Radius um Δr
vergrößern, dann muß durch den um Δp erhöhten Druck das Volumen
um ΔV erhöht werden. Diese Arbeit $\Delta p \cdot \Delta V$ ist gleich der Arbeit zur
Vergrößerung der Oberfläche $\gamma \cdot \Delta F$, woraus folgt

$$\Delta p = \frac{2\gamma}{r}. \tag{17}$$

Aus Gl. (17) ergibt sich, daß in kleinen Blasen ein merkbarer Überdruck herrschen muß. So beträgt z. B. in einer Silicatschmelze mit

$\gamma = 300$ dyn/cm bei einem Blasenradius von 0,1 mm

$$\Delta p = \frac{2 \cdot 300}{0,01} \; \frac{\text{dyn}}{\text{cm}^2} \approx 0,06 \; \text{atm} .$$

Taucht in eine Flüssigkeit eine Kapillare, dann bildet sich im Fall der Benetzung durch das Aufsteigen der Flüssigkeit an der Wand eine konkav gekrümmte Oberfläche aus. Der sich nach Gl. (17) einstellende

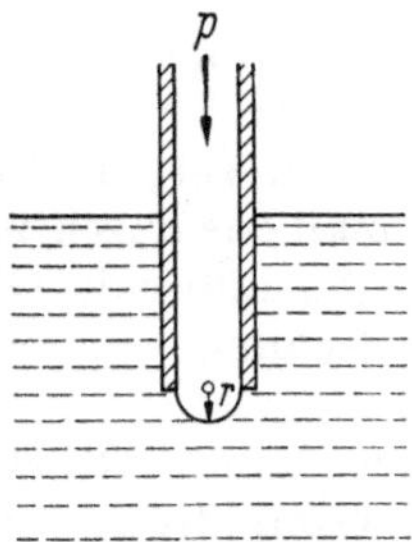

Abb. 47. Skizze zur Bestimmung der Oberflächenspannung von Flüssigkeiten nach der Blasendruckmethode

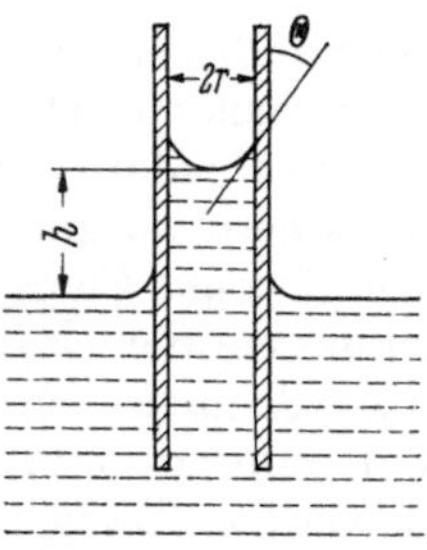

Abb. 48. Skizze zur Deutung des Aufsteigens von Flüssigkeiten in Kapillaren

Unterdruck wird dadurch ausgeglichen, daß die Flüssigkeit in die Kapillare eingezogen wird, bis der hydrostatische Druck der Flüssigkeitssäule damit im Gleichgewicht steht (Abb. 48). Mit dem Randwinkel Θ gilt dann

$$\Delta p = \frac{2\gamma \cdot \cos \Theta}{r} = \varrho \, g \, h , \qquad (18)$$

mit $\varrho =$ Dichte der Flüssigkeit und $g =$ Erdbeschleunigung. Für Randwinkel $\Theta > 90°$, also konvex gekrümmten Meniskus, wird Δp negativ, d. h., die Flüssigkeit in der Kapillare sinkt unter den normalen Flüssigkeitsspiegel. In einer Kapillare mit $r = 1$ mm steigt obige Silicatschmelze bei vollständiger Benetzung (cos $\Theta = 1$) nach der umgeformten Gl. (18)

$$h = \frac{2\gamma}{r \varrho g} = \frac{2 \cdot 300}{0,1 \cdot 2,2 \cdot 981} \approx 3 \; \text{cm} .$$

Aus dem Verhalten von Flüssigkeiten in Kapillaren ergibt sich weiterhin, daß konvex gekrümmte Oberflächen einen höheren, konkav gekrümmte Oberflächen einen geringeren *Dampfdruck* p als die ebene Oberfläche (p_0) haben müssen. Dafür gilt die Beziehung

$$V \, \Delta p = RT \ln \frac{p}{p_0} \qquad (19)$$

mit $V =$ Molvolumen $= M/\varrho$ ($M =$ Molgewicht, $\varrho =$ Dichte) und $R =$ Gaskonstante $= 8,317 \cdot 10^7$ erg $\cdot$ grd^{-1} $\cdot$ mol^{-1}. Mit Gl. (17) erhält man die Kelvingleichung

$$\ln \frac{p}{p_0} = \frac{2 M \gamma}{\varrho R T} \frac{1}{r} . \qquad (20)$$

Tropfen haben eine konvex gekrümmte Oberfläche; in Gl. (20) ist r dann positiv einzusetzen. Die Dampfdruckerhöhung wird erst bei sehr kleinen Tropfen deutlich, die in der Praxis selten vorkommen. Für Tropfen mit $r = 0,1$ μm beträgt sie etwa 1%. Wichtiger ist, daß man eine Beziehung zur *Löslichkeit* herstellen kann, für die ganz analog Gl. (20) gilt, nur muß statt des Druckes p die Löslichkeit L stehen. Kleine Teilchen mit $r < 0,1$ μm kommen oft vor, und die höhere Löslichkeit macht sich deutlich bemerkbar. Allerdings muß man dann in Gl. (20) statt der Oberflächenspannung die Grenzflächenspannung $\gamma_{s'}$ einsetzen.

Vom Dampfdruck abhängig ist auch die Schmelztemperatur, indem diese mit steigendem Dampfdruck abnimmt. Kleine Kristalle haben nach Gl. (20) ebenfalls einen höheren Dampfdruck, zeigen also eine Schmelzpunktserniedrigung. Formelmäßig kann man das durch Kombination der Clausius-Clapeyronschen Gleichung (S. 120) mit Gl. (20) erfassen. Für eine Berechnung ist die Grenzflächenspannung γ_{sl} zwischen Kristall und Schmelze einzusetzen.

Gl. (20) muß noch in bezug auf konkav gekrümmte Oberflächen diskutiert werden. Dann ist r negativ, und der Dampfdruck wird verringert. Für Wasser ergeben sich mit Krümmungsradien von z. B. $1 - 0,1 - 0,01$ μm relative Dampfdrücke p/p_0 von $0,999 - 0,990 - 0,900$. Sind in einer Substanz Kapillaren oder Poren mit solch geringen Radien vorhanden, tritt in diesen die Kondensation bereits bei geringeren als den normalen Sättigungsdrücken ein. Man spricht dann von *Kapillarkondensation*. Poren mit z. B. $0,01$ μm $= 100$ Å Durchmesser sind in vielen keramischen Produkten keine Seltenheit. In diesen findet also Kondensation schon bei einem relativen Dampfdruck von $p/p_0 = 0,9$ statt. Im nächsten Abschnitt wird gezeigt, daß die Adsorption von der Kapillarkondensation beeinflußt werden kann.

2.4.5 Bestimmung der Oberfläche

Die große Bedeutung der Oberfläche macht es in vielen Fällen erforderlich, deren Größe zu bestimmen. Die wichtigsten Methoden sollen hier erwähnt werden.

Bei Kenntnis der geometrischen Form von Teilchen und deren Zahl ist es möglich, die Oberfläche zu berechnen. Damit besteht ein enger Zusammenhang mit der im nächsten Abschnitt zu besprechenden Korngrößenbestimmung. Meist interessiert die Oberfläche mikroskopisch kleiner Teilchen. Unter dem Mikroskop kann man die Projektion der Teilchen ausmessen. Wenn dabei keine besonderen Orientierungseffekte auftreten, ergibt sich die Oberfläche angenähert aus der mit 4 multiplizierten Projektionsfläche. Voraussetzung bei solchen Berechnungen ist eine glatte Oberfläche. Bei rauher Oberfläche und einspringenden Formen treten Unterschiede zwischen wahrer und berechneter Oberfläche auf, die durch den Formfaktor berücksichtigt werden, der gesondert zu bestimmen ist. ŽAGAR [790] hat das am Beispiel von Glaspulvern gezeigt. Er benutzte dabei zum Messen der Teilchen die Methode von G. MARTIN u. Mitarb. [472], bei der auf Mikroaufnahmen entlang einer beliebigen Richtung die Größe einer Anzahl von Teilchen bestimmt

wird, die als Grundlage einer statistischen Auswertung dient. Verbesserte
Verfahren beschreiben HENNIG [281] und BLASCHKE [47].

Die am meisten angewandten Methoden zur Oberflächenbestimmung
beruhen auf der Adsorption. Voraussetzung dazu ist die Kenntnis,
wieviel Moleküle zur Bedeckung der Oberfläche mit einer Schicht
(monomolekulare Schicht) benötigt werden und wie groß die Moleküle
sind. Letzteren Wert, den spezifischen Oberflächenbedarf S_0, erhält
man aus geometrischen Überlegungen unter der Annahme einer dichten
Packung zu

$$S_0 = 1{,}54 \left(\frac{M}{\varrho} \right)^{2/3} \text{Å}^2 \qquad (21)$$

mit M = Molgewicht des zu adsorbierenden Gases und ϱ dessen Dichte
(in g/cm³) als Flüssigkeit bei der Meßtemperatur. Der wichtigste Wert
ist der spezifische Oberflächenbedarf des N_2-Moleküls mit 16,2 Å² bei
$-196\ °C$. Leider schwanken die Werte für das ebenfalls sehr wichtige
H_2O-Molekül sehr stark. Man hat bei Raumtemperatur den theoretischen
Wert 10,6 Å² gemessen, aber auch Werte bis zu 20 Å². Dies beruht darauf, daß die Adsorption des H_2O-Moleküls über Wasserstoffbrückenbindungen erfolgt und deshalb an bestimmten Stellen der Oberfläche
(z. B. an OH-Gruppen) bevorzugt eintreten kann.

Durch Messen der adsorbierten Menge in Abhängigkeit vom relativen Druck bei konstanter Temperatur erhält man eine Kurve, die
als Adsorptionsisotherme bezeichnet wird. Diese Kurven können verschiedene Formen haben. BRUNAUER, EMMETT und TELLER [80] haben
sie in die fünf Typen der Abb. 49 eingeteilt. Im allgemeinen wird dabei

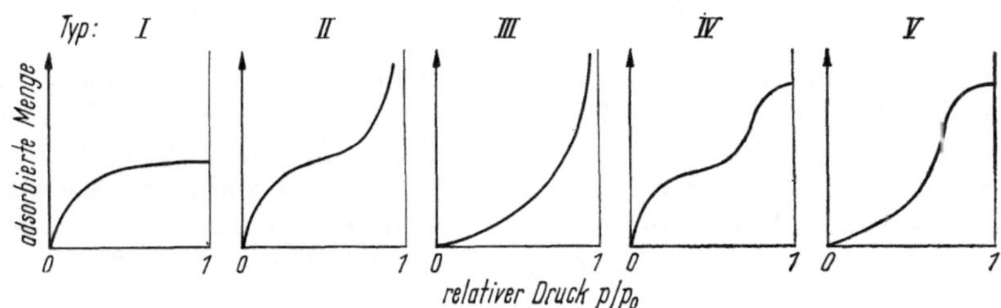

Abb. 49. Typen der Adsorptionsisothermen

der Druck auf den Sättigungsdampfdruck p_0 der Dampfphase bezogen.
Typ I zeigt nur eine monomolekulare Adsorption, ist aber relativ selten.
Im allgemeinen wird Typ II beobachtet, der erkennen läßt, daß die
Adsorption mit steigendem Druck nicht bei der monomolekularen Schicht
beendet ist, sondern daß sich darüber noch weitere Schichten aufbauen. Typ III ist ein weiterer Sonderfall, während die Typen IV und V
dann auftreten, wenn zusätzlich zu Typ II oder III Kapillarkondensation eintritt.

BRUNAUER, EMMETT und TELLER [80] haben für diese Isothermen
eine Theorie entwickelt, die nach ihnen $BET\text{-}Theorie$ bezeichnet wird.
Sie ist die Grundlage für die Auswertung der Adsorptionsisothermen.

Danach beträgt das adsorbierte Volumen beim Druck p

$$v = \frac{v_m\,c\,p}{(p_0 - p)\left[1 + (c - 1)\dfrac{p}{p_0}\right]}, \qquad (22)$$

worin c eine Konstante ist, die mit der Adsorptionswärme in Zusammenhang steht, und v_m das adsorbierte Volumen der monomolekularen Schicht darstellt. Aus diesem Wert kann man mit dem spezifischen Oberflächenbedarf die gesuchte Oberfläche berechnen.

In Gl. (22) tritt noch die zunächst unbekannte Größe c auf. Zu deren Ermittlung formt man Gl. (22) um in

$$\frac{p}{v(p_0 - p)} = \frac{1}{v_m\,c} + \frac{c - 1}{v_m\,c}\,\frac{p}{p_0}. \qquad (23)$$

Auf der linken Seite stehen jetzt nur bekannte Meßgrößen. Trägt man diesen Ausdruck gegen p/p_0 auf, dann kann man aus der Steigung und

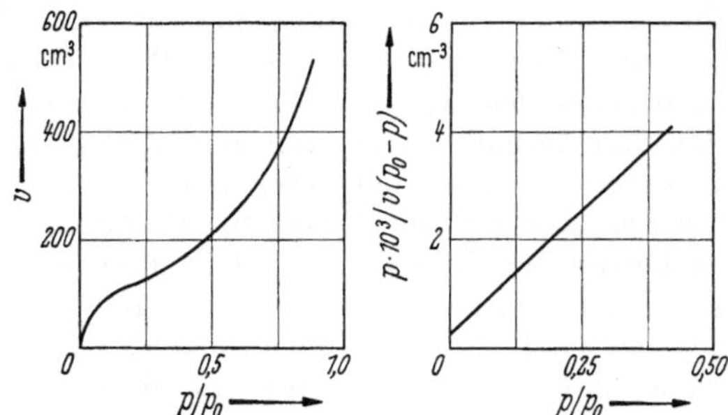

Abb. 50. N_2-Adsorptionsisotherme für 1 g Kaolin (links) und Auswertung nach Gl. (23) (rechts)

dem Ordinatenabschnitt die beiden Größen v_m und c berechnen. Es hat sich herausgestellt, daß die Adsorptionsisothermen im Bereich $0,05 < p/p_0 < 0,35$ dieser Gleichung genügen. Abb. 50 bringt als Beispiel die Adsorption von N_2 bei $-196\ °C$ an einem Kaolin. Die Auswertung des rechten Diagramms ergibt $v_m = 107\ cm^3$, woraus sich bei einer Einwaage von genau 1 g eine spezifische Oberfläche von $20,5\ m^2/g$ berechnet.

Nicht immer ist die Adsorption reversibel, sondern manchmal liegt die Desorptionsisotherme in einem bestimmten Druckbereich oberhalb der Adsorptionsisotherme, d. h., es tritt eine Hysterese ein. Diese Erscheinung hängt mit Kapillarkondensation in feinen Poren zusammen und kann zu deren Bestimmung herangezogen werden (S. 105).

Oberflächenbestimmungen nach der BET-Methode erfordern eine relativ große Oberfläche, um noch genügend genau meßbare Druckabnahmen zu erhalten. Die untere Grenze der Anwendbarkeit liegt bei spezifischen Oberflächen von $1\ m^2/g$, d. h., die Teilchen müssen möglichst kleiner als 20 μm sein. Oft interessieren aber auch kleine Oberflächen, wenn z. B. die Teilchen größer sind oder nicht soviel Probenmaterial vorhanden ist. Genauer kann man mit einem Gas messen, das einen geringeren Sättigungsdruck als N_2 hat. Zu diesem Zweck wurde die

Verwendung von Krypton oder Xenon vorgeschlagen. Dann kann man sogar einige cm² bestimmen.

Unabhängig von einer Vakuumapparatur lassen sich Adsorptionsisothermen nach NELSEN und EGGERTSEN [509] ermitteln, wenn man die N_2-Adsorption aus einem kontinuierlich strömenden H_2-N_2-Gemisch in einem Gaschromatographen mißt. Die Anwendung der Gaschromatographie zur Oberflächenbestimmung haben besonders CREMER und HUCK [120] weiterentwickelt.

Bisher wurde nur die Adsorption aus der Gasphase betrachtet. Aber schon viel länger wurde die Adsorption aus der flüssigen Phase zur Oberflächenbestimmung verwendet. Man ging dabei von der Annahme aus, daß die verwendeten organischen Moleküle nur eine monomolekulare Schicht ausbilden. Die Messung der adsorbierten Menge ist bei Anwendung von Farbstoffen (z. B. Methylenblau) leicht kolorimetrisch möglich, während bei Säuren (z. B. Stearinsäure) titriert werden kann. Die Ergebnisse sind aber besonders bei kleinen Teilchen nicht immer befriedigend. Besseren Erfolg, u. a. an Kaolinen und Tonen, hatten BOEHM und GROMES [52] mit der Adsorption von Phenol (Oberflächenbedarf = 40,2 Å²) aus unpolaren Lösungsmitteln (z. B. Dekan). Die Adsorption geht dabei über die monomolekulare Schicht hinaus und wird durch die BET-Gleichung erfaßt.

Alle Adsorptionsmethoden benötigen zur Auswertung den Oberflächenbedarf der adsorbierten Moleküle, wodurch eine gewisse Unsicherheit vorhanden ist. Die *Absolutmethode* von HARKINS und JURA [260] ist von solchen Annahmen frei. Bei ihr wird die zu untersuchende Substanz zunächst in gesättigten Dampf gebracht, wodurch eine so dicke adsorbierte Schicht entsteht, daß deren Oberflächenenergie gleich der der Flüssigkeit wird. Bringt man die so vorbehandelte Substanz in diese Flüssigkeit, dann wird nur die Wärme frei, die durch das Verschwinden der Oberfläche erzeugt wird. Diese Oberfläche ist aber gleich der Oberfläche der Substanz, wenn man annimmt, daß durch die adsorbierte Schicht keine wesentliche Änderung der Geometrie eintritt. Im Kalorimeter bestimmt man diese Wärme W und berechnet daraus die Oberfläche S. Mit der Oberflächenspannung γ beträgt sie unter Berücksichtigung der Temperaturänderung ΔT

$$W = S\left(\gamma - T\,\frac{\Delta\gamma}{\Delta T}\right). \tag{24}$$

Für H_2O zwischen 20 und 30 °C beträgt $\Delta\gamma/\Delta T = -0{,}155$, womit sich nach Gl. (24) für 1 cm² Oberfläche bei 25 °C ergibt

$$W = 118\ \text{erg} = 2{,}82 \cdot 10^{-6}\ \text{cal.}$$

Die Wärmeeffekte sind also klein, d. h., man benötigt ein empfindliches Kalorimeter und eine recht große Oberfläche. Weiterhin ist zu bedenken, daß mit Fehlern dann zu rechnen ist, wenn in kleinen Poren Kapillarkondensation eintreten kann.

Nach einem ganz anderen Prinzip arbeitet die Durchlässigkeits- oder *Permeabilitätsmethode*. Dabei wird ein Haufwerk mit der Höhe

L [cm] und dem Querschnitt F [cm²] unter dem Einfluß einer Druckdifferenz Δp [cm WS] von einer Gasmenge V [cm³/sec] durchströmt. Nach der Gleichung von KOZENY-CARMAN kann man daraus die Oberfläche S [cm²/g] berechnen nach

$$S = \frac{K}{\varrho\,(1 - \varepsilon)} \sqrt{\frac{\varepsilon^2\,F\,\Delta p}{\eta\,L\,V}}, \tag{25}$$

worin ϱ = Dichte des Pulvers [g/cm³], ε = Porosität des Haufwerks und η = Viskosität des Gases [Poise]. Verwendet man die angegebenen Dimensionen, dann hat für Luft die Konstante den Wert $K = 14$.

Im allgemeinen verwendet man diese Methode in einem wesentlich vereinfachten Prinzip, dem in Abb. 51 skizzierten Blainegerät, das ähnlich auch von LEA und NURSE [431] beschrieben wurde. Man erzeugt mit dem Gummibalg einen Unterdruck und mißt die Absinkzeit im Manometer zwischen zwei bestimmten Marken. Beträgt diese Zeit t_0 bei einer Substanz mit bekannter Oberfläche S_0, dann ergibt sich die gesuchte Oberfläche nach

$$S_x = S_0 \sqrt{\frac{t_x}{t_0}}. \tag{26}$$

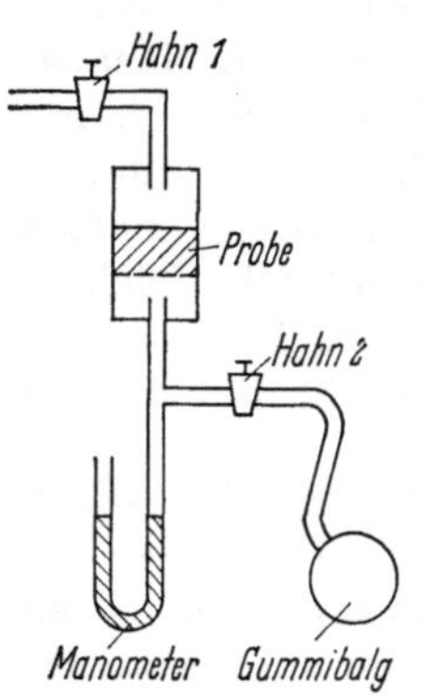

Abb. 51.
Prinzip des Blainegerätes

Die Anwendbarkeit des Blainegerätes setzt etwa dort ein, wo für die normale BET-Methode die spezifischen Oberflächen zu klein werden, also bei Korngrößen $>10\ \mu$m. Wenn man die möglichen Fehlerquellen ausschließt, die H. LEHMANN und KOLTERMANN [439] diskutieren, dann kann man gute Meßergebnisse erzielen, vor allem sehr schnell messen. Es ist natürlich eine Relativmethode, die sich aber nach ŽAGAR und C. SCHUMANN [793] zur Absolutmethode erweitern läßt.

Damit sind die Möglichkeiten zur Bestimmung der Oberfläche nicht erschöpft. Ausführlichere Angaben findet man bei ORR und DALLAVALLE [530] und GREGG und SING [233]. Man wird sich von Fall zu Fall überlegen müssen, welche dieser Methoden am besten geeignet ist.

2.4.6 Bestimmung der Korngröße

Im vorangegangenen Abschnitt wurde darauf hingewiesen, daß man bei Kenntnis der Korngröße auf die Oberfläche schließen kann. Umgekehrt kann man natürlich auch bei bekannter Oberfläche Aussagen über die Korngröße machen. In beiden Fällen ist eine nähere Kenntnis des Formfaktors und der Oberflächenrauhigkeit nötig. Da die Korngröße in der Keramik oft eine sehr wichtige Rolle spielt, sollen ihre Bestimmungsmethoden hier in diesem Abschnitt mit besprochen werden. Dabei werden die verschiedenen Methoden nur recht kurz erwähnt werden können. Eine ausführlichere Unterrichtung erlauben aber mehrere Monographien und Übersichtsartikel, z. B. von BATEL [30], ORR und

DALLAVALLE [530], IRANI und CALLIS [324], RUMPF u. Mitarb. [594] und des Analytical Methods Committee [823].

Die Bestimmung der Oberfläche erlaubt nur eine Aussage über das gesamte Haufwerk, das meistens keine einheitliche Korngröße besitzt.

Tabelle 24. *Methoden der Korngrößenanalyse*

Methode	Meßbereich μm
Trockensiebung	> 60
Naßsiebung	> 40
Sichten in Flüssigkeiten	5—100
Zentrifugalsichter	4— 60
Naßsiebung mit Mikrosieben	2— 40
Sichten in Luft	2— 60
Sedimentation	1—100
Lichtmikroskop	1—100
Coulter-Counter	0,5—100
Zentrifuge	0,05— 5
Ultrazentrifuge	0,005— 0,1
Elektronenmikroskop	0,002— 5
Röntgenkleinwinkelstreuung	$<0,05$
Röntgenbeugung	$<0,05$
Elektronenbeugung	$<0,01$

Oft ist es aber das Ziel der Korngrößenbestimmung, die Anteile an verschiedenen Korngrößen kennenzulernen, d. h. eine Korngrößenanalyse durchzuführen, Die hier behandelten wichtigsten Methoden sind in Tab. 24 zusammengefaßt, aus der auch die Meßbereiche zu entnehmen sind.

Die einfachste dieser Methoden beruht auf einer Klassierung durch Siebung und ist in DIN 4193 [808] beschrieben. Die zu verwendenden Siebgewebe sind in DIN 4188 [806] festgelegt und umfassen einen Bereich von Maschenweiten zwischen 0,045 und 25 mm. Die Siebung kann mit Hand oder Maschine, trocken oder naß durchgeführt werden. Die Auswahl richtet sich nach dem Material und dem gewünschten Siebgütegrad. Einen recht guten Siebgütegrad erhält man mit dem Luftstrahlsieb, bei dem ein Luftstrom von unten gegen den Siebboden gerichtet ist, wodurch der Siebboden immer wieder frei geblasen und das Siebgut gleichzeitig durchwirbelt wird. Den Vorteilen der kurzen Siebzeiten und der hohen Siebgütegrade stehen die Nachteile gegenüber, daß pro Einwaage nur eine Korntrennung durchgeführt werden kann und daß das Feingut mit einem Filter abgeschieden wird, wodurch die Rückgewinnung schwierig wird. Es ist daher von WAHLER [737] ein Luftstrahlsieb für mehrere Fraktionen entwickelt worden.

Die Siebung ist nach kleinen Korngrößen durch die Maschenweite der Siebe begrenzt. Mit anderen Herstellungsverfahren hat man jetzt Siebböden herstellen können, deren Maschenweiten mit guter Genauigkeit bis herab zu 2 μm liegen. Siebversuche von ZWICKER [804, 805] haben ergeben, daß man mit diesen Sieben bei der Naßsiebung Werte erhält, die mit denen nach anderen Methoden übereinstimmen.

Kleine Korngrößen lassen sich mit dem Mikroskop nicht nur erkennen, sondern es ist auch eine Korngrößenanalyse möglich, die aber die Ausmessung einer genügend großen Anzahl von Teilchen erfordert. Ist die Teilchengröße kleiner als 1 μm, kann das Elektronenmikroskop herangezogen werden. Die Auswertung der Mikroaufnahmen wurde schon erwähnt (S. 92). Das Zählverfahren läßt sich mit einigen Geräten vereinfachen. So vergleicht man mit dem Zähler nach ENDTER und GEBAUER [174] auf Mikroaufnahmen jedes Korn mit einem Lichtfleck gleicher Größe, den man durch eine Irisblende variieren kann, die ihrerseits mit einem Zählwerk gekoppelt ist.

Die Elektronenmikroskopie kann man auch zur Herstellung von Beugungsaufnahmen verwenden, die bei sehr kleinen Teilchen eine Verbreiterung der Interferenzlinien erkennen lassen. Aus dieser Linienverbreiterung läßt sich die Teilchengröße berechnen, was auch für die Linienverbreiterung bei Röntgenaufnahmen gilt. Während beide Methoden auf das Kristallgitter ansprechen und damit die Kristallitgröße ergeben, erhält man durch die Röntgenkleinwinkelstreuung die wirklicheTeilchengröße.

Eine Gruppe weiterer Methoden beruht auf den unterschiedlichen Fallgeschwindigkeiten von Teilchen im Schwerefeld. Ist dabei das umgebende Medium in Ruhe, spricht man von Sedimentation, während Sichten im strömenden Medium erfolgt.

Für die Fallgeschwindigkeit v eines Teilchens in einem ruhenden Medium gilt die Stokessche Gleichung

$$v = \frac{(\varrho_T - \varrho_M)\, d^2 g}{18\eta} \tag{27}$$

mit $\varrho_T =$ Dichte des Teilchens, $\varrho_M =$ Dichte des Mediums, $d =$ Durchmesser des Teilchens, $g =$ Erdbeschleunigung und $\eta =$ Viskosität des Mediums. Wird in der Zeit t die Höhe h durchlaufen, ergibt sich der Teilchendurchmesser zu

$$d = \sqrt{\frac{18\eta\, h}{(\varrho_T - \varrho_M)\, g\, t}}. \tag{28}$$

Bei der Anwendung dieser Methoden bzw. Gleichungen muß man sich der Voraussetzungen und Beeinflussungen bewußt sein. So wird laminare Umströmung des Teilchens vorausgesetzt. Außerdem ist Gl. (27) für kugelförmige Teilchen abgeleitet. Ist die wirkliche Teilchenform anders, dann ergibt die Berechnung den Wert für eine Kugel, die die gleiche Fallgeschwindigkeit hat, den sog. Äquivalentradius. Weiterhin muß der Fall frei sein, d. h., die Teilchen dürfen sich gegenseitig nicht beeinflussen. Bei höheren Konzentrationen können deshalb Ungenauigkeiten entstehen. Schließlich macht sich noch bei Teilchen < 1 μm die Brownsche Molekularbewegung bemerkbar, die zu einer Begrenzung dieser Methode führt.

Nach Gl. (27) beträgt die Fallgeschwindigkeit für ein Teilchen mit $\varrho_T = 2{,}5$ g/cm³ und $d = 1$ μm in Wasser ($\eta = 0{,}01$ Poise):

$$v = \frac{1{,}5 \cdot 10^{-8} \cdot 981}{18 \cdot 0{,}01} \approx 8 \cdot 10^{-5} \text{ cm/sec} \approx 0{,}3 \text{ cm/h}.$$

Für die praktische Durchführung der Sedimentationsmethode gibt
es zahlreiche Vorschläge. In der Keramik hat sich vor allem das Verfahren von ANDREASEN [15] eingeführt, das auch in DIN 51 033 [813]
aufgenommen wurde und mit einem Zylinder mit Pipette arbeitet
(Abb. 52). Zu beachten ist dabei, daß sich die
einzelnen Teilchen nicht zusammenballen, was
die Wahl eines geeigneten Dispergiermittels erfordert. Hier hat sich n/100 Ammoniaklösung
oder 0,002 molare Tetranatriumpyrophosphat-
lösung (0,8922 g $Na_4P_2O_7 \cdot 10\,H_2O$ zu 1000 ml
Lösung) bewährt. Nach gutem Durchschütteln
werden nach bestimmten Zeiten je 10 ml entnommen und die darin enthaltene Festkörpermenge nach Trocknen bestimmt. Die Analysenzeit ist zu verkürzen, wenn man mit einer
beweglichen Pipette arbeitet, die im Verlauf der
Sedimentation angehoben werden kann; z. B.
dem Gerät nach ANDREASEN-BÖRNER, das von
H. LEHMANN [435] beschrieben wird. Auswertebeispiele sind in DIN 51033 angeführt.

Der Verlauf der Sedimentation läßt sich
auch in anderer Weise verfolgen. Die sich dabei
ändernde Dichte der Suspension kann mit einem
Tauchkörper oder Aräometer gemessen werden.
Bestimmt man die Absorption eines durch die
Suspension gehenden Lichtstrahls, so erhält
man die zeitliche Änderung der Konzentration.
Schließlich kann man mit der Sedimentationswaage die in bestimmten Zeiten aussedimentierten Mengen feststellen.

Die verschiedenen Sedimentationsverfahren
benötigen bei Korngrößen $< 1\,\mu m$ lange Zeigen
und werden wegen der bereits erwähnten
Brownschen Molekularbewegung ungenau. Man
kann beide Grenzen überwinden, wenn man in
Gl. (27) die Schwerkraft erhöht, was durch An-

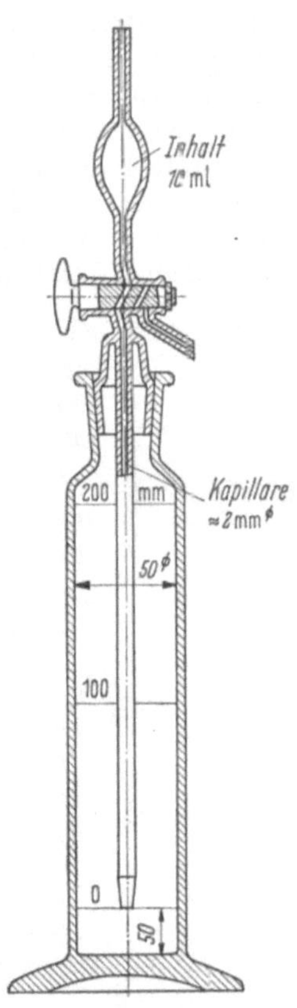

Abb. 52. Sedimentierzylinder
mit starrer Pipette nach
ANDREASEN

wendung von Zentrifugen oder Ultrazentrifugen möglich ist. Bei einer
Winkelgeschwindigkeit ω ergibt sich für Gl. (28) zur Berechnung des
Korndurchmessers

$$d = \frac{6}{\omega} \sqrt{\frac{\eta \ln \frac{h_2}{h_1}}{2(\varrho_T - \varrho_M) t}}, \qquad (29)$$

wenn das Teilchen den Abstand h_1 bis h_2 (von der Drehachse aus) zurückgelegt hat.

Bei den Sichtern hat das Medium eine Gegenströmung. Entspricht
diese Geschwindigkeit gerade der Fallgeschwindigkeit einer bestimmten Teilchengröße, dann bleiben diese in Schwebe, sie besitzen die sog.
Trennkorngröße. Feinere Teilchen werden mit der Strömung ausgetragen,

gröbere Teilchen setzen sich ab. Die einfachsten Geräte dieser Art sind senkrecht stehende Steigrohre mit unten einströmender Sichtluft, die als Gonellsichter [225] bekannt geworden sind. Auch beim Sichten lassen sich durch Anwendung der Zentrifugalkraft die Zeiten verkürzen.

Das Sichten kann auch im flüssigen Medium durchgeführt werden; man spricht dann oft von Schlämmen. Nach diesem Prinzip arbeitet z. B. die Apparatur nach Schultze-Harkort [262].

Eine vollkommen andere Methode der Korngrößenanalyse wurde 1958 von R. H. Berg [39] beschrieben, die bald zu einem handelsüblichen Gerät führte, dem Coulter-Counter. Dabei wird die Suspension durch Zusatz von z. B. NaCl elektrisch leitend gemacht und der Widerstand zwischen zwei Gefäßen gemessen, die durch eine Kapillare getrennt sind.

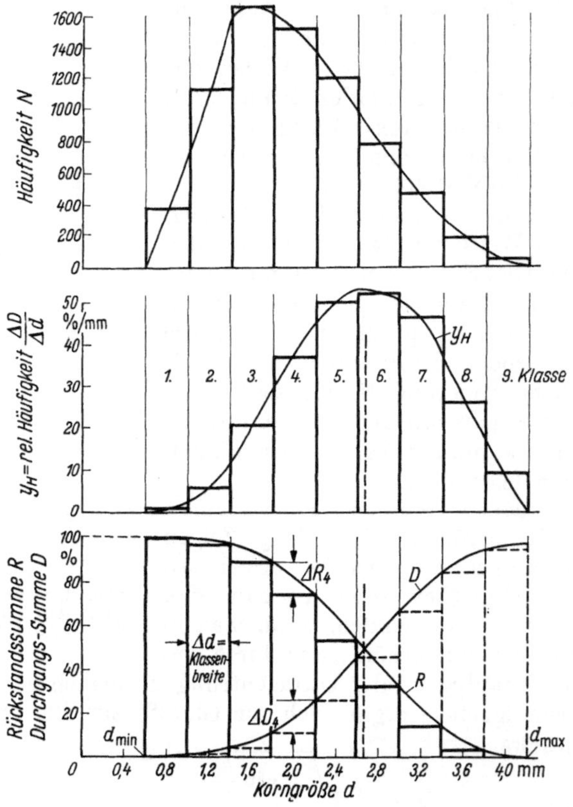

Klasse		1	2	3	4	5	6	7	8	9
mittl. Korngröße d_a	mm	0,8	1,2	1,6	2,0	2,4	2,8	3,2	3,6	4,0
Kornzahl N		370	1110	1660	1510	1190	776	470	187	48
Kornmasse je Klasse ΔD_g	g	0,1	1,0	3,55	6,35	8,6	8,9	8,05	4,55	1,6
Kornmasse je Klasse ΔD	%	0,23	2,35	8,3	14,95	20,1	20,85	18,8	10,65	3,77
Rel. Häufigkeit $\Delta D/\Delta d$	%/mm	0,58	5,88	20,8	37,4	50,3	52,1	47,0	26,6	9,6
Rückst.-Summe $\Sigma \Delta R$	%	100	99,7	97,42	89,12	74,17	54,07	33,22	14,42	3,77

Abb. 53. Beispiel einer Häufigkeits- und Summenverteilung von Korngrößen nach Batel [30]

Eine Pumpe saugt die Suspension durch die Kapillare. Beim Durchtritt jedes Teilchens erhöht sich der Widerstand, was elektronisch registriert wird. Außerdem kann man aus der Höhe der Widerstandsänderung auf die Korngröße schließen. Die Anwendungsmöglichkeiten sind in zahlreichen Arbeiten untersucht worden, von denen hier nur die von TREFFNER und ROBERTSON [721] sowie von BRIL und DINET [65] erwähnt seien.

Jede Korngrößenanalyse mißt nicht nur ein einzelnes, sondern viele Körner, die in ihrer Größe nicht einheitlich sind. Zur Auswertung und Beschreibung soll man sich deshalb statistischer Methoden bedienen, wie sie in den einschlägigen Büchern beschrieben werden. Am einfachsten sind die Darstellungen von bestimmten Kornklassen als Häufigkeits-, Durchgangssummen- oder Rückstandssummenkurve (Abb. 53). Daraus lassen sich bestimmte Kennwerte ablesen, z. B. die häufigste Korngröße d_h als Maximum der relativen Häufigkeitskurve oder als Wendepunkt der Summenkurven.

Häufig genügt die Verteilung der Korngröße in einem Haufwerk bestimmten Gesetzen, die beim Eintragen der Rückstandssummen in logarithmische Netze zu Geraden führen. Zu diesem Zweck gibt es Wahrscheinlichkeitsnetze oder das doppeltlogarithmische Körnungsnetz nach ROSIN-RAMMLER-SPERLING, das auch in DIN 4190 [807] festgelegt ist. Daraus lassen sich bestimmte Kennzahlen oder Körnungsparameter ablesen, die die Korngrößenverteilung charakterisieren.

2.5 Gefüge

Jeder gebrannte keramische Scherben besteht aus vielen Kristallen, neben denen meist noch Glasphase und Poren auftreten. Die Menge und die Verteilung dieser Phasen sowie deren Größe, Form und Orientierung werden als Gefüge oder Mikrostruktur des keramischen Scherbens bezeichnet. Der Ausdruck Mikrostruktur wird vor allem im angloamerikanischen Schrifttum gebraucht. VAN VLACK [732] definiert ihn als die Struktur, die mikroskopisch zu beobachten ist. Dieser Ausdruck ist nicht glücklich gewählt, ebenfalls nicht die Bezeichnung Makrostruktur. Besser ist der Ausdruck Gefüge, während ŽAGAR [791] dafür Textur vorschlägt und den Begriff Gefüge nur für porenfreie Körper verwendet. Im deutschen Sprachgebrauch versteht man aber oft unter Textur eine Anisotropie des Gefüges. Hier soll am Ausdruck Gefüge festgehalten werden.

Die Technologie der Keramik, d. h. das Formen einer Masse aus vielen einzelnen Teilchen bei normalen Temperaturen und die Verfestigung dieser Form durch den Brand, führt immer zu einem Körper, der zumindest aus vielen Kristallen besteht. Einheitliche Körper ohne Gefüge wären Einkristalle oder Gläser, von denen nur die Einkristalle als ein sehr spezielles Gebiet der Keramik aufgefaßt werden könnten. Abgesehen von dieser Ausnahme muß man daher immer mit dem Vorliegen eines Gefüges rechnen. Es ergibt sich von selbst, daß die Art des Gefüges von vielen Parametern abhängt, z. B. der Art, Menge und Korngröße der Rohstoffe, dem Mischvorgang, der Formgebung, der

Trocknung und den Brennbedingungen. In späteren Abschnitten dieses
Buches wird zu diesen Punkten noch einiges zu sagen sein, wenn diese
Prozesse oder bestimmte Produkte näher besprochen werden.

Die Ursache von Poren kann vielfältig sein. Oft sind sie die Folge
eines zu niedrigen und zu kurzen Brandes, so daß noch kein dichter
Körper entstehen konnte. Aber auch Gasentwicklung in einem bereits
dichten Körper kann zu Poren führen. Auch darüber wird später mehr
gesagt werden. Da die Art des Gefüges eines Scherbens seine Eigenschaften entscheidend beeinflußt [z. B. Festigkeit (S. 316ff.) und Transparenz
(S. 314ff.)], ist es wichtig, die Methoden zur Ermittlung des Gefüges
kennenzulernen.

2.5.1 Untersuchung der festen Komponenten

Aus der oben angeführten Definition ergibt sich sofort, daß sich
das Mikroskop zur Untersuchung des Gefüges eignet. Die Anwendung
des Mikroskops in der Keramik ist in mehreren Büchern ausführlich
behandelt, z. B. von INSLEY und FRÉCHETTE [323] sowie von H. FREUND
[206], während SCHÜLLER [637] allgemein mineralogische Methoden beschreibt. Mit dem Lichtmikroskop erreicht man höchstens eine Auflösung
von 0,2 µm. Will man kleinere Bereiche untersuchen, muß man sich
des Elektronenmikroskops bedienen. Der Erfolg solcher Untersuchungen hängt stark von der gewählten Präparationstechnik ab. Eine weitere
Entwicklung stellt die Elektronenstrahlmikrosonde dar, bei der ein auf
etwa 1 µm gebündelter Elektronenstrahl auf die Probe fällt und die
Röntgeneigenstrahlung der dort liegenden Atome anregt. Durch geeignete apparative Anordnung kann man diese analysieren und so die
chemische Zusammensetzung in kleinen Bereichen feststellen. Einen
Überblick über diese Methoden hat FRÉCHETTE [199] gegeben.

Die Auswertung solcher Messungen kann nach verschiedenen Richtungen erfolgen. Eben wurde erwähnt, daß die Elektronenstrahlmikrosonde die chemische Zusammensetzung liefert. Mit dem Lichtmikroskop
kann man die optischen Daten der vorliegenden Phasen bestimmen und
daraus eine Zuordnung erhalten. Das Elektronenmikroskop liefert nur
Abbildungen, so daß die Auswertung einer gewissen Erfahrung bedarf,
wenn man keine anderen Methoden zusätzlich heranzieht. Manchmal
bestehen über die Art der Phasen keine Fragen, sondern es interessiert
z. B. die Korngrößenverteilung.

Mit Hilfe der Röntgenographie lassen sich nicht nur die vorliegenden
kristallinen Phasen bestimmen, sondern auch Textureffekte erkennen.
Zu diesem Zweck untersucht man eine bestimmte Fläche des Körpers.
Sind in dieser Fläche Kristalle orientiert angeordnet, dann werden im
Vergleich zu Pulveraufnahmen bestimmte Reflexe besonders stark her-
vortreten, während andere weniger intensiv sind. Bei Kenntnis der
Struktur der betreffenden Substanz kann man dann deren Orientierung
bestimmen (S. 57).

Neben den oben beschriebenen Methoden sind zur Untersuchung des
Gefüges alle die Verfahren geeignet, die auf verschiedene Materialien

unterschiedlich ansprechen. In der Praxis hat sich von vielen Möglichkeiten u. a. die Ultraschallmethode bewährt. Das Prinzip beruht auf der Abhängigkeit der Geschwindigkeit der Ultraschallwellen vom Elastizitätsmodul. Das Hauptanwendungsgebiet dieser Methode ist jedoch die Möglichkeit des leichten Erkennens von größeren Fehlern wie z. B. von Rissen, weshalb sich die Ultraschallmethode besonders bei der zerstörungsfreien Werkstoffprüfung eingeführt hat. Texturen machen sich auch durch die Änderung des Polarisationszustandes von linear polarisierter Strahlung bemerkbar. Da keramische Körper für das normale Licht nicht durchlässig sind, haben DEEG u. Mitarb. [132] mit Erfolg Mikrowellen verwendet. Es gelang ihnen damit, größere Texturen in feuerfesten Baustoffen nachzuweisen. Texturen können weiterhin zu unterschiedlicher Wärmedehnung führen. ZWETSCH [803] hat das mit dilatometrischen Messungen bestätigen können, wobei diese Textureffekte meist durch die Formgebung bedingt sind, bei der sich die Tonmineralteilchen und andere Versatzkomponenten ausrichten können. ZWETSCH fand z. B. bei Steingut senkrecht und parallel zur Textur einen Unterschied von $0,4 \cdot 10^{-6}$ grd^{-1} im Ausdehnungskoeffizienten.

2.5.2 Untersuchung der Poren

Eingangs dieses Abschnittes wurde erwähnt, daß ein häufiger Gefügebestandteil die Poren sind. Zu ihrem Nachweis eignen sich die oben erwähnten mikroskopischen Methoden, zu denen bei kleinen Poren noch die Röntgenkleinwinkelstreuung tritt.

Diese Methoden erfassen alle Poren, während die im folgenden genannten Methoden nur die Poren ermitteln, die von außen zugänglich sind. Grundsätzlich hat man nach der Form zwischen den geschlossenen und den offenen Poren zu unterscheiden, deren Kennzeichnung sich sofort aus diesen Begriffen und aus Abb. 54 ergibt. ŽAGAR [787] hat darüber hinaus gezeigt, daß es wichtig ist, bei den offenen Poren zwischen durchströmbaren und undurchströmbaren zu unterscheiden. Alle Poren zusammen ergeben die Gesamtporosität (früher „wahre Porosität" genannt), der die offene Porosität (früher „scheinbare Porosität" genannt) gegenübersteht. Die Gesamtporosität kann man aus getrennten Bestimmungen des spezifischen Gewichts der festen Phasen und des Raumgewichts des Körpers errechnen. Die offene Porosität wird

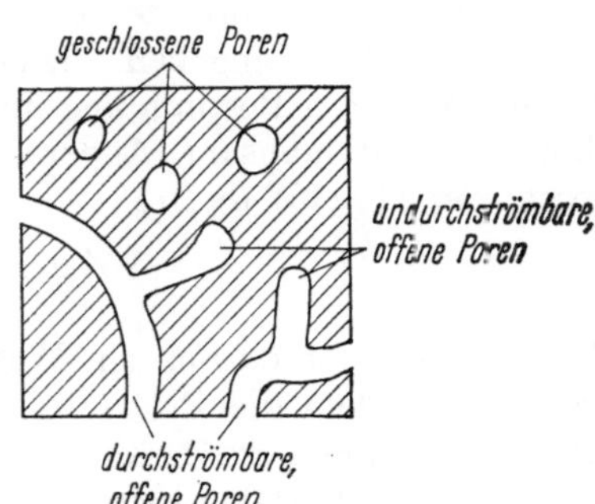

Abb. 54. Schematische Darstellung von Poren

bestimmt, indem man die in den offenen Poren befindliche Luft durch Wasser oder eine andere Flüssigkeit bekannter Dichte verdrängt und erneut auswiegt. Einige Verfahren dazu sind in DIN 51056 [815] festgelegt.

Beide Angaben liefern nur einen summarischen Wert für den Anteil der Poren am gesamten Gefüge. Immerhin ergibt die offene Porosität einen Hinweis für die technologisch wichtige Eigenschaft der *Gasdurchlässigkeit*, mit Ausnahme der Unsicherheit durch die undurchströmbaren Poren. Für die Messung der Gasdurchlässigkeit gibt es mehrere Verfahren, eines davon ist in DIN 51058 [816] beschrieben. Dabei wird durch die Poren eine bestimmte Gasmenge gesaugt. Wenn man darauf achtet, daß eine laminare Strömung eingehalten wird, ergibt sich die spezifische Gasdurchlässigkeit D_s nach

$$D_s = \frac{\eta\, h\, V}{A\, \Delta p\, t} \tag{30}$$

mit η = dynamische Viskosität des Gases, h = Höhe oder Dicke der durchströmten Schicht, V = Gasmenge, A = Querschnitt der Probe, Δp = Druckunterschied des Gases bei Ein- und Austritt und t = Versuchsdauer.

ŽAGAR [788], der sich mit diesem Verfahren eingehend beschäftigt hat, schlägt bei Verwendung des cgs-Systems als Einheit für D_s das Perm (Pm) vor (nach Permeabilität). Ein Körper hat die spezifische Gasdurchlässigkeit von 1 Perm, wenn in 1 Sekunde 1 cm³ eines Gases mit der dynamischen Viskosität 1 Poise bei einem Druckunterschied von 1 dyn/cm² durch einen Querschnitt von 1 cm² in senkrechter Richtung auf einer Länge von 1 cm hindurchströmt. Da die Meßergebnisse oft in der Größenordnung von 10^{-8} Pm liegen, wird für die praktische Anwendung die Einheit 1 Nanoperm (nPm) = 10^{-9} Pm empfohlen. Im anglo-amerikanischen Schrifttum findet man als Einheit oft das Darcy, das allerdings nicht einheitlich verwendet wird. Dabei wird in Gl. (30) der Druck in Atmosphären und die Viskosität in Poise oder in Zentipoise eingesetzt. Für letzteres gilt die Umrechnung: 1 Nanoperm = 0,1013 Darcy.

Mit Hilfe von Messungen in verschiedenen Richtungen eines Körpers ist es möglich, Texturen festzustellen, aber für die Porengröße läßt sich nur ein Mittelwert angeben. Vielfach interessiert jedoch die *Porengrößenverteilung*. Deren Bestimmung durch Mikroskop oder Elektronenmikroskop ist recht mühsam. Andere Methoden beruhen auf dem Kapillargesetz der Gl. (18) (S. 91)

$$\Delta p = \frac{2\gamma}{r} \cos\Theta.$$

ŽAGAR [787] hat daraus ein Wasser-Luft-Verdrängungsverfahren entwickelt, bei dem die Probe zunächst mit Wasser gesättigt und dann einem stufenweise erhöhten Luftdruck zum Herausdrücken des Wassers ausgesetzt wird. Dabei vereinfacht sich obige Gl. (18), weil Wasser die keramischen Stoffe meist sehr gut benetzt, also $\Theta = 0°$ und $\cos\Theta = 1$ wird. Bei jedem Druck stellt sich eine bestimmte Gasdurchlässigkeit ein. Diese Methode ist für Poren $>1\ \mu m$ anwendbar.

Stellt man einen trockenen porösen Körper in Wasser, so haben obiges Gesetz und die gute Benetzung zur Folge, daß das Wasser in die Poren eingesogen wird. Anders verhält sich dagegen Quecksilber

(Hg), das mit keramischen Körpern einen Randwinkel von etwa 140°
bildet, sie also nicht benetzt. Dann ist ein äußerer Druck notwendig,
um das Hg in die Poren zu drücken, der um so größer ist, je kleiner die
Poren sind. RITTER und DRAKE [585] haben als erste dieses Quecksilber-
porosimeter verwendet und Porengrößenverteilungen bestimmt. Die
Methode fand bald Eingang in die Untersuchung von keramischen Produkten. Dabei hat sich ergeben, daß es vorteilhaft ist, je nach Porengröße unterschiedliche Anordnungen zu verwenden. WATSON u. Mitarb.
[742] beschreiben eine Apparatur zur Messung von Poren von 2 mm bis
herab zu 0,1 μm Durchmesser, während das Hg-Porosimeter von GUYER
u. Mitarb. [245] mit Drücken bis zu 1000 atm arbeitet und dabei die
Bestimmung von Poren von 15 μm bis herab zu 150 Å Durchmesser
ermöglicht. Es ist aber noch zu erwähnen, daß man mit der Hg-Methode
nur einen Äquivalentporenradius erhält und nicht feststellen kann,
ob an den Porenkanälen seitliche Porensäcke angeschlossen sind. Diese
werden dann als ein Porenvolumen mit dem Öffnungsradius des Poren-
sackes angezeigt. Die Hg-Methode erfaßt also die ganze offene Porosität,
während das oben erwähnte Luft-Wasser-Verdrängungsverfahren nur
die durchströmbaren Poren erfaßt, d. h. beide Methoden ergänzen sich.

Eine andere Methode verwendet die bereits früher (S. 92) beschriebene Kapillarkondensation. Aus Adsorptionsversuchen erhält man
Isothermen vom Typ *IV* oder *V* (Abb. 49), die zur Bestimmung von
Porengrößenverteilungen herangezogen werden können. Die Anwendung
dieser Methode, wegen deren Durchführung auf die einschlägigen Fachbücher verwiesen werden muß, ist auf Poren mit Durchmessern < 0,1 μm
beschränkt.

Sehr einfach ist die Methode von SALMANG [605], bei der der Körper
in eine 2%ige $KMnO_4$-Lösung getaucht wird. Nach einer bestimmten
Zeit, die sich nach der vorhandenen Porosität richtet, wird der Körper
gebrochen und an Hand der Farbverteilung die Porosität und deren Verteilung beobachtet. Texturen sind ebenso erkennbar. Zum Nachweis
letzterer eignet sich auch das Verfahren von DIETZEL und SAALFELD [149],
bei dem der Durchtritt einer verdünnten NaCl-Lösung durch den Körper
in verschiedenen Richtungen mit entsprechend angelegten Elektroden
gemessen wird. Die Bestimmung der elektrischen Leitfähigkeit eines
mit einem Elektrolyten gesättigten Körpers zur Porenanalyse hat sich
nicht bewährt, auch nicht die Messung der Diffusion von Ionen in der
flüssigen Phase in den Poren. Dagegen ergaben sich bei Vergleichsunter-
suchungen von ŽAGAR [792] durch Bestimmung der Gasdiffusion gute
Aussagen über die durchströmbaren Poren.

3 Thermochemie

Keramische Produkte durchlaufen bei ihrer Herstellung einen Brennprozeß, in dessen Verlauf durch verschiedene Vorgänge aus den Rohstoffen das Endprodukt entsteht. Dabei ist es wichtig zu wissen, welche Produkte entstehen, wie schnell das geschieht und welcher Wärmebedarf dafür erforderlich ist. Berechnungen sind mit Hilfe der Thermodynamik möglich, die allerdings immer Gleichgewichtszustände voraussetzt. Das Erreichen dieser Gleichgewichte wird durch die Kinetik bestimmt, die Aussagen über die Geschwindigkeit des Ablaufs eines Prozesses zuläßt. Diese und eine Reihe weiterer Erscheinungen sollen hier unter dem Begriff Thermochemie dargestellt werden. Die Grundlagen dazu fallen in das Gebiet der Physikalischen Chemie. Im folgenden werden nur die wichtigsten Ergebnisse gebracht werden, mit denen es möglich sein wird, die wesentlichen Vorgänge in der Keramik zu verfolgen. Die Einteilung der folgenden Abschnitte ist nicht ganz frei von Überschneidungen, faßt aber so in sich geschlossene Gebiete besser zusammen.

3.1 Thermodynamik

Die Thermodynamik untersucht die Wechselwirkungen zwischen Wärme und anderen Energieformen. Die dabei abgeleiteten Gesetzmäßigkeiten lassen sich auf chemische Prozesse anwenden, setzen dabei aber, wie bereits erwähnt, Gleichgewichte voraus. Damit werden die Anwendungsmöglichkeiten der Thermodynamik begrenzt, doch gibt die Thermodynamik eine Antwort auf die Frage, in welcher Richtung ein Prozeß ablaufen wird. In zahlreichen Arbeiten werden die Anwendungen der Thermodynamik behandelt, von denen hier nur die Bücher von MČEDLOV-PETROSJAN [477] oder KUBASCHEWSKI und EVANS [420] und eine Artikelserie von KINGERY und WYGANT [374] erwähnt seien.

3.1.1 Gleichungen

Eine der Grundgleichungen der Thermodynamik für chemische Reaktionen, die bei konstantem Druck ablaufen, lautet:

$$\Delta G = \Delta H - T \cdot \Delta S. \tag{31}$$

Darin ist ΔG = freie Enthalpie des Prozesses, ΔH = Reaktionswärme oder Enthalpie und ΔS = Entropieänderung des Prozesses. (Für ΔG, das im angloamerikanischen Schrifttum oft als ΔF geschrieben wird, sind auch noch andere Bezeichnungen üblich, z. B. Gibbssches Potential, thermodynamisches Potential oder maximale Nutzarbeit.)

Die Größe des Wertes von ΔG ist ausschlaggebend für den Ablauf einer Reaktion. Ist $\Delta G > 0$, dann läuft die Reaktion nach allgemeinen Vereinbarungen in einer Reaktionsgleichung von rechts nach links, bei $\Delta G < 0$ von links nach rechts, und bei $\Delta G = 0$ herrscht Gleichgewicht. Man benötigt zu diesen Berechnungen die Werte für ΔH und ΔS, die man bei Kenntnis der Bildungswärmen und Entropien der beteiligten Komponenten als Differenz der Summen der rechten minus der der linken Seite erhält. Wenn bei der Reaktion

$$mM + nN \rightleftarrows xX + yY \tag{32}$$

die Bildungswärmen der Komponenten H_M, H_N, H_X und H_Y und die Entropien S_M, S_N, S_X und S_Y betragen, dann gilt

$$\Delta H = (xH_X + yH_Y) - (mH_M + nH_N) \text{ und} \tag{33}$$
$$\Delta S = (xS_X + yS_Y) - (mS_M + nS_N). \tag{34}$$

Die Reaktionswärmen H und Entropien S sind z. T. tabelliert. Andernfalls kann man ΔH aus den spezifischen Wärmen c_p berechnen nach

$$\Delta H_T = \int\limits_0^T \Delta c_p \, dT, \tag{35}$$

worin Δc_p ganz analog wie oben gebildet wird. Es sei hier erwähnt, daß es für die meisten praktischen Belange ausreicht, mit der spezifischen Wärme bei konstantem Druck c_p zu rechnen. Weiterhin sei bemerkt, daß bei den thermodynamischen Berechnungen die Temperatur T immer in °K (0 °K $= -273{,}16$ °C) verwendet wird.

Die Berechnung von ΔH_T, also für eine bestimmte Temperatur T, erfordert die Kenntnis der Temperaturabhängigkeit von c_p vom absoluten Nullpunkt aus. Da diese oft nicht bekannt ist, bedient man sich meist der Gleichung

$$\Delta H_{T_2} - \Delta H_{T_1} = \int\limits_{T_1}^{T_2} \Delta c_p \, dT. \tag{36}$$

Für die Temperaturabhängigkeit von c_p gibt es theoretische Ableitungen. Den Angaben in Tabellenwerken liegt jedoch meist die empirische Gleichung

$$c_p = a + bT + cT^{-2} \tag{37}$$

zugrunde, die man analog den Gln. (33) oder (34) anwenden kann:

$$\Delta c_p = \Delta a + \Delta b \, T + \Delta c \, T^{-2}. \tag{38}$$

Damit ergibt sich aus Gl. (36)

$$\Delta H_{T_2} - \Delta H_{T_1}$$
$$= \Delta a (T_2 - T_1) + \frac{1}{2} \Delta b \, (T_2{}^2 - T_1{}^2) - \Delta c \left(\frac{1}{T_2} - \frac{1}{T_1} \right). \tag{39}$$

Zur Bestimmung der Entropie dient die Beziehung

$$\Delta S_T = \int\limits_0^T \frac{\Delta c_p}{T}\, dT , \qquad (40)$$

die ganz analog entwickelt werden kann:

$$\Delta S_{T_2} - \Delta S_{T_1}$$
$$= \Delta a (\ln T_2 - \ln T_1) + \Delta b (T_2 - T_1) - \frac{1}{2}\Delta c \left(\frac{1}{T_2{}^2} - \frac{1}{T_1{}^2} \right). \qquad (41)$$

Zur Vereinfachung der Berechnungen bezieht man sich auf einen Standardzustand, bei dem $p = 1$ atm. Die Kennzeichnung erfolgt durch den Index ^{0} rechts oben, z. B. ΔH^0. Weiterhin hat man für 25 °C ($= 298{,}16$ °K) die Bildungswärmen aller Elemente gleich Null gesetzt. Die bei der Bildung eines Mols einer Verbindung auftretende Bildungswärme $\Delta H_{298}{}^0$ findet man in zahlreichen Tabellen. Ebenso hat man die Standardentropien $S_{298}{}^0$ tabelliert. Bezieht man nun die Gln. (39) und (41) auf diese Temperatur, dann erhält man

$$\Delta H_T{}^0 = \Delta H_0 + \Delta a\, T + \tfrac{1}{2}\Delta b\, T^2 - \Delta c\, T^{-1} \quad \text{und} \qquad (42)$$

$$\Delta S_T{}^0 = \Delta S_0 + \Delta a \ln T + \Delta b\, T - \tfrac{1}{2}\Delta c\, T^{-2}, \qquad (43)$$

worin in ΔH_0 und ΔS_0 alle Glieder mit konstanten Werten zusammengefaßt sind. Sie stellen die Integrationskonstanten der Gln. (35) und (40) dar, indem dort für die untere Temperatur 25 °C $= 298{,}16$ °K eingesetzt wird.

Insgesamt erhält man also

$$\Delta G_T{}^0 = \Delta H_T{}^0 - \Delta H_{298}{}^0 - T(\Delta S_T{}^0 - \Delta S_{298}{}^0) \qquad (44)$$

und mit den Gln. (42) und (43)

$$\Delta G_T{}^0 = \Delta H_0 + \Delta a\, T - \Delta a\, T \ln T - \tfrac{1}{2}\Delta b\, T^2 - \tfrac{1}{2}\Delta c\, T^{-1} - \Delta S_0 T. \qquad (45)$$

Manchmal werden in dieser Gleichung Δa und ΔS_0 zu einer neuen Integrationskonstante zusammengefaßt.

Gl. (45) dient zur Durchführung von Berechnungen, wie im folgenden Abschnitt an Beispielen gezeigt wird. Aus Tabellen entnimmt man die Werte für $\Delta H_{298}{}^0$, $S_{298}{}^0$, a, b und c der an der Reaktion beteiligten Komponenten und bildet analog Gl. (33) die Differenzen.

Meist sind in Gl. (45) die Glieder mit Δb und Δc im Vergleich zu den anderen klein, so daß man sie in erster Näherung vernachlässigen kann. Dann vereinfacht sich Gl. (45) zu der Beziehung

$$\Delta G_T{}^0 = A + B\, T \log T + C\, T . \qquad (46)$$

Manchmal wird noch weiter vereinfacht zu

$$\Delta G_T{}^0 = A + C\, T . \qquad (47)$$

In einigen Tabellenwerken oder Veröffentlichungen findet man Angaben über die Konstanten A, B und C nach diesen Gleichungen.

Bei höheren Temperaturen treten oft Umwandlungen ein, z. B. Modifikationsänderungen oder das Schmelzen von beteiligten Kompo-

nenten. Die dabei auftretenden zusätzlichen Beiträge der Umwandlungs-
oder Schmelzwärmen und der Umwandlungs- oder Schmelzentropien
müssen zu obigen Gleichungen addiert werden. Da außerdem bei der
Umwandlungstemperatur T_u eine Änderung in den thermischen Daten
eintritt, muß man dann die Rechnung unterteilen, indem man ΔH^0 und
ΔS^0 zunächst nur bis T_u berechnet, dazu ΔH_u und S_u addiert, dann die
Werte von T_u bis T berechnet, z. B. nach den Gln. (39) und (41), um
schließlich zu ΔG_T^0 zu gelangen:

$$\Delta G_T^0 = [(\Delta H_{T_u}^0 - \Delta H_{298}^0) + \Delta H_u + (\Delta H_T^0 - \Delta H_{T_u}^0)] -$$
$$- T[(\Delta S_{T_u}^0 - \Delta S_{298}^0) + S_u + (\Delta S_T^0 - \Delta S_{T_u}^0)]. \qquad (48)$$

Analog ist zu verfahren, wenn die Schmelztemperatur T_s oder die Siedetemperatur T_v überschritten wird. Für die vereinfachten Gln. (46)
und (47) hat das zur Folge, daß für bestimmte Temperaturbereiche ge-
trennte Gleichungen aufgestellt werden müssen.

Die bisher angegebenen Gleichungen bezogen sich immer auf den
Standardzustand, setzen also u. a. beim Vorliegen eines Gases voraus,
daß dieses einen Druck von 1 atm aufweist. Das grenzt die Anwendungsmöglichkeiten erheblich ein. Zu allgemeineren Berechnungen kann man
sich der Gleichung

$$\Delta G_T = \Delta G_T^0 + R T \ln K_p \qquad (49)$$

bedienen, worin die Gleichgewichtskonstante K_p den Quotienten aus
dem Produkt der Konzentrationen der Komponenten der rechten Seite
und der linken Seite einer Reaktionsgleichung darstellt. Für die Gl. (32)
ergäbe sich dann

$$K_p = \frac{[\mathrm{X}]^x [\mathrm{Y}]^y}{[\mathrm{M}]^m [\mathrm{N}]^n}, \qquad (50)$$

wobei die eckigen Klammern die Konzentrationen kennzeichnen. Für
reine Feststoffe und Flüssigkeiten sind diese immer $= 1$, entfallen
also. Bei flüssigen und festen Lösungen ist mit den Aktivitäten a zu rechnen, die über die Aktivitätskoeffizienten γ nach $a = \gamma \cdot c$ mit den Konzentrationen c verbunden sind. Nur in verdünnten Lösungen ist $\gamma = 1$,
also auch $a = c$. Schließlich ist bei Gasen der jeweilige Partialdruck
einzusetzen und bei genaueren Berechnungen das nichtideale Verhalten
der Gase zu berücksichtigen.

Wenn bei der Reaktion der Gl. (32) die Komponenten M, N und X
fest sind und nur Y gasförmig ist, dann ist $K_p = p_Y^y$, und aus Gl. (49)
wird

$$\Delta G_T = \Delta G_T^0 + R T y \ln p_Y, \qquad (51)$$

woraus zu erkennen ist, daß sich bei den Berechnungen auch der Druck
der Gase berücksichtigen läßt. Auch mit letzterer Gleichung kann man
bei vorgegebenen Bedingungen (T und p) den Wert von ΔG_T berechnen
und damit feststellen, in welcher Richtung die Reaktion ablaufen wird.
Liegen die Bedingungen so, daß das Gleichgewicht erreicht ist, dann
gilt auch hier $\Delta G_T = 0$, woraus folgt:

$$0 = \Delta G_T^0 + R T \ln K_p \quad \text{oder} \quad \ln K_p = -\frac{\Delta G_T^0}{R T} = \frac{\Delta S_T^0}{R} - \frac{\Delta H_T^0}{R T}. \qquad (52)$$

Tabelle 25. *Thermodynamische Daten einiger Elemente und Verbindungen*

Substanz	Aggr.-Zust.	$-\Delta H_{298}°$ kcal/mol	$S_{298}°$ cl	Umwandlungs-		Schmelz-		Verdampfungs-		Konstanten			für Temp.-bereich °K
				temp. T_u °K	wärme ΔH_u kcal/mol	temp. T_s °K	wärme H_s kcal/mol	temp. T_v °K	wärme H_v kcal/mol	a	$b\cdot10^3$	$c\cdot10^{-5}$	
Al	s	0	6,77	—	—	932	2,57	—	—	4,94	2,96	—	298— 932
	l			—	—	—	—	2600	67,9	7,00	—	—	932—1273
α-Al$_2$O$_3$ (Korund)	s	399,1	12,19	—	—	2300	26,0	—	—	26,12	4,388	—7,27	298—2300
	l			—	—	—	—	—	—	33,0	—	—	>2300
γ-Al$_2$O$_3$	s	384,8	12,19	—	—	—	—	—	—	16,37	11,1	—	—
Al$_2$O$_3\cdot$3 H$_2$O (Gibbsit)	s	613,7	48,6	—	—	—	—	—	—	14,63	100,2	—	—
Al$_2$O$_3\cdot$SiO$_2$ (Andalusit)	s	619,2	22,3	—	—	—	—	—	—	41,22	6,24	—12,22	298—1100
Al$_2$O$_3\cdot$SiO$_2$ (Kyanit)	s	618,7	20,0	—	—	—	—	—	—	41,05	6,98	—12,46	298—1100
Al$_2$O$_3\cdot$SiO$_2$ (Sillimanit)	s	618,4	23,0	—	—	—	—	—	—	39,30	8,04	—11,02	298—1100
3 Al$_2$O$_3\cdot$2SiO$_2$ (Mullit)	s	1636,7	60,8	—	—	—	—	—	—	111,29	13,06	—33,12	298—1800
Al$_2$O$_3\cdot$2SiO$_2\cdot$2H$_2$O (Kaolinit)	s	964,7	48,5	—	—	—	—	—	—	57,47	35,3	—7,87	—
Al$_2$O$_3\cdot$2SiO$_2\cdot$2H$_2$O (Dickit)	s	964,4	47,1	—	—	—	—	—	—	—	—	—	—
Al$_2$O$_3\cdot$2SiO$_2$ (Metakaolinit)	s	792,7	32,8	—	—	—	—	—	—	54,85	8,8	—3,48	—
C (Graphit)	s	0	1,361	—	—	—	—	—	—	4,10	1,02	—2,10	298—2300
CO	g	26,40	47,3	—	—	—	—	—	—	6,79	0,98	—0,11	298—2500
CO$_2$	g	94,05	51,1	—	—	—	—	—	—	10,55	2,16	—2,04	298—2500

Fe	s	0	6,49	1033	0,41	—	—	—	—	4,18	5,92	—	298—1033
				1180	0,22	—	—	—	—	9,0	—	—	1033—1180
				1673	0,15	—	—	—	—	1,84	4,66	—	1180—1673
				—	—	1808	3,86	—	—	10,5	—	—	1673—1808
	l			—	—	—	—	3010	85	14,5	—	—	>1808
FeO	s	63,5	14,2	—	—	1641	7,5	—	—	11,66	2,00	−0,67	298—1641
	l			—	—	—	—	2700	55	16,3	—	—	1641—1800
Fe_3O_4	s	268,0	35,0	900	0	1870	33,0	—	—	12,38	1,62	−0,38	298— 900
Fe_2O_3	s	196,5	21,5	950	0,16	—	—	—	—	21,88	48,20	—	298— 950
				1050	0	—	—	—	—	48,00	—	—	950—1050
				—	—	—	—	—	—	23,49	18,6	−3,55	>1050
H_2	g	0	31,21	—	—	—	—	—	—	6,52	0,78	0,12	298—3000
H_2O	l	68,32	16,75	—	—	273	1,436	373	9,82	11,2	7,17	—	273— 373
	g	57,80	45,13	—	—	—	—	—	—	7,17	2,56	0,08	298—2500
N_2	g	0	45,77	—	—	—	—	—	—	6,66	1,02	—	298—2500
O_2	g	0	49,02	—	—	—	—	—	—	7,16	1,00	−0,40	298—3000
Si	s	0	4,50	—	—	1683	12,1	—	—	5,76	0,56	−1,09	298—1683
	l			—	—.	—	—	2750	71	6,12	—	—	1683—1873
SiO	g	22,2	50,55	—	—	—	—	—	—	—	—	—	—
SiO_2 (Quarz)	s	217,5	10,0	848	0,09	—	—	—	—	11,22	8,20	−2,70	298— 848
				—	—	—	—	—	—	14,41	1,94	—	848—2000
SiO_2 (Tridymit)	s	216,1	10,4	390	—	—	—	—	—	3,27	24,80	—	298— 390
				—	—	—	—	—	—	13,64	2,64	—	390—2000
SiO_2 (Cristobalit)	s	216,5	10,2	523	0,27	1996	1,4	—	—	4,28	21,06	—	298— 523
				—	—	—	—	—	—	14,40	2,04	—	523—2000
SiO_2	Glas	216,2	11,2	—	—	—	—	—	—	13,38	3,68	−3,45	298 2000
	l			—	—	—	—	—	—	(20)	—	—	>2000
SiC	s	26,7	3,94	—	—	—	—	—	—	8,93	3,00	−3,07	298—1700
Si_3N_4	s	179,0	23,0	—	—	—	—	—	—	16,83	23,6	—	298— 900

Daraus ergibt sich bei einer Reaktion fest → gasförmig sofort die Dampfdruckgleichung

$$\ln p = A - \frac{\Delta H_v}{R\,T} \tag{53}$$

mit A = Konstante und ΔH_v = Verdampfungswärme. Aber nicht nur bei reinen Verbindungen, sondern auch bei Reaktionen ist es durch analoge Anwendung dieser Gleichungen möglich, die Höhe der auftretenden Drücke unter gegebenen Bedingungen zu berechnen. Der folgende Abschnitt bringt dazu einige Beispiele.

3.1.2 Anwendungsbeispiele

Die Berechnungen nach den im vorangegangenen Abschnitt erwähnten Gleichungen setzen die Kenntnis einiger Konstanten voraus. Diese kann man vielen Tabellenwerken oder den auf S. 106 erwähnten Publikationen entnehmen. Zusätzlich sei noch auf ein Werk von SCHICK [617] verwiesen. Eine Auswahl für keramisch interessante Elemente und Verbindungen bringt Tab. 25.

Im ersten Beispiel sollen zunächst nur feste Komponenten beteiligt sein, wie es bei der Bildung von Siliciumcarbid aus den Elementen der Fall ist:

$$Si + C \rightleftharpoons SiC.$$

Mit den Angaben aus Tab. 25 erhält man für die benötigten Differenzen:

$$\Delta H_{298}{}^0 = -26700 - 0 - 0 = -26700$$

$$\Delta S_{298}{}^0 = +3{,}94 - 4{,}50 - 1{,}36 = -1{,}92$$

$$\Delta a = +8{,}93 - 5{,}76 - 4{,}10 = -0{,}93$$

$$\Delta b = (+3{,}00 - 0{,}56 - 1{,}02) \cdot 10^{-3} = +1{,}42 \cdot 10^{-3}$$

$$\Delta c = (-3{,}07 + 1{,}09 + 2{,}10) \cdot 10^5 = +0{,}12 \cdot 10^5.$$

Setzt man in den Gln. (39) und (41) $T_1 = 298{,}16\ °K$, dann betragen nach Zusammenfassung aller konstanten Glieder die Integrationskonstanten

$$\Delta H_0 = -26450 \quad \text{und} \quad \Delta S_0 = +3{,}03.$$

Nach Gl. (45) ergibt sich die Temperaturabhängigkeit der freien Reaktionsenthalpie zu

$$\Delta G_T{}^0 = -26450 - 3{,}96\,T + 0{,}93\,T \ln T - 0{,}71\,T^2 - 0{,}06\,T^{-1}. \tag{54}$$

Diese Gleichung ist nur bis zur Schmelztemperatur des Si bei 1683 °K anwendbar. Zur Berechnung der freien Enthalpien für höhere Temperaturen muß man entsprechend Gl. (48) verfahren, d. h. die Schmelzwärme $\Delta H_s = 12100\ \text{cal/mol}$ und die Schmelzentropie $S_s = \Delta H_s/T_s = 7{,}2\ \text{cl}$ berücksichtigen und oberhalb T_s die Konstanten des flüssigen Si einsetzen.

Für obige Reaktion findet man in Tabellenwerken auch die vereinfachte Gl. (47) angegeben:

$$\Delta G_T{}^0 = -27000 + 1{,}66\,T \quad \text{für} \quad 298 < T < 1683\ °\text{K},$$
$$= -38300 + 8{,}33\,T \quad \text{für} \quad 1683 < T < 1800\ °\text{K}. \tag{55}$$

In Tab. 26 sind für einige Temperaturen die freien Reaktionsenthalpien nach den Gln. (54) und (55) berechnet worden. Man kann die Übereinstimmung als gut bezeichnen. Im gesamten Temperaturbereich treten negative Werte von ΔG auf, d. h., immer wird die Reaktion nach rechts ablaufen, SiC ist also stabil. Wenn man bei tiefen Temperaturen keine Reaktionen zwischen Si und C beobachten kann, dann liegt das nur an der geringen Reaktionsgeschwindigkeit, an der Kinetik, die aber durch die Thermodynamik nicht erfaßt wird.

Tabelle 26. *Freie Enthalpien der Reaktion* Si + C $\rightleftarrows$ SiC

Temperatur	ΔG_T^0 cal/mol	
°K	nach Gl. (54)	nach Gl. (55)
298	-26700	-26510
1000	-24710	-25340
1200	-24330	-25010
1400	-23970	-24680
1600	-23640	-24340
1800	-23020	-23310
2000	-21340	-21640
2200	-19690	-19970

Auf dieselbe Art kann man alle möglichen Reaktionen durchrechnen, vorausgesetzt die benötigten Konstanten stehen zur Verfügung. Oft kann man sich die Rechnungen vereinfachen, wenn man auf die tabellierten vereinfachten Gleichungen zurückgreifen kann. Eine Auswahl von diesen enthält Tab. 27.

Tabelle 27. *Temperaturabhängigkeit der freien Enthalpien einiger Reaktionen nach*
$$\Delta G_T^0 = A + B\,T \log T + C\,T \ \text{cal/mol}$$

Nr.	Reaktion	A	B	C	Temperaturbereich °K
1	C + $\frac{1}{2}$ O$_2$ $\rightleftarrows$ CO	-26700	—	$-20{,}95$	298—2500
2	C + O$_2$ $\rightleftarrows$ CO$_2$	-94200	—	$-0{,}2$	298—2500
3	H$_2$ + $\frac{1}{2}$ O$_2$ $\rightleftarrows$ H$_2$O [1]	-57250	$+4{,}48$	$-2{,}21$	298—2500
4	Si + $\frac{1}{2}$ O$_2$ $\rightleftarrows$ SiO [2]	-25600	$+5{,}4$	$-34{,}66$	298—1683
		-36900	$+5{,}4$	$-28{,}00$	1683—2100
5	Si + O$_2$ $\rightleftarrows$ SiO$_2$ [3]	-217900	$-3{,}0$	$+52{,}22$	298—1683
		-229200	$-3{,}0$	$+58{,}87$	1683—1983
		-226500	$-4{,}15$	$+61{,}37$	1983—2100
6	3 Si + 2 N$_2$ $\rightleftarrows$ Si$_3$N$_4$	-180000	—	$+80{,}4$	298—1683
		-213400	—	$+100{,}2$	1683—1800

[1] H$_2$O im Gaszustand   [2] SiO im Gaszustand
[3] SiO$_2$ bis 1983 °K als Quarz

Mit solchen Angaben lassen sich durch geeignete Kombinationen weitere Reaktionen berechnen. So gelangt man durch Subtraktion der Reaktion Nr. 2 von der verdoppelten Reaktion Nr. 1 zum Boudouardgleichgewicht

$$2\,C + O_2 \rightleftarrows 2\,CO \qquad +$$
$$C + O_2 \rightleftarrows CO_2 \qquad -$$
$$\overline{\quad C + CO_2 \rightleftarrows 2\,CO,\quad}$$

dem also die Konstanten $A = +40\,800$ und $C = -41,7$ zukommen. Analog erhält man aus den Reaktionen $2 \times$ (Nr. 4) — Nr. 5 eine Aussage über die Stabilität von SiO:

$$Si + SiO_2 \rightleftarrows 2\,SiO.$$

Letztere Reaktion stellt gleichzeitig die Reduktion von SiO_2 durch Si dar. Als weitere Reduktionen sind möglich:

$$SiO_2 + C \quad\rightleftarrows SiO + CO \qquad (\text{Nr. 1} + \text{Nr. 4} - \text{Nr. 5})$$
$$SiO_2 + C \quad\rightleftarrows Si \ + CO_2 \qquad (\text{Nr. 2} - \text{Nr. 5})$$
$$SiO_2 + CO \quad\rightleftarrows SiO + CO_2 \qquad (\text{Nr. 2} + \text{Nr. 4} - \text{Nr. 1} - \text{Nr. 5})$$
$$SiO_2 + H_2 \quad\rightleftarrows SiO + H_2O \qquad (\text{Nr. 3} + \text{Nr. 4} - \text{Nr. 5})$$
$$SiO_2 + 2\,H_2 \rightleftarrows Si \ + 2\,H_2O \quad (2 \times \text{Nr. 3} - \text{Nr. 5}).$$

Der Weg zur Bestimmung der Konstanten ist in den Klammern angegeben.

Diese gegenseitigen Berechnungen zeigen gleichzeitig, daß einige Reaktionen voneinander abhängig sind. Außerdem ist noch zu bemerken, daß in Tab. 25 für das gasförmige Siliciummonoxid SiO einige Konstanten fehlen. Die Angaben für die Reaktion Nr. 4 mit SiO in Tab. 27 stammen aus anderen Berechnungen. SiO ist zwar ein wichtiges Reaktionsprodukt, aber leider noch nicht genügend untersucht. Mit diesem Problem hat sich besonders ausführlich SCHICK [616] befaßt.

Nach Tab. 27 wurden die Kurven der freien Enthalpien mehrerer Reaktionen in den Abb. 55 und 56 berechnet. Einige keramisch wichtige Reaktionen sollen etwas näher erläutert werden. Beim Boudouardgleichgewicht $CO_2 + C \rightleftarrows 2\,CO$ ist bei $T = 978\ °K = 705\ °C\ \Delta G_T^0 = 0$, d. h., dort herrscht wirklich Gleichgewicht. Bei höheren Temperaturen ist CO stabil, während sich bei tieferen Temperaturen aus einer CO-Atmosphäre unter CO_2-Bildung C abscheidet. Diese Reaktion kann beim keramischen Brand zu Fehlern führen, wenn die Atmosphäre reduzierend eingestellt wird, ehe diese Temperatur überschritten ist. Weiterhin zeigt Abb. 56, daß die Reduktionsreaktionen des SiO_2 über den ganzen Temperaturbereich fast ausschließlich positive ΔG-Werte zeigen, daß also die Reaktionen der angegebenen Gleichungen nicht ablaufen, d. h. SiO_2 ist stabil. Hier ist aber die Einschränkung zu machen, daß allen diesen Gleichungen die Standardbedingungen zugrunde gelegt wurden. Es wird gleich gezeigt werden, daß bei Verringerung der Drücke der Komponenten der rechten Seiten die ΔG-Werte stark verringert werden können. Dann kann die Reihenfolge des Angriffs der Partner bei tiefer Temperatur eine andere als bei hoher Temperatur sein. Schließlich sei noch auf die Reaktion $SiO + C \rightleftarrows Si + CO$ hingewiesen, die im ganzen Bereich

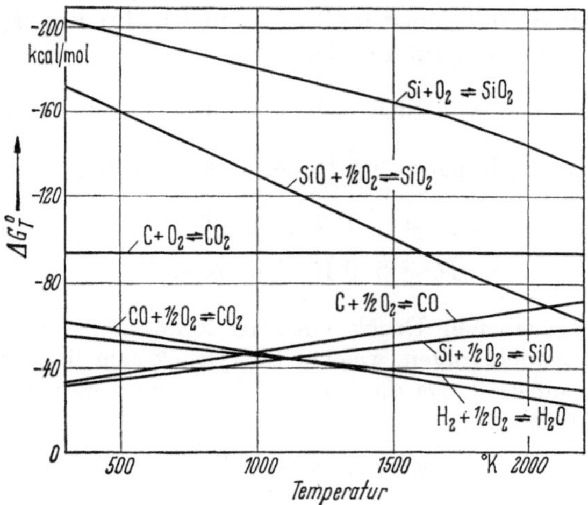

Abb. 55. Freie Reaktionsenthalpien einiger Oxydationsreaktionen

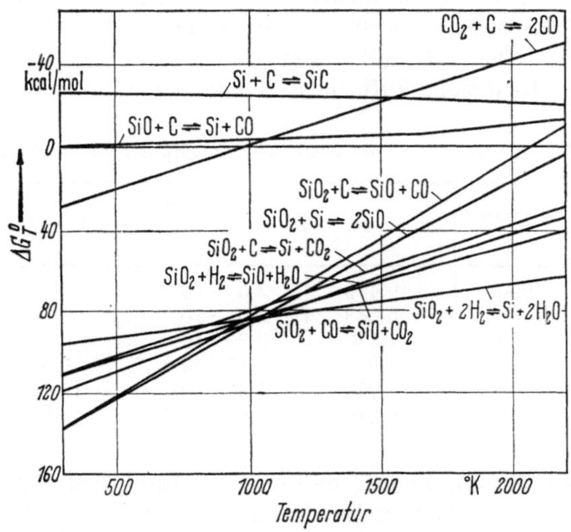

Abb. 56. Freie Reaktionsenthalpien einiger Reduktionsreaktionen

negative ΔG-Werte zeigt, also nach rechts abläuft. Unter reduzierenden Bedingungen wird daher bevorzugt Si auftreten. Wirklich beobachtet man bei durch reduzierenden Brand schwarz verfärbten Produkten als Ursache der Schwarzfärbung oft Si. Dieses kann außerdem durch Zersetzung des SiO entstehen, das im ganzen Temperaturbereich instabil ist und sich nach $2\,SiO \rightleftarrows SiO_2 + Si$ zersetzt. Das ist die Umkehrung einer Reaktion der Abb. 56, die dort immer positive ΔG-Werte zeigt, so daß die jetzt angeführte Reaktion immer negative $\varDelta G$-Werte hat.

Nur in seltenen Fällen liegen die gasförmigen Reaktionspartner unter dem Druck von 1 atm vor, so daß obige Angaben auch nur selten direkt anwendbar sind. Meist muß man auf Gl. (49) zurückgreifen. Als Beispiel sei die eben erwähnte Reaktion

$$SiO_2 + Si \rightleftarrows 2\,SiO$$

betrachtet. Dann gilt nach den früheren Ausführungen

$$\begin{aligned} \varDelta G_T &= \varDelta G_T{}^0 + R\,T \ln (p_{SiO})^2 \\ &= \varDelta G_T{}^0 + 9{,}15\,T \log p_{SiO}. \end{aligned} \tag{56}$$

Für einen vorgegebenen Druck von SiO kann man $\varDelta G_T$ berechnen. Man kann aber auch fragen, welcher SiO-Druck sich bei verschiedenen Temperaturen einstellt. Da das ein Gleichgewicht voraussetzt, ist dann $\varDelta G_T = 0$, und es gilt

$$\log p_{SiO} = -\,\frac{\varDelta G_T{}^0}{9{,}15\,T}.$$

Tab. 28 bringt einige Werte. Danach ist bereits bei 1600 °K (1327 °C) mit einem deutlichen Dampfdruck von SiO zu rechnen. Ist bei dieser Temperatur der SiO-Druck in der Atmosphäre kleiner als 0,9 Torr, dann ergibt sich nach Gl. (49) oder Gl. (56) ein negativer Wert von $\varDelta G_T$, und die Reaktion läuft nach rechts zur Seite der SiO-Bildung.

Tabelle 28. SiO-*Gleichgewichtsdrücke der Reaktion* $SiO_2 + Si \rightleftarrows 2\,SiO$

Temperatur °K	$\log p_{SiO}$	p_{SiO}	
		atm	Torr
1000	−9,459	$3{,}5 \cdot 10^{-10}$	
1200	−6,543	$2{,}9 \cdot 10^{-7}$	
1400	−4,476	$3{,}3 \cdot 10^{-5}$	
1600	−2,934	$1{,}17 \cdot 10^{-3}$	0,9
1800	−1,789	$1{,}63 \cdot 10^{-2}$	12,4
2000	−0,910	$1{,}23 \cdot 10^{-1}$	93,5

Wird der Druck ständig klein gehalten, z. B. durch Anlegen eines Vakuums oder durch Kondensation des SiO an einer kälteren Stelle der Apparatur oder des Ofens, dann läuft die Reaktion bis zum Verbrauch einer der beiden Ausgangskomponenten weiter. Für andere Reduktionsmittel kann man analoge Berechnungen durchführen. Immer ergibt sich, daß SiO_2 bei höheren Temperaturen relativ leicht reduziert werden kann.

Wie verhält sich demgegenüber SiO_2 allein bei hohen Temperaturen? Diese Frage stellt zugleich die Frage nach dem Dampfdruck von SiO_2 dar. Nach Gl. (53) läßt sich der Dampfdruck berechnen, wenn die thermodynamischen Daten für die feste, flüssige und gasförmige Phase bekannt sind. Für letztere ist das leider nicht der Fall. SCHICK [616] hat aber einige

Abschätzungen durchgeführt und den Dampfdruck von SiO_2 bei 2000 °K zu 10^{-7} atm und bei 3000 °K zu 10^{-1} atm abgeschätzt. Diese Drücke sind so klein, daß sich bei den hohen Temperaturen die Dissoziationsreaktionen $SiO_2 \rightleftarrows SiO + \frac{1}{2} O_2$ und auch $O_2 \rightleftarrows 2 O$ viel stärker bemerkbar machen. Aus diesen Reaktionen ist gleichzeitig zu entnehmen, daß eine Abhängigkeit vom vorgegebenen O_2-Partialdruck bestehen muß; denn mit steigendem O_2-Druck verschiebt sich die Reaktion $SiO_2 \rightleftarrows SiO + \frac{1}{2} O_2$ nach links. Abb. 57a zeigt die sich über SiO_2 einstellenden Partialdrücke, ausgehend vom Vakuum, während Abb. 57b die Verhältnisse in Luft darstellt. Man kann die Unterschiede deutlich feststellen.

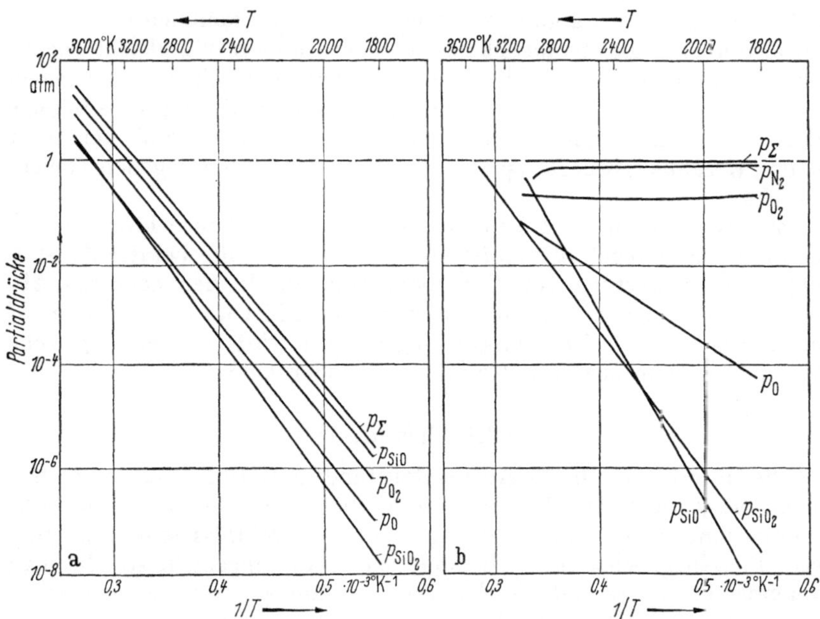

Abb. 57a u. b. Partialdrücke über reinem SiO_2 (a) und über SiO_2 in Luft von 1 atm (b) nach SCHICK [616]

Der Druck von 1 atm, d. h. die Siedetemperatur wird über SiO_2 bei etwa 3100 °K erreicht. Diese Angaben zeigen, daß SiO_2 zur Anwendung bei höchsten Temperaturen nicht geeignet ist. Man muß dann andere Materialien verwenden.

Die Möglichkeiten, weitere Auskünfte aus thermodynamischen Berechnungen zu erhalten, sind sehr groß. Die sinnvolle Anwendung der angeführten Gleichungen kann oft darüber Auskunft geben, ob geplante Versuche Aussicht auf Erfolg haben. An einigen späteren Stellen dieses Buches werden weitere Anwendungsmöglichkeiten aufgezeigt. Hier sei nochmals auf die Arbeit von KINGERY und WYGANT [374] verwiesen, wo z. B. berechnet wird, ob man Nickel in Al_2O_3-Gefäßen schmelzen kann oder wie groß das H_2/H_2O-Verhältnis in der Ofenatmosphäre bei der Reduktion von CuO in Glasuren sein muß.

3.2 Gleichgewichte

In den vorangegangenen Abschnitten wurde mehrfach erwähnt, daß die thermodynamischen Gleichungen nur auf Gleichgewichte anwendbar sind. Ein stabiles Gleichgewicht liegt dann vor, wenn sich die Konzentrationen der beteiligten Substanzen bei gegebenen äußeren Bedingungen (Temperatur und Druck) in beliebig langer Zeit nicht mehr ändern. Es ist jedoch zu prüfen, ob ein Gleichgewichtszustand nicht durch eine sehr geringe Reaktionsgeschwindigkeit vorgetäuscht wird, wie es bei einigen keramischen Systemen beobachtet wird.

Die an einem Gleichgewicht beteiligten Substanzen können in mehreren Phasen vorkommen. Ist ein System vollkommen einheitlich, hat also überall gleiche physikalische Eigenschaften und gleiche chemische Zusammensetzung, dann spricht man von einem homogenen Gleichgewicht. Das tritt auf, wenn nur Gasphase oder nur eine flüssige Phase, z. B. eine Schmelze, vorhanden ist. Im anderen Fall, der meist in der Keramik vorliegt, spricht man von einem heterogenen Gleichgewicht.

Zur Beurteilung und Untersuchung von Gleichgewichten wendet man die Phasenregel an. Sie ist auch eine große Hilfe bei der Aufstellung und Auswertung von Phasendiagrammen. In den nächsten Abschnitten wird das im einzelnen erörtert, wobei hier im wesentlichen auf die allgemeinen Gesichtspunkte eingegangen wird, während spezielle Anwendungen in späteren Kapiteln zu finden sind.

3.2.1 Phasenregel

Die Materie kann in die Aggregatzustände gasförmig, flüssig und fest gegliedert werden. Da Gase in allen Verhältnissen mischbar sind, gibt es immer nur eine Gasphase, dagegen können zwei flüssige und mehrere feste Phasen gleichzeitig vorhanden sein. Ganz allgemein spricht man von einer Phase, wenn dieser Anteil in sich homogen ist, aber von anderen Anteilen durch Grenzflächen räumlich getrennt ist, so daß im Prinzip eine mechanische Abtrennung möglich ist.

Im Gleichgewicht können nicht beliebig viele Phasen nebeneinander vorliegen. Thermodynamische Ableitungen führten GIBBS zu der nach ihm benannten Phasenregel

$$P + F = K + 2, \tag{57}$$

die den Zusammenhang zwischen Anzahl der Phasen P, Anzahl der Freiheitsgrade F und Anzahl der Komponenten K angibt. Da Gl. (57) bei Gleichgewichten immer gültig ist, wäre es beser, von Phasengesetz zu sprechen.

In der Phasenregel ist die Anzahl der Freiheitsgrade F gleich der Anzahl der veränderlichen Zustandsfaktoren Temperatur, Druck und Konzentration der Komponenten. Durch willkürliche Festlegung dieser Größen wird der Zustand des Systems vollständig bestimmt. K ist die Anzahl der voneinander unabhängigen Komponenten des Systems, die mindestens zum Aufbau des Systems notwendig sind.

Es ist noch wichtig darauf hinzuweisen, daß in die Phasenregel zwar die Konzentrationen, aber nicht die Mengen der Phasen eingehen. Es genügt daher, wenn in einem Gleichgewicht eine Phase nur in einer sehr kleinen Menge auftritt. Kommt man allerdings damit in Größenordnungen, in denen die Eigenschaften von der Größe abhängig werden (z. B. die Löslichkeit kleinster Kristalle (S. 92)), dann erreicht man auch die Grenzen der Anwendbarkeit der Phasenregel.

Aus der Gibbsschen Phasenregel leitet sich sofort ab, daß in einem System mit K Komponenten die Anzahl der gleichzeitig anwesenden Phasen P höchstens $K + 2$ sein kann. Außerdem kann man erkennen, daß die Anzahl der verfügbaren Freiheitsgrade F um so geringer wird, je größer die Anzahl der Phasen ist.

Nach der Anzahl der verfügbaren Freiheitsgrade kann man in verschiedene Systeme gliedern. Ist $F = 0$, dann spricht man von einem invarianten oder nonvarianten System. Ist $F = 1$, 2 oder 3 usw., dann werden die Systeme als mono-, di- oder trivariant usw. bezeichnet.

Ehe im folgenden einige Beispiele erläutert werden, sei erwähnt, daß es über die Phasenregel mehrere Bücher gibt, von denen ein allgemeines Werk von FINDLAY [185] und eine der Keramik näher stehende Monographie von EITEL [166] angeführt seien.

Für Systeme mit einer Komponente (unäre oder *Einstoffsysteme*) vereinfacht sich die Phasenregel zu

$$P + F = 3. \tag{58}$$

Da mindestens eine Phase vorhanden ist, sind höchstens zwei Freiheitsgrade vorhanden: Temperatur und Druck. Die Gleichgewichtsbedingungen lassen sich am besten in einem Diagramm mit diesen Freiheitsgraden als Koordinaten darstellen, wie es in Abb. 58 geschehen ist.

Wählt man eine beliebige Temperatur und einen beliebigen Druck, ist also $F = 2$, so ist nur eine Phase stabil. In Abb. 58 befindet man sich dann innerhalb der Fläche einer der Phasen. Will man gleichzeitig zwei Phasen nebeneinander vorliegen haben, z. B. flüssige und Gasphase, kann man nur den Druck oder nur die Temperatur vorgeben. Der andere Freiheitsgrad wird dann durch die Kurve A bestimmt, die die Gleichgewichte zwischen Flüssigkeit und Gasphase angibt, also die Dampfdruckkurve darstellt. Das gilt auch für das Gleichgewicht zwischen

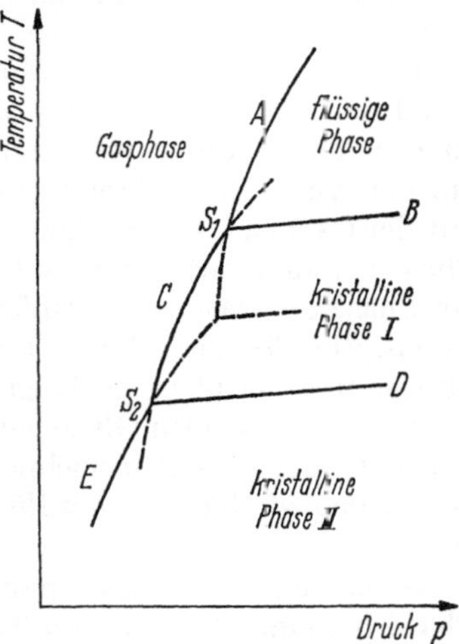

Abb. 58.
Zustandsdiagramm eines Einstoffsystems

kristalliner und flüssiger Phase, die Kurve B, auf der die Schmelzpunkte liegen. Danach ist die Schmelztemperatur druckabhängig. In Abb. 58 steigt die Schmelztemperatur mit zunehmendem Druck. Diese Erscheinung ist die Regel. Eine Ausnahme bildet z. B. H_2O, wo die Kurve B nach unten geneigt ist, die Schmelztemperatur daher mit steigendem Druck sinkt (S. 174). Schließlich stellt Kurve C eine Sublimationskurve dar.

In dem Schnittpunkt S_1 der Kurven A, B und C sind alle drei Phasen nebeneinander stabil. Mit $P = 3$ wird $F = 0$, so daß dieser Fall nur bei einer bestimmten Temperatur und einem bestimmten Druck gegeben ist. Man nennt diesen in- oder nonvarianten Punkt auch Tripelpunkt. Jede Abweichung von dieser Temperatur oder diesem Druck führt zwangsläufig zum Verschwinden einer Phase.

Die verschiedenen Kurven in Abb. 58 werden quantitativ durch die Clausius-Clapeyronsche Gleichung

$$\frac{dp}{dT} = \frac{\Delta H}{T(V_2 - V_1)} \tag{59}$$

erfaßt, in der ΔH die Verdampfungs-, Schmelz- oder Sublimationswärme und V die Molvolumina der beteiligten Phasen darstellt. Beim Übergang von einer kondensierten (festen oder flüssigen) Phase in die Gasphase kann man das Volumen der ersteren Phase vernachlässigen. Da nach dem Gasgesetz $V = RT/p$, wird damit aus Gl. (59)

$$\frac{dp}{dT} = \frac{p\,\Delta H}{R\,T^2} \quad \text{oder} \quad \ln p = K - \frac{\Delta H}{R\,T}, \tag{60}$$

die bereits aus Gl. (53) bekannte Dampfdruckgleichung. Beim Übergang fest → flüssig kann man diese Vernachlässigung nicht anwenden, aber die Volumendifferenz beider Phasen ist meist gering, so daß im allgemeinen die Druckabhängigkeit der Schmelztemperatur ebenfalls gering ist.

In Abb. 58 wurde eine Modellsubstanz gewählt, die im festen Zustand bei tieferen Temperaturen eine polymorphe Umwandlung in eine andere Modifikation zeigt. Die Umwandlungstemperaturen liegen auf der Kurve D, während das Gleichgewicht der kristallinen Phase II mit der Gasphase die Sublimationskurve E zeigt. Die beiden kristallinen Phasen bilden mit der Gasphase den weiteren Tripelpunkt S_2. Nach der Phasenregel ist es nicht möglich, daß alle vier Phasen gleichzeitig auftreten. Abb. 58 zeigt, daß im stabilen Gleichgewicht kristalline Phase II, flüssige und Gasphase nicht gemeinsam vorliegen können. Letzteres ist aber bei metastabilen Gleichgewichten möglich, die durch die gestrichelten Kurvenzüge gekennzeichnet sind. Danach kann es vorkommen, daß man beim Abkühlen aus der flüssigen Phase sofort die kristalline Phase II erhält.

Ganz allgemein kann man feststellen, daß diejenige kondensierte Phase bei einer bestimmten Temperatur die stabile Phase ist, die den geringsten Dampfdruck hat.

Die in Abb. 58 dargestellte Umwandlung der kristallinen Phasen ist reversibel. Sie wird als enantiotrope Umwandlung, die Erscheinung als Enantiotropie bezeichnet. Es gibt aber noch eine andere Art der Umwandlung, indem die zweite kristalline Phase im ganzen Temperaturbereich einen höheren Dampfdruck hat, also metastabil ist. Die Verlängerung dieser Kurve schneidet sich mit der verlängerten Sublimationskurve der stabilen Modifikation erst oberhalb der Schmelztemperatur. Dann ist nur der Übergang kristalline Phase $II \rightarrow I$ möglich, nicht umgekehrt. Die Umwandlung ist also irreversibel und wird als monotrope Umwandlung bezeichnet.

Das Auftreten metastabiler Phasen ist in der Praxis meist durch eine geringe Bildungsgeschwindigkeit der neuen, eigentlich stabilen Phase bedingt, also eine Frage der Kinetik (S. 135ff.). Besteht bei gegebenen Bedingungen die Möglichkeit, daß sich z. B. zwei feste Phasen bilden können, dann wird oft beobachtet, daß sich zunächst die energiereichere metastabile Phase bildet. Dieses Verhalten wird als Ostwaldsche Stufenregel bezeichnet, ist aber kein Gesetz.

Umwandlungserscheinungen beobachtet man in vielen keramisch wichtigen Systemen. Es sind meist enantiotrope Umwandlungen. Die Umwandlungsgeschwindigkeiten sind manchmal sehr langsam, was meist strukturbedingt ist. So führen rekonstruktive Umwandlungen (S. 41) leicht zu metastabilen Phasen, während displazive Umwandlungen immer sofort ablaufen.

Bei sehr hohen Drücken treten oft neue kristalline Phasen auf, so daß Abb. 58 erweitert werden muß. Nach der Phasenregel können aber auch dann höchstens drei Phasen gleichzeitig stabil sein, was durch neue Tripelpunkte gekennzeichnet wird.

Das Arbeiten mit hohen und höchsten Drücken hat nach den klassischen Untersuchungen von BRIDGMAN in der letzten Zeit rasche Fortschritte gemacht. Man kann ganz allgemein sagen, daß mit steigendem Druck die Modifikation stabil wird, die eine größere Dichte hat, wobei sich oft die Koordinationszahl erhöht. Vereinzelt wird dieses interessante Gebiet noch gestreift werden. Bereits hier sei aber eine zusammenfassende Arbeit von NEUHAUS u. Mitarb. [511] erwähnt, in der die wichtigsten Gesetzmäßigkeiten und experimentellen Verfahren erörtert werden.

3.2.2 Phasendiagramme

Das im vorangegangenen Abschnitt erläuterte Einstoffsystem stellt bereits ein Zustands-, Gleichgewichts- oder Phasendiagramm dar. Es wurde dort behandelt, weil sich daran die Anwendung der Phasenregel einfach zeigen läßt. Die Phasenregel dient auch als Grundlage der nachfolgend zu besprechenden Systeme mit mehreren Komponenten, die nach deren Zahl mit binäre, ternäre usw. Systeme oder Zweistoff-, Dreistoff- usw. Systeme bezeichnet werden.

In der Keramik sind besonders die Schmelzgleichgewichte wichtig. Zu ihrer Bestimmung bedient man sich meist der Abschreckmethode, indem man die Probe bis zur Gleichgewichtseinstellung auf der Versuchstemperatur beläßt und dann sehr schnell auf eine so tiefe Temperatur abschreckt, daß das Gleichgewicht der hohen Temperatur eingefroren wird. Anschließend erfolgt die mikroskopische und/oder röntgenographische Untersuchung. Diese Methode hat sich vor allem bei silicatischen Systemen bewährt, bei denen eine flüssige Phase nach dem Einfrieren als Glasphase erscheint.

Ist ein Einfrieren nicht möglich, dann kann die thermische Analyse herangezogen werden. Beim Abkühlen von Schmelzen kann man aus den Haltepunkten oder dem Verlauf der Temperaturkurve Rückschlüsse auf das Phasendiagramm ziehen. Weiterhin sind alle die Methoden anwendbar, die bei höheren Temperaturen bestimmte Eigenschaften messen lassen, wie z. B. Hochtemperaturröntgenographie, -mikroskopie, -zentrifugieren oder Differentialthermoanalyse.

In der Keramik wird meist bei Atmosphärendruck gearbeitet, so daß bereits ein Freiheitsgrad vorgegeben ist. Bei den geringen Dampfdrücken der keramischen Systeme heißt das, daß keine Gasphase mehr vorhanden ist. Die Phasenregel wird dadurch modifiziert zu

$$P + F' = K + 1, \tag{61}$$

worin F' die Anzahl der Freiheitsgrade außer dem Druck darstellt. Nach Gl. (61) ist in binären Systemen ($K = 2$) die maximale Zahl der Phasen im Gleichgewicht $P = 3$, oder beim Vorliegen nur einer Phase hat man zwei Freiheitsgrade (Temperatur und Konzentration). In ternären Systemen ($K = 3$) können vier Phasen in einem invarianten Punkt auftreten, also Schmelze mit drei kristallinen Phasen im Gleichgewicht stehen. Hat man hier nur eine Phase, dann stehen drei Freiheitsgrade zur Verfügung: Temperatur und die Konzentrationen zweier Komponenten, womit auch die Konzentration der dritten Komponente festgelegt ist. Entsprechende Folgerungen kann man für Systeme mit mehr Komponenten ziehen.

Zweistoffsysteme. Systeme mit zwei Komponenten werden graphisch meist so dargestellt, daß in einem rechtwinkligen Koordinatensystem auf der Ordinate die Temperatur und auf der Abszisse die Zusammensetzung aufgetragen wird. Letztere wird als Gew.-%, Mol-% (jeweils von 0 bis 100) oder als Molenbruch x (von 0 bis 1) einer Komponente angegeben. (Will man noch den dritten Freiheitsgrad, den Druck, berücksichtigen, dann muß man zu einem räumlichen Koordinatennetz übergehen.)

Damit befinden sich die Schmelztemperaturen der beiden reinen Komponenten auf den Ordinaten. Für die Abhängigkeit der Schmelztemperatur der Komponente A bei Zugabe der Komponente B gilt die Beziehung

$$\frac{dT}{dx_A} = \frac{R\,T^2}{\Delta H_s\,x_A}. \tag{62}$$

oder aufgelöst

$$\frac{1}{T_x} = \frac{1}{T_s} - \frac{R\ln x_A}{\Delta H_s}$$

Mit x_A = Molenbruch der Komponente A, T_s = Schmelztemperatur der reinen Komponente A, T_x = Schmelztemperatur der Zusammensetzung x_A und ΔH_s = Schmelzwärme der reinen Komponente A. Mit steigendem Gehalt an B, also mit abnehmendem x_A, wird T_x kleiner, d. h., es tritt eine Schmelzpunktserniedrigung ein.

Ebenso wird auch die Schmelztemperatur von B durch Zugabe von
A herabgesetzt. In einem binären System $A - B$ werden sich im einfachsten Fall die Kurven der Schmelztemperaturen an einem bestimmten Punkt treffen, dem *Eutektikum*. Abb. 59a zeigt ein solches einfaches
System. Die Schmelztemperaturen der reinen Komponenten sind $T_{s,\,A}$
und $T_{s,\,B}$. Die von diesen Temperaturen ausgehenden Kurvenzüge
zeigen die Temperaturen an, bei denen eine Schmelze bestimmter Zusammensetzung bei der Abkühlung die ersten Kristalle zeigt oder beim
Aufheizen die letzten Kristalle gerade verschwinden. Diese Temperaturen

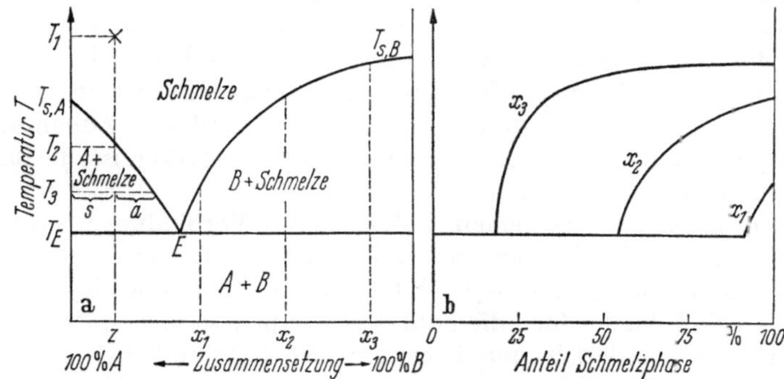

Abb. 59a u. b. **Einfaches binäres System mit einem Eutektikum (a) und Temperaturabhängigkeit
des Schmelzphasenanteils einiger Zusammensetzungen (b)**

werden als Liquidustemperaturen, deren Abhängigkeit von der Zusammensetzung als *Liquiduskurven* bezeichnet (in Abb. 59a die Kurven
$T_{s,\,A}-E$ und $T_{s,\,B}-E$). Beide Liquiduskurven treffen sich im Eutektikum E.

Die Anwendbarkeit von Gl. (62) setzt ideales Verhalten voraus,
was nur bei geringen Konzentrationen an B erfüllt ist. Trotzdem kann
man bei Kenntnis der Schmelzwärmen danach binäre Systeme theoretisch berechnen, wie KNAPP [378] und REICHELT und GROSS [574] an
einigen Beispielen gezeigt haben. Umgekehrt verwendet man Gl. (62) oft
zur Bestimmung der Schmelzwärme.

Die Ausscheidungsfolge innerhalb eines binären Systems soll am
Beispiel der Zusammensetzung Z in Abb. 59a erläutert werden. Bei T_1
ist die Temperatur so hoch, daß nur Schmelze vorliegt. Nach der modifizierten Phasenregel der Gl. (61) für binäre Systeme $P + F' = 3$ sind
Temperatur und Zusammensetzung beliebig wählbar. Erniedrigt man
die Temperatur bis zum Erreichen der Liquiduskurve bei T_2, dann ist
ein Freiheitsgrad festgelegt, d. h., die Zahl der Phasen erhöht sich auf
zwei; es beginnt die Kristallisation von A. Durch diese Kristallisation
verarmt die Schmelze an A, wodurch die Liquidustemperatur weiter
erniedrigt wird. Mit sinkender Temperatur bewegt sich die Zusammensetzung der Schmelze entlang der Liquiduskurve $T_{s,\,A}-E$. Schließlich
wird das Eutektikum E erreicht, bei dem die Temperatur und die Zusammensetzung feste Werte sind, also ein invarianter Punkt vorliegt.
Hier kristallisiert die Restschmelze unter zusätzlicher Ausscheidung

von B. Damit sind bei E die drei Phasen A, B und Schmelze miteinander im Gleichgewicht. Bei noch tieferen Temperaturen verschwindet die flüssige Phase, und es sind nur noch die beiden kristallinen Phasen A und B nebeneinander vorhanden. Sie bilden ein Gemisch, keine Verbindung. In einem binären System ist flüssige Phase beim Abkühlen bis zur oder beim Aufheizen ab der eutektischen Temperatur T_E vorhanden.

Zur Bestimmung des Anteils der Phasen dient die *Hebelregel*

$$a : s = \% A : \% \text{ Schmelze}, \tag{63}$$

deren Anwendung für eine beliebige Temperatur T_3 aus Abb. 59a zu entnehmen ist. Für die drei Zusammensetzungen x_1, x_2 und x_3 wurden danach die Anteile an Schmelzphase berechnet. Aus Abb. 59b kann man erkennen, daß der Anteil an Schmelzphase um so größer ist, je näher die Zusammensetzung am Eutektikum liegt und daß die Zunahme an Schmelzphase mit steigender Temperatur um so stärker ist, je flacher die Liquiduskurve verläuft.

In vielen binären Systemen treten binäre Verbindungen auf, wie Abb. 60 am Beispiel des Systems K_2O-SiO_2 zeigt. Obwohl hier noch die binären Verbindungen $K_2O \cdot SiO_2$, $K_2O \cdot 2\,SiO_2$ und $K_2O \cdot 4\,SiO_2$ vorhanden sind, bleibt doch die Zahl der Komponenten $K = 2$, da diese Verbindungen aus den beiden Komponenten K_2O und SiO_2 aufgebaut werden können. Aus Abb. 60 ist zu erkennen, daß alle drei Verbindungen bei der Liquidustemperatur mit der Schmelze gleicher Zusammensetzung im Gleichgewicht sein können. Man spricht dann von einem *kongruenten Schmelzpunkt*. Kongruent schmelzende Verbindungen verhalten sich wie ein Einstoffsystem; ihre Schmelztemperaturen stellen im binären System invariante Punkte dar. Mit jeder kongruent schmelzenden Verbindung erscheint im Phasendiagramm ein neues Eutektikum. Aus den Phasendiagrammen und aus der Phasenregel folgt, daß nur benachbarte Verbindungen im Gleichgewicht stehen können, also in Abb. 60 z. B. SiO_2 mit $K_2O \cdot 4\,SiO_2$, aber nicht SiO_2 mit $K_2O \cdot 2\,SiO_2$.

Man kann binäre Systeme mit kongruent schmelzenden Verbindungen in Teilsysteme aufteilen, die von benachbarten Verbindungen begrenzt werden und jeweils ein Eutektikum zeigen. Die Behandlung der Ausscheidungsfolge beim Abkühlen entspricht dann vollkommen der bei den einfach eutektischen binären Systemen.

Abb. 61 zeigt einen weiteren Typ der binären Systeme am Beispiel des Systems ZrO_2-SiO_2. Hier tritt die Verbindung $ZrSiO_4$ (Zirkon) auf, die beim Erhitzen bei 1775 °C in festes ZrO_2 und Schmelze zerfällt. Verbindungen, die dieses Verhalten zeigen, werden als *inkongruent schmelzende Verbindungen* bezeichnet. Die Folge davon ist, daß im System kein neues Eutektikum auftritt, der betreffende Ast der Liquiduskurve aber bei der Temperatur des inkongruenten Schmelzpunkts eine Unstetigkeit zeigt. Bei diesem Punkt U sind die drei Phasen ZrO_2, $ZrSiO_4$ und Schmelze im Gleichgewicht, so daß er ebenfalls invariant ist. Er wird als *Übergangspunkt* oder *Peritektikum* bezeichnet.

Ehe die Ausscheidungsfolgen betrachtet werden, sei noch auf eine Besonderheit dieses Systems hingewiesen, nämlich die Neigung zur begrenzten Aufnahme von SiO_2 in das ZrO_2-Gitter unter Mischkristallbildung. In Abb. 61 ist die Grenze der Mischkristallbildung gestrichelt eingezeichnet. Als feste Phase treten dann ZrO_2-SiO_2-Mischkristalle auf, die in Abb. 61 als ZrO_2 MK bezeichnet sind.

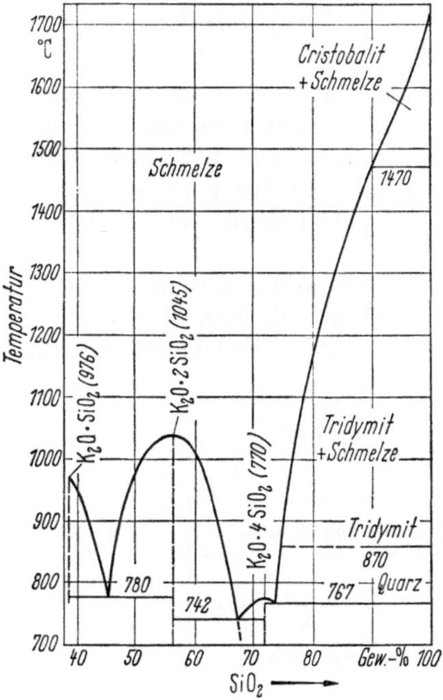

Abb. 60. System K_2O-SiO_2 nach KRACEK u. Mitarb. [410]

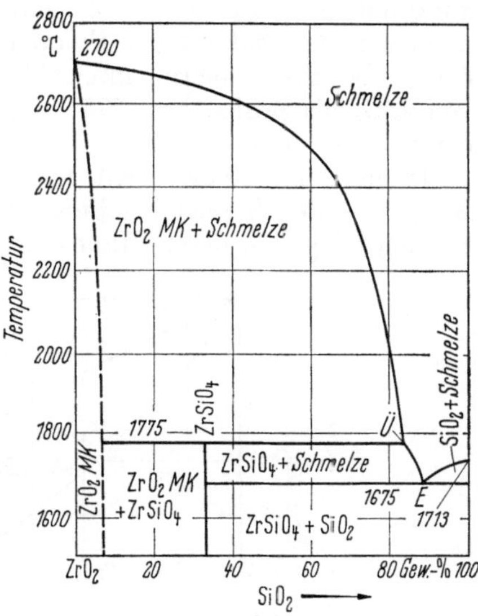

Abb. 61. System ZrO_2-SiO_2 nach [452]

Die Ausscheidungsfolgen aus der Schmelze entsprechen auf der SiO_2-Seite (ohne Verbindung) bis zum Eutektikum denen der einfachen Systeme. Das gilt auch noch für Zusammensetzungen zwischen E und $Ü$: Erstausscheidung von $ZrSiO_4$, bis bei E unter zusätzlicher SiO_2-Ausscheidung vollständige Erstarrung eintritt. Bei SiO_2-ärmeren Zusammensetzungen muß man vier neue Fälle betrachten:

1. Zusammensetzung entspricht gerade $Ü$: Beim Abkühlen der Schmelze erreicht man die Temperatur $T_Ü$, im Beispiel der Abb. 61 bei 1775 °C. Hier treten gleichzeitig ZrO_2- und $ZrSiO_4$-Kristalle auf. Bei weiterer Abkühlung bildet das ZrO_2 mit der Schmelze $ZrSiO_4$, verschwindet also wieder (Resorption von ZrO_2). Unter weiterer $ZrSiO_4$-Ausscheidung erfolgt Abkühlung bis E, wo unter zusätzlicher SiO_2-Ausscheidung völlige Erstarrung erfolgt.

2. Zusammensetzung zwischen $Ü$ und $ZrSiO_4$: Beim Erreichen der Liquiduskurve bildet sich ZrO_2 bis herab zu $T_Ü$. Hier verharrt die Temperatur so lange, bis alles ZrO_2 unter $ZrSiO_4$-Bildung resorbiert wurde. Dann weiter wie 1.

3. Zusammensetzung entspricht gerade $ZrSiO_4$: Zunächst scheidet sich ebenfalls ZrO_2 aus, bis beim Erreichen von $T_Ü$ wieder Resorption

zu $ZrSiO_4$ eintritt. Da dabei alle Schmelze verbraucht wird, tritt bereits
hier vollständige Erstarrung ein.

4. Zusammensetzung zwischen $ZrSiO_4$ und ZrO_2: Wieder erfolgt
zuerst ZrO_2-Bildung. Bei T_U kann aber nur ein Teil des ZrO_2 mit der
Schmelze $ZrSiO_4$ bilden, so daß bei tieferen Temperaturen ein festes
Gemisch aus ZrO_2 und $ZrSiO_4$ vorliegt.

In binären Systemen mit einer inkongruent schmelzenden Verbindung hat man also je nach Zusammensetzung zwei verschiedene Temperaturen der endgültigen Erstarrung. Entsprechend tritt beim Aufheizen die Erstschmelze unterschiedlich auf; bei Zusammensetzungen
von ZrO_2 bis $ZrSiO_4$ bei 1775 °C (T_U) und bei höheren SiO_2-Gehalten
bei 1675 °C (T_E).

In einigen Systemen geht die *Mischkristallbildung* über den ganzen
Bereich. Abb. 62 zeigt als Beispiel das System Mg_2SiO_4 (Forsterit)—
Fe_2SiO_4 (Fayalit), deren Mischkristalle als Olivine bezeichnet werden.

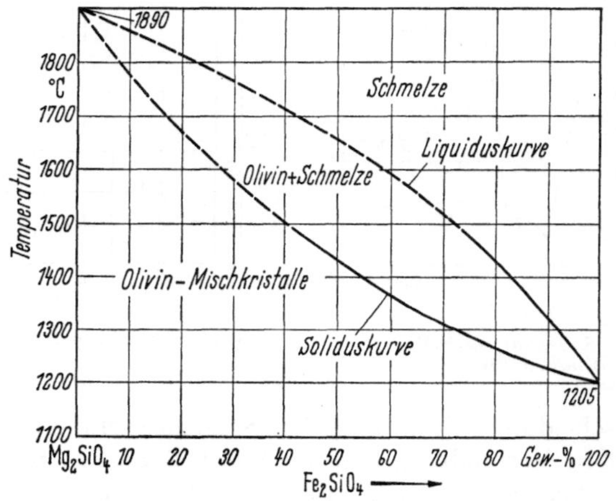

Abb. 62. System Mg_2SiO_4—Fe_2SiO_4 nach Bowen und Schairer [58]

Durch die Mischkristallbildung wird der Verlauf der Liquiduskurve
gegenüber den bisher betrachteten Systemen verändert, so daß keine
Schmelzpunktserniedrigung bei der einen Komponente und daher auch
kein Eutektikum auftritt. Neben der Liquiduskurve (oben) zeigt Abb. 62
noch eine weitere Kurve, die Soliduskurve. Sie gibt die Zusammensetzung der Mischkristalle an, die mit den Schmelzen bei den verschiedenen
Temperaturen im Gleichgewicht stehen.

Es gibt noch andere Fälle der Mischkristallbildung, z. B. Ausbildung
eines Erstarrungsmaximums oder -minimums, auf deren nähere Besprechung hier aber verzichtet werden muß.

Einen weiteren Typ eines binären Systems bringt Abb. 63 am Beispiel
des Systems TiO_2—SiO_2. Es ist einfach eutektisch ohne Verbindung,
aber oberhalb 1780 °C findet in einem bestimmten Zusammensetzungs-
bereich eine Entmischung der Schmelze in zwei flüssige Phasen statt,

es tritt eine Phasentrennung, eine *Mischungslücke*, auf. Eine Schmelze der Zusammensetzung Z teilt sich z. B. bei 1900 °C in die beiden Schmelzen mit den Zusammensetzungen A' und B', deren Anteile auch nach der Hebelregel bestimmt werden können. Verbindungslinien der Art $A'-B'$ werden Konoden genannt. Bei weiterer Abkühlung findet beim Auftreffen auf die Liquiduskurve $A-B$ Ausscheidung von TiO_2 statt, wobei eine Schmelze der Zusammensetzung B zurückbleibt. Bei A und B stehen jeweils zwei flüssige Phasen mit TiO_2 im Gleichgewicht; sie sind daher ebenfalls invariante Punkte.

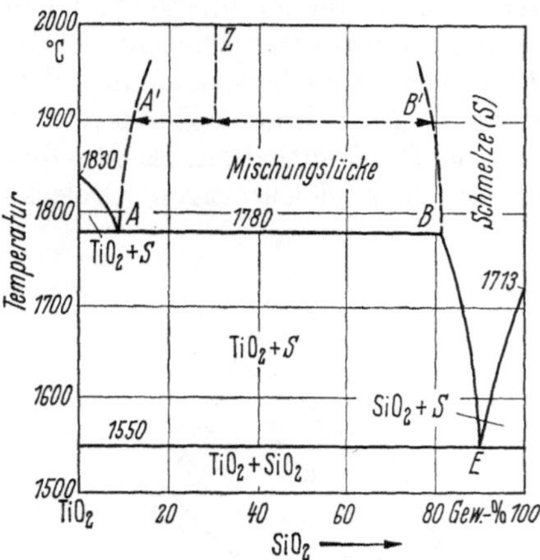

Abb. 63. System TiO_2—SiO_2 nach DeVries u. Mitarb. [138]

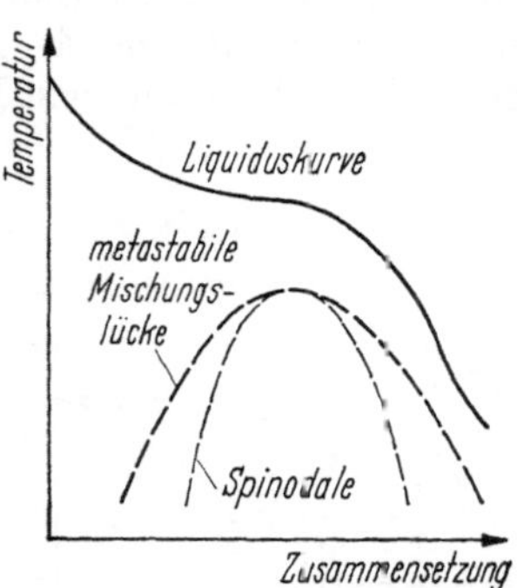

Abb. 64. Schematische Darstellung einer Mischungslücke im Subliquidusbereich

Mit steigender Temperatur wird das Entmischungsgebiet meist enger, bis es bei einer bestimmten Temperatur am kritischen Mischpunkt ganz verschwindet.

Das Ausmaß der Mischungslücken hängt vom jeweiligen System ab. Sie werden mit sinkender Temperatur zwar durch die Liquiduskurve begrenzt, jedoch können sie sich als metastabile Bereiche noch nach tieferen Temperaturen ausdehnen. Weiterhin besteht die Möglichkeit, daß Mischungslücken vollkommen unterhalb der Liquiduskurve liegen, also nur metastabil sind. Man erkennt solche Fälle meist an einer ausgesprochenen S-Form der Liquiduskurve, wie später noch gezeigt wird (S. 180). Eine schematische Darstellung bringt Abb. 64. Diese Erscheinung ist insofern wichtig, als sie die an einigen Gläsern beobachtete Phasentrennung im Mikrobereich erklärt, da man bei Gläsern leicht ohne Kristallisation in den metastabilen Mischungslückenbereich kommen kann.

Die Trennung in die zwei flüssigen Phasen ist wiederum eine Frage der Kinetik. Sie sei aber in diesem Fall bereits hier angeschnitten, weil thermodynamische Untersuchungen gezeigt haben, daß man das Gebiet innerhalb der Mischungslücken unterteilen muß. Die Phasentrennung kann nur im inneren Bereich von Mischungslücken spontan erfolgen, während an den Grenzen Keime bestimmter Größe vorhanden sein müssen. Diese Bereiche werden durch eine Kurve getrennt, die als Spinodale bezeichnet wird (Abb. 64). Cahn und Charles [93] haben die sich daraus ergebenden Folgerungen in einigen silicatischen Systemen näher untersucht.

Die bisher genannten Typen können nun in vielfältigen Kombinationen auftreten. Im einzelnen muß deswegen auf die einschlägigen Fachbücher verwiesen werden; einige spezielle Systeme sind in späteren Abschnitten zu finden.

Dreistoffsysteme. Die bisher gewählte Art der Darstellung muß erweitert werden, wenn man zu ternären Systemen übergeht. Oben wurde bereits gezeigt, daß dann nach der modifizierten Phasenregel die maximale Zahl der Freiheitsgrade $F' = 3$ ist. Man benötigt daher drei Koordinaten. In einem ternären System $A—B—C$ sind als Randsysteme die drei binären Systeme $A—B$, $A—C$ und $B—C$ enthalten. Es ist naheliegend, diese Systeme als Begrenzung eines gleichseitigen Dreiecks

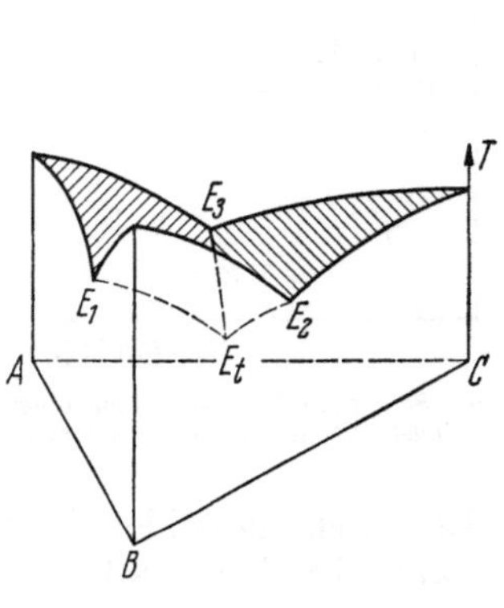

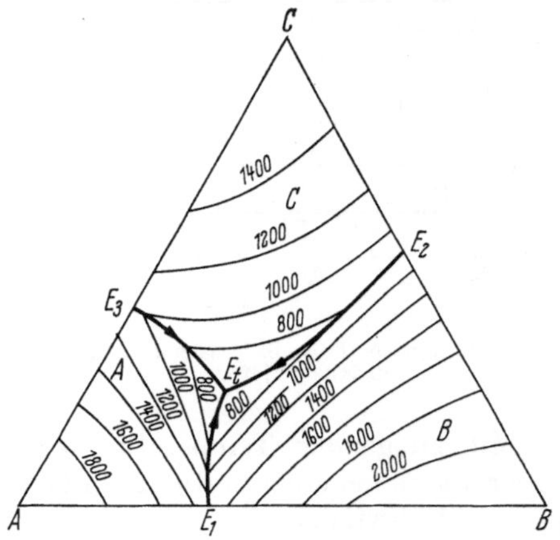

Abb. 65. Räumliche Darstellung eines
ternären Systems

Abb. 66. Ebene Dreiecksdarstellung eines ternären
Systems

zu verwenden und die Temperatur senkrecht dazu aufzutragen. Man kommt damit zu einer räumlichen Darstellung, wie sie für einen einfachen Fall in Abb. 65 zu sehen ist. In Systemen mit mehreren Verbindungen wird diese Art der Darstellung bald unübersichtlich. Man projiziert deshalb das System auf die ABC-Ebene (Abb. 66). Punkte gleicher Liquidustemperaturen werden durch Isothermen verbunden. In Abb. 66 erscheinen dann Ausscheidungsfelder (auch Primärfelder genannt, z. B. $AE_1E_tE_3$ für die Komponente A), die durch *Feldergrenzen* (z. B. E_1E_t und E_3E_t) begrenzt werden. Jede kongruent schmelzende Verbindung liegt innerhalb ihres Ausscheidungsfeldes. Häufig werden die Feldergrenzen mit Pfeilen versehen, die die Richtung fallender Temperatur anzeigen. Allgemein gilt dabei die Regel von ROOZEBOOM, wonach die Temperatur in Richtung der Geraden ansteigt, die die beiden Punkte verbindet, die die Zusammensetzung der Phasen beiderseits der Feldergrenze darstellen. Diese Regel ist sehr nützlich, wenn Phasendiagramme nicht vollständig ausgezeichnet sind. Entlang der Feldergrenzen sind jeweils zwei feste Phasen mit der Schmelze im Gleichgewicht, d. h., die

Feldergrenzen kennzeichnen monovariante Zustände. Ausgangspunkte
der Feldergrenzen sind die binären Eutektika (und auch Übergangs-
punkte). Im einfachsten Fall enden sie in einem ternären Eutektikum,
wo dann gleichzeitig vier Phasen vorhanden sind, daß dieses ein invarianter Punkt ist.

Die Zusammensetzung eines Punktes P (Abb. 67) findet man, indem
man parallel zu den Dreiecksseiten Geraden durch den Punkt zieht.
An den Seiten sind die %-Anteile abzulesen, die dort angegeben sind
und deren Summe $(a + b + c)$ sich zu 100% ergänzen muß. Im folgenden werden einige typische Fälle behandelt, wobei zur Vereinfachung
immer von einem System $A—B—C$ ausgegangen wird. Im einfachsten
System der Abb. 68 beginnt eine Schmelze der Zusammensetzung P_0

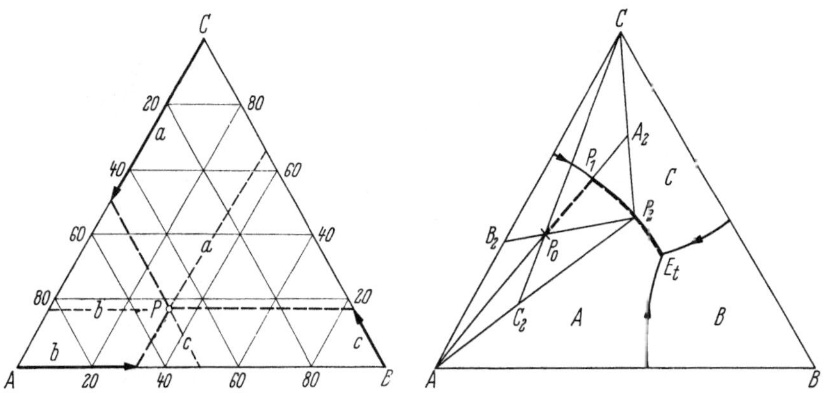

Abb. 67. Bestimmung der Zusammensetzung
eines Punktes im ternären System

Abb. 68. Ternäres System mit einem ternären
Eutektikum

beim Erreichen der Liquidustemperatur die kristalline Phase A aus-
zuscheiden. Bei weiterer Temperaturerniedrigung verläuft die Kristallisationsbahn durch die Verarmung der Schmelze an A auf der über die
Verbindungslinie $A P_0$ hinausgehenden Geraden bis zur Feldergrenze
bei P_1, von wo unter zusätzlicher Ausscheidung von C dieser Feldergrenze gefolgt wird, bis schließlich im ternären Eutektikum E_t endgültige Erstarrung eintritt, an der auch B beteiligt ist.

Enthält ein Randsystem eine kongruent schmelzende binäre Verbindung AB (Abb. 69a), so kann man die beiden Teilsysteme $A—AB—C$
und $AB—B—C$ wie einfache ternäre Systeme behandeln. Längs der
Linie $AB—C$ hat die Liquidustemperatur im Vergleich zu Punkten senkrecht dazu ein Maximum. Eine solche Linie, die die darstellenden Punkte
zweier Kristallarten verbindet, wird *Konjugationslinie* genannt. Schneidet
sie eine gemeinsame Feldergrenze, so ist dieser Punkt M ein Temperatur-
maximum dieser Feldergrenze und gleichzeitig ein binäres Eutektikum
im binären Teilsystem $AB—C$.

Liegt der gemeinsame invariante Punkt dreier angrenzender verschiedener Ausscheidungsfelder (G in Abb. 69b) außerhalb des Dreiecks,
das durch die entsprechenden drei Komponenten (A, AB, C) aufgespannt

wird, so ist er kein Eutektikum, sondern ein *Gabelpunkt* (manchmal auch als Peritektikum bezeichnet). Meistens treten Gabelpunkte beim Vorliegen von inkongruent schmelzenden Verbindungen auf. Liegt die Zusammensetzung einer Schmelze, z. B. P_1, im Dreieck $A-AB-C$, so erfolgt im gewählten Fall zuerst Ausscheidung von A, bis die Feldergrenze E_3G erreicht ist. Von hier folgt die Kristallisationsbahn unter zusätzlicher

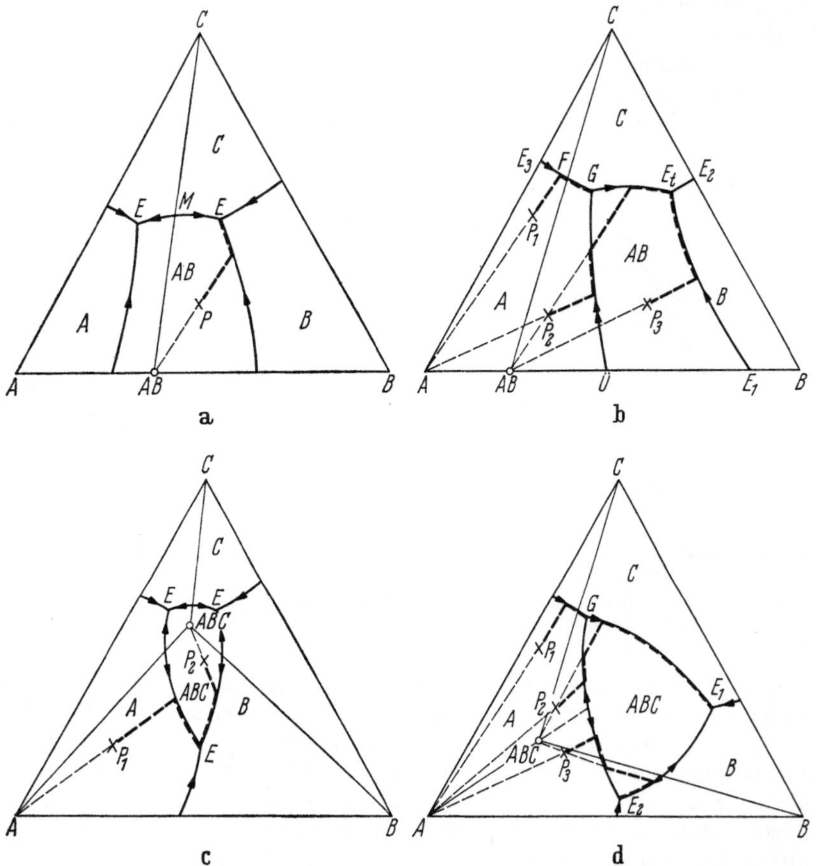

Abb. 69a—d. Kristallisationsbahnen in ternären Systemen. a) mit einer kongruent schmelzenden binären Verbindung, b) mit einer inkongruent schmelzenden binären Verbindung, c) mit einer kongruent schmelzenden ternären Verbindung, d) mit einer inkongruent schmelzenden ternären Verbindung

C-Ausscheidung dieser Feldergrenze bis zum Gabelpunkt G, wo sich außerdem noch AB ausscheidet und vollständige Erstarrung eintritt. Liegt dagegen die Schmelze einer Zusammensetzung des Ausscheidungsfeldes von A im Bereich $AB-B-C$, also im Gebiet $AB-F-G-Ü$, so findet die vollständige Erstarrung im ternären Eutektikum E_t mit den festen Phasen AB, B und C statt. Die Kristallisationsbahn von z. B. P_2 verläuft zunächst unter A-Ausscheidung bis zur Feldergrenze $Ü-G$ und folgt dann dieser, wobei sich unter A-Resorption AB ausscheidet.

Solche Feldergrenzen werden manchmal mit einem Doppelpfeil gekennzeichnet. Beim Schnittpunkt der Verlängerung der Geraden $AB-P_2$ mit der Feldergrenze $Ü-G$ ist alles A resorbiert, und die Kristallisationsbahn verläuft entlang dieser Geraden im AB-Ausscheidungsfeld bis zur Feldergrenze $G-E_t$, wo als neue kristalline Phase C auftritt. Im ternären Eutektikum E_t kommt beim vollständigen Erstarren außerdem noch B hinzu.

Ganz allgemein gilt: Liegt die Zusammensetzung einer Schmelze in dem Dreieck, das durch die nächstliegenden (kongruent oder inkongruent schmelzenden) Verbindungen V_1, V_2 und V_3 aufgespannt wird, so erfolgt die vollständige Erstarrung in dem gemeinsamen invarianten Punkt der drei angrenzenden Ausscheidungsfelder von V_1, V_2 und V_3.

Diese beiden eben besprochenen Typen können mehrfach und kombiniert auftreten, außerdem gibt es noch eine Reihe von Sonderfällen, die sich aber alle analog behandeln lassen.

Tritt eine *ternäre kongruent schmelzende Verbindung ABC* auf, so kann man im einfachsten Fall (Abb. 69c) das Dreistoffsystem $A-B-C$ anhand der Konjugationslinien in die einfachen ternären Teilsysteme $A-AB-B$, $B-AB-C$ und $C-AB-A$ aufteilen und mit diesen wie oben arbeiten.

Inkongruent schmelzende ternäre Verbindungen liegen nicht in ihrem Ausscheidungsfeld, eine einfache Aufteilung in Teilsysteme ist daher nicht möglich. In Abb. 69d sind die Kristallisationsbahnen für drei verschiedene Zusammensetzungen eingetragen, die zeigen, daß die Lage der Endkristallisation von der Lage der Zusammensetzung der Schmelze abhängig ist. Besonders interessant ist dabei die Kristallisationsbahn der Zusammensetzung P_3. Nach anfänglichem Ausscheiden von A wird es vollständig resorbiert, tritt aber am Ende in E_2 wiederum auf, was als Rekurrenz von A bezeichnet wird.

Zeigt eine Komponente mehrere Modifikationen, z. B. SiO_2, so stellen die Umwandlungsisothermen ebenfalls Feldergrenzen dar. Trifft eine solche Feldergrenze auf eine übliche Feldergrenze, so ergibt sich ein Umwandlungspunkt, der ebenfalls invariant ($P = 5$), jedoch kein Punkt für vollständige Erstarrung ist.

Neben diesen Fällen können auch noch Systeme mit Mischkristallbildung und mit Mischungslücken auftreten. Wegen näherer Angaben darüber muß auf die Spezialliteratur verwiesen werden.

Auch in Dreistoffsystemen läßt sich das *Mengenverhältnis* Schmelze: feste Phase nach der Hebelregel bestimmen. In Abb. 68 sei die Ausgangszusammensetzung der Schmelze P_0. Beim Abkühlen bewegt sich die Zusammensetzung der Schmelze unter Kristallisation von A zuerst bis P_1. Bis dahin gilt analog Gl. (63)

$$\frac{\text{Restschmelze}}{\text{Kristallphase}} = \frac{\overline{P_0 A}}{\overline{P_0 P_x}}, \tag{64}$$

wenn P_x ein Punkt auf der Geraden $\overline{P_0 P_1}$ ist. Ab P_1 wandert die Zusammensetzung der Schmelze bei gleichzeitiger Kristallisation von C

entlang der Feldergrenze in Richtung E_t. Ist z. B. P_2 erreicht, dann gilt

$$\frac{\text{Restschmelze}}{\text{Kristallphase}} = \frac{\overline{P_0 B_2}}{\overline{P_0 P_2}}. \tag{65}$$

Die Mengenverhältnisse auch der verschiedenen kristallinen Phasen kann man mit der Schwerpunktsbeziehung bestimmen. Die Mengen (durch eckige Klammern gekennzeichnet) verhalten sich dann wie

$$[A]:[C]:[P_2] = \frac{\overline{P_0 A_2}}{A A_2} : \frac{\overline{P_0 C_2}}{C C_2} : \frac{\overline{P_0 B_2}}{P_2 B_2}. \tag{66}$$

Bei der Temperatur des Punktes P_2 sind also vorhanden $\dfrac{\overline{P_0 A_2}}{A A_2} \cdot 100\%$ kristalline Phase A, $\dfrac{\overline{P_0 C_2}}{C C_2} \cdot 100\%$ kristalline Phase C und $\dfrac{\overline{P_0 B_2}}{P_2 B_2} \cdot 100\%$ Restschmelze der Zusammensetzung P_2.

Diese Verhältnisse sollen an einem praktischen Beispiel näher erläutert werden, wozu der klassische Versatz für ein Porzellan aus 50 Gew.-% Kaolin, 25 Gew.-% Feldspat und 25 Gew.-% Quarz gewählt werden soll. Nimmt man an, daß der Kaolin aus reinem Kaolinit $Al_2O_3 \cdot 2\,SiO_2 \cdot 2\,H_2O$ und der Feldspat aus reinem Kalifeldspat $K_2O \cdot Al_2O_3 \cdot 6\,SiO_2$ besteht, dann ergibt sich folgende Zusammensetzung

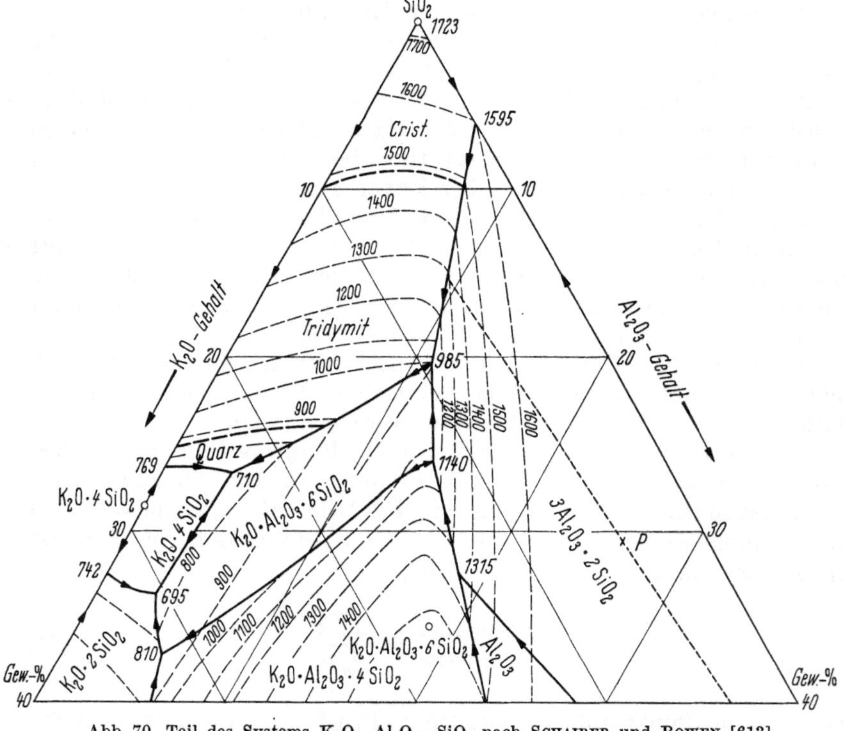

Abb. 70. Teil des Systems K_2O—Al_2O_3—SiO_2 nach SCHAIRER und BOWEN [613]
(Temperaturangaben in °C)

in Gew.-% : 69,30 SiO_2, 26,15 Al_2O_3 und 4,55 K_2O. Den dafür wichtigen Ausschnitt des Systems $K_2O-Al_2O_3-SiO_2$ zeigt Abb. 70. Obige Zusammensetzung ist als P eingetragen. Sie liegt im Ausscheidungsfeld des Mullits $3\,Al_2O_3 \cdot 2\,SiO_2$, die Liquidustemperatur ist >1700 °C. Abkühlen von dieser Temperatur bringt zuerst Mullit-Kristallisation, bis bei 1280 °C die Feldergrenze des Tridymits getroffen wird. Schließlich wird bei 985 °C das ternäre Eutektikum erreicht, wo sich zusätzlich Kalifeldspat ausscheiden kann.

Die zur Bestimmung der Mengen benötigten Strecken $\overline{XY}$ in den Gln. (64) bis (66) kann man aus dem Phasendiagramm abgreifen oder berechnen nach

$$\overline{XY} = \sqrt{\varDelta a^2 + \varDelta b^2 + \varDelta a \, \varDelta b}, \qquad (67)$$

worin $\varDelta a$ bzw. $\varDelta b$ die Differenzen zweier Koordinaten (unter Beachtung des Vorzeichens) der Punkte X und Y sind. Die so ermittelten Gleichgewichtsphasen bei Abkühlen obiger Zusammensetzung sind in Abhängigkeit von der Temperatur in Abb. 71 enthalten. Man erkennt daraus, daß bei 1400 °C neben Schmelze etwa 25 Gew.-% Mullit vorhanden sind. Bis zum ternären Eutektikum steigt dieser Anteil bis auf 30% an. Daneben ist dort noch Tridymit vorhanden, und Feldspat kommt als dritte Kristallart hinzu. In der Praxis erstarrt aber die Restschmelze glasig, ohne daß Feldspat und Tridymit auftreten. Ein solches Porzellan besteht dann aus 30% Mullit und 70% Glasphase. Dieses Verhalten wird später noch ausführlicher diskutiert (S. 262ff.).

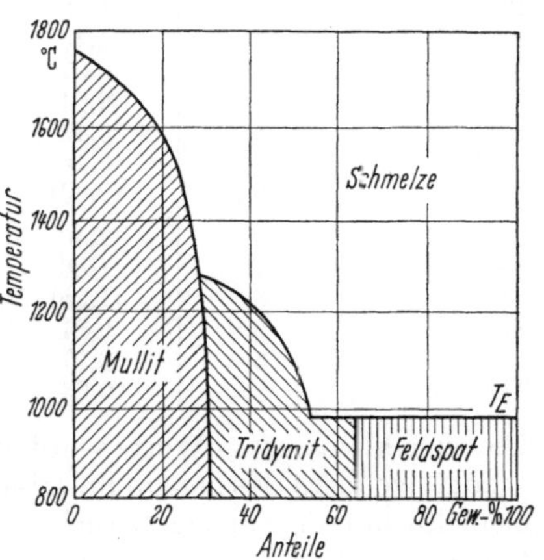

Abb. 71. Temperaturabhängigkeit der Gleichgewichtsphasen einer Porzellanmasse aus 50 Gew.-% Kaolin, 25 Gew.-% K-Feldspat und 25 Gew.-% Quarz

Mehrstoffsysteme. Systeme mit mehr als drei Komponenten sind analog zu behandeln. Für die graphische Darstellung von Vierstoffsystemen kann man den regelmäßigen Tetraeder wählen, doch geht die Übersichtlichkeit mit steigender Zahl von Verbindungen schnell verloren. Es ist bei diesem System und bei Systemen mit noch mehr Komponenten besser, jeweils nur drei Komponenten zu variieren und die anderen konstant zu halten. Dann kann man wieder die Dreiecksdarstellung verwenden.

Zahl der Verbindungen. Oft interessiert die Frage, wieviel Verbindungen in einem bestimmten System auftreten und wie groß deren Stabilität ist. Einen Anhaltspunkt kann man mit den von DIETZEL [141, 142] eingeführten *Kationenfeldstärken* erhalten. Für Oxide ergeben sich diese nach z/a^2, worin $z =$ Wertigkeit des Kations und $a =$ Abstand Kation-Sauerstoffion darstellt. In Tab. 29 sind diese Werte enthalten.

Tabelle 29. *Feldstärken einiger Kationen nach* DIETZEL

Kation	Koordi-nationszahl	Feldstärke z/a^2	Kation	Koordi-nationszahl	Feldstärke z/a^2
Li^+	6	0,23	N^{5+}	3	3,16
Na^+	6	0,19	P^{5+}	4	2,08
	8	0,17	As^{5+}	4	(2,13)
K^+	8	0,13	As^{3+}	4	(1,00)
Rb^+	8	0,12	Sb^{3+}	6	(0,73)
Cs^+	8	0,10	S^{6+}	4	2,60
Be^{2+}	4	0,86	Se^{6+}	4	2,25
Mg^{2+}	4	0,51	Te^{6+}	4	1,92
	6	0,45	Cu^{2+}	6	(0,53)
Ca^{2+}	6	0,35	Zn^{2+}	4	(0,59)
	8	0,33		6	(0,52)
Sr^{2+}	8	0,27	Ga^{3+}	6	(0,96)
Ba^{2+}	8	0,24	Ge^{4+}	4	(1,75)
B^{3+}	3	1,62	Sn^{4+}	6	(1,13)
	4	1,45	Pn^{4+}	6	(1,03)
Al^{3+}	4	0,97	Pb^{2+}	6	(0,34)
	6	0,84	V^{5+}	4	(1,85)
La^{3+}	8	0,43	Cr^{6+}	4	(2,40)
Ce^{3+}	8	0,45	Cr^{3+}	6	(0,94)
Ce^{4+}	8	(0,83)	Mn^{7+}	4	(3,00)
C^{4+}	3	2,40	Mn^{2+}	6	(0,48)
Si^{4+}	4	1,56	Fe^{3+}	6	(0,91)
Ti^{4+}	6	(1,25)	Fe^{2+}	6	(0,52)
Zr^{4+}	6	0,84			
	8	0,77			
Th^{4+}	8	0,63			

Die eingeklammerten Werte wurden gegenüber der Berechnung um 20%
erhöht, wodurch das höhere Polarisationsvermögen dieser Nebengruppen-
elemente auf die Anionen berücksichtigt wird. Kationen mit kleinen Werten der Feldstärken werden als schwache Kationen, solche mit hohen
Werten als starke Kationen bezeichnet. DIETZEL [142] konnte damit
folgende Regeln aufstellen:

In binären oxidischen Systemen entstehen im allgemeinen nur dann
binäre Verbindungen, wenn der Unterschied der Feldstärken der beteiligten Kationen größer als 0,3 ist. Die Zahl der Verbindungen ist dabei

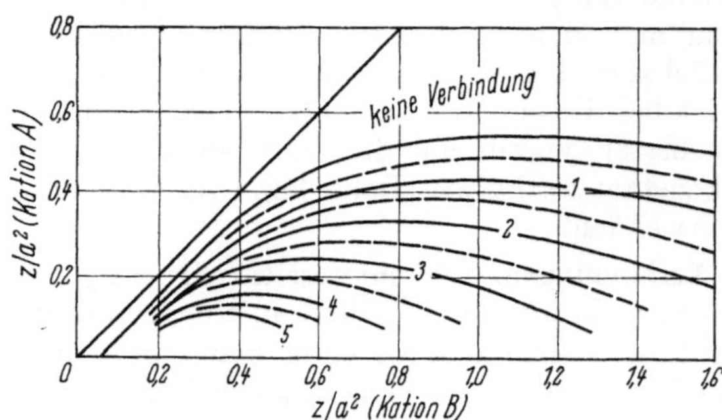

Abb. 72. Zahl der ternären Verbindungen in Systemen A_mO_n—B_rO_s—SiO_2 in Abhängigkeit von
der Kationenfeldstärke z/a^2 nach DIETZEL [142]

um so größer, je größer der Feldstärkenunterschied ist. Die Verbindung mit dem höchsten Schmelzpunkt ist um so reicher an dem Oxid mit dem schwächeren Kation, je geringer der Feldstärkenunterschied ist.

In ternären silicatischen Systemen bildet sich eine ternäre Verbindung nur dann, wenn der Unterschied der Feldstärken der beiden anderen Kationen größer als 0,06 ist. Die Zahl der ternären Verbindungen ergibt sich aus Abb. 72, wobei inkongruent schmelzende Verbindungen nur halb gezählt werden. Das Oxid mit stärkerem Kation scheidet sich bevorzugt als Silicat oder als reines Oxid aus, so daß dessen Ausscheidungsfeld in die Seite des anderen Oxids hineinragt.

Die Feldstärken haben sich auch bei der Betrachtung der Mischungslücken in silicatischen und verwandten Systemen bewährt, die vor allem dann auftreten, wenn der Unterschied der Feldstärken gering ist. Das läßt sich besonders deutlich an den Erdalkalisilicatsystemen erkennen (S. 180). Weiterhin kann man damit gut die Abhängigkeit vieler Eigenschaften von Gläsern von der Zusammensetzung diskutieren. Schließlich konnte DIETZEL [142] auch auf den Zusammenhang der Feldstärken mit der Bindungsart und den Schmelzpunkten von Oxiden hinweisen.

3.2.3 Ungleichgewichte

Am Ende dieses Abschnitts soll nochmals darauf hingewiesen werden, daß die Phasendiagramme immer Gleichgewichtszustände darstellen. Diese werden aber in der Keramik nicht immer erreicht, so daß dann Ungleichgewichte vorliegen. Deren Lage ist im wesentlichen durch die Kinetik bestimmt, die im folgenden Abschnitt näher besprochen wird. Oft sind aber die Reaktionsgeschwindigkeiten so langsam, daß praktisch keine Änderungen des Systems zu beobachten sind. Es ist daher von Fall zu Fall zu prüfen, ob man wirklich das Gleichgewicht erreicht hat. Mit Hilfe der Thermodynamik und der Phasendiagramme kann man bestimmen, in welche Richtung sich das System bewegen müßte.

Neben den unvollständig abgelaufenen Reaktionen gehören zu den Ungleichgewichten auch die im Abschn. 2.3.2 besprochenen Gläser. Weiterhin wurden auch schon metastabile Phasen erwähnt (S. 121), die sich zwar thermodynamisch behandeln lassen, aber nicht den energieärmsten Zustand darstellen. Schließlich werden auch bei den Ausscheidungsfolgen der Phasendiagramme manchmal Ungleichgewichte beobachtet, wenn z. B. eine bestimmte Verbindung nur schwer kristallisiert. Die Schmelze bleibt dann bei der Abkühlung flüssig, bis der verlängerte Ast der Liquiduskurve einer anderen Verbindung erreicht wird. Ein anderer oft beobachteter Fall ist die unvollständige Resorption einer Erstausscheidung (S. 125), die einer unvollständigen Reaktion gleichgesetzt werden kann.

3.3 Kinetik

Die Zeit bis zur Einstellung eines Gleichgewichts wird durch die Kinetik des Vorgangs bestimmt. Sie wird für die Praxis besonders dann wichtig, wenn die Vorgänge langsam ablaufen. Da in der Keramik oft mit solchen langsam ablaufenden Reaktionen zu rechnen ist, sollen im folgenden die Grundlagen der Kinetik an einigen wichtigen Beispielen behandelt werden. Ausführlichere Darstellungen von Einzelproblemen findet man in einem von KINGERY [365] herausgegebenen Buch.

3.3.1 Schmelzen und Kristallisieren

Im vorausgegangenen Abschnitt wurde gezeigt, daß der Übergang Kristall $\rightarrow$ Schmelze ein Gleichgewichtszustand ist und thermodynamisch festgelegt ist nach $\Delta G = \Delta H_s - T_s \cdot \Delta S_s = 0$, worin $\Delta S_s = \Delta H_s/T_s$ die Schmelzentropie darstellt. Beim Erhitzen eines Kristalls nimmt die Fehlordnung ständig zu, indem z. B. einige Atome auf Zwischengitterplätze (S. 29) wandern. Bei einer bestimmten Temperatur wird dann die Fehlordnung so groß, daß das Gitter instabil wird, die Schmelztemperatur ist erreicht. Im allgemeinen ist eine Überhitzung von Kristallen — das Pendant zur Unterkühlung von Schmelzen — nicht möglich. Eine Ausnahme bilden Kristalle, die eine Schmelze sehr hoher Viskosität bilden. So läßt sich Albit $Na_2O \cdot Al_2O_3 \cdot 6\,SiO_2$ einige Tage 50 grd über seinen Schmelzpunkt von 1118 °C erhitzen, ohne daß er seine äußere Form ändert. Kinetische Gesichtspunkte spielen damit beim Schmelzen eine untergeordnete Rolle. Obige Darstellung des Schmelzens ist stark vereinfacht. Ausführlichere Angaben findet man bei UBBELOHDE [724], wo besonders die Abhängigkeit von der Kristallstruktur diskutiert wird.

Den oben geschilderten Schmelzvorgang kann man nicht auf die festen Gläser übertragen, da sich diese nicht im thermodynamischen Gleichgewicht befinden, sondern eingefrorene unterkühlte Flüssigkeiten darstellen (S. 73). Beim Erhitzen wird im Transformationsbereich dieser Zustand aufgehoben und geht in den der unterkühlten Flüssigkeit über, der aber dort die sehr hohe Viskosität von 10^{13} Poise hat. Mit weiter steigender Temperatur wird das Netzwerk immer mehr aufgespalten und dadurch die Viskosität verringert. Gläser zeigen deshalb keinen Schmelzpunkt, sondern ein langsames Erweichen.

Geht man von einer Schmelze aus und kühlt diese ab, dann muß nach der Thermodynamik bei der Schmelztemperatur (bzw. bei der Liquidustemperatur bei einer Mischung) Kristallisation eintreten. Die früheren Betrachtungen der Oberflächeneinflüsse (S. 92) haben aber ergeben, daß kleine Kristalle andere Eigenschaften als große haben. Da jede Kristallisation mit kleinsten Kristallen beginnen muß, ist bei der Kristallisation im Anfangsstadium mit Schwierigkeiten zu rechnen. Die grundlegenden Arbeiten von TAMMANN und seiner Schule haben ergeben, daß zwei Prozesse maßgebend sind: die Keimbildungsgeschwindigkeit KB und die Kristallisationsgeschwindigkeit KG. Diese Ausdrücke kennzeichnen bereits, daß dabei der Kinetik eine entscheidende Rolle zukommt.

Die Kristallisation wurde von verschiedenen Autoren behandelt. TURNBULL und FISHER [723] gehen von der freien Enthalpie ΔG aus. Die freie Keimbildungsenthalpie ΔG_{KB} setzt sich zusammen aus dem Unterschied der freien Enthalpien zwischen Kristall und Schmelze eines großen Volumens und der freien Grenzflächenenthalpie des sich bildenden

Keimes. Aus den theoretischen Betrachtungen folgt, daß ein Kristallkeim eine bestimmte kritische Größe benötigt, um weiterwachsen zu können. Die dazu nötige freie Enthalpie $\Delta G_{KB,\,max}$ ist die Keimbildungsarbeit. Anhäufungen, die die kritische Größe nicht erreichen, die Embryonen, zerfallen wieder. Die kritische Kristallkeimgröße ist bei der Schmelztemperatur T_s unendlich groß und nimmt mit sinkender Temperatur ab. Im allgemeinen liegt sie in der Größenordnung von 100 bis 1000 Å.

Zur Ausbildung eines Kristallkeimes dieser Größe müssen sich Atome oder Ionen in der benötigten Zahl und Lage zusammenfinden. Die Wahrscheinlichkeit dafür ist mit der Keimbildungsarbeit zu berechnen. Die Keimbildungsgeschwindigkeit KB ist weiterhin proportional der Diffusionskonstante D der Teilchen. Daraus folgt, daß sowohl bei Annäherung von T an T_s ($\Delta G_{KB,\,max}$ wird sehr groß) als auch bei tiefen Temperaturen (D wird klein) die Keimbildungsgeschwindigkeit sehr

gering ist, während dazwischen ein Maximum von KB liegt. Schematisch ist dieser Kurvenverlauf in Abb. 73 dargestellt.

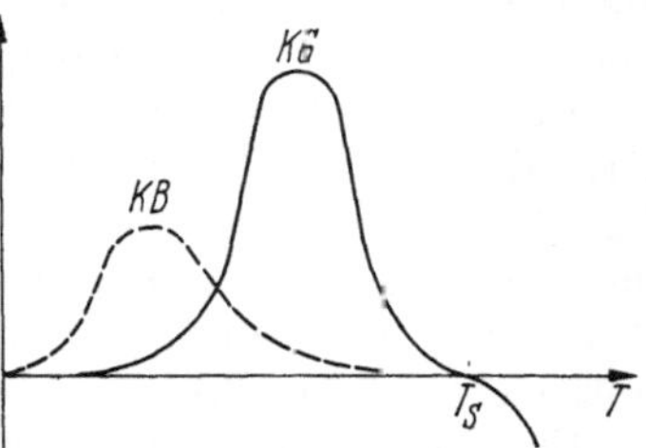

Abb. 73. Schematische Darstellung der Temperaturabhängigkeit von Keimbildungsgeschwindigkeit KB und Kristallisationsgeschwindigkeit KG

Die hier erläuterte Art der Keimbildung wird als homogene thermische Keimbildung bezeichnet. Unterhalb T_s findet eine ständige Neubildung von Keimen statt. Dem steht die athermische Keimbildung gegenüber, bei der die Schmelze zunächst oberhalb T_s gehalten und dann auf eine Temperatur unterhalb T_s gebracht wird. Oberhalb T_s können sich keine Keime, aber Embryonen bilden, die beim Abschrecken erhalten bleiben und dann unterhalb T_s die Größe von Keimen haben können.

Daneben gibt es noch die heterogene Keimbildung, die dann eintreten kann, wenn in der Schmelze Grenzflächen vorhanden sind. Der Mechanismus ist wie oben zu beschreiben, nur daß dann eine neue Grenzflächenenergie, die zwischen der Grenzfläche und dem Keim, auftritt. Ist diese geringer als die zwischen Schmelze und Keim, dann wird die Keimbildung erleichtert.

Im allgemeinen ist die homogene Keimbildung wegen des Vorhandenseins von fremden Grenzflächen und Verunreinigungen schwierig zu beobachten, meist überwiegt die heterogene Keimbildung.

Ein einmal gebildeter Keim hat die Möglichkeit, zu einem Kristall weiterzuwachsen. Zur Bestimmung der Kristallisationsgeschwindigkeit KG kann man ähnliche Überlegungen wie bei der KB anstellen, nur daß jetzt die Grenzflächenenergie vernachlässigt werden kann. Dafür wird neben der Heranführung der Teilchen durch die Diffusion auch die Anlagerung der Teilchen an bestimmte Kristallagen wichtig. Weiterhin kann noch die Abführung der freiwerdenden Kristallisationswärme einen Einfluß haben. Verschiedene Autoren haben diese Einflüsse unterschiedlich berücksichtigt, so daß man in der Literatur mehrere Gleichungen für *KG* findet. Besonders bekannt geworden sind die Ansätze von GIBBS, VOLMER, KOSSEL oder STRANSKI. Geht man ähnlich wie oben bei der *KB* vor, dann erhält man eine Gleichung für *KG*, aus deren Temperaturabhängigkeit folgt, daß sowohl bei $T \to T_s$ als auch bei tiefen Temperaturen *KG* sehr klein ist, also ebenfalls bei einer Temperatur dazwischen ein Maximum in *KG* auftritt. Schematisch zeigt dieses Verhalten Abb. 73. Es ist charakteristisch, daß das Maximum von *KB* bei tieferen Temperaturen als das der *KG* liegt. Der Ast der *KG*-Kurve oberhalb T_s stellt die Kristallauflösungsgeschwindigkeit dar.

Experimentell wird meist die lineare *KG* mit der Abschreckmethode bestimmt, indem nach bestimmten Temperzeiten die Kantenlängen der Kristalle ausgemessen werden. Für höhere *KG* eignet sich besser die direkte Beobachtung mit einem Heizmikroskop. Für handelsübliche Gläser liegt die maximale *KG* in der Größenordnung von 1 μm/min. Bei einigen feldspatähnlichen Schmelzen ist sie wesentlich geringer, bei den nichtsilicatischen Schmelzen meist um viele Zehnerpotenzen höher.

Bisher wurde nur das Kristallwachstum aus der Schmelze betrachtet. Kristallwachstum tritt aber auch unter anderen Bedingungen auf. Für die Keramik noch wichtig ist das Wachstum von Kristallen beim Sintervorgang, wo es näher besprochen wird (S. 152ff.), während das Wachstum aus verdünnten Lösungen oder aus der Dampfphase nur selten eine Rolle spielt.

Eine besondere Form des Kristallwachstums ist die Bildung von nadelartigen Kristallen (im angloamerikanischen Schrifttum als „whisker" bezeichnet). Man kennt dabei zwei Formen: das Wachstum an der Spitze (Nadelkristalle) und das an der Basis (Haarkristalle). Diese Kristalle, die es z. B. aus Al_2O_3 oder SiC gibt, zeichnen sich durch eine große mechanische Festigkeit aus. Für die Kinetik dieses Wachstums gibt es mehrere Deutungen, die in einem Übersichtsartikel von HEYER [287] zusammengefaßt worden sind. Allgemein werden die Whisker von McCREIGHT u. Mitarb. [475] behandelt.

3.3.2 Diffusion

Die Diffusion beeinflußt nicht nur die im vorangegangenen Abschnitt besprochene Kristallisation, sondern spielt auch bei anderen kinetischen Prozessen eine wichtige Rolle. Allgemein kann man sie als Beweglichkeit von Teilchen auffassen. Die Diffusion wird um so größer, je mehr Fehlstellen in einer Substanz vorhanden sind. Dem Wandern eines Teilchens in einer Richtung entspricht das Wandern einer Leerstelle in entgegengesetzter Richtung. Daneben kann das Wandern eines Teilchens durch gegenseitigen Austausch mit einem Nachbarteilchen erfolgen. Sind bei diesen Prozessen nur die Teilchen der Substanz beteiligt, dann spricht man von Selbstdiffusion. Die Energie dazu wird von der Wärme aufgebracht.

Ein anderer Grund für die Bewegung von Teilchen ist gegeben, wenn ein Konzentrationsgefälle in einer Richtung vorhanden ist. Nach dem 1. Fickschen Gesetz beträgt dann der Diffusionsstrom *J* (Menge pro

Zeit- und Flächeneinheit)

$$J = - D \left(\frac{\partial c}{\partial x}\right)_t, \tag{68}$$

worin c = Konzentration und x = Abstand in Diffusionsrichtung bedeuten. Der Proportionalitätsfaktor D wird als Diffusionskoeffizient oder Diffusionskonstante bezeichnet. Die Dimension ist cm²/sec. Die Änderung der Konzentration mit der Zeit t wird durch das 2. Ficksche Gesetz erfaßt:

$$\left(\frac{\partial c}{\partial t}\right)_x = D \left(\frac{\partial^2 c}{\partial x^2}\right)_t. \tag{69}$$

Bei der Lösung dieser Differentialgleichungen treten Integrationskonstanten auf, die durch die jeweiligen Grenzbedingungen festgelegt sind. Für besondere Fälle kann man sich der einschlägigen Monographien bedienen. Man findet auch viele Lösungen bei Wärmeleitfähigkeitsproblemen, da dort zu den Gln. (68) und (69) analoge Gleichungen auftreten.

Obige Gleichungen gelten nur unter der Voraussetzung, daß der Diffusionskoeffizient unabhängig von der Konzentration ist. Ist das nicht gegeben, muß man zur Auswertung von Diffusionsmessungen besondere Methoden heranziehen.

Der Diffusionskoeffizient zeigt eine starke Temperaturabhängigkeit, die durch den bekannten Ansatz

$$D = A \exp\left(- \frac{Q}{RT}\right) \quad \text{oder} \quad \ln D = A' - \frac{Q}{RT} \tag{70}$$

wiedergegeben wird, worin Q die Aktivierungsenergie der Diffusion darstellt.

Gl. (70) entspricht der Temperaturabhängigkeit der Viskosität (S. 76). Zwischen Viskosität und Diffusion besteht die Stokes-Einsteinsche Beziehung

$$D = \frac{kT}{6 \pi \eta r} \tag{71}$$

mit k = Boltzmannkonstante und r = Radius des wandernden Teilchens. Diese Beziehung ist für den einfachen Fall der Diffusion eines kugelförmigen Teilchens in einem homogenen Medium abgeleitet worden, so daß es nicht überrascht, daß ihre Anwendbarkeit auf silicatische oder oxidische Systeme sehr begrenzt ist. Es ist aber festzustellen, daß im wesentlichen die umgekehrte Proportionalität zwischen D und η richtig ist.

Nach der Nernst-Einsteinschen Beziehung

$$D = \frac{\sigma RT}{c z^2 F^2} \tag{72}$$

besteht auch ein Zusammenhang mit der elektrischen Leitfähigkeit σ, wenn Ionen der Wertigkeit z diffundieren (F = Faradaykonstante). Diese Beziehung hat sich auch bei einigen keramischen Systemen bestätigt, wobei aber noch als zusätzlicher Faktor die Übergangszahl des Ions zu berücksichtigen ist.

Diffusionsmessungen können auf verschiedene Weise durchgeführt werden: man kann das Konzentrationsprofil oder die gesamte diffundierte Menge bestimmen. Besonders bewährt hat sich das Arbeiten mit Isotopen.

Aus der großen Zahl der Meßergebnisse vieler Autoren wurde in Abb. 74 eine kleine Auswahl getroffen. Nach Gl. (70) trägt man meist $\log D$ gegen $1/T$ auf; die Steigung der Geraden ergibt die Aktivierungsenergie. Zur Deutung der Meßergebnisse muß man auf die Strukturen der betreffenden Substanzen zurückgehen. Eingangs wurde bereits der Einfluß der Fehlstellen erwähnt. Die Diffusion wird weiterhin um so größer sein, je offener eine Struktur und je kleiner das sich bewegende Teilchen ist. Sie wird auch begünstigt werden, wenn zwischen der Substanz und dem Teilchen nur geringe Bindekräfte bestehen.

Offene Strukturen, kleine Teilchen und geringe Bindekräfte sind bei der Diffusion von He-Atomen in Kieselglas vorhanden (Gerade *1* in Abb. 74). Die Diffusion wird verringert, wenn man zu den größeren Ne-Atomen (Gerade *2*) oder zu dem dichter gepackten Natronkalkglas (Gerade *3*) übergeht. In Schmelzen ist nicht nur eine offenere Struktur vorhanden, sondern auch die Eigenbeweglichkeit der Struktur fördert die Diffusion, so daß die Diffusion von He in Silicatschmelzen sehr groß ist (Gerade *4*).

In den üblichen Natronkalkgläsern hat das Na^+-Ion die größte Beweglichkeit (und ist auch allein für die elektrische Leitfähigkeit dieser Gläser verantwortlich). Der Diffusionskoeffizient ist relativ groß und steigt in der Schmelze wegen der abnehmenden Viskosität stärker an (Geraden *5* und *6*). Vergleichende Messungen der Diffusion verschiedener Ionen in einer Calciumaluminosilicatschmelze zeigen die Geraden *7* bis *9*. Im Vergleich zum Na^+-Ion ist die Diffusion der mehrwertigen Ionen geringer, da diese stärker in der Struktur gebunden und damit nicht so beweglich sind. So ist verständlich, daß $D_{Si^{4+}}$ über eine Größenordnung kleiner als $D_{Ca^{2+}}$ ist (Geraden *9* und *8*). Überraschend ist allerdings, daß $D_{O^{2-}} > D_{Ca^{2+}}$ (Geraden *7* und *8*); denn man würde wegen des Größenverhältnisses dieser Ionen eine umgekehrte Abhängigkeit erwarten. Die dafür bisher gemachten Deutungsversuche befriedigen nicht.

Aus Abb. 74 ergibt sich außerdem, daß die Diffusion von Ionen in Kristallen (Geraden *10* bis *15*) um mehrere Größenordnungen geringer als in Schmelzen oder Gläsern ist. Die regelmäßige und meist auch recht dichte Struktur der Kristalle setzt der Bewegung eines Ions des Gitters einen großen Widerstand entgegen. Die Diffusion in MgO-Einkristallen zeigen die Geraden *10* und *11*, wobei das Mg^{2+}-Ion viel leichter beweglich ist. Bei höherwertigen Kationen wird auch die O^{2-}-Diffusion verringert, wie ein Vergleich der Geraden *11* und *12* zeigt. Aus der Lage der Geraden *13* und *14* kann man erkennen, daß im Korund $D_{Al^{3+}} > D_{O^{2-}}$. Ganz allgemein ist meist die O^{2-}-Diffusion geringer als die der Kationen. Mit steigender Wertigkeit der Kationen nehmen deren Diffusionskoeffizienten ab. Die Geraden *10, 14* und *15* ergeben die Reihe $D_{Mg^{2+}} > D_{Al^{3+}} > D_{Zr^{4+}}$. Gegenüber all diesen Werten macht die O^{2-}-Diffusion in mit CaO stabilisiertem ZrO_2 eine deutliche Ausnahme, da ihre Werte um mehrere Größenordnungen höher liegen (Gerade *16*). Die Ursache liegt in der außerordentlich hohen Sauerstoffleerstellenkonzentration dieser Verbindung (S. 30). Ähnliche Erscheinungen treten bei den nichtstöchiometrischen Verbindungen auf, bei denen demnach mit hohen Diffusionskoeffizienten zu rechnen ist.

In Abb. 74 zeigt der Vergleich der Geraden *12* und *13*, daß im Einkristall die Diffusion wesentlich langsamer als im Polykristall ist. Oben

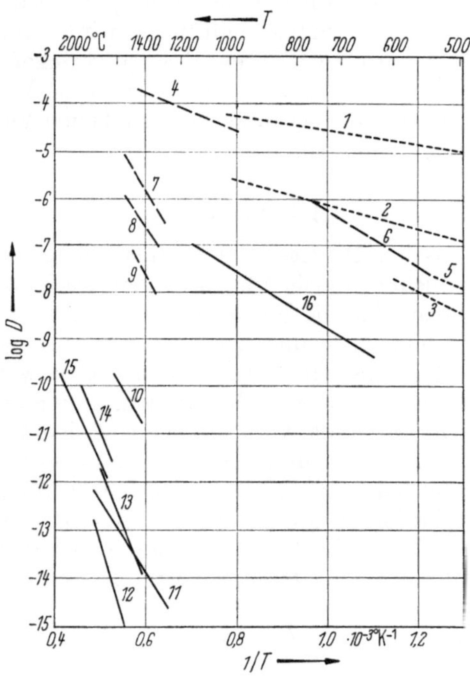

Abb. 74. Diffusionskoeffizienten in Gläsern (·······), Schmelzen (— — —) und Kristallen (————) (D in cm²/sec)

Gerade Nr.	diffundierendes Partikel	Medium	Aktivierungsenergie der Diffusion kcal/mol
1	He	Kieselglas	− 6,6
2	Ne	Kieselglas	− 11,4
3	He	Natronkalkglas ($Na_2O : CaO : SiO_2 = 16 : 10 : 74$ Gew.-%)	− 21
4	He	Natronkalksilicatschmelze (Zus. wie bei Nr. 3)	− 17
5	Na^+	Natronkalkglas ($Na_2O : CaO : SiO_2 = 21 : 9 : 70$ Gew.-%)	− 18
6	Na^+	Natronkalksilicatschmelze (Zus. wie bei Nr. 5)	− 27
7	O^{2-}	Calciumaluminosilicatschmelze ($CaO : Al_2O_3 : SiO_2 = 40 : 20 : 40$ Gew.-%)	− 95
8	Ca^{2+}	wie bei Nr. 7	− 70
9	Si^{4+}	wie bei Nr. 7	− 80
10	Mg^{2+}	MgO-Einkristall	− 73
11	O^{2-}	MgO-Einkristall	− 62
12	O^{2-}	Al_2O_3-Einkristall	−152
13	O^{2-}	Al_2O_3-Polykristall	−110
14	Al^{3+}	Al_2O_3-Polykristall	−105
15	Zr^{4+}	ZrO_2, stabilisiert mit 15 Mol-% CaO	− 93
16	O^{2-}	wie bei Nr. 15	− 27

wurde gezeigt, daß die Beweglichkeit der Teilchen um so größer ist, je größer die Fehlordnung ist. Da jede Oberfläche eines Kristalls als fehlgeordnet angesehen werden kann (S. 82), besteht dort eine größere Beweglichkeit. Ähnliches gilt für die Grenzflächen in Polykristallen. Man hat also zwischen Gitter- oder Volumendiffusion D_v, Grenzflächendiffusion D_g und Oberflächendiffusion D_o zu unterscheiden. Ihr Verhältnis hängt von den Substanzen und der Temperatur ab, kann aber mit z. B. $D_v : D_g : D_o = 10^{-14} : 10^{-10} : 10^{-7}$ cm²/sec einige Größenordnungen betragen. In der Keramik hat man es meist mit polykristallinem Material zu tun. Der Einfluß der Grenzflächendiffusion wird dann um so größer, je größer der Gehalt an Grenzflächen, d. h. je geringer die Korngröße ist. Bei oxidkeramischen Produkten reichern sich die Verunreinigungen oft in den Grenzflächen an, was zu einer zusätzlichen Vergrößerung der Grenzflächendiffusion führen kann.

3.3.3 Reaktionen

Bei allen keramischen Prozessen laufen Reaktionen ab, deren Mechanismen unterschiedlicher Art sein können, deren Geschwindigkeiten aber meist ausschlaggebend für die Führung der Prozesse sind. Man kann die Reaktionen in homogene und heterogene Reaktionen einteilen, je nachdem, ob sie sich in einer einheitlichen Phase oder zwischen mehreren Phasen abspielen. Die heterogenen Reaktionen laufen an Grenzflächen ab und sind in der Keramik vorherrschend. Anhand der *homogenen Reaktionen* sind aber die Grundlagen leichter überschaubar, weshalb dieser Typ von Reaktionen zunächst besprochen werden soll.

Für eine einfache Umwandlungsreaktion A → B oder Zersetzungsreaktion A → B + C sei c die Konzentration an A zur Zeit t. Die Abnahme von c mit der Zeit t ist dann proportional der noch vorhandenen Konzentration c:

$$-\frac{dc}{dt} = K_1 c. \tag{73}$$

Die Lösung dieser Gleichung liefert

$$\ln \frac{c_0}{c} = K_1 t, \tag{74}$$

wenn c_0 die Konzentration zur Zeit $t = 0$ ist. Oft wird die Halbwertszeit τ genannt, bei der gerade die Hälfte reagiert hat. Sie beträgt in diesem Fall

$$\tau = \frac{1}{K_1} \ln 2 = \frac{0{,}6931}{K_1}.$$

Sind an einer Reaktion zwei Partner beteiligt, z. B. bei A + A → B, dann gilt

$$-\frac{dc}{dt} = K_2 c^2, \tag{75}$$

woraus sich ergibt

$$\frac{1}{c} - \frac{1}{c_0} = K_2 t \quad \text{und} \quad \tau_2 = \frac{1}{c_0 K_2}. \tag{76}$$

Ganz allgemein kann man bei Beteiligung von n Partnern schreiben

$$-\frac{dc}{dt} = K_n\, c^n. \tag{77}$$

Beteiligen sich verschiedene Partner an der Reaktion, dann sind diese Gleichungen entsprechend zu modifizieren. Es ist üblich, nach dem Exponenten n in Gl. (77) die Ordnung der Reaktionen zu bezeichnen. Die Gl. (73) stellt also eine Reaktion erster Ordnung, die Gl. (75) eine solche zweiter Ordnung dar. Beim Auftragen der Meßergebnisse gegen $K \cdot t$ ist es möglich, diese Ordnungen zu erkennen und daraus Rückschlüsse auf den Reaktionsmechanismus zu ziehen. Meistens treten die Reaktionen erster und zweiter Ordnung auf. So wurde z. B. für die thermische Zersetzung von Kaolinit eine Reaktion erster Ordnung gefunden (S. 202). Höhere Ordnungen als zwei sind selten. In besonderen Fällen, wenn z. B. eine starke Adsorption mitspielt, können auch Reaktionen nullter Ordnung ($-dc/dt = K_0$) auftreten. Aber auch Reaktionen mit gebrochenem Exponenten in Gl. (77) wurden beobachtet.

Letztere Erscheinung kann dann eintreten, wenn mehrere Reaktionen hintereinandergeschaltet sind und deren Geschwindigkeiten sich nur wenig unterscheiden. Das Nacheinander mehrerer Einzel- oder Zwischenreaktionen, z. B. die Ausbildung eines instabilen Zwischenproduktes, tritt öfter ein. Dann wird die Gesamtgeschwindigkeit der Reaktion durch die am langsamsten ablaufende Reaktion bestimmt.

Die in obigen Gleichungen auftretenden Proportionalitätsfaktoren K werden als Geschwindigkeitskonstanten bezeichnet. Ihre Größe bestimmt den Ablauf. Darüber hinaus sind sie nach der Arrheniusschen Gleichung

$$K = A \exp\left(-\frac{Q}{RT}\right) \quad \text{oder} \quad \ln K = A' - \frac{Q}{RT} \tag{78}$$

für die Temperaturabhängigkeit der Reaktionsgeschwindigkeit bestimmend. In Gl. (78) ist Q die entsprechende Aktivierungsenergie und A der Häufigkeits- bzw. Stoßfaktor, der in besonderen Fällen der Berechnung zugänglich ist.

Bei *heterogenen Reaktionen* wird die Geschwindigkeit durch die Vorgänge an der Phasengrenze bestimmt. Der Mechanismus besteht aus einem Antransport der Reaktionspartner, der Reaktion in den Phasengrenzen und manchmal dem Abtransport der Reaktionsprodukte. Der erste und letzte Mechanismus wird durch die Diffusion, der mittlere durch die Phasengrenzreaktion kontrolliert. Immer wird der langsamste Schritt die Geschwindigkeit bestimmen.

Im folgenden sollen einige wichtige Beispiele behandelt werden, wobei im einzelnen auf eine Ableitung verzichtet werden muß. Zur besseren Auswertung ist es angebracht, alle Gleichungen auf den Bruchteil α zu beziehen, der bis zur Zeit t reagiert hat. Zur Zeit $t = 0$ ist dann $\alpha = 0$ und bei $t = \infty$ ist $\alpha = 1$. In dieser Form als $F(\alpha)$ sind auch die wichtigsten Gleichungen z. B. von Giess [221] und Sharp u. Mitarb. [666] zusammengestellt worden.

Für den einfachen Fall einer ebenen Platte der Dicke x soll sich nur von einer Seite aus eine Reaktionsschicht bilden. Dazu ist es erforderlich, daß der eine Reaktionspartner durch die Reaktionsschicht diffundiert. Das führt zur Gleichung

$$F(\alpha) = \alpha^2 = \frac{K_1}{x^2}\,t.\tag{79}$$

Ist y die Dicke der sich bildenden neuen Phase, dann ist sie nach

$$y^2 = K_1'\,t\tag{80}$$

proportional der Wurzel der Zeit. Diese parabolische Abhängigkeit wird oft bei solch einfachen Diffusionsprozessen beobachtet. In der Konstante K_1, wie auch in den folgenden analogen Konstanten, ist der Diffusionskoeffizient D als Faktor enthalten.

Dasselbe Problem zweidimensional, d. h. Bildung einer Reaktionsschicht an einem Zylinder mit dem Radius r, ergibt

$$F_2(\alpha) = (1 - \alpha)\ln(1 - \alpha) + \alpha = \frac{K_2}{r^2}\,t.\tag{81}$$

Wichtig für die Keramik ist die diffusionsbedingte Reaktion einer Kugel mit dem Radius r:

$$F_3(\alpha) = [1 - (1 - \alpha)^{1/3}]^2 = \frac{K_3}{r^2}\,t.\tag{82}$$

Gl. (82) ist als Jandersche Gleichung bekannt geworden. Für dasselbe Problem haben mit etwas anderen Annahmen GINSTLING und BROUNSHTEIN die folgende, nach ihnen benannte Beziehung erhalten:

$$F_4(\alpha) = 1 - \frac{2}{3}\alpha - (1 - \alpha)^{2/3} = \frac{K_4}{r^2}\,t.\tag{83}$$

Für den anderen Typ der Reaktionen, die durch Phasengrenzreaktionen bestimmt werden, ist eine konstante Geschwindigkeit u der Bewegung der Grenzfläche anzunehmen. Hat man eine ebene Platte der Dicke x, dann gilt

$$F_5(\alpha) = \alpha = \frac{u}{x}\,t.\tag{84}$$

Für einen Zylinder mit dem Radius r folgt

$$F_6(\alpha) = 1 - (1 - \alpha)^{1/2} = \frac{u}{r}\,t\tag{85}$$

und für eine Kugel mit dem Radius r

$$F_7(\alpha) = 1 - (1 - \alpha)^{1/3} = \frac{u}{r}\,t.\tag{86}$$

Bei diesen Reaktionen wird angenommen, daß die Reaktion von allen Teilen der Oberfläche sofort beginnen kann. Bestehen Keimbildungsschwierigkeiten, dann gilt die Beziehung von AVRAMI

$$F_8(\alpha) = [-\ln(1 - \alpha)]^{1/2} = K_8\,t\tag{87}$$

oder von EROFEEV

$$F_9(\alpha) = [-\ln(1 - \alpha)]^{1/3} = K_9\,t.\tag{88}$$

In dieses Schema kann man auch die homogenen Reaktionen

$$\frac{d\alpha}{dt} = K(1 - \alpha)^n$$

einbauen. Diese mit $n = 1/2$ integrierte Gleichung führt zu Gl. (85) und mit $n = 1/3$ zu Gl. (86). Für $n = 1$ erhält man

$$F_{10}(\alpha) = \ln(1 - \alpha) = -K_{10}\, t. \tag{89}$$

Zur Auswertung kann man auf die erwähnten Arbeiten von GIESS [221] und SHARP u. Mitarb. [666] zurückgreifen, in denen obige Funktionen tabelliert sind. Oft empfiehlt es sich, eine reduzierte Zeitskala t/τ mit der Halbwertszeit τ zu verwenden, bei der $\alpha = 0{,}5$ ist. Setzt man diesen Wert in die Gln. (79) und (81) bis (89) ein, dann erhält man Gleichungen vom Typ $F_i(\alpha) = C\,\dfrac{t}{\tau}$, in denen die Konstanten C in derselben Reihenfolge die folgenden Werte haben: $0{,}2500 - 0{,}1534 - 0{,}0426 - 0{,}0367 - 0{,}5000 - 0{,}2929 - 0{,}2063 - 0{,}8326 - 0{,}8850$ und $-0{,}6931$.

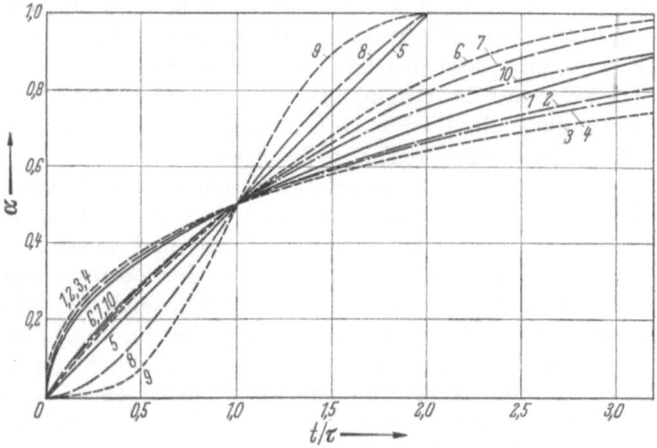

Abb. 75. Bruchteil α der reagierten Menge in Abhängigkeit von der reduzierten Zeit t/τ für die verschiedenen Reaktionen F_1 bis F_{10}

Die entsprechenden Kurven enthält Abb. 75. Man kann darin deutliche Unterschiede erkennen. Trägt man Meßergebnisse in dieser Form auf, kann man die Art der Reaktion finden und daraus auf den Mechanismus schließen. Somit erlaubt die Bestimmung der Reaktionsgeschwindigkeiten einen tieferen Einblick in die Vorgänge. Man kann die Ansätze verfeinern und damit die Aussagekraft vergrößern. Das gelingt auch, wenn man den Einfluß der Kristallstruktur berücksichtigt, wie BRINDLEY [67] eingehend erörtert hat. Es sei noch erwähnt, daß man das Gebiet der heterogenen Reaktionen noch weiter fassen kann und z. B. auch die Adsorption mit einbeziehen kann. Obige Gleichungen gelten nur für konstante Temperatur. Für homogene Reaktionen haben VAN HEEK u. Mitarb. [273] die Gleichungen für konstanten Temperaturanstieg erweitert.

3.3.4 Sintern

Die praktischen Prozesse der Keramik werden nicht nur durch Reaktionen bestimmt, sondern es ist auch möglich, durch einfaches Erhitzen z. B. eines Oxidpulvers einen festen und dichten Körper zu erhalten, ohne daß chemische Reaktionen mitwirken. Letzteren Vorgang bezeichnet man als Sintern. Dieser Begriff wird von verschiedenen Autoren unterschiedlich angewandt. In der klassischen Keramik wird manchmal Sintern im Sinne des Dichtbrennens gebraucht, und keramische Massen heißen dann gesintert, wenn das Wasseraufnahmevermögen < 1 Gew.-% beträgt. Hier soll unter Sintern die Verfestigung und Verdichtung eines Pulvers oder porösen Körpers durch eine Temperaturbehandlung verstanden werden, ohne daß dabei außer einer meist zu beobachtenden Schwindung eine Formänderung eintritt. Der Vorgang kann ohne oder in Gegenwart einer flüssigen Phase ablaufen. Im ersteren Fall spricht man auch von trockenem Sintern.

Obwohl das Sintern ein sehr alter Prozeß ist, hat seine richtige Erforschung erst ab etwa 1950 eingesetzt. Seitdem wurden viele neue Erkenntnisse gewonnen, die in keramischer Sicht u. a. von COBLE [106], COBLE und BURKE [108], THÜMMLER und THOMMA [716], WHITE [764, 765] und bei KINGERY [366] zusammenfassend dargestellt wurden. Dort sind auch Hinweise auf die Originalarbeiten zu finden, von denen hier nur auf drei grundlegende Arbeiten von KUCZYNSKI [421], KINGERY und M. BERG [368] und COBLE [104] verwiesen sei.

Wenn sich ein Pulver, also einzelne sich berührende Körner, ohne chemische Reaktionen verfestigt, dann muß eine treibende Kraft vorhanden sein. Pulver haben eine große Oberfläche und damit eine hohe Oberflächenenergie. Jedes System versucht aber den Zustand geringster Energie zu erreichen. So erkannte man schon frühzeitig die Abnahme der Oberflächenenergie als *treibende Kraft*. Sie spielt im allgemeinen die wichtigste Rolle. Man kann sie, zumindest teilweise, auch durch einen äußeren Druck oder innere Spannungen in den Körnern ersetzen. Ein weiterer Fall ist dann gegeben, wenn zusätzlich eine Flüssigkeit vorhanden ist. Die dabei auftretenden Kapillarkräfte können ebenfalls zu einer Verdichtung führen.

Um die Kinetik des Sinterns erfassen zu können, muß man den *Mechanismus* kennen. Wenn eine Verdichtung eintritt, muß ein Materialtransport stattfinden. Dafür kommen folgende Vorgänge in Frage: Viskoses oder plastisches Fließen, Diffusion oder Verdampfung und Kondensation.

3.3.4.1 Sintern ohne flüssige Phase

Zunächst soll ein einheitliches System ohne flüssige Phase betrachtet werden. Die Untersuchungen haben ergeben, daß die Kinetik vom Fortschritt der Verdichtung abhängt, so daß es vorteilhaft ist, das Sintern getrennt nach Anfangs-, Zwischen- und Endstadium zu betrachten. Letzteres ist dann erreicht, wenn die Poren isoliert vorliegen.

Anfangsstadium. Die Vorgänge lassen sich am besten an einfachen Modellen ableiten, z. B. zwei sich berührenden Kugeln mit dem Radius r. Abb. 76a zeigt ein solches Modell, bei dem sich zwischen den beiden Kugeln ein Hals mit dem äußeren, konkaven Radius ϱ und einem Durchmesser von $2x$ ausgebildet hat. Aus geometrischen Betrachtungen ergeben sich für kleine x/r-Verhältnisse folgende angenäherte Beziehungen für den Radius ϱ, das Volumen V und die Oberfläche S des Halses:

$$\varrho = \frac{x^2}{2r}, \quad V = \frac{\pi x^4}{2r} \quad \text{und} \quad S = \frac{\pi^2 x^3}{r}. \tag{90}$$

Früher wurde gezeigt, daß bei kleinen Krümmungsradien sich die Dampfdrücke ändern, indem bei konvex gekrümmten Oberflächen der Dampfdruck erhöht, bei konkav gekrümmten erniedrigt wird (S. 91). Danach wird beim Modell der Abb. 76a Substanz von der Kornoberfläche verdampfen und im Hals kondensieren: der *Verdampfungs-Kondensations-Mechanismus* des Sinterns. Die Kombination der Kelvingleichung mit der von LANGMUIR

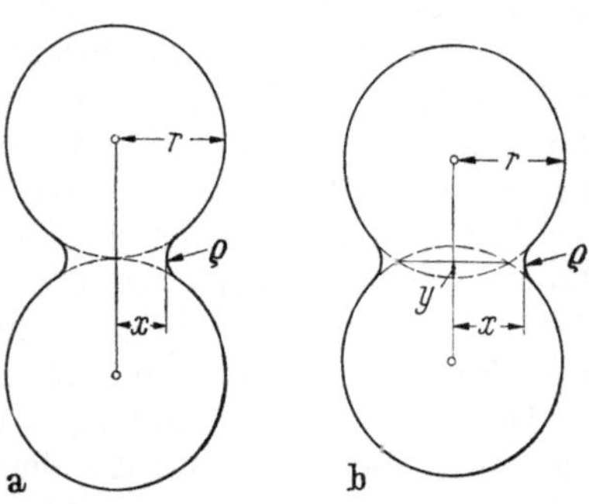

Abb. 76a u. b. Kugelmodelle des Sinterns ohne (a) und mit (b) Schwindung

gegebenen Beziehung für die Kondensationsgeschwindigkeit führt zu folgenden Gleichungen für die Ausbreitung des Halses nach der Zeit t:

oder

$$x = \left(\frac{\pi}{2}\right)^{1/6} \left(\frac{M}{RT}\right)^{1/2} \left(\frac{3\gamma p_0 \, r \, t}{d^2}\right)^{1/3} \tag{91}$$

$$\left(\frac{x}{r}\right)^3 = \frac{3\gamma p_0}{r^2 d^2} \left(\frac{\pi}{2}\right)^{1/2} \left(\frac{M}{RT}\right)^{3/2} t \tag{92}$$

mit M = Molekulargewicht, p_0 = Dampfdruck, γ = Oberflächenenergie und d = Dichte.

Danach wird vor allem im ersten Stadium ein Wachstum des Halses eintreten, das aber wegen der $t^{1/3}$-Abhängigkeit bald gering wird. Nach Gl. (91) ist auch ein Anstieg mit der Korngröße r zu erwarten. Besser ist es, das Verhältnis x/r zu betrachten, das nach Gl. (92) mit steigender Korngröße abnimmt. Bei diesem Mechanismus ändert sich zwar die Gestalt der Zwischenräume oder Poren, ihr Gesamtvolumen bleibt jedoch konstant. Es tritt daher keine Schwindung auf. Mit plausiblen Zahlenwerten kann man aus diesen Gleichungen überschlagen, daß für vernünftige Geschwindigkeiten der Dampfdruck mindestens 10^{-3} Torr betragen muß, wenn die Korngröße etwa 10 µm beträgt. Da diese Drücke bei keramischen Substanzen kaum auftreten, spielt der hier geschilderte Mechanismus nur eine untergeordnete Rolle.

In der Keramik herrscht meist die *Diffusion als Mechanismus* gegenüber der Verdampfungs-Kondensation vor. Die Diffusion ist um so größer, je mehr Leerstellen in einem Gitter vorhanden sind. Oberflächenenergetische Betrachtungen ergaben, daß hinter einer konkav gekrümmten Oberfläche mit dem Radius ϱ eine Anreicherung der Konzentration c an Leerstellen eintritt:

$$\Delta c = \frac{c_0 \gamma a^3}{\varrho k T}, \tag{93}$$

worin a^3 = Volumen einer Leerstelle (a = Gitterabstand), c_0 = Leerstellenkonzentration in einem Kristall mit ebener Oberfläche und k = Boltzmannkonstante.

Damit besteht für die Leerstellen ein Konzentrationsgefälle, und sie werden zu den Stellen mit geringerer Konzentration an Leerstellen diffundieren. Das ist aber gleichbedeutend mit einer Diffusion von Materie in entgegengesetzter Richtung, also an die gekrümmte Oberfläche. Das Fortschreiten dieses Mechanismus verlangt, daß neben der Leerstellenbildung auch Stellen vorhanden sind, wo diese wieder verschwinden. Das setzt die Möglichkeit von Umorientierungen des Gitters voraus, was an der Oberfläche der Kristalle, an Grenzflächen zwischen zwei Kristallen oder an Fehlstellen in Kristallen erfolgen kann. Man spricht dann von Oberflächen-, Grenzflächen- oder Volumendiffusion. Da diese sich in ihrer Geschwindigkeit unterscheiden, wird auch die Kinetik des Sinterns unterschiedlich sein.

Die Ableitung der Sintergeschwindigkeit erfolgt in ähnlicher Weise wie beim Verdampfungs-Kondensations-Mechanismus, wobei nur der entsprechende Diffusionsstrom anzusetzen und die Geometrie der beteiligten Teilchen zu beachten ist. Ist D_L der Diffusionskoeffizient für die Leerstellen, dann erhält man daraus den Selbstdiffusionskoeffizienten D_S des wandernden Teilchens nach

$$D_S = D_L\, a^3\, c_0\,. \tag{94}$$

Für die Oberflächendiffusion gilt das Modell der Abb. 76a. Substanz von der Oberfläche diffundiert zum Hals, ohne daß dabei eine Annäherung der Zentren der Teilchen eintritt. Es ist also keine Schwindung und auch keine Änderung der Porosität zu beobachten. In der Praxis findet dieser Mechanismus nur selten statt.

Meist ist die Grenzfläche für das Verschwinden der Leerstellen verantwortlich. Der Diffusionsweg kann dabei entlang der Grenzfläche oder über das Volumen verlaufen. Man spricht dann entweder von Grenzflächen- oder Volumendiffusion. Letzterer Begriff ist damit etwas eingeengt worden; denn es gibt noch die Möglichkeit des Verschwindens der Leerstellen an Fehlstellen im Innern der Kristalle, die hier mit fehlstellenbeendende Diffusion bezeichnet sei. Es ist manchmal möglich, daß an solchen Fehlstellen auch Leerstellen entstehen, die dann zur Grenzfläche diffundieren. Dieser Mechanismus sei mit fehlstellenbeginnende Diffusion bezeichnet.

Das geometrische Modell der Grenzflächen- und Volumendiffusion zeigt Abb. 76b. Die Diffusion der Leerstellen zur Grenzfläche, d. h., die Gegendiffusion von Substanz zum Hals bewirkt eine Verringerung des Abstandes der Zentren der beiden Teilchen, also eine Schwindung und eine Abnahme der Porosität. Für die Berechnungen des Radius, des Volumens und der Oberfläche des Halses sind angenäherte Gleichungen abgeleitet worden. D. L. JOHNSON und CUTLER [334] haben genauere Bestimmungen durchgeführt, die sie auch auf den Kontakt zwischen zwei parabolischen Körpern und eines Kegels auf einer Ebene erweitert haben.

Die fehlstellenbeendende Diffusion führt zwar zu einem Wachstum des Halses, aber zu keiner Schwindung. Bei der fehlstellenbeginnenden Diffusion dagegen findet wegen des Abtransports von Materie aus der Grenzfläche ein Schwinden statt.

Aus den sich jeweils ergebenden geometrischen Beziehungen und mit den entsprechenden Diffusionsgleichungen erhält man Gleichungen vom Typ

$$x^n = K_1 \frac{\gamma\, a^3\, D_S}{k\, T}\, r^m\, t. \tag{95}$$

Daraus leitet sich die lineare Schwindung $\Delta L/L$ ab:

$$\left(\frac{\Delta L}{L}\right)^q = K_2 \frac{\gamma\, a^3\, D_S}{k\, T}\, r^s\, t. \tag{96}$$

Die Exponenten n, m, q und s sowie die Konstanten K_1 und K_2 sind für die verschiedenen Mechanismen in Tab. 30 enthalten. Die unterschiedlichen Werte sind durch verschiedene Annahmen über die Geometrie und die Diffusion bedingt.

Tabelle 30. *Exponenten der Gln. (95) und (96) für verschiedene Sintermechanismen*

Mechanismus	n	m	q	s	K_1	K_2	nach
Oberflächendiffusion	7	3	—	—	$56 \cdot a$	—	[421]
Volumendiffusion	4	1	2	-3	32	2	[104]
Volumendiffusion	5	2	2,5	-3	14	10	[368]
Volumendiffusion	4,7	1,7	2,18	-3	43	17,5	[334]
Grenzflächendiffusion	6	2	3	-4	96	3	[104]
Grenzflächendiffusion	7	3	3,22	-4	$115 \cdot b$	$2,27 \cdot b$	[334]
fehlstellenbeginnende Diffusion	3	0	1,5	-3	—	—	[104]

b: Dicke der Grenzschicht

Beide Gleichungen lassen sich nach verschiedenen Richtungen diskutieren. Zunächst einmal ermöglichen sie aus den experimentellen Werten den Diffusionskoeffizienten D_S zu berechnen. In einigen Systemen hat man dabei Übereinstimmung mit den direkten Messungen gefunden, während z. B. beim Al_2O_3 Unterschiede von zwei Größenordnungen auftraten.

Nach Gl. (96) wird die Schwindung, die man als ein Maß für das Sintern heranziehen kann, vor allem durch die Korngröße bestimmt. Da nach Tab. 30 der Exponent s immer negativ ist, nimmt sie mit steigender Korngröße ab. Aus der Art dieser Abhängigkeit kann man auf den Mechanismus schließen. In Abb. 77 wurde dazu eine modifizierte Gl. (95) verwendet, wobei sich eine Steigung von $-^3/_5$ ergibt, die eine Volumendiffusion anzeigt. Das kann man auch erkennen, wenn man die Zeitabhängigkeit betrachtet,

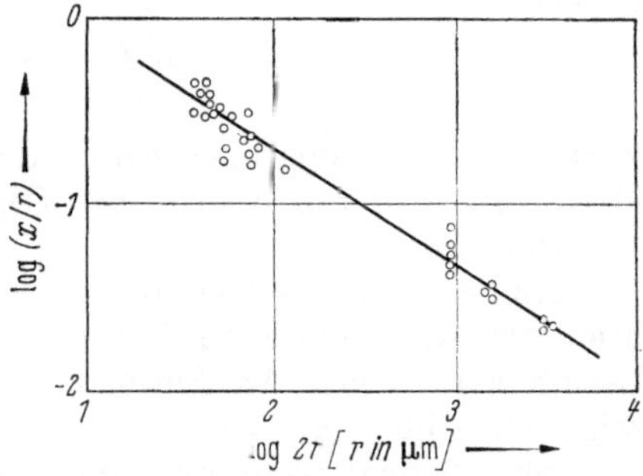

Abb. 77. Abhängigkeit des Halswachstums von der Korngröße beim Sintern von Al_2O_3 im Anfangsstadium nach COBLE [104] ($T = 1600\,^{\circ}C$, $t = 100\,h$)

wie es in Abb. 78 geschehen ist. Im Mittel beträgt die Steigung $^2/_5$, was ebenfalls mit der Ableitung der Volumendiffusion nach KINGERY und BERG [368] übereinstimmt. Man erkennt allerdings in dieser Abbildung, daß einige Messungen davon abweichen, so daß die Auswertung nicht immer eindeutig ist. Die andere Steigung bei 1150 °C ist wahrscheinlich auf γ-α-Al$_2$O$_3$-Umwandlungseffekte zurückzuführen.

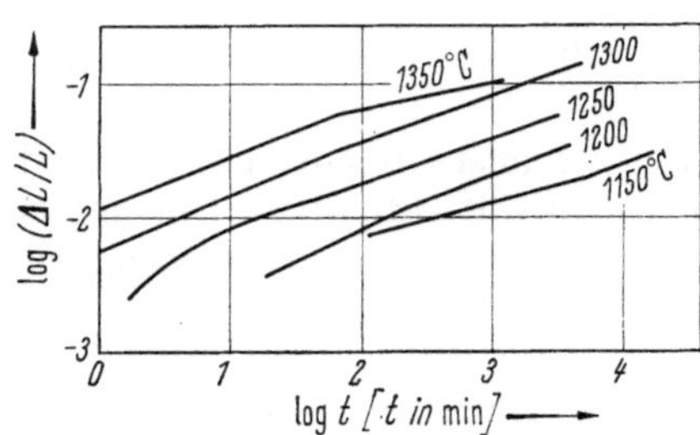

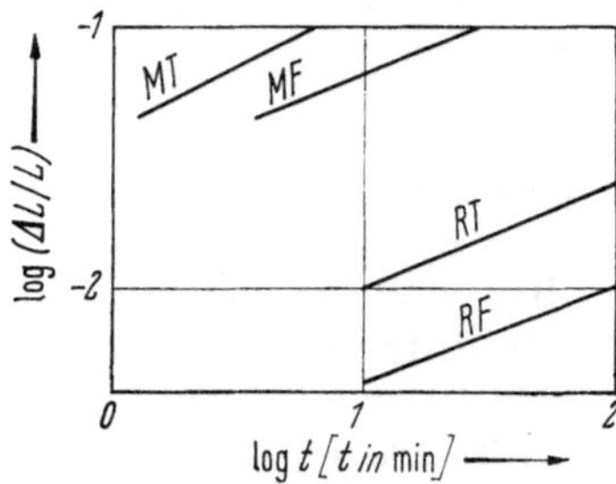

Abb. 78. Schwindung beim Sintern von Al$_2$O$_3$ im Anfangsstadium nach COBLE [104] (mittlere Ausgangskorngröße 0,20 μm)

Abb. 79. Schwindung von BeO-Pulver im Anfangsstadium bei 1300 °C rein (R) und mit Zusatz von 0,25 Mol-% MgO (M) in trockener (T) und feuchter (F) Luft nach AITKEN [8]

Außer durch Korngröße und Zeit wird das Sintern noch durch die Temperatur bestimmt. In den Gln. (95) und (96) steht die Temperatur im Nenner, d. h., mit steigender Temperatur müßte eine Abnahme eintreten. Dieser Einfluß wird aber durch den gegenläufigen Einfluß der Temperatur auf die Diffusionskonstante aufgehoben, so daß mit steigender Temperatur ein schnelleres Sintern eintritt. Das ist auch aus Abb. 78 zu erkennen. Faßt man in den Gln. (95) und (96) alle bei einem Versuch konstanten Größen zusammen, dann erhält man Gleichungen vom Typ

$$Y^p = K\,t, \tag{97}$$

worin K eine Reaktionsgeschwindigkeitskonstante darstellt. Für deren Temperaturabhängigkeit gilt, wie auch bei den chemischen Reaktionen (S. 143),

$$\ln K = A + \frac{Q}{R\,T},$$

worin Q die Aktivierungsenergie des betreffenden Sinterprozesses ist. Meist liegen deren Werte bei Oxiden in der Größenordnung von 100 kcal/mol.

Man kann die Geschwindigkeit auch über den Diffusionskoeffizienten beeinflussen, indem man Verunreinigungen zusetzt, die die Zahl der Leerstellen erhöhen. Am Beispiel des BeO mit geringen Zusätzen an MgO zeigt das Abb. 79.

Abb. 79 zeigt weiterhin, daß sich auch die Atmosphäre auswirken kann, indem in diesem Beispiel der Wasserdampfgehalt der Atmosphäre zu einer deutlichen Verringerung der Sintergeschwindigkeit führt. Die Ursache kann der Übergang zu einem anderen Mechanismus sein, wie es auch AITKEN [8] annimmt, indem das sich in feuchter Atmosphäre bildende Be(OH)$_2$ zu einem Verdampfungs-Kondensations-Mechanismus führt, der allein keine Schwindung zeigt. Es ist aber auch möglich, daß durch die Gegenwart von H_2O die Grenzflächenenergie γ erniedrigt wird, wodurch nach Gl. (96) die Schwindung verringert wird. Dann müßte die Steigung in der Art der Auftragung von Abb. 79 konstant bleiben, was in diesem Beispiel mit angenähert $^2/_5$ zu beobachten ist. Eine Erniedrigung von γ kann auch durch eine Diffusion von Verunreinigungen an die Grenzfläche erfolgen.

Die bisher geschilderten Modelle haben nur so lange Gültigkeit, solange sich die Gestalt der Körner und Poren nicht wesentlich ändert. Das gilt bis zum x/r-Verhältnis von etwa 0,3, was einer linearen Schwindung von etwa 6% entspricht.

Zwischenstadium. Das nächste Sinterstadium ist dadurch gekennzeichnet, daß alle Poren noch miteinander verbunden sind, aber bereits eine Art Kanalsystem bilden. Dabei sind viele geometrische Anordnungen denkbar, weshalb man keine allgemeinere Gleichung für die Kinetik angeben kann. Nimmt man als Mechanismus die Diffusion an, dann führen Abschätzungen zu der Aussage, daß die Sinterung sich mit fortschreitender Zeit verlangsamt. Das zeigen auch die Experimente von COBLE [107] mit Al_2O_3. Nach Abb. 80 nimmt die Korngröße proportional der dritten Wurzel der Zeit zu. Außerdem besteht für die relative Dichte $(d : d_0)$ über weite Bereiche eine logarithmische Abhängigkeit von der Zeit, die sich auch theoretisch ableiten läßt.

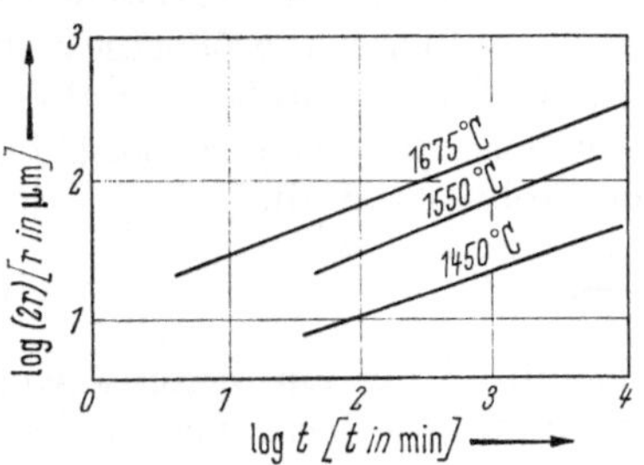

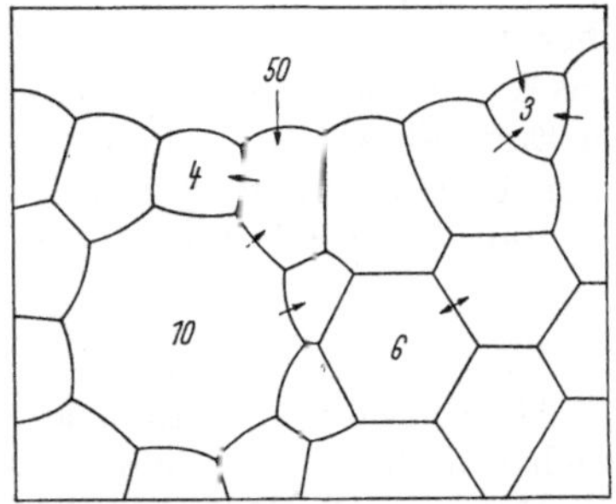

Abb. 80. Kornwachstum beim Sintern von Al_2O_3 im Zwischenstadium

Abb. 81. Schematische Darstellung des kontinuierlichen Kornwachstums in einem Polykristall nach COBLE und BURKE [108]

Endstadium. Meist bilden sich isolierte Poren ab einer relativen Dichte von etwa 95%. Zur Behandlung dieses Stadiums des Sinterns ist es vorteilhaft, zunächst einmal das Verhalten eines dichten Körpers zu betrachten, der aus vielen Einzelkörnern besteht. Eine schematische Darstellung eines Schnittes durch einen solchen Körper zeigt Abb. 81. Bei Körnern der gleichen Zusammensetzung bilden sich am Berührungspunkt dreier Kristalle Winkel von 120° aus. Gerade Grenzen können nur dann entstehen, wenn die Körner sechs Seiten haben. Ist die Zahl der Seiten geringer, entsteht eine konvexe, ist sie höher, eine konkave Grenze, vom Innern des Kornes aus betrachtet. Da aber konkav gekrümmte Oberflächen eine höhere Grenzflächenenergie als konvex gekrümmte haben und immer der Zustand geringster Energie angestrebt wird, werden sich die Korngrenzen in Richtung der Zentren der kleineren

Körner bewegen. Die größeren Körner wachsen damit auf Kosten der kleineren; es findet insgesamt ein *Kornwachstum* (der durchschnittlichen Korngröße) statt.

Für jedes Korn ist der Krümmungsradius direkt proportional dem Kornradius r. Da die Oberflächenenergie als treibende Kraft umgekehrt proportional r ist, ergibt sich für die Wachstumsgeschwindigkeit

$$\frac{dr}{dt} = \frac{K'}{r}, \tag{98}$$

woraus man durch Integration erhält

$$r^2 - r_0^2 = K\,t, \tag{99}$$

worin r_0 der mittlere Kornradius zur Zeit $t = 0$ ist. Im fortgeschrittenen Stadium wird $r^2 \gg r_0^2$, so daß man beim Auftragen von $\log r$ gegen $\log t$ eine Gerade mit Steigung $^1/_2$ erhalten müßte. Meist wird jedoch experimentell eine geringere Steigung beobachtet, was auf andere Gründe, z. B. Verunreinigungen, zurückgeführt werden muß.

Nach diesem Mechanismus müßte nach langer Zeit aus einem polykristallinen Ausgangskörper ein Einkristall entstehen. In der Praxis beobachtet man aber die Einstellung einer *Endkorngröße*. Die Ursache dafür liegt in den praktisch immer vorhandenen Verunreinigungen und Fremdeinschlüssen. Trifft eine Grenzfläche beim Wachsen auf einen Einschluß, dann ist eine zusätzliche Energie notwendig, das Wachstum über den Einschluß hinaus fortzusetzen, die meist nicht vorhanden ist. Das Kornwachstum wird deshalb um so eher aufhören, je größer die Menge an Einschlüssen ist, d. h., auch die mittlere Endkorngröße r_e wird dann kleiner sein. Wenn E der durchschnittliche Radius der Einschlüsse ist und V deren Volumenanteil in der Probe, dann gilt

$$r_e = \frac{E}{V}. \tag{100}$$

Als Einschlüsse wirken auch Poren, die daher ein weiteres Kornwachstum hemmen. Gelingt es nicht, durch eine besondere Führung des Prozesses die Poren zu vermeiden oder zu verringern (s. u.), kommt das Kornwachstum zum Stillstand, was bei einer Porosität von etwa 10 Vol.-% der Fall ist. Nach Gl. (100) beträgt dann der Kornradius das Zehnfache des Porenradius.

Beim obigen Vorgang wächst die mittlere Korngröße kontinuierlich an. Viele Beobachtungen der Praxis zeigen aber, daß manchmal einige Körner besonders stark wachsen. Dieser Vorgang wird als *diskontinuierliches Kornwachstum* oder *sekundäre Rekristallisation* bezeichnet. (Über primäre Rekristallisation siehe unten.) Er findet dann statt, wenn einzelne Körner so viele Seiten und damit eine so hohe Energie haben, daß sie über Einschlüsse hinaus weiterwachsen können, während alle restlichen Körner davon gebremst werden. Die Folge ist, daß die Zahl der Seiten der wachsenden einzelnen Körner weiter erhöht wird, so daß der Vorgang beschleunigt wird. Dabei wird er um so schneller ablaufen, je größer die Krümmung der angrenzenden Körner ist, d. h., je kleiner die Ausgangskorngröße war. Man kann hierdurch im Endzustand bei feinerem Ausgangsmaterial eine größere Korngröße erhalten als bei gröberem Ausgangsmaterial.

Diese Erscheinung ist zu fördern, wenn man zum Ausgangskorn absichtlich einige größere Körner zufügt und durch andere Zugaben das einfache Kornwachstum hemmt. Große Körner sind in einigen Fällen der Elektrokeramik erwünscht, während sie die mechanischen Eigenschaften ungünstig beeinflussen, da im Inneren größere Spannungen auftreten können. Es ist durch andere Zugaben gelungen, das diskontinuierliche Kornwachstum zu unterdrücken. In dieser Richtung wirken Zugaben von MgO zu Al_2O_3, wie COBLE [107] fand, der auch einige Mechanismen dafür diskutiert.

Der wesentliche Unterschied zwischen dem kontinuierlichen und dem diskontinuierlichen Kornwachstum ist, daß nach ersterem Prozeß die *Poren* oder Einschlüsse in den Grenzflächen liegen, während sie sich nach letzterem Prozeß innerhalb der Körner befinden. Eine weitere Verringerung der Porosität ist dann sehr erschwert. Oben wurde darauf hingewiesen, daß in Korngrenzen Leerstellen verschwinden können. Poren dagegen wirken als Leerstellenquellen, d. h., es besteht ein Diffusionsstrom von Materie von der Grenzfläche zur Pore, der bei genügend großer Diffusionsgeschwindigkeit zu einer Abnahme der Poren im Innern der Körner führen kann. Das kann um so leichter erfolgen, je näher die Poren an der Grenzfläche liegen. Wenn nun eine Grenzfläche langsam wandert, wie beim diskontinuierlichen Kornwachstum, wird für alle auf dem Weg liegenden Poren der Abstand einmal sehr gering, und die Poren können verschwinden. Abb. 82 zeigt dies schematisch, wobei sich die Korngrenze von der gestrichelten Linie nach rechts bewegt hat.

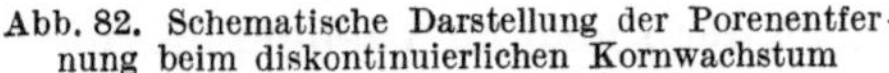

Abb. 82. Schematische Darstellung der Porenentfernung beim diskontinuierlichen Kornwachstum

Damit ist gleich ein Hinweis gegeben, auf welche Art die Poren auch beim kontinuierlichen Kornwachstum verschwinden können, wo sie alle in der Grenzfläche liegen. Die Substanz, die in die Poren diffundiert, muß aber nachgeliefert werden. Die normale Diffusion reicht dazu nicht aus, sondern die Materialverschiebungen werden bei diesem Vorgang nach dem Nabarro-Herring-Mechanismus durch diffusionsbedingtes Gleiten der Körner an den Grenzflächen ausgeglichen, was ausführlicher u. a. von HORNSTRA [312] beschrieben wird.

Neben diesem Mechanismus ist zu bedenken, daß sich meist Gas in den Poren befindet, das bei kleinen Poren unter hohem Druck steht. Kann das Gas durch den festen Körper diffundieren, wird es in größere Poren wandern, die einen geringeren Gasdruck haben. Dadurch kann eine Porenvergrößerung eintreten. Große Poren sind aber relativ stabil.

Nach KINGERY und FRANÇOIS [371] ist Porenvergrößerung auch beim Kornwachstum zu erwarten, wenn die Poren an den Korngrenzen oder Zwickeln verbleiben, wie Abb. 83 schematisch zeigt. Für das weitere Kornwachstum ist dann dessen Geschwindigkeit nicht nur umgekehrt

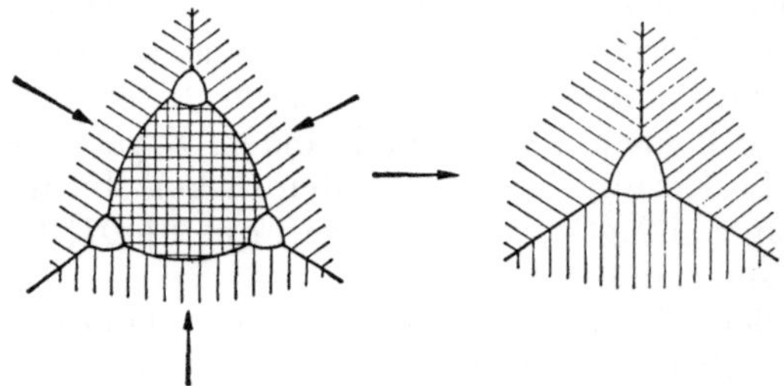

Abb. 83. Schematische Darstellung der Porenvergrößerung durch Kornwachstum

proportional dem Kornradius r, sondern auch umgekehrt proportional dem Porenradius r_p. Statt Gl. (98) gilt dann

$$\frac{dr}{dt} = \frac{K'}{r}\,\frac{K''}{r_p} = \frac{K'''}{r^2}, \tag{101}$$

wobei die rechte Seite sich durch die Annahme ergibt, daß r_p proportional r sei. Die Integration führt zu

$$r^3 - r_0{}^3 = K\,t, \tag{102}$$

was wirklich oft beobachtet wird.

Eben wurde das Gas in den Poren erwähnt, dessen Druck bei geschlossenen Poren mit abnehmendem Durchmesser ansteigen muß. Hat das Gas keine Möglichkeit, durch Diffusion zu entweichen, wird schließlich der Druck in der Pore so hoch, daß er die Wirkung der Grenzflächenspannung kompensiert, so daß der Sintervorgang zum Stillstand kommt. Solche Erscheinungen beobachtet man z. B. beim Sintern in N_2 (Luft) oder Ar, während man im Vakuum nie, in O_2 oder H_2 selten Einflüsse dieser Art hat. Die Ursache für die schnellere Diffusion von O_2 und H_2 gegenüber N_2 oder Ar liegt darin, daß sich erstere beiden Gase chemisch in den Oxiden zu lösen vermögen, wodurch eine höhere Löslichkeit und damit auch ein schnelleres Entweichen aus der Pore verbunden ist. Quantitative Messungen des Gasinhalts der Poren beim Sintern von MgO in Ar haben DEACON u. Mitarb. [130] durchgeführt, wobei sie den erhöhten Druck in den Poren und auch die Porenvergrößerung mit der Zeit feststellen konnten. Auf andere Einflüsse der Atmosphäre wurde schon oben hingewiesen: Änderung der Grenzflächenspannung oder des Mechanismus. Weitere Einflüsse sind möglich, z. B. die Änderung der O^{2-}-Leerstellenkonzentration in reduzierender Atmosphäre, womit sich auch die Diffusionskonstante ändert.

Aus den bisherigen Ausführungen folgt, daß mehrere Mechanismen eine Rolle spielen. Aus der Auswertung der Meßergebnisse kann man Rückschlüsse auf den jeweiligen Mechanismus ziehen, um dann gezielte Änderungen zu erreichen. Es ist nicht möglich, eine allgemeingültige

Vorschrift zur Herstellung eines sehr dichten Körpers zu geben, aber man kann sagen, daß eine kleine Ausgangskorngröße die Sintergeschwindigkeit fördert. Empirisch wurde daneben gefunden, daß man bessere Erfolge erzielt, wenn man zur Gewinnung des Ausgangsmaterials bei Oxiden die thermische Zersetzung der Verbindungen (Hydroxide, Carbonate) bei möglichst tiefen Temperaturen durchführt. Die höhere Sintergeschwindigkeit dieser aktiven Pulver ist weniger durch innere Spannungen als vielmehr durch die entstehende geringe Korngröße bei tieferen Temperaturen bedingt, entspricht also obiger Feststellung.

Durch die Abhängigkeit der verschiedenen Sintermechanismen vom Diffusionskoeffizienten besteht auch eine starke Abhängigkeit von der Temperatur. Erst wenn die Diffusion genügend groß ist, wird man einen Effekt messen können. Die Diffusion einzelner Ionen wird in einem Kristall um so geringer sein, je stärker die Bindungen sind; um so höher wird man zum Sintern erhitzen müssen. Starke Bindungen kann man aber auch hohen Schmelztemperaturen gleichsetzen. Es besteht somit eine Beziehung zwischen der Schmelztemperatur T_s und der Temperatur, ab der man Sintern beobachten kann, der sog. *Sintertemperatur* T_Sint. Frühere Erfahrungen haben ergeben, daß bei oxidischen Stoffen $T_\text{Sint} \approx 0,7$ bis $0,8\ T_s$ (jeweils in °K) ist. Diese Beziehung kann aber nur als ein Anhalt dienen; denn obige Ausführungen haben gezeigt, daß man beim Einsatz aktiver Pulver bei konstanter Temperatur eine höhere Sintergeschwindigkeit erhält, was gleichbedeutend mit geringerer Temperatur bei gleicher Geschwindigkeit ist. Der Begriff der Sintertemperatur als einer festen Größe ist damit ins Wanken geraten.

Oben wurde die sekundäre Rekristallisation erwähnt. Unter *primärer Rekristallisation* versteht man eine Umkristallisation eines Polykristalls nach einer plastischen Verformung. Es verbleiben im Körper Spannungen, die dadurch ausgeglichen werden, daß neue, spannungsfreie Kristalle wachsen. Dazu ist zunächst eine Keimbildung notwendig, so daß eine gewisse Zeit t_0 verstreicht, bis man ein Wachstum der Körner nach

$$r = K\,(t - t_0) \tag{103}$$

beobachten kann. Sowohl die Keimbildung als auch das Kristallwachstum sind stark temperaturabhängig, so daß man bei Versuchen mit steigender Temperatur oft beobachtet, daß in einem recht eng begrenzten Temperaturbereich das Wachstum sehr schnell einsetzt. Das hat dazu geführt, von einer Rekristallisationstemperatur zu sprechen.

3.3.4.2 Sintern mit flüssiger Phase

Bisher wurde nur das Sinterverhalten von festen Stoffen behandelt, was z. B. für die Oxidkeramik sehr wichtig ist. In vielen anderen Zweigen der Keramik ist beim Brennprozeß aber auch eine flüssige Phase vorhanden, deren Einfluß im folgenden besprochen werden soll. Wie bei festen Körpern ist die treibende Kraft auch hier die Grenzflächenenergie.

Betrachtet man die Verhältnisse bei einer *Schmelze* allein, z. B. einer hochviskosen Glasschmelze, dann kann der Ausgleich leicht durch

viskoses Fließen eintreten. Für den Modellfall der beiden Kugeln hat
FRENKEL [201] für das Wachstum des Halses abgeleitet

$$x^2 = \frac{3\gamma}{2\eta}\, r\, t. \tag{104}$$

Diese Beziehung konnte von KUCZYNSKI [422] experimentell bestätigt
werden. Derselbe Autor hat zusammen mit ZAPLATYNSKYJ [423] auch
die Verengung von Glaskapillaren (als Modell für eine Pore) untersucht,
wofür die Gleichung gilt:

$$(r_0 - r) - (R_0 - R) = \frac{\gamma}{2\eta}\, t \tag{105}$$

mit r bzw. $R =$ Innen- bzw. Außenradius (Index 0 bei $t = t_0$). Nach
Abb. 84 ergaben sich die geforderten Geraden, aus deren Steigungen

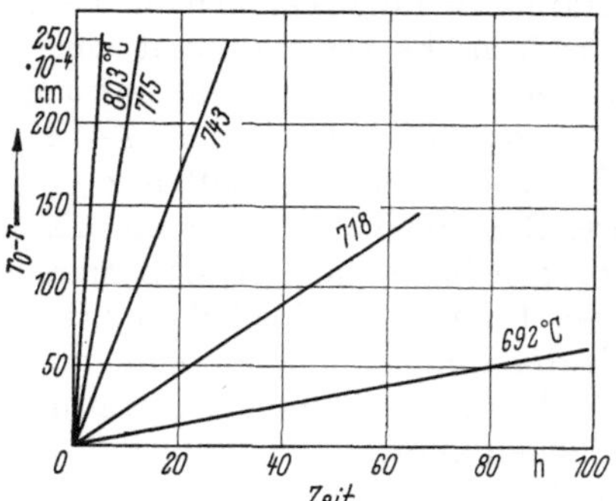

Abb. 84. Abnahme des Innenradius r einer
Kapillare aus Pyrexglas beim Tempern nach
KUCZYNSKI und ZAPLATYNSKYJ [423]
(Außenradius $R_0 = 5{,}53$ mm, $r_0 = 0{,}45$ mm)

mit guter Übereinstimmung die Viskositäten des Glases berechnet werden konnten. Gleiche Messungen
bei Viskositäten $> 10^9$ Poise von
OEL [523] ergaben allerdings Abweichungen, die auf eine Zeitabhängigkeit der Viskosität zurückgeführt
werden konnten.

Aus Gl. (104) folgt für die lineare
Schwindung von Kugeln

$$\frac{\Delta L}{L} = \frac{3\gamma}{4\eta}\, \frac{1}{r}\, t, \tag{106}$$

was — wie früher — nur für das
Anfangsstadium gilt. Recht schnell
bilden sich isolierte Poren, wodurch
sich die Kinetik ändert, der Mechanismus aber der gleiche bleibt. J. K. MACKENZIE und SCHUTTLEWORTH
[467] haben dieses Problem untersucht und für die Verdichtung abgeleitet

$$\frac{d\vartheta}{dt} = \frac{3\gamma}{2\eta}\, \frac{1}{r}\, (1 - \vartheta), \tag{107}$$

worin ϑ die relative Dichte $(d : d_0)$ darstellt. Für die Praxis folgt daraus,
daß die Verdichtung um so schneller erfolgt, je geringer die Viskosität
und die Ausgangskorngröße sind. Die Grenzflächenenergie ist der Verdichtung direkt proportional, doch kann man sie im allgemeinen wenig
beeinflussen. In der Keramik kann Gl. (107) auch auf den Porzellanbrand
angewandt werden, wo bei der Brenntemperatur hohe Anteile an Schmelzphase vorhanden sind. Wegen der erforderlichen Standfestigkeit kann
man die Viskosität nicht beliebig erniedrigen, aber durch bessere Mahlung
r verringern und eine Beschleunigung erreichen. Allerdings setzt die
Anwendbarkeit von Gl. (107) voraus, daß die in den Poren befindlichen
Gase nicht stören, d. h., daß in den Poren kein großer Überdruck entsteht. Von den Ofengasen kann man annehmen, daß CO_2, H_2O, H_2

und O_2 eine genügende Diffusionsgeschwindigkeit haben, während diese
für N_2 langsam ist. Die Verdichtung kann dann zum Stillstand kommen.

Mit den Problemen der Sinterung von *festen Stoffen* in Gegenwart
einer flüssigen Phase hat sich besonders KINGERY [363] befaßt, wobei
er zwei Fälle unterscheidet, je nachdem ob der feste Körper in der Flüssigkeit löslich ist oder nicht.

Ist *keine Löslichkeit* vorhanden, wirken nur die Grenzflächenkräfte
allein. Wesentlich ist der Gehalt an flüssiger Phase und der Benetzungs-
winkel. In keramischen Systemen ist meist gute bis vollständige Benetzung vorhanden. Die ersten Flüssigkeitszugaben werden dann um alle
Körner einen dünnen Film und je nach Gehalt um die Kontaktkörner
einen Hals bilden. Durch die Kapillarkräfte werden die Teilchen stärker
zusammengehalten, ohne daß dabei eine wesentliche Verdichtung eintritt. Erst bei höheren Flüssigkeitsgehalten ist denkbar, daß eine Umorientierung der Teilchen in Richtung auf eine dichteste Packung erfolgt.
Abschätzungen und Messungen haben ergeben, daß dieser Mechanismus
etwa 30 Vol.-% flüssige Phase benötigt. Bei geringeren Gehalten nimmt
er linear mit dem Flüssigkeitsanteil ab. Für die Kinetik der Schwindung
gilt

$$\frac{\Delta L}{L_0} \sim t^{1+x}, \tag{108}$$

worin der Exponent $1 + x$ etwas größer als 1 ist.

Bei höheren Flüssigkeitsgehalten treten geschlossene Poren auf, die
— wie oben gezeigt — die Tendenz zur Abnahme haben. Man kann
diese Kinetik wie eben bei der reinen Flüssigkeit behandeln, muß jedoch
in Betracht ziehen, daß durch den hohen Anteil an Feststoff nicht mehr
rein Newtonsches Fließen vorliegt. Nimmt man Binghamsches Fließen
an, d. h., erst nach einem Anlaßwert f ist die Schergeschwindigkeit proportional der angelegten Scherspannung (S. 228), so erweitert sich
Gl. (107) für die Verdichtung zu

$$\frac{d\vartheta}{dt} = \frac{3\gamma'}{2\eta}\frac{1}{r}(1-\vartheta)\left[1 - \frac{fr}{\sqrt{2}\,\gamma}\ln\left(\frac{1}{1-\vartheta}\right)\right], \tag{109}$$

worin jetzt η die Zähigkeit oberhalb des Anlaßwertes darstellt. Mit
steigendem Anlaßwert wird die Verdichtungsgeschwindigkeit geringer
und kann sogar Null werden, wenn der Wert der eckigen Klammer
Null wird. Für eine möglichst weitgehende Verdichtung muß man r
möglichst klein und γ möglichst groß wählen, wobei in der Praxis die
besten Einflußmöglichkeiten über die Korngröße r bestehen.

In der Praxis der Keramik besteht meist eine enge chemische Verwandtschaft zwischen der festen und flüssigen Phase, die nicht nur eine
vollständige Benetzung, sondern auch eine *Löslichkeit des Festkörpers*
in der Flüssigkeit bewirkt. Das ist z. B. immer dann der Fall, wenn sich
beim Erhitzen auf Grund des Phasendiagramms eine Schmelze bildet.
Aus dem Phasendiagramm kann die Löslichkeit abgelesen werden. Aber
auch wenn sich die Gleichgewichte noch nicht eingestellt haben, geben
die Phasendiagramme Auskunft über die möglichen Löslichkeiten. Für
das Sintern ist die treibende Kraft wieder dieselbe, als Mechanismus tritt

jetzt aber ein *Löslichkeits-Niederschlags-Mechanismus* auf. Im Anfangsstadium wird man bei genügend hohem Flüssigkeitsgehalt ebenfalls erst eine Umorientierung der Körner nach Gl. (108) beobachten. Für den weiteren Mechanismus ist ausschlaggebend, daß gekrümmte Oberflächen eine größere Löslichkeit als ebene Oberflächen zeigen (S. 92). Bei einem Korngemisch können also die größeren Körner auf Kosten der kleineren wachsen. Diese Erklärung reicht jedoch für die beobachteten Erscheinungen nicht aus. Oben wurde gezeigt, daß bei Gegenwart einer flüssigen Phase die Teilchen aneinandergepreßt werden. Die Kontaktstellen stehen unter einem Druck, der ebenfalls zu einer erhöhten Löslichkeit der festen Substanz in der flüssigen Phase führt. Die quantitative Behandlung ergibt für die Schwindung:

$$\left(\frac{\Delta L}{L}\right)^3 = K \frac{\gamma_{lv}\, \delta D\, C_0\, V_0}{R\,T}\, r^{-4}\, t \tag{110}$$

mit γ_{lv} = Grenzflächenspannung flüssig-gasförmig, δ = Dicke des Flüssigkeitsfilms zwischen den Körnern, D = Diffusionskonstante des gelösten Materials in der Flüssigkeit, C_0 = Löslichkeit des Festkörpers in der Flüssigkeit, V_0 = Molvolumen des gelösten Materials und K = geometrische Konstante ≈ 6.

Gl. (110) hat große Ähnlichkeit mit Gl. (96). Die Diskussion und Auswertung kann analog erfolgen, z. B. durch Auftragen von $\log \frac{\Delta L}{L_0}$ gegen $\log t$, wie es Abb. 85 zeigt. Zu Beginn ist die Steigung ≈ 1; es erfolgt die Verdichtung durch Umorientierung nach Gl. (108). Bei der Mischung mit den relativ groben MgO-Körnern schließt sich daran eine Verdichtung an, die proportional $t^{1/3}$ ist, wie es der eben geschilderte Mechanismus und Gl. (110) fordern. Weiterhin zeigt Abb. 85, daß mit abnehmender Korngröße der Prozeß stark beschleunigt wird, daß dann aber auch viel eher die Steigung geringer wird, der Vorgang also gebremst wird. Hierfür können mehrere Ursachen verantwortlich gemacht werden. Die wichtigste davon

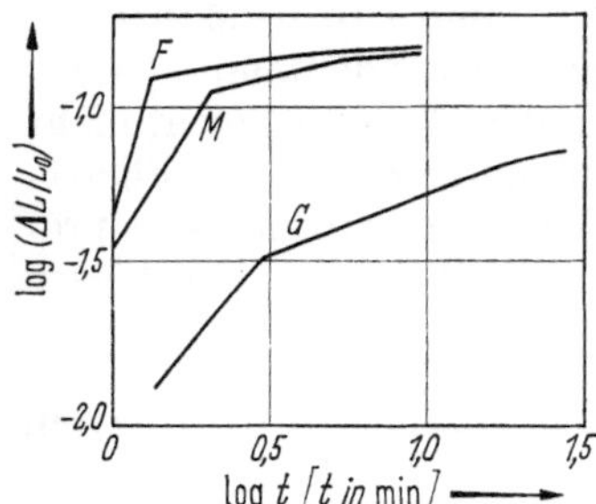

Abb. 85. Sinterung von Mischungen aus MgO + 2 Gew.-% Kaolin bei 1750 °C nach KINGERY u. Mitarb. [372] (Ausgangskorngröße des MgO bei $G = 3$, $M = 1$ und $F = 0,5\ \mu m$)

ist, daß sich bei obigem Mechanismus geschlossene Poren bilden. Wenn die darin enthaltenen Gase nicht entweichen können, steigt der Druck in den Poren an und hebt die Wirkung der Oberflächenenergie auf, so daß das Sintern zum Stillstand kommt.

Obiger Mechanismus ist abhängig von der Gegenwart der Poren und führt zu einem Ende des Sinterns. Tempert man anschließend weiter, so ändert sich die Mikrostruktur noch, indem ein *Kornwachstum* zu beobachten ist. In diesem Stadium sind die Körner zusammengesintert und die Zwickel mit Flüssigkeit ausgefüllt, wobei ebenfalls Grenzflächen mit kleinen Krümmungsradien entstehen, die wie oben unter-

schiedliche Löslichkeit zeigen. Für ein ähnliches Problem hat GREEN-
WOOD [231] folgende Gleichung für das Kornwachstum abgeleitet:

$$r^3 - r_0{}^3 = 6\,\frac{\gamma_{sl}\,D\,C_0\,M}{d^2\,R\,T}\,t \tag{111}$$

mit γ_{sl} = Grenzflächenenergie fest-flüssig, M = Molgewicht des Festkörpers und d = Dichte des Festkörpers.

Es ist möglich, daß dieser Mechanismus eine allgemeinere Rolle
spielt. Beim einfachen Kornwachstum sollte nach Gl. (99) $r^2 \sim t$ sein,
bei Gegenwart von flüssiger Phase dagegen $r^3 \sim t$. Es wurde schon erwähnt (S. 154), daß auch beim einfachen Kornwachstum oft letztere
Abhängigkeit gemessen wird, was vielleicht seine Ursache darin haben
kann, daß häufig schon geringe Verunreinigungen genügen, eine flüssige
Phase zu bilden.

3.3.4.3 Drucksintern

Aus den bisher behandelten Erscheinungen ist verständlich, daß
es sehr schwierig ist, durch Sintern ohne besondere Maßnahmen einen
vollständig dichten Körper zu erhalten. Es sind vor allem die Poren,
die die Sintervorgänge vor Erreichen der theoretischen Dichte zum
Stillstand kommen lassen. Einmal steigt der Gasdruck in den Poren an
und wirkt der treibenden Kraft entgegen, zum anderen ist bei geschlossenen Poren im Inneren von Kristallen der Materialtransport nur durch
echte Volumendiffusion möglich, die viel langsamer als die Grenzflächendiffusion ist. Damit ergeben sich zwei Wege, um den Sintervorgang bis
zur endgültigen Grenze, d. h. bis zur theoretischen Dichte ablaufen zu
lassen: das Sintern im Vakuum, zur Vermeidung des Gases in den Poren,
oder das Sintern unter hohem äußerem Druck, um eine ständig wirkende
treibende Kraft zu haben. Besonders der letztere Weg, das Drucksintern
oder Heißpressen, ist erfolgreich beschritten worden. Zusammenfassend berichten darüber u. a. MURRAY u. Mitarb. [503], SCHOLZ und
LERSMACHER [623] und VASILOS und SPRIGGS [727].

Zur Erklärung des Mechanismus dieses Vorganges wurden viele
Versuche unternommen. Zunächst einmal erreicht man durch den äußeren
Druck bereits eine dichtere Packung des Ausgangsmaterials. Für die
anschließende Verdichtung wurde von MURRAY u. Mitarb. [503] angenommen, daß sich bei hohen Drücken auch die Festkörper wie Binghamsche
Flüssigkeiten verhalten, also nach Erreichen einer kritischen Scherspannung τ ein Fließen zeigen. Das entspricht dem Sintern mit flüssiger
Phase nach Gl. (109), nur daß jetzt zur normalen treibenden Kraft $\dfrac{2\gamma}{r}$
noch der äußere Druck p addiert werden muß:

$$\frac{d\vartheta}{dt} = \frac{3}{4\eta}\left(\frac{2\gamma}{r} + p\right)(1-\vartheta)\left[1 - \frac{\sqrt{2}\,\tau}{\dfrac{2\gamma}{r} + p}\ln\left(\frac{1}{1-\vartheta}\right)\right]. \tag{112}$$

Ist der äußere Druck p sehr viel größer als der Kapillardruck $\dfrac{2\gamma}{r}$, dann
vereinfacht sich Gl.(112) zu

$$\frac{d\vartheta}{dt} = \frac{3p}{4\eta}(1-\vartheta) \quad \text{oder} \quad \ln(1-\vartheta) = \frac{3p}{4\eta}\,t + \ln(1-\vartheta_0) \tag{113}$$

mit ϑ_0 als relativer Dichte bei $t = 0$. Beim Auftragen von $\ln(1 - \vartheta)$ oder $\ln P$ (da $1 - \vartheta = P =$ Porosität) gegen p oder t müßte man Geraden erhalten. Die Vernachlässigungen haben dazu geführt, daß die Verdichtung nach Gl. (113) keine Abhängigkeit von der Korngröße berücksichtigt, die aber in Wirklichkeit vorhanden ist. Es konnte gezeigt werden, daß mit abnehmender Korngröße die Verdichtung besser wird.

Experimentelle Untersuchungen haben ergeben, daß dieser Fließmechanismus nicht immer eintritt. Man hat deshalb versucht, obige Ansätze nach mehreren Richtungen zu modifizieren. Aber auch andere Mechanismen wurden angenommen, z. B. normale Volumendiffusion, wobei der Diffusionskoeffizient entweder durch die durch den Druck erzeugten inneren Spannungen oder durch den Nabarro-Herring-Mechanismus des Gleitens an Korngrenzen erhöht wird.

Die von verschiedenen Autoren erhaltenen Meßergebnisse sind recht unterschiedlich und erlauben nicht, einen bestimmten der eben erwähnten Mechanismen herauszuheben. Es ist durchaus möglich, daß alle eine Rolle spielen, wobei das Vorherrschen des einen oder anderen von den Versuchsbedingungen und der verwendeten Substanz abhängen wird.

Als wesentliches und auch für die Praxis wichtiges Ergebnis sei herausgestellt, daß man durch die Anwendung des Druckes beim Sintern nicht nur Körper mit der theoretischen Dichte herstellen kann, die z.T. fast vollkommen durchsichtig sind, sondern daß man auch die Sintertemperaturen erheblich herabsetzen kann. Oben wurde erwähnt, daß man als Sintertemperatur von Oxiden etwa 0,7 bis 0,8 T_s (°K) annehmen kann. Beim Drucksintern kommt man zu wesentlich tieferen Werten. Ein besonders bemerkenswertes Beispiel ist MgO mit $T_s = 2800$ °C, dem eine Sintertemperatur von etwa 2000 °C entspricht. Sie liegt allerdings schon bei normalem Druck etwas tiefer. SPRIGGS u. Mitarb. [687] stellten mit einem sehr feinkörnigen MgO fest, daß unter einem Druck von 1400 kp/cm² eine relative Dichte $\vartheta > 0,99$ bei 1150 °C bereits nach 1 min und bei 900 °C nach 8 min erreicht war. Auch bei 750 °C war ϑ nach 15 min auf 0,95 angestiegen. Letztere Temperatur entspricht 0,33 T_s. Ganz so günstiges Verhalten zeigen andere Substanzen nicht, aber meist kann man beim Drucksintern mit brauchbaren Geschwindigkeiten ab 0,5 bis 0,6 T_s rechnen.

Abschließend soll kurz das Drucksintern in Gegenwart von flüssiger Phase erwähnt werden. Nach KINGERY u. Mitarb. [373] kann man den Mechanismus mit dem drucklosen vergleichen, nur muß in Gl. (110) wie oben $\dfrac{2\gamma}{r}$ durch $\left(\dfrac{2\gamma}{r} + p\right)$ ersetzt werden.

4 Keramisch wichtige Systeme

Die meisten keramischen Produkte enthalten eine größere Anzahl von Komponenten, wodurch das Verstehen ihrer Eigenschaften und ihres Verhaltens erschwert werden kann. Oft ist eine Zurückführung auf einfachere Systeme möglich, die dann die wichtigsten Abhängigkeiten besser erkennen lassen. War schon die Zahl der Komponenten bei den altbekannten keramischen Produkten recht groß, so hat sie sich durch die modernen Entwicklungen der Keramik noch vermehrt. Die Auswahl in diesem Buch soll das Augenmerk vor allem auf einige typische Probleme richten und damit Wege zeigen, wie andere, hier nicht zur Sprache kommende Systeme zu betrachten sind. Grundlagen dazu sind bereits in den vorangegangenen Kapiteln gebracht worden. In diesem Kapitel sollen einige Phasendiagramme behandelt werden, wozu u. a. die Festlegung von Stabilitätsbereichen von Verbindungen und Modifikationen gehört. Für die Keramik ist dabei nicht nur die Lage der Umwandlungspunkte interessant, sondern auch die Umwandlungskinetik. Schließlich sollen einige Eigenschaften genannt werden, die entweder für die Praxis oder für den Nachweis bestimmter Substanzen wichtig sind. Als Einteilungsprinzip ergibt sich nach der Phasenregel sofort die Gliederung in Ein-, Zwei-, Drei- und Mehrstoffsysteme. Entsprechend seiner Bedeutung für die Keramik spielt dabei das SiO_2 die dominierende Rolle. Aber selbst da ist es nicht möglich, alle interessanten Systeme zu bringen. Man kann jedoch auf einige Handbücher zurückgreifen; für die Phasendiagramme z. B. auf den LANDOLT-BÖRNSTEIN [427] oder die „Phase Diagrams for Ceramists" [452].

4.1 Einstoffsysteme

Das allgemeine Verhalten von Einstoffsystemen wurde bereits früher (S. 119) behandelt. In der Keramik treten reine Einstoffsysteme vor allem in der Oxidkeramik auf. Aber auch zum Verständnis von Mehrstoffsystemen ist die Kenntnis der Einstoffsysteme Voraussetzung. Meist ist das Verhalten von Einstoffsystemen recht einfach, aber gerade SiO_2 bildet eine Ausnahme. Die Behandlung des SiO_2, des wichtigsten Einstoffsystems der Keramik, wird an erster Stelle stehen. Als weitere Beispiele sollen nur noch Al_2O_3 und H_2O gewählt werden; letzteres deshalb, weil es auch als ein wichtiger Rohstoff der Keramik betrachtet werden muß und viele Prozesse maßgeblich beeinflußt.

4.1.1 SiO$_2$

Bereits in früheren Kapiteln dieses Buches wurde das SiO$_2$ öfter erwähnt; im Abschn. 2.2.5.3 wurden die Strukturen der wichtigsten Modifikationen behandelt. Ergänzend dazu muß jetzt festgestellt werden, unter welchen Bedingungen die verschiedenen Modifikationen auftreten und welche Eigenschaften sie haben. Nähere Angaben findet man bei Frondel [212], Sosman [685] oder Flörke [194].

Quarz. SiO$_2$ tritt als solches in der Natur meist in der Modifikation des Tiefquarzes auf, der die bei Raumtemperatur thermodynamisch stabile Modifikation ist. (Etwas mehr über das Vorkommen des SiO$_2$ bringt Abschn. 5.1.3.) Einige Eigenschaften sind in Tab. 11 (S. 39) enthalten. Danach ist Tiefquarz anisotrop, was nicht nur seine Doppelbrechung bedingt, sondern auch bei vielen anderen Eigenschaften eine Richtungsabhängigkeit mit sich bringt, z. B. bei der Härte, Wärmedehnung oder Wärmeleitfähigkeit. Da aber in der Keramik der Quarz meist feinkörnig verwendet wird und die Körner regellos gelagert sind, rechnet man mit mittleren Werten. Im allgemeinen ist der Quarz farblos und hat sehr gute Lichtdurchlässigkeit, die im UV bis 175 mμ, im UR bis 3 μm reicht. Die Härte beträgt 7 nach der Mohsschen Skala, der Bruch ist muschelig.

Für die Keramik am wichtigsten ist das Verhalten beim Erhitzen. In Abb. 86 ist die Temperaturabhängigkeit des spezifischen Volumens (= Volumen von 1 g Substanz = reziproker Wert der Dichte) graphisch dargestellt. Man erkennt mit wachsender Temperatur eine Zunahme, die immer größer wird, um bei 573 °C steil anzusteigen. Bei dieser Temperatur geht der Tiefquarz in den Hochquarz über. Letzterer zeigt keine weitere Volumenzunahme, sondern bei höheren Temperaturen sogar eine geringe Abnahme. Aus diesem Kurvenverlauf läßt sich leicht der kubische bzw. lineare Ausdehnungskoeffizient berechnen. Für 0 bis 100 °C ist er in Tab. 11 aufgeführt. Mit steigender Temperatur wird er größer, oberhalb 573 °C, also im Stabilitätsbereich des Hochquarzes, ist er schwach negativ. (Letzteres gilt natürlich nur für den wahren Ausdehnungskoeffizienten bei diesen Temperaturen. Der mittlere Ausdehnungskoeffizient von z. B. 20 bis 800 °C ist immer noch positiv.)

Dieser Kurvenverlauf ist reversibel, d. h., beim Abkühlen findet man dieselben Werte. Bei 573 °C tritt der Quarzsprung ein, der eine beträchtliche Volumenkontraktion der Quarzkörner darstellt und zu erheblichen Spannungen im Gefüge führt. In Abb. 86 ist er bei 573 °C mit 0,8 Vol.-% angegeben. Bis 500 °C beträgt die Kontraktion bereits 1,7 Vol.-%, bis 400 °C 2,6 Vol.-%. Quarzhaltige Produkte müssen deshalb über den Quarzsprung langsam abgekühlt werden.

Die Quarzumwandlung ist in ihrem Mechanismus mehrfach untersucht worden. Die reversible und schnelle Umwandlung zeigt an, daß keine größeren strukturellen Änderungen eintreten, also eine displazive Umwandlung vorliegt (S. 41). Die strukturellen Vorgänge sind noch nicht restlos geklärt. Röntgenographische Untersuchungen von Arnold [22] zeigen im Untergrund der Aufnahmen diffuse Reflexe, die bereits ab 400 °C zu beobachten sind, die Umwandlung also schon bei tieferer Temperatur ankündigen. Es tritt dabei ein kooperativer Vorgang auf, d. h., die schon bei tieferer Temperatur umgeordneten Atome erleichtern die

weitere Umwandlung der Struktur. Diese frühzeitige Ankündigung der Umwandlung deutet sich auch in der Ausdehnungskurve der Abb. 86 an. Genauere Untersuchungen der Ausdehnung haben ergeben, daß der in Abb. 86 eingezeichnete Sprung bei der Quarzumwandlung nicht vorhanden ist, sondern daß ein stetiger Übergang vorliegt. Man bezeichnet diesen Typ als Umwandlung II. Ordnung mit λ-Punkt. (λ-Umwandlungen sind z. B. auch die Curiepunkte ferromagnetischer Stoffe.) COENEN [116] hat diese Verhältnisse ausführlich diskutiert, u. a. auch den Verlauf der spezifischen Wärme.

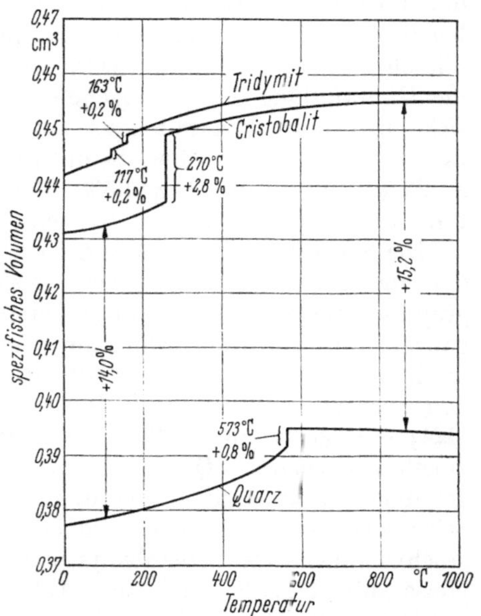

Abb. 86. Temperaturabhängigkeit des spezifischen Volumens von Quarz, Cristobalit und Tridymit

Der Nachweis der Hoch-Tief-Umwandlung erfolgt am besten dilatometrisch oder mit der DTA (S. 196), wo sich bei der Umwandlungstemperatur ein endothermer Effekt zeigt. Beide Methoden dienen oft zum Nachweis des Quarzes, weshalb es wichtig ist zu bedenken, daß die Effekte unscharf werden können, da die Umwandlung bereits bei tieferer Temperatur beginnt. Außerdem können Verunreinigungen im Quarz zu einer Erniedrigung der Umwandlungstemperatur führen, die aber im allgemeinen gering ist.

In Abb. 86 geht die Temperatur nur bis 1000 °C. Erhitzt man weiter, kann man nach J. D. MACKENZIE [466] ab etwa 1400 °C ein Schmelzen des Quarzes beobachten, das immer an der Oberfläche oder an Grenzflächen einsetzt. Die Schmelzgeschwindigkeit ist allerdings sehr gering. Bei 1550 °C beträgt sie nur 0,03 µm/min, bei 1750 °C erst 6 µm/min. Man kann also den Quarz sehr weit überhitzen.

Cristobalit. Das Schmelzen des Quarzes kann man nur dann feststellen, wenn man nicht zu langsam arbeitet. Tempert man Quarz längere Zeit bei Temperaturen oberhalb 1200 °C, dann tritt eine weitere Modifikationsänderung, die zum Cristobalit auf. Da auch diese Umwandlung für die Keramik von großer Bedeutung ist, soll sie zunächst besprochen werden, ehe auf die Eigenschaften des Cristobalits eingegangen wird.

Viele Autoren haben die *Quarz-Cristobalit-Umwandlung* untersucht, die wegen der unterschiedlichen Strukturen eine rekonstruktive Umwandlung ist. Allgemein kann man feststellen, daß die Umwandlung um so schneller erfolgt, je geringer die Korngröße ist. Die Ursache liegt darin, daß auch diese Umwandlung an Ober- bzw. Grenzflächen beginnt, d. h. bei Proben mit größerer Oberfläche pro Gewichts- oder Volumenanteil schneller abläuft. Weiterhin wird, wie bei kinetischen Prozessen üblich, die Umwandlung durch steigende Temperaturen beschleunigt. So hat sich ein Quarzpulver mit einer mittleren Korngröße von 60 μm nach 24 h bei 1270 °C zu 4 Gew.-% in Cristobalit umgewandelt, bei 1370 °C zu 29% und bei 1450 °C zu 95%. Bei reinem Quarz kann die Umwandlung ab 1000 °C beobachtet werden.

Die Kinetik der Umwandlung hat CHAKLADER [98] näher untersucht, der die Phasengehalte differentialthermoanalytisch und röntgenographisch verfolgte. Dabei traten Differenzen zu 100% auf, die als Übergangsphase gedeutet wurden, ihre Ursache aber in den Fehlordnungserscheinungen bei der Umwandlung haben. Das ergibt sich auch aus den röntgenographischen Untersuchungen von KUELLMER und POE [424] mit Quarzeinkristallen, die folgende Umwandlungsmechanismen annehmen: Quarz → Quarz mit starker Temperaturfehlordnung → fehlgeordneter Cristobalit → geordneter Cristobalit. Wenn allerdings die Schmelzgeschwindigkeit des Quarzes größer als die Kristallisationsgeschwindigkeit des Cristobalits werden sollte, muß eine Übergangsphase auftreten, die nach dem Abkühlen als Kieselglas angesprochen werden kann. Die an Kieselglas gemessenen Kristallisationsgeschwindigkeiten von Cristobalit sind aber wesentlich höher als die von CHAKLADER angegebenen Werte. Der Einfluß von Verunreinigungen auf die Quarz-Cristobalit-Umwandlung wird unten besprochen.

Erhitzt man Cristobalit weiter, kommt man zur Schmelztemperatur des Cristobalits bei 1723 °C. Ein Abkühlen der Schmelze führt zum Kieselglas, Tempern unterhalb 1723 °C wieder zur Kristallisation von Cristobalit. Eine Umwandlung des Cristobalits in Quarz ist ohne besondere Hilfsmittel nicht zu erreichen. Bei Raumtemperatur stellt der Cristobalit eine thermodynamisch metastabile Phase dar.

Die Struktur des Cristobalits wurde früher beschrieben (S. 38), einige Eigenschaften bringt Tab. 11, das Ausdehnungsverhalten zeigt Abb. 86. Aus dieser Abbildung ergibt sich zunächst deutlich, daß der Cristobalit ein wesentlich größeres Volumen bzw. eine geringere Dichte als der Quarz hat. So tritt z. B. bei der Umwandlung des Quarzes in den Cristobalit bei 1000 °C eine Volumenzunahme von über 15% auf. Ähnliche Werte gelten auch für höhere Temperaturen, was von großer praktischer Bedeutung für das Verhalten von quarzhaltigen Produkten bei hohen Temperaturen ist.

Weiterhin zeigt Abb. 86, daß beim Cristobalit ebenfalls eine *Hoch-Tief-Umwandlung* eintritt, die auch reversibel und displaziv ist. Sie ist mit einer großen Volumenänderung verbunden. Die Darstellung dieser Umwandlung in Abb. 86 ist idealisiert; denn in Wirklichkeit beobachtet man immer stetige Übergänge, oft auch tiefere Umwandlungstemperaturen und unterschiedliches Verhalten zwischen Aufheizen und Abkühlen, also eine Hysterese. Die Ursache ist in den früher geschilderten Fehlordnungserscheinungen zu suchen (S. 41). Abb. 87 zeigt einige Beispiele nach FLÖRKE [191], der Cristobalit mit steigendem Ordnungsgrad bzw. fallendem Fehlordnungsgrad durch Tempern von Kieselglas mit steigender Temperatur herstellte. (Denselben Effekt erzielt man durch längeres Tempern bei konstanter Temperatur.) Die Dilatometermessungen zeigen deutlich, daß sich mit steigendem Ordnungsgrad die Umwandlungstemperatur erhöht und das Umwandlungsintervall verringert, aber die Hysteresebreite zunimmt. Jede Umwandlung erfordert

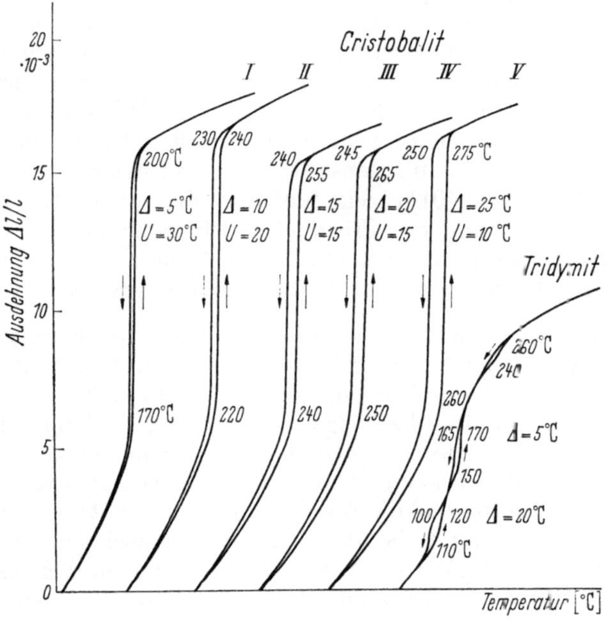

Abb. 87. Dilatometerkurven von Cristobaliten mit von I bis V zunehmendem Ordnungsgrad und von einem relativ gut geordneten Tridymit. (U = Umwandlungsintervall, Δ = Hysteresebreite)

eine Keimbildung, die durch die Fehlordnung begünstigt wird, so daß die Umwandlungstemperatur erniedrigt wird. Da die Keimbildung für die Tief → Hoch- und die Hoch → Tief-Umwandlung unterschiedlich ist, ergibt sich eine Hysterese, die bei geringen Keimbildungsschwierigkeiten, also großer Fehlordnung, nur klein ist. Das Umwandlungsintervall ist die Folge der Untersuchung eines Pulvers mit Einzelkörnern unterschiedlichen Umwandlungsverhaltens. Einkristalle zeigen eine schlagartige Umwandlung bei einer bestimmten Temperatur in die Hochcristobalitform und ebensolche schlagartige Rückumwandlungen, die bei einer etwas tieferen Temperatur liegt. Es besteht aber bei den Einkristallen kein Zusammenhang zwischen der Umwandlungstemperatur und der Hysteresebreite; denn KRISEMENT und TRÖMEL [416] konnten zeigen, daß Einkristalle einheitlicher Umwandlungstemperatur Tief → Hoch-

cristobalit für die Umwandlungstemperatur Hoch → Tiefcristobalit
wieder eine Verteilung zeigen, die ebenso wie bei einem Pulver einer
Gaussverteilung entspricht. Es bedarf weiterer Strukturaufklärungen,
ehe man dafür eine endgültige Deutung geben kann. Es ist anzunehmen,
daß neben der Struktur auch noch Verunreinigungen die Umwandlung
beeinflussen.

Der Nachweis der Cristobalitumwandlung kann auch anders erfolgen,
z. B. mit dem Heiztischmikroskop, da die Umwandlung des Tief- in den
Hochcristobalit die Kristallsymmetrie von tetragonal nach kubisch,
also von anisotrop nach isotrop ändert. Oft wird die Umwandlungswärme ausgenützt, indem man die Umwandlung mit dem Kalorimeter
oder mit der DTA verfolgt. Letztere Methode wird häufig auch zum
Nachweis des Cristobalits verwendet. Quantitative Messungen erfordern
aber die Beobachtung der Fehlordnung; denn entsprechend dem unterschiedlichen Ausdehnungsverhalten werden die DTA-Effekte bei der
Umwandlung mit steigender Fehlordnung nach tieferen Temperaturen
verschoben und nehmen an Intensität ab. Darauf hat FLÖRKE [189] hingewiesen und zugleich [191] gezeigt, daß auch die quantitative röntgenographische Bestimmung des Cristobalits sehr vom Fehlordnungsgrad
abhängig ist. Es sei bereits hier erwähnt, daß dieselbe Vorsicht bei der
quantitativen Bestimmung von Tridymit am Platze ist.

Tridymit. Bei den Strukturen wurde der Tridymit als weitere Modifikation des SiO_2 behandelt, aber bereits dort schon darauf hingewiesen,
daß der Tridymit nur durch geringe Gehalte an Fremdionen stabilisiert
wird (S. 41). FLÖRKE [189] hat zeigen können, daß alle Tridymite strukturell fehlgeordnet sind, wobei der Grad der Fehlordnung und damit einige
Eigenschaften stark variieren können. Die Angaben in Tab. 11 (S. 39)
sind daher Mittelwerte, und die Ausdehnungskurve in Abb. 86 ist idealisiert. Letztere Kurve zeigt, daß der Tridymit eine noch geringere Dichte
als der Cristobalit hat. Weiterhin kann man erkennen, daß im Bereich
oberhalb 100 °C zwei Unstetigkeiten sind, die Umwandlungen anzeigen,
die ebenfalls reversibel und displaziv sind. Der angegebene Verlauf stellt
aber nur das Verhalten einer bestimmten Tridymitprobe dar. Andere
Proben zeigen anderes Verhalten, wobei nach FLÖRKE [192] drei und
mehr Umwandlungen auftreten können, die im Temperaturbereich von
80 bis 270 °C liegen (Abb. 87). Tridymitkristalle mit Umwandlungen
oberhalb 200 °C zeigen röntgenographisch deutlich 3-Schicht-Anteile,
kommen also in der Struktur dem Cristobalit nahe. Nach CZANK u. Mitarb.
[124] ist der Tridymit ab 165 °C orthorhombisch. Erst oberhalb 350 °C
setzt eine bis 460 °C fortschreitende kontinuierliche Umwandlung in
hexagonale Hochform ein. Nicht nur Struktur und Fehlordnungsgrad
bestimmen das Umwandlungsverhalten, sondern auch die Art und Menge
der eingebauten Fremdionen. Allerdings ist bisher der quantitative
Zusammenhang noch unbekannt.

Das stark unterschiedliche Verhalten erschwert auch den Nachweis
von Tridymit, wobei man nicht nur im Dilatometer, sondern auch bei
der DTA stark abweichende Ergebnisse erhält. Das Röntgenspektrum

reagiert nicht ganz so empfindlich auf diese geringen strukturellen Unterschiede. Dagegen findet man Tridymite mit Dichten bis zu 2,37 g/cm³, die ganz erheblich über die Angabe von 2,27 g/cm³ in Tab. 11 hinausgehen. PATZAK und KONOPICKY [539] konnten zeigen, daß diese Tridymite bis fast 5 Gew.-% CaO und 1,5 Gew.-% Al_2O_3 enthalten, wodurch das Gitter kontrahiert wird.

Beim Brennen von Quarz sind meist genügend Verunreinigungen oder absichtlich zugefügte Komponenten vorhanden, die die Bildung des Tridymits begünstigen. Dabei hat sich herausgestellt, daß unter diesen Bedingungen Tridymit im Temperaturbereich von 867 bis 1470 °C entsteht, wie es bereits FENNER [183] in seiner klassischen Arbeit über die SiO_2-Modifikationen beobachtet hat. Die Geschwindigkeit der Umwandlung ist stark abhängig von der Art und Menge der Fremdsubstanzen.

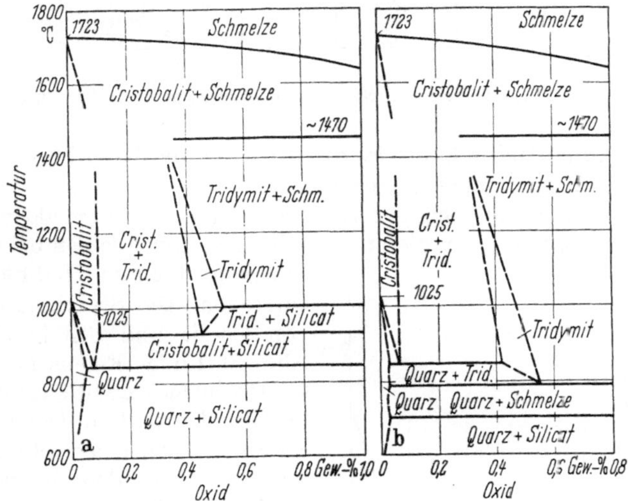

Abb. 88a u. b. Angenommene Phasendiagramme für das SiO_2-reiche Gebiet mit benachbartem Eutektikum oberhalb (a) und unterhalb (b) 870 °C

In allen Phasendiagrammen, die neben SiO_2 noch eine weitere Komponente enthalten, tritt damit der Tridymit als SiO_2-Modifikation auf. Die Phasengrenzen zum reinen SiO_2 sind noch nicht genau bekannt. HOLMQUIST [307] hat dazu Versuche in den Systemen SiO_2 mit Li_2O, Na_2O und K_2O durchgeführt und danach die beiden Diagramme der Abb. 88a und b vorgeschlagen, in denen die gestrichelten Phasengrenzen nur vermutet werden. Für Systeme mit einer benachbarten eutektischen Temperatur über 870 °C, also SiO_2-Li_2O, gilt Abb. 88a, während andernfalls, also für SiO_2-Na_2O und SiO_2-K_2O, Abb. 88b zutrifft.

Phasendiagramm. Nach Abb. 88 liegt im reinen SiO_2-System die Umwandlungstemperatur Quarz-Cristobalit bei 1025 °C. Eine ähnliche Temperatur fand auch FLÖRKE [190], als er aus Tridymit die Fremdionen im Gitter durch Elektrolyse entfernte. Oberhalb 1050 °C bildete sich dabei Cristobalit.

Mit diesen Feststellungen ist es möglich, das Einstoffsystem des SiO₂ aufzustellen. Abb. 89a zeigt die Verhältnisse beim reinen SiO₂ und Abb. 89b in Gegenwart von Fremdionen. Die thermodynamisch stabilen

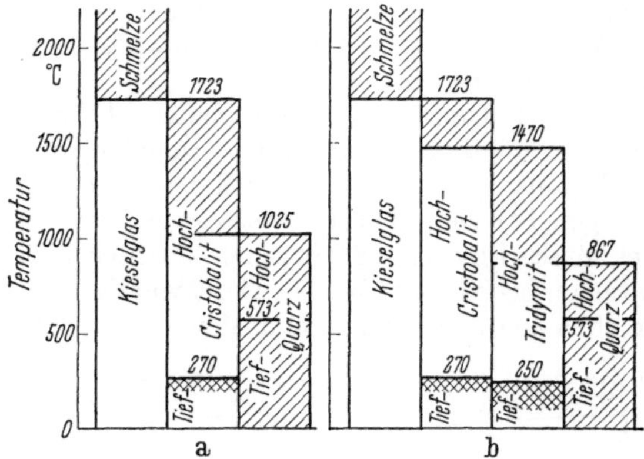

Abb. 89a u. b. Einstoffsystem des reinen (a) und Fremdionen enthaltenden (b) SiO₂

Bereiche sind einfach schraffiert, die Umwandlungsbereiche von Cristobalit und Tridymit gekreuzt schraffiert.

Die Phasenbeziehungen der Abb. 89 gelten für Normaldruck. Die relativ offenen Strukturen dieser SiO₂-Modifikationen lassen bei höheren

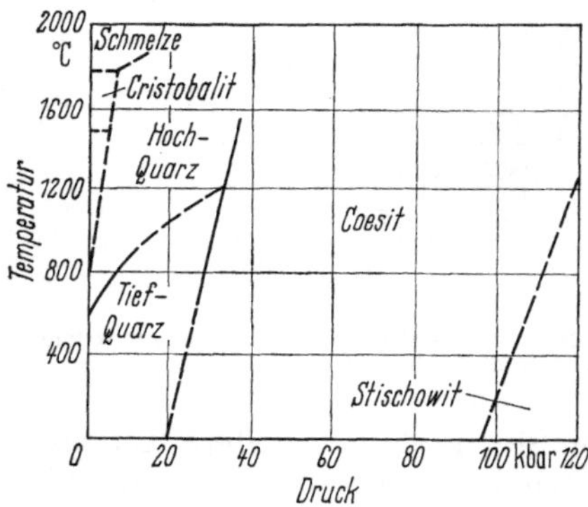

Abb. 90. p, T-Phasendiagramm des SiO₂

Drücken dichtere Modifikationen entstehen. Die Stabilitätsbereiche von Coesit und Stischowit zeigt Abb. 90. Einige Eigenschaften dieser Hochdruckmodifikationen sind in Tab. 11 enthalten. Der dort noch erwähnte Keatit entsteht nur unter hydrothermalen Bedingungen.

Aus Abb. 90 kann man zugleich die Veränderungen der bisher besprochenen Umwandlungstemperaturen mit steigendem Druck erkennen, die um so stärker sind, je größer die Differenz der spezifischen Volumina der beiden Modifikationen ist.

Einfluß von Fremdstoffen. Es ist schon längere Zeit bekannt, daß geringe Mengen besonders von Alkalien die Umwandlung des Quarzes stark beschleunigen können. Aus systematischen Versuchen von FLÖRKE [188] folgt, daß die Wirkung der Alkalien um so größer ist, je kleiner die betreffenden Kationen sind. Im Stabilitätsbereich des Tridymits von 867 bis 1470 °C entsteht aber nicht sofort Tridymit, sondern erst Cristobalit, wobei die jeweiligen Verhältnisse von Restquarz zu gebildetem Cristobalit und Tridymit von der Art des Mineralisators, der Versuchszeit und -temperatur abhängen.

Mehrwertige Kationen haben eine nur geringe Mineralisatorwirkung. Nach DeKEYSER und CYPRÈS [134] hemmt CaO sogar den Einfluß der Alkalien bei der Tridymitbildung. Diese Autoren konnten auch zeigen, daß ein Zusatz von Feldspat kaum eine Wirkung hat, daß also die im Feldspat enthaltenen Alkaliionen darin recht fest gebunden sein müssen. Fügt man aber zusätzlich etwas CaO zu, dann findet man wieder eine deutliche Mineralisatorwirkung, da durch Ionenaustausch oder Reaktionen Alkaliionen freigesetzt werden. Abb. 91 zeigt eine Gegenüberstellung einiger solcher Meßreihen, wobei zum Vergleich auch ein Versuch angeführt wurde, bei dem nur die Alkalimenge zugesetzt wurde, die dem Alkaligehalt des Feldspates entspricht. Ähnlich verhält sich Kaolin: allein wirkt er nur wenig, aber in Gegenwart von CaO stark

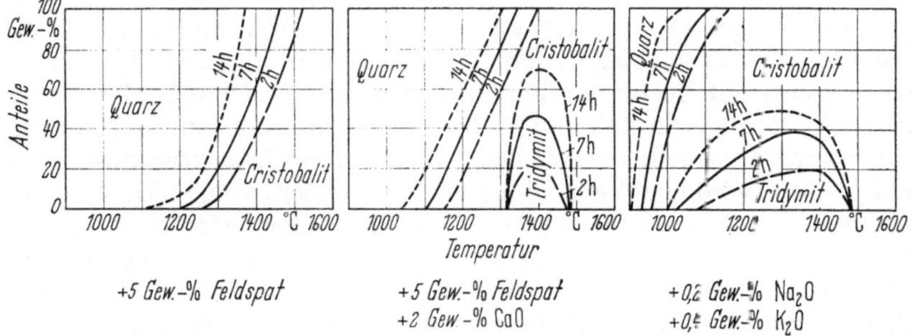

Abb. 91. Einfluß von Zusätzen auf die Temperatur- und Zeitabhängigkeit der Quarzumwandlung nach DeKEYSER und CYPRÈS [134]

beschleunigend. Auch hier hat man anzunehmen, daß die im Kaolin enthaltenen Alkalien durch CaO beweglicher gemacht werden. Abb. 91 läßt deutlich erkennen, daß bei der Quarzumwandlung zunächst Cristobalit entsteht, aus dem sich dann Tridymit bildet. Oberhalb 1470 °C entsteht nur Cristobalit, aber auch bei tiefen Temperaturen beobachtet man wegen der langsamen Cristobalit → Tridymit-Umwandlung oft nur Cristobalit.

Von den zahlreichen Versuchen, den Einfluß verschiedener Bedingungen auf die Bildung von SiO_2-Modifikationen zu bestimmen, sollen hier nur noch einige von denen erwähnt werden, die von amorphem SiO_2 ausgehen. Das hat für die Keramik insofern Interesse, als beim Brand einiger Rohstoffe, wie z. B. Kaolin, zwischenzeitlich SiO_2 frei wird. Neben der Temperatur wirken sich dabei ebenfalls Mineralisatoren auf die Art der entstehenden Modifikationen und deren Bildungsgeschwindigkeiten aus. Als ein Beispiel seien die Versuche von FLÖRKE [188] erwähnt, der zu Kieselgel 1 Mol-% R_2O zufügte. Dabei ergab sich, daß das kleine Li-Ion die Gleichgewichtsphase am schnellsten bildet, während mit größer werdendem Ionenradius energiereichere Modifikationen entstehen. Außerdem wurde bei diesen und anderen Versuchen noch beobachtet, daß der Fehlordnungsgrad der sich bildenden Tridymite und Cristobalite mit steigendem Ionenradius des anwesenden Kations zunimmt.

Als ausgeprägter Mineralisator wirkt auch H_2O, das in amorpher Kieselsäure meist in größeren Mengen vorhanden ist. PATZAK [538] konnte zeigen, daß mit steigendem H_2O-Gehalt bei 1100 bis 1300 °C nicht nur die Bildung von Cristobalit, sondern auch die von Quarz beschleunigt wird, der sich bei längerer Behandlung (über 2 Tage) weiter in Cristobalit umwandelt.

Der Hinweis auf diese verschiedenen Möglichkeiten muß hier genügen, um auf die Vielfalt der Erscheinungen aufmerksam zu machen. Es ergeben sich dadurch viele Wege, einen Prozeß in bestimmte Bahnen zu lenken.

Siliciummonoxid. Am Schluß dieses Abschnittes soll noch kurz das Siliciummonoxid SiO erwähnt werden, obwohl man es eigentlich in ein Zweistoffsystem $Si—SiO_2$ oder $Si—O_2$ einordnen müßte. Es wurde bereits früher (S. 117) gezeigt, daß bei sehr hohen Temperaturen SiO_2 verdampft, wobei vorwiegend eine Dissoziation in SiO und O_2 eintritt. Daneben entsteht SiO bei der Reduktion von SiO_2. Das dabei entstehende SiO ist gasförmig. An kälteren Stellen des Ofens oder einer Apparatur kondensiert es zu einem bräunlichen Produkt, dessen Struktur umstritten ist. Einerseits wird eine Verbindung der Zusammensetzung SiO, andererseits eine Disproportionierung zu $Si + SiO_2$ angenommen. Letzteres entspricht besser den thermodynamischen Berechnungen, aber Unterkühlungen instabiler Verbindungen treten auch oft ein. Wahrscheinlicher ist, besonders bei den Bedingungen in einem Brennofen der Technik, die Bildung von $Si + SiO_2$. Die Folge davon können Verfärbungen sein. Das Kondensationsprodukt ist leicht oxydierbar, was noch mehr für das gasförmige SiO gilt. Letzeres neigt zur Bildung des faserigen SiO_2 (S. 16), das sich leicht in eine stabilere Modifikation des SiO_2 umwandelt unter Beibehaltung der Faserform. Durch diese Reaktionen erklären sich die an kälteren Stellen von Brennöfen manchmal zu beobachtenden faserförmigen Kondensate.

4.1.2 Al_2O_3

Nach SiO_2 ist Al_2O_3 das nächst wichtige Oxid in der Keramik. Es hat bis zu seinem Schmelzpunkt bei 2050 °C nur eine thermodynamisch stabile Phase: $\alpha\text{-}Al_2O_3$ oder *Korund*. Seine Struktur wurde früher (S. 25) beschrieben, weitere Eigenschaften sind in Tab. 31 enthalten. Zu erwähnen ist noch seine große Härte von 9 nach der Mohsschen Skala, weshalb er auch als Schleifmittel Verwendung findet.

Neben dem Korund gibt es noch eine Fülle weiterer instabiler Al_2O_3-Formen, die sich je nach Temperatur und Ausgangsmaterial beim Entwässern von Aluminiumhydroxiden bilden. Man kann sie in ein Schema einordnen, wenn man die Sauerstoffpackung betrachtet, die, wie früher (S. 19) gezeigt, in Dreier- oder Zweierfolge angeordnet sein kann. Die verschiedenen Modifikationen unterscheiden sich darüber hinaus in der Art der Besetzung der Lücken und in der Fehlordnung. Tab. 32 zeigt die wichtigsten Al_2O_3-Modifikationen in dieser Charakterisierung nach SAALFELD [601]. (Man findet in der Literatur als Bezeichnung manchmal

z. B. β- oder γ-Korund. Man sollte aber den Namen Korund nur für die α-Modifikation verwenden und für die anderen β- oder γ-Al_2O_3 usw. sagen.)

Tabelle 31. *Eigenschaften von Al_2O_3-Modifikationen*

Modifikation	Kristallsystem	Gitter-konstanten Å	Dichte (20 °C) g/cm³	Brechungs-indizes n_D	linearer Ausdehnungskoeffizient $\alpha \cdot 10^6$ grd⁻¹
α-Al_2O_3 (Korund)	rhomboedrisch	$a = 5{,}13$ $\alpha = 55° \, 16'$	3,99	$n_0 = 1{,}770$ $n_E = 1{,}762$	25/300 : 6,9 25/1200 : 9,5
β-Al_2O_3	hexagonal	$a = 5{,}58$ $c = 22{,}45$	3,31	$n_0 = 1{,}67$ $n_E = 1{,}64$	25/300 : 4,0 25/1200 : 6,3
γ-Al_2O_3	kubisch (tetragonal)	$a = 7{,}90$	3,65 (3,47)	1,73 (1,70)	
„Sillimanit"	orthorhombisch	$a = 7{,}59$ $b = 7{,}67$ $c = 2{,}88$	3,0	1,63	

Tabelle 32. *Kristallchemische Charakteristik einiger Al_2O_3-Modifikationen*

Modifikation	Schichtenfolge	Kationenbesetzung der	
		Oktaeder-	Tetraederlücken
α	$ABAB \ldots$	+	−
β	$ABC-ABC- \ldots$	+	+
γ	$ABCABC \ldots$	+	+ (unterbesetzt)
$\delta + \vartheta$	$ABCABC \ldots$	+	+
χ	$ABAB \ldots$ (fehlgeordnet)	+	−
$\varkappa$	$ABAB-BABA- \ldots$	+	+
η	$ABCABC \ldots$	+ (fehlgeordnet)	+

Beim Entwässern von $Al(OH)_3$ entsteht meist bei etwa 450 °C γ-Al_2O_3, die bekannteste der Al_2O_3-Modifikationen außer dem Korund. In Tab. 31 ist sie als kubisch angegeben, aber es gibt Hinweise für eine tetragonale Symmetrie. Unabhängig davon hat γ-Al_2O_3 eine Spinellstruktur, die sich auch aus der Packungsfolge der Tab. 32 ergibt. Zum Wertigkeitsausgleich sind gegenüber dem Spinell einige Tetraederlücken nicht besetzt, so daß die Dichte geringer ist. Beim höheren Erhitzen geht γ-Al_2O_3 in Korund über, wobei größere Geschwindigkeiten erst oberhalb 1000 °C beobachtet werden. Abb. 92 zeigt Meßergebnisse von CANNON

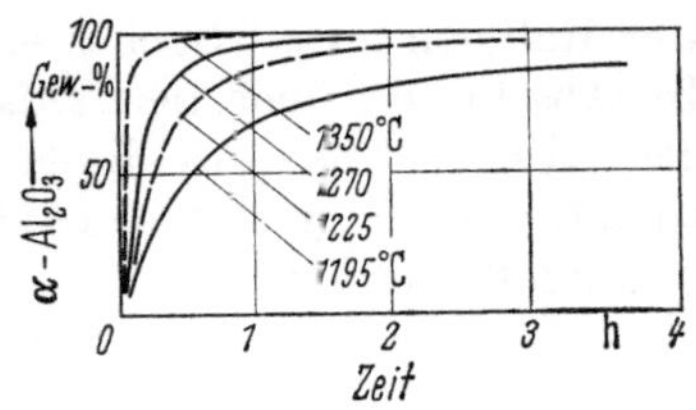

Abb. 92.
Temperatur- und Zeitabhängigkeit der Umwandlung von γ- in α-Al_2O_3

und WHITE [94], die bei der Auswertung dieser Versuche fanden, daß die Umwandlung bei nicht zu großen Umsätzen durch eine Reaktion 1. Ordnung bestimmt wird. Durch die Art der Herstellung fällt

γ-Al_2O_3 als ein sehr lockeres Pulver mit einer großen Oberfläche an, weshalb es auch als aktive Tonerde bezeichnet wird. Die Angaben über die Eigenschaften schwanken (Tab. 31), was vielleicht auch dadurch bedingt ist, daß die Präparate noch andere Modifikationen enthalten.

Auf die meisten anderen Modifikationen kann hier nicht eingegangen werden. Sie bilden sich oft nur in einem begrenzten Temperaturbereich. Allen ist gemeinsam, daß sie beim Erhitzen, teils über andere Zwischenstufen, wie γ-Al_2O_3, bei 1200 °C in Korund übergehen.

Eine Ausnahme davon ist das β-Al_2O_3, das aber kein reines Al_2O_3 ist, sondern immer noch geringe Gehalte vor allem an Alkalioxid enthält, etwa der Formel $Na_2O \cdot 11\ Al_2O_3$ bis $Na_2O \cdot 12\ Al_2O_3$ entsprechend. (Man kennt auch ähnliche Verbindungen der Formel $CaO \cdot 6\ Al_2O_3$ und $BaO \cdot 6\ Al_2O_3$.) Damit gehört β-Al_2O_3 nicht in das Einstoffsystem des Al_2O_3, ist aber für die Technologie insofern von Bedeutung, als Korund in alkalihaltiger Atmosphäre bei höheren Temperaturen in β-Al_2O_3 übergehen kann. Der Vergleich der Dichten in Tab. 31 zeigt, daß dabei eine Volumenzunahme von etwa 25% eintritt, die zu erheblichen Schäden führen kann. Umgekehrt gibt β-Al_2O_3 bei hoher Temperatur in alkalifreier Atmosphäre Alkalioxid durch Verdampfung ab und geht in Korund über.

Abweichend vom Bauprinzip der Tab. 32 konnte SAALFELD [601] eine Al_2O_3-Modifikation finden, die Sillimanitstruktur zeigt (Tab. 31). Sie wurde bei der Herstellung von Al_2O_3/Ni-Cermets beobachtet und wird möglicherweise durch Ni-Ionen stabilisiert.

Da neben α-Al_2O_3 im Einstoffsystem Al_2O_3 nur noch instabile Modifikationen auftreten, lohnt es sich nicht, ein Phasendiagramm aufzustellen. Die Schmelztemperatur von 2050 °C wurde schon erwähnt. Bei noch höheren Temperaturen beginnt sich die Verdampfung bemerkbar zu machen. Am Schmelzpunkt beträgt der Dampfdruck etwa $5 \cdot 10^{-7}$ atm, wobei in der Gasphase eine Dissoziation vor allem in Al_2O $+ 2\ O$ eintritt. Bei erhöhtem Druck ist keine Modifikationsänderung zu erwarten, da der Korund bereits eine dichte Sauerstoffpackung aufweist.

Neben dem Al_2O_3 gibt es noch viele keramisch interessante Oxide. Der Rahmen dieses Buches erlaubt es nicht, sie näher zu beschreiben. Im Abschn. 6.4 über die Oxidkeramik werden einige noch erwähnt werden. Hier soll nur auf die Monographie von RYSHKEWITCH [595] verwiesen werden, in der u. a. MgO, BeO, ZrO_2 und ThO_2 ausführlicher behandelt werden.

4.1.3 H_2O

Es mag vielleicht überraschen, neben SiO_2 und Al_2O_3 hier auch das H_2O zu finden, doch das H_2O spielt in der Keramik eine wichtige Rolle. Man begegnet ihm u. a. eingebaut in vielen Strukturen, als flüssiges Wasser in Massen und Schlickern oder als Wasserdampf in der Umgebung, z. B. in der Ofenatmosphäre. Einige der wichtigsten Erscheinungen sollen n diesem Abschnitt besprochen werden.

Das H_2O-Molekül ist auf Grund der Elektronenanordnung des Sauerstoffs gewinkelt. Im isolierten Zustand (im Dampf) beträgt der $H-O-H$-Valenzwinkel 104,5°. Reiner H_2O-Dampf kondensiert bei einem Druck von 1 atm bei genau 100 °C, was natürlich gleichzeitig die Siedetemperatur ist. Weiter fallende Temperatur führt bei genau 0 °C zur Kristallisation zum Eis, wenn der Druck bei 1 atm belassen wird. Nach der Phasenregel sind dann, da man den Druck vorgegeben hat, nur die beiden Phasen Eis und flüssiges Wasser im Gleichgewicht; denn bei 0 °C beträgt der Dampfdruck nur noch 4,579 Torr. (Der Dampfdruck von Wasser nimmt in der üblichen Art mit der Temperatur stark zu. Gleiche Zahlenwerte von Temperatur und Dampfdruck erhält man bei etwa 27,5 °C mit 27,5 Torr.) Der Tripelpunkt des H_2O, also das Gleichgewicht zwischen allen drei Phasen Eis, flüssiges Wasser und Dampf liegt bei 0,0075 °C und 4,581 Torr Wasserdampfdruck.

Ehe die Struktur des flüssigen Wassers betrachtet wird, empfiehlt es sich, die *Struktur des Eises* anzusehen. Maßgebend dabei sind Wasserstoffbrückenbindungen, die sich zu benachbarten O-Atomen in energetisch begünstigten Lagen ausbilden. Durch die Hybridisierung der p- und s-Elektronen (S. 5) des Sauerstoffes im H_2O erfahren auch die beiden an den Bindungen nicht beteiligten Elektronenpaare eine räumliche Verschiebung, indem sie an der den H-Atomen entgegengesetzten Seite senkrecht zur $H-O-H$-Ebene heraustreten. Insgesamt entsteht damit am Sauerstoff eine tetraedrische Ladungsverteilung. Wenn nun die beiden H-Atome zu benachbarten H_2O-Molekülen und andere H_2O-Moleküle zu den beiden freien Elektronenpaaren Wasserstoffbrückenbindungen ausbilden, entsteht eine Viererkoordination der H_2O-Moleküle, wie sie in Abb. 93 dargestellt ist. Damit besteht eine große Ähnlich-

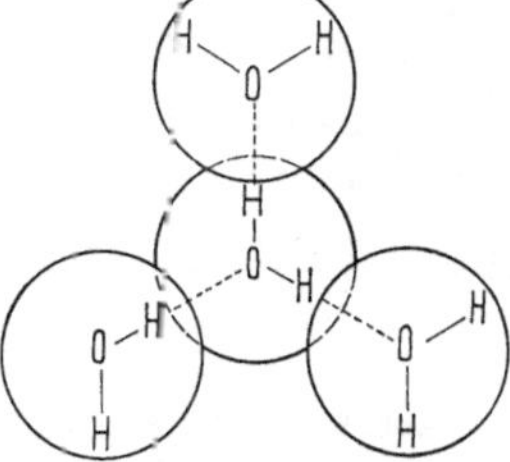

Abb. 93. Viererkoordination von H_2O-Molekülen (ein weiteres H_2O-Molekül befindet sich hinter dem mittleren H_2O-Molekül)

keit mit dem $[SiO_4]$-Tetraeder, dem Strukturelement der Silicate. Diese Ähnlichkeit findet man in der Struktur des Eises wieder, die durch einen Zusammenbau dieser Einheiten entsprechend der idealen Tridymitstruktur entsteht, weshalb man auch von der Tridymitstruktur des Eises spricht. Diese Struktur ist locker gebaut und erklärt die geringe Dichte des Eises.

Der Übergang vom Eis zum flüssigen Wasser ist mit nur geringen Änderungen vieler Eigenschaften verknüpft, woraus sich ergibt, daß die Strukturänderungen beim Schmelzen ebenfalls gering sind. Man hat abgeschätzt, daß nur etwa 10% der Bindungen aufgebrochen werden, die aber eine dichtere Packung ermöglichen. Die Dichte des flüssigen

Wassers ist deshalb bei 0 °C etwa 9% höher als die des Eises. Damit ergibt sich bereits eine Aussage über die *Struktur des flüssigen Wassers*, ein Problem, dem sehr viele Arbeiten gewidmet wurden, ohne daß bis jetzt eine allgemein befriedigende Deutung gefunden werden konnte. (So erwähnt Luck [459] in einem Übersichtsartikel über 400 Arbeiten.) Man kann aber als gesichert annehmen, daß im Wasser größere, durch Wasserstoffbrückenbindungen zusammengehaltene Einheiten vorliegen, von denen es mindestens zwei Typen gibt und die mit steigender Temperatur unterschiedliche Existenzbereiche und Größen haben. Am Schmelzpunkt herrscht eine lockere, tridymitartige Struktur vor, die mit steigender Temperatur in eine andere, dichter gepackte Struktur übergeht. Weiter steigende Temperaturen führen zu einem Abbau dieser Einheiten und damit zu einer Abnahme der Dichte, so daß bei 4 °C ein Maximum der Dichte auftritt.

Die Zunahme der Dichte beim Schmelzen des Eises hat zur Folge, daß erhöhter Druck die Schmelztemperatur senkt. Nach dem p, T-Phasendiagramm der Abb. 94 wird bei einem Druck von 2070 bar eine Schmelztemperatur von -22 °C erreicht. Noch höhere Drücke führen zu dichteren kristallinen H_2O-Modifikationen.

Im flüssigen Wasser ist ein geringer Teil der H_2O-Moleküle in H^+-Ionen (Protonen) und OH^--Ionen dissoziiert. Bei 25 °C beträgt deren Konzentration fast genau je 10^{-7} mol/ltr., d. h., der pH-Wert, der negative dekadische Logarithmus der H^+-Ionenkonzentration, beträgt 7.

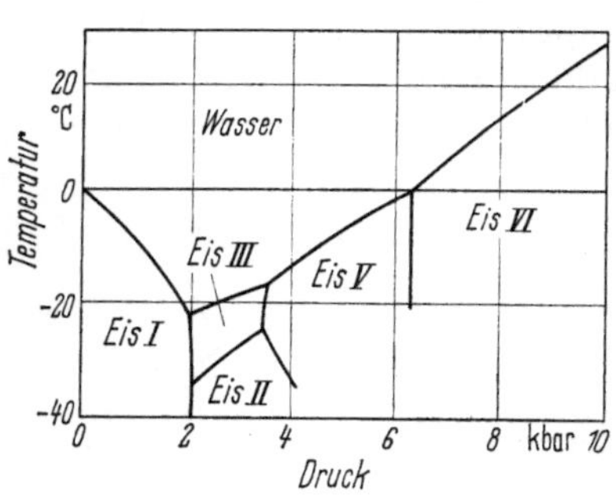

Abb. 94. p, T-Phasendiagramm des H_2O

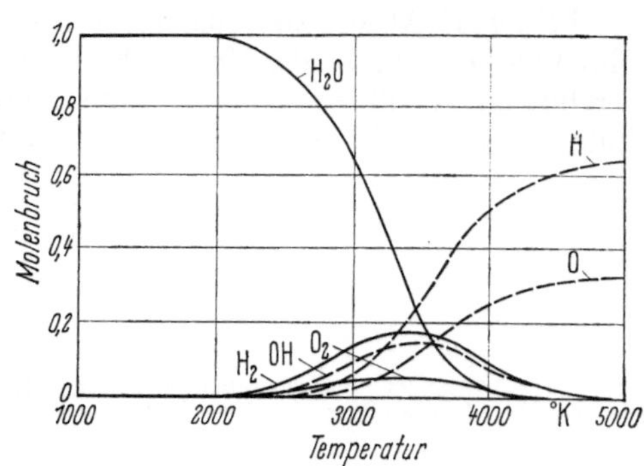

Abb. 95. Dissoziation von Wasserdampf nach Friel und Goetz [208] (Gesamtdruck 1 atm)

Unter erhöhtem Druck, z. B. in einem Autoklaven, ist flüssiges Wasser bis zu einer Temperatur von 374 °C, der sogenannten kritischen Temperatur, beständig. Der zugehörige Gleichgewichtsdruck beträgt 218 atm. Die Dichte des Wassers hat dann bis auf 0,4 g/cm³ abgenommen und gleicht der des Wasserdampfes bei diesem Druck. Oberhalb dieser kritischen Temperatur ist nur noch Wasserdampf existent.

Im *Wasserdampf* sind nur isolierte H_2O-Moleküle vorhanden. Bei sehr hohen Temperaturen, ab etwa 1800 °C, beginnt eine weitere Dissoziation, zunächst in H_2, O_2 und OH, später in die Atome H und O. Abb. 95 zeigt, daß ab etwa 4000 °C keine H_2O-Moleküle mehr vorhanden sind.

Bei hohen Temperaturen zeigt Wasserdampf eine sehr starke Reaktionsbereitschaft. Man kann das an der Flüchtigkeit vieler Oxide in Wasserdampf erkennen. Dieses Verhalten wird noch deutlicher, wenn man mit verdichtetem überkritischem Wasserdampf arbeitet, in dem eine überraschend große Löslichkeit für viele feste Stoffe besteht. So beträgt z. B. in Wasserdampf bei 500 °C und 1 kbar die Löslichkeit von SiO_2 2600 ppm. Diese Erscheinungen bilden die Grundlage für viele hydrothermale Reaktionen.

Eine wichtige Eigenschaft des Wasserdampfes bei Raumtemperatur ist seine starke Neigung zur *Adsorption*. Bei der Besprechung der Adsorption (S. 93) wurde gezeigt, daß die adsorbierte Menge durch den relativen Dampfdruck p/p_0 bestimmt wird. Monomolekulare Schichten werden bei etwa $p/p_0 = 0{,}2$ erreicht, was einer relativen Feuchtigkeit von 20 % entspricht. Da diese meist höher ist, wird man bereits aus diesem Grund mit einer Adsorption zu rechnen haben. Darüber hinaus bilden die H_2O-Moleküle zu den in der Oberfläche der Festkörper liegenden O-Atomen bzw. OH-Gruppen Wasserstoffbrückenbindungen aus, so daß die Adsorptionstendenz verstärkt wird. Die H_2O-Adsorption an SiO_2 und Tonmineralen ist vielfältig untersucht worden. Allgemein kann man dazu sagen, daß man die BET-Gleichung in deren Gültigkeitsbereich anwenden kann. Die Auswertung nach der monomolekularen Schicht erlaubt wertvolle Aussagen über die Struktur der Oberfläche. Oft geht die physikalische Adsorption des H_2O in eine Chemisorption über, indem Reaktionen mit den Oberflächenatomen des Festkörpers eintreten, meist durch Ausbildung von OH-Grupen. Dieses „Wasser" ist dann fester gebunden, und zur Entfernung muß man auf höhere Temperaturen erhitzen, bei Gläsern z. B. bis auf etwa 400 °C.

Adsorbiertes H_2O wird eine andere Struktur als flüssiges Wasser, also auch andere Eigenschaften haben. In dieser Beziehung ist besonders die Dichte des adsorbierten H_2O häufig diskutiert worden. Man kann sich zwei Möglichkeiten denken: einmal eine dichtere Packung als in der relativ lockeren Struktur des flüssigen Wassers und zum anderen, bedingt durch die Struktur der Festkörperoberfläche, den Aufbau der tridymitähnlichen Eisstruktur. Das würde entweder zu einer höheren oder zu einer geringeren Dichte des adsorbierten Wassers führen. Man findet auch beide Angaben. So messen DAL und BERDEN[126] Dichten des adsorbierten H_2O an verschiedenen Tonen bis zu 1,9 g/cm³, während z. B. GRAHAM [228] Dichten an einigen Bentoniten von nur 0,98 g/cm³ findet. Die Unterschiede sind so groß, daß man kaum Meßfehler dafür verantwortlich machen kann, sondern es ist anzunehmen, daß sie durch die adsorbierte Menge und die Art des Festkörpers, z. B. die Kationenbelegung bei den Tonen, bedingt sind. Es ist daher mit beiden Möglichkeiten zu rechnen, doch treten diese Effekte nur in den ersten adsorbierten Schichten auf und verschwinden mit weiterer Adsorption immer mehr. Sie können aber genauere Dichtemessungen beeinflussen. Einen Überblick über die Eigenschaften des an Tonen adsorbierten Wassers hat R. T. MARTIN [473] gegeben.

Die vom flüssigen Wasser verschiedene Struktur des adsorbierten H_2O macht sich auch bei der Kristallisation zum Eis bemerkbar, wobei man in jedem Fall eine Erniedrigung des Gefrierpunkts erwarten wird. Sie ist oft beobachtet worden, wobei Gefrierpunktserniedrigungen bis zu über 80 grd gemessen wurden. Von System zu System treten große Unterschiede auf, was sich durch verschiedene Strukturen des adsorbierten Wassers erklärt. Man hat versucht, dieses Verhalten quantitativ zu erfassen. Aus diesen Bemühungen kann man folgern, daß es nicht ohne weiteres möglich ist, mit den Eigenschaften des flüssigen Wassers zu rechnen. Man könnte auch daran denken, daß in diesen Systemen das H_2O sehr weit unterkühlt werden kann oder daß es glasig erstarrt. Versuche haben ergeben, daß man Wasser höchstens bis $-40\ °C$ unterkühlen kann und daß die Herstellung von glasig erstarrtem H_2O nur unter extremen Abkühlungsbedingungen gelingt. Oberhalb der Transformationstemperatur des glasigen H_2O bei etwa $-130\ °C$ beginnt sofort Kristallisation.

Eine Gefrierpunktserniedrigung kann man aber auch beobachten, wenn ein größerer Wassergehalt, also eine dreidimensionale flüssige Wasserphase anwesend ist. So fanden WEISS und FRANK [747] in thixotrop erstarrten Montmorillonit-Wasser-Mischungen eine Gefrierpunktserniedrigung von etwa $0,22\ °C$, die über weite Bereiche des Mischungsverhältnisses konstant blieb. Die Ursache liegt in der Gerüststruktur solcher thixotrop erstarrten Gele (S. 243), die nur Kristalle einer bestimmten Größe zulassen. Kleine Kristalle haben aber, wie früher gezeigt wurde (S. 92), eine tiefere Schmelztemperatur. Die Abschätzung ergab eine Kantenlänge der Kristalle von etwa 1600 Å.

Die besondere Struktur des flüssigen Wassers ist die Ursache für dessen hohe Dielektrizitätskonstante von 78 bei $25\ °C$. Adsorbiertes H_2O zeigt dagegen wesentlich niedrigere Werte, aus denen man wiederum Aussagen über die Art der Adsorption machen kann. Dieses Verfahren ist oft angewendet worden, häufig auch in Kombination mit anderen Methoden. So konnten FRIPIAT u. Mitarb. [209] aus der Gegenüberstellung von dielektrischen, elektrischen Leitfähigkeits- und Adsorptionsmessungen zeigen, daß die ersten adsorbierten H_2O-Moleküle auf der Oberfläche gebunden sind und erst ab einer bestimmten Belegung eine Beweglichkeit erhalten, wobei die Größe dieser Belegung vom System abhängt und z. B. bei SiO_2-Gel bei der monomolekularen Schicht, bei Montmorillonit aber schon darunter liegt. Zur Untersuchung der Art der H_2O-Adsorption sind noch andere Methoden verwendet worden, die empfindlich auf H_2O ansprechen. Neben der magnetischen Kernresonanz ist das vor allem die Ultrarotabsorption, die früher (S. 60) schon erwähnt wurde.

Die hier beschriebenen Effekte werden sich besonders dann bemerkbar machen, wenn eine große Oberfläche, also ein feinkörniges Material vorliegt. Man muß sie auch beachten, wenn man die H_2O-Gehalte quantitativ bestimmen will, was in der keramischen Technologie oft nötig ist, z. B. bei Massen und Schlickern. Hierfür gibt es viele Verfahren, von denen die Bestimmung des Gewichtsverlustes beim Trocknen oder

Glühen am einfachsten ist. Obige Betrachtungen haben aber gezeigt, daß man beim Trocknen z. B. bei 110 °C nicht immer alles H_2O erfassen kann, während beim Glühen durch die Abspaltung von OH-Gruppen ein zu hoher H_2O-Gehalt vorgetäuscht werden kann. Dieser Nachteil läßt sich umgehen, wenn man das Wasser erst aus der Probe extrahiert, wozu meist Dioxan verwendet wird, und anschließend im Extrakt den H_2O-Gehalt mit dem Dekameter bestimmt. Diese und einige weitere Methoden arbeiten nur diskontinuierlich. Den Erfordernissen der Praxis entsprechen besser kontinuierliche Verfahren, die durch Anwendung einiger physikalischer Verfahren erfüllt werden können. Nach Voruntersuchungen über das dielektrische Verhalten von Ton-Wasser-Mischungen im Dezimeterwellenbereich konnten AMRHEIN u. Mitarb. [13] zeigen, daß man mit den Mikrowellen diesen Zweck erfüllen kann. Apparativ einfacher ist die Verwendung radioaktiver Methoden, vor allem die Abbremsung schneller Neutronen durch Wasserstoffatome, deren Einsatz für keramische Zwecke mehrfach beschrieben worden ist.

4.2 Zweistoffsysteme

Die theoretische Behandlung der Zweistoffsysteme wurde früher mit einigen Beispielen gebracht (S. 122 ff.). Meist betrachtet man diese Systeme unter Atmosphärendruck, so daß die Darstellung zweidimensional, Temperatur über Zusammensetzung, erfolgen kann. Auch hier können nur wenige Systeme erwähnt werden, obwohl der Kreis der keramisch interessanten Systeme viel größer ist. Man kann aber die bisher untersuchten Systeme in den eingangs dieses Kapitels erwähnten Büchern schnell finden.

4.2.1 SiO_2—Al_2O_3

Das System SiO_2—Al_2O_3 ist das wichtigste Zweistoffsystem der Keramik, das zugleich aber auch sehr umstritten ist. 1963 hat MÜLLER-HESSE [501] in einer Übersicht acht verschiedene Diagramme gegenübergestellt, von denen die beiden wichtigsten Typen in Abb. 96 enthalten sind. Die Ansichten unterscheiden sich vor allem hinsichtlich des Schmelzverhaltens der einzigen darin auftretenden stabilen binären Verbindung, dem *Mullit*. Lange Zeit galt das von BOWEN und GREIG [57] zuerst aufgestellte Diagramm mit einem inkongruenten Schmelzpunkt des Mullits bei 1810 °C als gesichert. An der SiO_2-reichen Seite des Systems hat sich seitdem im Prinzip nichts geändert, nur findet man z. T. andere Angaben über die Temperatur und die Zusammensetzung des Eutektikums. Bald zeigte sich, daß die Zusammensetzung des Mullits nicht konstant ist, sondern daß der Al_2O_3-Gehalt zwischen 72 und 78 Gew.-% schwanken kann, was den Grenzformeln $3\,Al_2O_3 \cdot 2\,SiO_2$ und $2\,Al_2O_3 \cdot SiO_2$ entspricht, weshalb in Abb. 96 ein Existenzbereich eingezeichnet ist, dessen Grenzen beim inkongruenten Schmelzpunkt aber noch unsicher sind. Die dazugehörigen strukturellen Probleme wurden bereits früher besprochen (S. 63). Zahlreiche neue Versuche wurden unternommen, als Toropow und Galachow [719] dem Mullit einen kongruenten Schmelzpunkt zuordneten, was später auch andere Autoren bestätigten. In Abb. 96 ist dieses Verhalten gestrichelt eingetragen, wobei die Temperaturangaben auf Aramaki und Roy [18] zurückgehen.

Für diese unterschiedlichen Ergebnisse wurden mehrere Deutungen gegeben, ohne eine befriedigende Lösung zu erreichen. Es ist anzunehmen, daß eine Abhängigkeit von der Art der Versuchsdurchführung besteht. So weist Konopicky [397] darauf hin, daß die Untersuchungen in Luft zu einem inkongruenten Schmelzen, dagegen solche in einem abgeschlos-

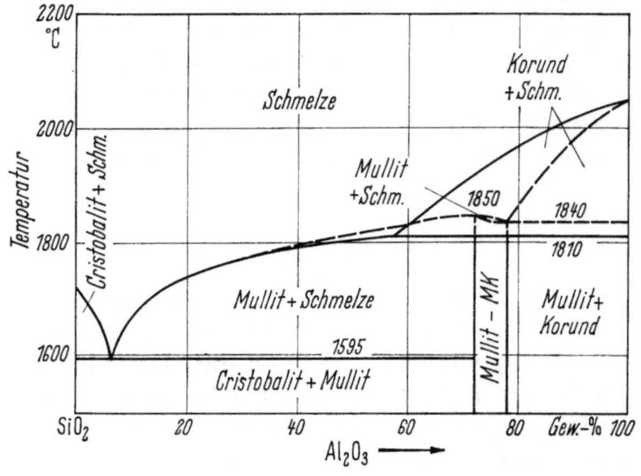

Abb. 96.
System SiO_2—Al_2O_3 mit inkongruent (———) oder kongruent (– – – –) schmelzendem Mullit

senen System zu einem kongruenten Schmelzen des Mullits führten. In neuen Versuchen konnte er zeigen, daß bei den hohen Temperaturen um 1800 °C deutliche Verluste durch Verdampfung von SiO eintraten, so daß das System SiO_2—Al_2O_3 nicht rein binär ist, sondern unter Berücksichtigung von SiO betrachtet werden muß. Das ist aber in quantitativer Weise bisher nicht erfolgt. Verdampfung von SiO ändert nicht nur die Zusammensetzung in Richtung des 2 : 1-Mullits, sondern kann auch Anlaß der Korundbildung sein.

Das System SiO_2—Al_2O_3 ist die Grundlage vieler feuerfester Steine. Obwohl diese später in einem eigenen Kapitel besprochen werden (S. 324 ff.), sei bereits jetzt an Hand der Abb. 96 darauf hingewiesen, daß schon geringe Al_2O_3-Mengen die Schmelztemperatur der Silikasteine stark herabsetzen. Die Schamottesteine erfüllen einen weiten Bereich des Systems SiO_2—Al_2O_3. Ihr wichtigster Mineralbestandteil ist der Mullit. Beim Erhitzen bildet sich bei der eutektischen Temperatur von 1595 °C die erste Schmelzphase. Werden Steine mit höherer Beständigkeit benötigt, muß der Al_2O_3-Gehalt mindestens 72 Gew.-% betragen. Sie bestehen dann aus Mullit und — bei höheren Al_2O_3-Gehalten — aus Korund. Natürlich werden weitere Komponenten dieses Verhalten beeinflussen.

Nicht nur in diesem Zweistoffsystem, sondern auch in vielen $SiO_2-Al_2O_3$-haltigen Mehrstoffsystemen hat der Mullit ein großes Ausscheidungsfeld und ist daher in vielen keramischen Produkten ein wichtiger Bestandteil. Seine Bildung, Erscheinungsformen und sein Verhalten sind deshalb oft untersucht worden, was zusammenfassend von GROFCSIK [236] in einer Monographie dargestellt wurde. Einige Eigenschaften des Mullits enthält Tab. 15 (S. 62). Dabei ist zu beachten, daß der Mullit leicht Fremdoxide in sein Gitter einbaut, wodurch sich Gitterkonstanten, Lichtbrechung und Dichte ändern können. Meist tritt der Mullit in nadelförmigen Kristallen auf, an deren Ausbildung die Gegenwart von Schmelzphase wesentlichen Anteil hat. Bei der Mullitbildung durch Festkörperreaktionen oder durch thermische Zersetzung von Kaolinit ist die Kristallitgröße geringer. Da im letzteren Fall im Elektronenmikroskop ein schuppenförmiges Bild zu sehen ist, hat SCHÜLLER [634] diesen primär entstehenden Mullit als Primär- oder Schuppenmullit bezeichnet, während er den aus der Schmelze kristallisierenden Sekundär- oder Nadelmullit nennt.

Von der Schmelze ist nach dem bisher behandelten Stoff bekannt, daß die Viskosität im Randsystem SiO_2 sehr hoch ist. Steigende Al_2O_3-Gehalte führen zu einer Erniedrigung der Viskosität, da das Al-Ion in *KZ* 6 und damit als Netzwerkwandler vorliegt. Der Abfall ist nach Abb. 41 (S. 76) besonders bei geringen Al_2O_3-Gehalten sehr stark. Das hat zur Folge, daß solche Schmelzen beim Abkühlen leichter kristallisieren und daß glasige Produkte nur durch schnelles Abkühlen zu erhalten sind. Schnelles Abschrecken kann man beim Herstellen von Glasfasern erreichen. Auf diese Weise ist es gelungen, „keramische" Glasfasern mit z. B. 50 Gew.-% SiO_2 und 50 Gew.-% Al_2O_3 herzustellen. Beim technischen Prozeß gibt man allerdings zur Erleichterung geringe Mengen Borax zu. Beim Erhitzen neigen sie zur Kristallisation, die nach DTA-Messungen von EIPELTAUER [164] bei einem reinen Glas mit 22 Gew.-% Al_2O_3 bei 950 °C einsetzt.

Im Phasendiagramm $SiO_2-Al_2O_3$ treten die bei der Besprechung der Strukturen erwähnten natürlichen Aluminiumsilicate *Sillimanit, Andalusit* und *Kyanit* der Zusammensetzung Al_2SiO_5 nicht auf, sind also bei Normaldruck keine stabilen Verbindungen. Beim Erhitzen auf 1500, 1350 bzw. 1300 °C wandeln sie sich in Mullit um. Die Umwandlungstemperaturen der natürlichen Minerale werden von den

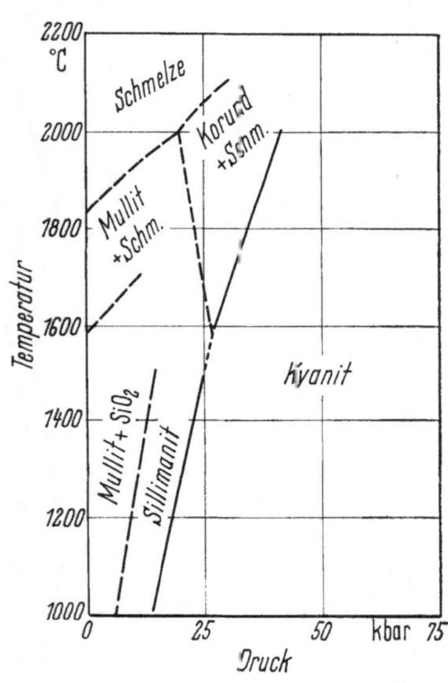

Abb. 97.
p, T-Phasendiagramm von Al_2SiO_5

Begleitmineralen, Verunreinigungen und auch von der Korngröße beeinflußt. Alle drei Al_2SiO_5-Modifikationen sind Hochdruckmodifikationen.

Die Synthese von Andalusit ist bisher nur unter hydrothermalen Bedingungen gelungen. Nach ALTHAUS [11] bildet er sich zwischen etwa 500 und 600 °C bei Drücken von 2 bis 7 kbar. Bei höheren Temperaturen und Drücken bildet sich Sillimanit, auch ohne Zuhilfenahme von H_2O, der bei noch höheren Drücken in die dichtere Modifikation des Kyanits übergeht, in dem das Al-Ion in KZ 6 vorliegt. Abb. 97 zeigt das p, T-Diagramm nach DEVRIES [137], das kein echtes Gleichgewichtsdiagramm darstellt, weil auch Mullit und Korund auftreten.

Diese experimentellen Befunde standen nicht in Übereinstimmung mit früheren thermodynamischen Daten. Erneute Bestimmungen der Enthalpien und Entropien der Aluminiumsilicate durch PANKRATZ u. Mitarb. [532, 533] haben sie aber bestätigt. Die freien Bildungsenthalpien bei Raumtemperatur ΔG_{298}^0 aus Korund und Quarz betragen nach Tab. 25 (S. 110) für Mullit —5,7, Andalusit —2,6, Kyanit —1,5 und Sillimanit —2,1 kcal/mol, sind also relativ gering. Man kann daraus gleichzeitig erkennen, daß die Bildung von Mullit gegenüber den anderen Verbindungen begünstigt ist. Das gilt nach entsprechenden Berechnungen ebenfalls für höhere Temperaturen.

4.2.2 SiO₂—R₂O

Die binären Systeme des SiO_2 mit den Alkalioxiden spielen in der Praxis der Keramik eine untergeordnete Rolle, verdienen aber trotzdem einige Beachtung. Als ein Beispiel wurde das System K_2O—SiO_2 bereits in Abb. 60 gebracht. Der Einfluß geringer Alkaligehalte auf die Stabilität des Tridymits wurde im Zusammenhang mit dem Einstoffsystem SiO_2 besprochen (S. 167). Abb. 88 zeigte die sich daraus ergebenden Folgerungen für die SiO_2-reichen Seiten der binären Systeme.

Einen noch größeren Abschnitt dieser Seiten bringt in vereinfachter Darstellung Abb. 98. Im Ausscheidungsbereich des SiO_2 erkennt man deutlich, daß in der Reihe vom Cs_2O zum Li_2O die Liquiduskurven immer stärker eine S-förmige Gestalt annehmen, die eine Entmischungstendenz in diesen Systemen andeutet

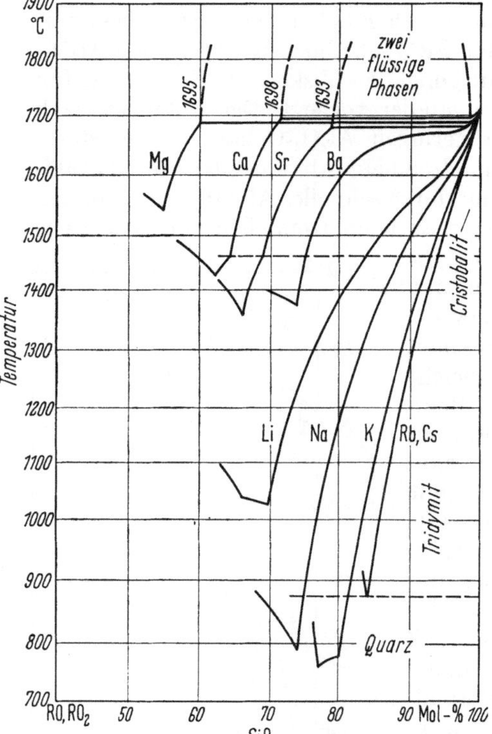

Abb. 98. SiO₂-reiche Seiten der binären Systeme R₂O—SiO₂ und RO—SiO₂ nach KRACEK [409]

mit einer metastabilen Mischungslücke unterhalb der Liquidustemperatur (S. 127). Beim Abkühlen von Schmelzen aus diesen Zusammensetzungsbereichen erhält man im Gleichgewicht die entsprechenden kristallinen Phasen. Es ist aber leicht möglich, ohne Kristallisation in den Bereich der unterkühlten Schmelze und damit auch in das Gebiet der metastabilen Mischungslücke zu kommen, wo eine Phasentrennung in zwei flüssige Phasen eintreten kann. Sie läßt sich durch elektronenmikroskopische Untersuchung der weiter zu Gläsern erstarrten Proben nachweisen.

4.2.3 SiO₂—RO

Geht man von binären SiO$_2$-Alkalioxid- zu den SiO$_2$-Erdalkalioxid-Systemen über, dann wird nach Abb. 98 beim System mit BaO die Entmischungstendenz im SiO$_2$-reichen Teil des Phasendiagramms noch stärker. Die folgenden Systeme mit SrO, CaO und MgO zeigen schließlich

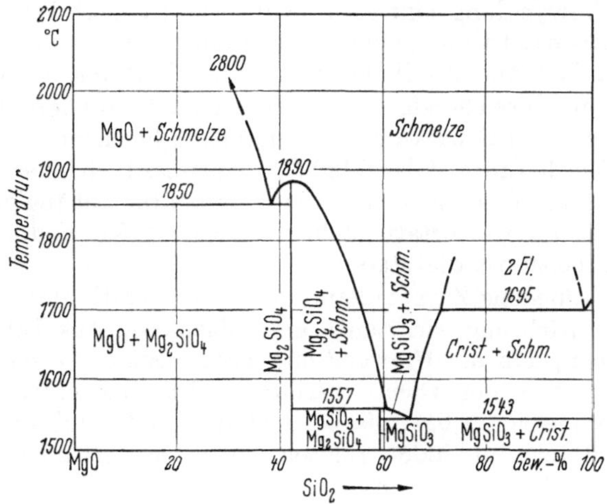

Abb. 99. System MgO—SiO₂ nach [452]

stabile Entmischung in zwei flüssigen Phasen. Man erkennt dabei, daß die Entmischungstendenz bzw. die Breite der Mischungslücke mit steigender Feldstärke der Kationen (S. 133) zunimmt.

Von den Erdalkalisilicaten haben besonders die Magnesiumsilicate Eingang in die keramische Praxis gefunden. Abb. 99 zeigt das *System MgO—SiO₂*. Der Forsterit Mg$_2$SiO$_4$ dient wegen seines hohen Schmelzpunktes als Feuerfestmaterial (S. 346), während das Magnesiummetasilicat MgSiO$_3$ die Hauptkomponente des Steatits (S. 373) ist.

MgSiO$_3$ tritt in mehreren Modifikationen auf, die untereinander strukturell verwandt sind (S. 61). Die bei Raumtemperatur stabile Modifikation heißt Enstatit. Beim Erhitzen dieser oder von MgO- und SiO$_2$-haltigen Rohstoffen werden nach dem Abkühlen je nach den Brennbedingungen zwei weitere Modifikationen beobachtet, der Protoenstatit und der Klinoenstatit. Das Erscheinungsbild ist dabei sehr vielseitig, weshalb die Ansichten über die Stabilitätsbereiche auseinandergehen. Mit Hilfe von Hochtemperaturröntgenaufnahmen konnte FOSTER [198] feststellen, daß Enstatit bei etwa 1250 °C in Protoenstatit übergeht, der einzigen stabilen Phase bei höheren Temperaturen. Dieser Ansicht haben sich inzwischen weitere Autoren angeschlossen. Beim Abkühlen von Protoenstatit findet ohne Mineralisatoren keine Rückumwandlung in den Enstatit statt, sondern entweder bleibt der Protoenstatit als metastabile Modifikation bestehen oder wandelt sich um in den Klinoenstatit. Letztere Modifikation ist daher im gesamten Temperaturbereich instabil, hat aber bei Temperaturen unterhalb etwa 700 °C eine geringere Energie als der Protoenstatit. Die Umwandlung Protoenstatit → Klinoenstatit ist abhängig vom Fehlordnungsgrad des Protoenstatits, der von den Entstehungsbedingungen und der Temperaturbehandlung beeinflußt wird. Er wird durch Erhitzen auf über 1400 °C erhöht, so daß sich solche Proben leicht in Klinoenstatit umwandeln. Auch durch mechanische Beanspruchung des Protoenstatits kann diese Umwandlung eintreten. Klinoenstatit geht beim Erhitzen wieder in Protoenstatit über, eine Umwandlung in den bei tieferen Temperaturen stabilen Enstatit findet ohne Mineralisatoren nicht statt.

Eine davon abweichende Ansicht erwähnt SCHÜLLER [639] nach Untersuchungen von SCHWAB an Verbindungen höchster Reinheit. Danach wandelt sich Enstatit bei 1180 °C reversibel in Klinoenstatit um, der oberhalb 1260 °C in einem von der Temperatur abhängigen Gleichgewicht mit dem Protoenstatit steht. Zwischen 1180° und 1260° wäre demnach Klinoenstatit die stabile Phase.

Durch verschiedene Zusätze kann der Protoenstatit stabilisiert werden. In dieser Richtung wirkt auch eine Glasphase. Aus Tab. 15 kann man entnehmen, daß die Umwandlung Protoenstatit → Klinoenstatit mit einer Zunahme der Dichte verbunden ist. Das entspricht einer Volumenabnahme von 2,6%, die bei technischen Produkten, in denen diese Umwandlung stattfindet, zur sog. Lagerporosität oder sogar zum spontanen Zerfall führen kann.

Alle Magnesiumsilicate zeigen wegen der ähnlichen Ionenradien von Mg^{2+} und Fe^{2+} Mischkristallbildung mit den entsprechenden Ferrosilicaten. Mit steigendem FeO-Gehalt erhöhen sich die Werte der Lichtbrechung und Dichte in Tab. 15. Die Mischkristalle zwischen Forsterit Mg_2SiO_4 und Fayalit Fe_2SiO_4 werden als Olivine bezeichnet. Das Phasendiagramm dieses Systems ist in Abb. 62 (S. 126) gezeigt worden. Im System Enstatit($MgSiO_3$)—Ferrosilit($FeSiO_3$) werden die Glieder mit 5 bis 15 Mol-% $FeSiO_3$ als Bronzit, mit 15 bis 50 Mol-% als Hypersthen bezeichnet. Sie haben ähnliches Verhalten wie $MgSiO_3$.

4.2.4 H_2O-haltige binäre Systeme

Die große Reaktionsfreudigkeit des H_2O, besonders bei hohen Temperaturen und Drücken, wurde bereits früher erwähnt (S. 175). Die hohe Löslichkeit vieler fester Stoffe in überkritischem Wasser ist bedingt durch dessen hohe Dielektrizitätskonstante, die bis zu 20 betragen kann. Im *System SiO_2—H_2O* bildet sich dabei nach WENDTLAND und GLEMSER

[757] bei Drücken bis zu 100 bar gasförmiges $Si(OH)_4$, das bei höheren Drücken in andere Siliciumhydroxidverbindungen übergeht. Das System SiO_2-H_2O ist oft untersucht worden, nicht zuletzt zur Festlegung der günstigsten Bedingungen der hydrothermalen Synthese von Quarz.

Hydrothermale Bedingungen beeinflussen auch stark das Schmelzverhalten, wie in Abb. 100 am Beispiel des Systems SiO_2-H_2O zu sehen ist. Ein H_2O-Druck von 400 bar genügt, die Schmelztemperatur des Cristobalits auf 1470 °C zu erniedrigen, wo ein invarianter Punkt mit (nach der Phasenregel $P + F = K + 2 = 4$) vier Phasen vorliegt: Cristobalit, Tridymit und zwei flüssige Phasen, von denen eine SiO_2-reich, die andere SiO_2-arm ist. Bei 1500 bar und 1160 °C liegt ein weiterer invarianter Punkt, der auch als Schmelzpunkt des Quarzes bei diesem H_2O-Druck angesprochen werden kann. Dieser erniedrigt sich bei höheren H_2O-Drücken bis auf 1080 °C. Bei 9700 bar liegt der kritische Endpunkt dieser Kurve, bei höheren Drücken ist nur noch eine flüssige Phase stabil. Diese Untersuchungen zeigen, daß sich unter hydrothermalen Bedingungen die Phasendiagramme stark ändern können.

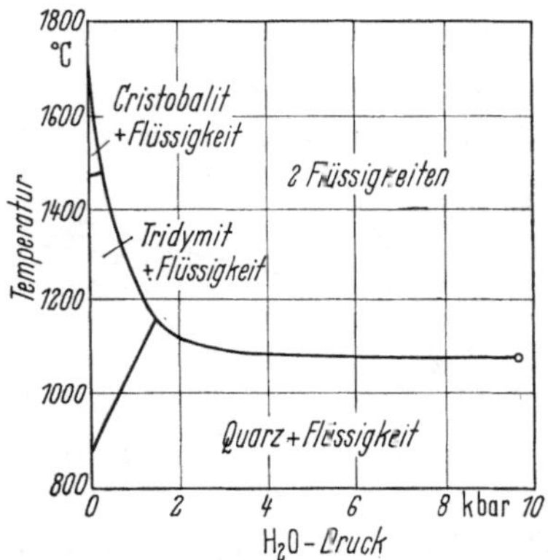

Abb. 100. Druckabhängigkeit des Systems H_2O-SiO_2, projiziert auf die p, T-Ebene nach KENNEDY u. Mitarb. [352]

Während im System SiO_2-H_2O keine festen wasserhaltigen Verbindungen auftreten, gibt es eine Reihe anderer binärer Oxid—H_2O-Systeme, in denen eine oder mehrere Verbindungen beobachtet werden. Von keramischem Interesse ist besonders das System $Al_2O_3-H_2O$, weniger wegen der Synthese dieser Verbindungen, sondern wegen des *Mechanismus der Entwässerung* beim Erhitzen. Viele Rohstoffe der Keramik sind wasserhaltige Verbindungen. Für die Vorgänge beim Brand ist der Mechanismus der Entwässerung wichtig, der an einem binären System einfacher darzustellen ist.

Das in festen Substanzen als H_2O-Molekül enthaltene Wasser entweicht schon beim Erhitzen auf 100 bis 200 °C. Zum Entfernen des Wassers, das als OH-Gruppen in die Struktur eingebaut ist, sind meist höhere Temperaturen nötig, da zunächst eine Umlagerung eines Protons nach dem Schema

$$OH^- + OH^- = H_2O + O^{2-}$$

notwendig ist, ein Vorgang, der u. a. von BRINDLEY [67] und F. FREUND [203] näher diskutiert wird. Befindet sich ein so gebildetes H_2O-Molekül in unmittelbarer Nähe der Oberfläche, dann kann es in die Atmosphäre entweichen. An seinem Platz hinterbleibt eine Leerstelle, die dem benachbarten H_2O-Molekül als Weg an die Oberfläche dient. Die Zahl der Leerstellen wird damit immer größer, bis das Restgitter instabil wird und sich umlagert, wobei auch die Temperatur eine Rolle spielt.

Die Wasserabgabe wird durch die Diffusion der H_2O-Moleküle an die Oberfläche bestimmt. Im einfachsten Fall, wenn noch keine Gitterumlagerungen stattfinden, kann man den Diffusionskoeffizienten als konstant annehmen. Bei höheren Temperaturen ist mit zunehmender Wasserabgabe mit einem steigenden Diffusionskoeffizienten zu rechnen. F. FREUND [203] hat eine exponentielle Zunahme angenommen und Kurven berechnet, die in Abb. 101 als gestrichelte Kurven den experimentellen Werten der Entwässerung von Gibbsit gegenübergestellt sind.

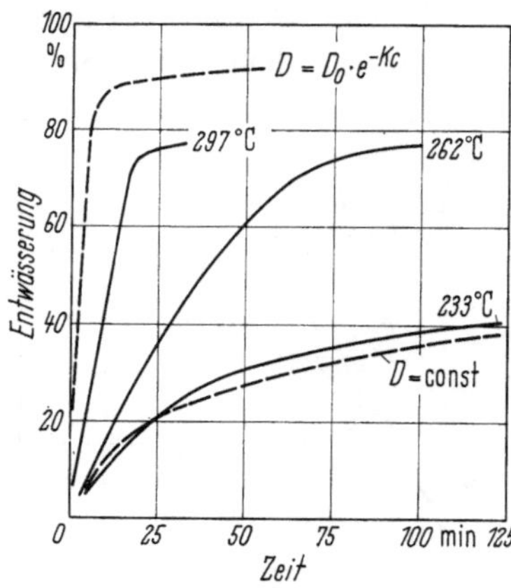

Abb. 101. Vergleich von Entwässerungsisothermen (———) von Gibbsit nach BRINDLEY und CHOE [68] (Korngröße <1 µm, in Luft) mit Diffusionskurven (— — —) mit konstantem und konzentrationsabhängigem Diffusionskoeffizienten nach FREUND [203]

Die Übereinstimmung in beiden Temperaturbereichen spricht für den Diffusionsmechanismus als geschwindigkeitsbestimmenden Schritt in diesen Meßbereichen.

Die bei Raumtemperatur stabile Verbindung des *Systems* $Al_2O_3 - H_2O$ ist der *Gibbsit* $Al(OH)_3$, auch Hydrargillit genannt. Aus Abb. 101 ist zu entnehmen, daß man ihm beim Erhitzen keine feste Zersetzungstemperatur zuordnen kann, sondern daß die Wasserabgabe zeitabhängig ist und darüber hinaus noch vom H_2O-Dampfpartialdruck der Atmosphäre beeinflußt wird. In Luft kann man bereits ab 140 °C eine Wasserabgabe beobachten.

Die Gibbsitentwässerung ist sehr oft untersucht worden, wobei die Angaben über die sich bildenden neuen Phasen recht unterschiedlich sind. Einige Klärung brachten erst die von SAALFELD [598] durchgeführten kristallographischen Untersuchungen. Als ausschlaggebend erwiesen sich dabei die Sauerstoffpackungen. Bei den Umlagerungen bleiben häufig die Sauerstoffnetze erhalten, sie gruppieren sich nur neu gegeneinander. Man beobachtet deshalb auch oft einfache Zusammenhänge zwischen den Gitterkonstanten der verschiedenen Phasen.

Die Struktur des Gibbsits wird durch eine (etwas verschobene) hexagonal dichteste Sauerstoffpackung der Art *ABBAAB* ... bestimmt. Erhitzt man ein feinkörniges Material an Luft, dann ist bei 300 °C χ-Al_2O_3 entstanden mit einer eindimensional fehlgeordneten Schichtenfolge. χ-Al_2O_3 enthält noch etwa 0,5 Mol H_2O pro Mol Al_2O_3. Dann erscheint bei 800 °C $\varkappa$-Al_2O_3 mit hexagonaler Schichtenfolge (Schichtpakete sind um 180° gedreht) und bei 1300 °C Korund mit echter hexagonaler Packung. Unter hydrothermalen Bedingungen bildet Gibbsit bei 300 °C *Böhmit* AlO(OH), dessen Struktur zwar keine ausgeprägte Schichtenfolge zeigt, aber durch Umlagerung von größeren Sauerstoffgruppen entstanden ist. Das spiegelt sich z. B. in der Gitterkonstante a wider, die beim Böhmit mit 2,86 Å fast genau $^1/_3$ der des Gibbsits (8,64 Å) beträgt, ein Abstand, der in nur geringen Änderungen in allen hier erwähnten Phasen festzustellen ist. Beim weiteren Erhitzen in Luft liegt bei 450 °C γ-Al_2O_3 und bei 900 °C ϑ-Al_2O_3 vor, beide mit kubischer Sauerstoffpackung, die schließlich bei noch höherer Temperatur in die hexagonale des Korunds übergeht (s. auch Tab. 32).

Beide Entwässerungsreihen unterscheiden sich in der ersten Stufe. Hier liegen auch die Ursachen für die oben erwähnten unterschiedlichen Versuchsergebnisse. Feinkörniges Material in Luft entwässert über χ-Al_2O_3. In größeren Haufwerken oder bei größeren Kristallen ist es möglich, daß die ungestörte Abgabe des Wassers behindert wird, so daß hydrothermale Bedingungen eintreten, die zur Böhmitbildung führen. Diese Beispiele zeigen deutlich, wie wertvoll die Strukturbestimmungen für die Erklärung solcher Vorgänge sind.

Neben dem Gibbsit gibt es noch zwei weitere, metastabile $Al(OH)_3$-Modifikationen, die sich strukturell in der Art der Reihenfolge der Sauerstoffschichten unterscheiden. Beim *Bayerit* ist diese *ABABAB*..., beim *Nordstrandit* ist sie nach SAALFELD und MEHROTRA [602] ähnlich der des Gibbsits, nur sind die Schichten stärker gegeneinander verschoben.

Oben wurde erwähnt, daß sich unter hydrothermalen Bedingungen Böhmit bildet. Bei Untersuchungen zur Aufstellung des p, T-Diagramms wurde gefunden, daß mit steigendem H_2O-Druck der Stabilitätsbereich des Gibbsits etwas größer wird, daß aber bei höheren Temperaturen der Böhmit nur eine metastabile Phase ist. Die stabile Phase ist dann der *Diaspor*, der ebenfalls die Zusammensetzung AlO(OH), aber eine größere Dichte hat (3,4 gegenüber 3,0 g/cm³ beim Böhmit). Bei Normaldruck ab etwa 200 °C, bei H_2O-Drücken über 200 bar ab 360 °C, wird schließlich der Korund stabil.

Nach diesen Ergebnissen ist der Korund bei Normalbedingungen gegenüber H_2O instabil. Mit den thermodynamischen Daten aus Tab. 25 ergibt sich bei Raumtemperatur für die Reaktion

$$Al_2O_3 + 3\ H_2O = 2\ Al(OH)_3$$

eine freie Enthalpie von $\varDelta G = -9,5$ kcal/mol, was damit in Übereinstimmung steht. Die Reaktionsgeschwindigkeiten sind aber außerordentlich langsam, so daß man normalerweise nur eine geringe Chemisorption mit Ausbildung einer oberflächlichen OH-Schicht und daran eine physikalische Adsorption beobachtet. FRISCH [211] konnte zeigen, daß bei längerem Mahlen von α-Al_2O_3 in H_2O die Reaktionsbereitschaft des Al_2O_3 erhöht wird, vor allem dann, wenn die Korngröße der Teilchen $<0,2$ µm wird. Nach 600 stündigem Mahlen hatten sich über 5 Gew.-% $Al(OH)_3$ gebildet, das nach röntgenographischen Untersuchungen die Struktur des Nordstrandits hatte. Diese Erscheinungen gehören zu den sog. mechano-chemischen Vorgängen, die auch in anderen Systemen beobachtet wurden. DAWIHL und FRISCH [129] gelang dann auch der Nachweis, daß sehr feines α-Al_2O_3 (Korngröße $< 0,015$ μm) auch ohne Mahlen in Wasser deutlich zu Hydroxid reagiert.

Durch eine geeignete Führung der Entwässerung von Aluminium-hydroxiden hat man es in der Hand, Al_2O_3-Produkte mit bestimmten Eigenschaften zu erhalten, was besonders für das Sintern von Al_2O_3 wichtig ist. Es wurde oben bereits erwähnt, daß es in dieser Richtung viele Untersuchungen gibt. Abschließend sei noch darauf hingewiesen, daß besonders ausführlich DE BOER [55] dieses Problem untersucht hat, wobei er u. a. den Einfluß des beim Entwässern entstehenden Poren-systems auf das Sintern betrachtet.

4.3 Dreistoffsysteme

Die Analyse vieler keramischer Produkte zeigt, daß sie im wesent-lichen aus drei Oxiden bestehen. Man kann deshalb ihr Verhalten in erster Näherung an Hand der betreffenden Dreistoffsysteme diskutieren. So gehört z. B. das Porzellan zum System K_2O—Al_2O_3—SiO_2, die Cordierit-keramik zum System MgO—Al_2O_3—SiO_2 und die Keramik mit geringsten Wärmeausdehnungskoeffizienten zum System Li_2O—Al_2O_3—SiO_2. Wei-terhin bestehen die wichtigsten Minerale vieler Rohstoffe ebenfalls aus drei Oxiden, so daß deren Verhalten im Rahmen von Dreistoffsystemen erklärt werden kann. Als Beispiele seien jetzt schon der Kaolinit aus dem System H_2O—Al_2O_3—SiO_2 und der Talk aus dem System H_2O—MgO—SiO_2 genannt.

Die eben erwähnten Systeme werden im folgenden näher behandelt, wobei nicht nur auf die Phasenbeziehungen, sondern auch auf einige Eigenschaften eingegangen wird. Die Strukturen vieler Verbindungen wurden schon früher behandelt (S. 42ff.).

4.3.1 K_2O—Al_2O_3—SiO_2

Das Dreistoffsystem K_2O—Al_2O_3—SiO_2 ist das bedeutungsvollste System der klassischen Keramik; denn mit diesen drei Komponenten erfaßt man alle Mischungen der häufigsten Rohstoffe Kaolin (ent-wässert), Kalifeldspat und Quarz.

Der wichtigste Teil des Systems K_2O—Al_2O_3—SiO_2 wurde bereits in Abb. 70 (S. 132) gebracht. Dabei wurde auch an einem praktischen Beispiel die Ausscheidungsfolge erläutert (S. 133). Noch ausführlicher haben SOLACOLU und DINESCU [684] dieses Verhalten behandelt. Bei der Besprechung der Vorgänge beim Brennen (S. 263ff.) und der Schamot-testeine (S. 341) wird das System K_2O—Al_2O_3—SiO_2 erneut herangezogen.

Für technische Produkte wird eine gute chemische Beständigkeit und beim Brennen eine ausreichende Reaktionsgeschwindigkeit ge-fordert. Das erreicht man mit Zusammensetzungen, deren K_2O/Al_2O_3-Molverhältnis < 1 ist und die bei der Brenntemperatur einen bestimmten Anteil an Schmelzphase aufweisen. Solche Zusammensetzungen liegen vor allem im Ausscheidungsfeld des Mullits. Die tiefste Liquidustemperatur dieses Bereiches liegt bei 985 °C, dem ternären Eutektikum mit (in Gew.-%) 9,5 K_2O, 10,9 Al_2O_3 und 79,6 SiO_2, bei dem sich die Ausscheidungsfelder von Mullit, Tridymit und Kalifeldspat treffen.

Der Kalifeldspat $K_2O \cdot Al_2O_3 \cdot 6\,SiO_2$ schmilzt inkongruent bei 1150 °C unter Bildung von Leucit $K_2O \cdot Al_2O_3 \cdot 4\,SiO_2$. Aus Abb. 70 kann man entnehmen, daß vollständiges Schmelzen erst bei 1510 °C erreicht wird.

Als weitere ternäre Verbindung in diesem System wurde eben der Leucit $K_2O \cdot Al_2O_3 \cdot 4\,SiO_2$ erwähnt, der bei 1686 °C kongruent schmilzt. Weiterhin gibt es noch $K_2O \cdot Al_2O_3 \cdot 2\,SiO_2$ mit einem kongruenten Schmelzpunkt bei etwa 1800 °C und die noch wenig untersuchte Verbindung $K_2O \cdot Al_2O_3 \cdot SiO_2$.

Von besonderer Bedeutung ist das Verhalten der Schmelzen in diesem System. Einen Hinweis dazu kann man aus den von SCHAIRER und BOWEN [613] bestimmten Brechungsindizes der entsprechenden Gläser erhalten. Ganz ähnlich wie in Abb. 42 bleiben mit steigendem Al_2O_3-Gehalt die Brechungsindizes zunächst fast konstant, um nach Überschreiten des Molverhältnisses $Al_2O_3 : K_2O = 1$ rasch anzusteigen. Bei der Besprechung der Struktur der Gläser (S. 75) wurde gezeigt, daß in Alkalisilicatgläsern das Al^{3+}-Ion zunächst in der Koordinationszahl 4 eingebaut wird, während es nach Überschreiten obigen Verhältnisses in KZ 6 vorliegt. Diese Grenze beim Molverhältnis $Al_2O_3 : K_2O = 1$ wird sich auch bei anderen Eigenschaften bemerkbar machen. Hier soll nur die Viskosität erwähnt werden. Früher (S. 76) wurde bereits erklärt, daß der Einbau des Al^{3+}-Ions in KZ 4 die Viskosität stark erhöht. Eine Kalifeldspatschmelze hat deshalb eine sehr hohe Viskosität, wie Abb. 41 zeigt. Höhere Al_2O_3-Gehalte, also mit Al in KZ 6, erniedrigen die Viskosität. Ausgehend von der Feldspatzusammensetzung führt steigender SiO_2-Gehalt zu einer Erhöhung der Viskosität, so daß die Viskosität der oben erwähnten eutektischen Schmelze sehr hoch ist. Diese hohen Viskositäten von Feldspat- und eutektischen Schmelzen haben zur Folge, daß beim Abkühlen keine Kristallisation, sondern glasige Erstarrung erfolgt. Technische Produkte aus dem System $K_2O—Al_2O_3—SiO_2$ enthalten deshalb Glasphase, deren Anteil abhängig ist von Zusammensetzung, Brenntemperatur und -zeit.

4.3.2 $Na_2O—Al_2O_3—SiO_2$

Das Dreistoffsystem $Na_2O—Al_2O_3—SiO_2$, ebenfalls von SCHAIRER und BOWEN [614] aufgestellt, hat in seinem SiO_2-reichen Teil große Ähnlichkeit mit dem System $K_2O—Al_2O_3—SiO_2$. Das ternäre Eutektikum zwischen den Ausscheidungsfeldern Mullit, Tridymit und Natronfeldspat liegt bei 1050 °C und der Zusammensetzung (in Gew.-%) 7,8 Na_2O, 13,5 Al_2O_3 und 78,7 SiO_2. An ternären Verbindungen treten nur der Natronfeldspat $Na_2O \cdot Al_2O_3 \cdot 6\,SiO_2$, der aber kongruent bei 1118 °C schmilzt, und die Verbindung $Na_2O \cdot Al_2O_3 \cdot 2\,SiO_2$ auf, letztere mit einem kongruenten Schmelzpunkt bei 1526 °C. Zwischen diesen beiden

Verbindungen und dem Ausscheidungsfeld des Korunds liegt ein weiteres ternäres Eutektikum bei 1063 °C, also einer relativ niedrigen Temperatur, mit (in Gew.-%) 13,8 Na_2O, 23,8 Al_2O_3 und 62,4 SiO_2.

Abb. 41 (S. 76) bringt auch die Viskositätskurve einer Natronfeldspatschmelze. Sie zeigt gegenüber der Kalifeldspatschmelze deutlich geringere Werte, was für die Technologie beim Ersatz von K- durch Na-Feldspäte wichtig ist. Das Verhalten mit steigendem Al_2O_3- und SiO_2-Gehalt entspricht dem des Kalifeldspats. Die Viskositäten sind bei diesen Zusammensetzungen so hoch, daß bei normaler Abkühlung ebenfalls glasige Erstarrung erfolgt.

4.3.3 Li_2O—Al_2O_3—SiO_2

Gegenüber den beiden oben behandelten Systemen zeigt das Dreistoffsystem Li_2O—Al_2O_3—SiO_2 einige bemerkenswerte Unterschiede. Abb.102 zeigt dieses System, das von mehreren Autoren untersucht wurde, u. a. von Roy und Osborn [589] und Murthy und Hummel [506], aber noch einige Lücken hat. Das ternäre Eutektikum zwischen den Ausscheidungsfeldern von Mullit, Tridymit und Spodumen $Li_2O \cdot Al_2O_3 \cdot 4\,SiO_2$ liegt bei 1350 °C, also wesentlich höher als in den beiden anderen Systemen. Eine den Alkalifeldspäten entsprechende Verbindung tritt nicht

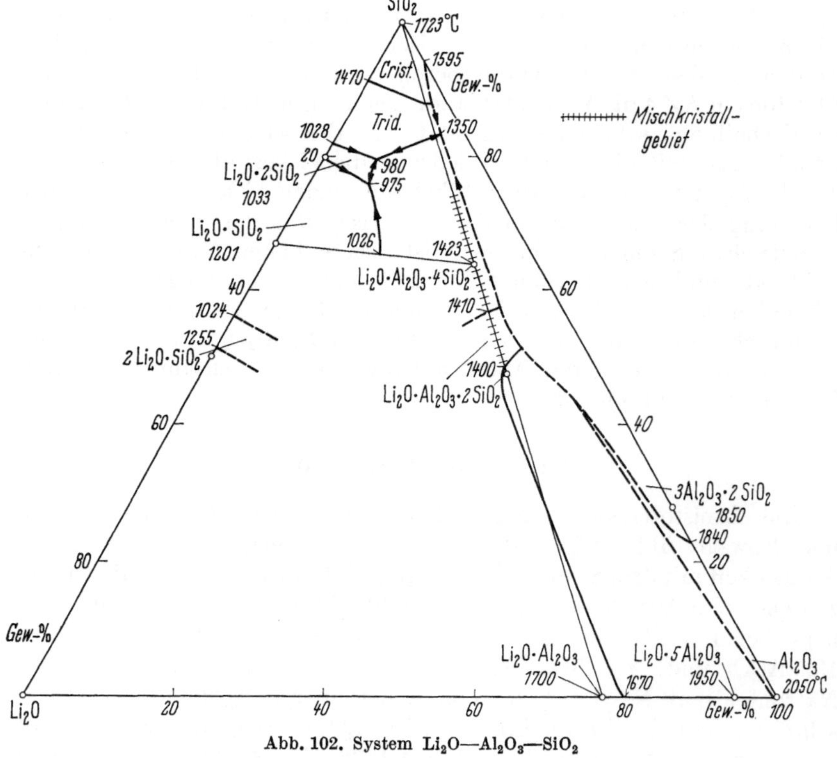

Abb. 102. System Li_2O—Al_2O_3—SiO_2

auf, dagegen der bei 1423 °C kongruent schmelzende Spodumen $Li_2O \cdot Al_2O_3 \cdot 4\,SiO_2$ und der bei 1400 °C inkongruent schmelzende Eukryptit $Li_2O \cdot Al_2O_3 \cdot 2\,SiO_2$. Letzterer zersetzt sich dabei in den Lithiumaluminiumspinell $LiAl_5O_8$, dessen Struktur nach STRICKLER und ROY [701] wahrscheinlich zwischen den beiden Grenzfällen $Al_8(Li_4Al_{12})O_{32}$ und $(Li_4Al_4)Al_{16}O_{32}$ liegt.

In Tab. 17 (S. 68) sind einige Eigenschaften der ternären Verbindungen angegeben. Der Petalit $Li_2O \cdot Al_2O_3 \cdot 8\,SiO_2$ ist nur bei tiefer Temperatur beständig. Vom Spodumen und Eukryptit gibt es je eine Tief- und Hochtemperaturmodifikation, wobei meist die Hochform als β-Form bezeichnet wird. Da diese Bezeichnung aber leider nicht einheitlich durchgeführt wird, wird hier davon abgesehen. Die Rückumwandlung der Hoch- in die Tiefformen ist nicht ohne weiteres möglich, so daß die Hochformen auch bei Raumtemperatur auftreten.

Die früher (S. 67) beschriebene Verwandtschaft der Strukturen dieser beiden Hochformen mit der des Quarzes macht es verständlich, daß der SiO_2-Gehalt variabel ist, d. h., daß im Phasendiagramm Mischkristallgebiete auftreten, die in Abb. 102 durch eine besondere Strichelung markiert wurden. Nach Abb. 102 geht der hexagonale Mischkristallbereich bis etwa zur molaren Zusammensetzung $Li_2O : Al_2O_3 : SiO_2 = 1 : 1 : 3$, nach SAALFELD [600] bei 1300 °C bis etwa $1 : 1 : 3{,}75$. Die folgenden Zusammensetzungen haben in ihrer Struktur eine andere Al—Si-Verteilung, ergeben deshalb einen orthorhombischen Mischkristallbereich, der sich nach SAALFELD [599] bis zur Zusammensetzung $1 : 1 : 6$ erstreckt.

Dieses Strukturverhalten ist nicht nur theoretisch interessant, sondern hat auch praktische Bedeutung. Früher (Abb. 86) wurde erwähnt, daß der Hochquarz mit steigender Temperatur eine Abnahme des spezifischen Volumens zeigt, d. h. einen *negativen Ausdehnungskoeffizienten* hat. Dasselbe hat man auch beim Hocheukryptit beobachtet. Das Wärmedehnungsverhalten des Hocheukryptits ist jedoch stark anisotrop. Nach GILLERY und BUSH [223] beträgt der lineare Ausdehnungskoeffizient senkrecht zur c-Achse $+\,8{,}7 \cdot 10^{-6}$ grd^{-1}, dagegen parallel zur c-Achse $-17{,}6 \cdot 10^{-6}$ grd^{-1}, was zu erheblichen Spannungen in keramischen Produkten führen kann. Bei pulverförmigen Produkten mißt man einen mittleren Ausdehnungskoeffizienten, der bei $-7 \cdot 10^{-6}$ grd^{-1} liegt und wegen obiger Anisotropie von der Form und

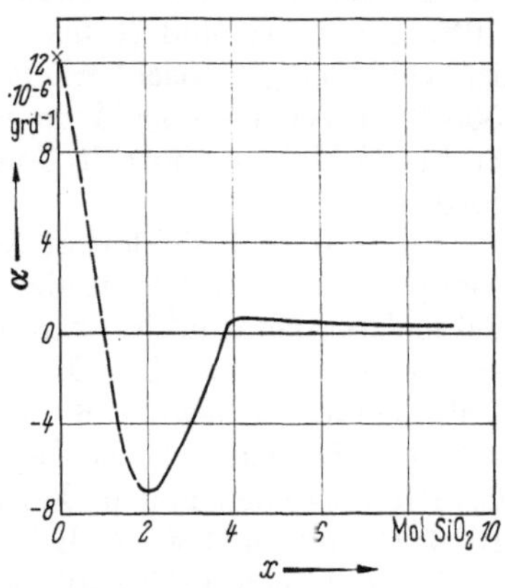

Abb. 103.
Lineare Ausdehnungskoeffizienten $\alpha_{25/1200}$ von Verbindungen $Li_2O \cdot Al_2O_3 \cdot xSiO_2$ nach HUMMEL [319] und SAALFELD [600]

Packung der Kristalle abhängt. Abb. 103 zeigt die mittleren Ausdehnungskoeffizienten von Verbindungen mit konstantem Molverhältnis $Li_2O : Al_2O_3 = 1$. Im hexagonalen Mischkristallbereich findet man negative, im orthorhombischen geringe positive Werte. Bei der Zusammensetzung von etwa 1 : 1 : 3,8 ist die Wärmedehnung gleich Null, was höchste Temperaturwechselbeständigkeit ermöglichen sollte. Auf diesbezügliche Versuche wird später eingegangen (S. 324).

Viskositätsmessungen sind in diesen Bereichen noch nicht bekannt geworden. Aus anderen Versuchen ist aber bekannt, daß gegenüber den entsprechenden Na_2O- oder K_2O-Zusammensetzungen die Viskosität stark erniedrigt ist. Das verringert die Standfestigkeit solcher Produkte beim Brand. Weiterhin ist in diesem Zusammenhang wichtig, daß die Liquiduskurven einen flachen Verlauf haben. Zwischen dem Auftreten der ersten Schmelze und dem völligen Durchschmelzen ist der Temperaturunterschied gering, d. h., der Erweichungsbereich der Massen ist klein.

4.3.4 Feldspäte

Die Gruppe der Feldspäte zeichnet sich durch ein einheitliches Strukturprinzip aus (S. 65). Tab. 16 ist zu entnehmen, daß die Feldspäte nur in den beiden Kristallsystemen triklin oder monoklin kristallisieren und ähnliche Gitterkonstanten haben. Dadurch besteht die Möglichkeit der *Mischkristallbildung*, die oft zu beobachten ist. Am bekanntesten ist die Reihe der Mischkristalle zwischen Albit und Anorthit, die als Plagioklase bezeichnet werden. Die Liquidustemperaturen steigen stetig von der Schmelztemperatur des Albits bei 1118 °C bis zu der des Anorthits bei 1550 °C an. Die Mischkristallbildung wird hier durch die ähnlichen Ionenradien von Na^+ und Ca^{2+} begünstigt. Man hat einigen Gliedern besondere Namen gegeben: bis 10 Mol-% Anorthitgehalt spricht man noch vom Albit, ab 90% von Anorthit; die Zwischenglieder heißen bei 10 bis 30 Mol-% Anorthit Oligoklas, 30 bis 50% Andesin, 50 bis 70% Labradorit und 70 bis 90% Bytownit. Bei höheren Temperaturen ist vollständige Mischbarkeit nachgewiesen, bei Temperaturen unter 500 °C sprechen einige Meßergebnisse für eine Mischungslücke von etwa 30 bis 70 Mol-% Anorthit. Auch die Plagioklase zeigen Tief- und Hochformen.

Im System Kalifeldspat-Natronfeldspat findet man nur bei hohen Temperaturen Mischkristalle, also zwischen Sanidin und Monalbit. Die Schmelztemperatur des Na-Feldspats wird durch steigenden K-Feldspatgehalt gesenkt. Das Minimum der Liquidustemperaturen liegt bei 1063 °C und 35 Gew.-% K-Feldspat. Wegen des inkongruenten Schmelzens des K-Feldspats ist dieses System nur pseudobinär. Das Gleichgewicht zwischen Leucit, Feldspatmischkristall und Schmelze liegt bei 1078 °C und 50 Gew.-% K-Feldspat.

Die triklinen Modifikationen obigen Systems sind wegen der unterschiedlichen Ionenradien von Na^+ und K^+ nur begrenzt mischbar. Bei langsamer Abkühlung tritt Entmischung ein. Da man die entstehenden Produkte als Perthite bezeichnet, wird dieser Vorgang auch Perthitisierung genannt. Ist die Entmischung mikroskopisch fein, spricht man auch von Mikroperthit, wovon Abb. 104 ein Beispiel zeigt, bei submikroskopischer Entmischung von Kryptoperthit. Bei den Perthiten beobachtet man eine orientierte Albitentmischung. Den umgekehrten Fall, d. h. Albit mit Orthoklasschnüren, bezeichnet man auch als Antiperthit. Von den weiteren Bezeichnungen sei nur noch der Anorthoklas erwähnt, der für Zusammensetzungen von 60 bis 90 Mol-% Albit gebraucht wird, unabhängig von der Struktur.

Den vielen Bezeichnungen entspricht auch die große Vielfalt der natürlich vorkommenden Alkalifeldspäte. Diese erklärt sich aus den vielen möglichen Strukturen und deren langsamer Umwandlung. Die Art des Feldspats hängt von seiner Vorgeschichte ab.

Abb. 104. Mikroaufnahme eines Mikroperthits (gekreuzte Nicols, $V = 35 \times$)

Im System Kalifeldspat—Anorthit tritt keine nennenswerte Mischkristallbildung ein. Wegen des inkongruenten Schmelzens des Kalifeldspats ist auch dieses System nur pseudobinär. Durch den Anorthit wird der inkongruente Schmelzpunkt auf 1040 °C erniedrigt.

Abb. 41 brachte die Viskositäten von Feldspatschmelzen. In binären Na/K-Feldspatschmelzen beobachtet man einen Anstieg der Viskositäten vom Na- zum K-Feldspat, der aber nicht ganz linear verläuft, sondern bei den mittleren Zusammensetzungen etwas flacher ist. Die Viskosität von Anorthitschmelzen ist demgegenüber wesentlich geringer.

4.3.5 MgO—Al$_2$O$_3$—SiO$_2$

Das Dreistoffsystem MgO—Al$_2$O$_3$—SiO$_2$ ist in Abb. 105 dargestellt nach OSBORN und MUAN [531], die die Angaben verschiedener Autoren ausgewertet haben. Neben den bekannten binären Verbindungen treten zwei ternäre Verbindungen auf: Sapphirin 4 MgO · 5 Al$_2$O$_3$ · 2 SiO$_2$ und Cordierit 2 MgO · 2 Al$_2$O$_3$ · 5 SiO$_2$, die beide inkongruent schmelzen. Das Ausscheidungsfeld des Sapphirins ist sehr klein, weshalb diese Verbindung nicht näher betrachtet werden soll.

Der *Cordierit* hat vor allem deshalb größeres Interesse gefunden, weil er eine geringe Wärmedehnung aufweist. An einem bei 1100 °C vorgebrannten, relativ reinen natürlichen Cordierit bestimmten GUGEL und H. Vogel [241] an Pulver mittlere lineare Ausdehnungskoeffizienten $\alpha_{20/100} = 0{,}6 \cdot 10^{-6}$, $\alpha_{20/400} = 1{,}8 \cdot 10^{-6}$ und $\alpha_{20/800} = 2{,}3 \cdot 10^{-6}$ grd^{-1}. An größeren Kristallen fanden sie eine starke Anisotropie der Wärmedehnung, die die Ursache für unterschiedliche Angaben in der Literatur sein kann.

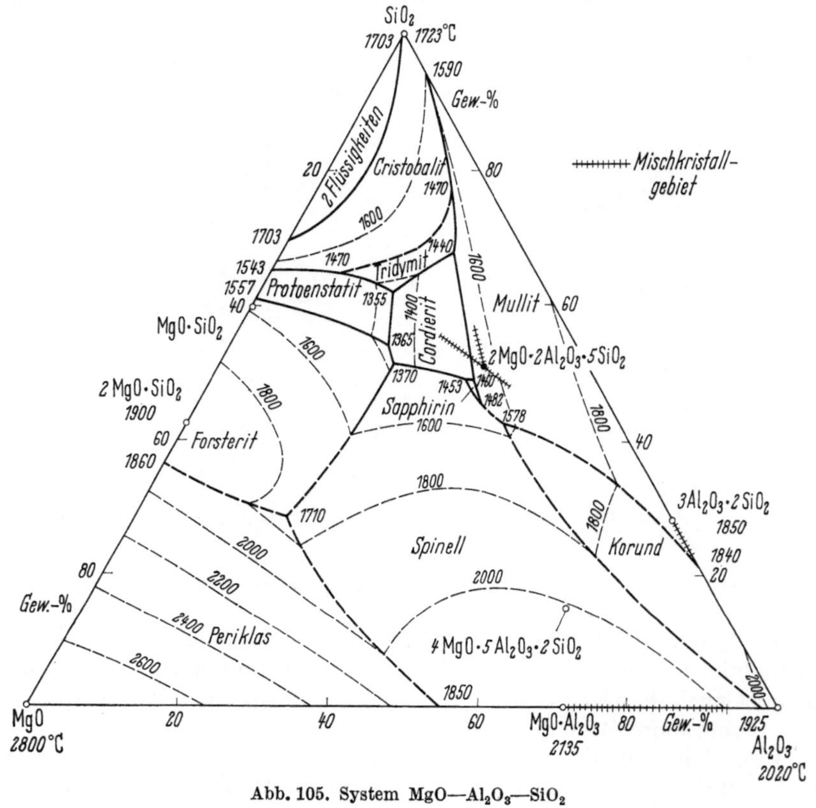

Abb. 105. System MgO—Al₂O₃—SiO₂

Die strukturelle Erklärung dieses Verhaltens ist noch nicht vollkommen gelungen, was seinen Grund u. a. darin hat, daß es mehrere Formen der Verbindung 2 MgO · 2 Al₂O₃ · 5 SiO₂ gibt. Früher nahm man für den Cordierit die Beryllstruktur an (Beryll: Al₂Be₃[Si₆O₁₈] — Cordierit: Mg₂Al₃[AlSi₅O₁₈]), während jetzt von G. V. Gibbs [219] eine Gerüststruktur Mg₂[Al₄Si₅O₁₈] mit 6er- und 4er-Ringen vorgeschlagen wird. Es gibt dabei Hoch- und Tiefformen (hexagonal bzw. orthorhombisch), die sich — ähnlich wie bei den Feldspäten — durch Unordnung oder Ordnung der Al- und Si-Ionen unterscheiden. (Die hexagonale Hochform wird manchmal als Indialith bezeichnet.) Da die Umwandlung träge verläuft, können auch Zwischenstufen auftreten. Außerdem ist nach Schreyer [632] begrenzte Mischkristallbildung möglich, und zwar der Ersatz von 2 Al³⁺ durch (Mg²⁺ + Si⁴⁺), von (Mg²⁺ + Si⁴⁺) durch 2 Al³⁺ und von (2 Al³⁺ + Mg²⁺) durch 2 Si⁴⁺. Die Mischkristallbildung kann gekoppelt eintreten und auch mit anderen Kationen erfolgen [z. B. Fe^{2+} oder Mn^{2+} für Mg^{2+} oder $(Li^+ + Si^{4+})$ für $(Mg^{2+} + Al^{3+})$]. Da dies die Stabilitätsbereiche beeinflußt, erklärt sich damit das unterschiedliche Verhalten verschiedener Proben. Zusätzlich ist zu bedenken, daß diese synthetischen Cordierite nicht ohne weiteres mit den natürlichen Cordieriten verglichen werden dürfen, da letztere immer einen deutlichen Gehalt an H_2O und Alkalien besitzen.

Der beim keramischen Brand entstehende Cordierit ist ein Produkt, dessen Struktur von der Zusammensetzung der Masse und von der Temperatur- und Zeitbehandlung abhängt. Meist herrscht die hexagonale Hochform vor.

Das Phasendiagramm zeigt, daß sich im Bereich des Cordierits und dessen Ausscheidungsfeldes die Liquidustemperaturen nur gering ändern, also zwischen dem Auftreten der Erstschmelze und dem vollkommenen Durchschmelzen nur ein geringer Temperaturunterschied liegt. Das Brennen von keramischen Produkten solcher Zusammensetzung erfordert deshalb genaueste Einhaltung einer bestimmten Temperatur.

Neben der Mischkristallbildung des Cordierits zeigt das System MgO—Al_2O_3—SiO_2 zwei weitere Mischkristallbereiche auf den binären Randsystemen. Beim Mullit wurde eines dieser Gebiete schon erwähnt. In Abb. 105 kann man sehen, daß auch vom Spinell $MgO \cdot Al_2O_3$ ein ausgedehnter Mischkristallbereich in Richtung Al_2O_3 geht.

4.3.6 H_2O—Al_2O_3—SiO_2, H_2O—MgO—SiO_2

Die meisten Tonminerale sind ternäre Verbindungen des Systems H_2O—Al_2O_3—SiO_2. Im Abschn. 2.2.5.4 wurde gezeigt, daß in diesen das Wasser in Form von OH-Gruppen in der Struktur und bei einigen in Form von H_2O-Molekülen als Zwischenschichtwasser eingebaut ist. Alle derartigen Verbindungen geben mit steigender Temperatur das Wasser ab, wobei sich neue Verbindungen bilden. Dieser Vorgang ist für das Brennen von tonmineralhaltigen Massen sehr wichtig und soll hier näher behandelt werden. Da diese Verhältnisse am Kaolinit am häufigsten untersucht wurden, wird das Schwergewicht bei diesem Mineral liegen.

Beim Erhitzen von Kaolinit $Al_2O_3 \cdot 2\,SiO_2 \cdot 2\,H_2O$ entsteht zunächst unter H_2O-Abgabe ein Produkt der Zusammensetzung $Al_2O_3 \cdot 2\,SiO_2$, das als *Metakaolinit* bezeichnet wird. Da es im binären System Al_2O_3—SiO_2 eine Verbindung dieser Zusammensetzung nicht gibt, muß daraus die in diesem Bereich stabile Verbindung, der Mullit $3\,Al_2O_3 \cdot 2\,SiO_2$, entstehen. Der Mechanismus dieses Vorganges wird unten besprochen. Zunächst soll einmal die Frage der Stabilität geklärt werden, auf die die Thermodynamik eine Antwort geben kann.

Von den vielen denkbaren Reaktionsmöglichkeiten seien nur drei ausgewählt: der Übergang des Kaolinits in die Oxide (Korund, Quarz und H_2O), in Metakaolinit und in Mullit, wofür folgende Reaktionsgleichungen gelten:

1. $Al_2O_3 \cdot 2\,SiO_2 \cdot 2\,H_2O \rightleftharpoons Al_2O_3 + 2\,SiO_2 + 2\,H_2O$

2. $Al_2O_3 \cdot 2\,SiO_2 \cdot 2\,H_2O \rightleftarrows Al_2O_3 \cdot 2\,SiO_2 + 2\,H_2O$

3. $Al_2O_3 \cdot 2\,SiO_2 \cdot 2\,H_2O \rightleftarrows \frac{1}{3}(3\,Al_2O_3 \cdot 2\,SiO_2) + \frac{4}{3}SiO_2 + 2\,H_2O$.

Mit den thermodynamischen Daten aus Tab. 25 (S. 110) wurden die freien Enthalpien $\varDelta G°$ für verschiedene Temperaturen berechnet (S. 109) und danach Abb. 106 gezeichnet (H_2O gasförmig mit $p = 1$ atm). Man erkennt, daß im ganzen dargestellten Temperaturbereich die Reaktionen 1 und 3 negative $\varDelta G$-Werte aufweisen, also Kaolinit instabil ist. Am stabilsten ist der Mullit. Die Zersetzung in den Metakaolinit ist erst ab etwa 470 °C möglich. Wie Abb. 106 aber zeigt, muß dieser sehr instabil sein und die Tendenz haben, in Mullit überzugehen. Daß sich trotzdem

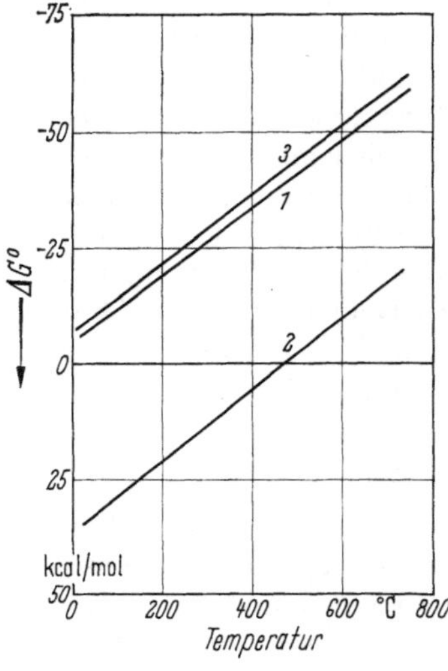

Abb. 106. Freie Enthalpien $\varDelta G°$ der Reaktionen

1: $Al_2O_3 \cdot 2\,SiO_2 \cdot 2\,H_2O \rightleftarrows Al_2O_3 + 2\,SiO_2 + 2\,H_2O$
    (Kaolinit)   (Korund) (Quarz)

2: $Al_2O_3 \cdot 2\,SiO_2 \cdot 2\,H_2O \rightleftarrows Al_2O_3 \cdot 2\,SiO_2 + 2\,H_2O$
                           (Metakaolinit)

3: $Al_2O_3 \cdot 2\,SiO_2 \cdot 2\,H_2O \rightleftarrows \frac{1}{3}(3\,Al_2O_3 \cdot 2\,SiO_2) +$
                                     (Mullit)

                                  $+ \frac{4}{3}\,SiO_2 + 2\,H_2O$
                                     (Quarz)

erst Metakaolinit bildet, entspricht der Stufenregel, wonach Reaktionen oft über energiereichere Zwischenstufen laufen.

Die thermodynamischen Daten erlauben auch die für die Entwässerung des Kaolinits aufzubringende Wärme zu berechnen. Nach Gl. (42) beträgt sie für Raumtemperatur 56,4 kcal/mol und erhöht sich für die Gleichgewichtstemperatur bei 470 °C gering auf 57,6 kcal/mol (≈ 220 cal/g Kaolinit).

Leider ist die Genauigkeit der thermodynamischen Angaben bis jetzt noch nicht ausreichend, um weitergehende Folgerungen zu ziehen. Es wird sich unten zeigen, daß obige Angaben zwar im wesentlichen stimmen, daß aber einige Experimente zu etwas anderen Werten führen. Die Ursachen dafür liegen aber nicht nur in der Schwierigkeit der Bestimmung der thermodynamischen Daten, sondern auch in der Vielfalt der Strukturmöglichkeiten der Tonminerale.

Für andere Tonminerale fehlen meist die benötigten Daten, so daß hier keine weiteren Rechnungen angeführt werden sollen. Es sei nur noch bemerkt, daß BARANY und KELLEY [27] für die Entwässerung des Halloysits eine um etwa 4,5 kcal/mol geringere Entwässerungswärme fanden, woraus sie abschätzten, daß die Entwässerung etwa 60 grd tiefer als beim Kaolinit erfolgen muß. Die bei Montmorilloniten gemessenen Entwässerungswärmen sind noch stärker als beim Kaolinit von der Art, Korngröße und Kationenbelegung abhängig. Nach SCHWIETE und ZIEGLER [654] liegen sie für einen Montmorillonit von Wyoming bei 60 cal/g, können aber für andere Vorkommen je nach Art und Behandlung Werte bis herab zu 6 cal/g Ton ergeben. Für Illite wurden Entwässerungswärmen um 40 cal/g gemessen.

Weitere Auskünfte über die Stabilität der Tonminerale müßte man aus dem *Phasendiagramm* $H_2O—Al_2O_3—SiO_2$ erhalten können, das aber bisher nur wenig untersucht wurde. Bei Atmosphärendruck sind die Reaktionsgeschwindigkeiten zu gering, weshalb nur Messungen bei höheren Drücken durchgeführt wurden. Dabei sind zwei Effekte zu erwarten, die gegenläufig sind. Ein höherer H_2O-Druck wird einmal die Umwandlungstemperatur erhöhen, zum anderen zu Produkten mit größerer Dichte führen, wodurch die Stabilitätsgrenze erniedrigt wird. Versuche ergaben, daß sich bei H_2O-Drücken von 140 bis 1400 bar die Phasenbeziehungen nur gering ändern und daß dann Halloysit bis 175 °C, Kaolinit bis 405 °C, Beidellit bis 420 °C und Pyrophyllit bis 565 °C stabil sind. ARAMAKI und ROY [19] stellten weiterhin fest, daß sich Kaolinit bei H_2O-Drücken von 1000 bis 5000 bar und 405 °C in Pyrophyllit und metastabilen Böhmit umwandelt nach

$$2\,(Al_2O_3 \cdot 2\,SiO_2 \cdot 2\,H_2O) \rightleftarrows Al_2O_3 \cdot 4\,SiO_2 \cdot H_2O + Al_2O_3 \cdot H_2O + 2\,H_2O.$$

Pyrophyllit ist bei diesen Drücken stabil bis 565 °C, um dann in Quarz, H_2O und eine $Al_2O_3 \cdot SiO_2$-Phase überzugehen. Diese Ergebnisse reichen nicht aus, um auf die Verhältnisse bei Atmosphärendruck zu schließen, doch kann man daran erkennen, daß Dreischichtminerale beständiger als Zweischichtminerale sind.

Die oben erwähnten Versuche führen auch zur Frage der Synthese von Tonmineralen, die unter diesen hydrothermalen Bedingungen erfolgt, wie erstmalig von NOLL [513, 514] gezeigt wurde. Nach obigen Berechnungen dürfte das unter Normalbedingungen nicht mehr der Fall sein. Viele Versuche sind auch vergeblich durchgeführt worden. DEKIMPE u. Mitarb. [135] fanden, daß als Voraussetzung für das Gelingen einer Synthese das Vorhandensein von Al in *KZ* 6 notwendig ist. Sie konnten mit solchen Versuchsbedingungen bei Normaldruck und Temperaturen unter 100 °C die Bildung von Kaolinit und Halloysit wahrscheinlich machen.

Das thermische Verhalten der Tonminerale läßt sich am elegantesten mit der *Differentialthermoanalyse*, kurz DTA genannt, bestimmen. Das einfache Verfahren einer thermischen Analyse beruht im kontinuierlichen Aufheizen einer Probe und Verfolgen der Temperatur der Probe. Treten bei einer bestimmten Temperatur oder in einem Temperaturbereich Vorgänge auf, die Wärme verbrauchen, dann bleibt die Temperatur der Probe gegenüber der des Ofens etwas zurück. Man spricht dann von einem endothermen Vorgang. Der umgekehrte Fall, wenn

Wärme frei wird, wird als exothermer Vorgang bezeichnet. Dieses Verfahren hat bereits 1887 LeChatelier [432] auf Tone angewandt. Es wurde dann zur Differentialthermoanalyse ausgebaut, indem man in den Ofen neben die zu untersuchende Substanz eine Vergleichssubstanz stellt, die sich im interessierenden Temperaturbereich inert verhält. In beiden befindet sich je eine Lötperle eines gegeneinander geschalteten Thermoelementpaares, so daß nur die Temperaturdifferenz zwischen beiden Substanzen angezeigt wird (Abb. 107).

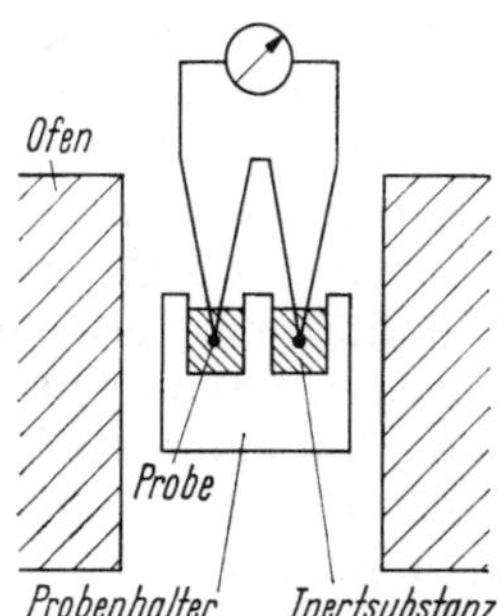

Abb. 107. Prinzip der Differentialthermoanalyse (DTA)

Die DTA hat bald weite Verbreitung gefunden. Eine umfassende Literaturübersicht haben H. Lehmann u. Mitarb. [436] gegeben, R. C. Mackenzie [468] zeigt die Anwendung auf Tone, und Redfern [571] hat die Vorträge eines Symposiums über dieses Thema zusammengefaßt.

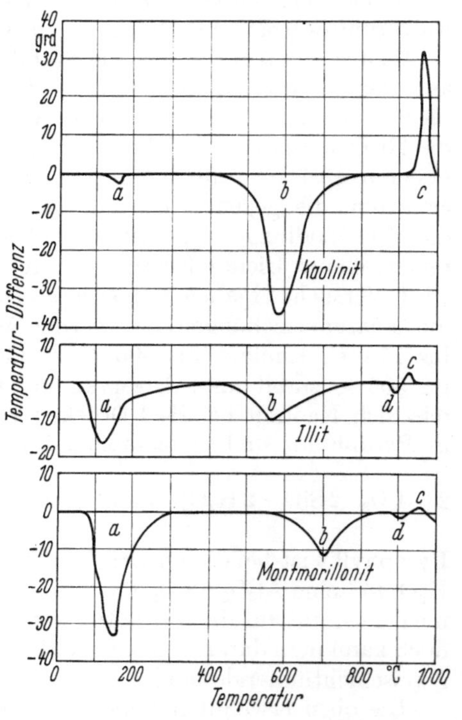

Abb. 108. DTA-Kurven einiger Tonminerale

Abb. 108 zeigt die DTA-Kurven der drei wichtigsten Tonminerale. Bei *a* wird das adsorbierte oder Zwischenschichtwasser, bei *b* das als OH-Gruppen eingebaute Strukturwasser abgegeben. Beides sind endotherme Effekte, benötigen also die Zufuhr von Wärme. Die Ursachen der exothermen Effekte werden später behandelt.

Aus diesen Kurven und den zahlreichen weiteren Messungen kann man mehrere Folgerungen ziehen, die sich vor allem auf die Lage und Form des endothermen Effektes *b* beziehen. Er liegt bei um so höheren Temperaturen, je stabiler eine Verbindung ist und ist um so breiter, je gestörter das Gitter ist. Das Maximum des Effektes *b* liegt beim Kaolinit bei 580 °C, beim Montmorillonit bei 700 °C. Man kann das verallgemeinern und feststellen, daß Dreischichtminerale stabiler sind als Zweischichtminerale, was sich auch schon aus den oben erwähnten Beobachtungen ergeben hatte. Weiterhin wurde gefunden, daß bei diesen Typen die trioktaedrischen Minerale stabiler als die dioktaedrischen sind, also ist z. B. Antigorit stabiler als Kaolinit, oder Talk entwässert bei höheren Temperaturen als Pyrophyllit.

Es ist möglich, die DTA zur quantitativen Bestimmung von Verbindungen heranzuziehen. Man muß jedoch berücksichtigen, daß sich bei diesem Verfahren mit dem kontinuierlichen Aufheizen keine Gleichgewichte einstellen können, sondern die Kinetik bestimmend ist. Die Kinetik des Kaolinitzerfalls wird unten behandelt werden, doch auch ohne diese Kenntnisse ist verständlich, daß mit steigender Aufheizgeschwindigkeit die Effekte nach höheren Temperaturen verschoben werden.

Im allgemeinen wird die DTA in Luft ausgeführt. Entstehen bei einer Reaktion Gase, dann steigt die Reaktionstemperatur mit dem Partialdruck des entsprechenden Gases in der Atmosphäre und umgekehrt. Das konnte STONE [698] beobachten, der DTA-Messungen an Tonmineralen unter verschiedenen H_2O-Partialdrücken durchführte. Mit fortschreitender Zersetzung wird sich in einem Pulverbett, wie es bei der DTA verwendet wird, bald eine reine H_2O-Dampfatmosphäre einstellen, die von der umgebenden Atmosphäre wenig beeinflußt wird, so daß sich die Temperatur des Maximums des Effektes kaum ändert. Dagegen wirkt die Atmosphäre deutlich auf den Beginn der Entwässerung ein. Beim Kaolinit lag dieser im reinen H_2O-Dampf bei 470 °C, bei einem H_2O-Partialdruck von 5 Torr aber bereits bei 400 °C. Erhöhter H_2O-Dampfdruck macht daher diesen Effekt schmaler. Bei letzteren Versuchen ergab sich daneben noch das interessante Resultat, daß der Hochtemperatureffekt bei 975 °C mit steigendem H_2O-Partialdruck etwas nach tieferen Temperaturen verschoben wird, worauf unten nochmals eingegangen wird.

Die Unterschiede im H_2O-Partialdruck zwischen Atmosphäre und Probe kann man vermeiden, wenn man entweder im Vakuum oder unter erhöhten H_2O-Drücken arbeitet. Dann ist auch mit einer Verschiebung der Lage des Maximums des Entwässerungseffektes zu rechnen. SCHRÄMLI und BECKER [631] beobachten mit der Vakuum-DTA eine Erniedrigung um etwa 100 grd bei vielen Tonmineralen, WEBER und ROY [743] mit der Überdruck-DTA eine Erhöhung um etwa 200 grd bei einem H_2O-Druck von 30 atm. Bei noch höheren H_2O-Drücken trat aber wieder eine Abnahme der Entwässerungstemperatur ein, da der H_2O-Dampf die Zersetzung des unter diesen Bedingungen metastabilen Kaolinits katalytisch beschleunigt. Die oben erwähnte Gleichgewichtstemperatur von 405 °C wird aber bei Drücken bis zu 700 atm nicht erreicht.

Die Auswertung der DTA-Kurve zur Berechnung der Enthalpien erfordert große Sorgfalt in der Herstellung der Proben und der Einhaltung konstanter Versuchsbedingungen; denn die Lötstelle des Thermoelementes registriert voll nur die Wärmeeffekte der Substanzmenge, die unmittelbar benachbart liegt. Die Effekte der Randzonen werden nur teilweise erfaßt; es besteht daher eine Abhängigkeit von der Probenform, die bei Änderungen zu Fehlern führen kann. SCHWIETE und ZIEGLER [656] geben deshalb Untersuchungs- und Inertsubstanz in kleine Metallbecher, an die die ganzen Wärmebeträge der Substanz abgegeben

werden, die dann mit Thermoelementen unter den Bechern voll erfaßt
werden können. Mit dieser, von SCHWIETE und ZIEGLER als dynamische
Differenzkalorimetrie (DDK) bezeichneten Methode lassen sich bessere
Werte erhalten.

Es gibt noch *weitere* dynamische, d. h. mit ständig steigender Temperatur arbeitende *Verfahren*, das thermische Verhalten von Tonmineralen zu bestimmen. Am einfachsten ist die Bestimmung des Gewichtsverlustes mit einer Thermowaage. Abb. 109 zeigt einige dieser Thermogramme. Man kann dabei natürlich nur die Reaktionen erkennen, die mit einer Gewichtsänderung verbunden sind, während die DTA auf alle Erscheinungen anspricht, die Wärme liefern oder verbrauchen.

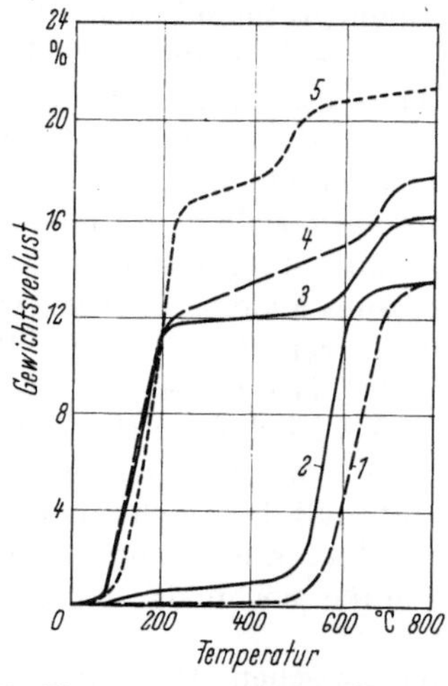

Abb. 109. Thermogramme von Tonmineralen nach
RADCZEWSKI und RATH [568] (Aufheizgeschwindigkeit 7 grd/min)
1: Dickit von Neurode
2: Kaolinit von Schnaittenbach (Fraktion <2 μm)
3: Montmorillonit von Wyoming (Fraktion <2 μm)
4: Nontronit von St. Andreasberg
5: Illit von Sàrospatak (Fraktion <2 μm)

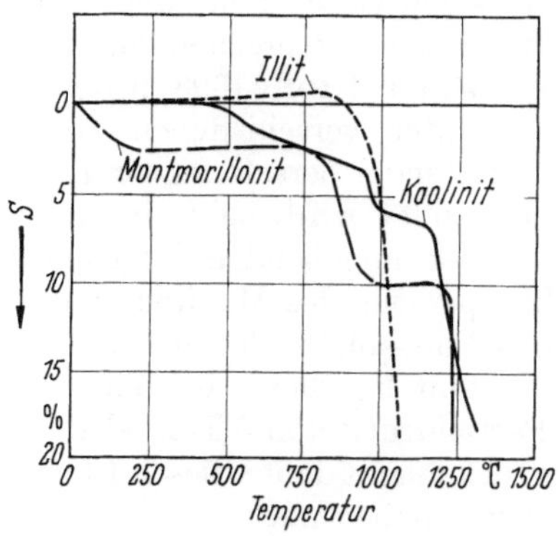

Abb. 110.
Lineare Schwindung S von Tonmineralen

Der geringe Gewichtsverlust bis 500 °C beim Kaolinit ist auf Verunreinigungen zurückzuführen, der hohe bei den Kurven *3* bis *5* auf das Zwischenschichtwasser. Auch aus den Thermogrammen kann man dieselben Stabilitätsbeziehungen wie bei der DTA ableiten (s. o.) und die Unterschiede der Kurven zur quantitativen Bestimmung der Tonminerale verwenden. Man hat die Thermogravimetrie ebenfalls zum Differenzverfahren weiterentwickelt und sie dann auch mit anderen Methoden kombiniert; letzteres wird von TAKÁTS [707] als Derivatographie bezeichnet. Die Aussagemöglichkeiten werden dadurch natürlich vergrößert.

Zur Untersuchung der Vorgänge beim Erhitzen sind alle die Eigenschaften geeignet, die sich dabei meßbar ändern. Man hat viele solcher Eigenschaften gefunden, von denen nur noch auf das Dehnungs-Schwindungs-Verhalten und den elektrischen Widerstand eingegangen werden soll. Wie Abb. 110 zeigt, tritt beim Erhitzen der Tonminerale eine Schwindung ein, zuerst beim Montmorillonit bei der Abgabe des Zwischenschichtwassers, dann bei der Abgabe des Strukturwassers beim Kaolinit, die beim Montmorillonit bei höheren Temperaturen erfolgt. Kaolinit zeigt bei 1000 °C eine Stufe, was dem Hochtemperatureffekt der DTA entspricht, und ab 1200 °C dann verstärkte Schwindung, die auch beim Montmorillonit vorhanden ist, während der Illit sie schon früher hat. Dieses Verhalten ist abhängig von der Orientierung der Teilchen.

Im allgemeinen nimmt bei Oxiden der elektrische Widerstand mit steigender Temperatur ab, was auch beim Kaolinit der Fall ist. FRIPIAT und TOUSSAINT [210] fanden aber von 360 bis 400 °C eine geringe Zunahme, was eine Vorstufe der Entwässerung bei diesen Temperaturen anzeigt. F. FREUND [202] führte Messungen bei höheren Temperaturen durch und stellte dabei eine plötzliche Abnahme des Widerstandes bei 980 °C fest.

Abb. 111. Orientierte Bildung von Mullit aus einem Kaolinitkristall nach COMER (erwähnt bei BRINDLEY und NAKAHIRA [72])

Alle diese Messungen zeigen, daß die Tonminerale beim Erhitzen bei bestimmten Temperaturen Veränderungen zeigen. Bis jetzt wurde darauf verzichtet, eine nähere Deutung dieser Vorgänge zu geben, obwohl in den meisten der erwähnten Untersuchungen solche gebracht werden, die aber nicht immer übereinstimmen. Seit den ersten grundlegenden Untersuchungen von LeCHATELIER [432] im Jahre 1887 über den Einfluß von Wasser auf Tone wurden viele Vorschläge über den *Entwässerungsmechanismus des Kaolinits* und anderer Tonminerale gemacht. Man nahm an, daß der bei der Wasserabgabe bei 500 °C sich bildende Metakaolinit eine amorphe Struktur habe. Oberhalb 925 °C sollten dann $\gamma\text{-}Al_2O_3$ und Cristobalit und bei noch höheren Temperaturen schließlich Mullit entstehen. TSCHEISCHWILI u. Mitarb. [722] konnten aber röntgenographisch nachweisen, daß im Metakaolinit noch Struktureinheiten des Kaolinits vorhanden sein müssen. Auch elektronenmikroskopische Aufnahmen von EITEL u. Mitarb. [169] ergaben, daß die Kaolinitteilchen ihre sechseckige Form bis weit über ihre Entwässerungstemperatur behalten, und COMOFORO u. Mitarb. [115] fanden, daß die sich bildenden Mullitnädelchen nach der Ausgangsform der Kaolinitteilchen orientiert sind, was später mehrfach bestätigt wurde (Abb. 111).

Einen Fortschritt brachte 1959 die Veröffentlichung von BRINDLEY und NAKAHIRA [72]. Sie fanden durch Röntgeneinkristallaufnahmen, daß im Metakaolinit die Si—O-Tetraederschicht im wesentlichen erhalten bleibt, während wegen der H_2O-Abspaltung aus der Al—O-Oktaederschicht in dieser eine Umorientierung stattfinden muß, wobei die Al-Ionen in 4er-Koordination übergehen, was mit Hilfe der Röntgenfluoreszenz bestätigt werden konnte. Schematisch ergibt sich damit für die Struktur der Schichtpakete:

$$\text{Kaolinit}\quad O_4,\ (OH)_2\ \begin{array}{c} OH_6 \\ Al_4 \\ O_4 \\ Si_4 \\ O_6 \end{array}\ \xrightarrow[\approx 500\,°C]{-H_2O}\ \begin{array}{c} O_2 \\ Al_4 \\ O_6 \\ Si_4 \\ O_6 \end{array}\quad \text{Metakaolinit}$$

Eine solche Struktur muß sehr verspannt sein und zeigt nur sehr undeutliche Röntgenreflexe. Beim weiteren Erhitzen treten oberhalb 925 °C wieder schärfere Röntgenreflexe auf, die die Bildung einer kubischen Phase anzeigen. Da eine Orientierung nach dem Ausgangskristall vorhanden ist, muß sich diese Phase aus dem Metakaolinit ableiten lassen. Zwei Metakaolinitschichtpakete lagern sich zusammen, wobei zwischenzeitlich in der mittleren O-Schicht acht Sauerstoffe vorhanden sind. Durch Abspaltung von SiO_2 wird wieder die übliche Anzahl von 6 Sauerstoffen in einer solchen Schicht erreicht. Damit ergibt sich das folgende Reaktionsschema:

$$\begin{array}{c} O_2 \\ Al_4 \\ O_6 \\ Si_4 \\ O_6 \\ \vdots \\ O_2 \\ Al_4 \\ O_6 \\ Si_4 \\ O_6 \end{array}\ \xrightarrow{\approx 925\,°C}\ \begin{array}{c} O_2 \\ Al_4 \\ O_6 \\ Si_4 \\ O_8 \\ Al_4 \\ O_6 \\ Si_4 \\ O_6 \end{array}\ \xrightarrow{-SiO_2}\ \begin{array}{c} O_2 \\ Al_4 \\ O_3 \\ Si_3 \\ O_6 \\ Al_4 \\ O_6 \\ Si_4 \\ O_6 \end{array}$$

Metakaolinit　　　hypothetisches　　　Al—Si-Spinell
　　　　　　　　　Zwischenprodukt

Dieser Vorgang erstreckt sich über alle Schichtpakete, so daß eine Verbindung entsteht, die die oben markierte Zusammensetzung $Si_3Al_4O_{12}$ oder $2\,Al_2O_3 \cdot 3\,SiO_2$ hat. Strukturuntersuchungen ergaben, daß diese Verbindung die kubische Spinellstruktur zeigt, weshalb man sie als Al—Si-Spinell bezeichnet.

Spinelle haben die allgemeine Zusammensetzung AB_2O_4. Ihre Struktur (S. 23) zeigt in der Einheitszelle 32 O-Ionen in dichtester Packung mit 8 Kationen in den tetraedrischen und 16 Kationen in den oktaedrischen Lücken. Bei den Defektspinellen sind nicht alle diese Plätze besetzt. Ein Beispiel dafür ist γ-Al_2O_3, dem die Struktur $\square_{2\frac{2}{3}}Al_{21\frac{1}{3}}O_{32}$ (oder $\square_8Al_{64}O_{96}$) zukommt, wenn man die Kationenleerstellen mit $\square$ bezeichnet. Ersetzt man die 8 tetraedrischen Al-Ionen durch Si-Ionen, dann muß man zur Wahrung der Elektroneutralität die Zahl der Al-Ionen in oktaedrischer Koordination entsprechend reduzieren, wobei die Zahl der Kationenleerstellen ansteigt. Da 8 Si-Ionen in der Wertigkeit $10\frac{2}{3}$ Al-Ionen entsprechen, erhält man also $\square_{5\frac{1}{3}}Si_8Al_{10\frac{2}{3}}O_{32}$ (oder $\square_{16}Si_{24}Al_{32}O_{96} = 16\ Al_2O_3 \cdot 24\ SiO_2$ bzw. $2Al_2O_3 \cdot 3\ SiO_2$).

Die dichtere Spinellstruktur erklärt die Zunahme der Schwindung bei etwa 1000 °C in Abb. 110. Da die Struktur stabiler als die des Metakaolinits ist, tritt gleichzeitig in der DTA-Kurve der exotherme Effekt auf. Durch die große Zahl der Leerstellen ist das Gitter aber stark verspannt. Die entstehenden Kristalle sind deshalb nur sehr klein. Aus der Linienverbreiterung der Röntgeninterferenzen schlossen BRINDLEY und NAKAHIRA auf eine Größenordnung von 100 Å, was später bestätigt werden konnte.

Der Al—Si-Spinell ist wegen der vielen Leerstellen auch recht instabil. Wenn durch ausreichende thermische Energie die Ionen beweglicher werden, findet der Übergang in die thermodynamisch stabile Phase, den Mullit, statt. Nach

$$3\ (2\ Al_2O_3 \cdot 3\ SiO_2) \xrightarrow{\ \approx\ 1050\,°C\ } 2\ (3\ Al_2O_3 \cdot 2\ SiO_2) + 5\ SiO_2$$

Al—Si-Spinell   Mullit   Cristobalit

wird dabei erneut SiO_2 frei, das man als Cristobalit findet. Diese Umwandlung ist ab etwa 1050 °C zu beobachten. Auch dabei ist röntgenographisch eine Orientierung festzustellen, die besonders deutlich von VON GEHLEN [217] herausgestellt wurde. Man hat also in allen Stufen Orientierungen, so daß ein Zusammenhang zwischen dem Ausgangskaolinitkristall und dem sich bildenden Mullitkristall bestehen muß, dessen Beobachtung oben schon erwähnt wurde (Abb. 111).

Der eben beschriebene Mechanismus nach BRINDLEY und NAKAHIRA [72] läßt einige Fragen offen, z. B. ob die Entwässerung statistisch an beliebigen Stellen beginnt oder ob eine Schicht nach der anderen abgebaut wird. Im ersteren Fall würde sich der durchschnittliche Abstand benachbarter OH-Gruppen mit zunehmender Entwässerung vergrößern, im zweiten Fall immer konstant bleiben. Mit der magnetischen Kernresonanz kann man die mittleren Abstände von Protonen erfassen. GASTUCHE u. Mitarb. [216] fanden Konstanz dieser Werte. Zusammen mit weiteren Methoden konnten sie nachweisen, daß eine schichtenweise Zersetzung der Kaolinitkristalle erfolgt, indem eine an einer Stelle beginnende Zersetzung sich schnell durch den ganzen Kristall fortsetzt.

Theoretische Überlegungen und Vergleiche mit dem Zersetzungsmechanismus anderer Minerale führten H.F.W.TAYLOR [709] zu der Annahme, daß bei der Metakaolinitbildung die Sauerstoffschichten in ihrer ursprünglichen Besetzung erhalten bleiben und daß der Ausgleich durch Wandern von Al- und Si-Ionen erfolgt, wobei Al-reichere und Sireichere Bereiche entstehen. WEISS u. Mitarb. [753] kamen ebenfalls zu der Feststellung, daß es mehrere Formen des Metakaolinits gibt. Aus dem Al-reicheren bildet sich dann ein Spinell, der in seiner Zusammensetzung mehr dem γ-Al_2O_3 entspricht. F. FREUND [204, 205], der die Änderung verschiedener Eigenschaften, insbesondere der Dichte des Kaolinits beim Erhitzen mit den strukturellen Veränderungen vergleicht, weist vor allem auf die hohe Störstellenkonzentration im Metakaolinit hin. Durch das unverändert bleibende $[SiO_4]$-Tetraedernetzwerk wird der Metakaolinit stabilisiert, hat aber eine sehr hohe Gitterenergie. Mit steigender Temperatur werden die Gitterbausteine beweglicher, so daß bei etwa 970 °C (beim kontinuierlichen Aufheizen) die Gitterlücken ausheilen können und die energieärmere Spinellphase entsteht, was von FREUND als Erholvorgang bezeichnet wird.

Die strukturellen Veränderungen beim Erhitzen von Kaolinit lassen sich auch gut mit der Ultrarotspektroskopie verfolgen. FRIPIAT und TOUSSAINT [210] fanden an den OH-Banden im 3-μm-Bereich, daß bereits vor dem Beginn des Entwässerns Änderungen eintreten, die eine Vorstufe des Entwässerns anzeigen. Der Koordinationswechsel des Al-Ions wurde von mehreren Autoren bestätigt. STUBIČAN [703] fand, daß bei der Entwässerung des Kaolinits nicht alle OH-Gruppen abgegeben werden und selbst noch nach dem Erhitzen auf 800 °C ein geringer Anteil von OH-Gruppen vorliegt. Er ist bei fehlgeordneten Kaoliniten größer, was vielleicht mit ein Grund dafür ist, daß diese eher in die Spinellphase umwandeln, die durch die H-Ionen stabilisiert werden kann.

Damit ist bereits angedeutet worden, daß die Temperaturen, bei denen sich aus Kaolinit über die Zwischenphase Mullit bildet, bei Proben verschiedener Herkunft schwanken können. Darüber hinaus machen sich Beimengungen stark bemerkbar, besonders wenn sie als Mineralisatoren wirken, wozu man H_2O-Dampf rechnen muß. Es wurde oben bereits erwähnt, daß bei DTA-Messungen mit steigendem H_2O-Partialdruck der exotherme Effekt bei 970 °C, also die Bildung der Spinellphase, bei geringeren Temperaturen einsetzt. Besonders aktiv als Mineralisator wirken auch F^--Ionen.

Die bisherigen Betrachtungen geben keine Antwort auf die wichtige Frage nach der Kinetik der Kaolinitentwässerung. Zu deren Untersuchung eignen sich die dynamischen Methoden nur wenig. Die besten Ergebnisse erhält man, wenn man bei konstanter Temperatur den Gewichtsverlust verfolgt. Solche Versuche sind wiederholt durchgeführt worden. In umfangreichen Messungen fanden MURRAY und WHITE [505], daß die Kaolinitzersetzung einer Reaktion erster Ordnung (S. 143) genügt, d. h. die Geschwindigkeit der Zersetzung ist proportional dem noch vorhandenen Strukturwasser. Allerdings ergab die Prüfung der Temperaturabhängigkeit keine konstante Aktivierungsenergie.

Zahlreiche weitere Versuche wurden zu diesem Problem durchgeführt. Abb. 112 bringt einen Versuch, bei dem der Kaolinit in einem Tiegel mit 10 mm Durchmesser 6 mm hoch geschüttet war. Man erkennt, daß schon bei beachtlich tiefen Temperaturen merkliche Zersetzung eintritt. Bei der DTA tritt wegen der Aufheizgeschwindigkeit in der Größenordnung 10 grd/min der endotherme Effekt erst bei höheren Temperaturen auf.

Den störenden Einfluß der Packungsdichte bei einer Schüttung kann man umgehen, wenn man dafür sorgt, daß alles entstehende H_2O sofort entfernt wird, man also im Vakuum arbeitet. Bei solchen Versuchen fanden aber HOLT u. Mitarb. [308], daß die Entwässerung proportional der Wurzel der Zeit ist, also ein Diffusionsvorgang geschwindigkeitsbestimmend ist. Bei der H_2O-Abspaltung müssen die H_2O-Moleküle aus den Schichten herauswandern, wofür ein Diffusionsvorgang plausibel ist. Mit steigendem H_2O-Partialdruck in der Atmosphäre wurde jedoch ein Übergang in die oben beschriebene Reaktion erster Ordnung beobachtet. Diese Erscheinung konnten BRINDLEY u. Mitarb. [74] aufklären und dabei zeigen, daß die Kaolinitzersetzung nach Gl. (81) (S. 144) abläuft,

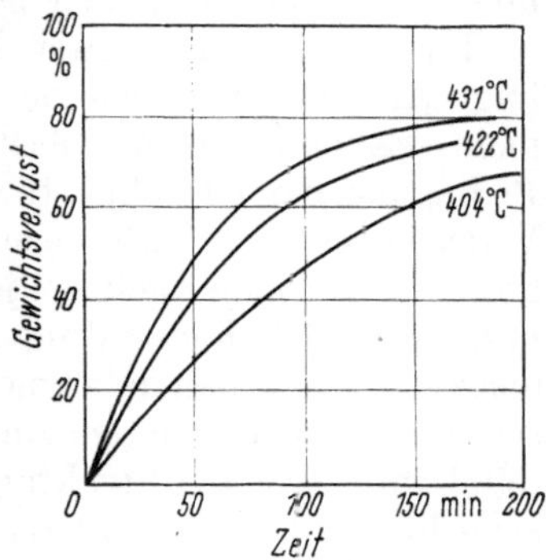

Abb. 112. Gewichtsverlust von Kaolinit bei isothermer Entwässerung nach TOUSSAINT u. Mitarb. [720] ($p_{H_2O} = 4{,}3$ Torr)

also die Diffusion geschwindigkeitsbestimmend ist. Mit steigendem H_2O-Dampfpartialdruck beeinflussen Chemisorptionsvorgänge der H_2O-Moleküle an den Oberflächen die Kinetik.

Die energiereiche Struktur des Metakaolinits verleiht ihm einige besondere Eigenschaften. Hier war es ebenfalls schon LECHATELIER [432],

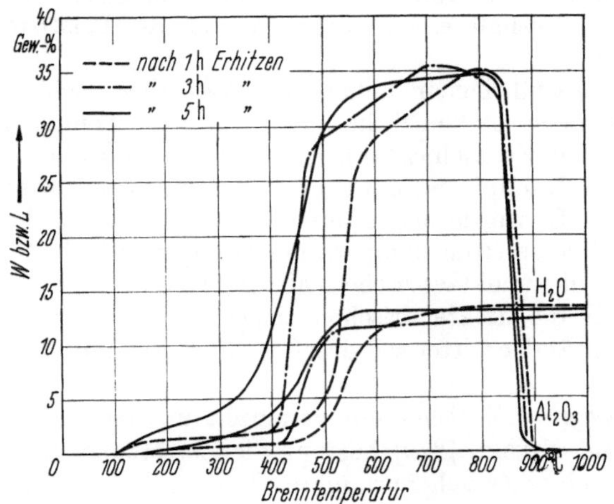

Abb. 113. Wasserabgabe W und Al_2O_3-Löslichkeit L (2 h in 6%iger HCl auf dem Wasserbad) von bei verschiedenen Temperaturen gebranntem Kaolin

der fand, daß sich aus dem Metakaolin mit heißer Säure das Al_2O_3 herauslösen läßt. Messungen von SOKOLOFF [683] in Abb. 113 zeigen, daß die Zersetzung dieses Kaolinits schon unterhalb 400 °C deutlich wird. In dem Augenblick, in dem der Metakaolin in die stabilere Spinellphase übergeht, hier bereits etwas unterhalb 900 °C, geht die Al_2O_3-Löslichkeit auf Null zurück. Die Löslichkeit von SiO_2 aus dem Metakaolin ist gering, auch in heißer Na_2CO_3-Lösung. Wenn man aber zunächst Al_2O_3 in Säure löst, kann man anschließend nach COLEGRAVE und RIGBY [113] in heißer Na_2CO_3-Lösung das restliche SiO_2 auflösen.

Da der Kaolinit unter Normalbedingungen nicht stabil ist, gelingt eine *Rehydratation* des Metakaolinits unter solchen Umständen nicht. Es wurde bereits oben erwähnt, daß erst unter hydrothermalen Bedingungen der Kaolinit thermodynamisch stabil wird. Hydrothermale Versuche mehrerer Autoren ergaben, daß die Rehydratation des Metakaolinits um so leichter gelingt, je niedriger die Brenntemperatur des Kaolinits war und je höher Temperatur und Druck beim Versuch sind, vorausgesetzt, daß man dabei nicht die Stabilitätsgrenze des Kaolinits überschreitet. Nach röntgenographischen Untersuchungen von SAALFELD [597] wird aber die Struktur des Ausgangskaolinits nicht vollkommen erreicht, sondern es entsteht ein gestörtes Gitter vom Fireclaytyp. Die Ursache dafür liegt in der starken Verspannung des Metakaolinitgitters, die auch zu einem Bruch größerer Kristalle in kleinere Stücke führen muß. Es wurde bereits oben erwähnt, daß die aus dem Metakaolinit entstehenden Spinelle nur eine Größe von etwa 100 Å haben. So ist auch zu erwarten, daß der rehydratisierte Metakaolinit eine geringere Korngröße als der Ausgangskaolinit hat. Das konnte durch Adsorptionsmessungen von DIETZEL und DHEKNE [144] auch gefunden werden. Die Folge davon ist, daß sich alle die Eigenschaften vom Ausgangskaolinit und rehydratisierten Metakaolinit unterscheiden werden, die vom Fehlordnungsgrad und von der Korngröße abhängen. DIETZEL und DHEKNE fanden deshalb einen starken Anstieg der Plastizität nach der Rehydratation.

Nach der ausführlichen Behandlung des thermischen Verhaltens des Kaolinits sollen jetzt noch kurz einige weitere Tonminerale besprochen werden. Die Zweischichtminerale Dickit und Halloysit verhalten sich ähnlich wie Kaolinit, wenn man bei letzterem vom Zwischenschichtwasser absieht. Es wurde bereits erwähnt, daß die Dreischichtminerale eine höhere Entwässerungstemperatur (bezogen auf die OH-Gruppen) haben, wobei die trioktaedrischen Minerale eine höhere Zersetzungstemperatur als die dioktaedrischen zeigen. Die Ursache liegt in der höheren Stabilität der Gitter mit drei Schichten und mit trioktaedrischer Besetzung.

Der *Pyrophyllit* ist bisher nur vereinzelt untersucht worden. Nach HENNICKE und NIESEL [279] beginnt die Zersetzung ab etwa 500 °C unter Bildung eines Zwischenproduktes, in dem das Al-Ion in der *KZ* 4 vorliegt. Diese Umwandlung ist bei etwa 700 °C beendet. Bei etwa 1000 °C setzt die Bildung von Mullit ein, der nach HELLER [275] ähnlich wie beim Kaolinit orientiert zum Ausgangspyrophyllit ist.

Mit dem *Montmorillonit* kommt man zu einem Mineral, das infolge seiner Zusammensetzung bereits über das Dreistoffsystem H_2O—Al_2O_3—SiO_2 hinausgeht (S. 51). Einmal sind im Gitter immer Mg^{2+}- und oft auch Fe^{2+}-Ionen enthalten, zum anderen sind noch die austauschbaren Kationen vorhanden. Trotzdem soll hier im Zusammenhang mit den bisher erwähnten Tonmineralen auch das thermische Verhalten von Montmorillonit und weiteren Dreischichtsilicaten behandelt werden.

Die DTA- und Entwässerungskurven der Abb. 108 und 109 zeigen, daß beim Erhitzen zwischen 100 und 200 °C zunächst das Zwischenschichtwasser abgegeben wird. Wie früher schon erwähnt (S. 51) ist dieser Vorgang reversibel, d. h., bei tieferen Temperaturen tritt in Gegenwart von H_2O-Dampf eine Wiederbewässerung ein. Nach CROWLEY und ROY [121] ist die Lage des Gleichgewichts fast unabhängig vom H_2O-Partialdruck, so daß man allgemeine Gleichgewichtstemperaturen angeben kann. Beim Na-Montmorillonit liegt diese bei $\approx$ 60 °C, beim Ca-Montmorillonit bei $\approx$ 110 °C, d. h. durch Kationen mit höherer Ladung wird das Zwischenschichtwasser fester gebunden. Letzteres wird auch in den trioktaedrischen Mineralen fester gebunden; denn die Gleichgewichtstemperaturen hydratisiert — dehydratisiert liegen z. B. beim Saponit etwa 80 grd höher. Durch diese Abhängigkeiten wird es verständlich, daß man bei natürlichen Mineralen unterschiedliche Werte für die Abgabe des Zwischenschichtwassers finden kann. Quantitativ läßt sich der Einfluß der austauschbaren Kationen erfassen, wenn man die Hydratationsenergie der Kationen betrachtet. R. C. MACKENZIE [469] konnte damit erklären, daß stark hydratisierte Kationen (z. B. Mg) einen Teil des Zwischenschichtwassers erst bei höheren Temperaturen abgeben.

Die DTA-Kurven des Montmorillonits zeigen bei etwa 700 °C einen weiteren endothermen Effekt, der durch die Abspaltung der OH-Gruppen aus der Struktur bedingt ist. Mit empfindlichen Methoden, z. B. der Ultrarotspektroskopie, kann man aber erkennen, daß dieser Vorgang schon bei tieferen Temperaturen (unterhalb 500 °C) einsetzt. Die genaue Lage dieses endothermen Effektes ist wieder abhängig von der Art der Substitution im Gitter und den Zwischenschichtkationen. Wie beim Metakaolinit ist eine Rehydratation unter Normalbedingungen nicht mehr möglich. Das entstehende Produkt ist röntgenamorph und einer näheren Bestimmung schwer zugänglich. Nur die Hauptinterferenzen, z. B. (0 0 1), sind noch bis etwa 900 °C zu beobachten, um auch dann zu verschwinden. Man hat deshalb vorwiegend die Mineralneubildungen bei höheren Temperaturen untersucht, was in besonders umfangreichem Ausmaß von GRIM und KULBICKY [235] geschehen ist. Messungen an 42 Tonmineralen der Montmorillonitgruppe ergaben, daß auf Grund der Mineralneubildungen beim Erhitzen zwei Typen zu unterscheiden sind, die nach ihren Hauptvertretern als Cheto- und Wyomingtyp bezeichnet wurden. Abb. 114 bringt das Verhalten dieser beiden Typen in einer Hochtemperaturröntgenkammer beim kontinuierlichen Aufheizen. Beim Chetotyp erscheint ab 900 °C Quarz, der sich ab 1000 °C in Cristobalit umwandelt, dessen Menge ab 1200 °C abnimmt. Zwischen 950 und 1150 °C ist eine kleine Menge Anorthit vorhanden, ab 1250 °C tritt Cordierit auf. Gegen 1450 °C sind alle kristallinen Phasen verschwunden, die Liquidustemperatur ist erreicht. Beim Montmorillonit vom Wyomingtyp ist als erste Neubildung ab

1150 °C Mullit, dann ab 1200 °C Cristobalit zu erkennen. Die Liquidustemperatur liegt hier erst oberhalb 1500 °C. Es ist naheliegend, das unterschiedliche Verhalten auf die Zusammensetzung zurückzuführen.

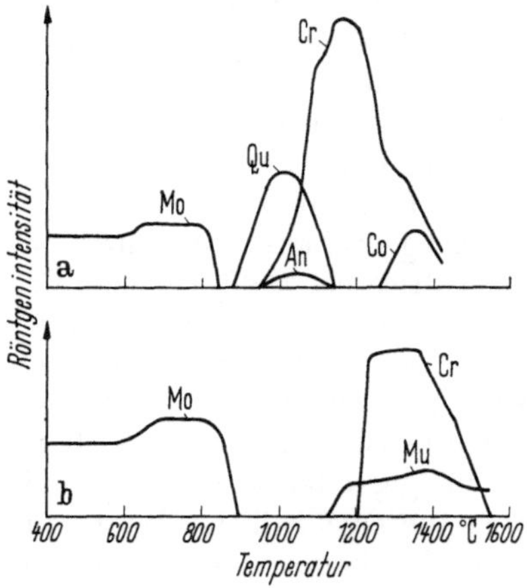

Abb. 114a u. b. Phasenneubildungen beim Erhitzen von Montmorillonit vom Cheto(a) und Wyoming-Typ (b) nach GRIM und KULBICKI [235]

Wirklich hat sich ergeben, daß die Montmorillonite vom Chetotyp, im Gegensatz zum Wyomingtyp, einen hohen MgO-Gehalt aufweisen (Bildung von Cordierit). Darüber hinaus nehmen GRIM und KULBICKY für die Montmorillonite vom Chetotyp an, daß in deren Struktur ein Teil der [SiO$_4$]-Tetraeder eine inverse Stellung (S. 50) hat, wodurch die Bildung von Quarz begünstigt wird.

Der Einfluß der austauschbaren Kationen auf das thermische Verhalten von Montmorilloniten ist erheblich. Daraus muß man folgern, daß auch Verunreinigungen im Montmorillonit sein Verhalten stark beeinflussen werden. Da das in natürlichen Vorkommen häufig der Fall ist, können die Meßergebnisse sehr stark schwanken.

Die *Glimmerminerale* spalten die OH-Gruppen der Struktur bei recht hohen Temperaturen ab, deren Lage von der Zusammensetzung abhängt. Mit der DTA kann man beim Muskowit einen endothermen Effekt bei etwa 900 °C feststellen. Mit statischen Methoden ist die Entwässerung schon ab 700 °C nachweisbar. Die Kinetik hängt nach HOLT u. Mitarb. [309] von Spannungen innerhalb der Schichten ab, so daß sich keine einfache Reaktion erster Ordnung ergibt. Die Stabilität der Schichten bleibt auch nach der Entwässerung weitgehend erhalten, bis ab etwa 1000 °C Neubildungen einsetzen, die von der Zusammensetzung abhängen. Beim Muskowit bilden sich über γ-Al$_2$O$_3$ oder eine Spinellphase schließlich Leucit und Korund.

Die *Illite* zeigen in der DTA-Kurve endotherme Effekte bei ungefähr 100, 500 und 850 °C. Der erste ist durch die Abgabe des adsorbierten Wassers bedingt. Die OH-Gruppen werden wegen der gestörten Struktur schon zwischen 450 und 550 °C abgespalten, wobei die Geschwindigkeit bei den trioktaedrischen Mineralen viel geringer als bei den dioktaedrischen ist. Die Struktur des entwässerten Produkts bleibt bis etwa 850 °C erhalten, wo dann die Phasenneubildung beginnt, die wiederum sehr variabel ist. Meist tritt zunächst eine Spinellphase auf, ab 1200 °C wird häufig Mullit beobachtet. Je nach Zusammensetzung hat man noch viele andere Phasen finden können, z. B. Quarz, Cordierit oder Forsterit. Der größere Alkaligehalt der Illite bedingt einen größeren Anteil an Schmelzphase bei höheren Temperaturen, wodurch die Mineralneubildungen stark beeinflußt werden können.

Abschließend sei noch das thermische Verhalten einiger wasserhaltiger Magnesiumsilicate erwähnt, die also zum *System* $H_2O—MgO—SiO_2$ gehören. Nach Abb. 99 ist bei diesen nach der Entwässerung mit den Verbindungen Mg_2SiO_4 und $MgSiO_3$ zu rechnen, deren Verhalten früher (S. 181) beschrieben wurde. Im Dreistoffsystem mit H_2O sind daneben noch unter hydrothermalen Bedingungen bis etwa 500 °C Serpentin $3\,MgO \cdot 2\,SiO_2 \cdot 2\,H_2O$ und bis etwa 750 °C Talk $3\,MgO \cdot 4\,SiO_2 \cdot H_2O$ thermodynamisch stabil. Die Gleichgewichtsverhältnisse bei Normaldruck sind wegen der geringen Reaktionsgeschwindigkeit noch nicht untersucht, doch sind ähnliche Verhältnisse wie bei den analogen Mineralen Kaolinit und Pyrophyllit zu erwarten, nur daß die entsprechenden Temperaturen bei diesen trioktaedrischen Mineralen höher liegen.

In der DTA-Kurve zeigt Serpentin einen endothermen Effekt bei etwa 700 °C, dem kurz darauf bei etwa 800 °C ein exothermer Effekt folgt. Das deutet darauf hin, daß der Entwässerung bald eine Neubildung folgt. Versuche zur Bestimmung der Kinetik dieses Vorganges bei konstanter Temperatur von BRINDLEY und HAYAMI [70] ergaben, daß sich gleichzeitig mit der H_2O-Abgabe Forsterit bildet, wobei die Geschwindigkeit der Forsteritbildung umgekehrt proportional der Entwässerungsgeschwindigkeit ist. Das erklärt sich aus der engen strukturellen Verwandtschaft beider Minerale; denn nach BRINDLEY [67] bleibt dabei das Sauerstoffgerüst weitgehend erhalten, so daß ausgesprochene Orientierungen zu beobachten sind. Eine hohe Entwässerungsgeschwindigkeit hinterläßt ein stärker gestörtes Gitter, so daß die Bildung von Forsterit langsamer erfolgt. Bei dieser Reaktion verbleibendes SiO_2 bildet eine amorphe Phase. Einige Autoren berichten, daß sie beim Erhitzen von Serpentin auch Enstatit $MgSiO_3$ gefunden haben. Nach KOLTERMANN [391] entsteht dies aus der amorphen Zwischenstufe und wandelt sich oberhalb 1200 °C in Protoenstatit um.

Beim Talk liegt nach der DTA-Kurve der endotherme Effekt der Entwässerung zwischen 800 und 1000 °C. Dabei bilden sich nach KOLTERMANN [390] röntgenamorphes SiO_2 und eine kristalline $MgSiO_3$-Phase unbekannter Struktur, woraus bei 1100 °C Cristobalit und Protoenstatit entstehen. In der Zwischenphase müssen aber wesentliche Strukturelemente erhalten bleiben; denn schon frühzeitig konnte KEDESDY [347] elektronenmikroskopisch feststellen, daß Protoenstatit orientiert zum Ausgangskristall entsteht. Diese Beobachtung ist für den keramischen Brand talkhaltiger Massen wichtig. Wenn darin der Talk eine bestimmte Orientierung zeigt, kann diese auf den fertigen Körper übertragen werden und dort zu Anisotropien führen.

Das thermische Verhalten des Saponits bei der Abgabe des Zwischenschichtwassers wurde schon oben erwähnt. KOLTERMANN und K.-P.

MÜLLER [393], die das thermische Verhalten weiterer wasserhaltiger Magnesiumsilicate untersucht haben, finden nach der Entwässerung bei 800 °C eine stark fehlgeordnete $MgSiO_3$-Übergangsstufe, aus der ab 1100 °C Enstatit und ab 1350 °C Protoenstatit entstehen.

Vermikulit gibt das Zwischenschichtwasser ab 100 °C in mehreren Stufen ab, nimmt es aber nach dem Erhitzen bis zu 700 °C reversibel wieder auf. Das weitere thermische Verhalten ist ähnlich dem des Talkes. Vermikulit zeigt aber die Besonderheit, beim schnellen Erhitzen auf 800 bis 900 °C durch den Druck des verdampfenden Zwischenschichtwassers sein Volumen bis auf das 30fache zu vergrößern, wobei wurmförmige Gebilde entstehen, die die Schichtstruktur gut erkennen lassen. Wegen des geringen Raumgewichtes dient dieser sog. expandierte oder exfoliierte Vermikulit als Wärmeisolierstoff.

5 Vom Rohstoff zum Fertigprodukt

In den vorangegangenen Kapiteln wurden die Grundlagen behandelt, auf denen aufbauend jetzt die Vorgänge besprochen werden können, die sich auf dem Weg vom Rohstoff über verschiedene Zwischenstadien bis zum Endprodukt abspielen. An erster Stelle steht dabei die Beurteilung der Rohstoffe, die meist nicht die ideale Zusammensetzung haben, die bei den Strukturbetrachtungen erwähnt wurde. Aus den Rohstoffen werden Massen geeigneter Zusammensetzung und Eigenschaften hergestellt, wobei besonders die für die Keramik so wichtige Plastizität zu behandeln sein wird. In der keramischen Technologie folgen dann die Formgebung, das Trocknen und das Brennen. Schließlich wird noch auf die Oberflächenveredlung eingegangen.

In diesem Kapitel sollen aus dem weiten Gebiet der Keramik im wesentlichen nur die allgemeingültigen Gesichtspunkte herausgestellt werden. Im abschließenden sechsten Kapitel wird näher auf die Besonderheiten einzelner spezieller Produkte eingegangen, wobei dann auch bestimmte Eigenschaften der keramischen Produkte erläutert werden.

5.1 Rohstoffe

Es wurde eben erwähnt, daß die Rohstoffe meist nicht die Zusammensetzungen haben, die den Strukturbestimmungen zugrunde liegen. Das kann seine Ursache darin haben, daß man bewußt Rohstoffe verwendet, die aus mehreren Mineralen bestehen. Meist sind es aber Verunreinigungen, die entweder beigemengt sein können oder in das Kristallgitter eingebaut sind. Daneben ist für die Beurteilung der Rohstoffe oft ihre Kristallform und die Ordnung bzw. Fehlordnung der Struktur wichtig. Es wird deshalb im folgenden auf einige Methoden zur Charakterisierung hingewiesen. Durch technologische Verfahren, z. B. durch Mahlen, werden einige Eigenschaften beeinflußt, was abschließend kurz erörtert werden soll. Auf Lagerstätten, Gewinnungs- und Aufbereitungsmethoden kann im Rahmen dieses Buches nicht eingegangen werden.

Ein typisches Verfahren der Keramik ist die plastische Verformung der Massen. Man teilt deshalb die Rohstoffe nach ihrem plastischen Verhalten in plastische, gering und nicht plastische Rohstoffe ein. Diese Einteilung der klassischen Keramik soll hier beibehalten werden. Die Besprechung der Plastizität selbst wird erst im Abschn. 5.2.2 erfolgen.

5.1.1 Plastische Rohstoffe

Die Träger der Plastizität in dieser Gruppe von Rohstoffen sind die Tonminerale Kaolinit, Illit und Montmorillonit neben einigen weiteren Tonmineralen, die aber eine untergeordnete praktische Bedeutung haben. Kaolinitische Rohstoffe auf primärer Lagerstätte bezeichnet man als Kaoline, auf sekundärer Lagerstätte als Tone. Durch den Transport letzterer ergibt sich gleich, daß die Korngröße der Kaoline im allgemeinen größer als die der Tone ist.

Besonders im älteren Schrifttum wird für die ganze Gruppe dieser Rohstoffe oft nur die Bezeichnung Tone gebraucht. Davon leiten sich dann Unterteilungen ab, die sich u. a. nach der Korngröße (Grob-, Fein- oder Kolloidton mit Korngrößen 2 bis 20 μm, 0,2 bis 2 μm oder < 0,2 μm) oder dem Verwendungszweck richten. Hier gibt es z. B. die Bezeichnungen Töpfer-, Ziegel-, Steinzeug-, Steingut-, Engobe-, Glasur-, Kapsel- oder feuerfester Ton, obwohl es sich nicht immer um Tone in obigem Sinn handelt. (Wenn man für Kaolin und Ton einen gemeinsamen Begriff haben will, dann bietet sich dafür der Begriff Tongestein an.)

Die Ursache dieser Vielfältigkeit liegt einmal in der Art der vorliegenden Tonminerale, zum anderen in der Art und Menge der sonstigen Bestandteile des betreffenden Rohstoffs. Die wichtigsten Begleitminerale in den Kaolinen und Tonen sind Quarz, Feldspat, Glimmer und Kalk. In letzterem Fall kennt man einen kontinuierlichen Übergang vom Ton zum Kalk. Bei Gehalten (in Gew.-%) bis zu 4% Kalk spricht man noch von Ton; die weiteren Rohstoffe heißen bei Tongehalten von 4 bis 10% mergeliger Ton, 10 bis 40% Tonmergel, 40 bis 75% Mergel, 75 bis 90% Kalkmergel, 90 bis 96% mergeliger Kalkstein und > 96% Kalkstein. Natürlich sind die letzteren keine plastischen Rohstoffe mehr.

Neben diesen Bestandteilen findet man manchmal in Tonen organische Beimengungen, die Holz- oder Braunkohlenreste, meist aber Humusstoffe sind. Solche Tone sind sehr plastisch und haben eine intensive Färbung, wovon auch die manchmal verwendete Bezeichnung Blauton spricht. Die Humusstoffe sind in ihrer Zusammensetzung nicht konstant. E. GRUNER [238] hat sie näher beschrieben.

Wichtig für die Färbung der Kaoline und Tone ist auch das in ihnen enthaltene Eisen, das entweder in die Struktur eingebaut sein kann oder in Form von Eisenverbindungen, z. B. als FeS_2 oder Hydroxid, vorliegt. Es beeinflußt beim späteren Brand wesentlich die Brennfarbe, besonders dann, wenn auch noch TiO_2 vorhanden ist, was oft der Fall ist (S. 282ff.).

Recht häufig findet man auch einige englische Begriffe. Fireclay stellt ein kaolinitisches Mineral mit stark gestörtem Gitter dar (S. 44). Ball clays sind plastische, weißbrennende kaolinitische Rohstoffe mit starker Fehlordnung der Kristalle, die oft organische Stoffe enthalten. Die China clays entsprechen den Kaolinen.

Auf die montmorillonithaltigen Rohstoffe, die Bentonite, wurde früher (S. 48) schon kurz hingewiesen.

Art und Menge der Begleitminerale und Verunreinigungen hängen von der Entstehung der betreffenden Lagerstätte ab. Kaoline sind

Verwitterungsprodukte feldspathaltiger Gesteine. Sie können demnach Reste von Feldspat sowie meist noch Quarz und manchmal Glimmer enthalten. Sie sind meist reiner als die Tone, wenn man als Maßstab für die Reinheit den für die Brennfarbe wichtigen Eisengehalt wählt; denn auf ihrem Transport sind die Tone oft von Verunreinigungen begleitet gewesen. Da letztere dabei ebenfalls feinkörnig gewesen sein müssen, sind Tone frei von Feldspat. Ihr in der chemischen Analyse meist nachzuweisender K_2O-Gehalt ist auf Illit zurückzuführen. Häufig findet man die Verunreinigungen in bestimmten Fraktionen angereichert, z. B. bei Kaolinen den Quarz und Feldspat meist in den gröberen, bei Tonen den Fe_2O_3-Gehalt in den feineren Fraktionen.

Die große Breite der Zusammensetzungen läßt es wünschenswert erscheinen, eine Bezeichnungsmöglichkeit für jeden Rohstoff zu haben. Die oben genannten alten Bezeichnungen wie z. B. Steingut- oder Ziegelton sind viel zu ungenau. ERNST u. Mitarb. [178] haben ein *Nomenklatursystem* ausgearbeitet, das allen Anforderungen genügt und darüber hinaus eine Kurzbezeichnung zuläßt, aber auch beliebig vervollständigt werden kann. Voraussetzung zur Anwendung dieses Systems sind genügend Daten über den Rohstoff. Je mehr Daten man zur Verfügung hat, um so ausführlicher kann man es anwenden.

Ausgangspunkt ist die Aufteilung aller vorkommenden Minerale in Hauptgruppen, deren Bezeichnung mit einem großen Buchstaben Tab. 33 zu entnehmen ist. (In Analogie zur Bezeichnung Kandite = Kaolingruppe werden die auf S. 49 erwähnten Smektite = Montmoringruppe genannt.) Die Reihenfolge dieser Hauptgruppensymbole richtet sich nach den Mengen, denen nach einem Bindestrich das Schlußwort folgt, z. B. KIQ-Ton = Ton mit Mineralen aus der Kaolin-, Glimmer- und SiO_2-Gruppe. Damit erhält man die Kurzbezeichnung für diese Rohstoffe. Die jeweiligen Mengen setzt man als Gew.-% in Klammern dahinter, z. B. $K(60)I(\overline{20})Q(\overline{20})$-Ton, wobei die Querstriche ungenaue Angaben kennzeichnen. Hauptgruppen mit Gehalten < 8 Gew.-% werden durch einen Bindestrich von den größeren Anteilen abgesetzt. Vor dem Bindestrich sollen höchstens vier Hauptgruppensymbole stehen, z. B. KIQ-Y-Ton.

Die nähere Kennzeichnung erfolgt durch Untergruppen oder Mineralsymbole als Indizes. Sie sind ebenfalls in Tab. 33 enthalten. Treten Minerale auf, die in Tab. 33 nicht erwähnt sind, so sind diese auszuschreiben. Durch $K_{ka+K}(63+x)$ kennzeichnet man z. B. einen Kaolin mit 63 Gew.-% Kaolinit und einem unbekannten Anteil eines weiteren Minerals der Kaolingruppe.

In der Klammer mit dem Gewichtsanteil kann man noch weitere Angaben machen, z. B. über die Art der Kationenbelegung und die Größe des Kationenaustauschvermögens. Solche Angaben sind mit den entsprechenden Dimensionen zu versehen, z. B. $M_{mo}\left(55; Na^+; 95 \frac{m\ddot{a}q}{100\,g}\right)$. Bezieht sich die Angabe auf den ganzen Ton, dann wird sie dahintergesetzt, z. B. MQI-Ton $\left(Ca^{2+}, K^+; 65 \frac{m\ddot{a}q}{100\,g}\right)$.

14*

Tabelle 33. *Symbole des „Vollständigen Nomenklatursystems der Tone" von* ERNST, FORKEL *und* v. GEHLEN [178]

Hauptgruppensymbol		Untergruppensymbol		Mineralsymbol	
K	Kaolingruppe (Kandite)			ka dc fc	Kaolinit Dickit Fireclay-Mineral
		HL	Halloysit		
M	Montmoringruppe (Smektite) (Gitter quellfähig)			mo nt sa	Montmorillonit Nontronit Saponit
I	glimmerartige Minerale (Gitter nicht quellfähig)	IL	Tonminerale der Glimmergruppe	hm il ld	Hydromuskowit Illit Ledikit
				mu bt ph gl	Muskowit, Sericit Biotit Phlogopit Glaukonit
X	übrige silicatische Tonminerale			tc pg	Talk Palygorskit, Attapulgit
		ML	Wechsellagerungs-strukturen	co hb	Corrensit Hydrobiotit
		VM	Vermikulitgruppe	vm	Vermikulit
		CH	Chloritgruppe		
		SP	Serpentingruppe		
A	Aluminiumoxide und -hydroxide			gi di bo	Hydrargillit, Gibbsit Diaspor Boehmit
Q	SiO_2-Minerale			qz cr op	Quarz, Chalcedon Cristobalit Opal
F	Feldspatgruppe			or pl	Orthoklas Plagioklas
S	Salze, relativ leicht löslich	CL	Chloride		
		SF	Sulfate	gy	Gips
C	Carbonate			cc do ak sd	Calcit, Kalkspat Dolomit Ankerit Siderit, Eisenspat

Tabelle 33. (Fortsetzung)

Hautgruppensymbol		Untergruppensymbol		Mineralsymbol	
Y	sonstige Begleitminerale			fe	Goethit, Nadeleisenerz, Limonit
				hm	Hämatit, Eisenglanz
				mt	Magnetit
				il	Ilmenit
				ru	Rutil
				at	Anatas
				zr	Zirkon
				tm	Turmalin
				gr	Granat
				ap	Apatit, Phosphorit
				pr	Pyrit
O	organisches Material				
Z	ungetrennte Aggregate, Gesteinsfragmente, Fossilreste usw.				

Die Korngrößen, die man meist nur für den gesamten Rohstoff kennt, setzt man vor den ganzen Ausdruck. Durch zwei Kennzahlen soll eine Aussage über die Korngrößenverteilung gemacht werden, indem die erste Zahl den Halbgewichtsdurchmesser in Mikrometern, d. h. denjenigen Korndurchmesser, für den 50 Gew.-% größer und 50 Gew.-% kleiner als dieser sind, und die zweite Zahl die direkt bestimmte spezifische Oberfläche in m^2/g angibt. So ist z. B. beim 0,5/ 40 KQI-Ton der Halbgewichtsdurchmesser = 0,5 μm, und die spezifische Oberfläche beträgt 40 m^2/g.

Weitere Verfeinerungen dieses Nomenklatursystems sind der Originalarbeit zu entnehmen. Es ist sehr variabel und hat sich gut bewährt. Es wird auch in den Rohstoffmerkblättern der Deutschen Keramischen Gesellschaft verwendet, die seit 1958 erscheinen und viele Daten über eine Reihe von Tonen und Kaolinen bringen.

Voraussetzung für die Kennzeichnung eines tonmineralhaltigen Rohstoffs ist die Kenntnis der Art und Menge der darin enthaltenen Minerale. Zu diesem Zweck stehen viele Untersuchungsmethoden zur Verfügung. Einige (Mikroskopie, Röntgenographie und Ultrarotspektroskopie) wurden schon früher beschrieben (S. 57ff.). Eine weitere Gruppe ebenfalls schon erwähnter Untersuchungsmethoden kann man unter dem Begriff der thermischen Verfahren zusammenfassen. Mit der Thermogravimetrie (S. 198) erfaßt man alle die Substanzen, die beim Erhitzen gasförmige Stoffe abspalten, vor allem also H_2O- bzw. OH-haltige Minerale. Die quantitative Messung stützt sich auf die unterschiedlichen Wassergehalte und Entwässerungstemperaturen der verschiedenen Minerale. Diese kann man auch mit der Differentialthermoanalyse (S. 195ff.) feststellen, die darüber hinaus noch weitere Effekte erkennen läßt.

Viele Autoren haben die Brauchbarkeit der DTA zur Analyse der Tonminerale aufgezeigt. Man kann die Empfindlichkeit dieser Methode durch eine geeignete Vorbehandlung der Rohstoffe erhöhen. KACKER und RAMACHANDRAN [341] konnten zeigen, daß nach Belegen der Tonminerale mit organischen Farbstoffen (Malachitgrün oder Methylenblau) in der DTA-Kurve neue exotherme Effekte auftreten: Kaolinit bei 430 °C, Illit bei 470 °C, Nontronit bei 590 °C und Montmorillonit bei 670 °C. Diese Effekte sind besonders bei den letzteren drei Tonmineralen sehr stark und erleichtern die quantitative Bestimmung.

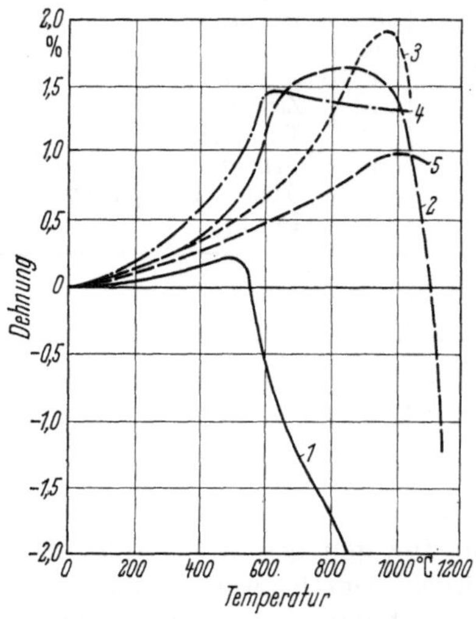

Abb. 115. Dilatometerkurven einiger keramischer Rohstoffe nach ZWETSCH [801]. *1* Kaolin (Hirschau) *2* Illit (Sàrospatak) *3* Sericit (Le Boulou) *4* Quarzmehl (Dörentrup) *5* Feldspat (Skandinavien)

Schließlich sind noch die Dehnungs- und Schwindungsmessungen mit dem Dilatometer zu erwähnen, mit denen man gut auch den Quarzgehalt an dessen Volumensprung bei 573 °C erkennen kann. Abb. 115 zeigt die Dilatometerkurven der wichtigsten Bestandteile von tonmineralhaltigen Rohstoffen. Eine quantitative Auswertung bedarf jedoch großer Erfahrung; denn die Meßergebnisse werden durch den Feuchtigkeitsgehalt und die Korngröße stark beeinflußt. So ist der Quarzsprung um so geringer, je kleiner die Korngröße des Quarzes ist.

Außerdem kann sich die Orientierung der Kaolinitblättchen bemerkbar machen, indem die Schwindung zwischen 500 und 600 °C senkrecht zur Blättchenebene größer als parallel dazu ist.

Wesentliche Aufschlüsse über die Rohstoffe erhält man auch durch die chemische Analyse. Man hat oft versucht, aus diesen Angaben den Mineralbestand zu berechnen, was als rationelle Analyse bezeichnet wird. Dabei wird zunächst der K_2O-Gehalt auf Feldspat umgerechnet. Das restliche Al_2O_3 wird als Kaolinit angesehen und das verbleibende SiO_2 dem Quarz zugeordnet. Da aber die Kaoline nur wenig und die Tone nie Feldspat enthalten, kommt man zu besseren Ergebnissen, wenn man den K_2O-Gehalt auf Glimmer bezieht. Auch dann sind die Ergebnisse noch fraglich, weil meist Illite vorliegen, die einen variablen K_2O-Gehalt haben. Man hat deshalb versucht, die Berechnungen mit anderen Messungen zu kombinieren.

HOFMANN und HAACKE [303] gehen davon aus, daß Kaolinit, Fireclaytyp und Metahalloysit sowie die dioktaedrischen eisenarmen Glimmer nahezu den gleichen Al_2O_3-Gehalt von $\approx$ 38,5 Gew.-% besitzen, während der Glühverlust des Kaolinits $\approx$ 14 Gew.-% und der des Glimmers $\approx$ 4,5 Gew.-% beträgt. Bestimmt man den Glühverlust GV (in Gew.-%) (durch Glühen der getrockneten Probe bei 700 °C bis zur Gewichtskonstanz) und den Al_2O_3-Gehalt A (chemisch), dann ergeben sich die Kaolinit- und Glimmergehalte K bzw. G mit obigen Werten nach

$$K = \frac{1}{0,095}\left(GV - \frac{4,4}{38,5}A\right) \quad \text{Gew.-\%}$$

und

$$G = \frac{1}{0,095}\left(\frac{14}{38,5}A - GV\right) \quad \text{Gew.-\%},$$

(114)

während der Rest als Quarz angesehen wird. Die Übereinstimmung dieser einfachen Methode mit anderen Verfahren ist recht gut, wenn der Eisengehalt gering ist und nur wenig andere Stoffe, besonders Montmorillonit oder Humusstoffe, enthalten sind.

Das bekannteste Verfahren der rationellen Analyse ist das nach KALLAUNER und MATEJKA [343], das die schon früher (S. 203) beschriebene Erscheinung ausnutzt, daß nach dem Glühen von Kaolinit bei 700 °C dessen Al_2O_3-Gehalt in HCl löslich wird. Dieser Anteil wird auf Kaolinit, ein in der Lösung befindlicher K_2O-Gehalt auf Glimmer umgerechnet. In dem Aufschluß des Rückstandes bestimmtes Al_2O_3 wird als Feldspat berechnet, der Rest wieder als Quarz angesehen. Diese Methode ist oft verbessert worden, z. B. von PFAFF und STEINBRECHER [548]. In einfachen Fällen erhält man gute Ergebnisse; zu falschen Ergebnissen können Illit- und Montmorillonitgehalte führen, wie PETZOLD [547] in einer kritischen Untersuchung gezeigt hat. KEPPLER und GOTTHARDT [353] haben diese Methode mit der Erscheinung kombiniert, daß Tonminerale und Glimmer in heißer konzentrierter Schwefelsäure löslich sind, was auch H. HARKORT und H. J. HARKORT [263] bei ihrem Vorschlag für die rationelle Analyse anwenden, ohne daß sich diese Verfahren durchgesetzt haben.

Kritisch ist bei diesen Verfahren der rationellen Analyse die Ermittlung des Quarzgehaltes, da er als Differenz bestimmt wird und somit mit allen anderen Fehlern behaftet ist. Hier hilft die direkte Quarzbestimmung nach SCHMIDT [620] weiter, bei der die Beobachtung von HIRSCH und DAWIHL [291] ausgenützt wird, daß sich die Tonminerale und Glimmer verhältnismäßig schnell und vollständig in wasserfreier Phosphorsäure auflösen, während der Quarz praktisch ungelöst zurückbleibt. Dieses Verfahren ergibt gute Werte; mit zunehmender Fehlordnung, d. h. bei sehr geringer Korngröße oder z. B. Opalen, ist nach BREHLER [63] aber auch die Löslichkeit des SiO_2 zu berücksichtigen.

Für die Charakterisierung der plastischen Rohstoffe ist weiterhin deren Korngröße sehr wichtig. Die verschiedenen Bestimmungsmethoden wurden bereits früher (S. 96ff.) beschrieben. Da meist der größte Anteil eine Korngröße <2 μm hat, haben die üblichen Sedimentationsanalysen nur eine begrenzte Aussagekraft.

Geringe Korngrößen bedingen eine große Oberfläche und damit ein großes Wasserbindevermögen der Haufwerke. Man mißt dieses Wasserbindevermögen nach ENSLIN [175], indem man die getrocknete Substanz auf eine Glasfritte mit angeschlossener Kapillare bringt, durch die von unten Wasser angesaugt wird. Das Volumen V der angesaugten Wassermenge läßt sich an der Kapillare ablesen. Mit der Einwaage m

ergibt sich dann der Enslinwert zu $E = 100 \cdot V/m$ [cm³/g]. Bei einem körnigen Haufwerk werden bei dieser Methode durch die Kapillarwirkung die Porenräume gefüllt werden. Nimmt man ein Porenvolumen von 50% an, so ergibt sich bei einer Reindichte des Materials von 2,5 g/cm³ ein Enslinwert von $E = 40$, der bei Sanden auch gefunden wurde. Die plastischen Rohstoffe zeigen dagegen höhere Werte, z. B. betragen nach H. LEHMANN und KOLTERMANN [440] die Enslinwerte für Rohkaolin 60 bis 80, geschlämmte Kaoline 80 bis 120 und für Bentonite über 500. Die Ursache für letzteren hohen Wert sind die in den Bentoniten enthaltenen quellfähigen Tonminerale. Man kann sie deshalb mit dem Enslingerät gut erkennen. Es ist mehrfach versucht worden, die Enslinwerte zu anderen Eigenschaften der plastischen Rohstoffe in Beziehung zu setzen, was nur in wenigen Fällen gelungen ist. Nicht das Wasserbindevermögen, sondern die Feuchtigkeitsadsorption in 75% relativer Feuchte bei 25 °C verwendet KEELING [349] zur Charakterisierung von plastischen Rohstoffen, indem er diese in Beziehung zum Glühverlust setzt.

Viele weitere Prüfmethoden bestimmen das technologische Verhalten der plastischen Rohstoffe, z. B. Plastizität, Trocken- und Brennverhalten. Darauf wird in den folgenden Abschnitten dieses Kapitels eingegangen. Hier sei nur kurz die Brennfarbe erwähnt, die nach ZIMMERMANN [796] in den meisten Fällen mit der 40 Farbtöne enthaltenden Farbkarte der Société Française de Céramique ausreichend bestimmt werden kann. Reicht diese nicht aus, muß man sich der Farbkarte nach DIN 6164 [809] bedienen.

HOFMANN u. Mitarb. [302] berichten über die vergleichenden Untersuchungen des Tonmineralausschusses der Deutschen Keramischen Gesellschaft. Viele der hier erwähnten Methoden wurden zur Mineralanalyse herangezogen. Die große Zahl der Messungen machte es möglich, den mittleren absoluten Fehler der Einzelmessung f_m nach der Formel

$$f_m = \sqrt{\frac{\sum\limits_{i=1}^{n} f_i^2}{n-1}} \tag{115}$$

zu berechnen. Darin ist f_i die jeweilige Abweichung des Einzelwertes vom Mittelwert und n die Zahl der Einzelmessungen. Tab. 34 zeigt, daß kein wesentlicher Unterschied für die verschiedenen Methoden besteht, mit Ausnahme der Quarzbestimmung durch den Phosphorsäureaufschluß. In unbekannten Mischungen scheint die Röntgenographie einen Vorteil zu haben. Insgesamt ist die Genauigkeit nicht sehr hoch, was bei der Ähnlichkeit der Tonminerale nicht überrascht. Zu erwähnen ist noch, daß die in Tab. 34 angegebenen Fehler in ihrer Größe abhängig vom Gehalt der Komponenten sind. Bei kleinen Gehalten sind sie kleiner, so daß also z. B. beim Quarz zwischen 2 und 6 Gew.-% durchaus zu unterscheiden ist.

Tab. 35 bringt für einige Kaoline und Tone, die in Tab. 36 näher bezeichnet sind, mehrere Eigenschaftswerte. Sie wurden den bereits oben erwähnten Rohstoffmerkbblättern der Deutschen Keramischen Gesellschaft entnommen. Man erhält daraus einen Überblick über die Größe der verschiedenen Werte und deren Unterschiede bei verschiedenen Rohstoffen.

Tabelle 34. *Mittlere absolute Fehler der Einzelmessungen (in Gew.-%) bei der Mineralanalyse nach* HOFMANN, ERNST *und* ZWETSCH *[302] bei Kenntnis und ohne Kenntnis (Werte in Klammern) der Komponenten*

Mineral \ Methode	Röntgen	DTA	Dilatometer	Mikroskop	H_3PO_4-Aufschluß
Kaolinit	±6,9	±7,2	±11,4	—	—
und Fireclay	(7,8)	(9,2)	(13,4)	—	—
Halloysit	±8,2	±10,1	±9,3	—	—
Glimmer	±9,0	±5,5	±14,5	—	—
	(5,5)	(16,3)	(16,2)	—	—
Montmorillonit	±10,1	±7,5*	±13,7	—	—
Quarz	±5,3	±6,1	±7,0	±4,5	±0,9
	(5,3)	(12,1)	(7,5)	—	(1,2)
Feldspat	±6,9	±12,3**	±7,8	—	—

* Systematischer Fehler −8,2 Gew.-%
** Aus der Differenz zu 100% berechnet

Tabelle 35. *Eigenschaften einiger Kaoline und Tone (Mittelwerte)*

Eigenschaft	Kaoline					Tone				
	1	2	3	4	5	6	7	8	9	10
Siebrückstand [Gew.-%]										
Sieb 0,20	0	0	0	0,03	0	3,6	0	0,1	0,1	0,5
Sieb 0,09	0	0	0	0,19	0	3,3	0,06	0,4	0,09	2,0
Sieb 0,06	0	0,05	0,16	0,27	0,1	3,6	0,12	0,1	0,12	1,2
Korngrößen [Gew.-%]										
⌀ in μm > 63	0	0	0,4	0,5	0,1	10,5	0,2	0,6	0,3	3,7
63—20	0,5	2	5,6	3,6	4,1	14,5	3,1	4,8	0,5	0,9
20—6,3	10,8	26,1	26,8	24,5	17,6	15,4	4,3	18,4	0,6	2,8
6,3—2	24,6	36,0	30,6	18,3	16,5	12,6	1,8	14,9	1,2	13,3
<2	64,1	35,9	36,6	53,1	61,7	47,0	90,6	61,3	97,4	79,3
Chemische Analyse (getrocknet bei 110 °C)										
Gew.-% SiO_2	47,0	48,3	48,2	60,8	53,0	62,6	49,8	70,8	49,2	48,9
Al_2O_3	37,4	36,2	36,9	27,3	31,2	22,9	32,8	19,0	33,2	33,0
TiO_2	0,3	0,3	0,4	0,8	0,8	1,3	1,5	1,5	1,5	1,2
Fe_2O_3	0,8	0,7	0,6	0,7	1,5	0,9	1,5	1,0	1,8	0,9
CaO	0,4	0,3	0,3	0,4	0,3	1,4	0,5	0,8	0,6	1,4
MgO	0,3	0,2	0,1	0,5	0,4	0,4	0,8	0,1	0,5	0,5
K_2O	0,9	2,4	0,8	3,8	6,0	4,6	1,1	0,6	1,5	0,8
Na_2O	0,2	0,5	0,2	0,3	0,5	0,5	0,1	0,1	0,1	0,3
Glühverlust	12,7	11,1	12,5	5,4	6,3	5,4	11,9	6,1	11,6	13,0
Rationelle Analyse										
Gew.-% Kaolinit	91	84	91	30	33	21	79	42	67	83
Quarz	3	5	3	28	11	35	13	47	11	12
Glimmer bzw. Feldspat	6	11	6	42	56	44	8	11	22	5

Tabelle 35. (Fortsetzung)

Eigenschaft	Kaoline					Tone				
	1	2	3	4	5	6	7	8	9	10
Mineralanalyse nach verschiedenen Methoden [Gew.-%]										
Kaolingruppe	90	80	93	32	32	20	78	40	60	90
Illitgruppe	7	12	3	32	57	45	9	10	32	3
Quarzgruppe	3	3	3	33	8	35	13	50	8	7
Feldspatgruppe	—	5	1	3	5	—	—	—	—	—
Sonstiges		[1]	[1]			[2]	[3]	[3]	[3]	[3,4]
Anmachwasserbedarf [g H_2O/100 g getr. Rohstoff]										
nach RIEKE	46	44	37	37	35	41	40	25	40	49
nach PFEFFERKORN	48	44	43	31	34	40	—	25	43	52
Plastizitätszahl										
nach RIEKE	6,4	4,4	4,7	6,7	5,6	12	11	6,9	9,6	24
nach PFEFFERKORN	—	—	—	43	38	61	43	28	51	72
Trockenschwindung [%]	4,6	3,8	2,0	3,3	3,5	6,2	8,6	6,2	7,7	8,8
Trockenbiegefestigkeit [kp/cm²]	11,3	7,8	4,6	5,5	5,4	9,9	41	38	53	30
Brennschwindung [%] nach Brand bei										
1000 °C	2,5	3,0	4,0	4,7	0	1,2	6,7	0,8	4,5	5,1
1200 °C	9,4	8,2	6,2	9,6	10,5	10,7	11,7	5,2	10,1	8,9
Wasseraufnahme [%] nach Brand bei										
1000 °C	27,6	21,0	30,0	9,4	25,2	23,0	13,8	12,0	10,8	10,8
1200 °C	15,4	10,5	22,5	0,0	0,1	1,0	0,2	6,0	0,7	0,6
Segerkegelfallpunkt SK	36	34/35	35	28	29	—	33	28/29	33	—

[1] Verunreinigungen   [2] $CaCO_3$ [3] Fireclay in Kaolingruppe
[4] Organische Stoffe

Tabelle 36. *Bezeichnung der in Tab. 35 enthaltenen Rohstoffe*

Nr.	Name	Nomenklatur
1	Standard-Kaolin Ia von Zettlitz	$1,4/\overline{2,8}$ K (90)—IQ
2	Amberger Kaolin K 08	$3,2/\overline{1,3}$ K (80) I (12)—F (5) Q (3) Y
3	Kaolin Ia Gebr. Dorfner, Hirschau	$3,4/\overline{1,4}$ K (93)—I (3) Q (3) FY
4	Kaolin von Oberwinter O	2/x I $\overline{(40)}$ K $\overline{(30)}$ Q $\overline{(30)}$
5	Kaolin von Lohrheim W	2/x I (57) K (30) Q (8)—F (5)
6	Kaolinton von Oberbrechen	2 I (45) Q (35) K (20)—C
7	Großalmeroder Fetton	K (78) Q (13) I (9)
8	Großalmeroder Glashafenton	Q (50) K_{ka+fc} (40) I (10)
9	Witterschlicker Blauton 38/40	K (60) I (32) Q (8)
10	Satzveyer Blauton	K_{fc} (90) Q $\overline{(10)}$—IO

5.1.2 Gering plastische Rohstoffe

Die Gruppe dieser Rohstoffe ist recht klein. Praktische Bedeutung haben der Pyrophyllit $Al_2O_3 \cdot 4\,SiO_2 \cdot H_2O$ in geringem, der Talk $3\,MgO \cdot 4\,SiO_2 \cdot H_2O$ in größerem Ausmaß erreicht.

Pyrophyllit kommt in der Natur in blättriger, strahlenförmiger und in kompakter Form vor. Er zeichnet sich durch seine geringe Brennschwindung aus. Die Entwässerung beginnt bei 500 °C, ohne daß in der DTA-Kurve deutliche Effekte auftreten. Die Hauptverunreinigung ist Quarz, die röntgenographisch gut erkannt werden kann. Er dient als Rohstoff für die Herstellung feuerfester Produkte. Als besondere Anwendung sei die Verwendung als Dichtungsmaterial in der Hochdrucktechnik erwähnt, wo er meist als Wonderstone bezeichnet wird.

Der Ersatz von zwei Al-Ionen des Pyrophyllitgitters durch drei Mg-Ionen führt zum Talk, der in der Natur als blättriges Material vorkommt und sich in typischer Weise fettig anfühlt. Im Talk liegen relativ große Kristalle vor. Die Vorkommen mit sehr kleinen regellosen Kristallen werden als Speckstein (oder Steatit) bezeichnet. Der in der Struktur eingebaute Wassergehalt ist mit theoretisch 4,7 Gew.-% sehr gering, was eine geringe Brennschwindung zur Folge hat. Die Härte ist mit 1 nach MOHS ebenfalls sehr gering, so daß sich Speckstein direkt mechanisch bearbeiten läßt und z. B. durch Abdrehen eine gewünschte Form hergestellt werden kann.

Die Hauptanwendungsgebiete des Talkes oder Specksteins liegen in der Herstellung von Steatitmassen (S. 373). Dabei wird aber bestimmte Reinheit des Rohstoffes gefordert. Die wichtigsten Begleitminerale sind Chlorite, Ca- und Mg-Carbonate und Quarz. Zum Nachweis dieser Minerale bietet die chemische Analyse einen Anhalt, reicht aber allein nicht aus. Die Durchschnittsanalyse eines Specksteins lautet (in Gew.-%) 61,0 SiO_2, 31,4 MgO, 1,1 Al_2O_3, 1,0 Fe_2O_3, 0,2 CaO und 5,3 Glühverlust, was nur gering von der theoretischen Zusammensetzung abweicht, so daß Berechnungen ungenau werden. Mit physikalischen Methoden kann man bessere Ergebnisse erzielen. Nach vergleichenden Untersuchungen von SCHÜLLER [633] sind besonders geeignet für den Nachweis (mit den Nachweisgrenzen in Gew.-% in Klammern) von Chlorit die DTA (2) und Thermowaage (2), von Carbonaten das Mikroskop (< 1), speziell von Magnesit auch die DTA (2) und Thermowaage (1) und von Quarz das Mikroskop (2).

5.1.3 Nicht plastische Rohstoffe

Die Gruppe der nicht plastischen Rohstoffe ist sehr groß. Es ist daher notwendig, auch hier eine Auswahl zu treffen, die sich auf die wichtigsten und interessantesten Rohstoffe beschränken muß.

Häufig wird in der Keramik von Magerungsmitteln und Flußmitteln gesprochen, wobei diese Bezeichnungen den Einfluß auf die Plastizität und das Brennverhalten beinhalten. Eine Einteilung der Rohstoffe nach diesem Prinzip ist aber nicht eindeutig, weshalb hier der Chemismus in den Vordergrund gestellt werden soll.

Nach dieser Einteilung steht wieder das SiO_2 am Anfang, das als Rohstoff in der Keramik eine wichtige Rolle spielt. Das Vorkommen von SiO_2 in der Natur ist äußerst vielseitig. Die größte Verwendung in der Keramik finden die Quarzite und Sande. Wichtig für ihren Einsatz ist einmal ihre Reinheit, vor allem in bezug auf den Eisengehalt, zum anderen ihr Umwandlungsverhalten. Letzteres wird vorwiegend von der Korngröße und Kornform bestimmt. Damit ergeben sich zugleich die wichtigsten Prüfverfahren: chemische Analyse und Mikroskop. Die Ergebnisse mit letzterem sind aber nicht immer eindeutig auf das Umwandlungsverhalten zu beziehen, weshalb oft Brennversuche notwendig sind.

Quarzite gibt es in mehreren Formen, die sich in der Art der Entstehung unterscheiden. Hydrothermal sind die Gangquarze entstanden, die — wie ihr Name sagt — in Gängen vorkommen. Wegen ihrer großen Reinheit und ihres guten Umwandlungsverhaltens finden sie in der Porzellanindustrie Verwendung. Felsquarzite haben sich aus Sanden unter der Einwirkung von hohem Gebirgsdruck gebildet. Sie enthalten immer geringe Beimengungen an Glimmer, oft auch Feldspat. Ihre Umwandlungsgeschwindigkeit ist meist gering im Vergleich zu der der Zementquarzite. Diese, ebenfalls aus Sanden hervorgegangen, wurden durch kolloidal gelöste Kieselsäure des Grundwassers verfestigt. Ihr Haupteinsatzgebiet ist in der Feuerfestindustrie, wo ein geringer Gehalt an Verunreinigungen nicht stört.

Die Quarzsande treten meist in Korngrößen von 0,1 bis 0,3 mm auf, werden aber oft vor dem Einsatz in Massen gemahlen. Ihr Vorzug ist die große Reinheit. Die häufig vorhandene gelblich-graue Färbung ist durch organische Verunreinigungen bedingt und verschwindet beim Brennen.

Während die Dichte der bisher genannten Rohstoffe mit 2,65 g/cm³ der des reinen Quarzes entspricht, zeigt die Dichte der Flinte oder Feuersteine mit Werten bis herab zu 2,5 g/cm³, daß in diesen Anteile aus amorpher Kieselsäure enthalten sind. Sie wandeln deshalb besonders schnell um.

Eine weitere wichtige Gruppe stellen die *alkali-* und *erdalkalihaltigen Rohstoffe* dar. Mit ihnen führt man Komponenten in die keramischen Massen ein, die das Brennverhalten entscheidend beeinflussen. Bei der Besprechung der entsprechenden Systeme im Abschn. 4.3 wurde bereits gezeigt, daß dann Eutektika bei relativ tiefen Temperaturen auftreten, so daß bei höheren Temperaturen mehr oder weniger große Anteile an Schmelzphase auftreten. Dieses Verhalten wird oft beim keramischen Brand benötigt. Da aber bei der Herstellung der Massen die Rohstoffe meist mit Wasser in Berührung kommen, müssen die Alkalien in einer wasserunlöslichen Form vorliegen.

An erster Stelle stehen die Feldspäte, die nach Abschn. 4.3.4 in vielfältiger Form vorkommen können. Auf Grund ihrer Entstehung treten die Feldspäte in der Natur nie rein auf, was sowohl in bezug auf die eigentlichen Feldspatminerale Mikroklin, Albit und Anorthit als auch für das Vorhandensein von Begleitmineralen gilt, deren wichtigste

Quarz und Glimmer (Muskowit, Biotit, Sericit) sind. In Pegmatiten kann man den Feldspat in groben Partien antreffen. Feinkörnigere Auskristallisationen der verschiedenen Minerale nebeneinander nennt man auch Aplite.

In der Keramik werden unter Pegmatiten allerdings meist Feldspatsande verstanden, die durch Verwitterung von Gesteinen, z. B. Granit oder Gneis, entstanden sind. Dadurch kommt als weiteres häufiges Begleitmineral Kaolinit hinzu. Man findet sie auf primären und sekundären Lagerstätten, wobei letztere auch als Arkosen bezeichnet werden. Durch den Transport hat sich der Anteil an unerwünschten Begleitmineralen bei den Arkosen meist stark erniedrigt.

Die Anwendbarkeit dieser Rohstoffe wird häufig durch deren Eisengehalt begrenzt. Aus diesem Grund sind viele alkalihaltige Gesteine für keramische Zwecke nicht brauchbar. Man hat aber in den Nephelinsyeniten ein Gestein gefunden, das oft den Anforderungen genügt. Sie bestehen meist aus etwa 50 Gew.-% Nephelin neben K- und Na-Feldspat und anderen Mineralen. Freier Quarz tritt kaum auf.

Die chemischen Analysen einiger Rohstoffe bringt Tab. 37. Es ist dabei zu berücksichtigen, daß einige der angeführten Rohstoffe bereits

Tabelle 37. *Chemische Analysen (in Gew.-%) einiger alkalihaltiger Rohstoffe*

Rohstoff	SiO_2	Al_2O_3	Fe_2O_3	CaO	MgO	K_2O	Na_2O	Glüh-verlust
theoretische Zusammensetzungen:								
Mikroklin	64,8	18,3	—	—	—	16,9	—	—
Albit	68,8	19,4	—	—	—	—	11,8	—
Anorthit	43,3	36,6	—	20,1	—	—	—	—
Nephelin	42,3	35,9	—	—	—	—	21,8	—
Feldspäte:								
S 1 (Schweden)	65,5	18,0	0,1	0,1	0,1	14,2	1,6	0,4
S 2 (Schweden)	66,9	18,5	0,1	0,3	—	10,0	4,0	0,2
S 17 (Schweden)	65,0	22,3	0,3	1,8	0,4	0,4	9,3	0,5
Hagendorfer Feldspat	64,4	19,9	0,1	0,1	0,2	12,9	2,1	0,3
Waidhauser Feldspat	73,1	16,1	0,2	0,2	—	3,9	5,8	0,7
Feldspatsande:								
Tirschenreuther Pegmatit	78,3	12,3	0,2	0,1	0,1	8,0	0,3	0,7
Weiherhammer Pegmatit	80,7	12,8	0,2	0,4	0,1	5,3	0,3	0,2
Birkenfelder Feldspat	74,8	13,6	0,6	0,3	0,3	6,3	1,5	2,6
FS 90 (aus Kaolinaufbereitung bei Hirschau)	65,1	18,9	0,1	0,2	0,1	14,5	1,0	0,1
Nephelinsyenit (Norwegen)	57,0	24,9	0,1	1,1	0,3	8,5	7,2	0,9

aufbereitete Produkte darstellen, die wirklichen Vorkommen also andere Zusammensetzungen haben. Aus Tab. 37 kann man erkennen, daß die eigentlichen Feldspäte relativ rein sind, mit Ausnahme des Waidhauser Feldspats, der ähnlich wie die Feldspatsande vor allem Quarz neben etwas Glimmer und Kaolinit enthält.

Aus der chemischen Analyse ist eine Aussage über das keramische Verhalten der Feldspäte bei höheren Temperaturen möglich. Hohe Alkali- und Erdalkaligehalte geben einen hohen Anteil an Schmelzphase, deren Viskosität durch ihre Art bestimmt wird (S. 191). Im allgemeinen werden deshalb in der Keramik die Kalifeldspäte bevorzugt. Das Schmelzverhalten zu Beginn des Brandes hängt vom Mineralbestand ab. Er läßt sich näherungsweise aus der chemischen Zusammensetzung berechnen. Dazu schlägt RADCZEWSKI [566] folgenden Weg vor:

MgO und — falls vorhanden — FeO zu Biotit $K_2O \cdot 6(Mg, Fe)O \cdot Al_2O_3 \cdot 6\,SiO_2 \cdot 2\,H_2O$,

ein Teil des K_2O zu Muskowit $K_2O \cdot 3\,Al_2O_3 \cdot 6\,SiO_2$,

Na_2O zu Albit $Na_2O \cdot Al_2O_3 \cdot 6\,SiO_2$,

CaO zu Anorthit $CaO \cdot Al_2O_3 \cdot 2\,SiO_2$,

restliches K_2O zu Mikroklin $K_2O \cdot Al_2O_3 \cdot 6\,SiO_2$,

restliches Al_2O_3 zu Kaolinit $Al_2O_3 \cdot 2\,SiO_2 \cdot 2\,H_2O$,

restliches SiO_2 = Quarz.

Diese Methode setzt allerdings die ungefähre Kenntnis des Gehalts an Muskowit voraus, die am einfachsten mit dem Mikroskop gewonnen werden kann. Die mikroskopische Untersuchung hat weiterhin den Vorteil, daß man gleichzeitig eine Aussage über die Art des Feldspats erhalten kann; denn dessen Ausscheidungsform beeinflußt ebenfalls das Schmelzverhalten. Zur Bestimmung des Mineralbestandes bewährt sich bei Korngrößen < 6 µm das Phasenkontrastverfahren, während nach RADCZEWSKI [567] bei Korngrößen von 6 bis 100 µm die Methodik der Grenzdunkelfelduntersuchung große Vorteile hat.

Zur Bestimmung des Glimmeranteils kann man nach KIELY und JACKSON [359] auch den bereits 1865 von J. L. SMITH eingeführten Aufschluß der Schichtsilicate durch eine $Na_2S_2O_7$-Schmelze verwenden, wobei Feldspäte und Quarz nicht angegriffen werden.

Diese Methoden reichen oft noch nicht zur Beurteilung der Feldspäte aus, denn praktische Schmelzversuche sind nicht immer mit obigen Befunden zu erklären. Im allgemeinen erhält man nach H. WOLF [781] beim Erhitzen von nicht entmischten Feldspäten eine klare Schmelze, während entmischte Feldspäte meist opake Schmelzen ergeben. Die Ursache ist eine Gastrübung, die von eingeschlossener Atmosphäre, aber auch von einer Gasabgabe während des Brandes herrühren kann. Die hohe Viskosität der Feldspatschmelzen verhindert das Entweichen der kleinen Bläschen. Für die Gasabgabe sind Verunreinigungen im Feldspat verantwortlich, an erster Stelle die O_2-Abspaltung vom meist vorhandenen Fe_2O_3-Gehalt. Nach H. MEYER [489] ist in Feldspäten aber auch chemisch gelöster Stickstoff vorhanden, der in O_2-haltiger

Atmosphäre bei höheren Temperaturen als gasförmiges N_2 abgegeben wird. R. Kranz [411] hat die Stickstoffverbindungen näher untersucht.

Diese Erscheinungen werden deutlich erst bei Temperaturen ab etwa 1300 °C beobachtet. Sie können in extremen Fällen zu Aufblähungen der Proben führen. Als Untersuchungsmethode eignet sich dafür gut das Erhitzungsmikroskop, mit dem man den Schattenriß der zylindrischen Proben während des Aufheizens beobachten kann. Zwetsch [802] hat nach dieser Methode einige Feldspäte vermessen und dabei die Höhe der Probe gegen die Temperatur aufgetragen. Ab 1100 bis 1200 °C setzt das Schmelzen ein, das zunächst eine deutliche Schwindung der Probe bewirkt. Hat sich genug Schmelzphase gebildet und ist deren Viskosität nicht mehr zu hoch, dann ist die Probe bestrebt, eine Kugelform zu bilden. Bei noch höheren Temperaturen verbreitert sich die Probe auf der Unterlage, um schließlich ganz auszufließen. Die Folge ist, daß die Höhen zunächst abnehmen, bei der Kugelbildung kurz ansteigen (um 1300 °C), um dann erneut abzusinken. Bessere Aussagen erhält man, wenn statt der Höhe die Fläche des Schattenrisses ausgewertet wird. Einige solcher Meßkurven von H. Meyer [489] zeigt Abb. 116. Beim

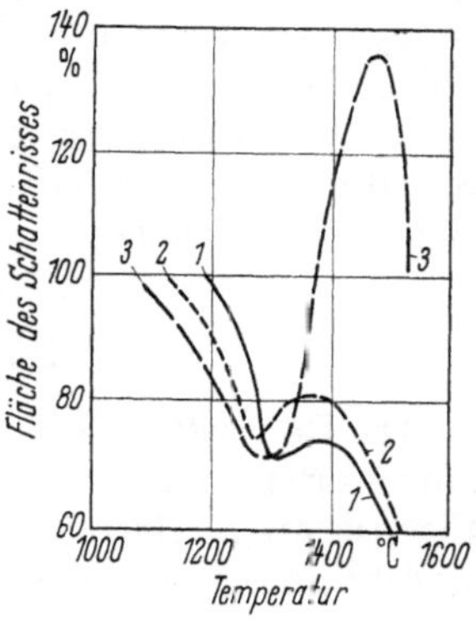

Abb. 116. Änderung der Fläche einer zylindrischen Probe im Erhitzungsmikroskop (Atmosphäre: Luft; Aufheizgeschwindigkeit: 11,5 grd/min)

1 Waidhaus-Feldspat, Fe_2O_3-Gehalt: 0,12 Gew.-%
2 Habera-Feldspat, Fe_2O_3-Gehalt: 0,11 Gew.-%
3 Birkenfelder Feldspat, Fe_2O_3-Gehalt: 0,75 Gew-%

Waidhaus- und Haberafeldspat ist der Anstieg der Fläche bei 1400 °C im wesentlichen durch die Umformung des zylindrischen Probekörpers in eine Kugel bedingt. Der Birkenfelder Feldspat zeigt demgegenüber ein starkes Blähen, das durch seinen hohen Fe_2O_3-Gehalt hervorgerufen wird. In den Blasen dieser Proben fand Meyer nach diesen Versuchen vorwiegend Stickstoff, der durch eine Sekundärreaktion des freigewordenen Sauerstoffs mit dem chemisch gelösten Stickstoff entstanden ist.

Es wurde früher (S. 191) gezeigt, daß Na_2O die Viskosität der Schmelzphase stärker erniedrigt als K_2O. Noch mehr wird die Viskosität durch Li_2O herabgesetzt, wobei man bei Vergleichen natürlich auf Mol-% beziehen muß. Li_2O-haltige Rohstoffe sind deshalb sehr wirkungsvolle Flußmittel. In die Keramik haben als Rohstoffe Spodumen, Petalit und der lithiumhaltige Glimmer Lepidolith Eingang gefunden, die alle Aluminiumsilicate sind, während der Amblygonit $LiAl[PO_4]F$ ein Phosphat darstellt. In letzterer Formel erkennt man einen Fluorgehalt, der auch beim Lepidolith vorhanden ist, was die Flußmittelwirkung noch erhöht.

Die Rohstoffe entsprechen in ihrer Zusammensetzung naturgemäß nicht ganz den Formeln der entsprechenden Verbindungen, aber es gibt z. B. handelsübliche Spodumene, die 7 Gew.-% Li_2O enthalten (gegenüber theoretisch 8 Gew.-%).

Für die CaO-haltigen Rohstoffe wurde bereits der Anorthit erwähnt. Daneben wird $CaCO_3$ als Kalkstein, Marmor oder Kreide verwendet. Ein besonderer, traditionsbehafteter Rohstoff zur Herstellung des Knochenporzellans (S. 313) ist die Knochenasche. Sie besteht im wesentlichen aus $Ca_3(PO_4)_2$ neben geringen Gehalten an $CaCO_3$, $Mg_3(PO_4)_2$ und CaF_2. Man ersetzt sie jetzt durch den natürlichen Rohstoff Apatit oder Calciumphosphat der chemischen Industrie.

Die chemische Industrie liefert auch viele andere Rohstoffe, vor allem dann, wenn die benötigten Verbindungen in der Natur nicht in der geforderten Reinheit vorkommen. Sie können hier nicht weiter behandelt werden.

Einen besonderen Rohstoffbedarf hat die Feuerfestindustrie. Sie benötigt Rohstoffe mit hohen Gehalten an SiO_2, Al_2O_3, ZrO_2 oder MgO, daneben die Silicate von Al_2O_3, ZrO_2 und MgO. Die Verwendbarkeit richtet sich meist nach der Reinheit, daneben aber auch nach dem Gefüge der Rohstoffe. Die wichtigsten Untersuchungsmethoden sind daher chemische Analyse, Mikroskopie und Röntgenographie. Für Al_2O_3 verwendet man meist Tonerdehydrate, die relativ rein, oft aber mit Silicaten vergesellschaftet vorkommen. Letztere Rohstoffe werden als Bauxite bezeichnet.

5.1.4 Einfluß der Mahlung

Die Rohstoffe werden im Gange der Aufbereitung oft einer Mahlung unterworfen, bei der nennenswerte Änderungen der früher erwähnten Eigenschaften eintreten können. Das Schrifttum über die Mahlung ist sehr groß, wobei man häufig feststellen muß, daß die Meßergebnisse verschiedener Autoren nicht ganz übereinstimmen. Das ist in den zahlreichen Einflußgrößen begründet, die die Mahlung bestimmen. Von diesen seien als wichtigste Mahlintensität, -dauer, -temperatur und umgebendes Medium genannt.

Den Erfolg der Mahlung kann man z. B. durch Korngrößenanalysen, Bestimmung der spezifischen Oberflächen oder röntgenographisch feststellen. Ganz allgemein hat man dabei gefunden, daß die Zerkleinerung mit der Zeit einem Endwert zustrebt. Wichtig ist, daß während der Mahlung nicht nur die einzelnen Körner gebrochen werden, sondern daß auch die Struktur der Oberflächenschichten geändert wird. Früher (S. 82ff.) wurde bereits darauf hingewiesen, daß Oberflächen gegenüber dem Kristallinneren eine gestörte Struktur haben. Durch die ständige mechanische Beanspruchung während der Mahlung wird dieser Effekt noch verstärkt, so daß es zu einer Amorphisierung des ganzen Produktes kommen kann.

Letztere Erscheinung ist mehrfach beim Quarz festgestellt worden. Sie tritt besonders bei der trockenen Mahlung auf, während ein Feuchtigkeitsgehalt in der Luft oder ein Mahlen in Wasser den Effekt deutlich verringern. Umgekehrt erreicht man mit Wasser unter sonst gleichen Bedingungen eine geringere Korngröße als bei der Trockenmahlung. Hier macht sich die Verringerung der Festigkeit durch die Adsorption bemerkbar (S. 81).

Die Eigenschaften von Quarzpulvern werden nicht nur von deren Korngröße oder spezifischer Oberfläche, sondern auch vom Grad der Amorphisierung bestimmt. Für die Keramik wichtig ist die größere Umwandlungsgeschwindigkeit des amorphisierten Quarzes. Untersuchungen von H. Lehmann und Lindner [441] haben z. B. ergeben, daß ein Quarzpulver, das im Ausgangszustand nach 8 stündigem Brennen bei 1300 °C nur zu 10 % umgewandelt war, nach 2 stündigem Mahlen in einer Schwingmühle bei derselben Temperaturbehandlung bereits einen Umwandlungsgrad von etwa 50 % zeigte.

Mehrere Autoren haben sich auch mit dem Einfluß der Mahlung auf Tonminerale befaßt. Dabei ist ebenfalls ein großer Unterschied zwischen Trocken- und Naßmahlung festgestellt worden. Wiegmann und G. Kranz [768] fanden bei relativ kurzzeitiger Naßmahlung von Kaolin keine Änderungen, während bei der Trockenmahlung im Röntgendiagramm die Basisinterferenzen (0 0 1) deutlich abnahmen. Beim Mahlprozeß werden die einzelnen Schichtpakete des Kaolinitgitters gegeneinander verschoben, und es entsteht ein Fireclay-ähnlicher Typ. Im Verlauf der weiteren Mahlung tritt auch eine Kornverkleinerung auf. Immer bleiben aber die ($h\,k\,l$)-Interferenzen, insbesondere (0 6 0), nahezu konstant. Es ist deshalb bei der quantitativen Tonmineralanalyse günstig, die (0 6 0)-Interferenzen zu verwenden (S. 57).

Diesen Befund konnten Köhler u. Mitarb. [385] im wesentlichen bestätigen. Längere Mahldauer (bis zu 32 Tagen) ergab, daß dann auch bei der Naßmahlung eine Kornverkleinerung eintritt, die Röntgeninterferenzen aber scharf bleiben. Verfolgt man die Korngröße durch Adsorptionsmessungen, so findet man bei der Trockenmahlung ein Maximum, weil sich die feinsten Teilchen wieder zu größeren Agglomeraten zusammenballen. Durch sehr intensive trockene Mahlung konnten Gregg u. Mitarb. [232] Kaolinit fast vollständig amorphisieren.

Die Mahlung beeinflußt natürlich auch andere Eigenschaften der Tonminerale, was von obigen Autoren in verschiedenen Richtungen festgestellt wurde. So wird die Entwässerungstemperatur stark erniedrigt, weshalb man den endothermen Effekt bei der DTA nach tieferen Temperaturen verschoben findet. Aber auch der exotherme Effekt zeigt eine merkliche Verschiebung nach tieferen Temperaturen. Das Kationenaustauschvermögen nimmt bei der Naßmahlung gering, bei der Trockenmahlung stark zu. Im letzteren Fall durchläuft es ein Maximum, da der vollkommen amorphisierte Zustand ein geringeres Kationenaustauschvermögen als der Fireclayzustand hat. Im amorphisierten Zustand werden auch beträchtliche Anteile HCl-löslich.

In keramischer Hinsicht sind die Veränderungen aller der Eigenschaften von Interesse, die mit der Korngröße zusammenhängen (siehe die folgenden Abschnitte). So findet man bei der Naßmahlung von Kaolinen

eine Zunahme von Plastizität, Thixotropievolumen und Trockenbiegefestigkeit. Bei der Trockenmahlung zeigen diese Eigenschaften ein
Maximum infolge der oben erwähnten Agglomeration bei langer Mahlung.
Die Effekte sind bei groben Kaolinen größer als bei sehr feinkörnigen.
Will man einen Rohstoff in seinen Eigenschaften verbessern, dann ist
die Naßmahlung sicherer; denn bei der Trockenmahlung darf man das
dabei auftretende Maximum nicht wesentlich überschreiten. Die Lage
des Maximums hängt vom Rohstoff und den Mahlbedingungen ab.

5.2 Verhalten tonmineralhaltiger Zusammensetzungen

Die meisten keramischen Massen besitzen die besondere Eigenschaft,
sich leicht verformen und unter bestimmten Bedingungen zu einem
Schlicker verflüssigen zu lassen. Dieses Verhalten soll in diesem Abschnitt
besprochen werden. Es haben sich dafür viele Begriffe eingeführt, die
u. a. von SCHULZE und KÄSTNER [641] diskutiert werden. Zum besseren
Verständnis der sehr vielseitigen Erscheinungen sollen an erster Stelle
einige allgemeine Grundlagen erörtert werden, ehe auf die speziellen
Probleme eingegangen wird.

5.2.1 Grundlagen der Rheologie

Die Rheologie befaßt sich mit den Fließeigenschaften der Materie.
Manchmal wird dafür auch der deutsche Ausdruck Fließkunde gebraucht.
Ausführliche Darstellungen dieses Stoffes findet man z. B. bei HOUWINK
[315], REINER [575] oder UMSTÄTTER [725].

Ein Teilgebiet der Rheologie ist die bei der Besprechung der Gläser
bereits erwähnte Viskosität. Dafür gilt das Newtonsche Gesetz

$$\tau = \eta \frac{dv}{dy} = \eta D, \tag{116}$$

d. h., das sich einstellende Geschwindigkeitsgefälle $D = \dfrac{dv}{dy}$ ist proportional der angelegten Schubspannung τ. Der Proportionalitätsfaktor η
ist der Viskositätskoeffizient. Substanzen, die diesem Gesetz genügen,
bezeichnet man als ideale Flüssigkeiten oder Newtonsche Körper, deren
Fließkurve in Abb. 117a dargestellt ist. Nach Aufheben der Schubspannung bleibt die Verformung bestehen.

Bei festen Körpern geht dagegen im allgemeinen die Verformung
wieder zurück. Hier gilt das Hookesche Gesetz (mit $\gamma =$ Schubverformung)

$$\tau = G \gamma, \tag{117}$$

worin G der Gleit- oder Torsionsmodul ist. Ist dieses Gesetz erfüllt,
dann spricht man von einem ideal elastischen oder Hookeschen Körper.

Neben diesen beiden idealen Körpern hat man noch einen weiteren,
den ideal plastischen oder St. Venantschen Körper definiert. Dieser
Körper verhält sich vollkommen starr bis zu einer bestimmten angelegten
Spannung, um dann beliebig leicht zu fließen (Abb. 117b). Die zum Er-

reichen des Fließens benötigte Spannung wird als Fließgrenze oder Anlaß-wert bezeichnet. In Abb. 117b ist sie als f eingetragen.

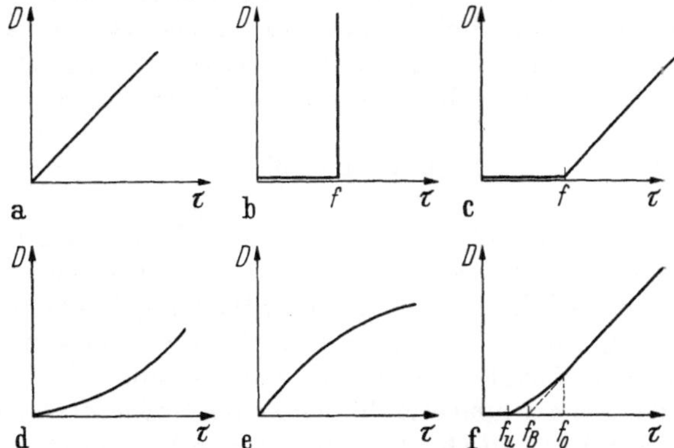

Abb. 117a—f. Fließkurven (τ = Schubspannung, D = Geschwindigkeitsgefälle)
a) Newtonscher Körper, b) St. Venantscher Körper, c) Binghamscher Körper,
d) Strukturviskosität, e) Rheopexie, f) quasiplastisches Verhalten

In der Praxis findet man die verschiedensten Kombinationen dieser drei Typen. Zur Festlegung dieser Kombinationen hat sich die Verwen-dung von Modellen bewährt. Der Hookesche Körper wird durch eine

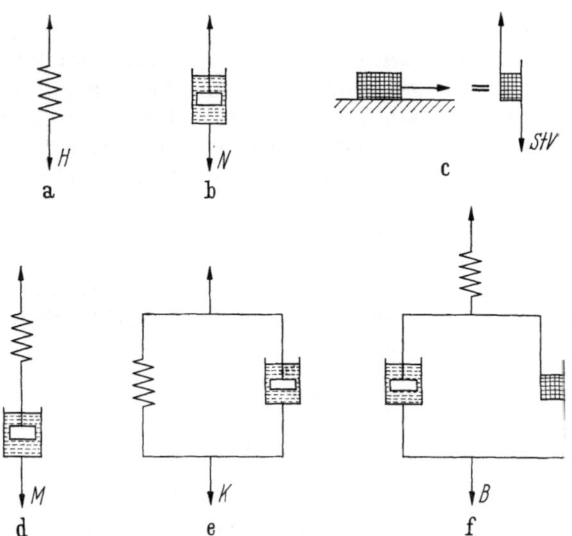

Abb. 118a—f. Rheologische Modelle und Schaltungen der Körper nach a) HOOKE, b) NEWTON,
c) St. VENANT, d) MAXWELL, e) KELVIN, f) BINGHAM

Feder (Abb. 118a) und der Newtonsche Körper durch einen Kolben in einem mit einer Flüssigkeit gefüllten Zylinder (Abb. 118b) dargestellt. Das Verhalten des St. Venantschen Körpers ist am besten mit der Rei-bung eines Gegenstandes auf einer Unterlage zu vergleichen. Um diesen Gegenstand in Bewegung zu bringen, muß man zunächst eine bestimmte

Schubspannung aufwenden. Dieses Modell ist in Abb. 118c sowohl ausführlicher als auch schematisch dargestellt.

Diese Modelle lassen sich parallel oder hintereinander (in Serie) schalten. Zur einfacheren Behandlung bezeichnet man die Körper nur mit ihren Anfangsbuchstaben. Die Serienschaltung von H mit N liefert den Maxwellschen Körper M, wofür man die rheologische Gleichung

$$M = H - N \tag{118}$$

schreiben kann. Dieses Modell zeigt Abb. 118d. Beim Anlegen der Spannung dehnt sich sofort die Feder entsprechend Gl. (117). Zugleich beginnt das viskose Fließen nach Gl. (116). Beim Entlasten geht die Feder in ihre ursprüngliche Lage zurück, der Kolben verbleibt aber in seiner Stellung, d. h., es ist eine bleibende Verformung eingetreten.

Diese Art der Behandlung erlaubt den Zeiteinfluß einfach zu erklären. So wird sich der Maxwellsche Körper bei nur kurzzeitiger Belastung vorwiegend elastisch, bei langsamer Belastung dagegen vorwiegend viskos verhalten.

Die Parallelschaltung von H und N führt zum Kelvinschen Körper K (Abb. 118e) nach der rheologischen Gleichung

$$K = H \,|\, N. \tag{119}$$

Hier wird die Verformung durch die Dehnung der Feder mit der Zeit immer langsamer, bis sie den Wert nach Gl. (117) erreicht hat. Nach Entlastung wird durch die gespannte Feder die Verformung wieder rückgängig gemacht, was man mit elastischer Nachwirkung bezeichnet.

Aus der großen Zahl der weiteren Körper soll nur noch der Binghamsche Körper erwähnt werden. Abb. 118f zeigt sein Modell, wonach die rheologische Gleichung

$$B = H - (N \,|\, StV) \tag{120}$$

lautet. Dieser Körper ist elastisch, bis die Schubspannung die Fließgrenze f erreicht hat. Erst dann ist viskoses Fließen möglich. Man kann deshalb Gl. (116) erweitern zu

$$\tau - f = \eta D \quad \text{für} \quad \tau \geqq f \tag{121}$$
$$\text{mit} \quad D = 0 \quad \text{für} \quad \tau \leqq f.$$

Abb. 117c zeigt die Fließkurve des Binghamschen Körpers. Von den genannten einfachen Körpern gibt sie das plastische Verhalten keramischer Massen am besten wieder.

Die bisherige Behandlung geht vom idealen Verhalten der Einzelglieder aus. Man kennt aber viele Ausnahmen, die z. B. die Fließkurven der Abb. 117d und e ergeben. Dieses auch quasiviskos genannte Fließen kann durch eine verallgemeinerte Newtonsche Gleichung

$$D = \frac{1}{\eta^{*}} \tau^{n} \tag{122}$$

dargestellt werden, in der durch η^* gekennzeichnet werden soll, daß diese Größe kein wahrer Viskositätskoeffizient ist. Für $n = 1$ erhält man ideal viskoses Verhalten nach Gl. (116). Bei der Kurve in Abb. 117d ist $n > 1$, d. h., mit steigender Schubspannung nimmt die scheinbare Viskosität ab. Man spricht dann von Strukturviskosität. Der umgekehrte Fall in Abb. 117e, bei dem die scheinbare Viskosität zunimmt, wird als Rheopexie bezeichnet.

Ein weiterer Fall ist in Abb. 117f dargestellt, bei dem der Übergang an der Fließgrenze nicht so scharf ist wie beim Binghamschen Körper der Abb. 117c. Bei diesem pseudo- oder quasiplastischen Fließen muß man zwischen unterer ($= f_u$), Binghamscher ($= f_B$) und oberer ($= f_0$) Fließgrenze unterscheiden, deren Bedeutung sich aus Abb. 117f sofort ergibt.

Das hier geschilderte reale Verhalten kann nun wieder in Kombinationen auftreten, die eine mathematische Behandlung schwierig machen. Es wird aber dadurch möglich, die experimentellen Kurven zu ordnen und so einer Deutung näher zu bringen, was allerdings bis jetzt noch nicht in genügendem Maße erfolgt ist.

Die oben erwähnte Strukturviskosität kann man sich so vorstellen, daß durch die Scherbeanspruchung in der Substanz eine Ausrichtung eintritt, die ein leichteres Fließen ermöglicht. Bei Entlastung wird sich dann wieder der ursprüngliche Zustand einstellen.

Hat dieser Vorgang eine große Geschwindigkeit, so werden die Fließkurven mit steigender und fallender Scherspannung zusammenfallen, während bei einer geringen Geschwindigkeit die Fließkurve eine Hysterese zeigt. Man spricht dann von einer thixotropen Neigung dieser Substanz. Unter Thixotropie selbst versteht man meist die Eigenschaft einer festen Substanz, durch Schütteln in den flüssigen Zustand überzugehen. Kurve A in Abb. 119 zeigt ein typisches Beispiel dieses Fließverhaltens. Nach Erreichen einer be-

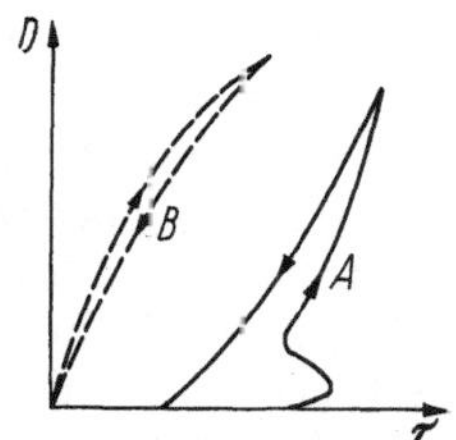

Abb. 119. Fließkurven mit thixotropem (A) und dilatantem (B) Verhalten

stimmten Scherspannung findet ein Zusammenbruch mit einer starken Erniedrigung der scheinbaren Viskosität statt, dem dann der übliche Kurvenverlauf folgt, allerdings mit einer Hysterese. Die thixotropen Erscheinungen in der Keramik werden später noch erörtert werden (S. 243ff.); allgemeiner hat sie z. B. Jessberger [331] behandelt.

Die Fließkurven mit thixotropen Effekten zeigen eine Hysterese entgegen dem Uhrzeigersinn. Abb. 119 bringt in Kurve B eine Hysterese im Uhrzeigersinn, eine Erscheinung, die als dilatant (manchmal auch als negative Thixotropie) bezeichnet wird. Ihre Ursache liegt in der oben erwähnten Rheopexie, bei der mit steigender Scherbeanspruchung eine Verfestigung eintritt. Wenn die Rückbildungen wieder langsam eintreten, zeigt die Fließkurve eine Hysterese. Von Dilatanz spricht man bei Systemen, die bei Bewegung erstarren und in Ruhe sich verflüssigen.

Die hier genannten Begriffe werden in der Literatur nicht ganz einheitlich verwendet. Es empfiehlt sich deshalb immer, sich über die jeweilige Bedeutung zu unterrichten.

5.2.2 Plastizität

Nach dem vorangegangenen Abschnitt ist ideal Binghamsches Verhalten bei einer Substanz dann vorhanden, wenn bis zum Anlaßwert (= Fließgrenze) rein elastisches, darüber rein viskoses Verhalten vorliegt. Man findet diese Bedingungen oft recht gut erfüllt bei Einstoffsystemen, z. B. einigen Metallen und Oxiden. Bei Einkristallen tritt nach Überschreiten des Anlaßwertes das Fließen an bestimmten Gitterebenen, bei Polykristallen entlang von Korngrenzen ein. In der Oxidkeramik hat man deshalb mit dieser Erscheinung zu rechnen (S. 352).

Die allgemeine Keramik bezieht jedoch die Plastizität auf Massen, also auf Mehrstoffsysteme. Man findet dafür in der Literatur mehrere Definitionen. So schreibt HAASE [248]: „Bildsamkeit ist das Vermögen einer festen Substanz auf von außen einwirkende Kräfte mit bleibenden Formänderungen zu reagieren, ohne daß dabei der Zusammenhang der die Substanz bildenden Teilchen verlorengeht." In dieser Definition ist der Fließprozeß und mit der Erwähnung der bleibenden Formänderung auch der Anlaßwert enthalten. Zusätzlich wird aber verlangt, daß keine Risse auftreten dürfen. Wegen dieses Unterschiedes gegenüber dem idealen Verhalten, das diese Forderung nicht enthält, zieht HAASE den Ausdruck Bildsamkeit vor, was auch von anderen Autoren vorgeschlagen wird. Weiterhin wird in der Keramik ein Rohstoff dann als sehr plastisch bezeichnet, wenn er gegenüber nicht plastischen Stoffen ein großes Einbindevermögen zeigt.

Plastische Massen werden in der Keramik aus tonmineralhaltigen Rohstoffen und Wasser hergestellt. E. GRUNER [237] nennt die folgenden wichtigsten Einflußgrößen auf die Plastizität: Feststoffgehalt — Art des Feststoffs — Teilchengestalt — Teilchengröße und deren Verteilung — Verformbarkeit der Teilchen — Ionenbelegung der Teilchen — Art der flüssigen Phasen — Konzentration und Art gelöster Salze.

Diese vielen Abhängigkeiten lassen sich nur durch umfangreiche Untersuchungen erkennen. Erschwerend kommt hinzu, daß in der Keramik der Begriff der Plastizität recht weit gefaßt ist, wie oben erwähnt wurde. Man kann alle diese Eigenschaften nicht mit einem einzigen Meßverfahren ermitteln. Es sind viele Verfahren entwickelt worden, so daß insgesamt die Literatur über die Plastizität äußerst umfangreich ist. Stellvertretend dafür sei hier nur auf ein Heft von MOORE [499], zwei zusammenfassende Arbeiten von HEROLD und SMOTHERS [284] und BLOOR [50] sowie eine Literatursammlung von JESSBERGER [332] hingewiesen.

Trockene Rohstoffe oder *Massen* verhalten sich rein elastisch. Der Zusammenhalt ist durch die gegenseitige Anziehung der Teilchen bedingt. Die Reichweite dieser Kräfte ist aber gering, so daß sie sich nur an den punktförmigen Berührungsstellen auswirken können. Eine geringe Scherkraft reicht zur Überwindung dieser Kräfte aus, wodurch der Zusammenhalt verlorengeht und die Form zerfällt. Eine Verformung ohne Zerfall wird man erreichen, wenn einmal die Kräfte zwischen den Teilchen vergrößert werden und zum anderen sich während der Verformung neue Haftstellen ausbilden.

In dieser Richtung wirkt ein *Zusatz von Wasser*, dessen große Adsorptionsneigung schon erwähnt wurde (S. 175). Versetzt man einen trockenen Kaolin mit Wasser, werden die ersten Mengen zunächst adsorbiert. Zur Ausbildung einer monomolekularen Schicht benötigt man bei einem Kaolin mit einer spezifischen Oberfläche von z. B. 13 m^2/g pro g Kaolin etwa 2 mg H_2O. Verschiedene Abschätzungen haben ergeben, daß aber im plastischen Zustand die H_2O-Schichten bis zu 100 Å dick sein können, was etwa 30 H_2O-Schichten entspricht. Zur Deutung der plastischen Eigenschaften kann man in sehr vereinfachter Darstellung annehmen, daß die ersten H_2O-Schichten starr gebunden sind und keine Beweglichkeit haben. Durch Wasserstoffbrückenbindungen werden die Teilchen zusammengehalten. Erst bei einem geringen Überschuß an Wasser bildet sich eine Schicht von nicht orientierten H_2O-Molekülen aus, die als Schmiermittel wirken, aber immer noch den Zusammenhalt über die Wasserstoffbrücken gewährleisten. Bei höheren Wassergehalten wird dieser geringer, die Masse wird flüssig. Für die plastischen Eigenschaften gibt es demnach einen optimalen Wassergehalt. Auch andere Flüssigkeiten wirken ähnlich, allerdings in geringerem Maße.

Die Größe der Verformung hängt von der Art und Menge der Haftstellen ab. Deshalb besteht ein Einfluß der *Teilchengröße*; denn mit abnehmender Korngröße wird nicht nur die Zahl der Haftstellen erhöht, sondern auch die Wahrscheinlichkeit größer, daß sich nach einer Verformung wieder neue Haftstellen bilden können. In vielen Versuchen wurde festgestellt, daß mit abnehmender Korngröße eines Rohstoffs die plastischen Eigenschaften besser werden. Denselben Befund erhält man, wenn ein Rohstoff in verschiedene Fraktionen aufgeteilt wird, wie es z. B. SALMANG und KIND [608] getan haben. Zusätzlich wirkt sich noch die Kornverteilung aus, was ROSENTHAL [587] experimentell bestätigen konnte. LINSEIS [455] nimmt an, daß mit Annäherung an eine ideale Kornverteilung die Plastizität ansteigt.

Weiterhin ist die *Teilchenform* wichtig. Günstig verhalten sich blättchenförmige Teilchen, die sich oft parallel aneinanderlagern und dann ein Gleiten über größere Bereiche ermöglichen, ohne daß der Zusammenhalt verlorengeht. Tonmineralteilchen zeigen diese Form, aber auch andere Substanzen mit Blättchengestalt haben besseres plastisches Verhalten als Teilchen mit anderer Form, was sich aus den Untersuchungen von WILSON [774] an sehr verschiedenen Materialien ergibt.

Für den Zusammenhalt der Teilchen in Gegenwart von Wasser wurde auch die *Kapillarkraft* in den kleinen Zwischenräumen der Packung verantwortlich gemacht. Die Saugwirkung dieser Kapillaren hat PUKALL [563] in einem einfachen Versuch zeigen können, indem er einen am Boden porösen, mit Wasser gefüllten Glaskolben, wie in Abb. 120 dargestellt, mit einem feuchten Ton umgab. In dem Maße, wie der Ton seine Feuchtigkeit nach außen abgab, wurde das im Becherglas befindliche Quecksilber hochgezogen, woraus er im Innern des Tonballens einen Unterdruck von fast 1 atm nachweisen konnte. Den umgekehrten Versuch führte WESTMAN [760] durch, indem er den Druck feststellt, der nötig ist, um ein inertes Gas durch eine auf einer porösen Platte liegende feuchte

Probe zu pressen. Das gelang bei Quarzpulver bei 0,35 atm, während bei einem Kaolin 18 atm und bei einem Ballclay etwa 60 atm notwendig waren. Aufbauend auf diese Beobachtungen hat Norton [520] seine Theorie der „gespannten Membran" entwickelt. In den Massen treten kleine Kapillarradien auf, die mit Hilfe der Kelvingleichung (20) (S. 91) auf Kapillarkräfte umgerechnet werden. Norton beschreibt dazu einen sehr schönen Versuch: Füllt man in eine Gummiblase ein trockenes Material, z. B. Sand, und evakuiert die Blase, dann kann man sie wie ein plastisches Material verformen. In die Kelvingleichung geht die Oberflächenspannung ein. Eine Verringerung der Oberflächenspannung des Wassers müßte eine Abnahme der plastischen Eigenschaften zur Folge haben. Mehrere Versuche wurden in dieser Richtung durchgeführt. Ormsby [529] konnte schließlich zeigen, daß der Oberflächenspannung des Wassers kein solch entscheidender Einfluß zukommt.

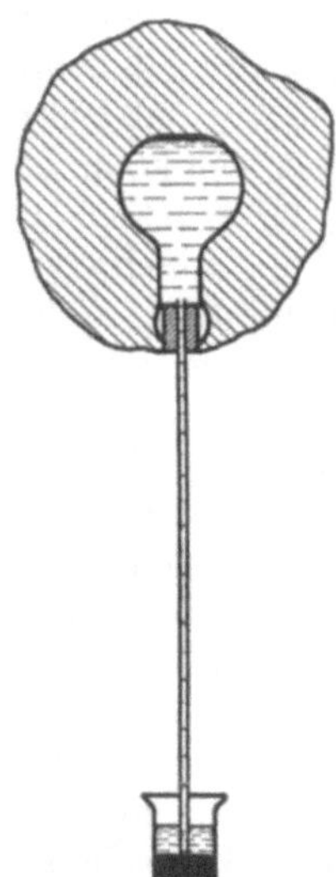

Abb. 120. Versuch von Pukall [563] zum Nachweis der Saugkraft eines Tonballens

Bis jetzt wurde ein wesentlicher Gesichtspunkt vernachlässigt, die *elektrische Ladung der Teilchen*. Früher wurde schon gezeigt, daß die Tonminerale ein Kationenaustauschvermögen besitzen (S. 47). Die Ursache liegt im wesentlichen im Ersatz von Si-Ionen durch Al-Ionen in der [SiO$_4$]-Tetraederschicht. Dadurch entsteht eine negative Ladung, die durch Kationen kompensiert wird. Man kann diese Ladung gut bei der Elektrolyse von wäßrigen Suspensionen erkennen, bei der die Tonmineralteilchen zur Anode wandern. (Diesen Vorgang, der als Elektrophorese bezeichnet wird, hat man zur Reinigung von Rohstoffen ausgenützt.)

In einem wäßrigen Medium haben die angelagerten Kationen die Tendenz zur Dissoziation. Die Bedingung der Wahrung der elektrischen Neutralität verhindert jedoch eine zu weite Entfernung von der negativ geladenen Oberfläche der Teilchen. Schematisch sind diese Verhältnisse in Abb. 121 dargestellt. Da die positiven Ionen ungeordnet verteilt angenommen werden können, spricht man von einer diffusen elektrischen Doppelschicht. (Häufig werden in diesem Zusammenhang die Namen

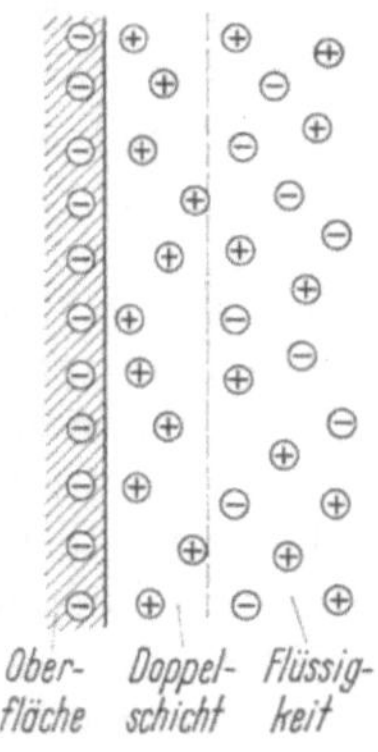

Abb. 121. Schematische Darstellung der diffusen elektrischen Doppelschicht

Helmholtz, Freundlich und Gouy genannt.) Die Breite der Doppelschicht hängt von der Art der Kationen ab, die sich in Wasser mit einer Hydrathülle umgeben. Tab. 38 zeigt, daß die Zahl der jeweiligen H$_2$O-Moleküle von der Art des Kations abhängt, so daß die Radien der hydratisierten Kationen eine andere Abhängigkeit erhalten und damit auch die Anziehungsenergien und die Breite der Doppelschicht. Eine Erhöhung der Konzentration des betreffenden Kations in der umgebenden Flüssigkeit drückt die Doppelschicht zusammen.

Häufig wird im Zusammenhang mit der Doppelschicht das ζ-Potential (Zetapotential) genannt. Es ist ein kolloidchemischer Begriff, wie überhaupt das Verhalten der Tonminerale sehr enge Beziehungen zur Kolloidchemie hat. (Näheres dazu findet man in den Büchern von MARSHALL [471], ILER [321] und VAN OLPHEN [528].) In einem elektrischen Feld nimmt jedes Teilchen einen Teil seiner Doppelschicht mit. Zwischen dem bewegten Teilchen und der umgebenden Flüssigkeit bildet sich obiges ζ-Potential aus. Mit abnehmender Dicke der Doppelschicht wird das ζ-Potential geringer.

Durch die Doppelschicht wird ein bestimmter Abstand benachbarter Teilchen erreicht. Er muß so groß sein, daß die anziehenden van der Waalsschen Kräfte nicht zur Wirkung kommen können. Wird die Doppelschicht zu klein, kann es zu Agglomerationen kommen oder das Gleiten beim plastischen Fließen in eine feste Haftung übergehen.

Damit wird das Augenmerk auf das *Kationenaustauschvermögen* und die Art der vorhandenen Kationen gelenkt. Das Kationenaustauschvermögen bewirkt einmal die Ausbildung einer bestimmten Wasserhülle um jedes Teilchen, die nicht zu starr ist, zum anderen verhindert es das feste Haften der Teilchen. So kann man plastische Oxide nur herstellen, wenn durch Mahlen in Säure oder Lauge eine Oberflächenladung der Teilchen erzeugt wird, wie RUFF u. Mitarb. [593] am Beispiel von Al_2O_3, ZrO_2 und anderen Substanzen gezeigt haben.

Mit steigendem Kationenaustauschvermögen steigt daher die Plastizität an. Tonminerale ohne nennenswertes Kationenaustauschvermögen, z. B. Pyrophyllit, haben kaum plastische Eigenschaften. Da außerdem das Kationenaustauschvermögen eines Rohstoffs mit dessen spezifischer Oberfläche zunimmt, erklärt sich auch hieraus das bessere Verhalten kleiner Korngrößen.

Die Bestimmung des Kationenaustauschvermögens wurde schon erwähnt (S. 47). Zur Untersuchung des Einflusses der Art des Kations ist es erforderlich, Tonminerale mit einheitlicher (monoionischer) Belegung herzustellen. Zu diesem Zweck schüttelt man den Ausgangsrohstoff mit einer möglichst konzentrierten Lösung eines Salzes des gewünschten Kations, meist mit dem Chlorid, und wäscht dann salzfrei. H^+-Tonminerale kann man durch Elektrodialyse oder einfacher durch Schütteln mit einem stark sauren Kationenaustauscher herstellen. Sie lassen sich dann mit den entsprechenden Laugen in anders belegte Minerale überführen. Bei der Herstellung von H^+-Kaolinit wird auch etwas Al aus dem Gitter gelöst, so daß in Wirklichkeit ein $(H + Al)$-Kaolinit vorliegt. Das macht sich bei einigen Eigenschaften bemerkbar.

Gegenüber den Kationen zeigen die Tonminerale eine unterschiedliche Neigung des Austausches. Man findet dabei folgende Reihenfolge, wobei man links stehende Kationen leichter durch rechts stehende austauschen kann als umgekehrt

$$Li-Na-K-NH_4-Mg-Ca-Sr-Ba-Al-H.$$

Diese Reihenfolge ist seit langem als Hofmeisterreihe bekannt. Ihr entspricht die Zunahme der Anziehungsenergien in Tab. 38, d. h., von links nach rechts nehmen die diffuse elektrische Doppelschicht und das ζ-Potential ab.

Tabelle 38. *Bindungsenergien zwischen dem einseitig gebundenen* $-O^-$-*Anion und verschiedenen Kationen nach* LAWRENCE [430]

Kation R	Zahl der H_2O-Moleküle in der Hydrathülle	Kationen-radius Å	Radius des Hydrats Å	Abstand $R-O\ (=d)$ Å	Bindungs-energie $\dfrac{z_1 z_2}{d}$
Li^+	7	0,78	3,7	5,05	0,20
Na^+	5	0,98	3,3	4,65	0,21
K^+	4	1,33	3,1	4,45	0,22
NH_4^+	4	1,43	3,0	4,35	0,23
Mg^{2+}	12	0,78	4,4	5,75	0,35
Ca^{2+}	10	1,06	4,2	5,55	0,36
Al^{3+}	6	0,57	1,85	3,20	0,94

Man kann die Reihe auch so deuten, daß sich mit den rechts stehenden Kationen schwerer lösliche Komplexe bilden als mit den links stehenden. Quantitative Messungen der Austauschgleichgewichte von FRIEDRICH und HOFMANN [207], z. B. Ca-Kaolinit $+$ $Na_2C_2O_4$ $=$ Na_2-Kaolinit $+$ CaC_2O_4 haben dies bestätigt. Dabei ergab sich, daß die Konzentration der Kationen in Tonmineral-Wasser-Mischungen um 1 bis 3 Größenordnungen geringer ist als die der schwerlöslichen Salze dieser Kationen. So gelingt es z. B. mit Na-Kaolinit $BaSO_4$ aufzulösen. Will man einen Na-Kaolinit aus einem Ca-Kaolinit herstellen, dann muß man diesen mit einem großen Überschuß an Na-Salz behandeln, dessen Anion ein lösliches Ca-Salz liefert, das man in Gegenwart von Na-Salz durch Auswaschen entfernen muß.

Damit läßt sich nun der Einfluß der Kationenbelegung auf die plastischen Eigenschaften erklären. Durch Kationen, die in der obigen Hofmeisterreihe rechts stehen, bildet sich nur eine relativ dünne Wasserschicht um die Teilchen, so daß sich die anziehenden Kräfte bemerkbar machen können. Die Folge ist, daß in der Hofmeisterreihe von links nach rechts bei gleichem Wassergehalt der Anlaßwert ansteigt, während die maximale Verformung abnimmt. Durch Erhöhung des Wassergehalts kann man diesem Effekt entgegenwirken, so daß dann insgesamt die Plastizität in obiger Reihe von links nach rechts ansteigt.

Die natürlichen Tonminerale sind vorwiegend mit Ca-Ionen belegt. Ihr Austauschverhalten ist nicht immer einheitlich, so daß man manchmal Abweichungen von der Hofmeisterreihe beobachtet. ROSENTHAL [587] diskutiert einige Gründe. Allgemeinere Untersuchungen von EISENMAN [165] über Ionenaustauschgleichgewichte zeigen, daß je nach den vorliegenden Kräften die Reihenfolge stark variieren kann, so daß die Hofmeisterreihe nur einen Grenzfall darstellt. Eine besondere Ausnahme bildet oft das K-Ion, das zur Ausbildung stabiler $[KO_{12}]$-Koordinationen neigt. Als typisches Beispiel dafür kann man den Muskowit ansehen, dessen K-Ionen nicht austauschfähig sind. Man findet dies auch in abgeschwächter Form beim Montmorillonit.

Neben dem Kationenaustauschvermögen gibt es an den Kanten der Teilchen noch ein Anionenaustauschvermögen (S. 48), das THIESSEN [714] nach der Adsorption von negativ geladenen kolloidalen Goldteilchen elektronenmikroskopisch sichtbar machen konnte (Abb. 122). Für die Adsorptionsneigung gilt ebenfalls eine Hofmeisterreihe, die in fallender Adsorptionsneigung lautet:

$$OH^- - CO_3{}^{2-} - P_2O_7{}^{4-} - PO_4{}^{3-} - J^- - Br^- - Cl^- - NO_3{}^- - F^- - SO_4{}^{2-}.$$

Das Anionenaustauschvermögen ist gering und wirkt sich auf die plastischen Eigenschaften nicht nennenswert aus.

Die austauschbaren Kationen bewirken auch die Bindung zu den anderen Massebestandteilen, die selbst keine plastischen Eigenschaften besitzen und als Magerungsmittel wirken. (Man spricht in diesem Sinn auch von mageren bzw. fetten Massen oder Rohstoffen.) Das *Einbindevermögen* wird überdies um so besser sein, je dünner die Blättchen sind, weil sie dann biegsam werden und sich den Fremdteilchen besser anschmiegen können. Auf das besondere Verhalten des Montmorillonits hat HOFMANN [296] hingewiesen; denn bei diesem Tonmineral wird durch Na-Belegung das Einbindevermögen verbessert, da dadurch die Quellung ermöglicht wird (S. 51).

Viele Versuche sind zur *Verbesserung der Plastizität* von Massen unternommen worden.

Abb. 122. Adsorption von negativ geladenen Goldteilchen an Kaolinit

Das älteste Verfahren ist das Lagern der Massen, auch als Mauken oder Sumpfen bezeichnet. Führt man dies im Freien durch, wie es beim Wintern oder Wettern in der Grobkeramik geschieht, tritt durch das wiederholte Frieren und Auftauen eine Aufteilung der Aggregate ein, was eine Plastizitätssteigerung hervorruft. Das Mauken, oft in feuchten Kellern, bewirkt eine gleichmäßigere Verteilung der Feuchtigkeit und gibt damit der Masse bessere Verarbeitungseigenschaften. Daneben scheinen sich aber auch Mikroorganismen bemerkbar zu machen; denn durch Fermentieren von Massen mit Algen oder Bakterien hat man die Plastizität verbessern können. OBERLIES und POHLMANN [521] haben diesen Vorgang elektronenmikroskopisch, KALLAUNER [342] kinetisch verfolgt. Der genaue Wirkungsmechanismus ist noch nicht bekannt, ebenso wie das angeblich viele Jahre lange Mauken der Porzellanmassen im alten China noch ungeklärt ist. Es können dabei die Abscheidungen der Mikroorganismen einen Einfluß haben oder organische Einschlußverbindungen entstehen (S. 56). Auf letztere hat besonders WEISS [746] hingewiesen, nachdem er solche Einschlußverbindungen von Kaolinit mit Harnstoff nachweisen konnte. Dabei wird der Zusammenhalt der einzelnen Schichtpakete gelockert, so daß durch Reiben eine Aufteilung in dünnere Kristalle möglich ist. Der Harnstoff oder auch das Ammoniumacetat, das ähnliche Eigenschaften zeigt, lassen sich anschließend auswaschen und zurück bleibt ein Produkt mit stark verbesserten Eigenschaften.

Massen enthalten oft Lufteinschlüsse, die als Magerungsmittel wirken. Ihre Entfernung durch Vakuumbehandlung erhöht die Plastizität. Auch durch Behandlung mit Wasserdampf erreicht man diesen Effekt, wobei aber nicht nur die Luft ausgetrieben wird, sondern durch die Dampfeinwirkung auch eine Auftrennung von Aggregaten erzielt wird.

Die zahlreichen Einflüsse haben zur Folge, daß es bis jetzt nur möglich ist, aus bestimmten Eigenschaften der Rohstoffe oder Massen (z. B. Korngröße und deren Verteilung, Art und Größe der Kationenbelegung) das plastische Verhalten angenähert vorauszusagen. Es sind deshalb viele *Meßmethoden* entwickelt worden, die teils auf Grund von Erfahrungen entstanden sind, teils den technologischen Prozeß nachzuahmen versuchen und teils auf theoretische Überlegungen zurückgehen. Wie oben schon geschildert sind vor allem zwei Werte für den praktischen Betrieb von Bedeutung: die Kraft, die man zur Verformung aufwenden muß, entsprechend dem Anlaßwert, und die maximal erreichbare Verformung bis zum Auftreten von Rissen.

Erstere Eigenschaft läßt sich einfach nach der Methode von PFEFFERKORN [549] bestimmen. Dabei wird auf einen Massezylinder mit 33 mm ⌀ und 40 mm Höhe ($= h_0$) aus einer Höhe von 18,6 cm eine Scheibe mit 1192 g fallengelassen, wobei eine Stauchung zur Höhe h_1 eintritt. Mit steigendem Wassergehalt wird das Verhältnis $h_0 : h_1$ immer größer. Der Wassergehalt, bei dem $h_0 : h_1 = 2,5$ ist, wird als Anmachwasserbedarf, der für $h_0 : h_1 = 3,3$ als Plastizitätszahl nach PFEFFERKORN bezeichnet. Je höher letztere Zahl ist, desto besser ist im allgemeinen die Plastizität dieser Masse. Die Meßwerte liegen nach ENTRESZ [176] recht gut auf einer Geraden, wenn $h_0 : h_1 > 2,2$

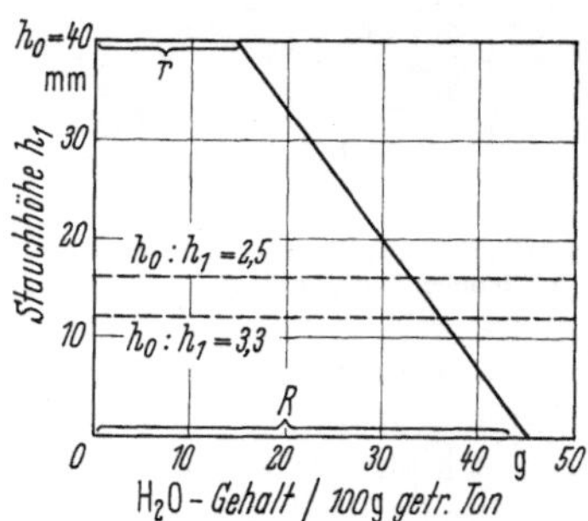

Abb. 123. Diagramm zur Bestimmung des Plastizitätsfaktors nach BOWMAKER [60]

wird. Das hat BOWMAKER [60] veranlaßt, diese Gerade bis zu $h_1 = 0$ und 40 mm zu extrapolieren. Auf Grund der Überlegung, daß bei $h = 0$ ein viskoser Körper vorliegt und daß der Plastizitätsbereich um so größer ist, je größer $(R - r)$ nach Abb. 123 ist, schlägt er empirisch als Plastizitätsfaktor P die Größe $R(R - r)$ vor. Hohe Werte von P ergaben im praktischen Vergleich hohe Plastizitäten.

Von PELS LEUSDEN [544] und HAASE [251] konnte gezeigt werden, daß das so einfache Pfefferkorngerät auf definierte physikalische Vorgänge zurückzuführen ist. Wichtig bei der Beurteilung der Meßwerte ist allerdings, daß die Verformungsgeschwindigkeit groß ist. Anschaulich konnte HAASE [249] zeigen, daß beim langsamen Auflegen und Herabdrücken der Scheibe schon bei geringen $h_0 : h_1$-Werten Risse in den Probezylindern auftreten, während der Schlagversuch mit höheren $h_0 : h_1$-Werten keine erkennen läßt.

Diese Rißbildung führt zur zweiten wichtigen Eigenschaft, die einfach mit der Methode nach DIETZEL (erwähnt bei ROSENTHAL [587]) bestimmt werden kann. Dabei werden unter Verwendung der Pfefferkornapparatur langsame Stauchversuche bis zur Rißbildung durchgeführt, wobei als Maß die Zusammendrückung des Probekörpers in Prozent der ursprünglichen Größe dient. Man erhält auch hier mit steigendem Wassergehalt linear ansteigende Zahlen, aus denen man zum Vergleich die Werte für den Wassergehalt bei gleicher Konsistenz herausgreifen kann. Letzterer wird durch die Eindringgeschwindigkeit eines Stiftes unter bestimmten Bedingungen festgelegt. Damit ergibt sich die Plastizitätszahl nach DIETZEL. Sie beträgt z. B. 35% Stauchung beim mit Na-Ionen belegten Zettlitzer Kaolin (Wassergehalt 28 Gew.-%, bezogen auf die gesamte Masse).

Druckverformung in Abhängigkeit von bekannter Belastung erlaubt das Parallelplattenviskosimeter nach I. WILLIAMS [769], bei dem flache zylindrische Prüfkörper zwischen zwei Platten zerdrückt werden. Trägt man nach PELS LEUSDEN [544] über der Druckspannung τ den Verformungsgrad in $\ln(h_0 : h_1)$ auf, so erhält man Fließkurven der Art von Abb. 117d und e, nur mit noch zusätzlicher Fließgrenze f. Mathematisch lassen sich diese Kurven in Analogie zu den Gln. (121) und (122) erfassen mit

$$\ln \frac{h_0}{h_1} = K \, (\tau - f)^M . \tag{123}$$

Darin beschreibt K die Steilheit der Kurve. K wächst stark mit steigendem Wassergehalt und wird wegen dieser Abhängigkeit von der Materialsteife als Fließfähigkeit bezeichnet. M ist relativ unabhängig vom Wassergehalt. Es kennzeichnet die Krümmung der Kurve und ist meist > 1, was strukturviskoses Verhalten anzeigt. Da M um so größer ist, je plastischer die Tone sind, bezeichnet man es auch als Bindefähigkeit. Man kann mit den Größen K und M die Rohstoffe gliedern, wie es von PELS LEUSDEN für die Ziegeltone geschehen ist.

Zu erwähnen ist noch die Plastizitätszahl nach RIEKE [579], die auf einem älteren Vorschlag von ATTERBERG aufbaut. Als Maßzahl dient die Differenz der Wassergehalte: Anmachwasserbedarf (Masse klebt gerade nicht mehr an den Händen) — Ausrollgrenze (Masse läßt sich gerade noch zu dünnen Strängen auswalzen). Die Werte sind um so größer, je geringer die Korngröße bzw. je höher der Anteil an Tonmineralen ist. Nach Tab. 35 ist dieser Zusammenhang auch im wesentlichen gegeben. Deutlich läßt sich erkennen, daß die Plastizitätszahlen

nach RIEKE bei den Tonen höher als bei den Kaolinen liegen, aber für
genauere Differenzierungen ist diese Methode zu einfach.

Die Anforderungen im Betrieb werden beim Masseprüfer nach
GAREIS-ENDELL [172] nachgeahmt. Dabei wird die Stauchung eines
Tonstranges zwischen zwei Scheiben bis zur Rißbildung gemessen, wo-
bei die obere Scheibe rotiert und die untere langsam angehoben wird.
Direkter werden die beiden obigen Eigenschaften bestimmt, wenn man
den Druck ermittelt, der zum Pressen der Masse durch eine Düse erforder-
lich ist und an dem Strang die Zerreißfestigkeit mißt. Dieser Methode
haben sich u. a. MACEY [463], LINSEIS [455, 456] und SCHARRER und
HOFMANN [615] bedient, die auch die älteren Versuche erwähnen. In
Abb. 124 kann man erkennen, daß mit steigendem Wassergehalt die

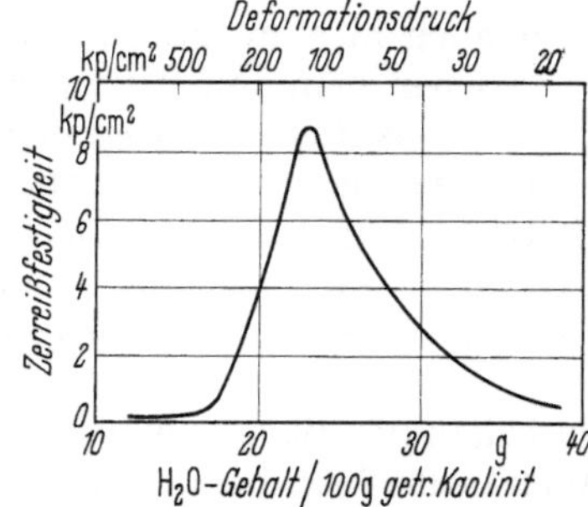

Abb. 124. Abhängigkeit der Zerreißfestigkeit
und des Deformationsdrucks eines Ca-Kaolinits
vom Wassergehalt nach CZERCH, FRÜHAUF und
HOFMANN [125]

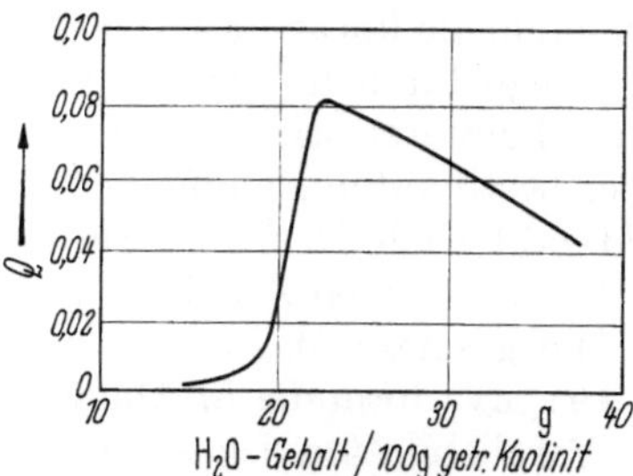

Abb. 125. Auswertung der Kurve der Abb. 124
nach dem Quotienten
Q = Zerreißfestigkeit : Deformationsdruck

Zerreißfestigkeit ein ausgeprägtes Maximum zeigt, während der Deformationsdruck stetig abnimmt. Die Plastizität wird um so größer sein,
je höher die Zerreißfestigkeit z und je geringer der Deformationsdruck D
ist, so daß man als Maß nach HAASE [248] den Quotienten z/D verwenden
kann, wie er in Abb. 125 dargestellt ist. Man erkennt deutlich, daß nach
dieser Betrachtungsweise der Einfluß der Zerreißfestigkeit überwiegt,
so daß man sie allein als Maß für die Plastizität ansehen könnte. Dieser
Vorschlag wurde auch von KOHL [382] gemacht, wobei es am besten ist,
die Biegefestigkeit des luftgetrockneten Körpers zu verwenden. Nach
ZOELLNER [798] hat man damit im Betrieb gute Erfahrungen gemacht.

Das oben erwähnte Pressen durch eine Düse ähnelt dem Bingham-
plastometer, bei dem man die Masse unter einem bestimmten Druck
durch eine Kapillare preßt und die Austrittsgeschwindigkeit mißt. Man
erhält dann Fließkurven, die SCOTT BLAIR [658] anderen Methoden
gegenüberstellt. Physikalisch ebenfalls besser auswertbar sind die Methoden, die auf Torsionsmessungen an zylindrischen Stäben oder Rohren
beruhen und vielfach beschrieben wurden. Meist wird dabei das Drehmoment über dem Verformungswinkel aufgetragen, wie es auch in
Abb. 126 geschehen ist. Deutlich läßt sich bei diesen Kurven der Anlaßwert und die maximale Verformung bis zum Bruch erkennen, oft darüber
hinaus noch eine maximale Festigkeit vor Erreichen der Bruchgrenze.

Nach Norton [519] sollen plastische Körper einen hohen Anlaßwert A und eine hohe Verformung V bis zum Bruch haben, weshalb er als Maß für die Plastizität („workability") das Produkt $A \cdot V$ vorschlägt. Da mit steigendem Wassergehalt der Anlaßwert ab-, die maximale Verformung aber zunimmt, findet man bei einem bestimmten Wassergehalt ein Maximum der „workability". Leider wird dieser Begriff in der Literatur verschieden verwendet. So bilden einige Autoren das Produkt aus Anlaßwert und maximaler Festigkeit. Eine ähnliche Produktbildung schlagen auch Endell u. Mitarb. [172] zur Auswertung der Versuche mit dem Gareis-Endell-Masseprüfer vor: Verformungsarbeit = Druckspannung bei Rißbildung · % Stauchung. Dieser Wert zeigt ebenfalls ein Maximum bei einem bestimmten Wassergehalt. Abb. 126 läßt er-

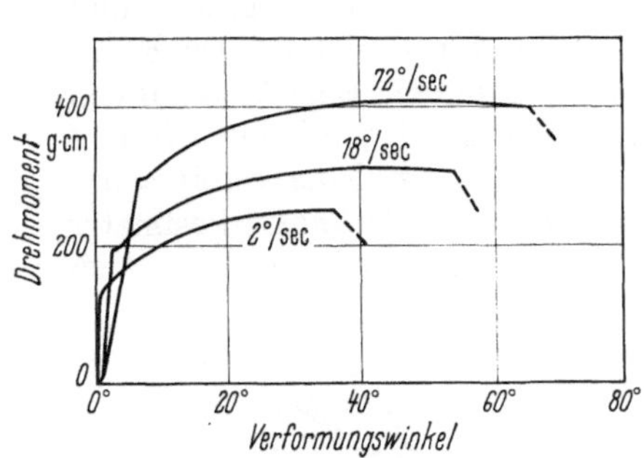

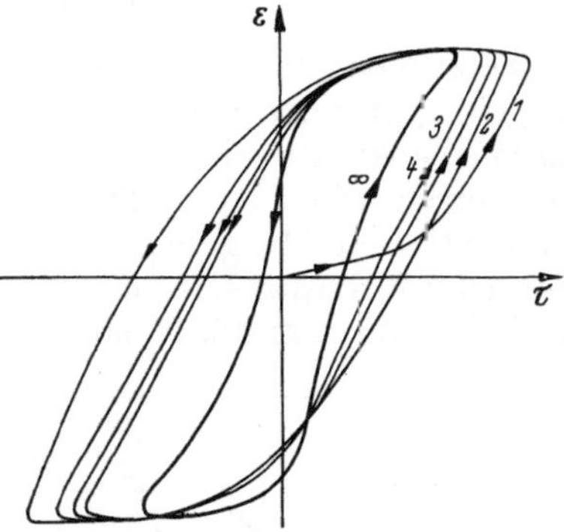

Abb. 126. Abhängigkeit der Torsion von Massen von der Verformungsgeschwindigkeit nach Norton [519]

Abb. 127. Spannungs-Verformungs-Kurven bei zyklischen Torsionsversuchen nach Astbury [23] (nur 1. bis 4. und Gleichgewichtszyklus gezeichnet)

kennen, daß bei dieser Methode ein Einfluß der Geschwindigkeit besteht, indem mit steigender Verformungsgeschwindigkeit Anlaßwert und maximale Verformung steigen, wie es ähnlich auch bei anderen Methoden beobachtet wird.

Die Torsionsmethode hat Astbury [23] auf zyklische Versuche ausgedehnt, indem er die Torsionsspannung ständig zwischen $+\tau$ und $-\tau$ pendeln läßt (bei Perioden um 1 min) und dabei die sich einstellende Verformung ε registriert. Abb. 127 enthält die sich ergebenden Kurven, die zunächst wandern, aber nach etwa 20 Zyklen eine stabile Hysterese bilden. Die Meßkurven zeigen große Verwandtschaft mit der Hysterese magnetischer Stoffe. Astbury u. Mitarb. [24] versuchen eine ähnliche mathematische Auswertung, indem sie ein Modell annehmen, das aus elastischen und viskosen Elementen besteht und das beim Anlegen der Spannung einen Übergang der elastischen in die viskosen Elemente vorsieht. Die dazu nötige Energie läßt sich aus der Kurvenform berechnen und scheint wichtig für die Charakterisierung der Plastizität zu sein. Da die Auswertung dieser Methode noch nicht abgeschlossen ist, soll eine weitere Behandlung hier unterbleiben.

Zur Bestimmung von Fließkurven kann man auch die bekannten Viskosimeter heranziehen. Für einfache Vergleichszwecke reicht das

Drehen von Mischblättern in der Masse aus, genauere Messungen erhält man mit Rotationsviskosimetern, bei denen sich die Masse zwischen zwei Zylindern befindet, die jedoch eine besondere Ausgestaltung der Apparaturen erfordern. HAASE und PETERMANN [253] konnten damit zeigen, daß entsprechend den Fließkurven mit steigender Verformungsgeschwindigkeit die Viskosität abnimmt.

Mit den hier erwähnten Methoden wurden die eingangs beschriebenen Abhängigkeiten bestätigt oder, wenn die Messungen älter sind, erst aufgefunden. Leider stehen bis jetzt nur wenig vergleichende Messungen zur Verfügung, so daß die Zurückführung der Ergebnisse auf die Grundgrößen noch in den Anfängen steckt.

5.2.3 Verflüssigung — Schlicker

Setzt man einer Masse Wasser zu, verringert sich ihr Anlaßwert und sie gelangt in einen Zustand, den man als Schlicker bezeichnet. Die Fließkurven lassen sich mit einem Viskosimeter bestimmen. Eine Auswahl von Messungen bringt Abb. 128. Daraus geht hervor, daß mit allen in den Abb. 117 und 119 gezeigten Typen zu rechnen ist. Eine vereinfachte Form der Viskositätsmessung für Schlicker stellt das Auslaufviskosimeter nach H. LEHMANN [827] dar, bei dem man die Zeit mißt, die zum Aus-

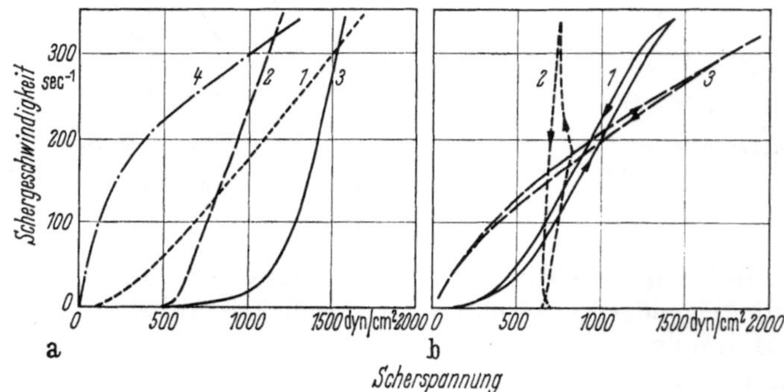

Abb. 128 a u. b. Fließkurven von Schlickern nach MOORE und DAVIES [500]. a1: Quarzsandmehl (1,76), a2: Sanitärkeramikmasse (1,53), a3: Ballclay (1,34), a4: Al₂O₃, <5 µm, mit HCl verflüssigt (2,30), b1: Ballclay, mit Alkali verflüssigt (1,73), b2: Bentonit (1,21), b3: Porzellangießmasse (1,78) (Zahlen in Klammern: Litergewicht in kg/ltr)

laufen einer bestimmten Schlickermenge durch eine Düse mit vorgegebenem Durchmesser benötigt wird.

Die im vorangegangenen Abschnitt beschriebenen Erscheinungen beim Kationenaustausch haben gezeigt, daß auch ein Ersatz von Ca-Ionen durch Na-Ionen den Anlaßwert verringert. Führt man genügend Na-Ionen zu und sorgt gleichzeitig dafür, daß sich schwer lösliche Ca-Verbindungen bilden, kann man eine Verflüssigung der Massen erreichen. Dieser Vorgang ist besonders ausführlich von HOFMANN u. Mitarb. [125, 300] untersucht worden. Die Fließkurven von H-Kaolinit mit steigenden Zusätzen an NaOH oder Ca(OH)₂ zeigt Abb. 129. Man erkennt einmal die stärkere Wirkung von NaOH gegenüber Ca(OH)₂, zum anderen, daß höhere Zugaben wieder zu einer Versteifung führen (Kurve *4*). Messungen mit dem Auslaufviskosimeter (Abb. 130) zeigen

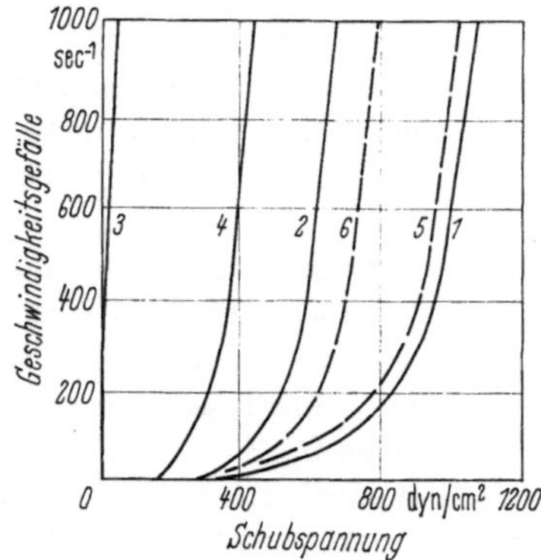

Abb. 129. Fließkurven von 200 g H-Kaolinit
in 500 ml Lösung.
1 ohne Zusatz, *2* 1 mval NaOH/100 g Kaolinit,
3 10 mval NaOH/100 g Kaolinit, *4* 1000 mval
NaOH/100 g Kaolinit, *5* 1 mval Ca(OH)₂/100 g
Kaolinit, *6* 10 mval Ca(OH)₂/100 g Kaolinit

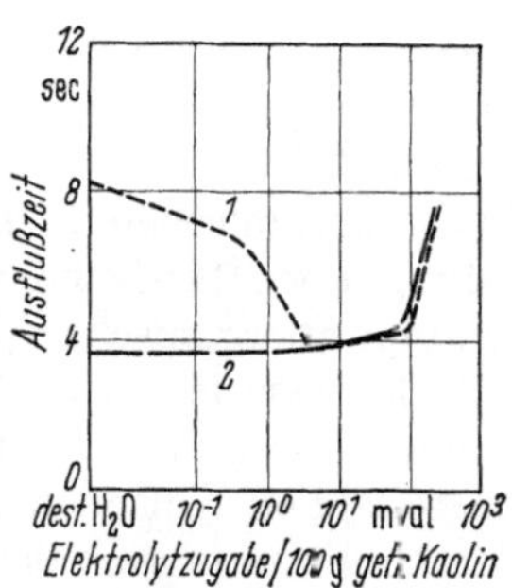

Abb. 130. Einfluß von Na₂CO₃ auf die
Ausflußzeit (25 ml durch Düse mit 3 mm
lichter Weite) von Zettlitzer Kaolin.
1 mit Ca-Ionen belegt, *2* mit Na-Ionen
belegt

ein entsprechendes Bild. Der Na-Kaolin (Kurve *2*) ändert zunächst seine geringe Viskosität nicht, während sie beim Ca-Kaolin (Kurve *1*) abnimmt und ein Minimum erreicht, das dem Austauschvermögen dieses Kaolins mit 8 mval/100 g entspricht. Man kann deshalb die Verflüssigung durch eine Gleichung der Art

$$\text{Ca-Kaolin} + \text{Na}_2\text{CO}_3 = \text{Na}_2\text{-Kaolin} + \text{CaCO}_3$$

beschreiben.

HOFMANN u. Mitarb. geben dem Mechanismus noch eine weitere auf WEISS zurückgehende Deutung. Beim Na-Kaolinit steht jeder negativen Oberflächenladung ein positives Na-Ion gegenüber, so daß die Oberfläche gut abgeschirmt ist. Beim Ca-Kaolinit liegen dagegen die zweiwertigen Ca-Ionen zwischen zwei negativen Ladungen, so daß der Platz zwischen den nächsten beiden negativen Ladungen frei ist und dort ein negatives Potential relativ weit in die Umgebung ragt. Es kann dann an geeigneten Stellen

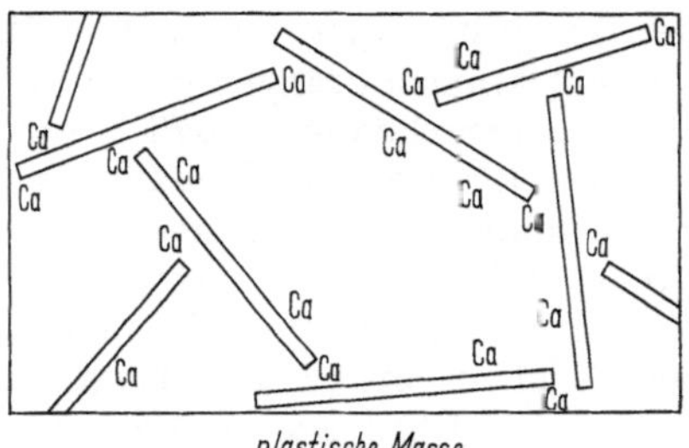

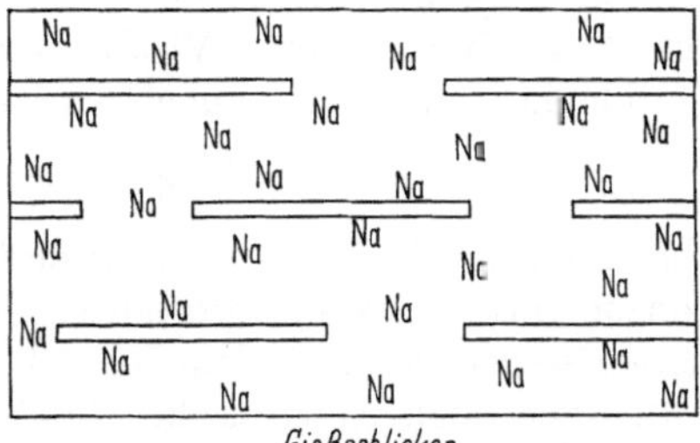

Abb. 131. Schematische Darstellung der Wirkung von Ca- und Na-Ionen auf Kaolinit-
Wasser-Mischungen

benachbarter Teilchen „einrasten", so daß es zu einer Versteifung kommt. Abb. 131 zeigt in einer danach entworfenen schematischen Darstellung

den Unterschied zwischen einer plastischen Masse und einem Gießschlicker.

Verflüssigend wirken alle die Na-Salze, deren Anionen schwerlösliche
Verbindungen bilden. Entsprechende Li-Salze zeigen auch diese Erscheinung, während die analogen K-Salze nur in verdünnten Suspensionen
die Viskosität weiter erniedrigen, dagegen in normalen Schlickern wegen
des früher erwähnten besonderen Verhaltens des K-Ions wenig Einfluß
haben (S. 234).

In der keramischen Technologie kennt man noch weitere Verbindungen, die gut verflüssigend wirken. Es sind vor allem die Na-Salze von
Polysäuren anorganischer (Silicate, Phosphate) und organischer Natur.
Ihre Wirkungsweise ist noch nicht vollkommen geklärt, aber man kann
annehmen, daß sich z. T. ebenfalls schwerlösliche Ca-Salze bilden, z. T.
die ansteifenden Kationen Ca und Al durch Komplexbildung gebunden
werden. Bei den organischen Verbindungen vertreten DIETZ u. Mitarb.
[139] die Ansicht, daß die langen Ketten aus sterischen Gründen eine
zu große Annäherung der Teilchen verhindern.

Schlicker stellen Suspensionen dar, deren Stabilität durch Abstoßung
der geladenen Teilchen erhalten bleibt. Wie in der Kolloidchemie kann
man das durch Zufügen von Schutzkolloiden fördern. In dieser Richtung
wirken vor allem Gehalte an Humusstoffen oder Zusätze von solchen oder
ähnlichen Substanzen, z. B. Quebrachoextrakt. Tone, die bereits Humusstoffe enthalten, lassen sich daher leicht verflüssigen.

Abb. 129 und 130 zeigen bei höheren Zusätzen einen Wiederanstieg
der Viskosität, der durch Flockung hervorgerufen wird. Hohe Salz-
konzentrationen drängen die Dicke der Doppelschicht zurück, wodurch
eine Aggregatbildung möglich wird.

Abb. 128 brachte Fließkurven verschiedener Massen, die die vielen
Erscheinungsbilder erkennen lassen. Diese hängen von der Menge,
Größe und Form der Feststoffteilchen und ihrer Aggregationsneigung
ab, je nachdem ob durch die Bewegung eine Aufteilung und Ausrichtung
der Teilchen eintritt oder beim Zusammentreffen neue Aggregate entstehen. Die Rheologie der Schlicker ist oft behandelt worden, z. B. von
MICHAELS [490] oder MOORE [498]. Ausgehend von reinem H_2O ruft
ein Feststoffzusatz eine Viskositätserhöhung hervor, für die EINSTEIN
für ideale Fälle (z. B. kugelförmige Gestalt) die Beziehung

$$\eta = \eta_0 \left(1 + 2{,}5\,c\right) \tag{124}$$

abgeleitet hat, in der η_0 die Viskosität des reinen H_2O und c die Volumen-
konzentration des Feststoffanteils darstellt. Sie ist bei Kaolinsuspensionen wegen deren Teilchengestalt nicht erfüllt. Trotzdem beobachtet
man aber noch Newtonsches Fließen, nach ŽAGAR und C. SCHUMANN
[794] bis zu etwa 20 Gew.-% Kaolin. Bei konstanter Volumenkonzen-
tration an Feststoff steigt die Viskosität mit sinkender Korngröße
rasch an.

Man kann Schlicker natürlich auch wieder zu einer plastischen Masse
ansteifen, indem man den Ionenaustausch rückgängig macht, also Ca-
Ionen in löslicher Form zuführt.

5.2.4 Thixotropie

Unter Thixotropie versteht man die Erscheinung, daß durch Schütteln eine feste Masse in den flüssigen Zustand übergeht, beim Stehen aber wieder eine Ansteifung stattfindet (S. 229). In Übernahme der Begriffe der Kolloidchemie, die feste Massen als Gele und kolloidale Suspensionen als Sole bezeichnet, spricht man auch von einem reversiblen Gel-Sol-Übergang. Er ist an den Fließkurven zu erkennen. Mit steigender Zufuhr mechanischer Energie in Form von Vibrationen konnte BRÜCKNER [79] über den Bereich mit Strukturviskosität bis zum rein Newtonschen Fließen gelangen. Die Energie pro Zeit- und Flächeneinheit, die bis zum Erreichen dieses Zustandes aufgebracht werden muß, schlägt er als Maß für die thixotrope Festigkeit einer Struktur vor. Eine Methode für die Praxis hat HERRMANN [285] vorgeschlagen, bei der ein Massekörper von oben belastet und einer Schwingung mit einer Amplitude von 1 mm und 50 Hz ausgesetzt wird. Aus der Abnahme der Höhe kann man auf die Thixotropieneigung schließen. Für Schlicker eignet sich das Auslaufviskosimeter, indem zunächst unter Rühren, dann nach einer Standzeit von 30 min gemessen wird. Je größer die Differenz der Auslaufzeiten ist, desto größer ist auch die Thixotropieneigung. VON PLATEN und WINKLER [554] bestimmen als thixotropen Grenzwert das Verhältnis des Flüssigkeitsvolumens zum Volumen der festen Substanz, wenn die Erstarrung in einem Reagenzglas mit 8 mm lichter Weite nach 1 min eingetreten ist. Ähnlich arbeitet HOFMANN [297], indem er das Flüssigkeitsvolumen bestimmt, mit dem 3 g Substanz in einem Reagenzglas mit 18 mm lichter Weite nach 6 sec erstarrt ist.

Umfangreiche Untersuchungen zur Erklärung der Thixotropie hat HOFMANN mit mehreren Mitarbeitern durchgeführt. Er übernimmt den Vorschlag anderer Autoren, wonach die Struktur aus einem Kartenhausgerüst besteht, das in Abb. 132 schematisch dargestellt ist. HOFMANN u. Mitarb. [181] konnten dieses Gerüst durch Absublimieren des H_2O im Hochvakuum aus dem gefrorenen Gel isolieren. Es hatte dieselbe Raumerfüllung und eine relativ große Festigkeit und Elastizität. Über das Auffinden der Gefrierpunktserniedrigung in einem solchen Gel durch WEISS und FRANK [747] wurde früher schon berichtet (S. 176). In weiten Bereichen des Wasser-Feststoff-Verhältnisses ergaben sich danach Kantenlängen von etwa 1600 Å bei einem Na-Montmorillonit von Geisenheim und von etwa 3200 Å bei einem Li-Beidellit von Unterrupsroth.

Abb. 132. Schematische Darstellung des Kartenhausgerüstes eines thixotrop erstarrten Gels von Kaolinit nach HOFMANN

Bei der thixotropen Erstarrung muß sich also ein derartiges Gerüst aufbauen können. Nach HOFMANN u. Mitarb. [306] ist das besonders leicht, wenn Kaolinit mit organischen Flüssigkeiten versetzt wird,

da dann die Teilchen sich direkt berühren können. Es bildet sich ein
weitmaschiges Gerüst aus; das thixotrope Volumen ist groß. In Wasser
ist dagegen dieses Volumen klein. Die Gründe dafür entsprechen den
im vorangegangenen Abschnitt beschriebenen Erscheinungen. Gegenüber Na-Kaolinit wird Ca-Kaolinit ein etwas größeres thixotropes
Volumen haben, da sich mit Ca-Ionen das Kartenhaus leichter aufbauen kann.

Montmorillonit besitzt in Wasser starkes Quellvermögen (S. 51).
Beim Ca-Montmorillonit bildet sich ein konstanter Schichtabstand von
19,4 Å aus, d. h., die Schichtpakete bleiben zusammen, das thixotrope Volumen ist deshalb mit 10,5 ml/3 g nur etwas größer als beim Ca-Kaolinit mit 9 ml/3 g. Na-Montmorillonite quellen dagegen bis zur Auflösung in einzelne Schichtpakete. Dadurch erhöht sich die Teilchenzahl stark, und das thixotrope Volumen ist sehr groß. Diese Unterschiede zeigen sich auch im Sedimentationsvolumen. In Abbildung 133 sind sie bei Na-Belegung beim Bentonit größer als beim Kaolin, während die Ca-Belegung den umgekehrten Effekt zeigt.

In Abb. 134 sind die thixotropen Volumina von Na-Kaolinit und Na-Montmorillonit in reinem H_2O auf der Ordinate angegeben. Setzt man der Lösung NaCl zu, beobachtet man beim Kaolinit eine Zunahme, dagegen beim Montmorillonit eine Abnahme der Thixotropie. Der Grund liegt in der Zurückdrängung der Doppelschicht, wodurch sich beim Kaolinit mehr

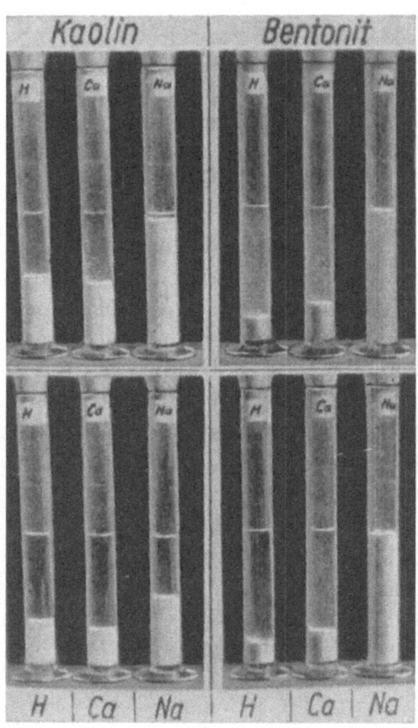

Abb. 133. Sedimentationsvolumina unterschiedlich belegter Rohstoffe nach 3 h (oben) und 21 h
(unten) nach Endell u. Mitarb. [172]

Haftstellen ausbilden können. Auch beim Montmorillonit wird die
Doppelschicht zurückgedrängt, was hier wieder zur Zusammenlagerung
der Schichtpakete, also zu einer Abnahme der Teilchenzahl führt. Man
kann dann röntgenographisch wieder den Basisabstand erkennen. Bei
hohen NaCl-Gehalten in der Flüssigkeit sind nach Abb. 134 nur noch
geringe Unterschiede vorhanden. Da sich beim Montmorillonit Fläche
auf Fläche, beim Kaolinit dagegen Kante gegen Fläche lagert, kann das
thixotrope Volumen des Na-Montmorillonits sogar kleiner als das des
Na-Kaolinits werden. Aus dieser Abhängigkeit schließen Hofmann u.
Mitarb. [306], daß die Kräfte zwischen den Montmorillonitschichten
und den Kaolinithaftstellen ähnlich sein müssen.

Der gegenläufige Verlauf der Kurven in Abb. 134 sowie das unterschiedliche Verhalten gegenüber Na- und Ca-Ionen bewirkt, daß in Massen Montmorillonit durch diese Ionen anders beeinflußt wird als Kaolinit (S. 235).

Zu entsprechenden Ergebnissen kamen VON PLATEN und WINKLER [554] bei ihren Untersuchungen der Thixotropie. Man kann daraus folgern, daß Plastizität und Thixotropie durch dieselben Einflußgrößen bestimmt werden, nur spielt bei der Plastizität die Teilchengestalt eine größere Rolle. Denselben Zusammenhang erkennt man beim Vergleich

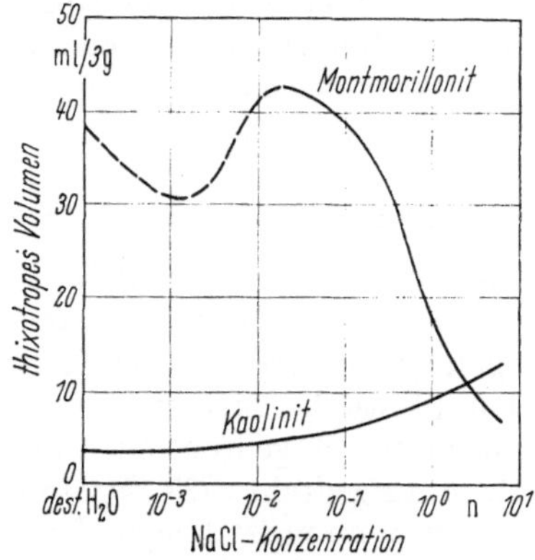

Abb. 134. Thixotrope Volumina von Na-Kaolinit und Na-Montmorillonit in Abhängigkeit von der NaCl-Konzentration nach HOFMANN u. Mitarb. [306]

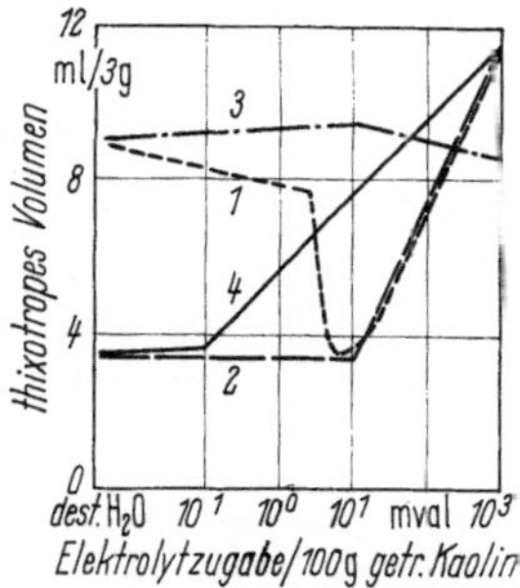

Abb. 135. Einfluß verschiedener Elektrolyte auf das thixotrope Volumen von Kaolin. *1* Ca-Kaolin + Na_2CO_3, *2* Na-Kaolin + Na_2CO_3, *3* Ca-Kaolin + $CaCl_2$, *4* Na-Kaolin + NaCl

von Abb. 130 mit Abb. 135. Hier haben HOFMANN u. Mitarb. [125] zu Na- bzw. Ca-Kaolinit steigende Elektrolytmengen zugegeben. Ca-Kaolinit wird durch Soda oder ähnliche Salze verflüssigt, es geht in den Na-Kaolinit mit geringer Thixotropieneigung über (Kurve *1*). Na-Kaolinit zeigt erst bei höheren Elektrolytzusätzen die schon oben erwähnte Zunahme der Thixotropie (Kurve *2*). Noch deutlicher zeigt dies Kurve *4*, während sich $CaCl_2$-Zusatz zu Ca-Kaolinit (Kurve *3*) kaum auswirkt. Man kann also durch geeignete Elektrolytzusätze die thixotropen Eigenschaften einer Masse oder eines Schlickers beeinflussen.

5.3 Formgebung

In der Technologie der Keramik nimmt die Formgebung eine wichtige Stellung ein. Es ist dabei das Ziel, aus der vorbereiteten Masse eine gewünschte Form so herzustellen, daß anschließend das Stück möglichst homogen ist. Die klassischen Formgebungsverfahren der Keramik sind die plastische Verformung und das Schlickergießen. Auch das Pressen ist schon lange gebräuchlich, hat aber viele neue Varianten. Neuere Techniken gehen auch vom schmelzflüssigen Zustand aus, wie z. B. das Gießen feuerfester Steine (S. 347), die Herstellung der Glaskeramik

(S. 394) oder das Flammspritzen (S. 397). Neben dieser Einteilung kann man auch nach der Art der Form und der Belastung gliedern:

ohne Form, geringe Scherkraft:	plastische Verformung mit Hand
starre, poröse Form, geringe Scherkraft:	Eindrehen, Überdrehen
starre, poröse Form, keine Scherkraft:	Schlickergießen
starre, dichte Form, geringe Scherkraft:	Pressen
starre, dichte Form, hohe Scherkraft:	Strangpressen
elastische Form, keine Scherkraft:	isostatisches Pressen.

Diese Aufstellung bringt nur einige Methoden, zeigt aber die Vielfalt der Möglichkeiten. Die Wahl einer dieser Methoden ist oft von der Art der Masse abhängig, wobei das plastische Verhalten eine wichtige Rolle spielt. Zum Drehen benötigt man hochplastische Massen, normal plastische Massen kann man zum Schlickergießen verwenden, während magere Massen durch das Trockenpressen geformt werden können.

5.3.1 Plastische Verformung

Zur plastischen Verformung einer Masse muß man den Anlaßwert überwinden. Dieser soll bei freigedrehten oder handgeformten Stücken so hoch sein, daß nach der Verformung genügend Formbeständigkeit vorhanden ist. In der Produktion werden plastische Massen oft in Gipsformen eingedreht oder auf solche aufgedreht. Die Massen bleiben dann meist längere Zeit in oder auf der Form, wobei sie trocknen und dadurch eine höhere Festigkeit erhalten. Solche Massen können dann einen geringeren Anlaßwert haben. Abb. 136 bringt Torsionsmessungen an einigen plastischen Massen nach BAUDRAN [31]. Die drei Drehmassen haben die geringsten Anlaßwerte, die Strangpreßmassen den höchsten (s. u.). Die Verformung bis zum Bruch ist am geringsten bei der Masse für die Handverformung, weil der Mensch sich bei der Formgebung am besten anpassen kann.

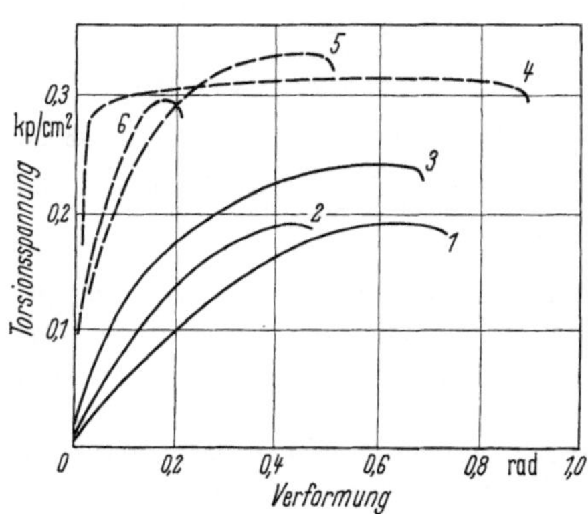

Abb. 136. Torsionsverformung einiger plastischer Massen.
1—3 Drehmassen, *4* Strangpreßmasse, *5* Freidrehmasse, *6* Masse für Verformung mit Hand

Dagegen müssen die Massen für die maschinelle Verformung einen größeren Bereich haben.

Für die Verarbeitung plastischer Massen ist auch die Verformungsgeschwindigkeit wichtig, was besonders deutlich aus den schon früher (S. 240) erwähnten Messungen von HAASE und PETERMANN [253] hervorgeht. Mit steigender Verformungsgeschwindigkeit nimmt die scheinbare Viskosität der Massen ab. Man kann sich das anschaulich so vorstellen, daß bei langsamer Verformung die einzelnen Teilchen genügend Zeit haben, sich in energetisch günstigere, also festere Lagen einzustellen. Bei schneller Verformung ist das nicht möglich, und die Teilchen sind

daher leichter gegeneinander beweglich. Auftretende Spannungen werden
dann ausgeglichen, und eine Homogenisierung ist leichter zu erreichen.
In der Praxis wird deshalb beim Drehen mit hohen Verformungsgeschwindigkeiten gearbeitet. Auch das Ziehen dünnwandiger Rohre ist nur
oberhalb einer bestimmten Geschwindigkeit möglich. Zusätzlich benötigt
man bei letzterem Verfahren eine Masse mit einem besonders hohen
Anlaßwert.

Geringe Verformungsgeschwindigkeiten sind in der *Strangpresse*
vorhanden. Dieses Formgebungsverfahren wird oft in der Grobkeramik
angewandt, wo die plastischen Eigenschaften der Massen manchmal
nicht so günstig sind. Man kann sie verbessern durch Entfernen der eingeschlossenen Luft in den Vakuumstrangpressen und durch Einblasen
von Sattdampf oder überhitztem Dampf in die Presse, womit man
einen besseren Aufschluß der Masse und eine homogenere Verteilung
des Wassers erreicht. Die langsame Verformung erlaubt eine Ausrichtung der Teilchen und damit ein Fließen in Schichten, was sich
manchmal sehr deutlich in der Ausbildung von Texturen bemerkbar
macht, die hier meist als „Strukturen" bezeichnet werden. Über diese
Vorgänge hat HÄUSSER [269] eine ausführliche Literaturübersicht
gebracht, während die Fließvorgänge vor allem von PELS LEUSDEN [545]
untersucht wurden.

Die Strukturbildung durch Ausrichtung der Teilchen bei der Verformung ist eine oft zu beobachtende Erscheinung. WILLIAMSON [772]
hat sie allgemein behandelt. Nach den Messungen und Deutungen von
HAASE und PETERMANN [253, 254] nimmt sie mit steigender Verformungsgeschwindigkeit ab, was sich z. B. durch die Verminderung der Differenz
der Brennschwindung oder des Ausdehnungskoeffizienten senkrecht
und parallel zur Verformungsrichtung erkennen läßt. Beim Strangpressen konnte HAGEN [255] die Strukturen beseitigen, indem er in die
Pressen ein Schwinggitter einbaute, das mit einer Frequenz von 50 Hz
arbeitete.

Zur Verarbeitung empfindlicher Massen ist eine besonders gute
Homogenität nötig. Diese wird immer noch am besten durch das Masseschlagen mit Hand erreicht, bei dem die geteilten Massen mit großem
Schwung, also hoher Geschwindigkeit aufeinandergeschlagen werden.

Plastische Massen lassen sich auch verpressen, eine Technik, die als
Feucht- oder *Naßpressen* bezeichnet wird. Als Formen dienen dichte
(z. B. Metalle) oder poröse (z. B. Gips) Materialien. Die Formen werden
mit einem Überschuß an Masse gefüllt, der dann während des Preßvorganges durch plastisches Fließen austritt. Der Preßdruck ist gering;
er liegt in der Größenordnung von 10 atm.

5.3.2 Schlickergießen

Die jetzt weitverbreitete Technik des Schlickergießens ist überraschend jung. Die ersten Hinweise gehen auf den Beginn des 18. Jh.
zurück, aber erst gegen Ende des 19. Jh. hat sich dieses Verfahren allgemein eingeführt.

Das Schlickergießen kann man mit dem Metallgießen vergleichen. Während bei letzterem die kalte Form dem flüssigen Metall Wärme entzieht und durch Kristallisation eine immer stärker werdende feste Schicht entsteht, wird beim Schlickergießen durch eine poröse Form dem Schlicker Wasser entzogen und so eine feste Schicht erzeugt, die als Scherben bezeichnet wird. Der Vorgang wird deshalb nicht nur durch die Art des Schlickers, sondern auch durch die Art der Form bestimmt.

Die Eigenschaften des Schlickers wurden bereits im Abschn. 5.2.3 behandelt. Man ist im allgemeinen bestrebt, einen Schlicker mit geringem Wassergehalt zu verwenden, also eine Masse, die sich gut verflüssigen läßt. Außerdem soll der Verflüssigungsbereich möglichst breit sein, damit geringe Unterschiede bei der Elektrolytzugabe die Eigenschaften nicht zu stark ändern. Der Anlaßwert des Schlickers soll gering sein, beim Gießen größerer Stücke aber etwas höher.

Die Prüfung der Gießfähigkeit von Massen erfolgt nach D. HARKORT und HERMANN [261] durch Messen der Auslaufzeiten mit dem Auslaufviskosimeter bei steigender Elektrolytzugabe und der Ansetzgeschwindigkeit in einer bestimmten Gipsform durch Ermitteln des Gewichts des darin hergestellten Bechers. Man beobachtet dabei meist, daß die Scherbendicke proportional der Wurzel der Zeit anwächst.

Der *Prozeß der Scherbenbildung* beruht auf einer Ansaugung des Wassers durch die Form. Dabei lagern sich die Teilchen des Schlickers an die Form an und erschweren dadurch den weiteren Wassertransport. Dies tritt um so stärker ein, je dichter die sich bildende Scherbenschicht ist. L. LEHMANN [448] beobachtete deshalb, daß bei konstanter Zeit das Bechergewicht mit steigendem Gehalt an Feinkorn ($<5\ \mu$m) im Schlicker abnahm. Auch die Abnahme des Bechergewichtes mit sinkender Auslaufzeit (durch steigenden Elektrolytgehalt) steht damit in Übereinstimmung.

Die Zeit zur Erlangung der geforderten Scherbendicke wird als Standzeit bezeichnet. In der Praxis ist man bestrebt, sie möglichst kurz zu halten, was man durch Einstellen des Verflüssigungsgrades und Dosierung des Feinkornanteils erreichen kann. Durch besondere Zusätze kann man eine Ansteifung des Schlickers und damit eine Verkürzung der Standzeit fördern, wozu sich z. B. geringe Mengen an Tonerdeschmelzzement eignen.

Als *Formenmaterial* wird meist Gips verwendet. Die Saugkraft einer Gipsform wird durch das Vordringen der leicht zu beobachtenden Wasserfront bei Berührung mit einer Wasseroberfläche festgestellt. In Abhängigkeit von der Zeit t ergibt sich dabei, daß $x^2/t = D_g$ ($x = $ Abstand der Wasserfront von der Wasseroberfläche). Die Größe D_g wird als Diffusionskoeffizient des Wassers in der Gipsform bezeichnet. Nach L. LEHMANN [446] und H. LEHMANN und RODDEWIG [444] ist er abhängig von der Art des Gipses, dem Gips-Wasser-Verhältnis und der Art der Aufbereitung des Gipses (Mischzeit, Mischintensität, Evakuieren).

L. LEHMANN [447] konnte feststellen, daß mit steigendem Diffusionskoeffizienten des Gipses die Scherbenbildung abnimmt. Durch die höhere Saugkraft bei größerem Diffusionskoeffizienten bildet sich ein dichter

Scherben, der dem weiteren Wasserdurchtritt einen größeren Widerstand entgegensetzt, so daß die Scherbenbildung verlangsamt wird. Zum Erreichen kurzer Standzeiten muß man deshalb Formen mit geringem Diffusionskoeffizienten verwenden. Diese Folgerung gilt jedoch nicht uneingeschränkt; denn bei sehr kleinem D_g nimmt die Standzeit wieder zu. Es tritt also in der Standzeit ein Minimum auf, dem das Maximum des Bechergewichts in Abb. 137 entspricht. In der Praxis liegen die Diffu-

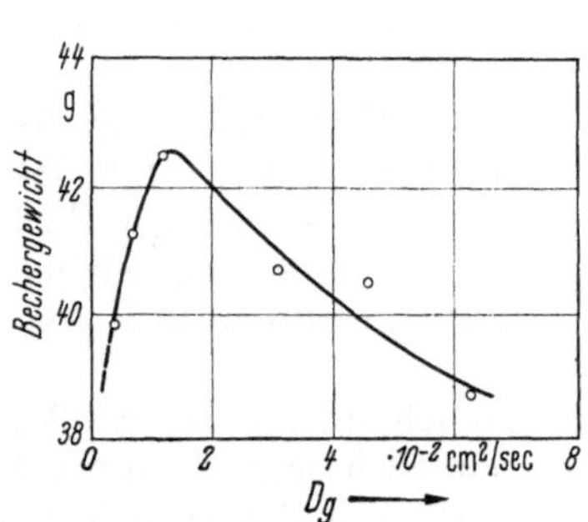
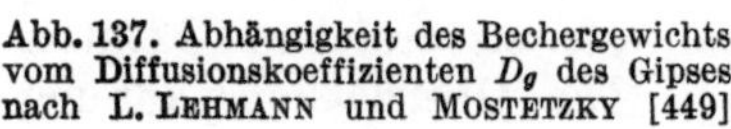

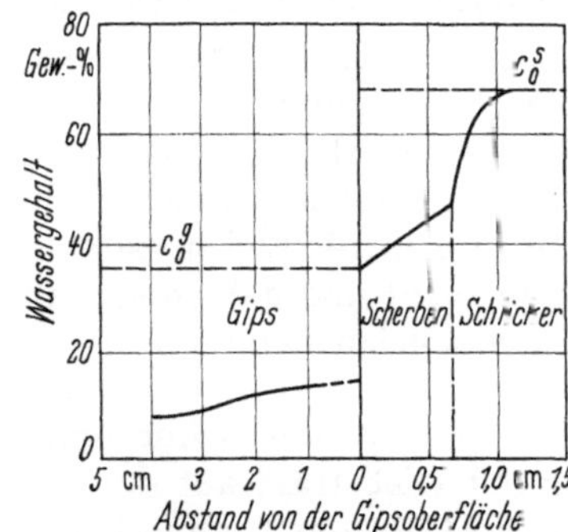

Abb. 137. Abhängigkeit des Bechergewichts vom Diffusionskoeffizienten D_g des Gipses nach L. Lehmann und Mostetzky [449]

Abb. 138. Konzentrationsverlauf des Wassers im System Gips-Scherben-Schlicker bei einem Schlicker mit Klingenberger Ton nach 200 min ($c_0{}^g$ = maximale Wasseraufnahmefähigkeit der Gipsform, $c_0{}^s$ = Wasseranfangskonzentration im Schlicker)

sionskoeffizienten der Gipsformen meist auf dem absteigenden Ast der Kurve der Abb. 137, so daß man im allgemeinen mit steigendem Diffusionskoeffizienten abnehmende Scherbenstärke erhält.

Die *treibende Kraft* beim Schlickergießprozeß ist das anfänglich wasserfreie Kapillarsystem der Gipsform. Zur formelmäßigen Erfassung geht Deeg [131] von dem Konzentrationsgefälle des Wassers aus und leitet die Scherbenbildung auf Grund der Diffusionstheorie ab. Die sich daraus ergebende $\sqrt{t}$-Abhängigkeit des Wachstums des Scherbens und des Vordringens der Wasserfront in der Gipsform konnten Dietzel und Mostetzky [147] experimentell bestätigen. Abb. 138 zeigt den von diesen Autoren gefundenen Verlauf der Wasserkonzentration im System Gips—Scherben—Schlicker. Gut ist diese Theorie im Schlicker und Scherben erfüllt, wo an der Grenze der Diffusionskoeffizient des Wassers für den Schlicker sprunghaft ansteigt. Abweichungen werden jedoch in der Gipsform beobachtet, für die das besondere Verhalten von Wasser in Porensystemen verantwortlich gemacht wird.

Abb. 138 zeigt weiterhin, daß die Wasserkonzentration im Scherben nicht einheitlich ist, was zu unterschiedlicher Schwindung beim Trocknen führen kann. Bei dieser Gelegenheit sei noch erwähnt, daß die Scherbenbildung nach dem $\sqrt{t}$-Gesetz so lange erfolgt, bis die Wasserfront die äußere Wand der Gipsform erreicht hat. Anschließend nimmt die Geschwindigkeit der Scherbenbildung mit zunehmendem Sättigungsgrad der Gipsform ab, was in der Praxis die Trocknung der Gipsform erforderlich macht.

Einen anderen Weg der Berechnung schlagen ADCOCK und McDOWALL [5] ein, indem sie von dem sich durch das Kapillarsystem ausbildenden Druckgefälle ausgehen und auf Grund der Gleichungen von KOZENY und CARMAN für die Durchlässigkeit eines Pulverbettes (S. 96) eine Filtrationstheorie des Schlickergießprozesses entwickeln. Diese Theorie wird später auch von BERDEN und DAL [37] vertreten. Sie hat gegenüber der mehr formalen Diffusionstheorie den Vorteil, daß in sie die Eigenschaften der Porensysteme eingehen, deren genaue Kenntnis aber noch aussteht. Auch diese Theorie führt zur $\sqrt{t}$-Abhängigkeit der Scherbenbildung.

Für die Scherbenbildung ist noch ein weiterer Mechanismus denkbar: die Flockung des Schlickers durch die an den Gipsformen vorhandenen Ca^{2+}-Ionen. A. L. JOHNSON und NORTON [333] haben diesen Einfluß untersucht und gefunden, daß er nur in einer sehr dünnen Schicht eine Rolle spielen kann, der Mechanismus der Entwässerung also vorherrscht.

Beim praktischen Schlickergießen wird manchmal an der Stelle, an der der Gießstrahl auf den Gips auffällt, ein dichterer, oft dunkel gefärbter Fleck, der Gießfleck beobachtet. Er ist nach SALMANG [606] durch die Anreicherung von kolloidalem, oft eisenreichem Feinton in der Oberfläche des Schlickers bedingt. Die Oberflächenspannung des Schlickers machen SALMANG u. Mitarb. [607] auch für andere Beobachtungen verantwortlich, z. B. für das Auftreten von Gießringen beim steigenden Gießen. Nach Abb. 139 werden diese um so deutlicher, je langsamer das Gießen erfolgt. SALMANG nimmt zur Deutung an, daß sich durch die Anreicherung von Feinton in der Schlickeroberfläche eine stabile „Spannungsmembran" ausbildet, die erst bei genügend hohem hydrostatischem Druck des zufließenden Schlickers durchbrochen wird. An der Gipsform lagert sich dann erneut Feinton an, der zur Bildung der Ringe führt. BRÜCKNER [78] konnte später nachweisen, daß die Bildung von Gießringen bzw. Gießrillen viel allgemeiner ist, indem Analogien zum Gießen von Metall oder von Glas auf kalte Metallplatten bestehen. Bei letzterem Prozeß steigt durch den Wärmeentzug die Viskosität des Glases rasch an, das Glas wird steif und fließt erst dann weiter, wenn genügend neues Glas nachgeschüttet wird, um diese steife Anordnung zu überwinden. Ähnlich ist es beim Schlickergießen, nur daß hier kein Wärmeentzug, sondern ein Wasserentzug durch die Form eintritt. Die Wirkung der Oberflächenspannung wird von der ansteifenden Wirkung durch den Wasserentzug übertroffen, die auch die Randpartien der freien Oberfläche erfaßt. Gleichzeitig wird damit der Anlaßwert an diesen Stellen erhöht. Weiterfließen ist erst dann möglich, wenn genügend neuer Schlicker nachgefüllt wurde. Durch das plötzliche Eintreten dieses Vorganges findet eine kurzzeitige Erniedrigung des Anlaßwertes statt, so daß der ganze Vorgang ruckartig erfolgt.

Der Schlickergießprozeß ist nicht nur auf tonmineralhaltige Massen beschränkt, sondern immer dann anwendbar, wenn es gelingt, die betreffenden festen Komponenten durch eine geeignete Vorbehandlung in stabile Suspensionen zu bringen. Das ist z. B. mit Al_2O_3 nach RUFF

u. Mitarb. [593] möglich durch Mahlen in verd. HCl. Sind die festen Komponenten wasserempfindlich, wie z. B. CaO oder MgO, kann man als flüssige Phase organische Substanzen verwenden, wobei sich besonders Alkohole bewährt haben.

Zur Beschleunigung des Schlickergießens hat man *neue Verfahren* entwickelt, den Mechanismus der Entwässerung durch zusätzliche

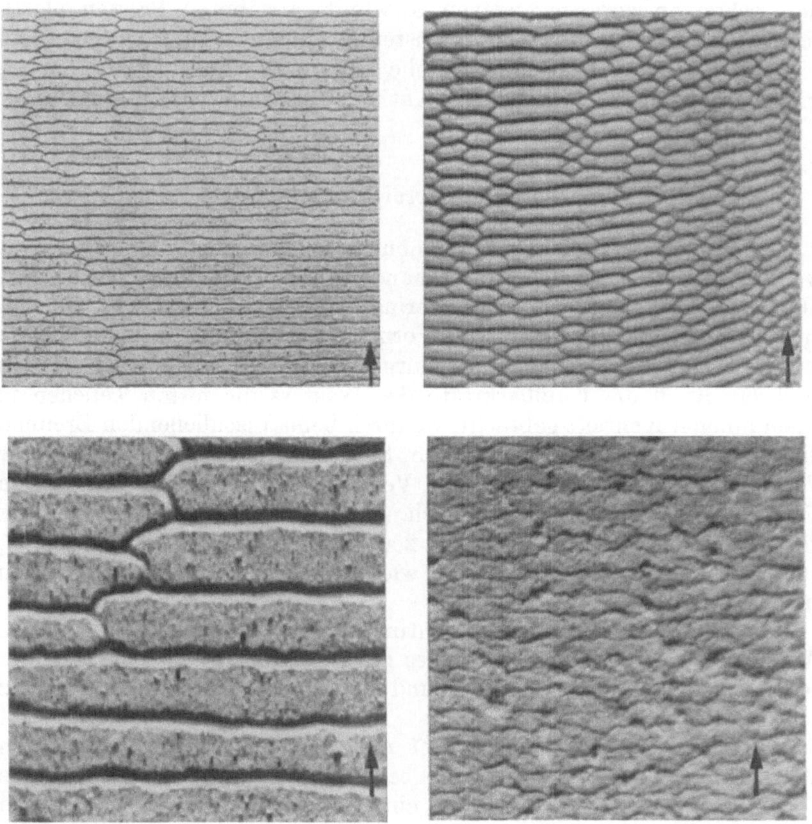

Abb. 139. Ausbildung von Gießringen bei einem Porzellanschlicker nach SALMANG
links oben: Eingießzeit 40 min, natürliche Größe
links unten: Eingießzeit 40 min, 5fach vergrößert
rechts oben: Eingießzeit 120 min, natürliche Größe
rechts unten: Eingießzeit 2 min, 5fach vergrößert

Kräfte zu unterstützen. Beim Vakuumgießen wird außen an der Form ein Unterdruck erzeugt, während beim Druckgießen der Schlicker unter Druck gegen die Form gepreßt wird. Beim Zentrifugalgießen wird die Zentrifugalkraft ausgenützt. Man erreicht dadurch verschiedene technologische Vorteile, nicht nur Abkürzung der Gießzeit, sondern auch eine Verringerung des Wassergehaltes des Scherbens und damit verbunden eine Abnahme der Schwindung. Bei diesen neuen Verfahren kommt der mechanischen Stabilität des Formenmaterials eine große Bedeutung zu.

Da man als treibende Kraft den äußeren Druck zur Verfügung hat, brauchen die Anforderungen an das Kapillarsystem des Formenmaterials nicht mehr so hoch zu sein. Man geht deshalb oft vom Gips ab und hat andere feinporige Formenmaterialien entwickelt, die vom einfachen Fließpapier vor einer porösen Wand über kunststoffgebundene Kügelchen aus Glas oder Kupfer und mit verschiedenen Bindern gesintertem Wollastonit bis zum Kalksandstein reichen. Diese Formen werden auch bei dem schon im vorangegangenen Abschnitt erwähnten Pressen plastischer Massen mit porösen Formenstempeln verwendet. Zur Scherbenbildung hat man auch die elektrische Ladung der Teilchen ausgenutzt, indem man eine Metallform als Kathode geschaltet hat.

5.3.3 Verdichtung

Die bisher beschriebenen Formgebungsverfahren sind nur anwendbar, wenn plastische Eigenschaften vorhanden sind. In der Keramik besteht aber auch die Notwendigkeit, gering oder nicht plastische Massen zu verformen. Bei der plastischen Formgebung und dem Schlickergießen wird nicht nur die gewünschte Form hergestellt, sondern es werden zugleich durch die Kapillarkräfte des Wassers die festen Teilchen in einen innigen Kontakt gebracht, wodurch beim anschließenden Brennen die weiteren Vorgänge (Reaktionen, Sintern) erleichtert werden. Diese Verdichtung müssen auch andere Verfahren ermöglichen. Dazu kann ein äußerer Druck dienen, der nach Versuchen von HAASE und LANGE [252] bei einer trockenen Masse 250 bis 300 kp/cm² betragen muß, um denselben Verdichtungsgrad wie mit der plastischen Masse zu erreichen.

Die einfachste Art der Verdichtung ist die *Vibration* von Pulvern. Wesentlich ist dabei die Wahl eines geeigneten Frequenzbereiches, der bei Oxidpulvern nach ZIVANOVIC und RISTIC [797] bei 2500 bis 4000 Hz liegt.

Ein anderes Verfahren arbeitet mit dem Zusatz von organischen Thermoplasten, die der Mischung bei erhöhter Temperatur plastische Eigenschaften verleihen, so daß ein *Spritzguß* durchgeführt werden kann.

Das älteste Verfahren der Formgebung gering oder nicht plastischer Massen ist das *Trockenpressen*, bei dem aber immer noch ein Feuchtigkeitsgehalt von meist 1 bis 5 Gew.-% vorhanden ist, wozu oft noch geringe Mengen organischer Gleitmittel kommen. Im Gegensatz zum Feuchtpressen tritt dabei kaum noch plastisches Fließen ein, was einmal eine genaue Dosierung, zum anderen höhere Preßdrücke (meist etwa 300 kp/cm²) erfordert. Günstige Dosierungsmöglichkeiten erhält man mit Granulaten, die man unter gut reproduzierbaren Bedingungen durch Sprühtrocknung herstellen kann. Der Mechanismus des Pressens beruht nach KINGERY [364] zunächst auf einer Abnahme der Porosität und Ausbildung vermehrter Kontaktstellen. Dann tritt eine teilweise Zertrümmerung der Körner unter Bildung weiterer Kontaktstellen ein, was die nachfolgende Behandlung erleichtert. Beim einfachen einseitigen Pressen ist die Druckverteilung durch die Reibung derTeilchen untereinander und an den Formwänden nicht einheitlich, weshalb auch die Verdichtung im Formling unterschiedlich ist. Während des Pressens wird noch eingeschlossene Luft komprimiert und das zwischen den Teilchen befindliche Wasser seitlich herausgedrückt. Nach Entlasten sind diese Vorgänge z. T. rückläufig, so daß eine elastische Rückwirkung beobachtet wird, die in Preßrichtung größer als senkrecht dazu ist und mit steigendem Wassergehalt zunimmt.

Die durch das einseitige Pressen entstehenden Unterschiede kann man umgehen, wenn man den Druck allseitig einwirken läßt. Das wird beim hydrostatischen oder *isostatischen Pressen* durchgeführt, bei dem das Pulver in eine Gummiform gefüllt wird, auf die von außen der Druck, durch eine Flüssigkeit übertragen, aufgegeben wird. Eine Literaturübersicht über dieses Verfahren hat HENNICKE [277] zusammengestellt.

Eine Variante des Pressens ist das *Heißpressen*, das schon im Abschnitt 3.3.4 erwähnt wurde. Man verbindet dabei den Formgebungsprozeß mit dem sonst getrennt durchzuführenden Brennvorgang. Die Anwendung dieses Verfahrens ist im wesentlichen eine Materialfrage, die aber nach FULRATH [213] schon für viele Fälle gelöst ist. CHAKLADER [99] hat auf das reaktive Heißpressen aufmerksam gemacht, bei dem hohe Verdichtungen und große Festigkeiten dadurch erreicht werden, daß äußerer Druck bis zu solchen Temperaturen angewandt wird, bei denen die Substanzen durch Umwandlungen oder Zersetzungsreaktionen erhöhte Reaktionsbereitschaft zeigen.

Das neueste Verfahren ist die Hochgeschwindigkeitsverformung, die mechanisch, häufiger aber in der Form das *Explosivpressens* durchgeführt wird. Während man damit bei der Verformung von Metallen schon gute Fortschritte gemacht hat, steht man nach BOWERS [59] in der Keramik noch in den Anfängen. Man gibt dazu das keramische Pulver in eine dünne metallische Form, die verschweißt wird. Darum wird der Explosivstoff angeordnet. Die Detonation erfolgt in einem Wasserbehälter. Nach CARLSON u. Mitarb. [95] kann man Körper mit bis zu 98% der theoretischen Dichte erhalten, die bereits im kalten Zustand eine hohe Festigkeit haben. BUGL [84] weist aber darauf hin, daß mit einer sehr hohen Fehlstellenkonzentration zu rechnen ist. Das kann man auch aus den sehr tiefen Sintertemperaturen solcher Körper folgern. Diese liegen unterhalb der Rekristallisationstemperatur (S. 155), so daß das Kornwachstum sehr gering ist und die Eigenschaften der gesinterten Körper sehr gut sind.

5.4 Trocknung

Die nach der Formgebung in den Massen enthaltene Feuchtigkeit, die bis über 30 Gew.-% H_2O betragen kann, muß vor dem Brennen entfernt werden. Die Literatur über das Trocknen ist recht umfangreich. In Buchform wird dieses Problem u. a. von FORD [196] und KRAUSE [412] behandelt, wobei oft die Verhältnisse in der Grobkeramik im

Vordergrund stehen, wie überhaupt die Trocknung in der Grobkeramik bisher am meisten untersucht wurde.

5.4.1 Feuchtigkeitsabgabe — Schwindung

In keramischen Massen ist die in den Räumen zwischen den Feststoffteilchen enthaltene Feuchtigkeit relativ frei beweglich. Stärker gebunden ist das Wasser, das die einzelnen Teilchen unmittelbar umhüllt. Schließlich hat man beim Vorhandensein von quellfähigen Tonmineralen noch mit dem Zwischenschichtwasser zu rechnen. Wird nun ein Formling einer Atmosphäre ausgesetzt, deren H_2O-Dampfpartialdruck geringer als der des Wassers im Formling ist, dann gibt letzterer Wasser an die Atmosphäre ab, der Trocknungsprozeß beginnt.

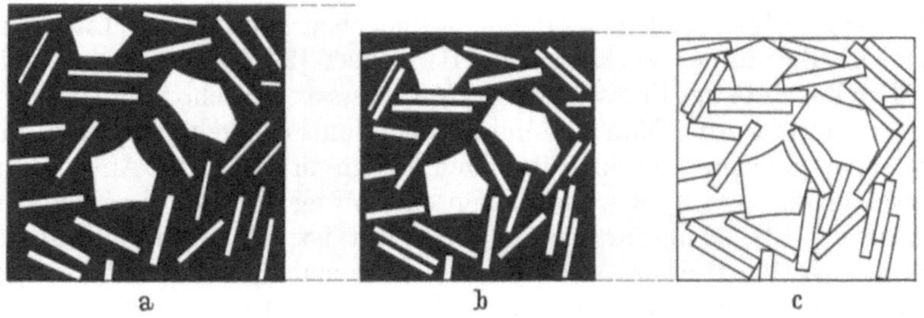

Abb. 140a–c. Schematische Darstellung des Trocknungsvorganges einer keramischen Masse

In Abb. 140 ist dieser Vorgang schematisch dargestellt. In der Masse (a) sind alle Teilchen von einer Wasserhülle umgeben. Mit der Abgabe des Wassers rücken die Teilchen näher, es findet eine Volumenabnahme, die Trockenschwindung, statt. Schließlich berühren sich die Teilchen überall (b), so daß die Schwindung einen Endzustand, den lederharten Zustand, erreicht. Die weitere Wasserabgabe aus den Zwischenräumen führt zur Bildung von Poren, und bei starker Trocknung wird auch noch das adsorbierte und Zwischenschichtwasser entfernt (c).

Den quantitativen Zusammenhang zeigt an einem Beispiel das Bourrydiagramm der Trocknung in Abb. 141. Im Abschnitt *I* entspricht die Volumenabnahme der abgegebenen Wassermenge, d. h., die Schwindung ist proportional dem Wasserverlust. Vor Beendigung der Schwindung, entsprechend Abb. 140b, beginnt in der Praxis bereits eine Wasserabgabe aus den Zwischenräumen. Dieser *II.* Trocknungsabschnitt zeigt

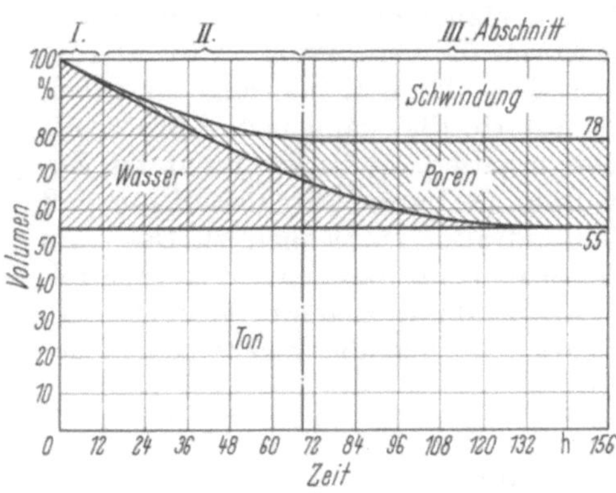

Abb. 141. Trocknungsdiagramm für Tonmassen nach BOURRY

daher neben einer weiteren Schwindung auch die Bildung von Poren.
Im *III*. Abschnitt ist die Schwindung beendet, durch die restliche
Wasserabgabe vergrößert sich aber das Porenvolumen.

Nach dem Bourrydiagramm beträgt der Wassergehalt am Ende des
II. Abschnitts, also bei Beendigung der Schwindung, etwa 10 Gew.-%.
Danach dürften trockengepreßte Massen, die maximal 8 Gew.-% H_2O
enthalten, keine Trockenschwindung zeigen. Trotzdem hat man noch,
z. B. ACKERMANN u. Mitarb. [2], im *III*. Abschnitt geringe Effekte
gefunden, die vom Wassergehalt und der Art der Tonminerale abhängen.

In den Bigotkurven wird die gemessene Schwindung über dem
H_2O-Verlust aufgetragen (Abb. 142). Auch aus ihnen kann man meist
deutlich den Beginn des schwin-
dungsfreien Abschnittes erkennen.

Die Trockenschwindung nimmt
mit steigendem Feuchtigkeitsgehalt
der Masse zu. Sie ist weiterhin davon abhängig, wie dicht sich die
Teilchen bei der Wasserabgabe anordnen können. Infolgedessen nimmt
mit abnehmender Korngröße die
Schwindung zu. So zeigen Kaoline
eine lineare Trockenschwindung von
3 bis 8% und Tone von 6 bis 10%,

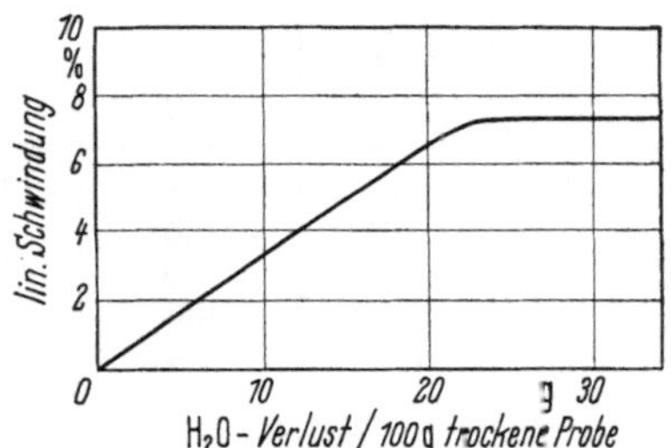

Abb. 142. Bigotkurve der Trocknung der
Masse der Abb. 141

während sie bei den feinkörnigeren Montmorilloniten 10 bis 25% beträgt.
Bei letzteren trägt aber noch die Abgabe des Zwischenschichtwassers
zu diesem hohen Wert bei. Im allgemeinen beobachtet man deshalb
bei Kaolinen und Tonen, daß mit steigendem Anmachwasser die Trockenschwindung ansteigt, ebenso wie mit steigendem Kationenaustauschvermögen. Durch Zugabe gröberer Bestandteile, durch Magern, kann
man die Schwindung verringern. Die Übergänge zwischen den verschiedenen Abschnitten können dann bei anderen Wassergehalten liegen.

Die Trockenschwindung wird besonders dann groß sein, wenn die
blättchenförmigen Tonmineralteilchen Gelegenheit haben, sich parallel
zu lagern. Das wird bereits bei einigen Formgebungsverfahren vor-
gebildet, weshalb z. B. bei stranggepreßten Körpern die Schwindung
längs des Stranges geringer als senkrecht dazu ist (Tab. 39). Einen wichtigen Einfluß übt die Kationenbelegung aus. Nach dem früher (S. 241)
beschriebenen Mechanismus der Verflüssigung durch Belegung mit
Na-Ionen können sich solche Teilchen leichter parallel legen. Na-belegte
Tonminerale zeigen deshalb eine größere Schwindung als Ca-belegte.

Der Trocknungsvorgang kann auf verschiedene Weise verfolgt werden. Am einfachsten ist das Handauflegen, wobei sich noch nasse Stellen
durch den Wärmeentzug bei der Verdunstung kalt anfühlen. Ein altes
Mittel ist auch das Ritzen mit dem Fingernagel: bei feuchten Flächen
ist der Strich dunkel, bei trockenen weiß bis grau. Weiterhin klingen
feuchte Formlinge matt, trockene heller. Quantitative Aussagen erhält man durch Verfolgung des Gewichtes. Die lineare Schwindung

wird an vorher eingeritzten Marken abgelesen, während die Volumen-
schwindung elegant durch Auftriebswägung in Quecksilber bestimmt
werden kann. Diese Methode hat den Vorteil, daß unter Normaldruck
das Quecksilber nicht in die Poren eindringt.

Tabelle 39. *Einfluß der Kationenbelegung auf die Trockenbiegefestigkeit
von Zettlitzer Kaolin nach* HOFMANN *u. M.* [305]
(stranggepreßte Stäbe, bei 40°C bis zur Gewichtskonstanz getrocknet)

| Lieferungs-jahr | Kation | Trockenschwindung | | Feststoffgehalt der trockenen Probe | Trockenbiege-festigkeit |
		Länge %	ϕ %	Vol.-%	kp/cm²
1954	Na^+	4,4	10,2	61,4	44,2
	K^+	5,8	7,6	57,8	22,4
	Mg^{2+}	6,2	6,2	58,3	16,4
	Ca^{2+}	6,2	6,2	58,8	18,8
1956	Na^+	4,8	10,0	61,0	30,0
	Ca^{2+}	6,5	8,5	59,1	16,3
	Ba^{2+}	5,9	7,6	57,2	10,2
	La^{3+}	6,6	7,4	54,7	8,4
	H_3O^+	7,4	8,9	55,6	13,7

Das in Massen befindliche Wasser enthält gelöste Salze, die bei
der Wanderung des Wassers mit an die Oberfläche kommen und sich
dort anreichern. SALMANG [605] hat darauf hingewiesen, daß bei ungleich-
mäßiger Trocknung an den Stellen der stärksten Wasserabgabe beim
Brand ein dichterer Scherben entsteht. Das kann man gut durch Tauchen des Scherbens in 2%ige $KMnO_4$-Lösung erkennen.

Zu Beginn der Trocknung kann das Wasser frei in die Atmosphäre
übertreten. Die *Trocknungsgeschwindigkeit* ist dann proportional der Oberfläche und zunächst konstant. Ihre Größe hängt ab vom Feuchtigkeitsgehalt der Atmosphäre und von der Temperatur. Natürlich ist dabei
wichtig, daß das verdunstende Wasser immer von der Oberfläche durch
geeignete Luftströmung abgeführt wird.

Die Trocknungsgeschwindigkeit ist so lange konstant, wie aus
dem Innern genügend Wasser an die Oberfläche nachgeliefert werden
kann. Der Transport erfolgt im wesentlichen durch Kapillarkräfte, ist
daher abhängig vom Kapillarsystem und damit von der Art des Fest-
stoffgehaltes. Das Ende dieses Abschnittes ist erreicht, wenn zur Oberfläche hin kein geschlossenes, mit Wasser gefülltes Kapillarsystem mehr
besteht. Im Innern sind dann schon viele Poren und enge mit Wasser
gefüllte Kapillaren. Dieses Stadium fällt daher meist mit dem Ende der
Schwindung zusammen; der Wassergehalt beträgt etwa 10 Gew.-%.

Im weiteren Trocknungsverlauf geht die Wasserkonzentration an
der Oberfläche stark zurück. Der Nachtransport erfolgt durch Verdunstung aus dem Innern, dem sich ein immer größer werdender Dif-
fusionswiderstand entgegenstellt. Da außerdem der Dampfdruck des
Wassers in den enger werdenden Kapillaren immer geringer wird (S. 91),
beobachtet man einen Abfall der Trocknungsgeschwindigkeit. Meist

findet man zwischen dem 1. Trocknungsabschnitt mit konstanter Geschwindigkeit und dem eben beschriebenen 2. Trocknungsabschnitt einen scharfen Knick in der Geschwindigkeit. (Im Bourrydiagramm der Abb. 141 haben die dort erwähnten Abschnitte *I*, *II* und *III* eine andere Bedeutung, indem sie auf die Schwindung bezogen sind.) Abb. 143 bringt die Verhältnisse bei einem Granulat. Diese oft verwendete Art der Darstellung ist von rechts nach links zu lesen. Bis etwa 10 Gew.-% Feuchtigkeit bleibt die Geschwindigkeit konstant, um dann scharf abzufallen. Mit steigender Temperatur steigt die Trocknungsgeschwindigkeit an. Die Grenzen zwischen dem 1. und 2. Trocknungsabschnitt liegen dann auf der in Abb. 143 gestrichelt eingezeichneten Knickpunktkurve.

Oft beobachtet man noch einen weiteren Knickpunkt, wie auch in Abb. 143 zu erkennen ist. In diesem 3. Trocknungsabschnitt wird das Restwasser entfernt, das in sehr engen

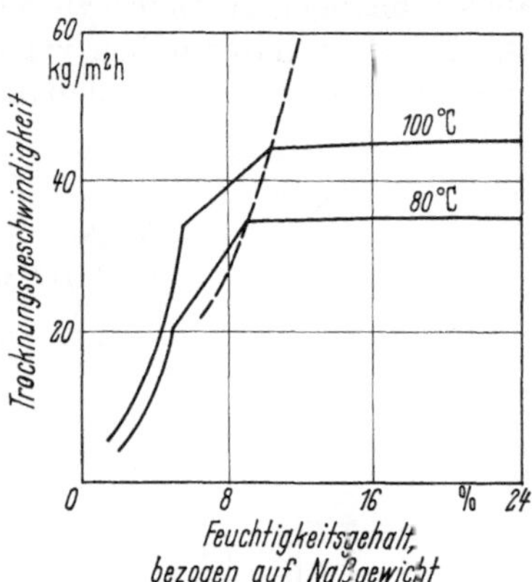

Abb. 143. Trocknungsgeschwindigkeit eines durchbelüfteten Granulats einer Fußbodenplattenmasse nach SCHRADER [630]

Kapillaren sitzt oder als Adsorptionswasser sehr fest gebunden ist. Das Material wird dann als „hygroskopisch" bezeichnet, weil es in feuchter Atmosphäre durch Adsorption wieder Wasser aufnimmt. (Bei einem Material mit einer spezifischen Oberfläche von 20 m²/g ergibt die Ausbildung einer monomolekularen H_2O-Schicht bereits einen H_2O-Gehalt von etwa 0,3 Gew.-%.)

In der Praxis wird meist nur bis zum Ende des 2. Abschnittes getrocknet. Die in Abb. 143 angegebenen Trocknungsgeschwindigkeiten sind durch die besondere Art der Belüftung außergewöhnlich hoch. Bei der üblichen Trocknung liegen die Werte zwischen 0,01 und 1 kg m^{-2} h^{-1}. Steigender Feinkornanteil verringert die Trockengeschwindigkeit.

5.4.2 Trockenfestigkeit

Für die Handhabung der Formlinge ist eine gute Festigkeit erwünscht. Diese ist im noch plastischen Zustand zunächst durch den Anlaßwert gegeben. Erst nach Beendigung der Schwindungsphase beim Trocknen ist rein elastisches Verhalten zu erwarten und auch experimentell bestätigt worden. Festigkeiten lassen sich dann leicht bestimmen. Die Rohbruchfestigkeit wird meist als Biegefestigkeit gemessen und als *Trockenbiegefestigkeit* bezeichnet. Nach den klassischen Untersuchungen von KOHL [382, 383] ist sie stark von der Temperatur abhängig. Aus Abb. 144 kann man erkennen, daß sie mit steigender Trocknungstemperatur, d. h. abnehmendem Wassergehalt, erst wenig, oberhalb 40 °C stärker ansteigt. In DIN 51030 [812] wird deshalb empfohlen, die Trockenbiegefestigkeit nach dem Trocknen bei 40 °C zu bestimmen. Die

Messung muß anschließend sofort vorgenommen werden, weil durch erneute Wasseraufnahme durch Adsorption aus der Feuchtigkeit der Luft die Festigkeit wieder verringert wird. Trocknungstemperaturen über 250 °C führen dann wieder zu einer Abnahme der Festigkeit.

Abb. 144 zeigt, daß die Trockenfestigkeiten stark von der Art der Masse abhängen. Auch in Tab. 35 kann man große Unterschiede erkennen. Die Ursachen dafür haben vor allem HOFMANN u. Mitarb. [305] untersucht. Sie konnten zeigen, daß die Trockenfestigkeit mit steigendem Fest-

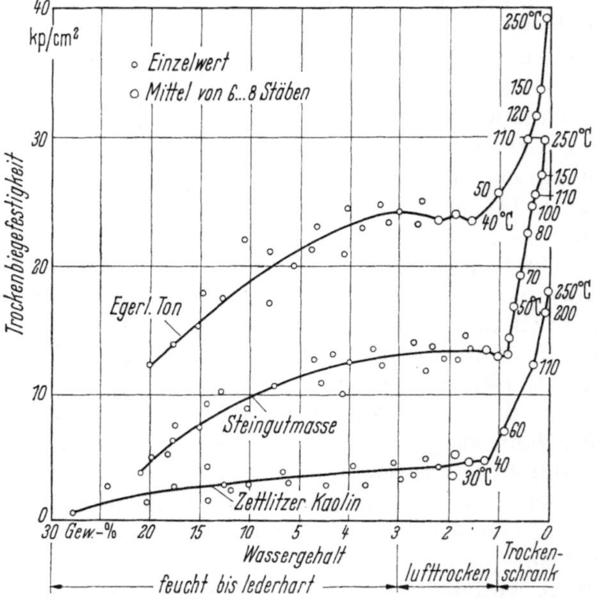

Abb. 144. Trockenbiegefestigkeit in Abhängigkeit von der Trocknungstemperatur

stoffgehalt in der Probe zunimmt, weil dann mehr Berührungsstellen vorhanden sind. Da Tone aus kleineren Teilchen bestehen, ist eine bessere Raumerfüllung möglich, und ihre Festigkeit ist größer als die der Kaoline. Weiterhin ist die Festigkeit um so größer, je dünner die einzelnen Kristallblättchen sind, weil diese leichter biegbar sind und sich besser um andere Teilchen schmiegen können. Schließlich steigt die Festigkeit mit steigendem Kationenaustauschvermögen, da die Kationen die Haftung zwischen benachbarten Teilchen verbessern.

Daneben wirkt sich auch die Art der Kationenbelegung auf die Trockenfestigkeit aus. Geht man von dem Grundprinzip aus, daß die Festigkeit mit steigender Zahl der Berührungsflächen zunimmt, dann ist nach dem früher (S. 241) besprochenen Einfluß der Kationen auf die Anordnung der Teilchen zu erwarten, daß Na^+-belegte Kaoline, die sich leicht parallel lagern können, eine höhere Festigkeit ergeben werden als z. B. Ca^{2+}-belegte Kaoline, die eine sperrige Anordnung zeigen. Die Meßergebnisse der Tab. 39 haben dies bestätigt. Diese Tabelle zeigt auch die Abhängigkeit vom Feststoffgehalt, in der aber der K^+-

Kaolin eine Ausnahme bildet. Das ist durch die gute Koordinationsmöglichkeit des K-Ions gegenüber Sauerstoff bedingt, wobei eine festere Bindung entsteht (S. 234).

Die hier beschriebenen Abhängigkeiten zeigen verschiedene Wege auf, die Trockenfestigkeit zu erhöhen. Während die Untersuchungen von HOFMANN u. Mitarb. nur an Tonen und Kaolinen durchgeführt wurden, haben DINSDALE und WILKINSON [153] deutlich zeigen können, daß auch bei Massen mit steigender Packungsdichte die Trockenfestigkeit erhöht wird. In Massen noch enthaltene Luft bringt beim Trocknen eine zusätzliche Porosität. Entlüften erhöht daher die Festigkeit, ebenso wie Strangpressen, wodurch bereits in der feuchten Masse eine dichtere Pakkung erzielt werden kann. Die Trockenfestigkeit wird außerdem vom Humusgehalt der Rohstoffe günstig beeinflußt.

Die Trockenfestigkeit der Formlinge ist nicht nur für die Handhabung, sondern auch für den Trocknungsvorgang selbst wichtig; denn während dieses Vorganges müssen durch die unterschiedlichen Wassergehalte innen und außen und die damit verbundene unterschiedliche Schwindung Spannungen entstehen, denen sich noch thermische Spannungen überlagern können. Da an der Oberfläche der Wassergehalt zuerst abnimmt, tritt dort auch die erste Schwindung ein. Die Oberfläche kommt damit unter Zugspannung, was zur Rißbildung führen kann. Zu Beginn des Trocknungsprozesses ist die Feuchtigkeit im Formling gleich verteilt, am Ende die Restfeuchte wieder. Zwischenzeitlich treten Unterschiede auf, wobei die maximale Feuchtigkeitsdifferenz besonders zu beachten ist. Inhomogene Massen sind rißempfindlicher, da vorhandene Texturen zu weiteren Spannungen führen können. Die Trocknung darf deshalb nicht so schnell erfolgen, daß die Spannungen zu Rißbildung führen können. Erst wenn der Wassergehalt so weit abgesunken ist, daß insgesamt das Endstadium der Schwindung erreicht ist, kann die Trocknung stark beschleunigt werden.

Zur Bestimmung der *Trockenempfindlichkeit* gibt es mehrere Vorschläge. Einige seien hier kurz angedeutet. BALDUIN [26] setzt die Neigung der Bigotkurve (S. 255), d. h. die Schwindung pro Wasserabgabe, in Beziehung zur Wasserabgabe pro Zeit- und Flächeneinheit, während FICHTNER [184] diese Relation noch mit der maximalen Feuchtigkeitsdifferenz multipliziert. Nach ACKERMANN u. Mitarb. [3] ist für die Rißempfindlichkeit trockenverpreßter Massen das Produkt aus Festigkeit und Diffusionskoeffizient des Wassers maßgebend.

Risse können aber auch nach dem Trocknen auftreten, wenn sehr scharf getrocknet wurde und dann aus der Raumfeuchtigkeit Wasser adsorbiert wird, was mit einer Dehnung verbunden ist. Nach Messungen von HOPE u. Mitarb. [310] kann die Feuchtigkeitsaufnahme bei 25 °C und 95% relativer Feuchtigkeit bis über 3 Gew.-% betragen. Die Dehnung ist dabei fast proportional der Wasseraufnahme und beträgt für 1 Gew.-% H_2O etwa 0,04% (linear).

Im Betrieb ist man an einer schnellen Trocknung interessiert. Sie kann gerade so schnell durchgeführt werden, daß die auftretenden Spannungen keine Risse ergeben. Es ist daher wesentlich, daß während der

Trocknung keine großen Feuchtigkeitsdifferenzen im Formling auf-
treten. In früheren Jahren hat man deshalb die Trocknung in sehr langen
Zeiträumen durchgeführt, die bei dickwandigen Gegenständen, z. B.
Glashäfen, bis zu einem Jahr dauerten. In den Anfangsstadien wurden
diese zur Vermeidung einer zu schnellen Wasserabgabe mit feuchten
Tüchern bedeckt.

Die Möglichkeiten zur *Beschleunigung der Trocknung* ergeben sich
aus dem bisher behandelten Stoff. Am wirkungsvollsten ist eine Erhöhung der Temperatur, wobei durch Erniedrigung der Viskosität und
Oberflächenspannung des Wassers und Erhöhung des Dampfdruckes des
Wassers und der Diffusionsgeschwindigkeit des Wasserdampfes mehrere

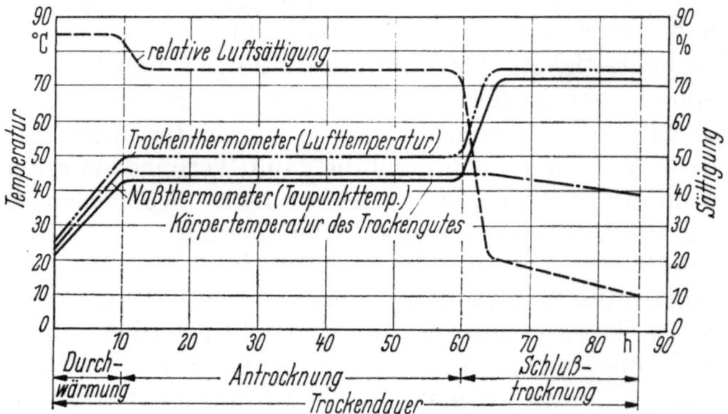

Abb. 145. Verlauf von Temperatur und Luftfeuchtigkeit in einer Trockenanlage nach dem
Feuchtluftverfahren

Effekte zur Beschleunigung beitragen. Zur Vermeidung einer anfänglich
zu starken Wasserabgabe muß man aber zu Beginn der Trocknung den
Feuchtigkeitsgehalt der Luft hoch halten. Der Verlauf dieses Feuchtluft-
verfahrens ist in Abb. 145 dargestellt. Während der Durchwärmung
ist die Luftsättigung sehr hoch. Nach Erreichen der gewählten Trocknungstemperatur wird sie etwas abgesenkt. Ist die Schwindung beendet, kann die Temperatur stark erhöht und die Luftsättigung stark
erniedrigt werden.

Vorteilhaft für eine schnelle Trocknung ist ein Zusatz von Magerungsmitteln oder die Heißaufbereitung von Massen, da im letzteren
Fall die Formlinge bereits auf erhöhter Temperatur sind.

Die übliche Trocknung hat den Nachteil, daß die Wasserabgabe
von außen nach innen erfolgt, was immer zu Feuchtigkeitsdifferenzen
führen muß. Eine einheitliche Trocknung wäre möglich, wenn man die
benötigte Energie dem ganzen Formling einheitlich zuführen könnte.
Hierzu eignen sich Strahlen, die praktisch nur vom H_2O-Molekül absorbiert werden. Gute Erfolge hat man bei dünnen Scherben oder Glasuren mit der Infrarottrocknung, bei großen Formlingen mit der Hoch-
frequenztrocknung erzielt.

Früher (S. 231) wurde erwähnt, daß WESTMAN [760] die Kapillarkräfte in Tonmassen durch Durchpressen von Stickstoff untersucht

hat. In weiteren Versuchen [761] hat er Massen zwischen porösen
Stempeln gepreßt, wobei eine Feuchtigkeitsabnahme eintrat. Diese
Proben zeigten je nach Preßdruck beim weiteren Trocknen verringerte
oder keine Schwindung, teilweise sogar eine geringe Dehnung. Bei einer
Masse aus einem gering plastischen Kaolin war ein Druck von 15 atm
nötig, um die Schwindung zu vermeiden. Fettere Tone benötigten
höhere Drücke bis zu 60 atm.

Bei der *Sprühtrocknung* wird eine Massesuspension durch eine Zer-
stäuberdüse in eine heiße Atmosphäre geblasen. Dabei tritt eine sehr
schnelle Trocknung ein. Man erhält ein Granulat, dessen Korngröße
und Feuchtigkeitsgehalt bei diesem Verfahren gut regelbar ist und das
gute Eigenschaften für die Weiterverarbeitung, besonders beim Trockenpressen hat.

5.4.3 Gedächtnis der Massen

Schon frühzeitig hat man die Beobachtung gemacht, daß während
der Trocknung verformte Gegenstände sich verziehen. Ganz allgemein
wurde festgestellt, daß die Formlinge wieder der Gestalt zustreben, die
sie vor der letzten Verformung hatten, weshalb man vom Gedächtnis
der Massen spricht. WILLIAMSON [771] führt zur Deutung an, daß die
Verformung aus einem plastischen und einem elastischen Anteil besteht.
Letzterer führt zu einer sofortigen Rückverformung beim Entlasten,
während des Trocknens darüber hinaus zu weiterer elastischer Nachwirkung, indem die Teilchen sich energetisch günstigere Lagen suchen,
die meist in Richtung des Ausgangszustandes liegen. Die gefundenen
Werte sind aber so hoch, daß diese Deutung kaum ausreicht. Immerhin
bietet sie einen Anhalt, bis eine weitere Klärung erfolgt sein wird; denn
bis jetzt sind quantitative Messungen zu dieser Frage selten. Nach
BAUDRAN [31] beträgt nach einer Torsionsverformung die momentane,
elastische Rückdrehung etwa 25% der Gesamtverformung, der beim
Trocknen eine weitere Rückdrehung in der gleichen Größe folgt. Unterschiedliche Massen ergeben verschiedene Werte. HARTMANN u. Mitarb.
[265] fanden etwa 10% für die elastische und etwa 40% für die Trocken-
rückdrehung.

Beim Brennen setzt sich mit Beginn der Brennschwindung die
Rückdrehung nur in seltenen Fällen fort, meist beobachtet man im
Gegenteil wieder einen Wechsel in der Drehung, also in Richtung der
ersten Verformung. Die Größe ist allerdings mit etwa 5% gering. Steigender Gehalt an Magerungsmitteln vermindert den Effekt. Es muß
weiteren Versuchen vorbehalten bleiben, für diese Erscheinungen eine
voll befriedigende Deutung zu finden.

5.5 Brennen

Das Ziel der keramischen Technologie ist die Herstellung eines mechanisch festen Körpers. Nach dem Formgebungs- und Trocknungsprozeß ist die gegenseitige Haftung der Teilchen relativ gering, so daß
auch die Festigkeit nur gering ist. Durch den Brennprozeß kann man

einen besseren Verbund der einzelnen Teilchen erreichen, wobei die
sich abspielenden Vorgänge je nach der vorliegenden Masse sehr unterschiedlich sein können. Hier sollen nur einige typische Beispiele behandelt
werden. Auf einige spezielle Fälle wird im nächsten Kapitel eingegangen,
während die Grundlagen des Sinterns schon früher (S. 145ff.) besprochen
wurden.

5.5.1 Vorgänge beim Brand

Sehr viele Autoren haben die Reaktionen beim Brennen von keramischen Massen untersucht. Aber erst durch neuere Untersuchungsmethoden war es möglich, die dabei ablaufenden Vorgänge näher zu
erfassen. Insbesondere haben die Röntgenographie und die Elektronenmikroskopie hierbei sehr viel geholfen. In ausführlicheren Arbeiten
haben sich u. a. HAMANO [258], LUNDIN [460], BRINDLEY u. Mitarb. [75]
und SCHÜLLER [634] mit den Vorgängen beim Porzellanbrand befaßt.
Dieses Thema soll auch hier im Vordergrund stehen, zumal man dabei
auch Rückschlüsse auf die Vorgänge bei anderen keramischen Produkten
ziehen kann.

Porzellanmassen bestehen im allgemeinen aus Kaolin, Feldspat und
Quarz. Die Vorgänge beim Erhitzen der einzelnen Komponenten wurden
bereits in früheren Abschnitten erörtert. Erhitzt man eine derartige Masse,
dann tritt als erstes die Wasserabspaltung der Tonminerale ein. Bei
diesen Temperaturen ist die Masse bzw. der Scherben noch so porös,
daß das Entweichen des entstehenden Wasserdampfes keine Schwierigkeiten bereitet. Im Temperaturbereich bis 900 °C treten noch weitere
gasabgebende Reaktionen ein, so z. B. die Zersetzung von Calcium-
carbonat in $CaO + CO_2$. Wichtig ist in diesem Temperaturbereich, daß
auch noch eine Oxydation der häufig in Massen enthaltenen kohlenstoff-
haltigen Bestandteile, z. B. der Humusstoffe stattfindet. Der erste
Brennabschnitt ist deshalb oxydierend durchzuführen. Weitere organische Bestandteile ähnlicher Art können Öle oder Schmiermittel sein,
die zum Pressen dienten.

Beim Erhitzen von tonmineralhaltigen Rohstoffen allein wird man
zwar eine Verdichtung feststellen, aber noch keinen vollkommen dichten
Scherben erhalten. Der Anteil an Flußmitteln in diesen Rohstoffen ist
dazu zu gering. In viele Massen wird deshalb ein besonderes Flußmittel,
meist Feldspat, eingeführt. Das Verhalten und die Vielfalt der Feldspäte
wurden in den Abschn. 4.3.4 und 5.1.3 besprochen. Die Tief-Hoch-Umwandlungen der Feldspäte beim Erhitzen sind für den keramischen Brand
ohne Belang. Wichtig ist, daß der reine Kalifeldspat bei 1150 °C zu
schmelzen beginnt. Im Diagramm Natron—Kalifeldspat tritt aber die
erste Schmelze bereits bei etwa 1090 °C auf. SUNDIUS [705] wies darauf
hin, daß man mit einer ähnlichen Erniedrigung auch im praktischen
Fall zu rechnen hat. Eine Masse aus den reinen Komponenten Kaolinit,
Kalifeldspat und Quarz würde entsprechend dem Phasendiagramm
$K_2O—Al_2O_3—SiO_2$ (Abb. 70, S. 132) die erste Schmelze bei der Temperatur des ternären Eutektikums bei 985 °C zeigen. Sobald aber ein gewisser Anteil an Natriumfeldspat vorhanden ist, wie es meist der Fall

ist, wird sich auch diese eutektische Temperatur um etwa 60 grd erniedrigen, was wirklich von LUNDIN [460] gefunden wurde.

Die Gegenwart der Schmelzphase beeinflußt die weiteren Vorgänge wesentlich. Zunächst aber ist die Schmelzphase anteilmäßig so gering, daß sie nur wenig Wirkung ausüben kann. Darüber hinaus ist ihre Viskosität noch sehr hoch. Vor dem Auftreten der ersten Schmelzphase können nur Festkörperreaktionen eintreten. Umkristallisationen erfordern in vielen Fällen Diffusionsvorgänge, die in Festkörpern langsam verlaufen. In Schmelzen ist dagegen die Diffusion wesentlich größer, hängt jedoch sehr stark von der Viskosität ab. Um meßbare Reaktionsgeschwindigkeiten zu erhalten, muß man daher die Temperatur erhöhen. Dabei geht der ganze Feldspat in die Schmelzphase über.

Betrachtet man zunächst nur eine *Mischung aus Kaolin und Feldspat*, dann kann man ab etwa 1000 °C die erste Mullitbildung beobachten. Sie tritt zuerst in den Kaolinitrelikten ein; denn in diese dringt das am leichtesten bewegliche Ion, das K-Ion ein, bildet dort einen geringen Anteil an Schmelzphase und vermittelt so die Mullitbildung. Dabei wird aber in der Feldspatschmelze eine Verringerung des K_2O-Gehaltes bewirkt, wodurch sich die Zusammensetzung in Richtung des Mullitfeldes bewegt (Abb. 70), so daß auch in der Feldspatschmelze eine Mullitkristallisation stattfindet. Die Erscheinungsformen der so entstehenden Mullite unterscheiden sich sehr deutlich, wie später (S. 269) noch näher erläutert werden wird. Durch die Gegenwart von Feldspat wird also die

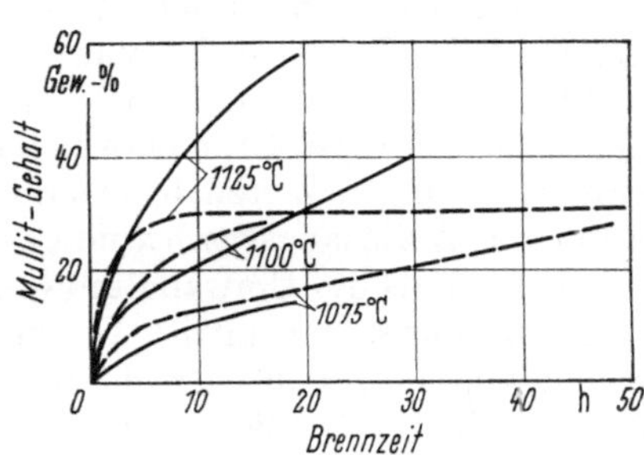

Abb. 146. Temperatur- und Zeitabhängigkeit der Mullitbildung beim Brennen eines gutkristallinen Kaolins allein (———) und in Mischung mit einem Kalifeldspat (– – –) nach LUNDIN [460] (Mischungsverhältnis Kaolin : Feldspat = 2 : 1 Gew.-Teile, Korngröße des Feldspats < 2,7 μm)

Mullitbildung beschleunigt, wie es auch aus Abb. 146 zu erkennen ist. In diesem Beispiel ist der theoretische Mullitgehalt beim Kaolin 59 Gew.-% und in der Mischung bei 1100 °C nach dem Phasendiagramm K_2O—Al_2O_3—SiO_2 36,5 Gew.-%. Letzterer Wert wird in Abb. 146 nicht ganz erreicht, was durch Verunreinigungen der Rohstoffe oder eine Ungenauigkeit des Phasendiagramms bedingt sein kann.

Für die Kinetik der Mullitbildung bei einer Mischung aus Kaolin und Feldspat läßt sich keine einfache Gleichung angeben, da sich dieser Vorgang aus den beiden wesentlichen Teilvorgängen der Mullitbildung in den Kaolinitresten und in der Feldspatschmelze zusammensetzt. Abb. 146 zeigt aber, daß der Gleichgewichtszustand der Mischung bei 1125 °C schon nach etwa 8 h erreicht wird.

Damit erhebt sich die Frage, inwieweit es möglich ist, die aus dem Phasendiagramm K_2O—Al_2O_3—SiO_2 zu berechnenden Phasen (s. Beispiel S. 132 und Abb. 71) in Beziehung zu den Experimenten zu setzen. Das führt nur zur Übereinstimmung, wenn der Gleichgewichtszustand erreicht wird, also im obigen Beispiel nach etwa 8 h. Weiterhin ist zu bedenken, daß die normalen Massen nicht allein in das Dreistoffsystem K_2O—Al_2O_3—SiO_2 gehören, sondern daß daneben noch andere Komponenten vorhanden sind, durch die Feldspäte meist noch Na_2O. In vielen Fällen hat sich der Vorschlag von SHELTON [667] bewährt, alles Alkali und Erdalkali zusammenzufassen sowie TiO_2 und ZrO_2 zu SiO_2 zu zählen, während Al_2O_3 konstant bleibt, um damit in das System K_2O—Al_2O_3—SiO_2 einzugehen.

Geht man vom Zweistoffsystem Kaolin—Feldspat zum Dreistoffsystem *Kaolin—Feldspat—Quarz* über, so findet man, daß der Quarz unterhalb 1200 °C nicht nennenswert reagiert. Die Tief-Hoch-Umwandlung des Quarzes bei 573 °C hat keinen Einfluß auf die Reaktionen. Grundlegende Versuche stammen wieder von LUNDIN [460], der, wie auch viele andere Autoren, die Zusammensetzung Kaolin : Feldspat : Quarz = 50 : 25 : 25 Gew.-% verwendet hat. Beim Erreichen der Temperatur von 1200 °C kann man annehmen, daß die Feldspatschmelze mit Mullit gesättigt ist. Durch die Quarzauflösung bewegt sich ihre Zusammensetzung in Richtung SiO_2 entlang der entsprechenden Isotherme, bis die Feldergrenze zum SiO_2 erreicht wird. Der Mullitgehalt verändert sich entsprechend dem Phasendiagramm nur wenig. Er wird, wie es die Theorie fordert und auch in der Praxis gefunden wird, nur wenig verringert. Nach dem Auftreffen auf die Feldergrenze müßte sich der restliche Quarz in Tridymit umwandeln, was aber im allgemeinen nicht beobachtet wird, sondern man stellt bei Sättigung fest, daß der Quarz sich in Cristobalit umwandelt. Das wird in der Praxis allerdings erst nach langen Zeiten beobachtet. Cristobalit kann sich erst bilden, wenn die Auflösungsgeschwindigkeit des Quarzes in der Schmelze geringer wird als die Umwandlungsgeschwindigkeit des Quarzes in Cristobalit, was nur selten eintritt. Der manchmal zu beobachtende Cristobalitgehalt von Porzellan entsteht nach A. MIELDS und ZOGRAFU [492] an inneren Gefügeoberflächen des Quarzes, die nicht mit der Schmelze in Berührung kommen.

Die Abnahme des Quarzgehaltes in obiger Mischung nach den Messungen von LUNDIN [460] zeigt Abb. 147. Für die *Kinetik der Quarzauflösung* in dieser Mischung konnte LUNDIN keine einfache Gleichung finden. Mit den bisher bekannten Gleichungen konnten die experimentellen Werte nicht befriedigend erfaßt werden. Er ging deshalb von dem allgemeinen empirischen Ansatz aus:

$$\frac{m}{m_0} = f\left(\frac{k\,t}{d_0^{\,2}}\right),\tag{125}$$

worin m = Quarzgehalt zur Zeit t, m_0 = Quarzgehalt zur Zeit $t = 0$, k = Geschwindigkeitskonstante und d_0 = Durchmesser des Quarzkornes zur Zeit $t = 0$. Bei obiger Masse ist also $m_0 = 0{,}266$ (dieser Wert muß höher als 0,25 sein, weil sich der Gewichtsanteil durch die Wasserabgabe des Kaolinits erhöht). Die Funktion f ist unbekannt; deshalb wurde diese Gleichung auf die Meßergebnisse von 1300 °C normiert und dort $k = 1$ gesetzt. Die sich so ergebende empirische Kurve zeigt Abb. 148.

Für andere Temperaturen oder Quarzkornausgangsdurchmesser kann k berechnet werden nach

$$k = \left(\frac{k\,t}{d_0{}^2}\right)_{\text{normiert}} \frac{d_0{}^2}{t}. \tag{126}$$

Die Berechnung nach Gl. (126) für verschiedene Zeiten t ergibt einen Mittelwert für diese relative Geschwindigkeitskonstante. Einige berech-

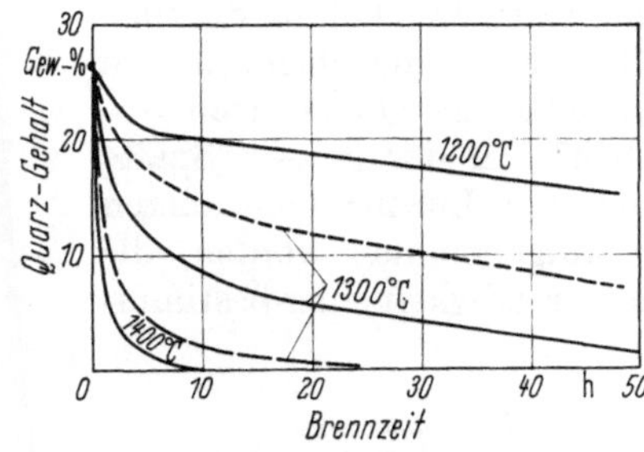

Abb. 147. Temperatur- und Zeitabhängigkeit der Quarzauflösung beim Brennen einer Mischung Kaolin : Kalifeldspat : Quarz = 50 : 25 : 25 Gew.-% nach LUNDIN [460] (mittlere Korngröße des Quarzes 6,42 µm (– – –), 13,2 µm (———) und 27,5 µm (······))

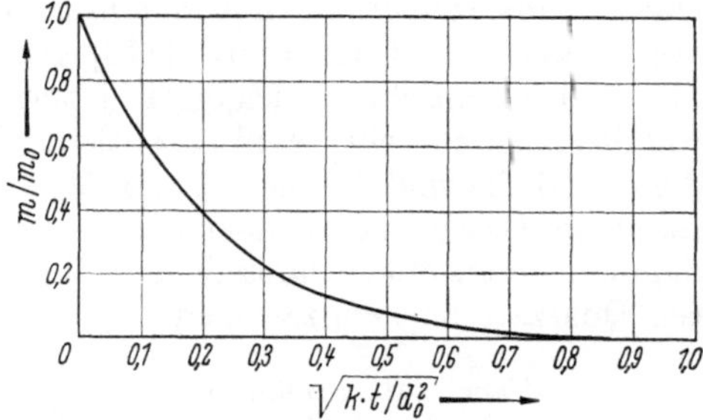

Abb. 148. Nach Gl. (125) empirisch ermittelter Verlauf der Quarzauflösung bei 1300 °C in einer Masse Kaolin : Kalifeldspat : Quarz = 50 : 25 : 25 Gew.-% nach LUNDIN [460] (t in h, d in µm)

nete Werte aus den Messungen der Abb. 147 sowie aus weiteren Messungen enthält Tab. 40. Man kann darin erkennen, daß wie erwartet mit steigender Temperatur die Geschwindigkeitskonstante ansteigt, d. h. die Auflösung schneller erfolgt. Die Werte für gleiche Temperaturen, aber unterschiedliche Korngrößen sind im Rahmen der Meßgenauigkeit konstant, d. h., die Geschwindigkeitskonstante ist unabhängig von der Korngröße. Sie ist aber abhängig vom Ausgangsgehalt des Quarzes, indem sie mit steigendem m_0-Wert etwas absinkt, d. h., daß dann die Quarzauflösung langsamer ist.

Tabelle 40. *Relative Geschwindigkeitskonstanten* k *für die Quarzauflösung in einer Masse aus Kaolin : Feldspat : Quarz = 50 : 25 : 25 Gew.-% nach* LUNDIN [460]

Ausgangskorngröße d_0 des Quarzes µm	Brenntemperatur °C	k µm²/h
13,2	1200	0,058
13,2	1250	0,256
13,2	1300	0,90
13,2	1350	3,50
13,2	1400	9,7
6,42	1300	1,20
27,5	1300	1,27

Diesen Ansatz von LUNDIN haben BERENS und HENNICKE [38] diskutiert. Bei ähnlichen Versuchen fanden sie jedoch, daß bei größeren Quarzkörnern mit steigender Korngröße die k-Werte zunahmen. Das kann durch zwei Ursachen bedingt sein: beim Aufheizen zerspringen die größeren Quarzkörner bei ihrer Umwandlung oder es besteht ein Einfluß der inneren Oberfläche der Quarzkörner. Durch Kombination des Ansatzes von LUNDIN mit den Gleichungen von JANDER und GINST-LING (S. 144) erhalten BERENS und HENNICKE eine weitere empirische Gleichung, die eine Geradendarstellung der Quarzauflösung ermöglicht.

Auf die Quarzauflösung wirkt sich nicht nur die Korngröße des Quarzes aus, sondern auch dessen mineralische Art. Das konnte deutlich von DIETZEL und PADUROW [148] gezeigt werden, die ebenfalls von obiger Grundmischung ausgingen, jedoch verschiedene Quarzsorten verwandten. Ihre Meßergebnisse enthält Tab. 41. In der letzten Spalte dieser Tabelle sind die nach diesen Messungen von LUNDIN berechneten relativen Geschwindigkeitskonstanten mit aufgenommen worden, die damit ein gutes Mittel darstellen, die Reaktionsfreudigkeit einer bestimmten Quarzart zu kennzeichnen.

Tabelle 41. *Einfluß der Quarzsorte in einer Porzellanmasse (Kaolin : Feldspat : Quarz = 50 : 25 : 25 Gew.-%) auf das Reaktionsverhalten, die Transparenz und die relativen Geschwindigkeitskonstanten k der Quarzauflösung (Korngröße des Quarzes 60—88 μm)*

Quarzsorte	Dichteabnahme nach Brennen 5 h bei 1400 °C	Phasenbestand nach Brennen 1 h bei 1400 °C Gew.-%			Trans-parenz	k
	g/cm³	Quarz	Mullit	Glas	%	μm²/h
Nordischer Gangquarz	0,270	19	25	56	2,9	29
Quarz aus Pegmatit	0,234	21	28	51	2,2	15
Quarzsand von Hohenbocka	0,234	22	30	48	2,0	10
Quarzsand von Freihung	0,203	23	32	45	1,6	5,9
Quarz-Einkristall	0,198	24	33	43	1,4	3,2

Die bisher genannten Ergebnisse wurden vorwiegend durch röntgenographische Bestimmungen des Mineralbestandes gewonnen. Eine ausführliche und kritische Beschreibung dieser Verfahren hat LUNDIN [460] gegeben. Der röntgenographischen Methoden haben sich auch BRINDLEY und OUGLAND [73] zur Verfolgung der Reaktionen im Dreistoffsystem Kaolin—Feldspat—Quarz bedient. Ihre Messungen, von denen Abb. 149 ein typisches Beispiel bringt, bestätigen die oben erwähnten Ergebnisse. Der hohe Anteil an amorphen Phasen bei den tiefen Temperaturen ergibt sich aus dem teilweise geschmolzenen Feldspat, zum größten Teil aber aus den noch nicht kristallinen Folgeprodukten des Metakaolins. Zunächst schmilzt der Feldspat und ist bei 1130 °C vollkommen verschwunden. Gleichzeitig bildet sich Mullit. Erst ab

1130 °C verringert sich der Quarzgehalt. Ab 1200 °C ist der Mullitgehalt etwa dem theoretischen Gehalt der reagierenden Phasen, also

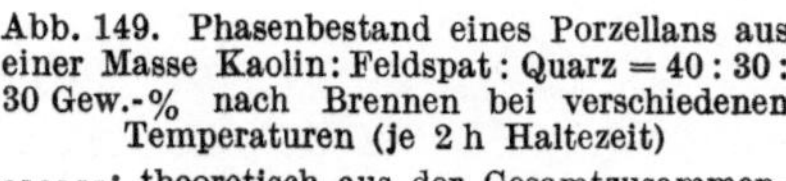

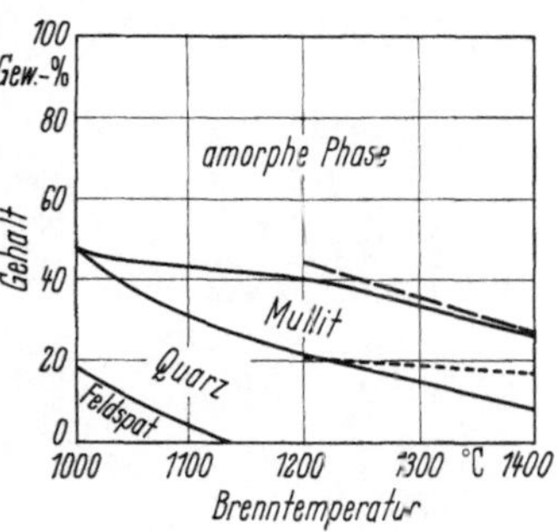

Abb. 149. Phasenbestand eines Porzellans aus einer Masse Kaolin : Feldspat : Quarz = 40 : 30 : 30 Gew.-% nach Brennen bei verschiedenen Temperaturen (je 2 h Haltezeit)

······ : theoretisch aus der Gesamtzusammensetzung nach dem System $K_2O - Al_2O_3 - SiO_2$ berechneter Mullitgehalt;

— — — — : theoretisch berechneter Mullitgehalt unter Berücksichtigung des Restquarzes

Mullit und Schmelzphase, gleichzusetzen, d. h., das Gleichgewicht zwischen diesen beiden Phasen stellt sich relativ schnell ein. Mit steigender
Temperatur nimmt der Quarzgehalt weiter ab, während der Mullitgehalt
sich dadurch geringfügig verringert.

Im wesentlichen wird also das Reaktionsverhalten von Porzellanmassen bei höheren Temperaturen durch die Auflösung des Quarzes
bestimmt. Damit erklärt sich auch der große Einfluß verschiedener
Quarzsorten auf den Porzellanbrand, wie ihn DIETZEL und PADUROW
[148] untersucht haben. Je gestörter die Gefügestruktur der Quarzkörner ist, um so leichter reagieren sie, um so leichter lösen sie sich auf.
Das zeigen auch die relativen Geschwindigkeitskonstanten in Tab. 41.
Aus dieser Tabelle kann man auch erkennen, daß unter denselben Brennbedingungen mit steigender Reaktionsfreudigkeit der Quarze die im
Porzellan enthaltenen Quarzmengen nach dem Brand abnehmen. DIET-
ZEL und PADUROW haben parallel dazu die verschiedenen Quarzsorten
allein gebrannt. In Tab. 41 ist aufgezeigt, daß die Abnahme der Dichte
durch die Umwandlung von Quarz in Cristobalit um so größer ist, je
reaktionsfreudiger die entsprechenden Quarze sind. Dieser Einfluß macht
sich auch bei der Transparenz des Porzellans bemerkbar (S. 314).

Auf die Geschwindigkeit des Brennprozesses ist auch die Art des
Feldspats von Einfluß. Mit steigendem Anteil an Na_2O, also beim
Übergang vom Kalifeldspat zum Natronfeldspat, verlaufen alle Reaktionen schneller. Als wesentliche Ursache kann man einmal die Erniedrigung der Schmelztemperaturen, zum anderen die Verringerung
der Viskosität der Schmelzphase (S. 191) durch die Einführung von
Natronfeldspat verantwortlich machen.

Mit röntgenographischen Methoden erhält man zwar die Menge der
sich bildenden Phasen, aber keine Aussage über das *Gefüge des Scherbens*.
Die oben erwähnten großen Mullitkristalle sind gerade mit dem Mikroskop
feststellbar, für genauere Untersuchungen muß man zu elektronenmikroskopischen Aufnahmen übergehen. Damit gelangten vor allem LUNDIN
[460] und SCHÜLLER [634] zu weiteren Aussagen über die Vorgänge beim
Porzellanbrand. Abb. 150 bringt einige Aufnahmen von SCHÜLLER, der
dabei Masseversatz und Brennprogramm variierte.

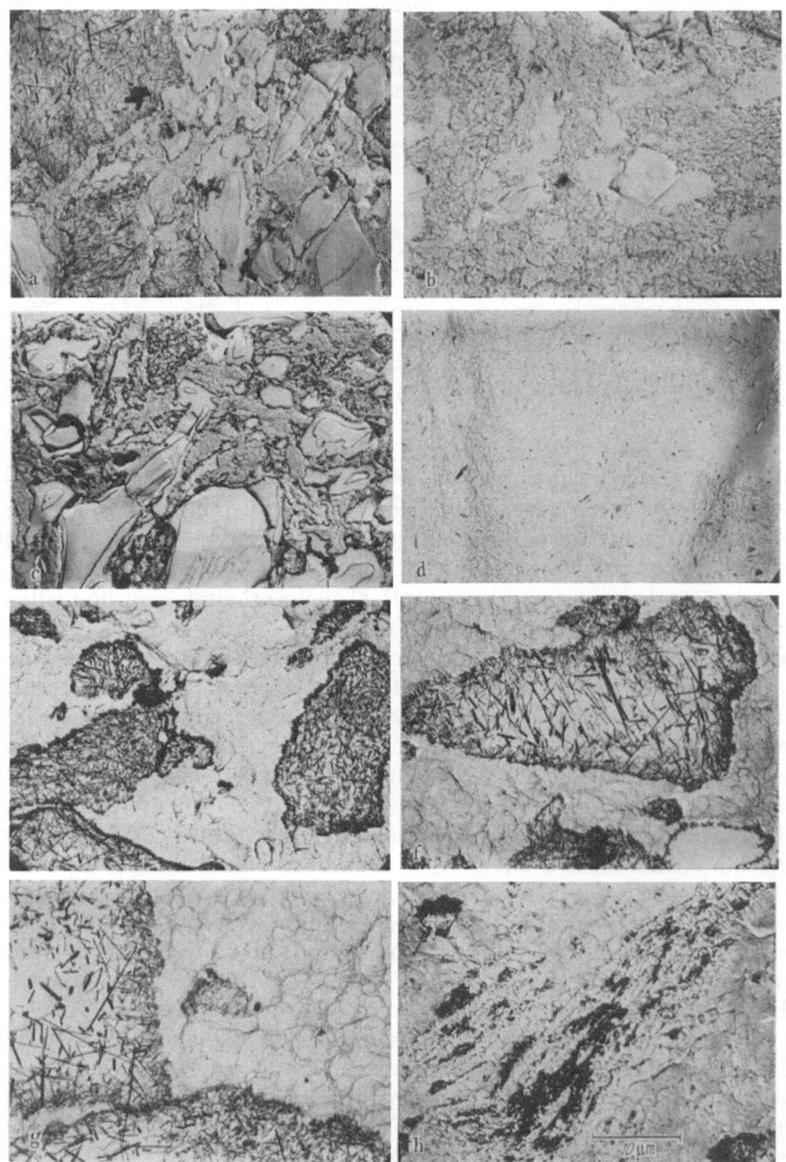

Abb. 150 a—h. Elektronenmikroskopische Aufnahmen von Porzellanmassen nach SCHÜLLER [634] (Vergrößerung 1200×)

Abb.	Masseversatz Gew.-%				Geschwindigkeit in grd/h beim		Maximal-temperatur
	Kaolin	Feldspat	Quarz	Tonerde	Aufheizen	Abkühlen	°C
a	40	20	40	—	180	350	1280
b	40	20	40	—	180	350	1400
c	40	20	40	—	30	30	1280
d	40	20	40	—	30	30	1400
e	67	33	—	—	180	350	1280
f	67	33	—	—	180	350	1400
g	67	33	—	—	30	30	1400
h	60	30	—	10	30	30	1340

Einfache Massen, die nur aus Kaolin und Feldspat bestehen (Abbildung 150e—g), zeigen nur zwei Bereiche. Deutlich erkennt man die glatten Feldspatbereiche, in die von der Grenzfläche aus viele Mullitnadeln hineingewachsen sind. SCHÜLLER bezeichnet diese Form des Mullits als Nadel- oder Sekundärmullit. Die Mullitnadeln werden bis zu 10 µm lang, ihr mittlerer Durchmesser beträgt 0,5 µm. Der aus dem Kaolin direkt entstandene Mullit erscheint in diesen Aufnahmen als schuppenartige Bereiche. Wegen dieses Aussehens und seiner Entstehung wird er von SCHÜLLER als Schuppen- oder Primärmullit bezeichnet. Seine Korngröße ist wesentlich geringer als die des Nadelmullits.

Mit steigender Brenntemperatur (Abb. 150f) und längerem Brennprogramm (Abb. 150 g) nimmt entsprechend dem Phasendiagramm die Mullitmenge ab. LUNDIN hat berechnet, daß die Verteilung zwischen Nadel- und Schuppenmullit = 1 : 4 sein müßte, was er mit seinen elektronenmikroskopischen Aufnahmen bestätigen konnte. Mit längerer Brennzeit beobachtet man eine Abnahme des Längen- zu Durchmesserverhältnisses der Mullitnadeln, was nicht nur für Porzellan, sondern allgemein gilt und z. B. auch beim Brennen von Ton zu Schamotte festgestellt wurde.

Abb. 150a zeigt die Aufnahme eines quarzreichen Porzellans nach schnellem Brand bei tiefer Temperatur. Neben den beiden eben erwähnten Bereichen erkennt man noch scharf begrenzte klare Felder, die restlichen Quarzkörner, um die eine SiO_2-reiche Glasphase entstanden ist, die noch frei von Mullit ist. Mit zunehmender Brenntemperatur geht der Quarz in Lösung. In Abb. 150b ist nur noch in der Mitte ein restliches größeres Quarzkorn zu sehen. Während der Schuppenmullit noch erkennbar ist, hat sich der Nadelmullit weitgehend aufgelöst. Durch die Temperatursteigerung wird nicht nur das Existenzfeld der Schmelze erweitert, sondern durch die Quarzauflösung auch deren Zusammensetzung so geändert, daß entsprechend dem Phasendiagramm eine Abnahme des Mullitgehaltes eintreten muß. Vorzugsweise löst sich dabei der Nadelmullit auf, da er allseitig von Schmelze umgeben ist, während der Schuppenmullit in dichten Aggregaten vorliegt, die eine relativ scharfe Grenze gegenüber der Schmelzphase zeigen.

Geht man zu einem langsamen Brennprogramm über, so unterscheiden sich die Verhältnisse bei 1280 °C (Abb. 150c) nur wenig von denen mit dem schnellen Brennprogramm (Abb. 150a). Bei dieser Temperatur hat gerade erst die Quarzauflösung begonnen. Brennt man jedoch mit diesem Programm bei einer höheren Temperatur (Abb. 150d), dann hat die SiO_2-reiche Schmelze nicht nur den Nadelmullit aufgelöst, sondern auch in starkem Maße den Primärmullit angegriffen. Abb. 150d zeigt eine relativ homogene Verteilung der jetzt vorhandenen Mullitnadeln, die ihren Ursprung in dem früher sehr kleinen Primärmullit haben und die durch die Gegenwart der Schmelze zu größeren Nadeln kristallisiert sind, aber wesentlich geringeres Längen- zu Durchmesserverhältnis als beim Nadelmullit haben. Man kann hier von einem Gleichgewichtsporzellan sprechen. Wirklich erhält man auch unter solchen Bedingungen recht gute Übereinstimmung zwischen experimentell und theoretisch aus dem Phasendiagramm bestimmtem Mullitgehalt.

Diese Aufnahmen zeigen, daß die Brenntemperatur und auch die Brennzeit wesentlich das Gefüge des Porzellans beeinflussen, was sich natürlich auch auf einige Eigenschaften auswirkt. Besonders wichtig ist dabei die Quarzauflösung, die neben den eben beschriebenen Erscheinungen auch die *Standfestigkeit* beeinflußt. Diese ist bei tiefen Temperaturen durch den hohen Anteil an kristallinen Phasen gegeben. Mit steigender Temperatur bildet sich Schmelzphase, in die Mullitnadeln wachsen, was die Standfestigkeit weiterhin gewährleistet. Weitere Temperatursteigerung läßt nun nicht nur den Mullitgehalt abnehmen, sondern auch die Viskosität der Schmelzphase erniedrigen. Dem wirkt die Viskositätserhöhung durch den Anstieg des SiO_2-Gehaltes in der Schmelzphase entgegen. Quarzreiche Porzellane haben deshalb eine gute Standfestigkeit beim Brand.

Die bisher besprochenen Aufnahmen der Abb. 150 waren ein quarzfreies und ein quarzreiches Porzellan. Die Erscheinungen bei Porzellanen mit mittleren Quarzgehalten liegen dazwischen, was sich besonders auf die Löslichkeitsverhältnisse des Nadelmullits auswirken wird.

Abb. 150h zeigt schließlich noch ein Porzellan, das in der Masse Tonerde statt Quarz enthielt. Da Tonerde relativ langsam reagiert, sind die Verhältnisse mit den Kaolin-Feldspat-Porzellanen vergleichbar. Man erkennt in Abb. 150h neben dem Primärmullit dichte Filze von Nadelmullit, während die Tonerde zu Korund kristallisiert ist.

Die Vorgänge beim Brand von keramischen Massen hängen also von Masseversatz, Brenntemperatur, Brennzeit, Korngröße und chemischer Zusammensetzung und Gefüge der Rohstoffe ab. Darüber hinaus ist noch ein Einfluß der Ofenatmosphäre vorhanden, der später (S. 279) diskutiert wird. Damit besteht eine außerordentlich große Vielfalt der Möglichkeiten. Die hier erörterten Beispiele lassen im einzelnen die verschiedenen Einflüsse erkennen und zeigen die Wege, durch geeignete Wahl der Bedingungen ein bestimmtes Endprodukt zu erhalten.

SCHWIETE und ZIEGLER [655] haben die zum Brennen von keramischen Scherben benötigte *theoretische Wärmemenge* berechnet, indem sie zunächst die Reaktionswärme für 25 °C der sich abspielenden Reaktionen bestimmt und dann die benötigte Wärmemenge zum Erhitzen auf 1400 °C berechnet haben. Für ein Hartporzellan aus Kaolin : Feldspat : Quarz = 50 : 25 : 25 Gew.-% und ein Endprodukt, das aus Mullit : Glas : Quarz = 25 : 65 : 10 Gew.-% bestand, erhielten sie insgesamt einen Wärmebedarf von 505 kcal/kg Scherben. Eine ähnliche Berechnung für das Brennen eines Schamottesteins aus feuerfestem Ton bis zu 1500 °C mit einer Endzusammensetzung aus Mullit : Glas : Cristobalit = 47 : 43 : 10 Gew.-% ergab einen Wärmebedarf von 610 kcal/kg Scherben. In beiden Fällen ist das Anmachwasser nicht berücksichtigt, also vom trockenen Rohling ausgegangen worden.

5.5.2 Glasphase

Während des Brennprozesses enthalten die meisten keramischen Produkte erhebliche Anteile an Schmelzphase, die während der Abkühlung infolge ihrer hohen Viskosität nicht kristallisiert und im Endprodukt als Glasphase erscheint. Da normalerweise die Reaktionen beim Brand von keramischen Produkten nicht zu Gleichgewichten verlaufen, z. B. häufig noch Quarzreste vorhanden sind, ist es natürlich, daß die in keramischen Produkten enthaltene Glasphase nicht homogen ist, sondern sehr stark in ihrer Zusammensetzung schwankt. Die meisten Bestimmungsmethoden ermitteln allerdings nur Durchschnittswerte der Glasphase, die in vielen Fällen mit dem Gleichgewichtsdiagramm übereinstimmen, wenn z. B. sich aller Quarz aufgelöst hat oder der Restquarz berücksichtigt wird.

Unter bestimmten Vorsichtsmaßnahmen ist es möglich, die Glasphase chemisch durch Herauslösen zu bestimmen, wie es z. B. von KONOPICKY und KÖHLER [400] beschrieben wird. Bei röntgenographischen Phasenbestimmungen von keramischen Produkten wird meist die Ergänzung zu 100% als Glasphase bezeichnet. Aber auch eine direkte röntgenographische Glasbestimmung ist möglich, und unter bestimmten Umständen kann auch die Ultrarotspektroskopie herangezogen werden.

Die wichtigste Eigenschaft der Glasphase ist ihre *Viskosität* bei hohen Temperaturen, also im schmelzflüssigen Zustand. Viskositätskurven von Feldspäten wurden schon früher (S. 76) in Abb. 41 gezeigt. In dieser Abbildung sind die sehr hohen Viskositäten bei den üblichen Brenntemperaturen zu erkennen. Ausgehend von diesen Zusammensetzungen wird ein zusätzlicher SiO_2-Gehalt die Viskosität weiter erhöhen, ein zusätzlicher Al_2O_3-Gehalt die Viskosität etwas erniedrigen. Insgesamt werden aber die Unterschiede gering sein. Das ergibt sich auch aus Messungen von McGEE [478], der an einer Glasphase aus (in Gew.-%) 64,7 SiO_2, 25,9 Al_2O_3, 2,1 Fe_2O_3, 1,2 TiO_2, 1,4 CaO, 2,3 MgO, 0,9 K_2O und 1,5 Na_2O die Viskosität bei 1300 °C zu $1,1 \cdot 10^7$ Poise bestimmte. Sie entspricht damit etwa der Viskosität der Feldspäte.

Für das Abkühlungsverhalten ist die Transformationstemperatur dieser Gläser wichtig. Aus Abb. 41 kann man entnehmen, daß sie für die Feldspäte je nach Alkaliart zwischen 820 und 920 °C liegt, was Messungen von VERGANO u. Mitarb. [729] entspricht. An Hand von Dilatometermessungen hat KARSCH [346] die Transformationstemperaturen der Glasphase von Schamotte, Steinzeug und Porzellan fast übereinstimmend zwischen 800 und 830 °C gefunden. Diese Werte liegen etwas niedriger, was durch die weiteren Bestandteile bedingt sein wird. Bei den Viskositätsbetrachtungen ist noch wesentlich, daß ein Gehalt an CaO bei tiefen Temperaturen keine nennenswerten Veränderungen bringt, aber bei hohen Temperaturen die Viskosität der Schmelzphase deutlich erniedrigt.

Für spätere Betrachtungen wird noch der *Ausdehnungskoeffizient* der Glasphase benötigt. VERGANO u. Mitarb. [729] haben ihn an Gläsern aus synthetischem Kalifeldspat unterhalb Tg zu $6,6 \cdot 10^{-6}$ grd^{-1} bestimmt. Ein Molverhältnis $Na_2O : K_2O = 15 : 85$ im Feldspat ergab einen Ausdehnungskoeffizienten von $7,0 \cdot 10^{-6}$ grd^{-1}. Gläser aus natürlichem Orthoklas oder Albit besaßen Ausdehnungskoeffizienten bei 7,5 oder $7,4 \cdot 10^{-6}$ grd^{-1}. Mit den Faktoren von APPEN der Tab. 19 (S. 77) berechnet sich $\alpha_{20/400}$ für Kalifeldspatglas zu $7,1 \cdot 10^{-6}$ grd^{-1} und für Natronfeldspatglas zu $6,8 \cdot 10^{-6}$ grd^{-1}.

5.5.3 Beurteilung des Brennverhaltens

Durch die Vorgänge beim Brand findet eine Verdichtung der Produkte statt, die sich einmal in einer Volumenabnahme, einer Schwindung äußert, zum anderen in einer Abnahme der Porosität. Die Bestimmung der Porosität wurde im Abschn. 2.5.3 erörtert, die Bestimmung der Brennschwindung hat ZAPP [795] beschrieben.

Die Änderung der *Porosität* beim Brennen eines Tonsteins und eines Schamottesteins zeigt Abb. 151. Man erkennt, daß zunächst die Porosität ansteigt. Die Ursache dafür liegt in der Wasserabspaltung der Tonminerale und dem Ausbrennen organischer Substanzen. Ab 900 °C

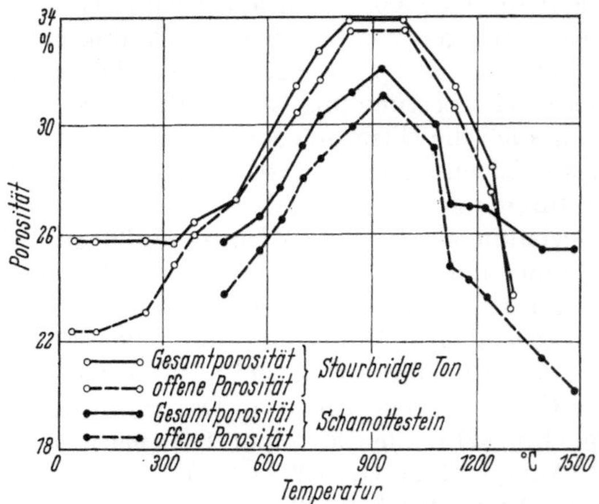

Abb. 151. Änderung der Porosität beim Brennen nach GREEN und THEOBALD [230]

nimmt die Porosität schnell ab. Abb. 151 zeigt, daß beträchtliche Unterschiede zwischen Gesamt- und offener Porosität bestehen können, d. h., in Schamottesteinen ist ein beträchtlicher Anteil an geschlossenen Poren vorhanden. Weiterhin erkennt man, daß die Porosität beim Schamottestein langsamer abnimmt als beim Brennen von Ton. Der Grund liegt darin, daß dem Schamottestein bereits totgebranntes Material zugesetzt wurde und daß der Ton einen größeren Anteil an Flußmitteln enthält, die bei höherer Temperatur zu einer Bildung von Schmelzphase führen, die die Abnahme der Porosität begünstigt.

Mit dem Temperaturanstieg beobachtet man gleichzeitig die bereits erwähnte *Schwindung*. Auch sie hängt nicht nur von der jeweiligen Brenntemperatur, sondern auch in weitem Maße von der Zusammensetzung ab. Das zeigen deutlich die Versuche von BRINDLEY u. Mitarb. [75], die systematische Untersuchungen im Dreistoffsystem Kaolin—Quarz—Glimmer durchgeführt haben. Abb. 152 bringt ein Ergebnis aus diesen Arbeiten, woraus man erkennen kann, daß die Schwindung etwa umgekehrt proportional der Porosität ist. Man sieht weiterhin, daß mit steigendem Muskowitgehalt, also mit steigendem Alkaligehalt und damit mit steigender Schmelzphase, die Schwindung zunimmt und die Porosität abnimmt. Der Kaolingehalt macht sich wenig bemerkbar, während wachsender Quarzgehalt zu einer deutlichen Abnahme der Schwindung bzw. einer Zunahme der Porosität führt. Ähnliche Zusammenhänge gelten auch für die Rohstoffe Kaolin und Ton allein. In Tab. 35 sind deren Brennschwindungswerte und Wasseraufnahme-, d. h. Porositätswerte angegeben.

Man kann deutlich erkennen, daß die Brennschwindung um so größer und die Wasseraufnahme um so niedriger ist, je höher der Alkaligehalt und je geringer die Korngröße dieser Rohstoffe ist.

Will man dichte Produkte herstellen, muß man entweder bei hohen Temperaturen brennen oder die Zusammensetzung der Masse so wählen, daß ein genügender Anteil an Schmelzphase sich bei der gewünschten Brenntemperatur bilden kann. Solche Zusammensetzungen sind z. B. die Porzellan

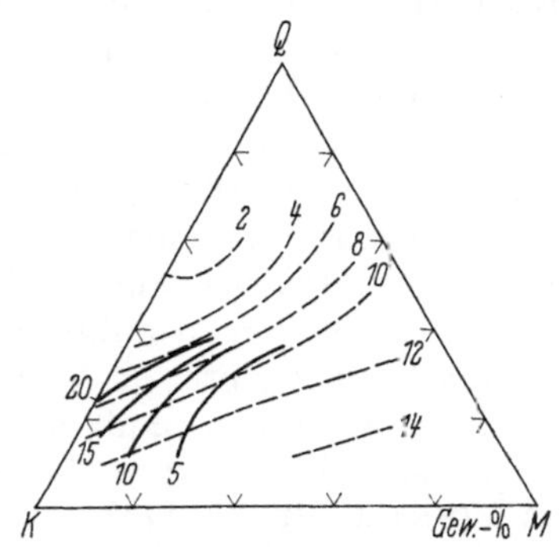

Abb. 152. Lineare Schwindung (– – –, in %) und offene Porosität (———, in Vol.-%) nach 2-stündigem Brennen bei 1200 °C von Quarz (Q)-Kaolin(K)-Muskowit(M)-Mischungen

massen, bei denen ab etwa 1300 °C die offene Porosität auf Null zurückgeht. Die Vorgänge bei diesem Sintern in Gegenwart von flüssiger Phase wurden früher (S. 155) beschrieben.

Es ist verständlich, daß die Geschwindigkeit der Porositätsabnahme bzw. der Schwindungszunahme gleichlaufend ist mit der Geschwindigkeit der ablaufenden Reaktionen. So fördert eine steigende Kornfeinheit des Quarzes die Abnahme der Porosität. Diese Erscheinung ist mehrfach beobachtet worden, u. a. auch von BERENS und HENNICKE [38], die darüber hinaus fanden, daß in ähnlicher Weise auch Feldspat wirkt, aber einen geringeren Effekt zeigt.

Auf Schwindung und Porosität wirkt sich auch die Geschwindigkeit des Aufheizens und Abkühlens aus. Allerdings kann man hier keine einheitlichen Angaben machen; denn die Einflußgrößen können verschieden sein je nach Art der Masse. Häufig beobachtet man, daß bei schneller Erhitzung die Schwindung größer ist als bei langsamerer Erhitzung. Die Ursache wird darin liegen, daß sich im ersteren Fall zunächst eine relativ reine Feldspatschmelze ausbildet und noch wenig Quarz gelöst ist. Die Viskosität ist damit geringer, und die Schmelze kann leichter in die Zwischenräume zwischen den verschiedenen vorhandenen Kristallphasen eindringen. Langsame Erhitzung führt aber zur gleichzeitigen Auflösung von Quarz, wodurch die Viskosität der Schmelze größer wird. Bei solchen Versuchen ist es wesentlich, bis zu welcher Temperatur man aufheizt. Bei Temperaturen, die nur eine geringe Reaktionsgeschwindigkeit zulassen, wird natürlich die Schwindung bei längeren Haltezeiten bzw. bei langsamerem Aufheizen größer sein als bei schnellem.

Auch dichtes Porzellan mit einer offenen Porosität gleich Null zeigt in seinem Gefüge noch Poren, deren Anteil je nach den Brennbedingungen unterschiedlich sein kann. Häufig beobachtet man beim Brennen, daß die Gesamtporosität bei einer bestimmten Temperatur ein Minimum zeigt, um bei höheren Temperaturen wieder zuzunehmen. Man spricht dann vom *Überbrennen* der keramischen Masse.

Für diese sekundäre Blasenbildung sind Verunreinigungen verantwortlich zu machen. Eigene Untersuchungen haben ergeben, daß der Blaseninhalt meist aus Sauerstoff besteht und daß die Blasenursache vor allen Dingen Fe_2O_3-Verunreinigungen sind. Enthalten die eingeführten Feldspäte chemisch gebundenen Stickstoff (S. 222), dann reagiert dieser mit dem Sauerstoff unter N_2-Abspaltung.

Blasen werden in keramischen Produkten auch durch eingeschlossene Atmosphäre enthalten sein. Will man ein absolut blasenfreies Produkt herstellen, so muß man dafür sorgen, daß die eben besprochenen Erscheinungen nicht eintreten können, also die geeigneten Rohstoffe aussuchen. Darüber hinaus muß man aber den Brennprozeß so führen, daß keine Blasen durch eingeschlossene Atmosphäre entstehen können. Nach VINES u. Mitarb. [731] ist das möglich, indem man entweder im Vakuum brennt oder in einer Atmosphäre mit einem Gas, das leicht aus den Poren hinausdiffundieren kann, z. B. in Heliumatmosphäre. Oder man brennt unter Druck, um damit eine künstliche Verdichtung des Produktes zu erreichen. VINES erhielt an Dentalkeramik und auch bei Elektroporzellan unter solchen Bedingungen sehr gute Ergebnisse.

Die *Brennschwindung* erfordert besondere Beachtung dann, wenn das Endprodukt ganz bestimmte Maße haben soll. Man kann die Brennschwindung durch Zugabe von z. B. Quarz verringern, aber es ist dann schwierig, noch dichte Produkte zu erhalten. Die Brennschwindung ist auch dadurch bedingt, daß die Endphasen eine größere Dichte als die Ausgangsphasen haben. Tab. 42 zeigt, daß beim Übergang von Kaolinit zu Mullit und Cristobalit eine Volumenabnahme stattfindet. Nach WARE und R. RUSSELL [739] müßte es möglich sein, die Brennschwindung dadurch zu verringern, daß man von Rohstoffen mit einer hohen Dichte ausgeht, die während des Brennvorganges Reaktionen eingehen, deren Endprodukte eine geringere Dichte zeigen. Insgesamt findet durch diese Reaktionen eine Volumenzunahme statt, die der Brennschwindung entgegenwirkt. Ein Rohstoff mit sehr hoher Dichte ist der Kyanit. Er geht beim Brennen allein über in Mullit und Cristobalit, wie die zweite Zeile der Tab. 42 zeigt. Man kann diesen Vorgang beim Brennen von Feuerfeststeinen verwenden. Zur Herstellung eines dichten Produktes haben WARE und RUSSELL den Vorschlag gemacht, Kyanit zusammen mit Bariumsilicat zu brennen, wobei sich der Bariumfeldspat Celsian bildet, was gleichzeitig mit einer Volumenzunahme von etwa 20% verbunden ist. Versuche mit einer Masse aus 50 Vol.-% Kyanit, 40 Vol.-% Bariumsilicat und 10 Vol.-% Kaolin (das entspricht in Gew.-% 46,2 : 47,0 : 6,8) und einer Ausgangsporosität von 66 Vol.-% ergaben nach vierstündigem Brennen bei 1450 °C eine Porosität von 11 Vol.-%, wobei die lineare Schwindung nur 6% betrug.

Die *Formbeständigkeit* der keramischen Produkte beim Brennen kann nicht allein durch die hohe Viskosität der Schmelzphase erklärt werden.

Tabelle 42. *Volumengleichungen für einige keramische Reaktionen* *nach* WARE *und* RUSSELL [739]

Ausgangs- und Endprodukte	Mol- volumen cm³/mol	Reaktions-} Volumen-} Gleichung	Volumen- verhältnis Endpro- dukte: Ausgangs- produkte
Kaolinit	98,9	$3\,(Al_2O_3 \cdot 2\,SiO_2 \cdot 2\,H_2O) \rightarrow 3Al_2O_3 \cdot 2\,SiO_2 + 4\,SiO_2$	0,804
Mullit	134,9	$3 \times 98,9 \qquad\rightarrow \qquad 134,9 \qquad + 4 \times 25,9$	
Cristobalit	25,9		
Kyanit	45,6	$3\,(Al_2O_3 \cdot SiO_2) \rightarrow 3Al_2O_3 \cdot 2\,SiO_2 + SiO_2$	1,175
Mullit	134,9	$3 \times 45,6 \quad\rightarrow \quad 134,9 \quad + 25,9$	
Cristobalit	25,9		
Kyanit	45,6	$Al_2O_3 \cdot SiO_2 + BaSiO_3 \rightarrow BaO \cdot Al_2O_3 \cdot 2\,SiO_2$	1,208
Bariumsilicat	48,5	$45,6 \quad + \quad 48,5 \rightarrow \quad 113,7$	
Celsian	113,7		

Wesentlich ist noch, wie früher (S. 270) bereits erwähnt wurde, der Anteil an kristalliner Phase in den Produkten. In der Praxis wird die Prüfung der Rohstoffe und Massen durch Bestimmung der Durchbiegung von stäbchenförmigen Proben durchgeführt, wie es von REUMANN [576] beschrieben wurde. Dieses einfache Verfahren hat sich nach KONOPICKY und WILKENDORF [404] auch bei der Prüfung von feuerfesten Erzeugnissen bewährt. Die bei letzteren Produkten sonst noch übliche Messung der Druckfeuerbeständigkeit wird später erwähnt (S. 326). Bessere Aussagen erhält man über das Erweichungsverhalten, wenn man Torsionsmessungen bei höheren Temperaturen durchführt, wie es zuerst von PARMELEE und BADGER [536] sowie von ENDELL [171] beschrieben wurde, wobei letzterer eine Apparatur erwähnt, die von STEGER entworfen wurde. Später hat HENNICKE [276] zeigen können, daß trotz des hohen Anteils an Schmelzphase bei solchen Messungen kein Newtonsches Verhalten der Proben vorliegt. Auf Grund von Torsionsmessungen fanden DIETZEL und KNAUER [146], daß bei relativ niedriger Brenntemperatur eine starke Torsion beobachtet wird, die mit steigender Brenntemperatur abnimmt, um bei noch höheren Temperaturen wieder zuzunehmen. Es besteht also mit steigender Brenntemperatur ein Maximum der Erweichung von Massen. DIETZEL und KNAUER führen das auf die Ausbildung des Mullits zurück. Bei tiefen Brenntemperaturen ist der Mullit erst wenig ausgebildet, das Gefüge ist noch verhältnismäßig schwach. Mit zunehmender Mullitbildung entsteht daraus ein Filz, der das Gefüge verfestigt. Mit weiter steigender Temperatur nimmt einmal der Mullitgehalt ab, zum anderen wird er grobkörnig, wodurch das Gefüge wieder gelockert wird. Zur Lockerung trägt auch eine Zunahme der Schmelzphase bei höheren Temperaturen bei.

Bei höheren Anteilen an Schmelzphase geht die Standfestigkeit verloren, die Form sackt zusammen. Dieses Erweichungsverhalten keramischer Massen ist praktisch ausgenutzt worden, um den Brennvorgang in einem Ofen kontrollieren zu können. Nach Vorarbeiten anderer

Forscher hat SEGER 1886 seine bekannten *Segerkegel* (SK) entwickelt. Sie bestehen aus unterschiedlichen Massen und wurden so eingestellt, daß sie bei bestimmten Temperaturen „fallen", d. h., daß sie sich nach einer Seite abbiegen. Als Falltemperatur wird nach DIN 51 063 [818] die Temperatur bezeichnet, bei der die Spitze des Kegels gerade die Ebene des Fußes des Kegels erreicht hat. In Tab. 43 sind diese Temperaturen zusammen mit denen der ähnlichen amerikanischen Ortonkegel ab 1000 °C aufgeführt. Für tiefere Temperaturen (bis 600 °C) gibt es noch weitere Kegel bis Nr. 022. Die großen oder Normalkegel haben eine Höhe von 5 cm, die kleinen oder Laborkegel eine solche von 3 cm. Ausführliche Untersuchungen über das physikalisch-chemische Verhalten der Segerkegel stammen von BUNZEL [86]. Er hat mit diesen Untersuchungen deutlich aufgezeigt, in welcher Form der Segerkegelfallpunkt von der Aufheizgeschwindigkeit abhängt. In weiteren Untersuchungen mit H. LEHMANN [87] hat er die verschiedenen Fehlermöglichkeiten bei der Verwendung des Segerkegels beschrieben. Insbesondere ist dabei auch auf die Atmosphäre zu achten. Im allgemeinen erreicht man mit den Segerkegeln eine Genauigkeit, die besser als 5 grd ist. Die Segerkegel haben im keramischen Betrieb einen großen Vorteil, weil sie nicht nur die Maximaltemperatur anzeigen, sondern weil sie gleichzeitig auch noch die Zeit beinhalten; denn das Fallen der Kegel benötigt eine bestimmte Zeit. Die Untersuchungen von BUNZEL haben das sehr deutlich gezeigt. Dabei ergab sich jedoch, daß die Differenzen der Kegelfallpunkte für verschiedene Kegel in Abhängigkeit von der Zeit nicht gleich sind. Je näher die Zusammensetzung an einem eutektischen Punkt oder bei einer definierten Verbindung liegt, desto enger ist das Schmelzintervall und desto geringer ist die Differenz der Fallpunkte. Wirkliche Aussagen aus dem Vergleich zwischen dem Fallen des Kegels und dem Verhalten eines keramischen Produktes kann man nur dann erhalten, wenn die Abweichungen bei dem keramischen Produkt und beim Segerkegel gleich groß sind und wenn ähnliche Zustandsdiagramme vorliegen. Andernfalls kann der Einfluß von Temperatur und Zeit unterschiedlich sein.

Mit Segerkegeln vergleicht man auch oft das Brennverhalten von keramischen Rohstoffen. Solche Werte sind z. B. für Kaoline und Tone in Tab. 35 aufgenommen worden. Man erkennt aus dieser Tabelle deutlich, daß mit steigendem Alkaligehalt der Rohstoffe die Segerkegelfallpunkte tiefer liegen, was auf eine erhöhte Schmelzphasenbildung zurückzuführen ist.

Eine weitere wichtige Eigenschaft der keramischen Produkte ist ihre *Wärmedehnung*. Messungen der Wärmedehnung von rohen und gebrannten Tonen wurden schon frühzeitig von z. B. SALMANG und RITTGEN [609] durchgeführt. Die Wärmedehnung wurde später von vielen Autoren gemessen. Sie eignet sich gut, an Hand des Quarzsprunges (S. 162) auf den Quarzgehalt zu schließen.

In einem keramischen Produkt, das meist aus verschiedenen Phasen besteht, setzt sich die Wärmedehnung aus den einzelnen Komponenten zusammen, also aus dem Beitrag der kristallinen Phasen, der Glasphase

Tabelle 43. *Mittlere Falltemperaturen (in °C) von Kegeln*

Erhitzungsge-schwindigkeit grd/h Nr.	Segerkegel [818]				Ortonkegel			
	groß		klein					
	20	150	20	150	20	100	150	600
06a [1]	970	990	980	995	1005		1015	
05a	990	1000	1010	1010	1030		1040	
04a	1015	1025	1035	1055	1050		1060	
03a	1040	1055	1055	1070	1080		1115	
02a	1070	1085	1090	1100	1095		1125	
01a	1090	1105	1105	1125	1110		1145	
1a	1105	1125	1120	1145	1125		1160	
2a	1125	1150	1135	1165	1135		1165	
3a	1140	1170	1150	1185	1145		1170	
4a	1160	1195	1170	1220	1165		1190	
5a	1175	1215	1185	1230	1180		1205	
6a	1195	1240	1210	1260	1190		1240	
7	1215	1260	1230	1270	1210		1250	
8	1240	1280	1255	1295	1225		1260	
9	1255	1300	1270	1315	1250		1285	
10	1280	1320	1290	1330	1260		1305	
11	1300	1340	1315	1350	1285		1325	
12	1330	1360	1340	1375	1310		1335	
13	1360	1380	1375	1395	1350		1350	
14	1380	1400	1395	1410	1390		1400	
15	1400	1425	1420	1440	1410		1435	
16	1425	1445	1445	1470	1450		1465	
17	1445	1480	1465	1490	1465		1475	
18	1470	1500	1480	1520	1485		1490	
19	1495	1515	1505	1530	1515		1520	
20	1515	1530	1530	1540	1520		1530	
23		1540		1560		1580		
26		1560		1585		1595		
27		1595		1605		1605		
28		1605		1635		1615		
29		1635		1655		1640		
30		1655		1680		1650		
31		1680		1695		1680		
32		1695		1710		1700		
33		1710		1730		1745		
34		1725		1755		1760		
35		1765		1780		1785		
36		1790		1805		1810		
37		1815		1830		1820		
38		1840		1855		1835		
39				1875				1865
40				1900				1885
41				1940				1970
42				1980				2015

[1] Buchstabe a bei 06 bis 6 entfällt bei den Ortonkegeln.

und auch der Poren. Geringe Porengehalte sind ohne Einfluß auf die Wärmedehnung. Die Wärmedehnung der kristallinen Phasen wurde früher schon besprochen. Insbesondere wurden dabei die Eigenschaften des Quarzes erwähnt. Mullit hat eine Wärmedehnung von etwa

$4{,}5 \cdot 10^{-6}\ \mathrm{grd}^{-1}$. Werte für Glasphasen werden auf S. 79 und S. 271 erwähnt. Im Verlauf des Brennprozesses ändert sich die Zusammensetzung der Schmelzphase. Für die eutektische Zusammensetzung im Dreistoffsystem $K_2O-Al_2O_3-SiO_2$ mit $9{,}5 : 10{,}9 : 79{,}6$ Gew.-% errechnet sich ein Ausdehnungskoeffizient $\alpha_{20/400} = 4{,}0 \cdot 10^{-6}\ \mathrm{grd}^{-1}$, während sich für das entsprechende Eutektikum im System $Na_2O-Al_2O_3-SiO_2$ $\alpha_{20/400} = 4{,}5 \cdot 10^{-6}\ \mathrm{grd}^{-1}$ ergibt. Gegenüber dem Feldspatglas ist durch die Aufnahme von SiO_2 eine starke Herabsetzung von α erfolgt. Geht man zu einem Porzellan über, dessen Ausgangszusammensetzung Kaolin : Feldspat : Quarz $= 50 : 25 : 25$ Gew.-% war und nimmt man an, daß anschließend an den Brennprozeß 30% Mullit und 70% Glasphase vorhanden sind, dann beträgt die Zusammensetzung der Glasphase $K_2O : Al_2O_3 : SiO_2 = 6{,}50 : 6{,}57 : 86{,}93$ Gew.-%. Rechnet man nach Appen hier den Ausdehnungskoeffizienten aus, so ergibt sich ein Wert von $3{,}0 \cdot 10^{-6}\ \mathrm{grd}^{-1}$. Mit einem derartig geringen Ausdehnungskoeffizienten hat man also in keramischen Produkten zu rechnen. Ist die Quarzauflösung noch nicht so weit fortgeschritten, wird die Wärmedehnung der Glasphase etwas höher liegen.

Die am Fertigprodukt gemessene Wärmedehnung wird davon abhängen, wie die Zusammensetzung war und wie weit die Reaktionen im einzelnen fortgeschritten sind. Steigender Feldspatgehalt erhöht die Wärmedehnung, weil dann in der Schmelzphase der Anteil an K_2O ansteigt. Ebenso erhöht steigender Quarzgehalt die Wärmedehnung, wenn noch ungelöster Quarz im Porzellan vorhanden ist. Verlängerte Brennzeit oder höhere Brenntemperatur führt zu sinkenden Wärmedehnungen. Für Porzellane findet man Werte von $\alpha = 3{,}5 \cdot 10^{-6}$ bis $5{,}0 \cdot 10^{-6}\ \mathrm{grd}^{-1}$ angegeben.

Man hat mehrfach versucht, auf Grund der Phasenzusammensetzung eines keramischen Produktes die Wärmedehnung zu berechnen. Lundin [460] hat einige in der Literatur vorgeschlagene Gleichungen eingehend diskutiert und daraufhin eine verbesserte Gleichung für den Ausdehnungskoeffizienten α_p eines Produktes aus i Komponenten entwickelt:

$$\alpha_p = \frac{\sum \dfrac{K_i \alpha_i y_i}{\varrho_i (3K_i + 4G_g)}}{\sum \dfrac{K_i y_i}{\varrho_i (3K_i + 4G_g)}} \tag{127}$$

mit $K =$ Kompressionsmodul, $\alpha =$ Ausdehnungskoeffizient, $y =$ Gehalt (in Gew.-%), $\varrho =$ Dichte und $G_g =$ Torsionsmodul der Glasphase.

Tabelle 44. *Physikalische Daten von Mullit und einer Porzellanglasphase* ($K_2O : Al_2O_3 : SiO_2 = 6{,}5 : 6{,}6 : 86{,}9$ Gew.-%)

	Mullit	Glasphase
Dichte [g/cm³]	3,16	2,27
Ausdehnungskoeffizient [grd⁻¹]	$4{,}5 \cdot 10^{-6}$	$3{,}0 \cdot 10^{-6}$
Elastizitätsmodul [kp/cm²]	$10 \cdot 10^5$	$7 \cdot 10^5$
Torsionsmodul [kp/cm²]	$4{,}2 \cdot 10^5$	$3{,}0 \cdot 10^5$
Kompressionsmodul [kp/cm²]	$5{,}6 \cdot 10^5$	$3{,}5 \cdot 10^5$
Poissonsche Konstante	0,20	0,17

Geht man von dem oben erwähnten Beispiel aus, also von einem Masseversatz Kaolin : Feldspat : Quarz $= 50 : 25 : 25$ Gew.-% und nimmt an, daß nach dem Brand 30% Mullit und 70% Glasphase vorhanden sind, dann erhält man mit den Werten der Tab. 44 nach Gl. (127) für dieses Porzellan eine Wärmedehnung von $3,5 \cdot 10^{-6}$ grd^{-1}, die recht gut mit den Angaben in der Literatur übereinstimmt. Für eine vereinfachte Berechnung kann man in Gl. (127) die Klammerausdrücke $(3\,K + 4\,G)$ weglassen.

Die unterschiedlichen Ausdehnungskoeffizienten in keramischen Produkten erzeugen in diesen um die einzelnen kristallinen Phasen herum *Spannungen*, die sich auf die Festigkeit der Produkte auswirken können. Die Festigkeit im einzelnen wird später noch ausführlicher behandelt (S. 316ff.). Hier sei nur erwähnt, daß die Ausdehnungsunterschiede zwischen Glasphase und Mullit im allgemeinen gering sind, so daß mit keinen nennenswerten Spannungen zu rechnen ist. Anders ist es aber, wenn noch Quarz vorhanden ist, der eine wesentlich größere Ausdehnung als die Glasphase hat. Neben diesen Spannungen, die durch unterschiedliche Ausdehnungskoeffizienten der einzelnen Komponenten bedingt sind, können noch andere Spannungen in keramischen Produkten auftreten, wie sie von HAASE [247] zusammengestellt worden sind. Es ist u. a. mit Kühlspannungen zu rechnen, die analog wie beim Glas auftreten, wenn man den Abkühlungsprozeß über den Transformationsbereich der Glasphase zu schnell führt. Daraus folgt, daß man beim Abkühlen von keramischen Produkten in diesem Bereich um 800 °C langsam verfahren muß. Weitere Spannungsursachen können sich ergeben, wenn im Formling durch den Formprozeß Texturen auftreten und dadurch bestimmte Anreicherungen in einzelnen Bereichen des keramischen Produktes entstehen, die sich über die Reaktionen hinweg bis zum Fertigprodukt erhalten und so Anlaß zu unterschiedlichen Ausdehnungskoeffizienten an verschiedenen Stellen des Formlings geben. Schließlich ist noch mit Brennspannungen zu rechnen, die dadurch verursacht werden können, daß ein keramisches Produkt unterschiedlichen Temperaturen ausgesetzt war. An den Stellen, wo die Temperatur höher war, ist die Reaktion schneller vorangeschritten, d. h., dort ist der Ausdehnungskoeffizient geringer als an den Stellen, wo die Temperatur geringer war.

5.5.4 Einfluß der Atmosphäre

Mehrfach wurde bereits erwähnt, daß die Atmosphäre einen Einfluß auf das Verhalten der keramischen Produkte beim Brand haben kann. In der Masse sind meistens organische Verunreinigungen enthalten. Sie können aus den Rohstoffen, wie z. B. aus den Tonen, kommen oder können auch durch andere organische Hilfsmittel bei den verschiedenen Formgebungsprozessen bedingt sein. Diese müssen in den ersten Stadien des Brennprozesses ausgebrannt werden, d. h. also, die ersten Stadien müssen unter *oxydierenden* Bedingungen durchgeführt werden. Das macht insofern keine Schwierigkeiten, als in diesem Bereich der Scherben noch porös ist, so daß die oxydierenden Gase in den Scherben eindringen kön-

nen und die Verbrennungsprodukte auch leicht entweichen können. Das
Ende dieses Prozesses liegt je nach Porosität des Scherbens, Gehalt
an organischen Beimengungen, sowie nach der Aufheizgeschwindigkeit
zwischen 500 und 900 °C. Im anschließenden Feuer können verschiedene
Atmosphären eintreten. Man ist im allgemeinen bemüht, einen Brennstoff so auszubrennen, daß die zugeführte Verbrennungsluft gerade
verbraucht wird und kein Überschuß entsteht. Dabei kann aber leicht
die Atmosphäre in reduzierende Bedingungen übergehen. Ist noch ein
Sauerstoffüberschuß in der Atmosphäre vorhanden, so spricht man von
oxydierenden Bedingungen. Genauere Angaben erhält man, wenn man
die Atmosphäre durch den jeweiligen Sauerstoffpartialdruck kennzeichnet.

Es wurden mehrere Untersuchungen durchgeführt, den Einfluß der
Atmosphäre auf die Brenneigenschaften verschiedener Rohstoffe und
Massen zu erfassen. So haben KÖHLER und ROUTSCHKA [386] mehrere
tonmineralhaltige Rohstoffe in verschiedenen Atmosphären gebrannt.
Dabei ergab sich, daß der Einfluß auf die Eigenschaften abhängt von der
Kristallart, der Kristallgröße, dem Ordnungszustand der Struktur sowie
dem Flußmittelgehalt der Rohstoffe. Besonders deutlich ergab sich ein
großer Einfluß des *Wasserdampfes*, der die Mullit- und Cristobalitbildung
und auch die Quarzabnahme beschleunigte. Aus anderen Versuchen
ist bekannt, daß in Gegenwart von Wasserdampf die Abnahme der Porosität beschleunigt wird, wobei dieser Effekt mit dem Feldspatgehalt
der Masse ansteigt, was auf eine verstärkte Löslichkeit des Wasserdampfes im Feldspatglas bzw. der Feldspatschmelze zurückzuführen ist. Eine
praktische Anwendung hat MICHALTSCHIKOW [491] für den Ziegelbrand
vorgeschlagen, indem bei der maximalen Brenntemperatur von 920 bis
950 °C Wasser eingespritzt wird. Der Erfolg war eine viel bessere Ver-
klinkerung des Materials, verbunden mit einer Steigerung der Festigkeit
der Produkte. Die Ursache dieser Effekte liegt in der Erniedrigung der
Viskosität der Schmelzphase durch die beträchtliche Löslichkeit des
Wasserdampfes in Schmelzen, wie MERKER u. Mitarb. [483] bei Gläsern
festgestellt haben.

Im Grunde genommen könnte der Brand keramischer Erzeugnisse
in oxydierender oder neutraler Atmosphäre zu Ende geführt werden.
Häufig wird aber eine *Reduktionsperiode* eingeschaltet, die vor allen
Dingen mit der Färbung der Produkte zusammenhängt, die anschließend
erläutert werden soll. Der Übergang von Fe_2O_3 in FeO hat aber noch einen
weiteren Einfluß, die Verringerung der Viskosität durch FeO in der
Schmelzphase. Dadurch wird ebenfalls eine bessere bzw. frühere Verdichtung der Produkte erreicht. Weiterhin bewirkt die reduzierende Atmosphäre eine frühere Zersetzung von Sulfaten. Auf diese Weise ist es möglich, die Sulfate aus dem Scherben zu entfernen, die später zu Ausblühungen (S. 304) neigen könnten.

In reduzierender Atmosphäre können aber auch Reaktionen mit den
Hauptbestandteilen der keramischen Masse eintreten. Insbesondere
ist das SiO_2 durch Reduktion in das bei diesen Temperaturen gasförmige
SiO überführbar, wie bereits früher (S. 170) erörtert wurde. An kälteren

Stellen des Ofens kann sich dann, wenn genügend Sauerstoff vorhanden ist, das SiO oxydieren, wobei häufig eine faserige Ausbildung des SiO_2 zu beobachten ist. SiO ist bei tiefen Temperaturen nicht stabil, sondern disproportioniert nach der Gleichung $2\,SiO = SiO_2 + Si$. Findet dieser Vorgang auf oder in einem keramischen Produkt statt, so kann man das SiO_2 nicht erkennen, aber das abgeschiedene Si führt zu einer Schwarzfärbung des Produktes. Diesen Fehler hat EIPELTAUER [163] beschrieben, und auch M. MIELDS [493] hat darauf aufmerksam gemacht.

In reduzierender Atmosphäre ist meist CO enthalten. Dieses hat die Eigenschaft, in bestimmten Temperaturbereichen nach dem Boudouard-Gleichgewicht $2\,CO \rightleftharpoons C + CO_2$ zu zerfallen. Abb. 153 zeigt die Lage dieses Gleichgewichts in Abhängigkeit von der Temperatur bei einem Gesamtdruck der beiden Gase CO und CO_2 von 1 atm. Man kann daran erkennen, daß unterhalb 400 °C nur CO_2 stabil ist, während bei 1000 °C sich nur noch 0,7 Vol.-% CO_2 im Gleichgewicht befinden. Diese Reaktion des CO geht nur oberhalb 800 °C von allein mit der nötigen Geschwindigkeit vonstatten. Unterhalb 800 °C benötigt sie im allgemeinen einen Katalysator. Als solcher kann Kohlenstoff wirken, aber auch eine Reihe anderer Verbindungen. Die Wirkung hängt allerdings sehr stark von der Ausbildung ihrer Oberfläche ab. Relativ unabhängig von der Oberfläche fördert

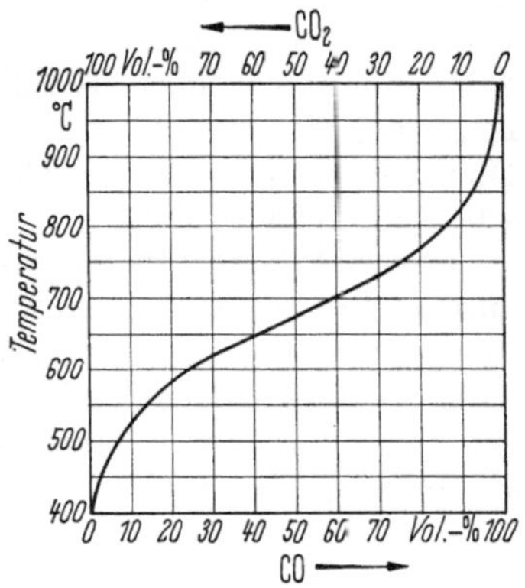

Abb. 153.
Temperaturabhängigkeit des Boudouardgleichgewichts $2\,CO \rightleftharpoons CO_2 + C$

Eisenoxid die Gleichgewichtseinstellung der Boudouardreaktion. In reduzierender Atmosphäre ist es daher in diesen Temperaturbereichen möglich, daß sich im Scherben Kohlenstoff abscheidet, der ebenfalls zu einer Schwarzfärbung führt. Man hat also immer zu unterscheiden, welche Ursache diese Schwarzfärbung hat. Tritt beim weiteren Brand ein Schließen des keramischen Produktes ein und wechselt die Atmosphäre nach oxydierend, dann wird der Kohlenstoff zu CO_2 oxydiert, was Anlaß zur Blasenbildung sein kann. Dagegen bildet sich bei der Oxydation eines dunklen Belages aus Si nur SiO_2, das unschädlich ist. Finden in keramischen Produkten sehr starke Kohlenstoffablagerungen statt, so können sie zum Zerspringen dieser Produkte führen, was besonders bei Feuerfestmaterialien eintreten kann. Als Katalysator wirken nur die Eisenoxide, aber nicht mehr das silicatisch gebundene Eisen. Wenn man daher ein eisenhaltiges Produkt so hoch brennt, daß alles Eisen in die Schmelzphase oder in silicatische Bindung in Form von Kristallen aufgenommen wird, ist nicht mehr mit dieser katalytischen Reaktion zu rechnen.

Bei hohen Temperaturen hat auch der Stickstoff in reduzierender Atmosphäre die Neigung, sich chemisch in den Schmelzen zu lösen. Tritt anschließend eine oxydierende Atmosphäre auf, so wird dieser

Stickstoff wieder in molekularer Form freigesetzt und führt zur Blasenbildung. Als Oxydationsmittel können auch Fe_2O_3-Verunreinigungen
wirken, wie H. Meyer [489] an Feldspäten gezeigt hat, die von vornherein chemisch gebundenen Stickstoff enthielten (S. 222). Führt man
den Brand unter neutralen oder reduzierenden Bedingungen durch, wird
diese Blasenbildung nicht beobachtet.

5.5.5 Brennfarbe

Die Hauptkomponenten der keramischen Produkte SiO_2, Al_2O_3,
Erdalkalioxide und Alkalioxide sind farblos. Keramische Produkte,
die nur aus diesen Oxiden bestehen, sind deshalb auch farblos, unabhängig
von Brenntemperatur und Brennatmosphäre. Eine Ausnahme bildet
dabei eine sehr scharfe Reduktion, die über SiO und dessen Zersetzung
zu Si und SiO_2 zu Ablagerungen von Si führen kann. Ebenso kann eine
Dunkelfärbung durch falsche Reduktion und damit verbundene Ab-
scheidung von C eintreten.

Die wichtigste Ursache für die meist beobachtete Brennfarbe keramischer Produkte ist die Anwesenheit von *Eisen* in verschiedenen Oxyda-
tionsstufen. Bei Zimmertemperatur ist das Oxid Fe_2O_3, der Hämatit,
stabil. Seine Farbe ist meist braun bis rot, wobei hier, wie auch bei den
anderen Oxiden und Verbindungen, die Farbe vom Verteilungsgrad
abhängt. Mit steigender Temperatur besteht die Tendenz des Übergangs
zu niederwertigen Oxiden des Eisens.
Der sich dabei über Fe_2O_3 einstellende
Sauerstoffpartialdruck ist in Abb. 154
zu sehen. Aus diesem Diagramm ist zu
erkennen, daß bei 1455 °C ein O_2-Partial-
druck von 1 atm erreicht wird. Bei
1400 °C beträgt der Sauerstoffpartialdruck 0,3 atm. Ausführliche Untersuchungen über das System Fe—O stammen von Darken und Gurry [127]. Bei
dieser Sauerstoffabgabe geht das Fe_2O_3
zunächst in den Magnetit Fe_3O_4 über
(mit Spinellstruktur). Bei noch geringe-

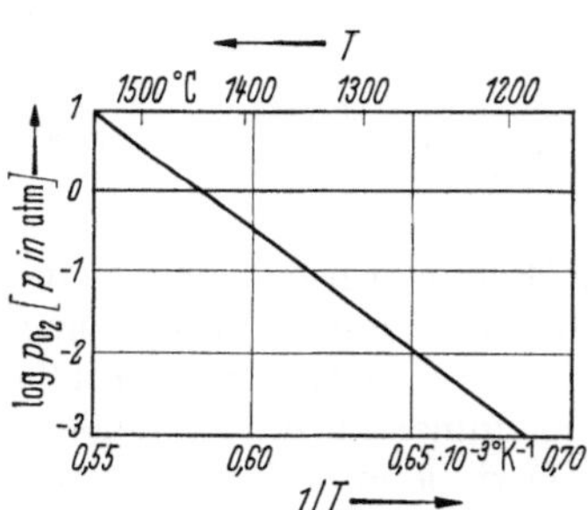

Abb. 154. O_2-Partialdrücke über Fe_2O_3

ren Sauerstoffpartialdrücken oder bei höheren Temperaturen findet
ein Übergang in das zweiwertige Eisen FeO (Wüstit) statt. Bei 1400 °C
geschieht das bei einem Sauerstoffpartialdruck von 10^{-6} atm. Wird bei
dieser Temperatur der Sauerstoffdruck unter 10^{-10} atm erniedrigt, so
bildet sich metallisches Eisen. Die beiden genannten Oxide Fe_3O_4 und
FeO sind schwarz gefärbt.

Neben diesen Oxiden kennt man weitere Eisenverbindungen; die
zweiwertigen sind weiß bis grün bis blau, je nach der Art der Verbindung;
die dreiwertigen können farblos sein, meist haben sie aber eine braune
Farbe.

In keramischen Produkten liegt das Eisen nur teilweise in Form der
reinen Oxide vor, teilweise ist es gebunden in einigen Verbindungen oder

in der Glasphase gelöst. Die Stabilitätsbereiche der verschiedenen Wertigkeitsstufen werden damit geändert. Trotzdem kann man allgemein sagen, daß mit steigender Temperatur immer die Tendenz des Überganges von der drei- zur zweiwertigen Stufe besteht.

In oxydierender Atmosphäre brennen die Kaoline und Tone je nach Eisengehalt meist in gelber bis roter Farbe. Mit steigender Temperatur findet häufig ein Übergang in gelblich bis gelbbraun statt, bei noch höherer Temperatur tritt eine sehr starke Vertiefung der Farbe auf infolge des teilweisen Übergangs in die zweiwertige Stufe, der nach Abb. 154 dann auch in oxydierender Atmosphäre eintritt. In reduzierender Atmosphäre wird häufig eine graue Farbe beobachtet, die bei starker Reduktion in einen blauen Farbton umschlagen kann. Wichtig sind diese intensiven Farben bei der Herstellung von Ziegeln und Klinkern. Klinker, die bei höherer Temperatur gebrannt werden und damit einen wesentlichen Anteil an Schmelzphase besitzen, zeigen meist durch das in dieser Schmelzphase gelöste Eisenoxid einen intensiveren Farbton.

Die Farbe in grobkeramischen Produkten ist abhängig von der Menge der vorhandenen Eisenoxide und von deren Verteilung sowie auch von der Zusammensetzung der gesamten Masse. Natürlich spielen auch Atmosphäre, Temperatur und Anteil an Schmelzphase, der wiederum vom Masseversatz abhängt, eine wichtige Rolle.

Bei einigen *Ziegeltonen* beobachtet man beim Brand statt einer Rot- eine Gelbfärbung, obwohl der Eisengehalt so hoch ist, daß normalerweise eine rote Färbung entstehen müßte. Schon frühzeitig erkannte man, daß für diese Gelbfärbung ein bestimmter Gehalt an CaO und teilweise auch an MgO erforderlich ist. Diese Gelbfärbung ist oft untersucht worden, ohne daß bis jetzt Klarheit darüber herrscht, welche Ursachen sie hat. KLAARENBEEK [376] meint, daß für die Bildung der gelben Farbe eine SiO_2-reiche Schmelzphase und die Gegenwart von CaO und MgO erforderlich ist. Man erhält diese Schmelzphase unter dem Einfluß von Alkalien oder durch eine Reduktionsperiode. Pro Mol Fe_2O_3 müssen in dem Rohstoff mindestens 2 Mol RO vorhanden sein. Der Anteil an Erdalkalioxid muß um so höher sein, je höher der Gehalt an Al_2O_3 ist. Das Molverhältnis MgO : CaO darf von 0,1 bis 1 variieren. Er nimmt an, daß sich dabei ein Mineral der Pyroxengruppe, z. B. Diopsid $CaMg(SiO_3)_2$ bildet, das Eisen im Gitter eingebaut hat und dann für die Farbe verantwortlich ist. SANDFORD und LILJEGREN [610] machen dagegen für die Färbung das Dicalciumferrit $2\,CaO \cdot Fe_2O_3$ verantwortlich. Dieses ist zwar selbst als reine Verbindung schwarzbraun, aber es soll in diesen Ziegeln nur in dünner Schicht um restliche CaO-Körner als Träger vorliegen, so daß daraus eine gelbe Farbe resultiert. Einen direkten Beweis für diese Vorstellung konnten beide Autoren nicht bringen.

Bei normalen Gläsern vom Fensterglastyp erzeugt das dreiwertige Eisen nur eine schwache Gelbfärbung, dagegen die reduzierte Stufe des zweiwertigen Eisens eine sehr intensive blaue Farbe. Im allgemeinen führt man deshalb die Glasschmelze in oxydierender Atmosphäre durch. Bei Porzellanen beobachtet man jedoch, daß bei gleichem Eisengehalt in oxydierender Atmosphäre eine intensive Gelbfärbung auftritt, während beim Brennen in reduzierender Atmosphäre nur ein grünlich-blauer Farbton in Erscheinung tritt, der sich aber nicht stark bemerkbar macht. Man bezeichnet beim Porzellanbrand diese gelbliche Farbe, die durch Oxydation bei höheren Temperaturen entstanden ist, als *Luftgelb* oder *Muffelgelb*. Daneben kennt man noch ein Rauchgelb, das bei zu starker Reduktion bei porösen Scherben entsteht und durch kolloidalen Kohlenstoff verursacht wird. Nach RIEKE und FAUST [580] führen 0,8 Gew.-% Fe_2O_3 im Scherben bei normalem Porzellanbrand mit einer Reduktionsperiode zu einer grauen Färbung. Ist der Fe_2O_3-Gehalt > 1 Gew.-%, tritt eine gelbe Farbe auf. Weißfärbung kann man beim Porzellanbrand nur bei Fe_2O_3-Gehalten $< 0,6$ Gew.-% erhalten. Bei oxydierendem Brand erscheint eine deutlich gelbe Farbe schon ab 0,35 Gew.-%. Die Glasuren, die der Atmosphäre viel stärker ausgesetzt sind, müssen noch kleinere Fe_2O_3-Gehalte ($< 0,25$ Gew.-%) haben, um im normalen Porzellanbrand weiß zu bleiben.

Diesen auffallenden Unterschied in der Färbung durch Eisen zwischen Gläsern und Porzellan hat EMBABI [170] näher untersucht. Aus seinen Versuchen konnte er folgern, daß für die Färbung nur die Glasphase verantwortlich ist. In reduzierender Atmosphäre bildet sich FeO, das sich in der Glasphase löst, die dadurch eine bläuliche Farbe erhält. In oxydierender Atmosphäre ist das Eisen in dreiwertiger Form vorhanden, dessen Löslichkeit im Gegensatz zu den normalen Gläsern in der alkaliarmen Porzellanglasphase nur gering ist. Dadurch kommt es zu kolloidalen Fe_2O_3-Ausscheidungen, die eine sehr intensive Färbung zeigen und für die starke Gelbfärbung verantwortlich sind.

Nicht nur durch Alkaloid wird die Farbwirkung des Eisens beeinflußt, sondern auch durch *Titandioxid* TiO_2, das meist ebenfalls in den Rohstoffen enthalten ist. Man kann allgemein sagen, daß die Gegenwart von TiO_2 die Farbwirkung des Eisenoxids vertieft. TiO_2 allein ist farblos. Erst bei hohen Temperaturen und in reduzierender Atmosphäre geht es teilweise in die dreiwertige Stufe in Richtung Ti_2O_3 über, das selbst blau bis violett färbt. Als Grund für die starke Färbung in Gegenwart von TiO_2 haben KRAUSZ und GRAMSZ [414] angenommen, daß sich im Brand ein Spinell $FeO \cdot Ti_2O_3$ bildet, den sie selbst in reduzierender Atmosphäre (Brand bei 1200 °C in H_2) herstellen konnten und der eine tief schwarze Farbe zeigt. Im oxydierenden Brand tritt dieser Spinell nicht auf. Zahlreiche spätere Untersuchungen im System $FeO-Fe_2O_3-TiO_2$ haben aber ergeben, daß man unter reduzierenden Bedingungen, die besser denen in der Praxis entsprechen, nicht mit dem Auftreten dieses Spinells rechnen kann. Derartige Untersuchungen stammen z. B. von R. W. TAYLOR [711], wo auch andere Messungen angegeben sind. Der Nachweis eines Spinells von KRAUSZ kann vielleicht darauf zurückzuführen sein, daß sich in diesem System ein anderer Spinell in reduzierender Atmosphäre bilden kann, nämlich der Zusammensetzung $2 FeO \cdot TiO_2$. Dieser bildet eine lückenlose Mischkristallreihe mit dem Spinell Fe_3O_4. Darüber hinaus treten in diesem Dreistoffsystem auch noch zwei orthorhombische Mischkristallgebiete auf, und zwar zwischen Hämatit und Ilmenit ($Fe_2O_3-FeO \cdot TiO_2$) und den Eisen-

titanaten $Fe_2O_3 \cdot TiO_2$ und $FeO \cdot 2\,TiO_2$. Nur bei MacChesney und
Muan [462] findet man den Hinweis, daß bei sehr starker Reduktion,
bei hoher Temperatur und bei großen TiO_2-Gehalten etwas Titan in der
dreiwertigen Stufe auftritt. Die Farbverstärkung des Eisenoxids bzw.
der Eisenoxide durch TiO_2 wird man auf das Auftreten von Verbindungen
oder den oben erwähnten Mischkristallen zurückzuführen haben. Auch
deren Farbe wird nicht nur von der jeweiligen Zusammensetzung, sondern auch von ihrem Verteilungsgrad abhängen.

Das Eisenoxid ist die wichtigste Ursache für das natürliche Auftreten
der Brennfarbe. Es ist auch möglich, eine künstlich erzeugte Brennfarbe
herzustellen, die einen bestimmten Farbton hat. Bei hohen Brenntemperaturen ist allerdings die mögliche Farbskala gering. Blau kann
man die Massen färben durch einen Zusatz von Kobaltoxid. Mit geringen
Mengen von Kobaltoxid kann man übrigens auch einen leichten Gelbton
einer anderen Masse kompensieren. Kobaltoxid gemeinsam mit Mangan-
oxid kann zu einer künstlichen Schwarzfärbung der Masse führen.
Grüne Farben erreicht man durch Zugabe von Chromoxid. Chromoxid
färbt aber nicht immer grün. In Al_2O_3 z. B. eingebaut ergeben die ersten
Mengen des dreiwertigen Chroms die rote Rubinfärbung, während erst
bei höheren Chromgehalten die Farbe ins Grün umschlägt. Hier ist für
den Farbwechsel des dreiwertigen Chromions die Art der Koordination
im Kristallgitter verantwortlich.

5.6 Engoben und Glasuren

Gebrannte keramische Produkte bestehen aus kristallinen Phasen,
die in eine Glasphase eingebettet sind. Der hohe Anteil an kristallinen
Phasen führt dazu, daß sich Kristalle auch in der Oberfläche befinden,
wodurch eine bestimmte Rauheit der Oberfläche bedingt ist. Es sind
deshalb verschiedene Methoden entwickelt worden, keramische Scherben
mit einer glatten Oberfläche zu versehen und dadurch zu verschönern.
Die wichtigste Methode ist das Glasieren. Bei porösen Scherben erhält
man damit gleichzeitig eine Abdichtung der Oberfläche.

Hier seien dazu aber keine Rezepte oder Angaben über bestimmte
Glasuren oder Glasurfarben besprochen, die man z. B. in den Büchern
von Henze [282], Lehnhäuser [450] oder Parmelee [535] finden kann,
sondern es sollen nur allgemeine Grundlagen behandelt werden.

Man erhält eine verbesserte Oberfläche, wenn man den keramischen
Scherben mit einem Überzug versieht, der während des Brandes mit
dem Scherben einen festen Kontakt eingeht. Diese wichtige Forderung
kann man durch Überzüge erfüllen, die in ihrer Zusammensetzung dem
Scherben nahestehen.

5.6.1 Engoben

Die einfachsten keramischen Überzüge sind die Engoben oder Be-
güsse, die von dem wichtigsten Rohstoff der Masse ausgehen, der Tonmineralsubstanz. Zur Erzeugung einer einwandfreien Oberfläche ist
nicht nur die Auswahl eines Tones mit der gewünschten Brennfarbe

notwendig; sondern man muß durch Abschlämmen eine feinkörnige
Fraktion gewinnen. Außerdem muß man darauf achten, daß die Schwindung der des Scherbens angepaßt ist.

Engoben sind nach dem Brand noch porös und zeigen kaum Glanz,
obwohl man meist frühsinternde Tone verwendet. Man kann diese
Eigenschaften verbessern, wenn bei der Brenntemperatur ein höherer
Anteil an Schmelzphase entsteht, also der Gehalt an Alkalien höher ist.
Dies ist durch Anwendung illitischer Tone oder Zusatz von Flußmitteln
zum Begußschlicker möglich.

Eine besonders interessante Engobe ist die Terra Sigillata der Römer,
bei der nach den Untersuchungen von KÖPPEN und OBERLIES [407]
ebenfalls ein feinster Schlicker aufgetragen wurde, aber dabei eine
Parallellagerung der Kaolinitteilchen zur Oberfläche erreicht wurde.
Diese Lagerung bleibt auch nach dem Brand erhalten und bewirkt den
typischen matten Glanz. Durch den relativ hohen Fe_2O_3-Gehalt des
Rohstoffes erhielt man nach oxydierendem Brand, der nach HOFMANN
[299] bei etwa 950 °C erfolgte, einen roten Farbton und einen dichten
Überzug, dessen Dicke zwischen 10 und 30 µm schwankt.

HOFMANN [299] verdanken wir auch die Erforschung der Grundlagen
der griechischen Vasenmalerei. Dazu wurden zwei feinkörnige, geschlämmte Malschlicker verwendet: für schwarz ein eisenreicher illitischer
Ton und für rot ein eisenreicher kaolinitischer Ton. Der Brand erfolgte
zunächst bei 840 °C oxydierend, wodurch Scherben und alle Malschichten
durch dreiwertiges Eisen rot gefärbt wurden. Bei dieser Temperatur
schloß sich dann eine kurze (5 bis 10 min) Reduktionsperiode an, die
die ganze Oberfläche schwarz färbte. Dann folgte bis 860 °C oxydierender
Brand, wobei die poröse, kaolinitische Malschicht wieder rot wurde,
während die durch den hohen K_2O-Gehalt (etwa 5 Gew.-%) bereits
dichte illitische Malschicht den Eintritt des O_2 zur Oxydation des Eisens
verhinderte und deshalb schwarz blieb.

5.6.2 Glasuren

Das jetzt meist angewandte Verfahren des Glasierens erzeugt nach
dem Brand auf dem Scherben einen glasigen Überzug, steht also der
Glasphase der keramischen Scherben näher.

5.6.2.1 Zusammensetzung

Die Forderung nach einer guten Verbindung zwischen Scherben und
Glasur während des Brandes, weiterhin nach einem einwandfreien Sitz
der Glasur nach dem Brand sowie guten mechanischen und chemischen
Eigenschaften, bedingt die Auswahl einer geeigneten chemischen Zusammensetzung der Glasur.

Gläser, und damit auch Glasuren, lassen sich aus vielen Oxiden
aufbauen. Wie bei der Besprechung der Gläser ersichtlich wurde, kann
man die Abhängigkeit einer Eigenschaft von der Zusammensetzung
besser erkennen, wenn man letztere in Mol-% angibt. Ausgehend von
dieser Überlegung hat SEGER ein jetzt oft verwendetes Formelschema

entworfen. Dabei wird der Gehalt an allen basischen Oxiden (z. B. Li_2O, Na_2O, K_2O, MgO, CaO, BaO, ZnO, PbO, FeO, CoO, NiO, Mn_2O_3, Fe_2O_3) so berechnet, daß die Summe der Mol-Teile gerade 1 beträgt. Daneben werden in einer weiteren Spalte die entsprechenden Mol-Teile an Al_2O_3 und Cr_2O_3 und in einer dritten Spalte die an sauren Oxiden (z. B. SiO_2, B_2O_3, SnO_2) angegeben. Als Beispiele seien hier die Seger-formeln von Glasuren angeführt für eine Glattbrandtemperatur von

950 °C (für z. B. Steingut)

$$\left.\begin{array}{l} 0{,}2\ K_2O \\ 0{,}2\ Na_2O \\ 0{,}3\ CaO \\ 0{,}3\ PbO \end{array}\right\} \qquad 0{,}3\ Al_2O_3 \qquad \left\{\begin{array}{l} 2{,}1\ SiO_2 \\ 0{,}5\ B_2O_3 \end{array}\right.$$

1200 °C (für z. B. Steinzeug)

$$\left.\begin{array}{l} 0{,}3\ K_2O \\ 0{,}1\ MgO \\ 0{,}5\ CaO \\ 0{,}1\ ZnO \end{array}\right\} \qquad 0{,}4\ Al_2O_3 \qquad 3{,}5\ SiO_2$$

und 1430 °C (für Hartporzellan)

$$\left.\begin{array}{l} 0{,}2\ K_2O \\ 0{,}2\ MgO \\ 0{,}6\ CaO \end{array}\right\} \qquad 1{,}1\ Al_2O_3 \qquad 10{,}0\ SiO_2.$$

Diese Beispiele lassen deutlich erkennen, daß mit steigendem SiO_2-Gehalt die Glattbrandtemperaturen ansteigen, was einen engen Zusammenhang mit der Viskosität anzeigt. Im gleichen Maße steigt der Al_2O_3-Gehalt, wobei das Molverhältnis $Al_2O_3 : SiO_2$ meist etwa 1 : 10 beträgt, während der Gehalt an Alkalioxiden absinkt. Glasuren für tiefe Temperaturen enthalten meist B_2O_3, das die Viskosität von Glasschmelzen stark erniedrigt. Daneben findet man bei diesen Glasuren oft PbO im Versatz.

An Hand der Segerformeln kann man leicht überblicken, daß sich die Glasurversätze für hohe Temperaturen z. B. aus Feldspat, Kreide, Dolomit, Kaolin und Quarzsand zusammenstellen lassen, woraus ein guter Glasurschlicker herstellbar ist. Bei dem oben angeführten Beispiel für die tiefschmelzende Glasur kann man auf diese Art nicht alle Fluß-mittel in der für einen Schlicker geforderten wasserunlöslichen Form erfassen. In solchen Fällen werden die Flußmitteloxide, einschließlich B_2O_3, gefrittet, indem sie mit einem Teil des Al_2O_3 und SiO_2 kurz vor-geschmolzen werden. Diese Fritte bildet dann zusammen mit dem rest-lichen Al_2O_3 und SiO_2 als Kaolin den Mühlenversatz.

Einige Glasurversätze kann man sowohl mit als auch ohne Fritte aufstellen. Ihr Schmelzverhalten wird dann unterschiedlich sein (s. u.), d. h., die Segerformeln erfassen das Verhalten einer Glasur nicht voll-ständig.

Diese Unterschiede haben zur Einteilung nach Rohglasuren, Fritte-glasuren und Anflugglasuren (S. 291) geführt. Oft findet man auch die Einteilung nach bleihaltigen und bleifreien Glasuren, was im Hinblick auf die Verwendung, aber nicht auf das Brennverhalten gerechtfertigt ist.

5.6.2.2 Vorgänge beim Brand

Aus den Glasurbestandteilen wird der Glasurschlicker hergestellt, dessen genaue Einstellung wesentlich für das Gelingen des technischen Glasurauftrags ist. Für die Viskosität und thixotropen Eigenschaften des Glasurschlickers gelten ähnliche Abhängigkeiten wie beim Gieß- schlicker (S. 240ff.). Die Dicke des Glasurauftrags nimmt mit der Tauch- zeit und dem spezifischen Gewicht des Schlickers zu. Nach dem Trocknen hat der Glasurauftrag eine Porosität um 35%. Ein Zusatz von gebrann- ten Scherben, wie er manchmal bei Porzellanglasuren üblich ist, erhöht nach RIEKE und TANNE [583] diesen Wert etwas.

Während des Brandes der Glasuren spielen sich ähnliche Vorgänge wie beim Brand keramischer Massen ab (S. 262ff.). Bei den Rohglasuren findet zunächst die Wasserabspaltung aus den Tonmineralen statt. Das Auftreten der ersten Schmelzphase hängt von der Art der Flußmittel ab. In PbO- und B_2O_3-haltigen Glasuren ist damit schon ab 500 °C zu rech- nen, wo die tiefsten Eutektika im System $PbO-B_2O_3-SiO_2$ liegen. Zur Erniedrigung der Einbrenntemperaturen wurde wiederholt die Ver- wendung von Glasuren mit eutektischen Zusammensetzungen vor- geschlagen. In Glasuren für höhere Temperaturen ist der nächste wesent- liche Vorgang die Dissoziation der Carbonate Dolomit und Kalkspat, der sich geringe Festkörperreaktionen anschließen. Mit dem Schmelzen des Feldspats ab etwa 1000 °C wird eine starke Abnahme der Porosität der Glasur beobachtet, die mit einer Schwindung verbunden ist, d. h., die Glasur beginnt sich zu schließen. Diese Temperatur ist ein wichtiges Stadium für den Brand; denn damit wird gleichzeitig auch der Scherben abgedichtet. Bei Hartporzellanglasuren liegt diese Temperatur je nach Zusammensetzung bei 1250 bis 1350 °C. Bei der weiteren Temperatur- steigerung bis zur Glattbrandtemperatur lösen sich die restlichen Ver- satzkomponenten auf. Während der folgenden Abkühlung verhält sich die Glasur wie eine Glasschmelze, d. h., die Viskosität steigt ständig an, bis beim Erreichen der Transformationstemperatur Tg (S. 73) ein festes Glas entsteht. Diese Temperaturen liegen zwischen 400 und 700 °C. Erst nach Unterschreiten von Tg können in der Glasur Spannungen auftreten (S. 293).

Fritteglasuren enthalten Fritte, die ein Glas darstellt. Wenn auch dieses Glas nicht besonders gut durchgeschmolzen ist, so beginnt es doch bereits bei erheblich tieferen Temperaturen zu erweichen. Die Reaktionen mit den Tonmineralen beginnen dann früher, so daß das Schmelzinter- vall solcher Glasuren stark verbreitert wird.

Mit steigender Brennzeit und -temperatur erreicht man ein besseres Aufschmelzen der Glasur, doch reichen die Bedingungen im praktischen Betrieb nicht aus, eine vollkommen homogene Schmelze zu erreichen. Man kann aber die Vorgänge unterstützen, wenn man die Versatzbestand- teile in möglichst geringer Korngröße einführt, weshalb sich eine Fein- mahlung in der Kugelmühle empfiehlt.

Reaktionen in Schmelzen werden durch niedrige Viskositäten be- schleunigt. Eine geringe Viskosität begünstigt auch das Auslaufen der

Glasurschmelze, was außerdem von deren Oberflächenspannung abhängt. Diese beiden Eigenschaften bestimmen den Spiegel, d. h. die glatte Oberfläche der Glasur. Man kann aber nicht durch Temperatursteigerung die Viskosität zu weit verringern, weil dann die Gefahr des Ablaufens der Glasur besteht. Nach BREMOND [64] beträgt die günstigste Viskosität der Glasuren bei der Glattbrandtemperatur etwa 2000 Poise. Dies gilt für viele Glasuren, doch ist es bei einigen Glasuren zur Vermeidung des Aufstiegs von Blasen empfehlenswert, die Viskosität höher einzustellen.

Eine Methode zur Bestimmung der Viskosität stellt das Rinnenviskosimeter dar, mit dem die Fließstrecke einer Glasur in einer Rinne aus keramischem Material unter einem bestimmten Neigungswinkel gemessen wird. H. LEHMANN u. Mitarb. [437] haben diesen Lauflängentest mit Messungen mit dem Rotationsviskosimeter verglichen und festgestellt, daß im allgemeinen eine gute Relation besteht, daß aber auch starke Abweichungen eintreten können. Zur Schnellbestimmung des Fließverhaltens von Glasurfritten eignet sich auch die Druckerweichung, wie sie von BEYERSDORFER und HAMMER [42] beschrieben wird.

Während des Brandes reagiert die sich bildende Schmelze nicht nur mit den ungelösten Versatzbestandteilen, sondern auch mit dem Scherben, der chemisch eine große Verwandtschaft zur Glasur hat. Durch diese Reaktionen entsteht eine innige Verbindung zwischen Glasur und Scherben, die die Voraussetzung für eine gute Haftung ist. Da weiterhin die Scherbenoberfläche nicht eben ist und die Glasur in alle Vertiefungen fließt, kommt zusätzlich eine mechanische Verankerung hinzu.

Glasuren sind flußmittelreicher als Scherben, weshalb sie lösend auf den Scherben wirken. Das Ausmaß dieser Reaktionen hängt ab von der Art der Glasur, der Brenntemperatur, der Zeit und der Art des Scherbens. In rohglasierten Scherben laufen während des Brandes noch alle Reaktionen ab; sie sind deshalb gegenüber der Glasur reaktionsfreudiger als vorgebrannte Scherben.

Die Folge dieser Reaktionen ist die Ausbildung einer *Zwischenschicht*, die in ihrer Zusammensetzung nicht scharf abgegrenzt ist, sondern einen kontinuierlichen Übergang zur Glasur zeigt. Manchmal kann man in sie noch Teile des Scherbens einbeziehen; denn einige Glasurkomponenten dringen auch in diesen ein, während sich umgekehrt die Schmelzphase des Scherbens mit der Glasurschmelze vermischt. Bei diesen Vorgängen ändert sich die Zusammensetzung der Zwischenschicht, und es kann zu Kristallausscheidungen kommen, z. B. Mullit, Anorthit oder Wollastonit. Die Dicke der Zwischenschicht beträgt meist 10 bis 50 μm und erstreckt sich damit über $^1/_{20}$ bis $^1/_4$ der Glasur. Im allgemeinen liegen die Eigenschaften der Zwischenschicht zwischen denen der Glasur und des Scherbens, so daß sie zwischen Glasur und Scherben vermittelt.

Betrachtet man eine fertige Glasur mit einer Lupe oder unter dem Mikroskop, wie es u. a. von SCHOBLIK [622] beschrieben wird, dann wird man in einigen Typen immer, in anderen oft *Blasen* feststellen (Abb. 155a). Sind diese Blasen kleiner als 80 μm, dann werden sie vom bloßen Auge nicht bemerkt. Größere Blasen können aber zu Fehlern führen, wobei je nach Aussehen die Glasuroberfläche als bewölkt, eierschalig oder nadelstichig bezeichnet wird. Dieses Aussehen wird durch kleine Grübchen in der Glasuroberfläche hervorgerufen, die manchmal durch den Austritt von Blasen, meist aber durch darunterliegende Blasen bedingt sind. Zahlreiche Untersuchungen galten deshalb diesen Problemen, wobei hier nur auf einige mehr zusammenfassende Arbeiten von MUNIER und MÈNERET [502], WILLIAMSON [773] und BLIN [49] sowie in [628] hingewiesen sei.

Als Blasenursache sind Glasur, Scherben oder eine Wechselwirkung zwischen beiden in Betracht zu ziehen. Beim Schmelzen von Glasuren

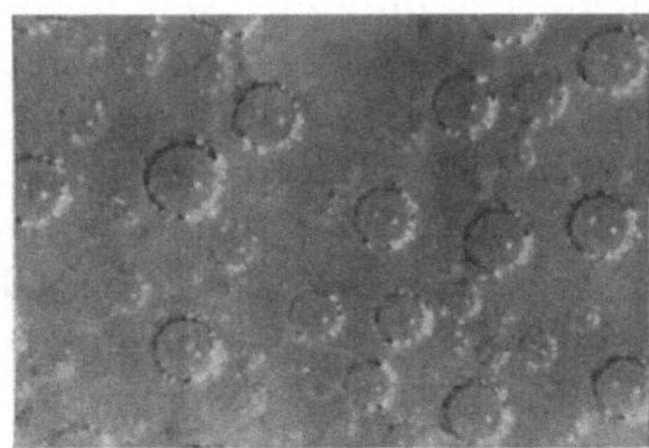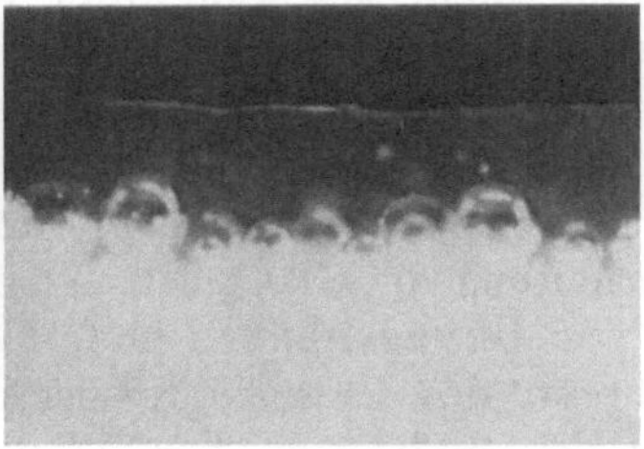

Abb. 155. Blasen in einer Porzellanglasur ($V = 240 \times$, links Aufsicht, rechts Anschliff)

allein wird beim Schließen der Glasur Ofenatmosphäre eingeschlossen, was zu kleinen Blasen führt, die wegen der relativ hohen Viskosität bei der Glattbrandtemperatur (s. o.) nur schwer entweichen können. Oben wurde erwähnt, daß beim Schmelzen von Glasuren viele Gase entweichen. Diese Gase führen aber erst dann zur Blasenbildung, wenn die Glasur sich zu schließen beginnt. Meist sind dann die wichtigsten Zersetzungsreaktionen abgeschlossen, insbesondere die der Tonminerale und Carbonate.

Oft enthalten Glasuren noch weitere Komponenten in geringen Mengen, meist als Verunreinigungen. In Zusammenhang mit der Blasenbildung ist besonders Fe_2O_3 zu erwähnen, das im reinen Zustand nach Abb. 154 bei 1455 °C einen Dissoziationsdruck an O_2 von 1 atm erreicht. Trotz der etwas anderen Dissoziationstemperatur des gebundenen Eisens bildet die O_2-Abspaltung beim Übergang zum zweiwertigen Eisen mit steigender Temperatur eine Blasenquelle. Dieses O_2 kann dann nach H. MEYER [488] mit chemisch gebundenem Stickstoff unter N_2-Bildung reagieren, so daß die Blasen einen hohen N_2-Gehalt aufweisen können. Die Folge dieser Vorgänge ist ein großer Blasengehalt der Glasuren bei oxydierendem Brand, wodurch die Oberfläche ein rauhes Aussehen erhält. Man kann das vermeiden, indem man von reinen Rohstoffen ausgeht oder durch reduzierenden Brand vor dem Schließen der Glasur das dreiwertige Eisen zum zweiwertigen Eisen reduziert.

Eine weitere Ursache liegt im Scherben, der meist porös ist. Da das Schließen der Glasur vor Erreichen der höchsten Brenntemperatur erfolgt, dehnen sich die in Poren befindlichen Gase weiter aus und bilden in der Glasur Blasen. Schließlich sind noch die Reaktionen zwischen Glasur und Scherben zu berücksichtigen. Durch Auflösung des Scherbens können vorher geschlossene Poren geöffnet werden, so daß die dann entweichenden Gase Blasen bilden. Bei diesen Reaktionen wird die Zusammensetzung der Glasur saurer. Dadurch bewegt sich das Fe^{3+}/Fe^{2+}-Gleichgewicht in Richtung Fe^{2+}, was nach Untersuchungen mit GALANULIS [214] Anlaß zur Blasenbildung in der Zwischenschicht geben kann. Wirklich findet man sehr oft in der Zwischenschicht einen Blasenschleier, wie Abb. 155 am Beispiel einer Porzellanglasur zeigt. Diese Blasen können noch vom Einschmelzen herstammen, aber auch Neubildungen beim Ausbilden der Zwischenschicht sein. Sie beeinflussen in dieser Größe das Aussehen der Glasur nicht. Die wahre Ursache kann man durch Gasanalyse erkennen, doch muß man diese sofort nach der Blasenbildung durchführen; denn während des weiteren Brandes ändert sich die Zusammensetzung des Blaseninhalts teils durch die oben erwähnten Reaktionen, teils durch Austausch der Gase mit der umgebenden Atmosphäre durch Diffusion. Aus Obigem ergibt sich auch, daß man eine Glasur nicht beliebig lange und hoch brennen kann; denn dann treten die Reaktionen mit dem Scherben immer stärker hervor, und die Blasenbildung nimmt zu. Man spricht dann vom Überbrennen einer Glasur.

Die Ofenatmosphäre übt beim Glasurbrand einen ähnlichen Einfluß auf die Farbe aus wie beim früher beschriebenen Porzellanbrand (S. 284). Es wurde schon erwähnt, daß es in der Reduktionsperiode infolge des Boudouardgleichgewichts $2\,CO \rightleftarrows CO_2 + C$ zur Kohlenstoffablagerung im Scherben und auch in der Glasur kommen kann (S. 281). Wird dieser durch die Glasurschmelze eingeschlossen, dann entstehen bei nachträglicher Oxydation Blasen, die oft in der Glasur Nadelstiche erzeugen. H. LEHMANN und KOLKMEIER [438] haben diese Erscheinung näher untersucht. Diese Arbeit sei als Beispiel für viele andere Veröffentlichungen genannt, die sich mit dem technisch wichtigen Problem der Glasurfehler durch Blasen beschäftigen. Hier konnten nur einige Grundlagen gebracht werden.

Die wichtigste *Anflugglasur* ist die für Steinzeug typische Salzglasur. Dabei wird nach Erreichen der maximalen Brenntemperatur NaCl in den Ofen gestreut, das bei 1220 °C bereits einen Dampfdruck von 100 Torr aufweist. An den keramischen Oberflächen reagiert es unter Mitwirkung des in der Ofenatmosphäre enthaltenen H_2O-Dampfes zu HCl und einer $Na_2O-Al_2O_3-SiO_2$-haltigen Schmelze, deren Zusammensetzung von SEGNIT [661] auf Grund mikroskopischer Untersuchungen und Vergleiche mit dem ternären System $Na_2O-Al_2O_3-SiO_2$ zu (in Gew.-%) 20 Na_2O, 20 Al_2O_3 und 60 SiO_2 bestimmt wurde. Diese Schmelze erstarrt während des Abkühlens glasig und bildet die Salzglasur. Ihre Farbe hängt vor allem vom Fe_2O_3-Gehalt, in geringerem Maße auch vom CaO-Gehalt des Scherbens und von der Ofenatmosphäre ab. Bei oxydierendem Brand kann man hellgelbe bis rotbraune, bei reduzierendem Brand graue Farbtöne erhalten. Andere Farben lassen sich durch Zusatz von anderen flüchtigen Salzen (z. B. $MnCl_2$) zum NaCl erzeugen. Grundsätzlich eignen sich alle die flüchtigen Salze für Anflugglasuren, die mit der Scherbenoberfläche ein Glas zu bilden vermögen. So hat man z. B. mit Zinksalzen ähnliche Effekte erreichen können.

5.6.2.3 Eigenschaften von Glasuren

Die Ansprüche an Glasuren sind sehr vielseitig, weshalb sie auch nach verschiedenen Methoden untersucht werden. Zusammenfassend wurde dies u. a. von Kohl [384] und Reumann [577] dargestellt. Im folgenden sollen dazu einige Grundlagen erörtert werden.

An erster Stelle erwartet man von einer Glasur einen guten Sitz, d. h. weder Abplatzungen noch Risse. Eine Vorbedingung dafür, die gute Haftung, ist durch die Reaktionen zwischen Scherben und Glasur während des Brandes gegeben. Im noch flüssigen Zustand kann sich die Glasur der Kontraktion des Scherbens bei der Abkühlung leicht angleichen. Nach Unterschreiten der Transformationstemperatur ist aber die Glasur ebenfalls ein Festkörper und ihrer eigenen Kontraktion unterworfen. Ist diese größer als die des Scherbens, also $\alpha_{\text{Glasur}} > \alpha_{\text{Scherben}}$, dann hat die Glasur das Bestreben, sich stärker zusammenzuziehen als der Scherben. Durch die innige Haftung zwischen beiden wird diese Bewegung gehindert, und die Folge sind Zugspannungen in der Glasur. Wird dabei die Zugfestigkeit der Glasur überschritten, entstehen in ihr Risse, die wegen ihres Aussehens als Haarrisse bezeichnet werden. Bei entgegengesetztem Verhalten mit $\alpha_{\text{Glasur}} < \alpha_{\text{Scherben}}$ steht die Glasur unter Druckspannung. Da die Druckfestigkeit von Gläsern wesentlich höher als die Zugfestigkeit ist, treten erst bei hohen Druckspannungen Abplatzungen der Glasur auf. Eine weitere wichtige Forderung ist daher ein richtiges Anpassen der *Wärmedehnung* der Glasur an den Scherben, wobei eine geringe Druckspannung aus Gründen der Sicherheit, aber auch zur Verbesserung der Festigkeit (S. 317) erwünscht ist. Eine ideale Anpassung mit genau demselben Ausdehnungsverhalten ist kaum möglich; denn es gibt keine Glasur, die z. B. dem oft vorhandenen Quarzsprung im Scherben folgen könnte.

Im allgemeinen ist es einfacher, zur Anpassung die Zusammensetzung der Glasur zu variieren. Dazu kann man sich der Möglichkeiten der Berechnung der Wärmedehnung aus der Zusammensetzung bedienen. Vorschläge dazu stammen u. a. von F. P. Hall [257], doch erhält man

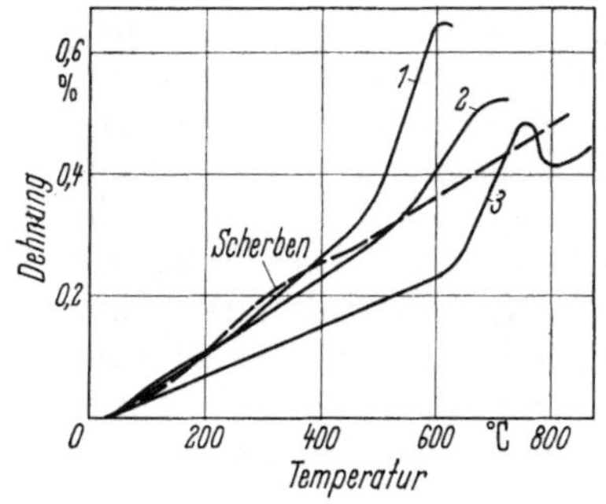

Abb. 156. Ausdehnungskurven eines Hartsteingutscherbens (Tonmineralsubstanz: Feldspat : Quarz = 50 : 8,5 : 41,5 Gew.-%) und dreier Glasuren

Glasur 1: 0,25 K$_2$O / 0,25 Na$_2$O / 0,25 CaO / 0,25 PbO } 0,35 Al$_2$O$_3$ { 2,5 SiO$_2$ / 0,5 B$_2$O$_3$

Glasur 2: 0,095 K$_2$O / 0,095 Na$_2$O / 0,545 CaO / 0,265 PbO } 0,376 Al$_2$O$_3$ { 2,74 SiO$_2$ / 0,19 B$_2$O$_3$

Glasur 3: 1,0 CaO   0,2 Al$_2$O$_3$ { 2,0 SiO$_2$ / 0,6 B$_2$O$_3$

mit den in Tab. 19 (S. 77) angegebenen Faktoren von Appen [17] die beste Übereinstimmung mit dem Experiment (S. 78). Für die auf S. 287 angeführten Glasuren errechnet sich danach $\alpha_{20/400}$ für die 950 °C-

Glasur zu $7,7 \cdot 10^{-6}$ grd^{-1}, für die 1200 °C-Glasur zu $6,5 \cdot 10^{-6}$ grd^{-1} und für die 1430 °C-Glasur zu $3,1 \cdot 10^{-6}$ grd^{-1}. Man kann also große Unterschiede erhalten. Jedoch gelten diese Faktoren nur für homogene durchgeschmolzene Gläser, was man bei Glasuren nicht erreicht. Es können dann Abweichungen auftreten, die METZEL [484] experimentell verfolgt hat. In Abb. 156 sind die Ausdehnungskurven von Glasuren, die wie beim späteren Brand im Glattbrandofen erschmolzen wurden, der Ausdehnungskurve eines Hartsteingutscherbens gegenübergestellt. Danach hat Glasur *2* fast dasselbe Verhalten wie der Scherben, während die Dehnung bzw. Kontraktion bei der Glasur *1* größer, bei der Glasur *3* dagegen geringer ist. Mit Glasur *1* müßten daher Zug-, mit Glasur *3* Druckspannungen entstehen, worauf unten nochmals eingegangen wird.

Man kann die sich ausbildenden *Spannungen* σ zwischen Glasur (Index g) und Scherben (Index s) nach folgenden Gleichungen berechnen:

$$\sigma_g = \frac{(\alpha_s - \alpha_g)\, \Delta T}{\dfrac{1 - \mu_g}{E_g} + \dfrac{1 - \mu_s}{E_s} \dfrac{d_g}{d_s}} \tag{128}$$

$$\sigma_s = \frac{(\alpha_g - \alpha_s)\, \Delta T}{\dfrac{1 - \mu_s}{E_s} + \dfrac{1 - \mu_g}{E_g} \dfrac{d_s}{d_g}} \tag{129}$$

mit $\Delta T =$ Differenz Tg der Glasur bis Raumtemperatur, $\mu =$ Poissonsche Konstante, $E =$ Elastizitätsmodul und $d =$ Schichtdicke. Positive Werte von σ zeigen Druckspannungen, negative Werte Zugspannungen an. Bei $\alpha_s > \alpha_g$ entstehen dann in der Glasur Druck-, im Scherben Zugspannungen.

Die Spannungen werden nach diesen Gleichungen um so größer, je größer die Differenz der Ausdehnungskoeffizienten und je höher die Transformationstemperatur des Glases ist. Außerdem hängen sie von dem Verhältnis der Schichtdicken Glasur/Scherben ab, indem sie mit Abnehmen dieses Verhältnisses in der Glasur ansteigen und im Scherben absinken. Die Gln. (128) und (129) geben die Gesamtspannungen in Glasur bzw. Scherben an. Die Spannungen in der Grenzfläche erhält man, wenn man in diesen Gleichungen d_g bzw. $d_s = 0$ setzt.

Früher (S. 279) wurde gezeigt, daß Porzellan eine Wärmedehnung von $\alpha_s = 3,5 \cdot 10^{-6}$ grd^{-1} hat. Setzt man vereinfachend $\Delta T = 600$ grd, $\mu_g = \mu_s = 0,20$ und $E_g = E_s = 7 \cdot 10^5$ kp/cm^2, dann ergibt sich mit $d_g/d_s = 0,05$ für eine Glasur mit $\alpha_g = 3,1 \cdot 10^{-6}$ grd^{-1} eine Druckspannung in der Glasur von 210 kp/cm^2 und eine Zugspannung im Scherben von 10 kp/cm^2. Solche Druckspannungen werden von Glasuren vertragen. Ist jedoch $\alpha_s < \alpha_g$, z. B. $\alpha_s - \alpha_g = -0,4 \cdot 10^{-6}$ grd^{-1}, dann kommt man schon an die Grenze der Zugfestigkeit von Glasuren, besonders wenn noch mit geringen mechanischen Beschädigungen der Oberfläche zu rechnen ist.

Diese Berechnungen gehen davon aus, daß während des Glasurbrandes keine Veränderungen eintreten. Es wurde aber bereits erwähnt

(S. 289), daß sich dabei eine Zwischenschicht ausbildet, die die Eigenschaften der Glasur verändert. Die Zusammensetzung der Glasur nähert sich dadurch der des Scherbens, wodurch auch die Spannungen zwischen beiden verringert werden. An Modellsystemen aus Gläsern haben OEL und FRÉCHETTE [527] gezeigt, daß die Spannungen sogar ihr Vorzeichen ändern können. Dieser Effekt ist auch möglich, wenn sich in der Zwischenschicht neue Kristalle bilden. Kristalle mit zur Glasur sehr unterschiedlichem Ausdehnungsverhalten erzeugen darüber hinaus örtliche Spannungen, die dort zur Rißbildung führen können und die mechanische Festigkeit des Produktes herabsetzen. In dieser Richtung wirkt besonders Cristobalit.

Diese Vorgänge sind einer Berechnung kaum zugänglich, weshalb man das praktische Verhalten einer Glasur auf einem Scherben am deutlichsten durch eine Messung feststellen kann. Zu diesem Zweck hat STEGER [690] einen *Spannungsprüfer* entworfen, bei dem ein einseitig glasierter Streifen in einem Ofen erhitzt und abgekühlt wird. Das eine Ende des Streifens, der beidseitig aus dem Ofen herausragt, wird fest eingespannt, während das andere Ende frei beweglich ist. Durch die beim Abkühlen entstehenden Spannungen tritt eine Biegung des Stabes ein, die am freien Ende registriert wird. Während bei der Stegerschen Apparatur der Stab waagerecht angebracht ist, hat BLAKELY [46] eine Anordnung mit hängendem Streifen entwickelt, dessen Ende sich noch im Ofen befindet und dort mit einem Fernrohr beobachtet wird. SCHURECHT und POLE [645] verwenden zur Messung der Spannungen die Veränderung des Abstandes zweier Marken nach Aufschneiden eines ringförmigen Probekörpers.

Abb. 157 bringt Messungen von METZEL [484] mit dem Spannungsprüfer nach STEGER an dem Scherben und den Glasuren der Abb. 156. Solche Diagramme werden bei der Abkühlung gemessen, sind also von rechts nach links zu lesen. Positives Vorzeichen der Ordinate zeigt Druckspannungen, negatives Vorzeichen Zugspannungen an. Von hohen Temperaturen kommend sind diese Glasuren bis 800 °C flüssig, so daß keine Spannungen entstehen. Mit sinkender Temperatur wird die Glasur viskoser und beginnt bereits eine Spannung auszubilden. Da aber oberhalb Tg der Ausdehnungskoeffizient der Glasurschmelze etwa dreimal so groß wie unterhalb und damit auch größer als der des Scherbens

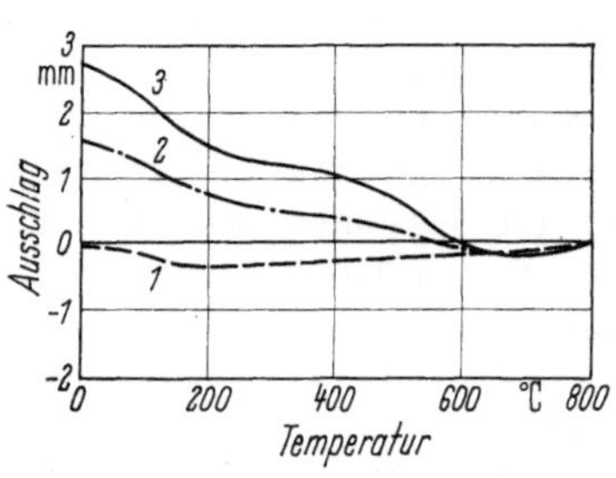

Abb. 157.
Spannungsprüfung nach STEGER an den
Glasuren und Scherben der Abb. 156

ist, tritt zunächst in allen Fällen eine geringe Zugspannung auf. Erst unterhalb Tg macht sich dann der Ausdehnungskoeffizient der festen Glasur bemerkbar, der, wie erwartet, bei Glasur *3* zu einer starken Druckspannung führt. Die deutliche Druckspannung bei Glasur *2* und die nur geringe Zugspannung bei Glasur *1* sind die Folge der Veränderung der Glasur beim Aufbrennen.

Druckspannungen in der Glasur sind nicht nur für einen guten Sitz wichtig, sondern erhöhen auch die mechanische Festigkeit des glasierten Körpers (S. 317).

Oben wurde bereits erwähnt, daß *Haarrisse* infolge von Zugspannungen in der Glasur viel häufiger auftreten als Abplatzungen. Zur Vermeidung der Haarrisse muß man die Wärmedehnung der Glasur erniedrigen und/oder die des Scherbens erhöhen. Die Wege zur Beeinflussung der Glasur kann man sofort aus Tab. 19 erkennen: Erhöhung des SiO_2-, Al_2O_3- und (in Grenzen) des B_2O_3-Gehaltes und Ersatz der Flußmitteloxide R_2O und RO mit hohem Molekulargewicht durch solche mit niedrigerem. Bei konstanter Glasur kann man durch längeres Brennen ein größeres Angleichen an den Scherben erreichen. Schließlich kann man wie bei den Gläsern durch schnelles Abkühlen in der Oberfläche der Glasur eine Druckspannung erzeugen, die den Haarrissen entgegenwirkt.

Bei den masseseitigen Maßnahmen muß man die Art des Scherbens berücksichtigen. Auf jeden Fall erhöht steigender Quarzgehalt wegen des Quarzsprunges bei 573 °C die Wärmedehnung ($\alpha_{Quarz, 0/800} = 19 \cdot 10^{-6}$ grd^{-1}). In flußmittelreichen Massen, z. B. Porzellan, nimmt der Quarzgehalt mit der Brennzeit ab. Hier bringt daher eine verkürzte Brennzeit oder gröbere Mahlung (zur Verringerung der Auflösung) eine höhere Wärmedehnung. Anders liegen die Verhältnisse bei flußmittelarmen Massen, z. B. beim Steingut, wo der Quarz beim Brand in Cristobalit übergehen kann, der mit $\alpha_{Crist., 0/800} = 30 \cdot 10^{-6}$ grd^{-1} eine wesentlich höhere Wärmedehnung hat. Außerdem liegt Tg einiger tiefschmelzender Steingutglasuren unterhalb des Quarzsprunges, so daß sich dessen Einfluß nicht mehr so deutlich auswirkt. Die Haarrissigkeit kann man deshalb durch alle Maßnahmen verringern, die die Quarz-Cristobalit-Umwandlung begünstigen und die Auflösung des Cristobalits verringern, also z. B. feinere Mahlung des Quarzes, Vorbrennen des Quarzes, Einführen von leichter umwandelbaren Quarzrohstoffen, Einführen von bereits Cristobalit enthaltenden Schrühscherben, höheren Schrühbrand und Verringerung des Feldspatgehaltes.

Die Maßnahmen zur Vermeidung von Abplatzungen sind sinngemäß entgegengesetzt.

Viele dieser Maßnahmen hat SEGER frühzeitig erkannt und zu seinen Regeln zusammengefaßt, die bei der Korrektur von Glasuren auf Scherben vom Steinguttyp gute Dienste leisten. Diese Regeln gelten jedoch nicht uneingeschränkt, wie MELLOR [482] in einer ausführlichen Übersicht gezeigt hat. Dieser sowie MÖHL [496] und KERSTAN [354] haben sie in einigen Punkten ergänzt und verbessert.

Haarrissigkeit von Glasuren tritt bei porösem Scherben manchmal erst nach einiger Zeit auf. Die Ursache dafür ist die Feuchtigkeitsdehnung des Scherbens, die später erörtert wird (S. 307). Hier sei nur im Zusammenhang mit den Glasuren auf deren Prüfung auf Haarrißsicherheit hingewiesen. Dazu hat sich das Harkortverfahren bewährt, bei dem die glasierte Probe bis zum Temperaturausgleich auf 100 °C erwärmt und dann in Wasser von 15 bis 20 °C abgeschreckt wird. Man erhöht die Temperatur des Ofens dann schrittweise um je 10 grd, bis nach dem Abschrecken Haarrisse zu beobachten sind. Liegt der Rißbeginn bei 120 °C, dann ist die Haltbarkeit der Glasur gering, bei 150 °C beträgt sie 3 bis 4 Monate, bei 160 °C etwa 15 Monate, während bei 180 °C praktisch unbegrenzte Sicherheit gewährleistet ist. Zur Vermeidung des Wassereinflusses bei dieser Prüfung ist es nach KERSTAN [355] empfehlenswert, als Tauchflüssigkeit Glyzerin zu verwenden. Die Sicherheitsgrenze verschiebt sich dann von 180 zu 220 °C. Man kann zu dieser Prüfung die Proben auch im Autoklaven behandeln, doch dann ist das ein Angriff auf den Scherben, während bei dem Harkortverfahren die Glasur geprüft wird.

Für den Gebrauch ist die mechanische Festigkeit der Glasuroberfläche eine wichtige Größe. Messungen der Mikrohärte durch Eindruckversuche mit der Vickerspyramide an vielen Glasuren ergaben nur relativ geringe Unterschiede von 520 bis 750 kp/mm^2. Die Übertragung dieser Meßwerte auf die technisch interessante *Verschleißfestigkeit* ist allerdings widersprüchlich, was seinen Grund darin hat, daß es verschiedene Verschleißarten gibt. Sieht man vom Verschleiß durch chemischen Angriff ab, dann wird zwischen einem Strahlverschleiß (abrasiver Verschleiß) und einem Gleitverschleiß (adhäsiver Verschleiß) unterschieden. WELLINGER und UETZ [756] haben diese Arten gegenübergestellt. Beim abrasiven Verschleiß werden durch Stoß, Schlag oder ähnliche Beanspruchungen von der Oberfläche Teilchen direkt herausgetrennt, während beim adhäsiven Verschleiß sich erst eine dünne Zwischenschicht zwischen dem angreifenden Material und der Oberfläche ausbildet, die durch den weiteren mechanischen Angriff abgeschert wird. Meist treten diese Formen in Kombinationen auf.

Es gibt viele verschiedene Prüfverfahren, die von HENNICKE u. Mitarb. [280] zusammenfassend beschrieben werden. Einer Beanspruchung durch fallende Teilchen wird die Glasur bei der Methode von SCOTT [657] ausgesetzt, bei der auf die schräggestellte Probe Sand oder anderes Korn auftrifft. Prallbeanspruchung erhält man durch Aufschleudern des Kornes. Bei der schleifenden Beanspruchung ist zwischen losem und gebundenem Korn zu unterscheiden. Als Beispiel sei hier das Verfahren von U. HOFFMANN [292] erwähnt, bei dem das Korn in einem Trägermedium an der Oberfläche entlanggleitet, sowie das Verfahren von E. KIEFFER und WETTIG [356], die die rotierende Glasur durch Kupferstäbe beanspruchen.

Die Auswertung solcher Messungen kann in steigender Empfindlichkeit durch Auswägen, Glanzmessung, mechanische Oberflächenabtastung oder interferometrisch erfolgen. Je sanfter der Angriff und je empfindlicher der Nachweis, um so eher gelingt die Bestimmung des ersten Angriffs, der für die praktische Verwendung von Glasuren sehr bedeutsam ist. Dazu eignet sich besonders das Verfahren von U. HOFFMANN [292] mit interferometrischer Auswertung.

Aus den zahlreichen Messungen kann man folgern, daß im allgemeinen die mechanische Verschleißfestigkeit von Glasuren um so höher liegt, je höher ihr SiO_2-Gehalt ist. Es gibt hier jedoch Ausnahmen, indem der Anfangsverschleiß eine andere Abhängigkeit als der Tiefenverschleiß haben kann. Außerdem können besondere Behandlungen der Glasur den Verschleiß beeinflussen.

Wegen der vielen Möglichkeiten, farbige Glasuren zu erhalten, sei auf die eingangs genannten Monographien hingewiesen (S. 285). Hier sollen nur noch den transparenten Glasuren die getrübten Glasuren gegenübergestellt werden. Die *Trübung* wird durch Streuung des Lichtes an Teilchen hervorgerufen, die eine andere Lichtbrechung als die Glasur haben. Maximale Trübung erreicht man, wenn die Teilchengröße im Bereich der Lichtwellenlänge liegt. Man muß also in die Glasur kleinste Teilchen mit möglichst unterschiedlicher Lichtbrechung einbringen. Am einfachsten gelingt das durch Zugabe einer sehr feinkörnigen Komponente, die sich während des Glasurbrandes nicht oder nur wenig in der Glasurschmelze auflöst. Das wichtigste Trübungsmittel dieser Art ist SnO_2. Man kann auch einen Rohstoff verwenden, der sich zwar in der Glasurschmelze löst, bei tieferen Temperaturen aber wieder auskristallisiert. Die Zirkontrübung arbeitet nach diesem Prinzip, geht jedoch praktisch einen anderen Weg, indem Zirkon $ZrSiO_4$ bei hoher Temperatur zunächst eingefrittet wird. Die abgeschreckte Fritte ist glasig und bildet erst beim Glasurbrand die trübenden $ZrSiO_4$-Kristalle aus, da bei diesen tieferen Temperaturen die $ZrSiO_4$-Löslichkeit in der Schmelze gering ist. Große Unterschiede in der Lichtbrechung gegenüber der Glasur haben auch die Gasblasen. Eine Gastrübung ist deshalb oft vorgeschlagen worden, hat sich aber praktisch nicht eingeführt. Dagegen wird zur Trübung auch die Entmischung einiger Schmelzen in zwei flüssige Phasen ausgenutzt, wozu man z. B. nach HUMMEL u. Mitarb. [320] die Systeme Li_2O—B_2O_3—SiO_2, Li_2O—TiO_2—SiO_2 oder CaO—TiO_2—SiO_2 und nach KNIZEK [380] die Systeme PbO—B_2O_3—SiO_2 oder CaO—B_2O_3—SiO_2 verwenden kann.

Als weitere wichtige Eigenschaft sei die *chemische Beständigkeit* der Glasuren erwähnt. Die Grundlagen dazu wurden bei der Besprechung des Glases behandelt (S. 79). Da die chemische Beständigkeit mit steigendem Gehalt an Netzwerkbildnern zunimmt und Glasuren durch einen hohen Gehalt an solchen ausgezeichnet sind, ist ihre chemische Beständigkeit sehr gut. Innerhalb der Glasuren kann man mit steigender Glattbrandtemperatur auch eine steigende chemische Beständigkeit feststellen, denn in gleichem Maße steigt auch der Gehalt an Netzwerkbildnern. Umgekehrt nimmt mit steigendem Gehalt an Netzwerkwandlern die chemische Beständigkeit ab. Bei tiefschmelzenden PbO-haltigen Glasuren kann das zu einer unerwünschten Bleiabgabe führen.

6 Keramische Werkstoffe und deren Eigenschaften

Die Zahl der keramischen Erzeugnisse ist sehr groß. Ihre Einteilung ist nach verschiedenen Merkmalen möglich. Hier soll der keramische Werkstoff, d. h. der Scherben im Vordergrund stehen. Zur Einteilung werden oft nur die Merkmale verwendet, die am fertigen Produkt einfach erkannt werden können. Danach erfolgt durch Beurteilung der Inhomogenitäten (Grenze bei 0,1 bis 0,2 mm) zunächst eine Gliederung in fein- und grobkeramische Werkstoffe. Je nach Porosität wird weiter in dicht oder porös unterteilt, dem sich teilweise eine zusätzliche Gliederung nach der Farbe des Scherbens anschließt. Für viele der so unterschiedenen Werkstoffe gibt es in der herkömmlichen Keramik feste Begriffe. Nach einem Diskussionsvorschlag von HENNICKE [278] wird diese ganze Gruppe als tonkeramische Werkstoffe bezeichnet, der die neueren Entwicklungen der sonderkeramischen Werkstoffe gegenüberstehen. Für erstere Gruppe ist ein bestimmter Tonmineralgehalt in der Masse charakteristisch, der zur Abgrenzung zur anderen Gruppe in obigem Vorschlag mit mindestens 20 Gew.-% angegeben wird. Diese Gliederung führt zum Schema der Tab. 45.

In einzelnen Fällen wird eine klare Einordnung eines bestimmten Werkstoffes Schwierigkeiten bereiten können. Auch hier, wie sooft in der Natur, sind die Übergänge fließend. Man soll deswegen aber nicht auf Ordnungsschemata verzichten, zumal das Schema der Tab. 45 nicht nur aus der Beobachtung resultiert, sondern auf physikalisch-chemische Grundlagen zurückgeführt werden kann. Während die Farbe des Scherbens im allgemeinen durch den Fe_2O_3-Gehalt der Rohstoffe bestimmt wird, nimmt die Porosität mit steigendem Flußmittelgehalt der Masse und steigender Brenntemperatur ab. So zeigt Abb. 158, die auf ähnliche Zusammenstellungen von J. WOLF [782] und KEMPCKE und TREUFELS [350] zurückgeht, daß sich im Dreistoffsystem Tonmineral-substanz—Feldspat—Quarz für die Massen einiger Werkstoffe bestimmte Bereiche ergeben. In dieses System wurden auch die umgerechneten Feldergrenzen des Dreistoffsystems $K_2O—Al_2O_3—SiO_2$ (Abb. 70) eingetragen. Bis auf die Dentalkeramik liegen alle Massen im Ausscheidungsfeld des Mullits.

In diesem Kapitel werden einige keramische Werkstoffe besprochen. Da die wichtigsten allgemeinen Grundlagen in den vorangegangenen Kapiteln behandelt wurden, wird jetzt Gelegenheit sein, auf einige Eigenschaften näher einzugehen. Das wird jeweils bei dem Werkstoff erfolgen, wo die betreffende Eigenschaft eine besondere Bedeutung hat

Tabelle 45. *Keramische Werkstoffe*

I. Tonkeramische Werkstoffe

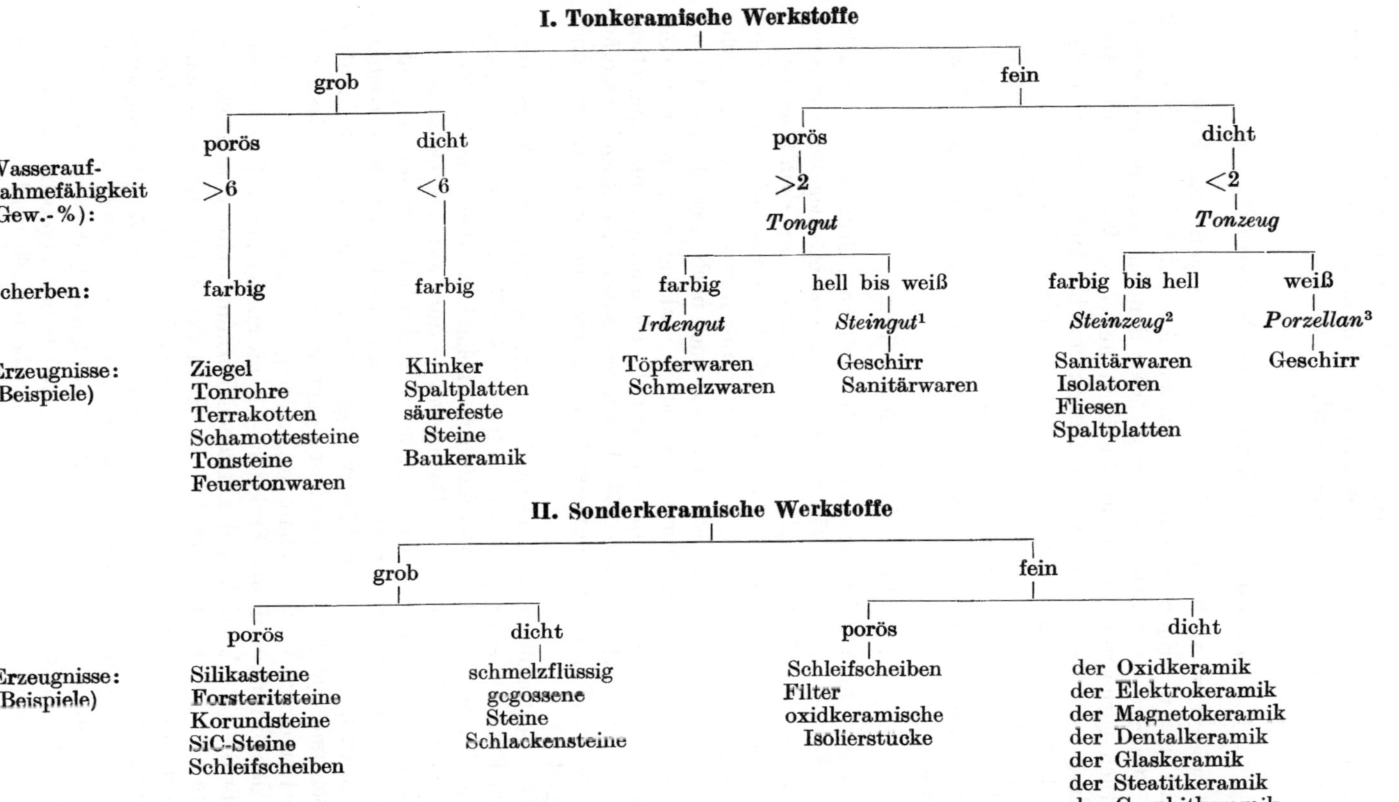

II. Sonderkeramische Werkstoffe

¹ Mit den Werkstoffen Ton-, Feldspat- und Kalksteingut.
² Mit den Werkstoffen Feinsteinzeug, Vitreous China, technisches Porzellan.   ³ Mit den Werkstoffen Hart- und Weichporzellan.

und deshalb meist genauer untersucht worden ist. Nach Möglichkeit wird aber auch das entsprechende Verhalten anderer Werkstoffe behandelt werden, so daß aus diesem Grund in einigen Abschnitten vom Schema der Tab. 45 abgewichen wird.

6.1 Poröse tonkeramische Werkstoffe

Poröse keramische Produkte entstehen bei geringem Flußmittelgehalt und niedrigen Brenntemperaturen. Als Beispiel ist in Abb. 158 das Steingut eingetragen, das gegenüber den anderen Massen einen deutlich geringeren Gehalt an Feldspat aufweist. Während die Herstellung von Steingut über eine feinkeramische Aufbereitung erfolgt, findet bei anderen wichtigen Werkstoffen dieser Gruppe eine grobkeramische Aufbereitung statt. Letztere werden im folgenden am Beispiel des häufigsten Erzeugnisses, des Ziegels, besprochen werden. Die Schamottesteine werden im Rahmen der feuerfesten Produkte (S. 341) behandelt.

6.1.1 Werkstoffe für Ziegel

Ziegel werden meist nur aus dem Rohstoff einer Grube bei den relativ tiefen Temperaturen von 950 bis 1050 °C gebrannt. Ziegeltone müssen daher erhöhte Gehalte an Alkalien und CaO aufweisen, damit bei diesen Temperaturen eine ausreichende Festigkeit erreicht wird. Der Tonmineralgehalt, der in weiten Grenzen schwanken kann, ist meist illitisch, wodurch K_2O eingebracht wird. Oft liegt auch noch etwas Feldspat vor. CaO ist vorwiegend in Form von $CaCO_3$ vorhanden. Sieht man von letzterem Bestandteil ab, dann entspricht die Zusammensetzung etwa der des Steinguts in Abb. 158. Besondere Arten der Ziegelrohstoffe, die PILTZ [551] zusammenfassend beschreibt, sind u. a. Lehme und Mergeltone.

Die Bestimmung der plastischen Eigenschaften von Ziegeltonen durch PELS LEUSDEN [544] wurde früher (S. 237) schon erwähnt. Nach ihnen richten sich die Produktionsmöglichkeiten; denn in der Reihe Vollsteine — Gittersteine — Dachziegel — dünnwandige Deckensteine werden die Anforderungen an die Plastizität des Rohstoffs immer größer. WINKLER [777] hat zeigen können, daß dafür die Korngrößenverteilung sehr wichtig ist. Für ein höherwertiges Produkt muß der Feinanteil größer und die Kornverteilung ausgeglichener sein. Gute Plastizität erfordert einen Mindestgehalt an Feinton, der möglichst illitisch sein und den Hauptanteil der Fraktion < 2 μm ausmachen soll. Weiterhin ist für die Standfestigkeit des frischen Formlings eine gute Packungsdichte erforderlich, die WINKLER an Hand der Anteile der Fraktionen 2 bis 20 μm (Grobton) und > 20 μm (Feinsand) festlegt. Aus der Untersuchung vieler Ziegeltone ist danach die jetzt als Winklerdiagramm bezeichnete Dreiecksdarstellung der Abb. 159 entstanden, aus der man die Forderungen an einen Rohstoff ablesen kann. Untersuchungen auch anderer Eigenschaften durch PLAUL [555] haben ergeben, daß in der Mitte des engsten Feldes insgesamt die besten Eigenschaften liegen.

Während des Brandes spielen sich die früher (S. 262) beschriebenen Reaktionen ab. Allerdings sind diese mit Ausnahme der H_2O-Abspaltung aus den Tonmineralen und der Dissoziation des $CaCO_3$ noch weit vom

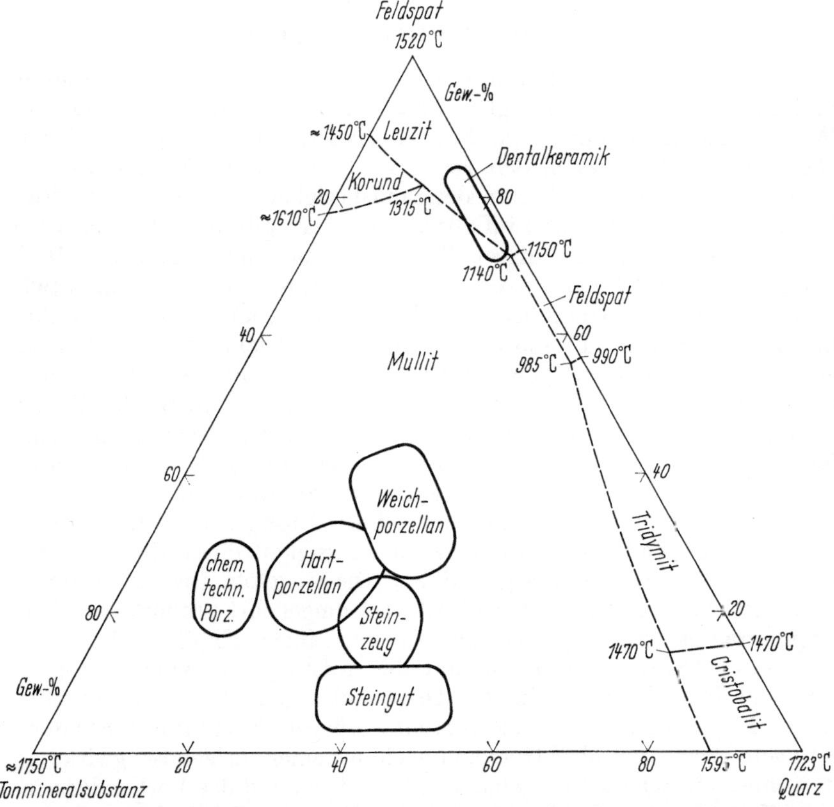

Abb. 158. Lage der Massen einiger Werkstoffe im Dreistoffsystem Tonmineralsubstanz—Feldspat—Quarz mit Feldergrenzen und Temperaturen des Dreistoffsystems K_2O—Al_2O_3—SiO_2

Gleichgewicht entfernt. Die Ziegel haben deshalb eine hohe Gesamtporosität, die je nach Rohstoff und Brenntemperatur zwischen 10 und 40 Vol.-% schwanken kann. Der Anteil an offener Porosität daran liegt bei 60 bis 90%, wovon 10 bis 30% nicht durchströmbar sind. Die Porendurchmesser variieren zwischen 0,01 und 100 μm; meist liegen sie im Bereich von 0,1 bis 5 μm. Höhere Brenntemperaturen führen zu dichteren Produkten, den Klinkern.

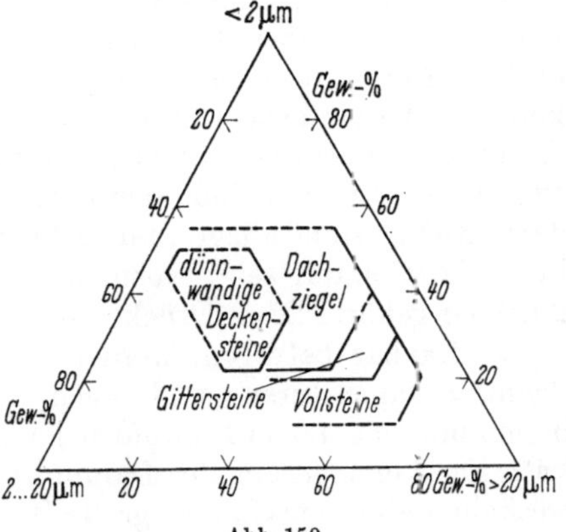

Abb. 159. Winkler-Korngrößendiagramm der Ziegeltone

Die Porosität hängt auch von der Ofenatmosphäre ab, indem bei reduzierendem Brand das entstehende FeO als Flußmittel wirkt. Die verschiedenen Brennfarben wurden schon früher (S. 282ff.) besprochen.

6.1.2 Frostwiderstandsfähigkeit

Die Porosität ist in Ziegeln erwünscht, da sie das „Atmen" erlaubt und auch die Wärmeleitfähigkeit herabsetzt. Oft sind aber Ziegel dem Wetter und damit auch dem Frost ausgesetzt. Dabei kann es durch Gefrieren des Wassers in den Poren zu Frostschäden kommen.

Das Problem der Frostwiderstandsfähigkeit ist sehr vielseitig. PILTZ [552] zählt allein 35 Einflußgrößen auf. Es gibt deshalb auch viele Veröffentlichungen über dieses Thema, die bis zum Stand von 1959 von SCHNEIDER [621] ausgewertet wurden, während BUTTERWORTH [92] etwas später einen Überblick gibt. Häufig liest man in deutschen Arbeiten den Ausdruck Frostbeständigkeit, der seit langem eingeführt ist, aber insofern nicht gut gewählt wurde, als es nicht möglich ist, eine scharfe Grenze zwischen frostbeständig und nicht frostbeständig zu ziehen. Man könnte zwar verschiedene Klassen der Beständigkeit einführen, aber es ist besser von Frostwiderstandsfähigkeit (oder kurz: Frostwiderstand) oder Frostempfindlichkeit zu sprechen.

Kommt ein poröser Körper mit einer Flüssigkeit in Berührung, dann wird im Falle der Benetzung die Flüssigkeit durch die Kapillarkräfte in den Körper eingesogen (S. 91). Die Steighöhe (bei einem senkrecht stehenden Körper) ist nach Gl. (18) umgekehrt proportional dem Kapillarradius. Für H_2O beträgt sie bei einem Kapillarradius von 1 µm etwa 15 m. Allerdings nimmt die Aufstiegsgeschwindigkeit proportional dem Kapillarradius ab. Diese Abhängigkeiten gelten nur für ideale Kapillaren, die in Ziegeln nicht vorliegen. Man mißt daher dort geringere Werte, hat aber trotzdem noch mit einer starken Saugwirkung zu rechnen. Durch die unregelmäßige Porenform und das Vorhandensein von offenen, aber nicht durchströmbaren Poren wird bei einem solchen Versuch keine vollständige Sättigung der offenen Poren erreicht.

Bei Abkühlung unter 0 °C geht flüssiges Wasser in das feste Eis über, was mit einer Volumenvermehrung um 9% verbunden ist. Es gibt mehrere Ursachen, die die Eisbildung verhindern oder verzögern können. Die einfache Unterkühlung durch Fehlen von Kristallkeimen, die unter vorsichtigen Bedingungen bis zu − 40 °C möglich ist, wurde wegen der rauhen Wände der Poren in Ziegeln nicht beobachtet. Nach dem H_2O-Zustandsdiagramm (Abb. 94, S. 174) kann flüssiges Wasser bis − 22 °C stabil sein, wozu allerdings ein Gleichgewichtsdruck von 2070 bar gehört. Diese Drücke, die bei − 5 °C etwa 600 und bei − 10 °C etwa 1100 bar betragen, werden oft in den Poren angenommen. Die Schmelztemperaturen sind auch abhängig vom H_2O-Dampfdruck, indem mit sinkendem Dampfdruck eine Schmelzpunktserniedrigung eintritt. Die Verringerung des Dampfdruckes durch gelöste Salze ist gering, weshalb dieser Effekt keine große Bedeutung hat. Größere Dampfdruckerniedrigungen treten nach den Ausführungen auf S. 91 in Kapillaren

auf, woraus man bei einem Kapillarradius von 0,1 µm eine Schmelzpunktserniedrigung um etwa 1 grd, bei 0,01 µm Radius aber um etwa
12 grd abschätzen kann. Schließlich ist nach S. 176 noch zu bedenken,
daß in engen Kapillaren vorwiegend adsorbiertes Wasser vorliegt,
dessen Eigenschaften sich von denen des flüssigen Wassers unterscheiden, was ebenfalls zu einer starken Erniedrigung der Schmelztemperaturen führen kann. So wird es verständlich, daß H. LEHMANN und
OHNEMÜLLER [443] mit kalorischen Messungen bei — 15 °C noch flüssiges
H_2O in Ziegeln finden und ROSENTHAL [586] differentialthermoanalytisch
Gefriertemperaturen bis — 25 °C mißt. Welche Ursache vorherrschend ist,
hängt vor allem vom jeweiligen Porensystem ab. Es spricht vieles dafür,
daß in sehr engen Poren ($< 0,1$ µm) die Eisbildung sehr verzögert einsetzt.

In größeren Poren, deren Größe spätestens bei Durchmessern von
1 µm beginnt, ist die Eisbildung kaum behindert. Diese ist gefahrlos,
solange die Volumenvergrößerung durch Ausweichen des noch vorhandenen Wassers in freie Porenräume ausgeglichen werden kann.
Durch den entstehenden Druck beginnt auch das Eis zu fließen und kann
so selbst durch freie Öffnungen entweichen, weshalb man oft an Oberflächen bei Frost feine Haarkristalle beobachten kann. Ist ein Druck-
ausgleich nicht möglich, dann entwickelt sich in den Poren mit fortschreitender Kristallisation ein starker Druck, der, sobald er die Festigkeit des Körpers übersteigt, zu Zerstörungen führt. Der Mechanismus
des Druckaufbaus ist noch nicht ganz geklärt. Thermodynamische Betrachtungen von EVERETT [180] und HAYNES [271] haben ergeben, daß
dabei Kapillareffekte ebenfalls eine große Rolle spielen.

Damit hängt der Frostwiderstand ab von der Höhe der Wassersätti-
gung, Menge und Größenverteilung der Poren und mechanischen Festigkeit des Körpers. Für letztere Eigenschaft wird dabei nicht so sehr die
Gesamtfestigkeit ausschlaggebend sein, sondern vor allem schwächere
Stellen in einem Körper, die oft durch Texturen bedingt sind. Zusätzlich
ist noch die Art der Frosteinwirkung zu beachten; denn bei schneller
Befrostung können sich die Ausgleichsvorgänge, wie z. B. das Fließen
des Eises, nur wenig bemerkbar machen.

Das Ziel der Bestimmung des Frostwiderstandes eines Ziegels ist
eine Beurteilung über sein Verhalten in der Praxis, also z. B. als Dachziegel auf einem Dach. Zu diesem Zweck hat man mehrere Wege beschritten. Sehr bald hat man erkannt, daß das mehrfache Be- und
Entfrosten eines durch Tauchen in Wasser gesättigten Ziegels zu keinen
befriedigenden Werten führt. Man ist anschließend von der Überlegung
ausgegangen, daß ein Ziegel dann dem Frost widersteht, wenn die beim
Tauchen in Wasser freiwillig aufgenommene Wassermenge nicht den
ganzen offenen Porenraum ausfüllt, so daß die Volumendehnung beim
Gefrieren in den noch freien Poren aufgefangen werden kann. Zu diesem
Zweck hat man den Sättigungsbeiwert, kürzer meist S-Wert genannt,
bestimmt als das Verhältnis

$$S = \frac{\text{freiwillige Wasseraufnahme}}{\text{größtmögliche Wasseraufnahme}}.$$

Bei S-Werten $<0,8$ sollen die Ziegel frostbeständig sein, während bei S-Werten von 0,8 bis 0,9 das Verhalten unsicher ist und S-Werte $>0,9$ keine Frostbeständigkeit anzeigen. Auch hier hat sich ergeben, daß, obwohl eine Übereinstimmung mit den praktischen Erfahrungen besteht, diese Beurteilung viel zu ungenau ist; denn sie berücksichtigt nicht die Porenverteilung.

Eine weitere indirekte Methode ist die Frostdilatometrie, die zuerst von DIETZEL und WEISNER-KIEFFER [151] verwendet wurde. Auf Grund solcher und weiterer Messungen haben H. LEHMANN u. Mitarb. [445] versucht, die Spannungen beim Gefrieren zu berechnen. Andere Autoren ziehen zur Beurteilung des Frostwiderstandes die Geschwindigkeit des Wasseraufstiegs in den Poren heran. Wegen der vielen Einflußgrößen ist es verständlich, daß man mit diesen Methoden, die jeweils nur eine oder wenige Eigenschaften erfassen, keine befriedigende Übereinstimmung mit der Praxis erhielt. Das wurde noch deutlicher, als man das Sättigungsverhalten der Ziegel in der Natur näher untersuchte, wie es z. B. SCHNEIDER [621] oder AMREIN und GLOOR [12] getan haben. Meist ist mit einer deutlich höheren Sättigung als beim üblichen Tauchversuch in Wasser zu rechnen. Man ist daher zu Verfahren übergegangen, das Verhalten der Ziegel in der Natur genauer nachzuahmen. Obengenannte Autoren haben gute Erfolge erzielen können, indem sie eine erhöhte Tränkung der Ziegel durch vorheriges Evakuieren (bis 200 Torr) erreichten. Diese naturnahen Versuche haben gleichzeitig den Vorteil, daß sie die Änderung der Porosität berücksichtigen, die durch Zerstörung dünner Porenwände bei den vielen Frostwechseln eintritt.

Im Laufe der Untersuchungen über den Frostwiderstand wurde immer mehr erkannt, daß der Porenverteilung eine wichtige Rolle zukommt. Die bisherigen Messungen der Porengrößenverteilung ergeben noch kein abgerundetes Bild. Es schält sich aber heraus, daß hoher Frostwiderstand dann gegeben ist, wenn ein gewisser Mindestgehalt an Poren $>0,8$ μm vorhanden ist. Auf Grund dieser Beobachtungen fordert WINKLER [778] für frostsichere Massen einen Mindestgehalt an Korn mit dem Durchmesser 10 bis 38 μm. Alle die Herstellungsbedingungen werden den Frostwiderstand erhöhen, die zu einem besseren Porenaufbau und erhöhter Festigkeit des Scherbens führen. Über die ideale Porenverteilung und deren Beeinflussung läßt sich noch nichts aussagen, aber wegen der Spannungsverteilung in den Poren werden sich runde Poren immer günstiger verhalten als flache und längliche Poren. Jede Textur trägt zur Bildung von Schwachstellen und damit leichterer Zerstörung bei. Man sollte sie daher so weit wie möglich vermeiden. Durch höheren und längeren Brand wird der Frostwiderstand erhöht, weil dadurch nicht nur die Festigkeit des Scherbens ansteigt, sondern wegen der vermehrten Schmelzphasenbildung die Poren abgerundet werden.

6.1.3 Ausblühungen

Manchmal treten auf Ziegeln nach einiger Zeit weiße oder farbige Flecke auf, die als Ausblühungen bezeichnet werden. Sie entstehen durch lösliche Salze, die durch das Porensystem mit dem Wasser an die Oberfläche transportiert werden und dort nach Verdunsten des Wassers auskristallisieren. Die Analyse der Ausblühungen ergibt meistens Alkali- und Erdalkalisulfate, seltener die betreffenden Carbonate oder andere Verbindungen.

Ausblühungen können sich nur dann bilden, wenn lösliche Salze im Ziegel vorhanden sind (oder sich dort im Laufe der Zeit bilden) oder von außen in den Ziegel gelangen. Letzteres ist möglich durch Aufnahme von Bodenwasser oder durch Abgabe aus dem Mörtel, die durch Reaktionen zwischen Ziegel und Mörtel gefördert werden kann.

Die oben erwähnten Analysen zeigen, daß besonders Sulfate als Ausblühungen auftreten. Schließt man die äußeren Einflüsse aus, dann können die Sulfate mit den Rohstoffen eingebracht werden, wofür Gips- und Pyritverunreinigungen (letzteres oxydiert leicht zu Sulfat) in Frage kommen. Im allgemeinen erfolgt aber die Sulfatbildung erst während des Brandes. Die meisten Brennstoffe sind schwefelhaltig, so daß sich nach der $CaCO_3$-Zersetzung $CaSO_4$ bildet, das bei den üblichen Temperaturen des Ziegelbrandes stabil ist. Damit ergibt sich, daß durch höheren Brand die Ausblühneigung herabgesetzt werden kann. Gleichzeitig erreicht man damit, daß die Kationen, die lösliche Sulfate bilden können, in stärkerem Maße in silicatische Bindungen überführt und damit unlöslich werden. Die schädliche Wirkung der Sulfate kann man auch durch Zugabe von $BaCO_3$ zur Masse vermeiden, da sich dann das unlösliche $BaSO_4$ bildet.

Während des Gebrauches sind Ziegel oft dem Wetter ausgesetzt, d. h., es findet ein ständiger Wechsel zwischen Bewässern und Austrocknen statt, wodurch sich in den Poren Lösungs- und Kristallisationsvorgänge der löslichen Salze abspielen, die teilweise noch von Übergängen der verschiedenen Hydratstufen überlagert werden. Meist sind damit Volumenänderungen verbunden, die zu einer mechanischen Zerstörung des Scherbens führen können, den *Salzsprengungen*. In manchen Fällen tritt eine Zerstörung in sehr kleine Teile ein, was man mit *Abmehlung* bezeichnet. Besonders schädlich wirkt sich in dieser Richtung $MgSO_4$ aus, das beim Übergang in das Hydrat $MgSO_4 \cdot 7\,H_2O$ sein Volumen etwa verdreifacht. Das Magnesium gelangt in den Scherben meist als Carbonat, wo es beim Brand schnell zersetzt wird. Es verbleibt dann bei nicht zu starkem Brand als MgO; denn auch das $MgSO_4$ ist bei den üblichen Brenntemperaturen nicht stabil. Im Laufe der Zeit bildet sich durch die Anwesenheit von $CaSO_4$ das $MgSO_4$, insbesondere wenn durch CO_2-Zufuhr das schwerlösliche $CaCO_3$ entsteht.

Die Prüfung auf Ausblühneigung erfolgt nach DIN 51100 [821] durch Auslaugen, indem man durch das gepulverte Material Wasser durchsickern läßt, bis im Durchlauf (= Perkolat) kein SO_4^{2-} mehr nachweisbar ist. Die dazu vorgeschriebene Apparatur wird als Perkolator bezeichnet.

Die bis jetzt erwähnten Ausblühungen sind weiß. Manchmal treten auch farbige, meist grünliche Flecke auf, deren Farbe durch Vanadate hervorgerufen wird. Seltener hat man auch andere Übergangselemente (Fe, Mo, Cr, Ni, Mn) als Farbursache feststellen können. Besonders das

Vanadium ist zu beachten, da es in sehr geringen Konzentrationen — manchmal schon bei Gehalten von 0,01 Gew.-% V_2O_5 — Anlaß zur Fleckenbildung geben kann. Im Rohstoff ist es unlöslich, da es dort nach Young [785] wahrscheinlich in das Gitter der Tonminerale eingebaut ist. Nach Zerstörung des Gitters geht ein Teil in eine lösliche Form über, wird aber bei höheren Brenntemperaturen wieder zu einer unlöslichen Form gebunden. Lösliches V_2O_5 bildet sich daher im Bereich von 800 bis 1000 °C mit einem ausgeprägten Maximum bei 900 °C. Zahlreiche bis 1965 erschienene Arbeiten über Ausblühungen sind in einer anonymen Veröffentlichung [829] zitiert.

6.1.4 Steingut

Während die am Beispiel der Ziegel eben behandelten porösen grobkeramischen Werkstoffe keine eigene Bezeichnung haben, nennt man nach Tab. 45 die porösen feinkeramischen Werkstoffe Tongut. Sie finden in der Praxis eine weite Anwendung. Im folgenden soll vorwiegend Steingut behandelt werden, da dessen Verhalten bisher am besten untersucht ist.

Bei der Steinguterstellung wird die Masse meist zunächst einem Rohbrand bei 1100 bis 1250 °C unterworfen, dem nach dem Glasieren der Glattbrand bei 100 bis 200 grd tieferer Temperatur folgt. Das Glasieren erfordert einen noch porösen Scherben, d. h., der Flußmittelgehalt der Masse darf nicht zu hoch sein. Er muß aber ausreichen, dem Scherben eine genügende Festigkeit zu erteilen.

Diese Bedingungen erfüllen verschiedene Massen. Man unterscheidet nach der Art des Flußmittels zwischen Feldspat- und Kalksteingut. Ein typischer Masseversatz für ersteres aus dem Steingutbereich der Abb. 158 enthält 50 Gew.-% Kaolin und Ton, 45 Gew.-% Quarz und 5 Gew.-% Feldspat. Wegen des geringen Alkaligehaltes von nur etwa 3 Gew.-% liegt die Brenntemperatur an der oberen Grenze des oben angegebenen Bereiches. Es wird deshalb auch Hartsteingut genannt. Kalksteingut, mit z. B. 50 Gew.-% Kaolin und Ton, 30 Gew.-% Quarz und 20 Gew.-% $CaCO_3$, wird bei tieferen Temperaturen gebrannt und auch als Weichsteingut bezeichnet. Dazwischen liegt das Mischsteingut. Man kann zum Versatz auch gemahlene Schamotte geben.

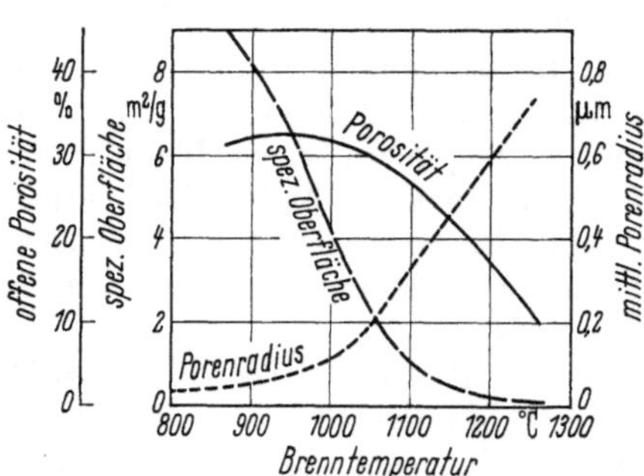

Abb. 160. Änderung von offener Porosität, spezifischer Oberfläche und mittlerem Porenradius einer Steingutfliese mit der Brenntemperatur nach Binns und Dinsdale [44]

Die Eigenschaften von Steingut hängen stark von der Brenntemperatur ab. Abb. 160 zeigt das am Beispiel einer Wandfliese. Während die innere spezifische Oberfläche mit zunehmender Brenntemperatur stetig abnimmt, zeigt die offene Porosität ein Maximum bei etwa 1000 °C. Bei höheren Brenntemperaturen ist die Abnahme der Porosität mit einer Vergrößerung der Poren verbunden; bei tieferen Temperaturen zeigt der Vergleich mit der spezifischen Oberfläche, daß hier eine Änderung der Porenform eintritt, indem mit steigender Temperatur die zunächst vorhandenen länglichen Poren mit wachsender Schmelzphasenbildung abgerundet werden.

Diese Folgerungen stimmen mit denen aus der Frostwiderstandsfähigkeit überein, die früher (S. 304) besprochen wurden. Bei allen porösen Körpern besteht die Gefahr der Frostschädigung, jedoch hat dieses Problem beim Steingut keine große Bedeutung, weil es kaum unter diesen Bedingungen eingesetzt wird.

Der Glasurbrand bei den tiefen Temperaturen erfordert flußmittelreiche Glasuren, die allgemein eine relativ hohe Wärmedehnung haben. Um die Glasur unter die gewünschte Druckspannung zu bringen, muß man Scherben mit einer höheren Wärmedehnung verwenden. Einige Maßnahmen dazu wurden bereits bei der Besprechung der Glasuren (S. 295) erwähnt. Hier sei zusätzlich bemerkt, daß man auch durch Einführung von $CaCO_3$ in die Masse die Wärmedehnung erhöhen kann.

6.1.5 Feuchtigkeitsdehnung

Sind die Unterschiede im Ausdehnungsverhalten von Glasur und Scherben zu groß, so treten Fehler auf. Da aus obigen Gründen die Wärmedehnung der Glasur zu hoch sein kann, steht die Glasur unter Zugspannung, und es entstehen Haarrisse. Seit langem hatte man beobachtet, daß sich manchmal Haarrisse erst nach einigen Jahren bilden. Zur Untersuchung dieses Verhaltens führte SCHURECHT [643] Ausdehnungsmessungen an Scherben solcher Proben durch, wobei er beim ersten Aufheizen im Bereich von 200 bis 300 °C eine geringere Dehnung als bei den folgenden Messungen fand. Daraus schloß er, daß der Scherben während der Lagerung Wasser aufgenommen hat, was zu einer Dehnung führte, die beim Erhitzen unter Wasserabspaltung wieder rückgängig gemacht wird. (Spätere Untersuchungen anderer Autoren haben ergeben, daß die Dehnung nicht restlos zurückgeht und daß man auch beim Erhitzen bis auf 1000 °C nicht alles aufgenommene Wasser entfernen kann.) SCHURECHT gelang es diese Feuchtigkeitsdehnung zu beweisen, indem er den Vorgang durch Verwendung eines Autoklaven, also durch Erhöhung der Temperatur und des H_2O-Dampfdruckes, beschleunigte.

Die Feuchtigkeitsdehnung (im folgenden nur mit FD bezeichnet) wurde von SCHURECHT und POLE [644, 645] weiter untersucht und auch von vielen anderen Autoren beschrieben. Dabei ergab sich, daß sie eine allgemeine Eigenschaft poröser Scherben ist, also auch bei grobkeramischen Produkten und auch bei Steinzeug (mit nur geringer Porosität) auftritt. Es zeigte sich aber auch, daß die Verhältnisse nicht einfach liegen. Immerhin haben sich einige allgemeine Ergebnisse herausgeschält.

Nimmt man einen Scherben noch heiß aus dem Ofen und lagert ihn vollkommen trocken, dann tritt keine Längenänderung ein. Nach Zutritt von Luft mit ihrem üblichen Feuchtigkeitsgehalt kann man schon nach kurzer Zeit (je nach Art des Scherbens in 1 oder mehr Stunden) eine Dehnung bis zu 0,1% messen, der weiter eine langsame Dehnung folgt, die mit der Zeit immer langsamer wird. Meist wird nur letztere Dehnung gemessen, die in Luft nach einem Jahr bei grobkeramischen Produkten Werte bis 0,2%, bei feinkeramischen Produkten bis 0,1% erreichen kann. Häufig ist die FD proportional dem Logarithmus der Zeit, wie FREEMAN und R. G. SMITH [200] zeigen konnten. Nach sehr langen Zeiten (einigen Jahren) haben allerdings HOSKING u. Mitarb. [313] an Ziegeln wieder eine Abnahme der Länge gefunden, jedoch steht diese Beobachtung bisher allein.

Mit steigendem Feuchtigkeitsgehalt der Atmosphäre nimmt die FD zu, auch mit steigender Temperatur, erreicht aber nach HARRISON und DINSDALE [264] je nach Art des Scherbens ein Maximum bei 100 bis 300 °C, um dann wieder geringer zu werden. In der Luft ist der Feuchtigkeitsgehalt gering, so daß die Dehnung sehr langsam verläuft. Man kann sie nach der von SCHURECHT [643] vorgeschlagenen Methode beschleunigen, indem man im Autoklaven im Sattdampf bei erhöhter Temperatur arbeitet, z. B. 1 h bei 185 °C und 10,5 atü (150 psi). Dabei hat sich aber herausgestellt, daß man nicht immer die Ergebnisse der Autoklavenprüfung mit denen der Langzeitversuche vergleichen kann.

Das Ausmaß der FD wird stark von der Zusammensetzung des Scherbens beeinflußt. Viele Untersuchungen haben übereinstimmend ergeben, daß steigender Alkaligehalt die FD erhöht, steigender Erdalkaligehalt dagegen erniedrigt. Im letzteren Fall hat sich der Zusatz von Wollastonit oder Talk zu den Massen bewährt.

Schließlich besteht noch ein deutlicher Einfluß der Brenntemperatur, wie Abb. 161 am Beispiel eines Dachziegelscherbens zeigt. Daran kann

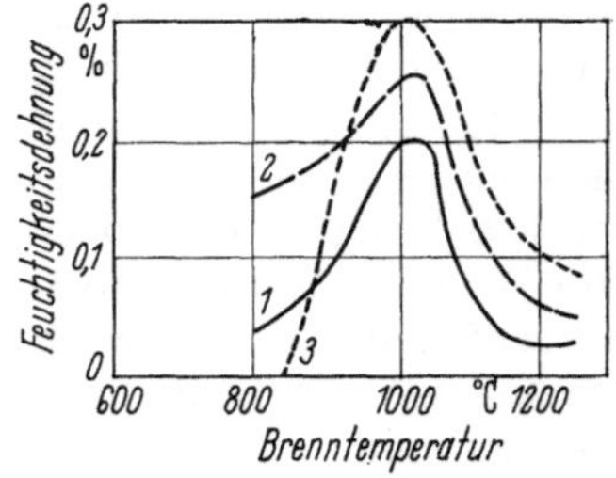

Abb. 161. Abhängigkeit der Feuchtigkeitsdehnung eines Dachziegelscherbens von der Brenntemperatur nach W. F. COLE [112]

1 nach 90 d in 65% relativer Feuchte
2 nach 2 h in Sattdampf von 15 atü
3 nach 30 h in Sattdampf von 15 atü

man zugleich die unterschiedliche Wirkung von Luft und Sattdampfbehandlung erkennen. Das Auftreten des Maximums der FD ist typisch. Bei Steingutmassen befindet man sich aber auf dem absteigenden Ast, so daß mit steigender Brenntemperatur die FD abnimmt.

Vergleicht man Abb. 161 mit Abb. 160, so ergibt sich sofort, daß kein einfacher Zusammenhang zwischen FD und innerer spezifischer Oberfläche oder Porosität besteht. Nur in engeren Bereichen gilt die in einigen Arbeiten zu findende Feststellung, daß die FD proportional diesen beiden Größen sei. Damit entfällt eine einfache Deutungsmöglichkeit, und der Chemismus rückt stärker in den Vordergrund. Entsprechende Untersuchungen erbrachten den Nachweis, daß kristallines Material nur sehr wenig zur FD beiträgt, während amorphe Substanzen, wie sie bei der Tonmineralzersetzung auftreten, und Glasphase starke Neigung dazu haben. NORRIS u. Mitarb. [518] wiesen an üblichen Gläsern die FD nach, die dann VAUGHAN und DINSDALE [728] auch an synthetisch hergestellter Glasphase finden konnten. Je alkaliärmer und erdalkalireicher die Glasphase, also je besser ihre chemische Beständigkeit ist, desto geringer ist die FD. Damit erklärt sich die Wirkung des CaO-Zusatzes, die noch dadurch verstärkt wird, daß beim Brand durch Kristallisation sich weniger Glasphase bildet. Auch werden die Kurven der Abb. 161 verständlich, indem sich mit steigenden Temperaturen erst amorphe Substanz bildet, die dann kristallisiert. Es entsteht dabei Glasphase, die aber wegen der abnehmenden inneren Oberfläche immer weniger der Atmosphäre ausgesetzt ist, so daß die FD abnimmt. Die geringe FD bei langer Sattdampfbehandlung und tiefen Brenntemperaturen in Abb. 161 wird durch Rehydratation der Tonminerale verursacht, die mit einer Kontraktion verbunden ist.

Daraus ist zu folgern, daß die FD durch verschiedene Mechanismen bedingt ist und daß die FD in Luft und bei Sattdampfbehandlung unterschiedliche Ursachen haben kann. Deshalb ist es verständlich, daß die bereits erwähnten unterschiedlichen Ergebnisse bei diesen Methoden erhalten wurden.

Die Wirkung des Wassers ist zunächst überraschend; denn in den Kapillaren oder Poren des Scherbens bilden sich konkav gekrümmte Menisken aus, die eine zusammenziehende Kraft ausüben. Dem überlagert sich aber ein anderer Effekt, der im Zusammenhang mit der auf S. 87 erwähnten Liquostriktion steht, indem durch die Erniedrigung der Oberflächenenergie eine Dehnung hervorgerufen wird. Ähnliche Effekte sind auch in porösen Scherben, vor allem im ersten Stadium, anzunehmen. Anschließend ist mit Chemisorptionen und chemischen Reaktionen zu rechnen, die ebenfalls zu einer Erniedrigung der Oberflächenenergie führen. Die kristallinen Phasen haben im Vergleich zu den amorphen Phasen bereits eine geringe Oberflächenenergie, zeigen also nur eine kleine FD. Die Bildung der amorphen Phasen mit steigender Brenntemperatur erhöht die FD stark. Die nach Brand bei höheren Temperaturen entstehende Glasphase zeigt darüber hinaus noch Reaktionen mit dem H_2O, indem durch Ionenaustausch, vorzugsweise mit den Alkalien, und durch eine nachfolgende Korrosion die Oberfläche verändert wird. Dieser Glasangriff ist in seinem Mechanismus temperaturabhängig, was erneut auf die Unterschiede zwischen Langzeitversuchen bei Raumtemperatur und der Autoklavenprüfung hinweist. Bei diesen Reaktionen des H_2O mit dem Glas können auch innere Spannungen abgetragen werden, was zur FD beiträgt.

6.2 Dichte tonkeramische Werkstoffe

Zum Dichtbrennen tonkeramischer Massen ist ein höherer Anteil an Schmelzphase bei der Brenntemperatur erforderlich. Das erreicht man durch Zugabe von Flußmitteln, vor allem von Feldspat, manchmal auch $CaCO_3$ und illitischen Tonen oder durch Steigerung der Brenntemperatur, wobei auch beide Maßnahmen gleichzeitig getroffen werden können. Die Herstellung von Klinkern durch höheren Brand illitreicher Ziegeltone wurde schon erwähnt (S. 301). Dabei kann durch reduzierenden Brand wegen der damit verbundenen FeO-Bildung der Flußmittelgehalt und der Dichtbrand gefördert werden.

Abb. 158 zeigt deutlich, daß sich die wichtigsten dichten Werkstoffe Steinzeug und Porzellan vom Steingut durch einen erhöhten Feldspatgehalt unterscheiden. Die in dieser Abbildung angegebenen Bereiche haben sich seit langem eingeführt, aber die Grenzen sind nicht scharf. Je höher der Tonmineralgehalt, desto höhere Brenntemperaturen sind zum Dichtbrand erforderlich. Es gibt auch keramische Werkstoffe, die zwischen diesen Bereichen liegen, z. B. zwischen Steingut und Porzellan, die dann aber bei den üblichen technischen Brenntemperaturen noch eine gewisse Porosität zeigen. Steinzeug darf man nicht zu letzteren Werkstoffen rechnen, da man hierzu vorzugsweise illitische Tone verwendet und damit einen höheren K_2O-Gehalt erreicht.

Tab. 45 ist zu entnehmen, daß die Anforderungen an die Dichtigkeit eines Scherbens von der Art des Werkstoffes abhängen. Während man bei den grobkeramischen Werkstoffen noch ein Wasseraufnahmevermögen von 6 Gew.-% zuläßt, beträgt dieser Wert beim Porzellan Null. Aber dann sind in den meisten Fällen noch geschlossene Poren vorhanden, die bis zu 10 Vol.-% erreichen können.

In Abb. 158 ist noch der Bereich der Dentalkeramik eingetragen, der wegen seines geringen Tonmineralgehaltes eigentlich nicht zu dieser Werkstoffgruppe gehört, aber hier kurz erwähnt werden soll. Auf Grund der Lage dieser Massen gelingt es schon nach Brennen bei etwa 1250 °C, eine glasige Fritte zu erhalten, die anschließend gepulvert, geformt und erneut gebrannt wird. Dabei werden besondere Forderungen an die Transparenz gestellt, auf die später (S. 314) eingegangen wird.

6.2.1 Steinzeug

Alle frühen keramischen Produkte waren porös; es gelang erst um 400 v. Chr. erstmals in China einen dichten Scherben herzustellen, der, da er gefärbt und nicht durchscheinend war, als Steinzeug anzusprechen ist. Zur Entwicklung dieses Scherbens wird das Auffinden geeigneter Rohstoffe und die Beherrschung höherer Temperaturen beigetragen haben. Ab dem 11. Jh. ist im deutschen Raum das bekannte rheinische Steinzeug entstanden.

Die Brenntemperaturen des Steinzeugs liegen meist zwischen 1250 und 1280 °C. Der Grund für das Dichtbrennen bei diesen relativ niedrigen Temperaturen liegt in der bereits oben erwähnten vorzugsweisen Verwendung illitreicher Tone. Außerdem trägt dazu die FeO-Bildung bei reduzierendem Brand bei. Das Gefüge des Steinzeugs, dessen Mikroskopie von MEHLER und KÖPPEN [481] ausführlich beschrieben wird, besteht meist aus Glasphase, Quarz, Cristobalit und Mullit. Am Kanalisationssteinzeug haben KONOPICKY u. Mitarb. [401] eingehende Phasen-

analysen durchgeführt und folgende Werte (in Gew.-%) gefunden:
25 bis 55 Glasphase, 25 bis 50 Quarz und Cristobalit, 15 bis 35 Mullit.
Diese hohen Quarz- und Cristobalitgehalte erfordern eine sorgfältige
Abkühlung im Bereich der Umwandlungstemperatur dieser SiO_2-Modi-
fikationen, besonders bei dickwandigen Produkten. Letztere werden
meist grobkeramisch aufbereitet unter Zusatz von bereits vorgebranntem
Material, was das Auftreten des Cristobalits begünstigt.

Die für Steinzeug typische Salzglasur wurde schon früher (S. 291)
erwähnt. Die Farbe des Scherbens ist abhängig vom Fe_2O_3-Gehalt der
Masse und von der Atmosphäre. Wird im letzten Brennstadium reduziert, dann entsteht eine graue Farbe, wird oxydiert, dann erhält der
Scherben einen gelben bis braunen Farbton.

Die gute chemische Beständigkeit dichter keramischer Produkte
hat dem Steinzeug weite Einsatzgebiete erschlossen. Die Beständigkeit
gegenüber Säuren, mit Ausnahme natürlich von HF, ist sehr gut,
wenn auch unter sehr scharfen Bedingungen Korrosionserscheinungen
auftreten können. Der Angriff ist dabei abhängig von der Temperatur
und der Art der Säure. Wie bei allen Silicaten ist die Laugenbeständig-
keit geringer. Vorzugsweise findet dabei ein Angriff auf die Glasphase
statt. Durch Zugabe von $BaCO_3$ zur Masse kann man aber diese Eigenschaften verbessern, wie es auch von GUGEL u. Mitarb. [243] beschrieben
wird.

6.2.2 Porzellan

Porzellan unterscheidet sich vom Steinzeug durch seinen weißen
und durchscheinenden Scherben. Die geschichtliche Entwicklung des
Porzellans ist vom Steinzeug ausgegangen, indem dessen Scherben immer
mehr verbessert wurde. Die ersten porzellanartigen Scherben sind um
700 n. Chr. in China hergestellt worden.

Von den beiden Forderungen an einen Porzellanscherben, weiß und
durchscheinend, kann man erstere durch reine Rohstoffe erfüllen,
während letztere, wie im nächsten Abschnitt gezeigt wird, einen hohen
Glasgehalt voraussetzt. Dazu werden alkalireichere Massen und höhere
Brenntemperaturen benötigt. Das ostasiatische Porzellan fällt in den
Bereich des *Weichporzellans* der Abb. 158. Die Brenntemperaturen
beim Weichporzellan liegen je nach Masse zwischen 1200 und 1300 °C.

In Europa ist die Nachentwicklung des Porzellans verschiedene Wege
gegangen. Wenn man von den Nachahmungen in glasierter poröser
Ware oder in getrübten Gläsern absieht, dann sind in Frankreich Ende
des 17. Jh. das Frittenporzellan und später die ersten Versuche der Glaskeramik (S. 394) zu nennen, während BÖTTGER 1708 den Weg zum ersten
Porzellan über das Steinzeug fand. Im Gegensatz zum chinesischen Porzellan stellt es aber ein *Hartporzellan* dar, dessen klassischer Versatz
(in Gew.-%) 50 Kaolin, 25 Feldspat und 25 Quarz beträgt. BÖTTGERS
erste Porzellane hatten allerdings nicht diese Zusammensetzung, sondern
enthielten im Versatz etwa 10 Gew.-% Kalk.

Zwischen die Gruppe der Weich- und Hartporzellane, letztere mit
Brenntemperaturen von 1380 bis 1460 °C, ordnet man manchmal noch

die Mittelbrandporzellane (1320 bis 1350 °C) ein. Die in Abb. 158 noch eingezeichneten chemisch-technischen Porzellane erfordern höheres bzw. längeres Brennen. Man kann die Bereiche der Abb. 158 noch weiter unterteilen oder auch die Eigenschaften in den Vordergrund stellen, wie es das jetzt schon als klassisch zu bezeichnende Diagramm von GILCHREST und KLINEFELTER [222] der Abb. 162 zeigt, das aber durch neuere Entwicklungen z. T überholt ist oder ergänzt werden muß.

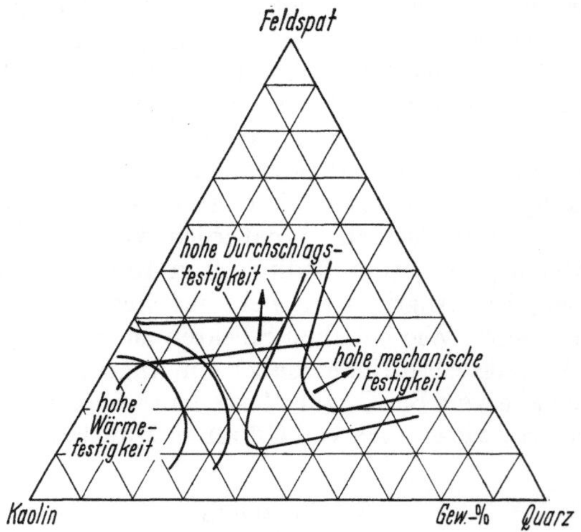

Abb. 162. Abhängigkeit einiger Porzellaneigenschaften vom Masseversatz

Die Vorgänge beim Porzellanbrand wurden im Abschn. 5.5.1 eingehend besprochen. Nach dem Abkühlen ist bei genügend langem und hohem Brand der Quarz aufgelöst und nur noch Mullit neben Glasphase vorhanden. Der höhere Alkaligehalt des Weichporzellans erlaubt dies bei tieferen Temperaturen zu erreichen.

Viele Untersuchungen galten der Erprobung geeigneter Flußmittel zur Herabsetzung der Brenntemperatur. Neben den Alkalien wirken in dieser Richtung auch Erdalkalien, die man in geringeren Mengen als $CaCO_3$ in Form von Kreide, Marmor usw. oder als Talk oder Speckstein in die Massen einbringen kann. Als Alkaliträger ist neben die Feldspäte der Nephelinsyenit getreten, ein Gestein, das vorwiegend aus Nephelin und Feldspat besteht. Starke Flußmittelwirkung haben auch Li_2O-haltige Rohstoffe, z. B. Spodumen. Das Erweichungsverhalten von Mischungen mit Feldspat zeigt das Diagramm Abb. 163, das von SCHURECHT u. Mitarb. [646] nach Vorarbeiten anderer Autoren aufgestellt wurde. Durch geeignete Mischungen gelingt es, die Brenntemperatur bis über 100 grd zu senken und Massen für Brenntemperaturen von 1050 °C zu entwickeln. Immer wieder wird auch ein teilweises Vorschmelzen des Versatzes zu einer Fritte vorgeschlagen, wozu auch Gläser herangezogen wurden.

In den USA ist vom Steingut aus durch höheren Flußmittelgehalt und höhere Brenntemperatur (1250 bis 1300 °C) ein nahezu dichter weißer Scherben entwickelt worden, der als *Vitreous China* bezeichnet wird. Ausführliche Überblicke geben SINGER [670] und REH [573]. In Deutschland sind dafür mehrere Bezeichnungen, z. B. Sanitärporzellan, vorgeschlagen worden. Die Masseversätze fallen mit 40 bis 50 Gew.-% Tonmineralsubstanz, 30 bis 40% Quarz und 20 bis 30% Feldspat weitgehend in den Bereich des Hartporzellans. RIEKE und HEINSTEIN [581] haben aufgezeigt, daß durch die gegenüber Hartporzellan um etwa 100 grd erniedrigte Brenntemperatur zwar ein fast dichter Scherben

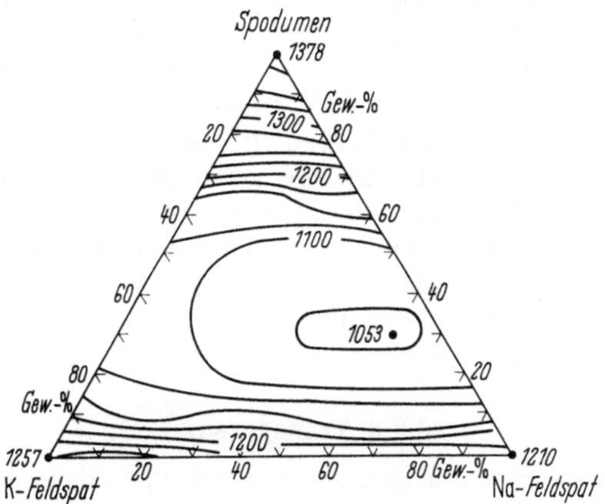

Abb. 163. Kegelfalltemperaturen (in °C) von Mischungen verschiedener alkalihaltiger Rohstoffe

entsteht, aber der Quarz nur teilweise in Lösung geht. In den Dilatometerkurven ist deshalb bei 573 °C deutlich der Quarzsprung zu erkennen. Der hohe Quarzgehalt ist auch für die geringe Transparenz dieses Scherbens verantwortlich.

Eine andere Entwicklung ist mit dem *Knochenporzellan* Ende des 18. Jh. von England ausgegangen, indem als Rohstoff neben Ton und Cornish Stone (teilweise kaolinisiertes feldspathaltiges Gestein mit etwa 5 bis 20 Gew.-% Kaolinit, 50 bis 80% Feldspat und 15 bis 30% Quarz) noch Knochenasche eingesetzt wurde. Letztere besteht im wesentlichen aus Calciumphosphat, -carbonat und -hydroxid, die nach PIERRE [550] als Apatite, z. B. 3 $Ca_3(PO_4)_2 \cdot Ca(OH)_2$, vorliegen. Durch die Knochenasche wird mit dem Phosphation ein weiterer Netzwerkbildner mit starker Glasbildungstendenz in die Masse eingebracht. Die Vorgänge beim Brand hat PIERRE [550] untersucht. Bis etwa 1000 °C spielen sich bei Knochenporzellanmassen, deren Versätze (in Gew.-%) bei 20 bis 35 Tonmineralsubstanz, 20 bis 45 Knochenasche und 20 bis 45 Cornish Stone liegen, ähnliche Reaktionen wie beim Steingut ab. Ab 1000 °C bildet sich aus dem Apatit Tricalciumphosphat $Ca_3(PO_4)_2$, während das frei werdende CaO mit dem Folgeprodukt des Metakaolinits zum Anorthit reagiert. Oberhalb 1200 °C beginnt der Quarzgehalt sich zu verringern, und auch der Anorthitgehalt nimmt wieder ab, bis bei 1370 °C nur noch Tricalciumphosphat neben Schmelze vorhanden ist.

Für das Knochenporzellan ist das Vierstoffsystem CaO—Al_2O_3—SiO_2—P_2O_5 zuständig, aus dem PIERRE das echte ternäre Teilsystem $Ca_3(PO_4)_2$—$CaO \cdot Al_2O_3 \cdot 2\,SiO_2$—$SiO_2$ untersucht. Es hat ein ternäres Eutektikum bei 1290 °C, in dessen Nähe auch die Zusammensetzung des Knochenporzellans liegt. Beim Brennen von Knochenporzellan entsteht deshalb beim Erreichen der eutektischen Temperatur ein hoher Schmelzphasenanteil, der sich rasch erhöht, da die Liquidustemperaturen der Massen schon bei 1350 bis 1500 °C liegen. Das Brennen von Knochenporzellan erfordert daher genaue Einhaltung der Brenntemperaturen, die in der Praxis bei 1200 bis 1280 °C liegen, da die eutektische Temperatur durch sonstige Bestandteile (z. B. Alkalien) weiter erniedrigt wird. Im abgekühlten Scherben sind als Phasen enthalten etwa 40 Gew.-% $Ca_3(PO_4)_2$, 20% Anorthit und 40% Glasphase.

Meist werden Porzellanscherben glasiert. *Unglasiertes Porzellan* wird für chemisch-technische Zwecke verwendet, wobei manchmal die Oberfläche durch Schleifen und Polieren nachbearbeitet wird. Für künstlerische Zwecke kann man ein marmorähnliches Aussehen des unglasierten Porzellans erreichen, wenn man den Kaolingehalt auf 25 bis 40 Gew.-% beschränkt und den ganzen Rest als Flußmittel (Feldspat, Fritten) einführt. Solche Produkte werden als Parian bezeichnet.

6.2.3 Transparenz

Eine hervorstechende Eigenschaft guter Porzellane ist deren hohe Durchscheinbarkeit für Licht. Trifft Licht auf ein Porzellan, dann geht zunächst ein Teil durch Reflexion an der Grenzfläche zur Luft verloren (etwa 4%). Im Porzellan tritt ein weiterer Verlust durch Absorption ein, der aber bei den üblichen niedrigen Fe_2O_3-Gehalten gering ist. Der wesentlichste Intensitätsverlust des Lichtes ist durch die Streuung an den Korngrenzen im Porzellan bedingt. Diese Streuung ist um so größer, je mehr Korngrenzen vorhanden sind und je größer die Differenz der Brechungsindizes der die Korngrenzen bildenden Phasen ist.

Beträgt die Intensität des einfallenden Lichtstrahles I_0, die des durchtretenden I, dann ergibt sich für deren Abhängigkeit von der Schichtdicke d die Beziehung (unter Vernachlässigung der Reflexion)

$$I = I_0\,Tr^d \quad \text{oder} \quad \log\frac{I}{I_0} = d\,\log Tr, \tag{130}$$

worin Tr die Durchlässigkeit oder Transparenz bei der Schichtdicke 1 darstellt. Meist wird sie auf eine Schichtdicke von 1 mm bezogen. Bei Porzellanen liegen die Werte von Tr zwischen 2 und 10%.

Die Transparenz wird um so geringer sein, je höher der Anteil an kristallinen Phasen ist. Bei konstantem Kristallgehalt sinkt sie mit abnehmender Korngröße, da dann die Oberfläche und damit auch die Korngrenzen vermehrt werden. Die Streuung erreicht aus physikalischen Gründen ihr Maximum, wenn die Korngröße des streuenden Teilchens gerade der Wellenlänge des Lichtes entspricht, also im Bereich 0,4 bis 0,8 μm liegt.

Die Lichtbrechung der Porzellanglasphase liegt bei 1,49, die von Quarz bei 1,55 und die von Mullit bei 1,65. Bei konstantem Kristallgehalt wird deshalb mit steigendem Mullit : Quarz-Verhältnis die Transparenz stark erniedrigt. Ganz besonders schädlich müssen sich kleine Poren auf die Transparenz auswirken, weil dann $\Delta n = 0,49$, also wesentlich höher als zwischen Glas und den Kristallen ist.

Diese Abhängigkeiten hat GOODMAN [226] an Mischungen aus Mullit und Quarz in verschiedenen Flüssigkeiten experimentell überprüfen können. Dabei bestätigte sich der starke Einfluß geringer Porengehalte.

Damit ergeben sich die Wege, eine hohe Transparenz des Scherbens zu erzielen. Einen großen Anteil an Glasphase erhält man durch hohen Flußmittelgehalt und hohe Brenntemperaturen. Dabei erreicht man gleichzeitig, daß der Quarz sich auflöst und der Mullit zu größeren Kristallen wächst. Man darf aber nicht überbrennen, weil die damit verbundene Porenbildung die Transparenz stark erniedrigt.

Diese Folgerungen sind in vielen Untersuchungen bestätigt worden, u. a. von BERENS und HENNICKE [38], die auch ältere Arbeiten erörtern. Man kann zur Beschleunigung der Quarzauflösung den Quarz feiner mahlen. Obige Autoren berichten, daß bei Mahlung < 10 μm keine weitere Transparenzverbesserung eintritt, während von anderen Autoren, z. B. von RIEKE und SAMSON [582] und O. KRAUSE und KLEMPIN [413], bei sehr feiner Mahlung des Quarzes sogar eine Verschlechterung beobachtet wird. Diese Diskrepanz haben DIETZEL und PADUROW [148] an Hand der Ausscheidungsfolge im Dreistoffsystem $K_2O-Al_2O_3-SiO_2$ aufklären können. Grober Quarz in einer Masse löst sich beim Brand nur wenig auf und bedingt eine schlechte Transparenz. Sehr feinkörniger Quarz löst sich beim Brand bei 1400 °C vollkommen auf. Eine schnell abgekühlte Probe zeigt eine sehr gute Transparenz. Kühlt man dagegen langsam ab, wie es beim technologischen Brand geschieht, dann kristallisiert Mullit aus, dessen Menge nach dem Phasendiagramm aus einer SiO_2-reicheren Schmelzphase größer ist als bei einer Schmelze, die den Quarz nur teilweise aufgelöst hat. Da der Mullit eine wesentlich höhere Lichtbrechung als der Quarz hat und zudem noch sehr feinkristallin erscheint, wird die Transparenz merkbar erniedrigt. Zwischen beiden Stadien muß also ein Maximum vorhanden sein, das bei den üblichen Hartporzellanen und Brennkurven nach den Erfahrungen der Praxis bei einer Ausgangskorngröße des Quarzes von etwa 20 μm liegt. Zugleich ergibt sich daraus, daß dieser Einfluß von der Zusammensetzung der Masse abhängt und daß man bei Laborversuchen auch auf die Abkühlung achten muß.

Eine weitere Möglichkeit zu besserer Quarzauflösung bietet die Auswahl des Rohstoffes. DIETZEL und PADUROW [148] haben gezeigt, daß mit zunehmender Umwandlungsgeschwindigkeit der Quarze auch die Auflösung schneller abläuft und damit eine Verbesserung der Transparenz zu erreichen ist. Die entsprechenden Meßwerte sind in Tab. 41 enthalten. Die Transparenz ist darüber hinaus auch von der Art der Tonminerale abhängig; denn Tone ergeben eine schlechtere Transparenz als Kaoline. Dieser Einfluß muß auf die Ausbildung des Mullits zurückgeführt werden.

Große Anforderungen an die Transparenz werden in der Dentalkeramik gestellt, wo bei der Weiterverarbeitung der Fritte die Transparenz
um so schlechter ist, je feiner das Korn gemahlen wird. Hier liegt die
Ursache in den Poren, die mit abnehmender Korngröße kleiner und
zahlreicher werden. Man vermeidet deshalb die Poren durch Brennen im
Vakuum und stellt die gewünschte Transparenz durch Zugabe von
Trübungsmitteln ein.

Es wurde bereits erwähnt, daß die Transparenz um so schlechter
ist, je größer die Differenz der Brechungsindizes zwischen Glasphase
und Kristall ist. Porzellane mit hohen Al_2O_3-Gehalten, bei denen sich
Korund gebildet hat, haben deshalb eine geringe Transparenz. Dagegen
hat Knochenporzellan eine hohe Transparenz, da hier die Glasphase
einen Brechungsindex von etwa 1,56 hat, der ähnlich dem des Anorthits
(1,58) und des $Ca_3(PO_4)_2$ (1,59 bis 1,62) ist. Voraussetzung dazu ist ein
genügend hoher Gehalt an Glasphase.

6.2.4 Mechanische Festigkeit

Die mechanische Festigkeit keramischer Körper hängt von vielen
Einflüssen ab. Schon bei der Besprechung der Gläser (S. 80) wurde
darauf hingewiesen, daß wesentlich die Beschaffenheit der Oberfläche
ist und daß über den Einfluß der Atmosphäre sich auch die Zeit auswirkt. Bei keramischen Körpern ist zusätzlich der Einfluß des Gefüges
zu beachten, wie er von COBLE [105] und STOKES [696] zusammenfassend dargestellt wird. Wichtig sind dabei die Poren und Teilchen
in ihrer Menge, Größe, Form und Art. Außerdem ist oft ein Glasgehalt
vorhanden, der mit den darin befindlichen Kristallen innere Spannungen entwickeln kann. Viele dieser Einflüsse, aber auch das Fließen
keramischer Produkte vor dem Bruch (S. 352) und die Vorgänge während
des Bruches haben CONRAD und STOFEL [117] und WACHTMAN [735]
in Übersichten behandelt.

Es gibt verschiedene Arten von Festigkeiten, von denen die Zugfestigkeit im praktischen Gebrauch von keramischen Produkten oft
die wichtigste ist. Ihre *theoretische Größe* ergibt sich aus der Kraft, die
man aufbringen muß, um die Bindekräfte in einem Festkörper zu überwinden und zwei neue Oberflächen zu schaffen. Dafür sind mehrere Formeln abgeleitet worden, die sich jeweils um einen Faktor unterscheiden,
der zwischen 1 und 2 liegt. Die Orowansche Gleichung für die theoretische
Zugfestigkeit σ_{th} lautet

$$\sigma_{th} = \sqrt{\frac{E\,\gamma}{a}} \tag{131}$$

mit E = Elastizitätsmodul, γ = Oberflächenenergie und a = Abstand
der Ionen im Festkörper.

Die Zahlenwerte dieser Eigenschaften liegen größenordnungsmäßig
bei $E \approx 10^6\,\text{kp/cm}^2 \approx 10^{12}\,\text{dyn/cm}^2$, $\gamma \approx 500\,\text{dyn/cm}$ und $a \approx 3 \cdot 10^{-8}\,\text{cm}$,
so daß sich überschlagsmäßig ergibt

$$\sigma_{th} \approx \frac{1}{10}\,E. \tag{132}$$

Setzt man in Gl. (131) bekannte oder Näherungswerte ein, dann erhält man theoretische Zugfestigkeiten für Glas von $9 \cdot 10^4 \, \text{kp/cm}^2$ und für Korund von $4 \cdot 10^5 \, \text{kp/cm}^2$. Diese Werte werden aber experimentell nicht erreicht, wenn man von einzelnen Sonderfällen absieht. So liegen die praktischen Zugfestigkeiten von Gläsern und Porzellanen in der Größenordnung von $10^3 \, \text{kp/cm}^2$. Durch besondere Behandlungen ist es möglich, diese Werte zu steigern. Es müssen also noch andere Einflüsse auf die Festigkeit bestehen.

Meist beginnt ein Bruch an der *Oberfläche*, so daß sich Oberflächenfehler sehr stark auf die Festigkeit auswirken. Dieses Verhalten wurde bereits bei der Besprechung der Festigkeit von Gläsern erörtert. Befinden sich in der Oberfläche Kerben der Länge c, dann ergibt sich mit Gl. (9) und $l = 2c$ für die Festigkeit

$$\sigma = \sqrt{\frac{2E\gamma}{\pi c}}. \tag{133}$$

(Auch hier findet man Ableitungen, die entsprechend Gl. (131) andere Faktoren anstelle $2/\pi$ haben.) An gesinterten und geschliffenen Al_2O_3-Körpern konnten PASSMORE u. Mitarb. [537] zeigen, daß in Gl. (133) die Größe c der Korngröße entspricht, die Kerben also durch das Herausbrechen von Körnern beim Schleifen entstehen. Bei einer Korngröße von 10 µm wird dann die theoretische Zugfestigkeit etwa um den Faktor 200 erniedrigt.

Die schädliche Wirkung der Oberflächenfehler kann man verringern, indem man die Oberfläche unter eine Druckspannung setzt. Bei keramischen Körpern kann man das durch Glasuren erreichen, die immer dann die Festigkeit erhöhen, wenn sie eine kleinere Wärmedehnung als der Scherben haben. Von den vielen Messungen, die das bestätigen, seien hier nur die systematischen Versuche von SKARBYE [673] erwähnt. Aber auch bei unglasierten polykristallinen Körpern gelingt eine Festigkeitserhöhung, wenn man in der Oberfläche Kristalle mit einem kleineren Ausdehnungskoeffizienten erzeugt. KIRCHNER u. Mitarb. [375] haben dazu die Mischkristallbildung von Korund ($\alpha = 8,4 \cdot 10^{-6} \, \text{grd}^{-1}$) mit Cr_2O_3 ($\alpha = 7,4 \cdot 10^{-6} \, \text{grd}^{-1}$) und von $MgO \cdot Al_2O_3$ ($\alpha = 9,7 \cdot 10^{-6}$ grd^{-1}) mit $MgO \cdot Cr_2O_3$ ($\alpha = 6,9 \cdot 10^{-6} \, \text{grd}^{-1}$) ausgenützt, indem sie diese Körper in einer Packung von Cr_2O_3-Pulver temperten. Bei einer geeigneten Schichtdicke der Mischkristalle (etwa 75 µm) konnte so die Biegefestigkeit von Korundkörpern um 25% und die von Spinellkörpern um 15% erhöht werden.

Keramische Körper haben ein Gefüge, das sich ebenfalls auf die Festigkeit auswirkt. Die wichtigsten Einflüsse sind dabei Porosität, Korngröße und innere Spannungen zwischen verschiedenen Phasen, z. B. zwischen Glasphase und Kristallen.

Nach obigen Gleichungen ist die Festigkeit vom Elastizitätsmodul abhängig, der mit steigender *Porosität* abnimmt. Infolgedessen erniedrigen Poren die Festigkeit. Besteht ein heterogenes Material aus einer kontinuierlichen Phase (Index 0) und einer darin verteilten dispersen Phase (Index 1), dann ergibt sich nach HASHIN [266] der

Elastizitätsmodul zu

$$E = E_0 \left[1 + \frac{A\left(1 - \frac{E_1}{E_0}\right)c}{1 - (A+1)\left[\frac{E_1}{E_0} + \left(1 - \frac{E_1}{E_0}\right)c\right]} \right], \qquad (134)$$

worin A eine Konstante und c den Volumenanteil der dispersen Phase darstellt. Hat man als disperse Phase Poren, dann ist $E_1 = 0$, und aus Gl. (134) ergibt sich mit $c = P =$ Volumenanteil der Poren

$$E = E_0 \left[1 + \frac{AP}{1 - (A+1)P} \right]. \qquad (135)$$

Nach HASSELMAN [267] beträgt für Sinterkorund mit $E_0 = 4{,}2 \cdot 10^6\,\mathrm{kp/cm^2}$ die Konstante $A = -4{,}04$, d. h. bei einer Porosität von 10% ($P = 0{,}1$) nimmt der Elastizitätsmodul auf $1{,}8 \cdot 10^6\,\mathrm{kp/cm^2}$ ab.

HASSELMAN schlägt vor, analog die Abhängigkeit der Festigkeit von der Porosität zu betrachten:

$$\sigma = \sigma_0 \left[1 + \frac{AP}{1 - (A+1)P} \right], \qquad (136)$$

was die experimentellen Werte gut erfassen läßt. Zuvor hatte bereits DUCKWORTH [154] auf Grund von Messungen von RYSHKEWITCH [596] an Al_2O_3-Körpern verschiedener Porosität die empirische Gleichung

$$\sigma = \sigma_0 \cdot e^{-bP} \qquad (137)$$

vorgeschlagen, die sich nicht nur bei porösen oxidkeramischen Produkten, sondern auch bei anderen Materialien bewährt hat, nach DINSDALE und WILKINSON [152] auch bei Steingut und Knochenporzellan. Die Konstante b liegt je nach Material zwischen 3 und 9, d. h., die Festigkeit wird auf die Hälfte verringert bei Porositäten zwischen 8 und 23%.

Einen Einfluß hat auch die Porenform, vor allem ob offene oder geschlossene Poren vorliegen. HASSELMAN und FULRATH [268] haben diese Frage näher diskutiert. Man kann sie nach SPRIGGS [686] auch empirisch lösen in einer erweiterten Form von Gl. (137)

$$\sigma = \sigma_0 \, e^{(-b_f P_f - b_g P_g)}, \qquad (138)$$

worin die Indizes f die offenen, die Indizes g die geschlossenen Poren betreffen.

In der Praxis beobachtet man manchmal bei sehr geringen Porengehalten von 0,1 bis 1% im Gegensatz zu obigen Ableitungen zunächst einen Anstieg der Festigkeit, der seinen Grund in einem Abbau der Kerbspannungen in den Poren haben kann. Oft wird bei solchen Versuchen die Porosität durch Änderung der Brennzeit und -temperatur variiert. Dann können aber auch andere Gefügeänderungen eintreten, die sich ebenfalls auf die Festigkeit auswirken, so daß keine klare Aussagen über die wirklichen Einflüsse gemacht werden können.

Das Gefüge eines keramischen Körpers wird außerdem durch die *Korngröße* der einzelnen Kristalle bestimmt. Man kann die einzelnen Körner als Kerbstellen im Sinne der Griffithschen Gleichung auffassen, wie es oben schon bei der Besprechung des Einflusses der Oberfläche getan wurde. Ist G der Korndurchmesser, dann müßte analog Gl. (133) $\sigma = k \cdot G^{-1/2}$ sein, d. h. mit steigender Korngröße die Festigkeit abnehmen. Das wird auch experimentell beobachtet, jedoch mit Abweichungen des Exponenten 1/2, weshalb KNUDSEN [381] eine allgemeinere Gleichung für die Korngrößenabhängigkeit der Festigkeit vorschlägt:

$$\sigma = k' \, G^{-a} \tag{139}$$

mit den Konstanten k' und a. KNUDSEN hat weiterhin für die gemeinsame Abhängigkeit der Festigkeit von Korngröße und Porosität die Gl. (139) mit Gl. (137) kombiniert zu

$$\sigma = k \, G^{-a} \, e^{-bP}, \tag{140}$$

mit der viele Versuchsergebnisse mit einer Genauigkeit von $\pm 10\%$ erfaßt werden konnten. PASSMORE u. Mitarb. [537] fanden bei ihren Versuchen an Sintertonerde eine bessere Übereinstimmung mit einer erweiterten Form dieser Gleichung:

$$\sigma = k \, G^{-a+cP} \, e^{-bP}. \tag{141}$$

Hier ist berücksichtigt, daß durch das Glied $+c\,P$ die Festigkeit durch den bereits erwähnten Abbau der Spannungen in den Poren erhöht wird, was aber im allgemeinen durch den Faktor e^{-bP} überdeckt wird.

Die bisherigen Betrachtungen galten im wesentlichen für keramische Körper aus nur einer Komponente. Oft liegen aber mehrere Komponenten nebeneinander vor, z. B. Glasphase und Kristalle, die bei unterschiedlichen Wärmedehnungen innere Spannungen, die *Gefügespannungen* entwickeln. Die meisten experimentellen Beobachtungen beziehen sich dabei auf Biegefestigkeiten von Porzellanen und Modellsystemen aus Gläsern mit Kristallen.

Sieht man zunächst von den Spannungen ab, dann wird die Festigkeit um so größer sein, je höher der Elastizitätsmodul des Körpers ist. Besonders günstig ist in dieser Beziehung Korund mit seinem hohen Elastizitätsmodul von $4,2 \cdot 10^6$ kp/cm². Wirklich hat sich vielfach bestätigt, daß korundhaltige Porzellane eine hohe Festigkeit haben. Das zeigt auch Abb. 164 nach Messungen von SKARBYE [672]. Beim Zirkon $ZrSiO_4$ mit $E = 2,3 \cdot 10^6$ kp/cm² ist die Abhängigkeit nicht mehr so deutlich, während steigende Gehalte an Quarz ($E = 0,9 \cdot 10^6$ kp/cm²) und ZrO_2 ($1,2 \cdot 10^6$ kp/cm²), trotz etwas höherer Elastizitätsmoduln als der der Ausgangskörper, zu einer Abnahme des Gesamtelastizitätsmoduls und damit auch zu einer Festigkeitsabnahme führen. Letztere beiden Oxide haben wesentlich größere Ausdeh-

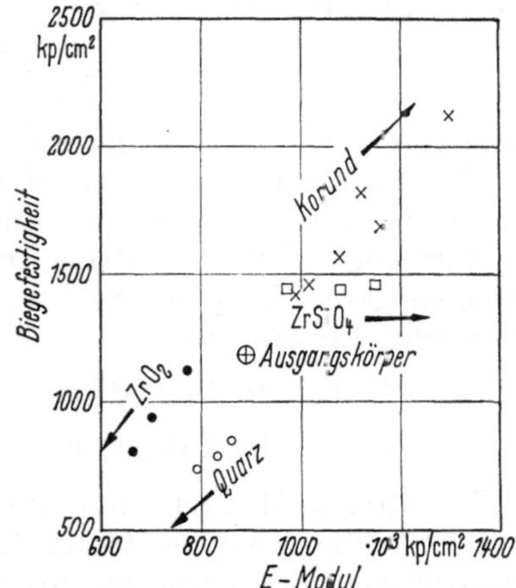

Abb. 164. Abhängigkeit der Biegefestigkeit vom Elastizitätsmodul von Körpern aus (in Gew.-%) 55 Kaolin, 10 Ton und 35 Kalifeldspat mit bis zu 30% Zugaben verschiedener Oxide (Brand bei 1400 °C im Tunnelofen)

nungskoeffizienten als die Glasphase, weshalb man diese Erscheinungen auf Spannungsrisse im Körper zurückführt. Dementgegen haben BUDNIKOW und MASLENNIKOWA [83], ausgehend von einer Masse aus (in Gew.-%) 46 Tonmineralsubstanz, 20 Quarz und 34 Feldspat, bei der der Quarzgehalt auf Kosten des Feldspatgehalts bis auf 40% erhöht wurde, einen Anstieg des Elastizitätsmoduls von 0,63 auf $0,77 \cdot 10^6$ kp/cm² gefunden, dem proportional die Festigkeit von 840 auf 1070 kp/cm² anstieg.

Die durch unterschiedliche Wärmedehnungen zweier Körper auftretenden Spannungen wurden für den ebenen Fall früher (S. 293) angegeben. Ist in eine Glasphase (Index g) ein kugelförmiger Kristall (Index k) eingebettet, dann muß man zwischen Radial- und Tangentialspannungen (Indizes rad bzw. tan) unterscheiden. Diese betragen nach Ableitungen von LUNDIN [460]

$$\sigma_{k,\,\text{rad}} = \sigma_{k,\,\text{tan}} = -A\left(1 - \frac{R^3}{r^3}\right) \qquad (142)$$

$$\sigma_{g,\,\text{rad}} = -A\left(\frac{R^3}{x^3} - \frac{R^3}{r^3}\right) \qquad (143)$$

$$\sigma_{g,\,\text{tan}} = \frac{1}{2}A\left(\frac{R^3}{x^3} + \frac{2R^3}{r^3}\right) \qquad (144)$$

$$\text{mit} \quad A = \frac{2E_k E_g(\alpha_k - \alpha_g)\,\Delta T}{2E_g(1 - 2\mu_k)\left(1 - \dfrac{R^3}{r^3}\right) + E_k\left[1 + \mu_g + 2\dfrac{R^3}{r^3}(1 - 2\mu_g)\right]} \qquad (145)$$

und R = Radius des Kristalls, r = Radius des Gesamtsystems und x = Laufradius, beginnend in Kugelmitte. [In Gl. (145) wurde ein mehrfach in der Literatur auftretender Druckfehler berichtigt.]

Im Innern des Kristalls sind die Spannungen konstant, in der darum befindlichen Glasphase nehmen sie mit wachsendem Abstand x ab. Bei unendlich ausgedehnter Glasphase $r \to \infty$ geht $R^3/r^3 \to 0$, und Gl. (145) vereinfacht sich zu

$$A' = \frac{2E_k E_g(\alpha_k - \alpha_g)\,\Delta T}{2E_g(1 - 2\mu_k) + E_k(1 + \mu_g)}, \qquad (146)$$

was vorher bereits von anderen Autoren erhalten wurde.

Mit $\alpha_k > \alpha_g$ wird A positiv, d. h., nach den Gln. (142) bis (144) herrschen im Kristall radiale und tangentiale Zugspannungen und im Glas radiale Zug-, aber tangentiale Druckspannungen. Abb. 165 bringt die Spannungsverteilung im System Quarz-Glasphase unter Verwendung folgender Zahlenwerte

$$E_k = 9 \cdot 10^5 \text{ kp/cm}^2, \quad \mu_k = 0{,}14, \quad \alpha_k = 21{,}0 \cdot 10^{-6} \text{ grd}^{-1},$$

$$E_g = 7 \cdot 10^5 \text{ kp/cm}^2, \quad \mu_g = 0{,}20, \quad \alpha_g = 4{,}2 \cdot 10^{-6} \text{ grd}^{-1} \quad \text{und}$$

$\Delta T = 650$ grd. Man erkennt darin die hohen Zugspannungen, die Anlaß zur Rißbildung um die Quarzkörner sein können. Das bewirkt eine Abnahme der Festigkeit, die um so größer sein wird, je höher der Quarzgehalt und je größer die Risse, also auch die Quarzkörner sind. Dem entspricht auch die Festigkeitsabnahme mit steigendem Quarzgehalt in Abb. 164, die ebenfalls von anderen Autoren festgestellt worden ist.

Im Widerspruch dazu stehen Messungen weiterer Autoren, die mit zunehmendem Quarzgehalt im Porzellan einen Anstieg der Festigkeit feststellten. Zur Deutung letzterer Beobachtungen hat DIETZEL [143] auf die im System Quarz-Glasphase auftretenden tangentialen Druckspannungen hingewiesen, die zu einer Erhöhung der Festigkeit der Glasphase und damit des ganzen Körpers führen. Diese Bemerkung hat zu vielen Versuchen angeregt, bei denen der Quarzgehalt variiert und auch durch andere Substanzen (z. B. Scherben, Rutil, Zirkon) ersetzt wurde. Sie sind zusammenfassend von SCHÜLLER [635] und WIEDMANN [767] behandelt worden. Vergleiche sind aber schwierig, weil man nur dann verbindliche Aussagen machen kann, wenn außer dem Quarz alle anderen Phasen in ihrer Menge und Größe konstant bleiben. Das ist aber bei solchen Versuchen kaum realisierbar. So ergaben sich Messungen, die für und gegen eine Festigkeitserhöhung durch Quarz sprechen.

Diese Diskrepanz konnte SCHÜLLER [635] auflösen, indem er den Berechnungen, die von einem Kristall in einer unendlich ausgedehnten Glasphase ausgehen, den Fall eines Kristalls mit nur einer dünnen Glasschicht gegenübergestellt. Dann wirken sich die tangentialen Druckspannungen in voller Größe aus, während die radialen Zugspannungen gering bleiben. Man erkennt das auch aus Abb. 165 an dem Beispiel mit einer endlich ausgedehnten Glasphase (gestrichelte Kurve), das eine Abnahme der Zugspannungen und eine Zunahme der Druckspannungen zeigt. In diesem Beispiel ist $R/r = 0{,}5$ oder der Volumenanteil an Quarz $R^3/r^3 = 0{,}125$. Aus obigen Gleichungen läßt sich sofort ableiten, daß bei

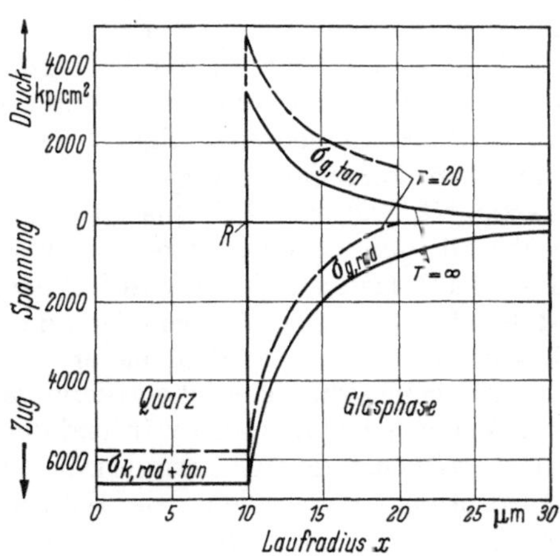

Abb. 165. Verlauf der Spannungen um ein Quarzkorn in einer Glasphase nach Gln. (142) bis (145)

einem Volumenanteil $R^3/r^3 = 0{,}25$ beide Spannungen in der Glasphase gleiche Werte (absolut) erhalten. Übertragen auf Porzellan heißt das, daß zunächst zunehmender Quarzgehalt die Festigkeit infolge des Auftretens von Rissen verringert, daß aber mit zunehmender Quarzmenge, wenn die Abstände zwischen den einzelnen Quarzkörnern geringer werden, die Festigkeit erhöht wird. Die Grenze liegt nach praktischen Erfahrungen bei etwa 25 Gew.-% Quarz, was mit theoretischen Überlegungen von SCHÜLLER und STÄRK [640] übereinstimmt. Setzt man jedoch in die von diesen Autoren abgeleiteten Beziehungen die korrigierte Gl. (145) und die Werte von S. 320 ein, dann liegt das Maximum der Gefügeenergie im System Quarz-Glasphase bei etwa 50 Gew.-%, und erst bei höheren Quarzgehalten ist mit einem Anstieg der Festigkeit zu rechnen. Dem steht die praktische Erfahrung entgegen, die den Festig-

keitsanstieg schon eher zeigt. Die Ursache ist in der gegenseitigen Beeinflussung der Spannungsfelder mehrerer Kristalle zu suchen, doch
stehen entsprechende Berechnungen noch aus. Es ist anzunehmen,
daß die Festigkeit um so höher sein wird, je gleichmäßiger die Verteilung
der Quarzkörner ist. Bei gleichem Quarzgehalt bedeutet dies eine höhere
Festigkeit bei geringerer Korngröße. Weiterhin muß man bedenken,
daß ab der Zusammensetzung, die zu keinen Mikrorissen mehr führt,
der Quarz durch seinen höheren Elastizitätsmodul die Festigkeit ansteigen läßt.

Neben dem Quarzeinfluß wurde bereits der Einfluß der Korngröße
und der Porosität auf die Festigkeit von Porzellan erwähnt. Daneben
spielt noch der Mullitgehalt und dessen Ausbildungsform eine Rolle.
Porzellane mit hohem Mullitgehalt aus Massen mit bis zu 70 Gew.-%
Tonmineralsubstanz haben nach WIEDMANN [766] gegenüber normalen
Porzellanen eine erhöhte Festigkeit. Bei letzteren ist die Festigkeit um
so geringer, je größer sich die Sekundärmullite ausbilden.

Damit ist das gesamte Gefüge des Porzellans und auch anderer keramischer Werkstoffe für die Festigkeit maßgebend, die deshalb auch in
starkem Maße von den Brennbedingungen abhängt. Dabei ist nicht nur
die maximale Brenntemperatur und die Brennzeit zu beachten, sondern
auch die Abkühlgeschwindigkeit. Ist letztere langsam, dann sinkt bei
normalen Porzellanen wegen des Wachsens der Sekundärmullite die
Festigkeit, während bei Quarzporzellan ein Anstieg eintritt, da Risse
während des Quarzsprunges vermieden werden können. Hochfeste
Porzellane lassen sich auch auf Cristobalitbasis herstellen, indem man
Rohstoffe verwendet, die beim Brand leicht umwandeln. Diese Porzellane
beschreibt SCHÜLLER [638] näher.

Die gemessene Festigkeit keramischer Produkte hängt auch von
den Versuchsbedingungen während der Bestimmung ab. Es gelten dabei
die bereits bei den Gläsern erwähnten Einflüsse (S. 81), d. h., durch
Adsorption — vor allem von Wasserdampf — wird die Oberflächenenergie γ erniedrigt, so daß nach Gl. (131) auch die Festigkeit sinkt.
SMOTHERS [681] stellte an Porzellan mit einer Biegefestigkeit im Vakuum
von 875 kp/cm² eine Abnahme auf 770 kp/cm² in 48% relativer Feuchte
und auf 680 kp/cm² in flüssigem Wasser fest. Daneben ist ebenfalls mit
Ermüdungs- und Alterungserscheinungen zu rechnen.

6.2.5 Werkstoffe mit geringer Wärmedehnung

Andere Entwicklungen der Keramik haben das Ziel, Werkstoffe
mit geringer Wärmedehnung zu erhalten, die sich durch eine hohe Temperaturwechselbeständigkeit auszeichnen.

Nachdem man bereits 1913 empirisch erkannt hatte, daß MgO in
keramischen Produkten die Wärmedehnung herabsetzt, wurde erst
später der Cordierit $2\,MgO \cdot 2\,Al_2O_3 \cdot 5\,SiO_2$ als die dafür entscheidende
Phase erkannt. Die Massen, z. B. nach SINGER [668] aus (in Gew.-%)
43 Speckstein, 35 Ton und 22 Al_2O_3, sind aber schwierig zu brennen.
Nach KRÖNERT u. Mitarb. [418] beginnt die Cordieritbildung aus Mischun-

gen von Talk und Kaolin erst ab 1150 °C, nachdem sich vorher Protoenstatit, Mullit und Cristobalit gebildet haben. Erst bei 1300 °C ist die Cordieritbildung beendet, doch sind dann die Körper meist noch sehr porös. Man darf wegen des flachen Verlaufs der Ausscheidungsfelder im Dreistoffsystem $MgO-Al_2O_3-SiO_2$ (Abb. 105, S. 192) nicht zu hoch erhitzen, damit keine Erweichung der Körper eintritt. Die Entwicklung geeigneter Cordieritmassen beschreiben GUGEL und H. VOGEL [241] und REH [572]. Zur Verbreiterung des Brennintervalls kann man

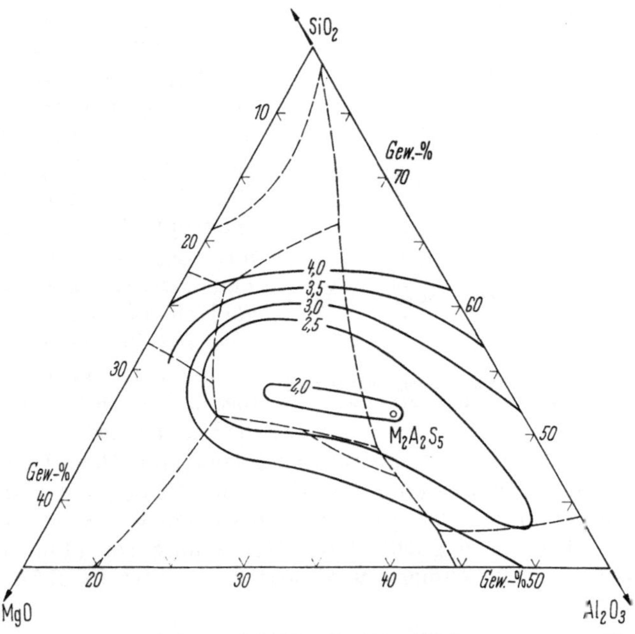

Abb. 166. Ausdehnungskoeffizienten ($\cdot 10^6$ grd, für 20 bis 300 °C) von cordierithaltigen Körpern aus Talk-Kaolin-Al_2O_3-Massen nach Brennen bei 1300 °C

$BaCO_3$, $PbSiO_3$ oder $ZrSiO_4$ zur Masse geben, wodurch aber der Ausdehnungskoeffizient etwas erhöht wird. Die mit Massen aus Talk, Kaolin und Al_2O_3 von BEALS und COOK [34] erhaltenen Ausdehnungskoeffizienten sind in Abb. 166 in das Dreistoffsystem $MgO-Al_2O_3-SiO_2$ eingetragen worden. Der tiefste Wert lag bei $1,0 \cdot 10^{-6}$ grd^{-1}, wobei der Cordieritgehalt des Scherbens 96 Gew.-% betrug.

Neben dem Magnesiumaluminiumsilicat Cordierit zeigt auch das Bariumaluminiumsilicat $BaO \cdot Al_2O_3 \cdot 2 SiO_2$, der Celsian, eine geringe Wärmedehnung. SINGER [669] hat durch Brennen von $BaCO_3$ mit Kaolin bei 1400 °C Körper herstellen können, deren geringster Ausdehnungskoeffizient nur $1,3 \cdot 10^{-6}$ grd^{-1} betrug. Später haben GUGEL u. Mitarb. [242] $BaCO_3$ mit Steinzeugton bei 1250 °C gebrannt und Ausdehnungskoeffizienten bis herunter zu $3,3 \cdot 10^{-6}$ grd^{-1} erhalten. Dicht wurden die Scherben allerdings erst bei Zusätzen von 20 Gew.-% Na-Feldspat, ohne daß sich die Wärmedehnung wesentlich änderte.

Diese Autoren untersuchten auch die Wirkung von $BaCO_3$ in MgO-haltigen Massen. Die Ausdehnungskoeffizienten lagen zwischen mullitischem und Cordieritsteinzeug, wobei der sich bildende Bariumosumilith $BaMg_2Al_3(Si_9Al_3O_{30})$ ebenfalls eine geringe Wärmedehnung hat.

Die geringsten Ausdehnungskoeffizienten erhält man mit Scherben, die Lithiumaluminiumsilicate enthalten, deren besonderes Verhalten schon früher (S. 189) erwähnt wurde. Den Bereich der negativen Ausdehnungskoeffizienten nach Messungen von SMOKE [680] an Massen aus Li_2CO_3, Tonmineralen und Quarz zeigt Abb. 167, eingetragen in das Dreistoffsystem $Li_2O-Al_2O_3-SiO_2$. Die tiefsten Werte liegen bei der Eukryptit-Zusammensetzung mit $\alpha_{20/700} = -5{,}5 \cdot 10^{-6}$ grd^{-1}. Zum Masseversatz kann man als Rohstoffe auch Spodumen oder Petalit verwenden. Das Brennen ist aber auch bei diesen Massen schwierig, weil die Unterschiede zwischen den eutektischen und Liquidustemperaturen gering sind. Den Mechanismus der Bildung der Lithiumaluminiumsilicate aus Massen mit Hartporzellanzusammensetzung und Zugabe von Spodumen hat SAALFELD [600] untersucht. Über die Möglichkeit der Herstellung von ähnlichen Produkten über eine Glasschmelze wird später berichtet (S. 395).

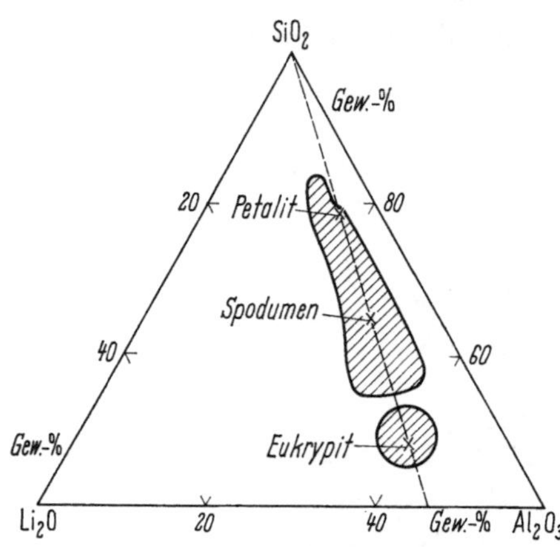

Abb. 167. Bereiche negativer Ausdehnungskoeffizienten von $Li_2O-Al_2O_3-SiO_2$-haltigen Scherben

6.3 Feuerfeste Werkstoffe

Nach DIN 51 060 [817] bezeichnet man Werkstoffe dann als „feuerfest", wenn sie bei der Segerkegelprüfung nach DIN 51 063 [818] (S. 277) einen Kegelfallpunkt von mindestens SK 18 haben (kleine Kegel, 150 grd/h, 1520 °C). Liegt der Kegelfallpunkt mindestens bei SK 37 (1830 °C), dann spricht man von „hochfeuerfesten" Werkstoffen. Diese Abgrenzungen sind durch Übereinkunft entstanden; sie sind vom wissenschaftlichen Standpunkt aus betrachtet willkürlich.

Das Erweichen bei der Segerkegelprüfung tritt ein, wenn bei der betreffenden Temperatur Schmelzphase vorhanden ist. Feuerfeste Werkstoffe wird man daher überall dort finden, wo nach den Phasendiagrammen bei diesen Temperaturen keine oder nur wenig Schmelzphase vorhanden ist. Da in vielen oxidischen Ein- und Mehrstoffsystemen die Liquidustemperaturen höher als 1500 °C liegen, sind viele feuerfeste Werkstoffe oxidischer Natur. Daneben gibt es auch metallische feuerfeste Werkstoffe, die hier nicht behandelt werden, und nichtoxidische feuerfeste Werkstoffe, auf die später (S. 379ff.) eingegangen wird.

Auch die Erzeugnisse der Oxidkeramik werden für sich im folgenden Abschnitt beschrieben.

Die Einteilung der feuerfesten Werkstoffe kann nach verschiedenen Gesichtspunkten erfolgen. Technologisch sind die Formgebungsverfahren wichtig, bei denen man die Bindung in den Vordergrund stellen kann, die bei Raumtemperatur (mit z. B. Mg-Salzen oder feuerfestem Zement) oder bei hohen Temperaturen (durch z. B. Schmelzphase oder Sintern) erfolgen kann. Meist steht aber die Einteilung nach der chemischen Zusammensetzung im Vordergrund, wie sie Tab. 46 zeigt.

Tabelle 46. *Einteilung oxidischer feuerfester Erzeugnisse*

Bezeichnung	kennzeichnender Bestandteil Gew.-%	weitere Unterteilung	
Silikasteine	$SiO_2 \geq 93$	Gütewerte nach Verwendungszweck	
Tondinassteine	$93 > SiO_2 \geq 85$	nach Feuerfestigkeit	
Saure Schamottesteine	$85 > SiO_2$ $10 \leq Al_2O_3 < 30$	Gütewerte nach Verwendungszweck	
Schamottesteine	$30 \leq Al_2O_3 < 45$	nach Al_2O_3- und Gehalt	Kegelfallpunkt (SK)
		30—33	30/31
		33—37	31—32
		37—40	32/33
		40—42	33/34
		42—44	34
tonerdereiche Steine	$45 \leq Al_2O_3 < 56$	nach Al_2O_3-Gehalt	
hochtonerdehaltige Steine	$56 \leq Al_2O_3$	nach dem Hauptrohstoff, z. B. Korund-, Bauxit-, Mullit-, Sillimanitsteine	
basische Steine	$MgO \geq 80$ $80 > MgO \geq 55$ $55 > MgO \geq 25$ $25 \geq MgO,$ $Cr_2O_3 \geq 25$ Forsterit Dolomit	Magnesitsteine Magnesitchromsteine Chrommagnesitsteine Chromitsteine Forsteritsteine Dolomitsteine	
sonstige Steine		z. B. Zirkonsteine und weitere Typen	

Für den Gebrauch feuerfester Erzeugnisse ist der Kegelfallpunkt von untergeordneter Bedeutung, da bei dieser Temperatur die praktische Anwendungsgrenze überschritten ist. Die Einsatzmöglichkeiten werden bestimmt durch die Erweichung unter Druck oder Zug, die Festigkeiten von tiefen bis zu hohen Temperaturen, Wärmetransport in den Steinen, Temperaturwechselbeständigkeit, Raumbeständigkeit und Widerstand gegen chemischen und mechanischen Angriff. Diese Eigenschaften sollen zunächst behandelt werden, ehe auf die verschiedenen Typen der Werkstoffe eingegangen wird. Ausführlichere Darstellungen findet man in den Monographien von z. B. CHESTERS [101], HARDERS und KIENOW [259], KONOPICKY [395], LITVAKOVSKII [457] oder SEARLE [659].

6.3.1 Eigenschaften

6.3.1.1 Erweichungsverhalten und Festigkeit

Es wurde eben erwähnt, daß der Kegelfallpunkt zur Kennzeichnung des Erweichungsverhaltens von feuerfesten Werkstoffen nicht ausreicht; denn in der Praxis stehen die Steine meist unter Belastung, wodurch die Erweichung bereits bei tieferen Temperaturen einsetzt. Unter Druckbelastung kann ein plastisches Fließen der kristallinen Phase eintreten (S. 352), das aber bei den üblichen Drücken vernachlässigt werden kann. Der Erweichungsbeginn wird daher vom Auftreten von Schmelzphase bestimmt. Die Erweichung ist um so stärker, je höher der Anteil an Schmelzphase und je geringer deren Viskosität ist. Daneben übt die Ausbildung der kristallinen Phase einen großen Einfluß aus; denn nadelförmige und verfilzte Kristalle geben dem Körper eine größere Standfestigkeit als rundliche Kristalle. Weiterhin fördert steigende Porosität die Erweichung. Außerdem kann auch ein Einfluß der Ofenatmosphäre eintreten, wenn dadurch der Anteil an Schmelzphase und deren Viskosität geändert wird.

Zur Prüfung der *Druckfeuerbeständigkeit* (DFB) wird nach DIN 51 064 [819] ein zylindrischer Körper mit 50 mm $\varnothing$ und 50 mm Höhe unter einer Belastung von 2 kp/cm² kontinuierlich erhitzt und

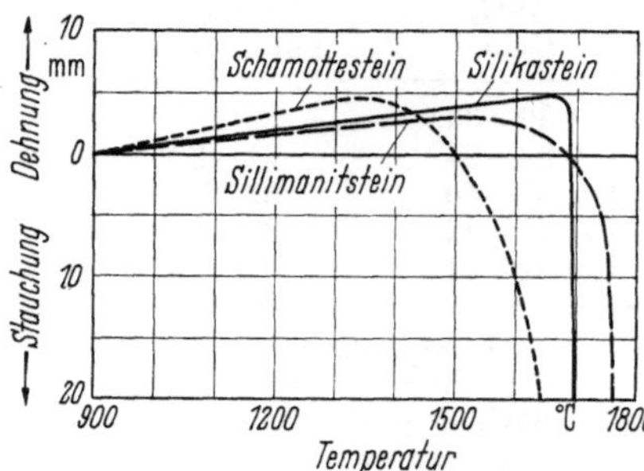

Abb. 168. Druckerweichungskurven einiger feuerfester Erzeugnisse
(Druck 2 kp/cm², Höhe 50 mm)

laufend seine Höhe gemessen. Abb. 168 zeigt die Meßergebnisse an einigen feuerfesten Erzeugnissen. Der anfängliche Anstieg ist durch die thermische Ausdehnung bedingt. Der Kurvenverlauf wird durch einige Temperaturen charakterisiert:

$$t_0 = \text{Temperatur der größten Ausdehnung}$$
$$t_a = \text{Temperatur bei Stauchung um 0,3 mm und}$$
$$t_{e\,10} = \text{Temperatur bei Stauchung um 10 mm}$$

jeweils vom Punkt der größten Ausdehnung aus bestimmt. Die Indizes *a* und *e* sollen den Anfang und das Ende der Erweichung kennzeichnen. Der weitere Index 10 wird nach DIN 51 064 vorgeschrieben, da nach der früheren DIN 1064 für die DFB t_e für eine Stauchung von 20 mm galt. Bei Angaben von t_e-Werten ist deshalb auf diese unterschiedliche

Bedeutung zu achten. Für den Schamottestein der Abb. 168 gelten z. B. folgende Werte: $t_0 = 1340\ °C$, $t_a = 1380\ °C$, $t_{e10} = 1560\ °C$ und für die frühere Bezeichnung $t_e = 1630\ °C$.

Die Differenz $t_e - t_a$ ist um so größer, je größer die Viskosität der Schmelzphase ist und je langsamer der Anteil an Schmelzphase mit steigender Temperatur zunimmt, was an Hand der Phasendiagramme abgelesen werden kann. Zusammensetzungen in der Nähe von Eutektika oder von Verbindungen werden deshalb bei Erreichen der betreffenden Temperaturen eine schnelle Erweichung ergeben, wie das Beispiel des Silikasteins in Abb. 168 zeigt.

Die DFB-Prüfung war oft starker Kritik ausgesetzt. Zur Verbesserung der apparativen Einrichtungen schlagen WOHLLEBEN u. Mitarb. [780] einen Haubenofen und eine Differenzmessung vor, mit der man die wirkliche Veränderung der Höhe des Prüfkörpers feststellen kann. Mit dieser „wahren DFB" läßt sich nach KONOPICKY [399] z. B. bei Schamottesteinen die erste Erweichung schon ab etwa 800 °C erkennen, bedingt durch die Erweichung der Glasphase in diesen Steinen. Die mit dieser Apparatur bestimmten t_a-Werte liegen daher bis zu 200 grd tiefer als nach DIN 51 064, während die t_e-Werte nahezu übereinstimmen. Im DIN-Entwurf 51 053 [814] wird deshalb die neue Methode als *Druckerweichung* (DE) bezeichnet. Zur Kennzeichnung eines Prüfkörpers werden darin die Temperaturen $t_{0,5}$, t_1 und t_5 vorgeschlagen, bei denen der Körper vom Punkt seiner größten Ausdehnung um 0,5, 1 und 5% zusammengedrückt wurde.

Bei diesen Prüfungen ist der Druck mit $2\ kp/cm^2$ vorgeschrieben. Mit höherer Belastung wird das Erweichungsverhalten beschleunigt, woraus man weitere Rückschlüsse auf die Eigenschaften der Probe ziehen kann. Geht man vom kontinuierlichen Aufheizen zu konstanter Temperatur über, so erhält man Aussagen über die Dauerstandfestigkeit (auch als Warmfestigkeit bezeichnet). Aus den dabei zu erhaltenden Fließkurven lassen sich die scheinbaren Viskositäten der Körper berechnen, die für Schamottesteine bei 1300 °C in der Größenordnung von $\log \eta = 11$ liegen. Oft beobachtet man aber mit der Zeit eine Abnahme der Fließgeschwindigkeit, die durch Änderung des Gefüges beim Versuch bedingt ist.

Steigert man den Druck weiter bis zum Bruch der Körper, kommt man zur Heißdruckfestigkeit. Dabei wird oft ein ausgeprägtes Maximum der Festigkeit beobachtet, das bei Schamottesteinen bei 1000 °C liegt. Diese Verfestigung ist durch die bei dieser Temperatur sehr viskose Schmelzphase bedingt, wobei der Einfluß um so größer ist, je geringer der Al_2O_3-Gehalt der Schamottesteine ist. Solche Versuche werden aber stark durch das Formgebungsverfahren beeinflußt; denn steigender Formdruck erhöht die Anfangsfestigkeit und läßt die Erscheinung der Verfestigung zurücktreten.

Damit wird die Frage der *Kaltdruckfestigkeit* angeschnitten, die wesentlich durch das Gefüge, vor allem durch Texturen und Poren bestimmt wird. Bei einem bestimmten Typ sind hohe Werte oft durch eine starke Verglasung bedingt und zeigen dann einen zu hohen Brand an. Bei den meisten dichten feuerfesten Werkstoffen liegt die Kalt-druckfestigkeit im Bereich von 200 bis 600 kp/cm², kann aber bei z. B. schmelzgegossenen Steinen Werte bis über 2000 kp/cm² erreichen. Einige Werte zusammen mit den elastischen Konstanten bringt Tab. 47. Man erkennt die Tendenz, daß die Festigkeit mit dem Elastizitätsmodul ansteigt. Die Abweichungen sind u. a. durch unterschiedliche Porosität bedingt, die in Tab. 47 durch die Gasdurchlässigkeit gekennzeichnet ist.

Tabelle 47. *Elastische Konstanten, Kaltdruckfestigkeit und Gasdurchlässigkeit einiger feuerfester Erzeugnisse nach* WOHLLEBEN *und* KONOPICKY [779]

Erzeugnis	E-Modul $\times 10^5$ kp/cm²	G-Modul $\times 10^5$ kp/cm²	μ	Kaltdruck-festigkeit kp/cm²	Gasdurch-lässigkeit nPm
Silika-	1,3	0,52	0,25	150—500	1—12
Schamotte-	2,6— 3,6	0,93—1,37	0,22—0,44	120—700	1—13
Korund-	2,8— 3,6	1,17—1,46	0,22—0,25	350—800	0,5—10
Feuerleicht-	0,66—0,84	0,28—0,38	0,12—0,17	25—125	—
Magnesit-	11,5—14,0	4,5 —5,4	0,27—0,3	500—1100	6—12
Magnesitchrom-	5,6— 6,1	2,1 —2,45	0,24—0,3	300—700	—
Chrommagnesit-	4,3— 5,9	1,6 —2,3	0,28—0,32	150—450	8—25
Chromit-	6,2— 9,0	2,4 —3,6	0,2 —0,3	300—700	<10
Forsterit-	4,4— 5,2	1,8 —2,2	0,2 —0,22	200—400	<15

Mit steigender Temperatur werden unterschiedliche Änderungen der elastischen Konstanten gefunden. In Al_2O_3-Einkristallen haben WACHT-MAN und LAM [736] eine lineare Abnahme des Elastizitätsmoduls von $3,8 \cdot 10^6$ kp/cm² bei 0 °C auf $2,8 \cdot 10^6$ kp/cm² bei 1650 °C gefunden. Feuerfeste Werkstoffe zeigen dagegen zunächst meist eine geringe Zunahme des Elastizitätsmoduls mit steigender Temperatur, der bei Ausbildung von viel oder niedrig viskoser Schmelzphase deutlich ab-sinkt, was bei Schamottesteinen bei etwa 1000 °C erfolgt. Der Tor-sionsmodul bleibt bei letzteren nach KONOPICKY und WOHLLEBEN [405] dagegen bis etwa 800 °C konstant und zeigt schon bei der Ausbildung der ersten Schmelzphase den Abfall.

Danach spricht die Torsion empfindlicher auf das Verhalten beim Erhitzen an als die anderen erwähnten Methoden. *Torsionserweichungs-*Versuche werden deshalb in steigendem Maße zur Charakterisierung und Untersuchung feuerfester Werkstoffe eingesetzt. Meist wird dazu die auf STEGER zurückgehende, von ENDELL [171] beschriebene Apparatur verwendet, bei der Stäbe mit quadratischem oder rundem Querschnitt einem konstanten Drehmoment bei steigender Temperatur ausgesetzt werden und die resultierende Torsion gemessen wird. Abb. 169 bringt einige Ergebnisse, die das frühere Fließen gegenüber dem DFB-Versuch der Abb. 168 deutlich erkennen lassen. Beim Torsionsversuch ist die Temperaturdifferenz zwischen Beginn des Fließens und starker Ver-formung wesentlich größer als beim DFB-Versuch. Der Grund liegt im wesentlichen in der Art der Spannungsverteilung im Prüfkörper; denn die Torsionsspannung ist an der Oberfläche am größten und in der Mittel-achse des Körpers gleich Null. Eine an der Oberfläche beginnende Verformung wird deshalb durch das noch nicht fließfähige Innere gehemmt. Der Grad der Torsionserweichung wird am stärksten durch den Gehalt an Schmelzphase beeinflußt, doch hat auch die Ausbildung der kristallinen Phase einen Einfluß. KOLTERMANN, der in [388] einen Überblick über die Torsionsprüfung gibt, hat dann gezeigt [389], daß man mit dieser Methode auch Reaktionen im Verlauf des Erhitzens erkennen kann.

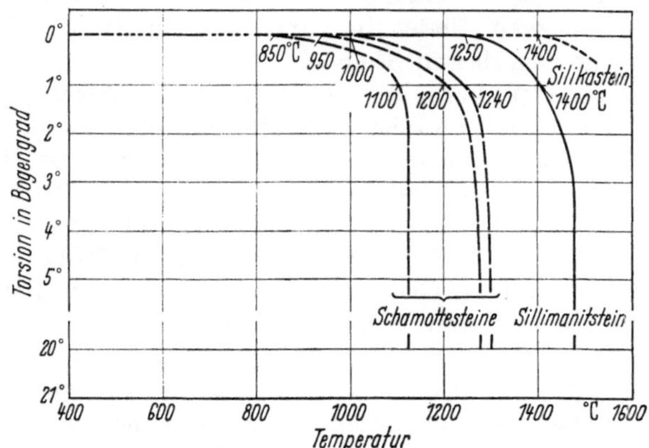

Abb. 169. Torsionserweichungskurven einiger feuerfester Erzeugnisse nach ENDELL und MÜLLENSIEFEN [173] (Querschnitt der Proben 15×15 mm, Drehmoment 7,5 kp · cm)

Neben der Druck- und Torsionsfeuerbeständigkeit ist noch die Zugfeuerbeständigkeit zu beachten; denn z. B. Glashäfen sind im Betrieb einer Zug- oder Bankplatten einer Biegebeanspruchung ausgesetzt. Dieses Verhalten ist bis jetzt noch wenig untersucht worden. Abb. 170 bringt einige Messungen an Schamottesteinen aus verschiedenen Tonen,

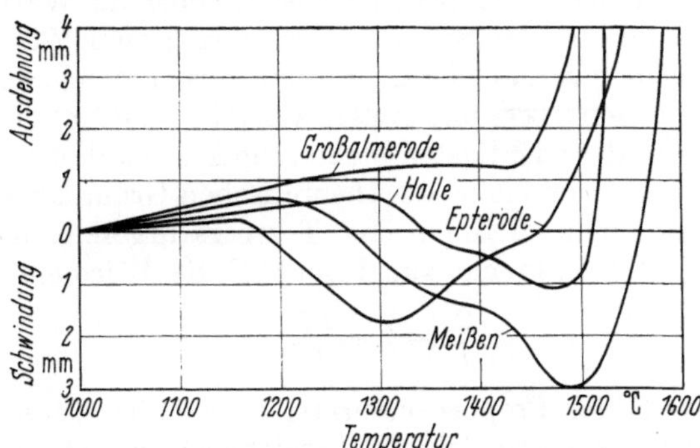

Abb. 170. Zugerweichungskurven einiger bei 1100 °C vorgebrannter Schamottekörper nach ILLGEN [322] (Zugspannung 1 kp/cm²)

Kennzeichnung	Al₂O₃-Gehalt Gew.-%	Kegelfallpunkt der Tone SK	Temperatur des Zerreißens °C
Großalmerode	22	29	1515
Halle	26	–	1560
Meißen	35	31/32	1600
Epterode	40	33	1640

die allerdings nur bei 1100 °C vorgebrannt waren. Dadurch wird bei einigen Proben noch eine Schwindung auch bei angelegter Zugspannung beobachtet. Trotzdem kann man die erstaunlich hohe Zugfestigkeit erkennen, die in der Größenordnung der Druckfestigkeit entspricht. Einfacher durchführbar ist die Bestimmung der *Biegeerweichung*, die nach KONOPICKY und WILKENDORF [404] ebenfalls den Einfluß der Schmelzphase und die Ausbildung der kristallinen Phase erkennen läßt. Die Heißbiegefestigkeit findet in zunehmendem Maße Eingang als Prüfmethode von feuerfesten Steinen.

Zum mechanischen Verhalten gehört noch der Abrieb, der durch schleifende, reibende oder stoßende Kräfte eintreten kann. Auch hier ist das Versuchsmaterial noch gering. Bei Bestimmung des *Heißabriebs* bei Temperaturen bis zu 1600 °C hat SCHWIETE [649] festgestellt, daß bei keramisch gebundenen Steinen der Abrieb vom Gefüge und Grad der Versinterung abhängt und bei ähnlichem Gefüge der Abrieb mit steigendem Gehalt an Glasphase zunimmt. Letztere Beobachtung gilt auch für schmelzgegossene Steine, bei denen außerdem eine Zunahme des Abriebs mit steigender Sprödigkeit festgestellt wurde, indem er bei Steinen mit β-Al_2O_3 größer als mit α-Al_2O_3 war. Neben dem rein mechanischen Abrieb macht sich außerdem der Einfluß chemischer Korrosion durch Reaktionen zwischen den beteiligten Körpern bemerkbar.

6.3.1.2 Wärmetransport

Bei den thermischen Eigenschaften ist an erster Stelle die Wärmedehnung zu nennen, die von den in den Werkstoffen enthaltenen Phasen bestimmt wird und sich aus deren Werten ableiten läßt (S. 278). Als weitere wichtige Eigenschaft tritt bei den feuerfesten Werkstoffen der Wärmetransport hinzu. Für diesen ist vor allem die Wärmeleitung verantwortlich. Bei höheren Temperaturen ist daneben die Wärmestrahlung zu berücksichtigen. Der Beitrag der Konvektion zum Wärmetransport kann im allgemeinen vernachlässigt werden. Zusammenfassende Darstellungen haben u. a. SCHWIETE und WESTMARK [653] und KOLTERMANN [387] gegeben, wo auch die wichtigsten Meßmethoden erwähnt werden, sowie KINGERY [367], der vor allem die theoretischen Grundlagen behandelt.

Herrscht in einem Medium das Temperaturgefälle dT/dx, dann fließt in der Zeit t senkrecht zur Fläche F die Wärmemenge Q nach

$$\frac{Q}{t} = \lambda F \frac{dT}{dx}. \tag{147}$$

In Gl. (147) stellt der Proportionalitätsfaktor λ die *Wärmeleitfähigkeit* (manchmal auch als Wärmeleitzahl bezeichnet) dar. Die physikalische Dimension von λ ist cal cm^{-1} sec^{-1} grd^{-1}, die technische Dimension kcal m^{-1} h^{-1} grd^{-1}. Für die Umrechnung gilt $\lambda_{phys.} = 360\,\lambda_{techn.}$. Aus den Versuchen erhält man meist einen Wert λ_g, der sich aus den Beiträgen der reinen Wärmeleitfähigkeit λ_l und der Wärmestrahlung λ_{st} zusammensetzt nach

$$\lambda_g = \lambda_l + \lambda_{st}.$$

Oft wird λ_g vereinfachend als Wärmeleitfähigkeit bezeichnet.

In Gasen wird die Wärme durch gegenseitigen Stoß der Moleküle übertragen, woraus sich ergibt

$$\lambda_{\text{gas}} = \tfrac{1}{3} c\, v\, l, \qquad (148)$$

mit c = spezifische Wärme pro Volumeneinheit, v = Geschwindigkeit der Moleküle und l = deren mittlere freie Weglänge. In Festkörpern sind die Teilchen nicht frei, führen aber Gitterschwingungen aus. Da diese anharmonisch sind, können sie die Wärme nach DEBYE in Form von Gitterwellen übertragen. Eine einfache Deutung der reinen Wärmeleitfähigkeit in Festkörpern ergibt sich, wenn man in Analogie zu den Photonen bei den elektromagnetischen Wellen die Gitterwellen als Phononen auffaßt. Dann erhält man eine der Gl. (148) entsprechende Gleichung

$$\lambda_{l,\text{fest}} = \tfrac{1}{3} c\, v_p\, l_p, \qquad (149)$$

in der jetzt v_p = Geschwindigkeit der Phononen und l_p = deren mittlere freie Weglänge ist.

Mit Hilfe von Gl. (149) ist es möglich, die Temperaturabhängigkeit der Wärmeleitfähigkeit zu erklären, wobei zunächst der Einfluß der *spezifischen Wärme* betrachtet werden soll. Diese ist am absoluten Nullpunkt gleich Null, steigt zunächst an mit T^3 und dann nach einer anderen Funktion, in die die sog. charakteristische oder Debyetemperatur $\Theta = \dfrac{h\,v}{k}$ eingeht (h = Plancksches Wirkungsquantum, k = Boltzmannsche Konstante, v = Frequenz der Eigenschwingung). Bei hohen Temperaturen geht dann nach der Dulong-Petitschen Regel c_p gegen $x \cdot 6{,}2$ cal mol^{-1} grd^{-1}, worin x die Zahl der Elemente in einer Verbindung darstellt. Dieser Grenzfall wird um so eher erreicht, je kleiner Θ, je geringer also die Schwingungsfrequenz v ist. Das ist um so eher gegeben, je schwerer die schwingenden Atome sind. So liegt Θ für Graphit bei 1700 °C, für BeO bei 900 °C und für Al$_2$O$_3$ bei 650 °C. Für die meisten Oxide wird im Bereich um 1000 °C die spezifische Wärme nahezu unabhängig von der Temperatur. Im allgemeinen wird die mittlere spezifische Wärme zwischen Raumtemperatur und einer anderen Temperatur angegeben, wie es auch in Abb. 171 geschehen ist. Zum Vergleich mit obigen Angaben muß man diese Werte in die wahren spezifischen Wärmen bei der betreffenden Temperatur und die Dimension [cal mol^{-1} grd^{-1}] umrechnen.

Der Anstieg der Wärmeleitfähigkeit bei tiefen Temperaturen muß daher zunächst nach Gl. (149) auch proportional T^3 erfolgen, jedoch gilt diese Abhängigkeit nur für $T \ll \Theta$. Bei höheren Temperaturen strebt die spezifische

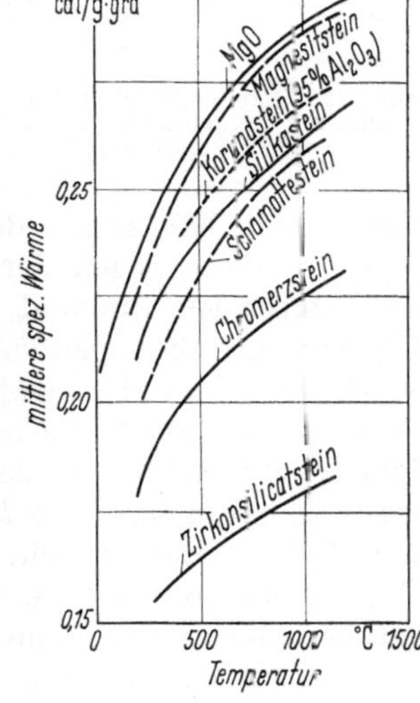

Abb. 171.
Mittlere spezifische Wärme einiger feuerfester Erzeugnisse

Wärme einem konstanten Wert zu, hat also dann keinen ändernden Einfluß mehr auf λ. In diesem für die Praxis interessanten Bereich haben theoretische Betrachtungen ergeben, daß mit steigender Temperatur die Dichte der Phononen zunimmt und dadurch deren mittlere Weglänge l sich verringert, so daß l und damit auch λ proportional $1/T$ wird. Dazwischen muß ein Maximum von λ liegen, das bisher erst wenig untersucht wurde. Für MgO liegt es bei 40 °K. Bei allen hier interessierenden Verbindungen befindet man sich oberhalb Raumtemperatur im Bereich der mit steigender Temperatur fallenden λ-Werte, wie es auch die meisten Kurven der Abb. 172 zeigen, die vor allem nach Angaben von KINGERY und Mitarb. [370] gezeichnet wurden.

In Abb. 172 treten einige bemerkenswerte Ausnahmen auf. Der Wiederanstieg von λ bei hohen Temperaturen für z. B. MgO und Al_2O_3 ist durch den beginnenden Strahlungseinfluß bedingt, der unten diskutiert wird. Die anderen Erscheinungen lassen sich mit der mittleren freien Weglänge l der Phononen erklären. Es wurde bereits gesagt, daß diese wegen der zunehmenden Phononendichte mit steigender Temperatur abnimmt, da dann mehr Stöße untereinander erfolgen. Überschlagsrechnungen von KINGERY [367] haben für Raumtemperatur Werte von l in der Größenordnung von 50 Å ergeben. l kann aber höchstens bis zur Größe der Gitterdimension abnehmen, was bei etwa 1200 °C erreicht ist, so daß dann λ unabhängig von der Temperatur wird. Daneben wird aber l noch durch Stöße an Kristallgrenzen und an Fehlstellen verringert, ein Effekt, der temperaturunabhängig ist. Hohe Fehlstellenkonzentration, wie sie im stabilisierten ZrO_2 vorliegt, hat geringe l-Werte und damit auch λ-Werte zur Folge. Ähnliches gilt für das Kieselglas, das wegen der fehlenden Fernordnung in der Struktur nur eine geringe mittlere freie Weglänge der Phononen erlaubt (etwa 5 Å), so daß dessen Temperaturabhängigkeit von λ nur noch von der spezifischen Wärme bestimmt wird. Das Elektroporzellan in Abb. 172 zeigt wegen des hohen Anteils an Glasphase ebenfalls steigende λ-Werte.

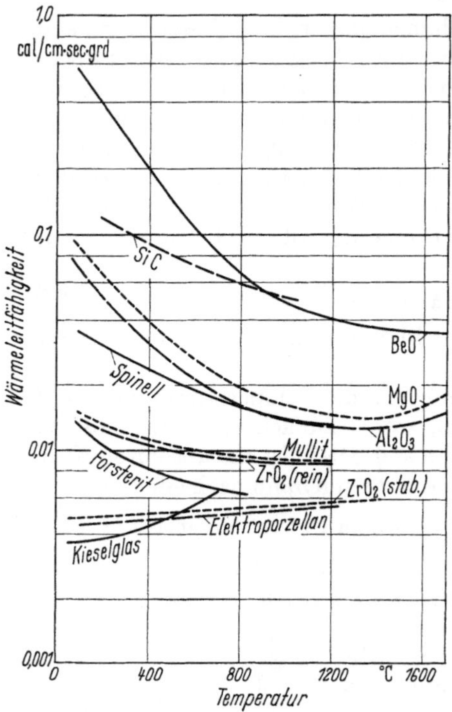

Abb. 172. Wärmeleitfähigkeit von Kieselglas und einiger, auf 0% Porosität korrigierter Werkstoffe nach KINGERY und Mitarb. [370]

Der Beitrag der *Wärmestrahlung* bei hohen Temperaturen wurde bereits erwähnt. Für ihn gilt

$$\lambda_{st} = \frac{16}{3}\,\sigma\,n^2\,T^3\,l_{st} \tag{150}$$

mit σ = Stefan-Boltzmannsche Konstante, n = Brechungsindex und l_{st} = mittlere freie Weglänge, jetzt der Photonen. Dieser Beitrag steigt wegen der T^3-Abhängigkeit bei hoher Temperatur rasch an. Bei mittlerer Temperatur hängt er vom Brechungsindex für die Wellenlänge der Temperaturstrahlung ab, die im infraroten Gebiet liegt. Deshalb zeigt das Kieselglas den Anstieg von λ_g oberhalb 500 °C. Die sich aus Gl. (150) ergebenden l_{st}-Werte sind relativ groß. LEE und KINGERY [433] haben sie für Al_2O_3-Einkristalle bei 750 °C zu 10 cm abgeschätzt. Die Photonen können daher an Poren leicht gestreut werden, wodurch l_{st} stark erniedrigt wird und z. B. bei einer Porosität von 0,25 Vol.-% in Al_2O_3 bereits auf 0,04 cm absinkt. Die Folge ist, daß sich der Strahlungseinfluß bei nicht vollkommen dicht gesintertem Material erst bei höherer Temperatur bemerkbar machen kann und oft erst oberhalb 1200 °C erkennbar wird.

Bisher wurde das Verhalten eines einheitlichen Körpers behandelt, während die meisten keramischen Produkte aus *mehreren Phasen* bestehen, wobei diese Phasen kristallin, glasig und gasförmig (Poren) sein können. Für die bei einem solchen System resultierende Wärmeleitfähigkeit λ_r ist der Einfluß der kontinuierlichen Phase (mit λ_k) und der darin dispergierten Phase (mit λ_d) unterschiedlich. Bezeichnet man das Verhältnis λ_k/λ_d mit Q und beträgt der Volumenanteil der kontinuierlichen Phase V, dann ergibt sich nach EUCKEN [179]

$$\lambda_r = \lambda_k\,\frac{1 + 2V\,\dfrac{1-Q}{2Q+1}}{1 - V\,\dfrac{1-Q}{2Q+1}}. \tag{151}$$

Unterscheiden sich die Werte von λ_k und λ_d nicht zu stark, dann ist die Abweichung zwischen λ_r und der Summe der mit den Volumenanteilen multiplizierten Einzelleitfähigkeiten nicht groß. Wenn allerdings die kontinuierliche Phase einen wesentlich geringeren λ-Wert hat, führen schon geringe Volumenanteile zu erheblicher Erniedrigung.

Gl. (151) kann man auch auf poröse Körper anwenden. V ist dann durch P, den Volumenanteil an Poren, zu ersetzen. Da $\lambda_{gas} \ll \lambda_{fest}$, also auch $\lambda_d \ll \lambda_k$, wird Q sehr groß, und Gl. (151) vereinfacht sich zu

$$\lambda_r \approx \lambda_k\,\frac{1-P}{1+\frac{1}{2}P},$$

woraus man in grober Näherung erhält:

$$\lambda_r \approx \lambda_k(1 - P). \tag{152}$$

Die sich daraus ergebende lineare Abnahme der Wärmeleitfähigkeit mit steigender Porosität ist mehrfach bestätigt worden, z. B. von SCHWIETE u. Mitarb. [650] an verschiedenen Werkstoffen aus dem System $Al_2O_3-SiO_2$.

Für die Abhängigkeit der Wärmeleitfähigkeit von der Porosität wurden noch andere Beziehungen vorgeschlagen. LOEB [458] hat die Orientierung der Poren und den Strahlungseinfluß durch die Poren berücksichtigt. Er konnte zeigen, daß bei kleinen Poren der Beitrag der Wärmestrahlung gering ist, daß dieser aber mit steigender Porengröße wächst, vor allem, wenn längliche Poren in Richtung des Wärmeflusses liegen. Diese Folgerungen sind experimentell mehrfach bestätigt worden. In extremen Fällen kann der Wärmetransport in porösen Körpern größer als in dichten Körpern werden.

Abb. 173 bringt Mittelwerte der Wärmeleitfähigkeiten einiger feuerfester Erzeugnisse, die den Arbeiten verschiedener Autoren entnommen wurden.

Aus der Wärmeleitfähigkeit läßt sich die Temperaturleitfähigkeit a ermitteln nach

$$a = \frac{\lambda}{c\,\varrho}, \qquad (153)$$

worin c = spezifische Wärme und ϱ = Raumgewicht. a ist bestimmend für die Geschwindigkeit des Temperaturausgleichs.

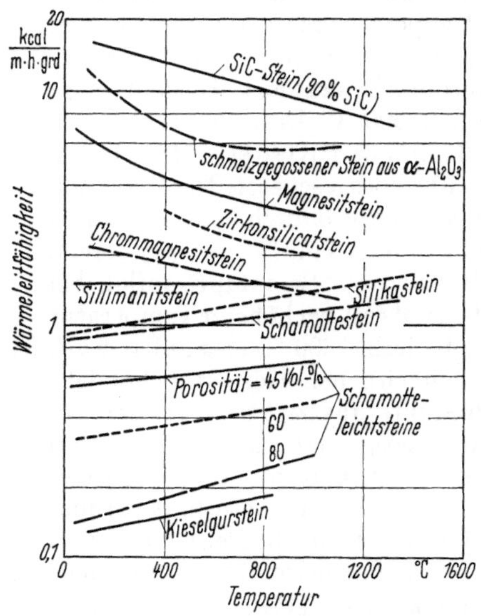

Abb. 173. Mittelwerte der Wärmeleitfähigkeit einiger feuerfester Erzeugnisse

6.3.1.3 Temperaturwechselbeständigkeit

Feuerfeste Produkte sind häufig starken Temperaturschwankungen ausgesetzt. Da der Temperaturausgleich in einem Stein eine endliche Zeit benötigt, treten große Temperaturunterschiede und damit wegen der Wärmedehnung auch Unterschiede im Volumen auf. Das ergibt Spannungen, die, wenn sie die Festigkeit des Materials übersteigen, zum Bruch führen.

Die Prüfung der Temperaturwechselbeständigkeit (TWB) erfolgt meist unter Bedingungen, die denen der Praxis angenähert sind. So wird nach DIN 51 068 [820] der Prüfkörper dem ständigen Wechsel zwischen 950 °C und Raumtemperatur (durch Tauchen in fließendes Wasser) ausgesetzt, bis eine Zerstörung eintritt. Daneben gibt es mehrere andere Verfahren und Änderungsvorschläge. Bei diesen Versuchen setzt der Bruch nicht plötzlich nach einer bestimmten Abschreckzahl ein, sondern bereits vorher entstehen kleinere Risse. Man kann daher die langwierige TWB-Prüfung abkürzen, wenn man letztere nachweist, z. B. durch Bestimmung des Abfalls der Biegefestigkeit nach einer bestimmten Abschreckzahl oder des Abfalls der Eigenfrequenz des Körpers, wie es SCHWIETE [648] vorschlägt.

Die ersten theoretischen Überlegungen zur TWB wurden von WINKEL-MANN und SCHOTT [775] für Gläser angestellt. Danach ist die Temperatur-wechselfestigkeit F

$$F = \frac{\sigma_z}{\alpha E} \sqrt{a} \tag{154}$$

mit $\sigma_z =$ Zugfestigkeit, $\alpha =$ Ausdehnungskoeffizient, $E =$ Elastizitäts-modul und $a =$ Temperaturleitfähigkeit. Der Einfluß der einzelnen Größen ist leicht verständlich, so daß er hier nicht näher erörtert zu werden braucht. Da beim Temperaturwechsel in einem Körper oft Scherbeanspruchungen eintreten, wird in ähnlichen Ableitungen die TWB proportional dem Verhältnis g/α gesetzt, worin g die maximale Verdrehung beim Torsionsversuch darstellt.

Die genaue Betrachtung der TWB hat jedoch ergeben, daß obige Beziehungen zu einfach sind, worauf u. a. KINGERY [360] und BUESSEM [91] hinweisen. Man erhält ein unterschiedliches Spannungsbild, je nach-dem ob der Wärmeübergang zwischen dem äußeren Medium und dem keramischen Körper groß oder klein ist. Im ersteren Fall, z. B. beim Tau-chen in Wasser (mit einer Wärmeübergangszahl $h \approx 0{,}2$ cal cm^{-2} sec^{-1} grd^{-1}) besteht wegen der relativ geringen Wärmeleitung zwischen Oberfläche und der darunter liegenden Schicht ein großer Temperatur-unterschied. Ist dagegen der Wärmeübergang klein, z. B. beim Abkühlen in Luft ($h \approx 0{,}0002$ cal cm^{-2} sec^{-1} grd^{-1}), dann findet ein Temperatur-ausgleich statt, und die TWB wird abhängig von der Temperaturleit-fähigkeit.

Bei großer Wärmeübergangszahl h entstehen in der Oberfläche Spannungen:

$$\sigma = \frac{\alpha E}{1 - \mu} (\bar{T} - T_k) \tag{155}$$

mit $T_k =$ Oberflächentemperatur des Körpers. Die Durchschnittstempe-ratur $\bar{T}$ des Körpers kann man gleich seiner Anfangstemperatur setzen. Ein Bruch findet dann statt, wenn σ die Festigkeit, beim Abschrecken also die Zugfestigkeit σ_z übersteigt. Damit ergibt sich die Temperatur-differenz $\Delta T_{\max}$, die ein Körper gerade noch verträgt, zu

$$\Delta T_{\max} = \frac{\sigma_z(1 - \mu)}{\alpha E} \equiv R, \tag{156}$$

wobei man die Größe R als ersten Wärmespannungsfaktor bezeichnet. R ist eine echte Materialkonstante und unabhängig von der Körper-größe und -form. Bei der Ableitung ist der zweiachsige Spannungs-zustand in der Oberfläche berücksichtigt worden. Für einen einachsigen Spannungszustand erhält man nach HAASE [246] die einfachere Form $\Delta T_{\max} = \sigma_z/(\alpha E)$.

Beim oben angeführten anderen Beispiel mit geringerer Wärme-übergangszahl h sinkt zunächst die Temperatur von der Oberfläche aus ab. Die maximale Temperaturdifferenz und damit auch die maximale Spannung ist dann erreicht, wenn z. B. bei einer Platte in der Mittel-ebene die Temperatur ebenfalls zu sinken beginnt. Für eine Platte der

Dicke $2b$ gilt dann

$$\sigma_{\max} = \frac{\alpha E}{1 - \mu} \, \frac{T_0}{1,5 + \dfrac{3\lambda}{b\,h}} \tag{157}$$

mit $T_0 =$ Anfangstemperatur der Platte. Gl. (157) ist anwendbar für $\lambda/(b\,h)$ von 0,2 bis ∞. Für den Bereich von 0 bis 0,2 gilt die Beziehung

$$\sigma_{\max} = \frac{\alpha E}{1 - \mu} \, \frac{T_0}{1,5 - 0,5 \exp\left(\dfrac{-16\lambda}{b\,h}\right) + \dfrac{3,25\lambda}{b\,h}} . \tag{158}$$

Ist h sehr klein, kann man Gl. (157) vereinfachen zu

$$\sigma_{\max} = \frac{\alpha E}{1 - \mu} \, T_0 \, \frac{b\,h}{3\lambda}, \tag{159}$$

und man erhält für die Abschreckfestigkeit

$$\Delta T_{\max} = \frac{\sigma_z(1 - \mu)\,\lambda}{\alpha E} \, \frac{3}{b\,h} \equiv R' \, \frac{3}{b\,h} . \tag{160}$$

In Gl. (160) tritt mit $R'\,(= R\,\lambda)$ eine neue Materialkonstante auf, der zweite Wärmespannungsfaktor. Er liegt für keramische Werkstoffe meist in der Größenordnung von $1\,\mathrm{cal\,cm^{-1}\,sec^{-1}}$.

Danach sind zur Beschreibung eines Materials die beiden Größen R und R' notwendig. In Abb. 174 sind die maximalen Abschrecktemperaturen für einige Stoffe angegeben. Man erkennt, daß bei hohen h-Werten

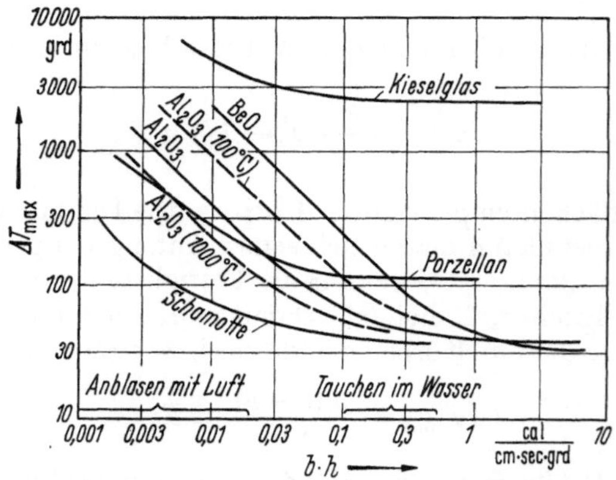

Abb. 174. Maximale Abschrecktemperaturen einiger Werkstoffe in Abhängigkeit von der Wärmeübergangszahl h nach KINGERY [360] ($b =$ Abstand von Probenmitte; berechnet mit den Eigenschaften bei 400 °C, für Al$_2$O$_3$ auch bei 100 und 1000 °C)

die Kurven parallel der Abszisse laufen, also keine Abhängigkeit von der Form besteht. Bei geringen h-Werten ist dagegen auch eine Abhängigkeit von b, also von der Form vorhanden. Die $\Delta T_{\max}$-Werte sind aber in ruhender Luft so hoch, daß nur bei sehr dicken Gegenständen ein Reißen zu befürchten ist. Die Wärmeübergangszahl nimmt mit steigender Strömungsgeschwindigkeit der Luft zu und kann Werte bis zu $h = 0,03\,\mathrm{cal\,cm^{-2}\,sec^{-1}\,grd^{-1}}$ erreichen. Dadurch wird $\Delta T_{\max}$ stark erniedrigt. Aus Abb. 174 ist außerdem zu erkennen, daß sich einige Kurven überschneiden. Man kann daher keine bestimmte Reihenfolge für die TWB verschiedener Stoffe angeben, da diese von der Art der Beanspruchung abhängt. Diese Folgerung ist gleichbedeutend mit obiger Aussage, daß zur Beschreibung der TWB eines Stoffes zwei Werte notwendig sind.

Die meisten der in die Wärmespannungsfaktoren eingehenden Werte werden durch Poren erniedrigt. COBLE und KINGERY [109] haben diese Verhältnisse näher untersucht und gefunden, daß eine Porosität zu einer deutlichen Verringerung der Wärmespannungsfaktoren, also auch der TWB führt. Bei Versuchen mit Al_2O_3 fanden sie mit den Werten für 600 °C eine Erniedrigung von $R = 175$ grd beim dichten Produkt auf 70 grd bei 20 Vol.-% Porosität und auf 52 grd bei 50 Vol.-% Porosität. Noch stärker sank R' ab: von 3,85 auf 1,12 bzw. 0,48 cal cm^{-1} sec^{-1} bei obigen Stufen.

In der Praxis beobachtet man allerdings oft bei etwa 20 Vol.-% Porosität ein Maximum der TWB, das aber seine Ursache darin hat, daß gefährliche Spannungen und Risse in den Poren abgefangen werden.

Bei der Abkühlung eines Körpers interessiert die Frage nach der maximalen Abkühlgeschwindigkeit, bei der gerade keine Risse auftreten. Dafür liefert die Theorie für eine Platte mit der Dicke $2b$

$$\left(\frac{dT}{dt}\right)_{max} = \frac{\sigma_z(1 - \mu)}{\alpha E} \frac{\lambda}{c \varrho} \frac{3}{b^2}, \tag{161}$$

in der man alle materialeigenen Größen (c = spezifische Wärme, ϱ = Raumgewicht) zum dritten Wärmespannungsfaktor

$$R'' \equiv \frac{\sigma_z(1 - \mu)}{\alpha E} \frac{\lambda}{c \varrho} = \frac{R'}{c \varrho} = R a \tag{162}$$

zusammenfassen kann (a = Temperaturleitfähigkeit), so daß

$$\left(\frac{dT}{dt}\right)_{max} = R'' \frac{3}{b^2}. \tag{163}$$

Für Al_2O_3 mit $R = 175$ grd und $R' = 3,85$ cal cm^{-1} sec^{-1} beträgt $R'' = 3,8$ cm^2 grd/sec, woraus sich recht hohe Abkühlgeschwindigkeiten ergeben. Für ZrO_2 ist nach BUESSEM [91] $R'' = 0,4$ cm^2 grd/sec, so daß für eine 10 cm dicke Platte $(dT/dt)_{max}$ nur 2,9 grd/min beträgt.

6.3.1.4 Chemisches Verhalten

Neben der früher erwähnten mechanischen Korrosion kann bei feuerfesten Erzeugnissen eine chemische Korrosion eintreten, die häufig als Verschlackung bezeichnet wird. Die Möglichkeiten von chemischen Reaktionen lassen sich aus dem Phasendiagramm der beteiligten Komponenten erkennen, wofür W. F. FORD [197] einige Beispiele gegeben hat. Danach kann man ermitteln, welche Abhängigkeit von der Zusammensetzung des Steins, des angreifenden Mediums und der Temperatur besteht. Die Phasendiagramme zeigen aber nur die zu erwartenden Gleichgewichte an, während in der Praxis meist die Frage der Reaktionsgeschwindigkeit wichtiger ist. Festkörperreaktionen laufen langsam ab, so daß zwischen festen Komponenten nur geringe Reaktionen eintreten. Der Angriff von Schmelzen ist deutlich stärker und wird noch erhöht, wenn auch im Stein Schmelzphase vorliegt. Dabei ist die Verschlackung um so größer, je geringer die Viskositäten der beteiligten Schmelzphasen sind. Voraussetzung dazu ist eine gute Benetzung von Schlacke und Stein, die aber bei oxidischen Systemen praktisch immer gegeben ist. Die Menge des Umsatzes hängt ab von der Oberfläche, weshalb mit steigender Porosität der Angriff zunimmt.

Oft befindet sich im Betrieb der Stein in einem Temperaturgefälle, wodurch sich hinter der Kontaktzone im Stein ein zonaler Aufbau mit Anreicherungen einzelner Komponenten in bestimmten Bereichen ausbildet, wie man es u. a. bei Silika- und Schamottesteinen beobachtet hat. Die Gründe dafür liegen in einem komplizierten Wechselspiel zwischen Eindringen der Schmelze, Diffusion einzelner Komponenten und Einstellung der Gleichgewichtsphasen im Temperaturfeld. Insgesamt sind es viele Parameter, die die Verschlackung beeinflussen, so daß eine einheitliche Darstellung der einzelnen Vorgänge nicht ohne weiteres möglich ist.

Neben den Schmelzen können auch Gase und Dämpfe feuerfestes Material angreifen. In dieser Beziehung sind besonders reduzierende Gase schädlich, die über die Reduktion des SiO_2 (S. 114) Steine zermürben können. Alkalidämpfe führen zu einer verstärkten Verschlackung, da sie als Dampf tief in den Stein eindringen können.

Öfen sind meist aus verschiedenem Steinmaterial zugestellt. Nicht immer sind dann bei der Gebrauchstemperatur zwei feste Phasen in Berührung, sondern einmal zeigen einige feuerfeste Erzeugnisse bei hohen Temperaturen Schmelzphase und zum anderen können sich an den Berührungsflächen eutektische Schmelzen ausbilden. Dann treten Kontaktreaktionen auf, deren Ausmaß STEINHOFF [691] an der Stauchung von Probeplättchen unter einer Belastung von 0,25 kp/cm² in 2 h bei 1600 °C festgestellt hat. Man findet zwischen diesen Werten und den betreffenden eutektischen Temperaturen einen klaren Zusammenhang [626], obwohl auch die Kontaktreaktionen von der Viskosität der sich bildenden Schmelze abhängen.

6.3.2 Wichtige feuerfeste Erzeugnisse

6.3.2.1 Silikaerzeugnisse

Dem SiO_2 am nächsten stehen die Silikaerzeugnisse, deren Gehalt an SiO_2 nach Tab. 46 mindestens 93 Gew.-% betragen soll, meistens aber höher liegt. Tab. 48 bringt eine Durchschnittszusammensetzung mit einigen Eigenschaften zusammen mit den entsprechenden Werten der Erzeugnisse der folgenden beiden Abschnitte. Als Rohstoff dient bei der Herstellung Quarz, der beim Brand zunächst die Tief-Hoch-Umwandlung bei 573 °C und die Umwandlung in Cristobalit und Tridymit zeigt, wie sie früher beschrieben wurde (S. 162ff.). Hier sei nur auf die damit verbundene große Zunahme des Volumens verwiesen. Da die Anwendungstemperaturen der Silikasteine meist in einem Temperaturbereich liegen, bei dem diese Umwandlung leicht erfolgt, muß man zur Vermeidung des Nachwachsens der Steine bei deren Herstellung bestrebt sein, eine möglichst vollständige Umwandlung zu erreichen. Für bestimmte Anwendungszwecke werden allerdings auch Silikasteine mit einem bestimmten Restquarzgehalt hergestellt.

Tabelle 48. *Beispiele der Zusammensetzung und Eigenschaften von Erzeugnissen des Systems* $SiO_2 - Al_2O_3$

Erzeugnis	Zusammensetzung Gew.-%						Porosität Vol.-%	t_a-Wert °C
	SiO_2	Al_2O_3 $(+TiO_2)$	Fe_2O_3	CaO	MgO	R_2O		
Silika-	93—98	<2,5	<3	1—3	<0,2	<0,5	16—25	1660—1700
Schamotte-	51—64	32—45	1—2	<1	<1	<1,5	18—30	1300—1420
tonerdereiches	43—45	49—53	1—2	<1	<	<1	18—27	1460—1530
Sillimanit-	35	64	1	<1	<1	<1	15—20	≈1600
Mullit-	28	68	1—2	<1	<1	<1	20—25	≈1670
Bauxit-	12	85	<2	<0,5	<0,5	<1	18—25	≈1550
Korund-	5	93	<1	<0,5	<0,5	<1	15—22	≈1600

Die Umwandlung während des Brandes kann man durch höhere Temperatur und lange Zeiten fördern. Außerdem ist man bemüht, Rohstoffe zu verwenden, die ein gutes Umwandlungsverhalten zeigen, z. B. Zement- oder Felsquarzite. Trotzdem benötigt der Brand, der meist um 1450 °C erfolgt, noch Zeiten bis zu 14 Tagen.

Mit Quarz allein erreicht man beim Brennen nicht die gewünschte Festigkeit. Das reine Sintern von Quarz beginnt erst bei etwa 1350 °C. Man setzt deshalb Stoffe zur Begünstigung der Bindung zu, meist Kalkmilch, so daß der Endgehalt etwa 2 Gew.-% CaO beträgt.

Nach dem Brand bestehen die Silikasteine aus Cristobalit, Tridymit und Restquarz, wobei das Verhältnis der ersteren beiden Modifikationen stark vom Rohstoff abhängt. Neben diesen Phasen wird oft noch ein amorpher Anteil erwähnt, der zunächst

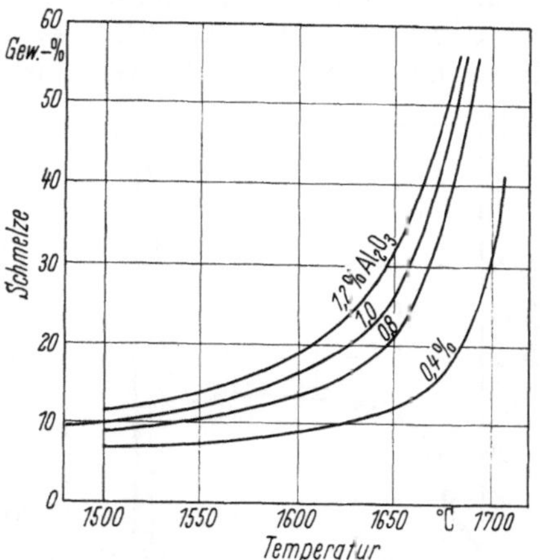

Abb. 175. Gehalt an Schmelzphase im System $CaO - Al_2O_3 - SiO_2$ mit 2 Gew.-% CaO und wechselndem Al_2O_3-Gehalt

ganz einer Glasphase zugeordnet wurde, die beim Abkühlen aus der Schmelzphase entstehen sollte. Letztere ist aber bei den Silikasteinen recht gering. In Abb. 175 hat J. MACKENZIE [465] diese Gehalte aus dem Dreistoffsystem $CaO - Al_2O_3 - SiO_2$ berechnet. Sie werden praktisch durch die zusätzlichen Verunreinigungen (etwa 0,5 Gew.-% R_2O) etwas höher sein. Bei der langsamen Abkühlung der Steine wird diese Schmelz-

phase weitgehend kristallisieren, so daß nach FLÖRKE [191] Silika-
steine nahezu vollständig aus kristallinem Material bestehen, während
KONOPICKY u. Mitarb. [403] je nach Flußmittelgehalt wenige Prozent
Glasphase annehmen. Die bei der quantitativen röntgenographischen
Mineralanalyse meist auftretende Differenz zu 100% ist auf die starken
Fehlordnungen der in Umwandlung begriffenen SiO_2-Modifikationen
zurückzuführen.

Zum Gefüge gehört noch die Porosität, die meist im Bereich um
20 Vol.-% liegt. Sie kann durch geeigneten Kornaufbau der Rohstoffe
beeinflußt werden. Außerdem ist zu beachten, daß bei der Umwandlung
des Quarzes in Cristobalit eine zusätzliche Porosität entsteht, deren
Menge von der Art des Rohstoffs abhängt. Die Untersuchung der Porenverteilung durch KONOPICKY und LOHRE [402] hat ergeben, daß neben
einem Feinporenanteil mit Durchmesser $< 0,1$ μm oft noch Maxima
in der Porenverteilungskurve bei 0,5 bis 2 und 15 bis 25 μm auftreten.

Für den Gebrauch ist das Ausmaß des Nachwachsens wichtig, das
vom Quarzgehalt abhängt. Letzteren kann man am besten röntgenographisch bestimmen. Wegen der großen Dichteunterschiede zwischen Quarz
(2,65 g/cm³) einerseits und Cristobalit (2,32 g/cm³) und Tridymit
(2,27 g/cm³) andererseits verwendet man häufig auch die Dichte-
messung. Man erhält dadurch gute Anhaltswerte; es können jedoch
deutliche Abweichungen vorkommen, wie sie von SCHMID [618] beschrieben werden, weshalb diese Methode nicht sehr sicher ist.

Bei hohen Temperaturen wird das Verhalten der Silikasteine wesentlich durch den Anteil an Schmelzphase bestimmt. Abb. 175 zeigt, daß
dieser oberhalb 1650 °C rasch ansteigt. Man beobachtet deshalb ab
dieser Temperatur eine Erweichung, die die Druckfeuerstandfestigkeit bestimmt, wie es auch aus Abb. 176 zu erkennen ist. Diese Abbildung läßt
gleichzeitig den großen Einfluß des restlichen Quarzgehaltes auf ein
Nachwachsen oberhalb 1400 °C erkennen.

Aus Abb. 176 ist weiter zu entnehmen, daß Silikasteine oberhalb
etwa 600 °C, also nach der Tief-Hoch-Umwandlung, praktisch keine
Ausdehnung mehr zeigen. Sie haben deshalb oberhalb dieser Temperatur
eine sehr gute Temperaturwechselbeständigkeit. Unterhalb 600 °C muß
jedoch eine Erwärmung oder Abkühlung langsam erfolgen.

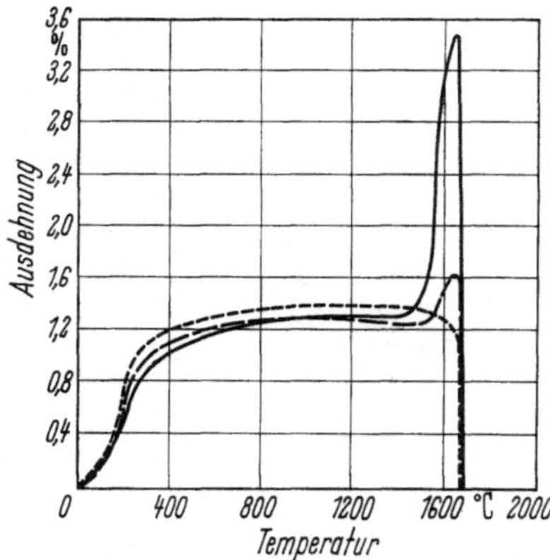

Abb. 176. Thermische Ausdehnung von Silikasteinen nach METZGER und SCHWIETE [485]
(Belastung 2 kp/cm²; Quarzgehalte 1 (-----),
5 (- - -) und 28 (———) Gew.-%)

Die Korrosionsbeständigkeit der Silikasteine ist gegenüber den
meisten Schmelzen und Gasen gut. Alkalidämpfe verursachen jedoch
starke Korrosion, da durch die Alkalioxide die Liquidustemperatur
des SiO_2 beträchtlich erniedrigt wird (S. 180).

Seit einiger Zeit werden auch Silikasteine mit relativ hohen Fe_2O_3-Gehalten (z. B. 2,5 Gew.-%) hergestellt, die wegen ihres Aussehens als schwarze Silikasteine bezeichnet werden. Durch diese Fe_2O_3-Gehalte wird die Liquidustemperatur des SiO_2 nicht nennenswert erniedrigt, so daß kein schädlicher Einfluß auf die DFB entsteht. Die Eisenoxide begünstigen die Umwandlung in Tridymit. Gegenüber den normalen Silikasteinen haben solche Steine einige Vorteile, z. B. höhere Kaltdruckfestigkeit und TWB. SCHWIETE [647] hat einige ihrer Eigenschaften näher beschrieben.

6.3.2.2 Schamotteerzeugnisse

Im System $Al_2O_3-SiO_2$ liegt die eutektische Temperatur bei 1595 °C, d. h., alle Zusammensetzungen des Systems sind feuerfest. Zu diesem System gehört auch der entwässerte Kaolinit mit theoretisch 45,9 Gew.-% Al_2O_3. Da sich diese Rohstoffe leicht verformen lassen, hat man schon frühzeitig feuerfeste Erzeugnisse auf dieser Grundlage hergestellt. Beim Brennen reiner Tonminerale ist jedoch die Schwindung sehr groß, weshalb man zunächst einen Teil davon zu Schamotte brennt, diese dann bricht, geeignet klassiert und mit plastischem Bindeton verformt. Die Schamottesteine werden daher in Tab. 46 nach der einen Seite durch den fast theoretischen Al_2O_3-Gehalt des Kaolinits abgegrenzt. Die Brenntemperaturen liegen je nach Rohstoff und gewünschtem Produkt zwischen 1250 und 1500 °C.

Früher wurde bereits gezeigt, daß die tonmineralhaltigen Rohstoffe nicht nur aus Al_2O_3, SiO_2 und H_2O bestehen, sondern daß sie noch weitere Bestandteile enthalten, vor allem Alkalioxide und Fe_2O_3. Der Alkaligehalt, meist als K_2O, liegt im allgemeinen bei 1 bis 3 Gew.-%. Das Verhalten der Schamottesteine ist deshalb in erster Näherung durch das System $K_2O-Al_2O_3-SiO_2$ zu beschreiben. Die Folge davon ist das Auftreten von Schmelzphase schon unterhalb 1000 °C und ein bestimmter Gehalt an Glasphase nach dem Brand, der je nach Steinsorte bei 20 bis 60 Gew.-% liegt.

KONOPICKY [394] hat die Gleichgewichtsgehalte aus dem Dreistoffsystem $K_2O-Al_2O_3-SiO_2$ berechnet. In beiden Diagrammen der Abb. 177 wurde jeweils ein bestimmter Al_2O_3-Gehalt konstant gehalten. Man erkennt, daß sich bis etwa 1500 °C der Mullitgehalt mit steigender Temperatur kaum, mit steigendem K_2O-Gehalt nur wenig ändert. Groß ist dagegen der Einfluß auf den kristallinen SiO_2-Anteil, der mit steigendem K_2O-Gehalt rasch abnimmt. Gute Schamottesteine sollen wenig Alkalioxid enthalten. Dann tritt oberhalb 1500 °C noch Cristobalit auf. Dadurch wird die Prüfung auf Cristobalit nach dem Nachbrennen bei 1500 °C begründet. Abb. 177 kann man weiter entnehmen, daß bei konstantem K_2O-Gehalt mit steigendem Al_2O_3-Gehalt unterhalb 1400 °C der Schmelzphasenanteil nur gering beeinflußt wird, oberhalb 1400 °C aber deutlich abnimmt. Mit steigendem Al_2O_3-Gehalt steigen deshalb t_a- und t_e-Werte (S. 326) an.

Al_2O_3-Gehalte < 45 Gew.-% treten dann auf, wenn in den Rohstoffen Quarz enthalten ist oder wenn dieser absichtlich zugefügt wird.

Wenn von diesem Quarz bei hohen Temperaturen nur ein Teil reagiert, ist der Anteil an Schmelzphase bei hohen Temperaturen entsprechend

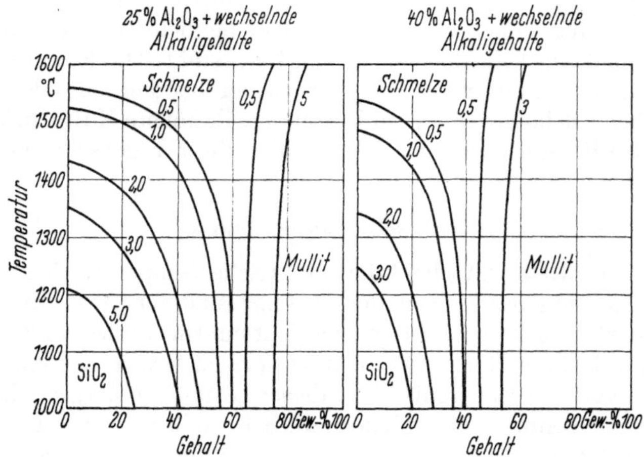

Abb. 177. Gleichgewichtsphasen im System $K_2O-Al_2O_3-SiO_2$ bei konstanten Al_2O_3-Gehalten

geringer, wie Abb. 178 an zwei Beispielen zeigt. Daraus erklärt sich zugleich die gute Standfestigkeit der quarzhaltigen Schamottesteine, die aber beim Nachbrennen in dem Maße abnimmt wie der Gleichgewichtszustand angestrebt wird.

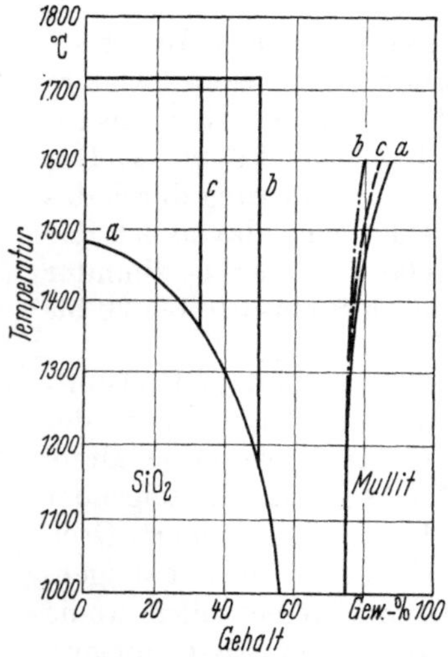

Im Anlieferungszustand bestehen Schamottesteine aus (in Gew.-%) 25 bis 50 Mullit, 25 bis 60 Glasphase und bis zu 30 Cristobalit + Quarz. Das Diagramm der Abb. 179 enthält die Ergebnisse der Untersuchungen von KONOPICKY [396] an zahlreichen Proben, die bis in den Bereich der sauren Schamottesteine gehen. Die aus einigen Steinen isolierten und analysierten Glasphasen ergaben $(RO + R_2O)$-Gehalte von 4 bis 8 Gew.-% und R_2O_3-Gehalte von 19 bis 37 Gew.-%. Neben diesen Phasen sind noch Poren vorhanden, die nach KONOPICKY und LOHRE [402] eine weite Größenverteilung haben, wobei oft Häufungen bei Durchmessern von 2 bis 15, 25 bis 30 und > 75 μm beobachtet werden. Ihr Anteil schwankt zwischen 15 und 30 Vol.-%. Durch geeignete Kornmischung der Ausgangsschamotte und hohen Preßdruck kann die Porosität verringert werden.

Abb. 178. Phasen im System (in Gew.-%) $2 K_2O - 20 Al_2O_3 - 78 SiO_2$ nach KONOPICKY [394] *a* Gleichgewicht, *b* Ungleichgewicht mit 50% SiO_2 nicht reagierend, *c* Ungleichgewicht mit 33% SiO_2 nicht reagierend

Die Frage der Erweichung, die oben schon angeschnitten wurde, hängt eng mit dem Gehalt an Schmelzphase zusammen. Deshalb zeigt der Schamottestein der Abb. 168 schon bei 1350 °C beginnende Erweichung. Je nach Gehalt an Al_2O_3 und damit auch an Schmelzphase liegen die t_a-Werte zwischen 1530 und 1620 °C. Bei genaueren Messungen kann man den Erweichungsbeginn schon bei der Transformationstemperatur der Glasphase erkennen. Unter einer Druckbelastung von 2 kp/cm² fanden SCHWIETE und KLEIN [651] bereits bei 680 °C eine Abweichung von der Dilatometerkurve, die auf 525 °C bei 150 kp/cm² sank. Deutlicher läßt sich diese Erscheinung durch Torsionsmessungen erkennen (Abb. 169). Das Erweichen hängt daneben von der Art der Mullitausbildung ab, indem es nach KONOPICKY [398] bei um so höherer Temperatur

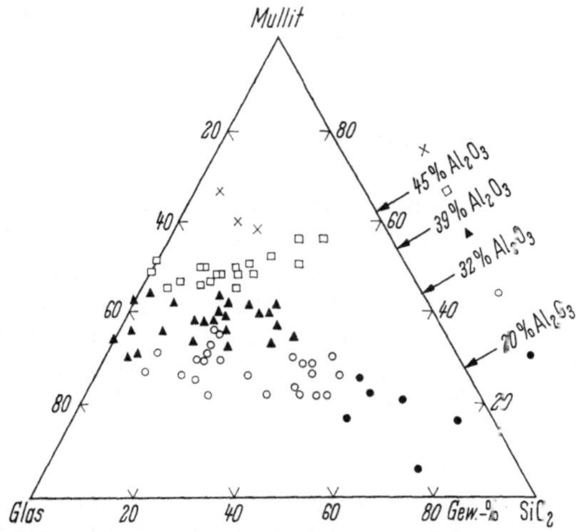

Abb. 179. Phasenbestand von Schamottesteinen mit unterschiedlichen Al_2O_3-Gehalten

liegt, je stärker der nadelförmige Habitus ausgeprägt ist. Das ist der Grund für die bekannte Erscheinung, daß höhere Brenntemperaturen und längere Brennzeiten das Erweichungsverhalten verbessern. Der Gehalt an Schmelzphase ändert sich dabei nur wenig. Überbrennen ist jedoch schädlich, da dann sowohl der Schmelzphasengehalt ansteigt als auch die Mullite eine gedrungenere Gestalt annehmen.

Beim Angriff von Schlacken und Gläsern entstehen neben der Reaktionsschicht durch Infiltration in den Steinen oft ausgeprägte Zonen mit Anreicherungen an bestimmten Oxiden. Bei solchen Untersuchungen ist zu beachten, daß die Steine oft eine Brennhaut zeigen, die wesentlich dichter als das Innere der Steine ist und damit der Verschlackung besser widersteht.

6.3.2.3 Tonerdereiche Erzeugnisse

Die Verbesserung der meisten Eigenschaften der Schamottesteine mit steigendem Al_2O_3-Gehalt legt die Verwendung von feuerfesten Erzeugnissen mit noch höheren Al_2O_3-Gehalten nahe. Zu deren Herstellung müssen dann andere Rohstoffe herangezogen werden, wobei vor allem Sillimanit, Kyanit, Mullit, Diaspor, Bauxit oder Korund verwendet werden. Diese werden, gegebenenfalls nach einem Vorbrand, seltener rein, meist mit einem Bindeton im gewünschten Mischungsverhältnis (z. T. mit Schamotte) gebrannt. Die Brenntemperaturen liegen dabei naturgemäß meist über 1500 °C.

Der geringere Gehalt an Schmelzphase bei diesen Steinen ergibt ein wesentlich besseres Erweichungsverhalten, wie aus den Abb. 168 und 169 zu erkennen ist. Im einzelnen können aber deutliche Unterschiede auftreten, die bei diesen Erzeugnissen die Bedeutung des Gehalts an Al_2O_3 zurücktreten lassen. Die Ursache liegt im unterschiedlichen Brennverhalten der Rohstoffe. Ein Sillimanitstein mit seiner vorgegebenen homogenen Verteilung von SiO_2 und Al_2O_3 führt zu einem relativ einheitlichen Gefüge, das dem Gleichgewichtszustand sehr angenähert ist. Ein Stein mit derselben oxidischen Zusammensetzung aus Schamotte und Korund aufgebaut reagiert aber viel langsamer und hat daher meist einen wesentlich höheren Gehalt an Glasphase. Es ist deshalb wichtig, den Korund in feiner Körnung einzuführen.

Wesentliche Unterschiede hat man auch bei den hochtonerdehaltigen Erzeugnissen bei Verwendung von Bauxit oder Korund gefunden. Hier zeigt der Korund ein besseres Verhalten, da er nach BAUMGART [33] an seiner Oberfläche sägezahnartige Ansätze von Mullit bildet, während aus dem Bauxit nur feine Korundkörner entstehen. Die DFB und die Torsionserweichung sind deshalb beim Korundstein wesentlich günstiger als beim Bauxitstein. Besonders deutlich lassen sich diese Unterschiede mit der Biegeerweichung erkennen. Es ist deshalb sinnvoll, bei der Kennzeichnung der Erzeugnisse den verwendeten Rohstoff zu nennen.

Erzeugnisse mit höchsten Al_2O_3-Gehalten werden durch Sintern hergestellt. Sie werden im Rahmen der Oxidkeramik behandelt (S. 349 ff.).

Die Beständigkeit der Erzeugnisse dieser Gruppe gegen Verschlackung und Glasangriff ist sehr gut. Bei Einsatz in Glaswannen ist jedoch darauf zu achten, daß das Gefüge so ausgebildet ist, daß eine einheitliche Auflösung des Steins erfolgt, da einzelne herausgetrennte Korundkörner von der Glasschmelze nur sehr langsam gelöst werden.

6.3.2.4 Basische und neutrale Erzeugnisse

Von den vielen weiteren hochschmelzenden Oxiden haben sich in der Praxis besonders Produkte mit MgO, CaO und Cr_2O_3 als Hauptkomponenten eingeführt. Wenn die Summe dieser Oxide > 50 Gew.-% ist, spricht man von basischen Erzeugnissen. Aus Tab. 49 kann man erkennen, daß viele davon nur geringe SiO_2-Gehalte haben, daß also andere Systeme für das Verhalten ausschlaggebend werden. Neuere Ergebnisse findet man in einem Heft mit Vorträgen eines Kolloquiums über basische Erzeugnisse [826].

In den *Magnesiterzeugnissen* liegt die Grundkomponente MgO als Periklas vor, der in rundlichen Körnern auftritt. Hohe Feuerfestigkeit ist deshalb nur dann möglich, wenn die Schmelzphase gering ist. Dies gilt entsprechend für die anderen basischen Erzeugnisse. Das Verhalten der Schmelzphase wird im wesentlichen durch das System $MgO—CaO—$

SiO_2 bestimmt. Die Viskositäten solcher Schmelzen sind niedrig. Beim Abkühlen kristallisieren sie rasch, so daß die kalten Steine keine Glasphase haben.

Tabelle 49. *Beispiele der Zusammensetzung und Eigenschaften von basischen und neutralen feuerfesten Erzeugnissen*

Erzeugnis	Zusammensetzung Gew.-%							Porosität	t_a-Wert
	MgO	CaO	Al_2O_3	Fe_2O_3	Cr_2O_3	SiO_2	ZrO_2	Vol.-%	°C
Magnesit-	80—90	1—4	<1,5	4—10	—	1—3	—	18—24	1500 bis >1700
Magnesit-chrom-	55—80	1—3	2—7	6—12	6—20	2—6	—	≈22	1400—1500
Chrom-magnesit-	25—55	0,5—2	5—15	8—15	20—45	3—7	—	15—30	1500—1600
Chromit-	10—25	1—2	2—30	15—30	25—50	3—8	—	15—22	≈1500
Forsterit-	52	≈1	1—3	2—7	1—3	38	—	≈22	1600—1650
Dolomit-	32—40	59—62	1—3	≈1	—	<1	—	18—22	1480
Zirkon-	0—6	<0,5	≈1	<0,5	—	30—32	60—66	<22	<1480

Man kann aber nicht auf bestimmte Anteile an Schmelzphase verzichten, da diese die Bindung bei hohen Temperaturen vermittelt. Die Brenntemperatur richtet sich nach dem jeweiligen Gehalt. Bei einzelnen Steintypen werden Temperaturen bis über 1700 °C angewandt.

Der *Chromit* hat die Formel $FeO \cdot Cr_2O_3$ und gehört zur Gruppe der Spinelle. Neben diesem treten in den Cr_2O_3- und Fe_2O_3-haltigen Steinen noch andere Spinelle auf, die man mit der allgemeinen Formel $(Mg, Fe^{2+}) O \cdot (Al, Fe^{3+}, Cr)_2O_3$ beschreiben kann. Das zeigt gleichzeitig an, daß zwischen den Einzelgliedern viele Möglichkeiten der Mischkristallbildung bestehen.

Beim Brennen der Steine zeigen viele Magnesit—Chromit-Mischungen ein Wachsen, das bei hohen Temperaturen von einem Schwinden überlagert wird. Hochgebrannte, volumenstabile Erzeugnisse erhält man, wenn im Gefüge die Periklaskörner direkten Kontakt mit den Chromspinellen haben, weshalb sie auch als direktgebundene Steine bezeichnet werden. Bei den Simultansintersteinen werden die Rohstoffe einem gemeinsamen Vorbrand unterworfen.

Es gibt einen weiten Mischungsbereich, der beim Brennen sein Volumen nicht ändert, weshalb solche Steine ungebrannt eingebaut werden können. Die zum Transport notwendige Festigkeit wird durch Zugabe von Stoffen erzielt, die eine chemische Reaktion eingehen, weshalb man dann von *chemisch gebundenen Steinen* spricht. Zur chemischen Bindung bei Raumtemperatur eignen sich allgemein neben organischen Produkten u. a. verschiedene Zemente, einige Mg-Salze und Phosphate, insbesondere Monoaluminiumphosphat. Bei basischen Steinen werden meist $MgSO_4$- oder $MgCl_2$-Lösungen verwendet, deren Verhalten beim folgenden Brand KOLTERMANN [389] sowie KALTNER und NEMEC [344] untersuchten. Nach Abb. 180 steigt die Festigkeit bei 300 °C bis auf über 1000 kp/cm² an. Sie wird im wesentlichen durch Wasserstoffbrückenbindung bedingt.

Beim weiteren Erhitzen wird H_2O abgespaltet, so daß es zu einer Entfestigung kommt, die ihr Maximum bei etwa 1000 °C durch Dissoziation des $MgSO_4$ erreicht. Dabei beginnt die Bildung der ersten Schmelzphase, wodurch die Heißdruckfestigkeit weiter abnimmt, die Kaltdruckfestigkeit aber ansteigt. Der Torsionsversuch läßt die Entfestigung gut erkennen.

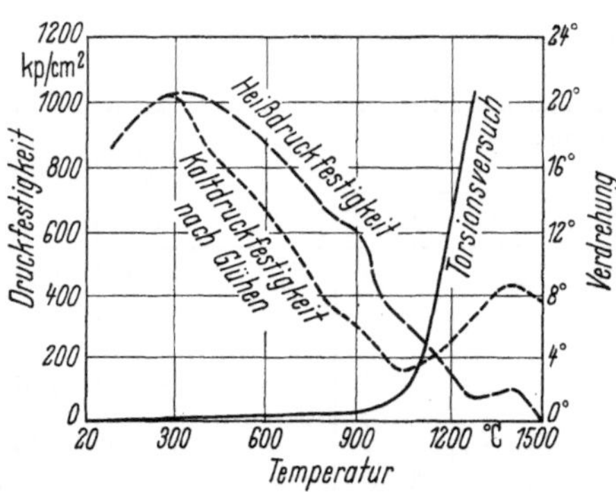

Abb. 180. Temperaturabhängigkeit einiger Eigenschaften mit $MgSO_4$-Lösung chemisch gebundener Magnesitchromsteine nach KALTNER und NEMEC [344] (Torsionsversuch mit 2 kp · cm Verdrehungsmoment und 4 grd/min Aufheizgeschwindigkeit)

Die Korrosionsbeständigkeit der Erzeugnisse der Magnesit-Chromit-Reihe ist für bestimmte Zwecke sehr gut. So sind die MgO-reichen Steine sehr beständig gegen alle basischen Stoffe, während sich die Chromitsteine gegenüber saurem Angriff auszeichnen. Erwähnt müssen noch einige Anfälligkeiten werden: Magnesitsteine sind unterhalb 300 °C empfindlich gegen H_2O-Dampf, da der Übergang von MgO zum $Mg(OH)_2$ mit einer Volumenzunahme von 53% verbunden ist. Die Hydratation kann zur Zerstörung führen, doch ist es gelungen, durch besondere Verfahren die Hydratationsneigung weitgehend zu reduzieren. Der Chromit andererseits ist empfindlich gegen Eisenoxid, indem sich aus Fe_3O_4 und $FeO \cdot Cr_2O_3$ ein Mischkristall mit größerem Volumen bildet, was ebenfalls zur Zerstörung führen kann, die man mit Bursting bezeichnet. Die Neigung zum Bursting nimmt mit steigendem Cr_2O_3-Gehalt der Steine zu und wird durch Gitterstörungen des Chromits gefördert. Weiterhin ist zu beachten, daß das Eisen je nach Wertigkeit in verschiedenen Verbindungen vorkommt. Häufiger Wechsel der Atmosphäre zwischen oxydierend und reduzierend kann deshalb eine Zermürbung zur Folge haben.

Die *Forsteriterzeugnisse* gehen auf zahlreiche Patente und Veröffentlichungen von V. M. GOLDSCHMIDT aus den Jahren 1925 bis 1943 zurück. Als Rohstoffe dienen Olivine mit bis zu höchstens 10 Gew.-% Fayalitanteil (Abb. 62, S. 126). Beim oxydierenden Brand zersetzt sich der Mischkristall nach KOLTERMANN und MAASZ [392] ab 800 °C unter Bildung von Fe_2O_3 und amorphem SiO_2. Durch geeignete Zugabe von MgO muß man dafür sorgen, daß sich beim weiteren Brand $MgO \cdot Fe_2O_3$ und $2 MgO \cdot SiO_2$ bilden. Das gilt auch, wenn man von den Rohstoffen Serpentin oder Talk ausgeht.

Zur Herstellung von *Dolomiterzeugnissen* verwendet man zum Sinter gebrannten Rohdolomit $MgCa(CO_3)_2$. Zum Brennen müssen bestimmte Gehalte an Verunreinigungen vorhanden sein, damit eine genügende Verfestigung erreicht wird. Schließlich werden jetzt auch Steine aus CaO hergestellt, wozu im Lichtbogenofen erschmolzener Kristallkalk (etwa 98 Gew.-% CaO und 0,5 bis 1,0 Gew.-% MgO) als Rohstoff dient.

Hohe eutektische Temperaturen zeigt nach Abb. 61 (S. 125) auch das System ZrO_2—SiO_2. Als feuerfestes Erzeugnis haben sich keramisch gebundene *Zirkonsteine* eingeführt, die vom Rohstoff Zirkonerde ausgehen, der als Mineral den Zirkon $ZrSiO_4$ enthält. Sie haben besonders wegen ihrer guten Beständigkeit gegenüber Opal- und Borosilicatgläsern bei der Glasschmelze Eingang gefunden. Darüber hinaus ist ihre gute TWB zu erwähnen, die durch die relativ geringe Wärmedehnung ($\alpha_{20/1400} = 4{,}5 \cdot 10^{-6}$ grd^{-1}) und hohe Wärmeleitfähigkeit (Abbildung 173) bedingt ist. Nach Abb. 61 liegt der inkongruente Schmelzpunkt des Zirkons bei 1775 °C, jedoch tritt die Zersetzung in $ZrO_2 + SiO_2$ durch Verunreinigungen schon bei tieferen Temperaturen, durch Alkalien schon ab 1400 °C ein.

6.3.2.5 Schmelzgegossene Erzeugnisse

Die bisher behandelten feuerfesten Erzeugnisse werden nach den üblichen keramischen Formgebungsverfahren, meistens durch Pressen hergestellt. Eine andere Technologie bedient sich der Eigenschaft, daß Oxidschmelzen bei hohen Temperaturen (> 2000 °C) genügend elektrische Leitfähigkeit zeigen, so daß sie im Widerstands- oder Lichtbogenofen geschmolzen werden können. Als Ofenfutter dient dabei die außen erstarrte Schmelze. Die Formgebung erfolgt durch Gießen der Schmelze in vorbereitete Formen. Der Vorteil dieses Verfahrens ist die geringe Porosität solcher Steine, deren offene Porosität praktisch Null ist und die auch nur geringe geschlossene Porosität zeigen, wenn durch geeignete Maßnahmen die Bildung von Lunkern unterdrückt werden kann. Demzufolge haben diese Erzeugnisse eine sehr gute Korrosionsbeständigkeit. Sie haben sich vor allem beim Einbau in Glasschmelzwannen bewährt.

Nach dem Gießen ist eine geregelte Kühlung erforderlich, damit sich ein möglichst einheitliches Kristallgefüge aufbauen kann.

Die Entwicklung ist von den schmelzgegossenen Mullitsteinen ausgegangen, die oft nach dem ersten Handelsprodukt auch als Corhartsteine bezeichnet werden. Aus Tab. 50, die eine Übersicht über einige Typen bringt, kann man erkennen, daß in den Mullitsteinen neben einem hohen Korundgehalt auch ein großer Gehalt an Glasphase vorhanden ist.

Tabelle 50. *Beispiele der Zusammensetzung von schmelzgegossenen Erzeugnissen*

Erzeugnis	Zusammensetzung Gew.-%						Mineralbestand Gew.-%				
	SiO_2	ZrO_2	Al_2O_3	Fe_2O_3	RO	R_2O	Mullit	α-Al_2O_3	β-Al_2O_3	ZrO_2	Glas
Mullit-	18—21	—	72—79	2—4	<1	1,5	50	20—25	—	—	20
Aluminium-zirkonoxid-	11	34	52	0,8	<1	2	—	40—45	—	27—35	25—30
Korund-	<1	—	98	0,2	<1	<1	—	38	60	—	2
β-Al_2O_3-	—	—	$\approx$95	—	—	$\approx$5	—	—	$\approx$99,5	—	—

Von den Mullitsteinen ging die Entwicklung zu den jetzt meist üblichen Aluminiumzirkonoxidsteinen (Handelsname des ersten Produkts: Corhart-Zac) über, die als wesentliche weitere Komponente ZrO_2 enthalten. Nach Abb. 181, die das von BUDNIKOV und LITVAKOVSKII [82] aufgestellte, aber etwas modifizierte System Al_2O_3—ZrO_2—SiO_2 enthält, liegen die eutektischen Temperaturen sehr hoch. Durch den immer vorhandenen Alkaligehalt ist aber ein deutlicher Gehalt an Glas- bzw. Schmelzphase vorhanden. Diese enthält bei Raumtemperatur durch

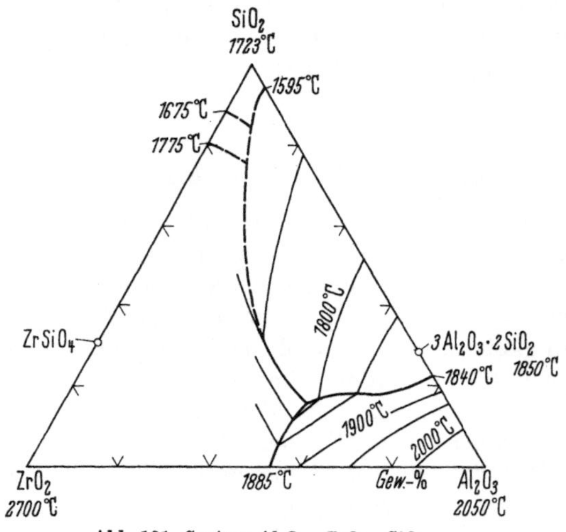

Abb. 181. System Al_2O_3—ZrO_2—SiO_2

die Auskristallisation des ZrO_2 als Baddeleyit kein ZrO_2, wohl sind aber in der Schmelzphase bei 1500 °C nach Untersuchungen mit MULFINGER [629] neben dem ganzen SiO_2 und R_2O noch 4 Gew.-% ZrO_2 gelöst, nach SCHMID [619] bei 1700 °C sogar 13 Gew.-%. Diese Schmelzphase hat bei 1500 °C die relativ geringe Viskosität von $\log\eta = 3{,}3$ und neigt daher zum Aussaigern, vor allem wenn das Kristallgefüge grob ist. (Zum Vergleich sei erwähnt, daß bei derselben Temperatur die Viskosität der Schmelzphase der Schamottesteine um den Faktor 10^3 höher liegt.)

Ein interessantes Produkt stellen die Erzeugnisse dar, die nach Tab. 50 praktisch nur aus dem alkalihaltigen β-Al_2O_3 bestehen. Solche Steine sind sehr beständig gegen Alkalidämpfe, neigen aber in alkalifreier Atmosphäre zur Abgabe des Alkali und dann zur Umwandlung in α-Al_2O_3. Durch die damit verbundene Volumenabnahme (S. 172) kann es zur Zermürbung kommen. Umgekehrt wachsen Steine aus reinem Korund in alkalihaltiger Atmosphäre durch die Bildung von β-Al_2O_3.

6.3.2.6 Sonstige Erzeugnisse

Zu den feuerfesten Erzeugnissen auf oxidischer Basis gehören weiterhin ungeformte Erzeugnisse, z. B. Stampfmassen und Mörtel, die hier nur genannt seien. Eine weitere wichtige Gruppe sind die *wärme-*

dämmenden Erzeugnisse, die Feuerleicht- oder Isoliersteine. Die Anwendungstemperatur der ersteren liegt bei mindestens 1100 °C, die der letzteren bei 700 bis 1100 °C. Ihre charakteristische Eigenschaft der geringen Wärmeleitfähigkeit erhalten sie durch eine große Porosität (S. 333). Verwendet man die stark vereinfachte Gl. (152), dann erfordert eine Erniedrigung der Wärmeleitfähigkeit auf die Hälfte des dichten Steines eine Porosität von 50 Vol.-%. Bei den wärmedämmenden Steinen wird daher eine Mindestporosität von 45 Vol.-% gefordert. (Wegen der damit verbundenen Abnahme des Raumgewichts werden die Steine oft durch dieses charakterisiert. Bei einer Dichte von 2,4 g/cm³ ergibt sich für $P = 45$ Vol.-% ein Raumgewicht von etwa 1,3 g/cm³.)

Früher wurde gezeigt, daß die Wärmeleitfähigkeit nur in erster Näherung durch die Gesamtporosität bestimmt wird. Wesentlichen Einfluß hat auch noch die Porengröße und -form. Durch geeignete Herstellungsverfahren ist es deshalb möglich, die Isoliereigenschaften deutlich zu beeinflussen. Vielfach ist es günstiger, wenn geschlossene und kleine Poren vorliegen, wodurch der Einfluß der Wärmestrahlung verringert wird. Das kann man durch Rohstoffe erhalten, die bereits eine porige Struktur haben oder die erst bei höheren Brenntemperaturen Gase abspalten und Poren bilden. Die einfachste Art der Herstellung der Leichtsteine durch Verwendung von Ausbrennstoffen führt naturgemäß zu einem großen Anteil an offenen Poren.

In Abb. 173 sind die Wärmeleitfähigkeitswerte von drei Schamotteleichtsteinen eingezeichnet. Man kennt Leichtsteine auch aus anderen feuerfesten Erzeugnissen. Der in Abb. 173 noch enthaltene Kieselgurstein ist ein Isolierstein. Er erhält seine sehr guten Isoliereigenschaften durch den Rohstoff Kieselgur, der vorwiegend aus den äußerst feinporigen Diatomeenschalen besteht. Weitere Angaben über wärmedämmende Steine findet man bei SCHWIETE und KONOPICKY [652].

6.4 Oxidkeramik

Die oxidkeramischen Werkstoffe stellen eine besondere Gruppe der hochfeuerfesten Werkstoffe dar. Da ihre Entwicklung zunächst getrennt von den üblichen feuerfesten Erzeugnissen erfolgt ist, hat sich der Begriff Oxidkeramik für Werkstoffe, die aus nur einem Oxid bestehen, allgemein eingebürgert. Es gibt eine große Zahl von Oxiden mit hoher Schmelztemperatur. Diese Zahl wird vervielfacht, wenn man noch Verbindungen hinzunimmt. Hier sollen nur die wichtigsten Oxide behandelt werden, die in Tab. 51 mit einigen Eigenschaften aufgeführt sind. Einige dieser Oxide sind in den vorangegangenen Abschnitten schon erwähnt worden, so daß in diesem Abschnitt darauf verwiesen werden kann. Zusammenfassend findet man die Oxidkeramik im Buch von RYSHKEWITCH [595] und in einem Artikel von CARNAHAN und KNAPP [96] behandelt.

Tabelle 51. *Eigenschaften einiger Oxide*

Oxid	Dichte g/cm³	Schmelz-temperatur °C	Ausdehnungs-koeffizient $\alpha_{20/1500} \cdot 10^6$ grd^{-1}	E-Modul $\times 10^{-6}$ kp/cm²	Torsions-modul $\times 10^{-6}$ kp/cm²	Dampfdruck bei 2000 °C atm
BeO	3,01	2570	9,8	4,0	1,6	$1 \cdot 10^{-6}$
MgO	3,58	2800	15,0	3,2	1,4	$1 \cdot 10^{-4}$
CaO	3,36	2560	13,8	—	—	$1 \cdot 10^{-5}$
Al_2O_3	3,98	2050	13,3	4,1	1,6	$3 \cdot 10^{-7}$
ZrO_2	5,56	2690	≈ 2	1,9	0,7	$9 \cdot 10^{-8}$
HfO_2	9,68	2840	7,1	—	—	$3 \cdot 10^{-8}$
ThO_2	10,00	3300	10,1	2,4	0,9	$5 \cdot 10^{-8}$

6.4.1 Herstellung

Die Forderung nach möglichst hohen Anwendungstemperaturen verlangt reine Ausgangsstoffe, damit sich während des Brandes keine oder nur wenig Schmelzphase bilden kann. Sieht man von der Herstellung eines Produkts direkt aus dem Schmelzfluß ab, dann ist das Sintern der für die Oxidkeramik typische Vorgang.

Aus den im Abschn. 3.3.4 behandelten Grundlagen des Sinterns geht hervor, daß dieser Prozeß mit abnehmender Ausgangskorngröße beschleunigt wird. Zu diesem Zweck verwendet man oft durch thermische Zersetzung von Verbindungen (Hydroxide, Carbonate) gewonnene Pulver. Je tiefer die Zersetzungstemperatur gewählt wird, desto geringer ist die Korngröße. Die Charakterisierung der erhaltenen Pulver erfolgt am besten durch elektronenmikroskopische oder röntgenographische Messungen. Am Beispiel des MgO hat OEL [525] diese Methoden eingehend besprochen. Bei Verwendung zu feiner Pulver hat man jedoch manchmal wieder eine Verringerung der Sintergeschwindigkeit beobachtet. Sehr feines Korn (in der Größenordnung von 300 Å) neigt wegen der großen Oberflächenenergie zu Agglomerationen, ergibt eine geringere Packungsdichte und zeigt verstärkte Oberflächendiffusion, die nicht zur Verdichtung beiträgt.

Wesentlich für eine hohe Sintergeschwindigkeit sind hohe Diffusionskoeffizienten der wandernden Teilchen. Dies kann man durch Zugabe geringer Mengen an Fremdoxiden erreichen, die im Wirtsgitter gelöst werden und dann Leerstellen bilden. Ein Beispiel für die hohe Diffusionsgeschwindigkeit des O^{2-}-Ions beim mit CaO stabilisierten ZrO_2 wurde bereits früher (S. 141) genannt. In zahlreichen Arbeiten hat man die fördernde Wirkung vieler Fremdoxide erkannt. Neben obigem Leer- oder Fehlstellenmechanismus trägt auch manchmal die Ausbildung einer flüssigen Phase in den Grenzflächen zur Beschleunigung bei. Folgende Fremdoxide werden am häufigsten genannt: Beim Sintern von

Al_2O_3: TiO_2, Cu_2O und MnO,

BeO: TiO_2 und CaO,

MgO: TiO_2, Fe_2O_3 und V_2O_5,

ZrO_2: Fe_2O_3 und CaO und

ThO_2: CaO.

Die Zusätze erfolgen meist in der Größenordnung von 0,5 bis 5 Gew.-%. Manchmal haben Mischungen bessere Wirkung als die Einzelsubstanzen. Für CaO wird auch CaF_2 empfohlen.

Mit der Verbesserung des Sinterns geht oft ein verstärktes Kornwachstum parallel, das im Hinblick auf günstige mechanische Eigenschaften nicht immer erwünscht ist. Man verwendet dann Zusätze, die das Kornwachstum nicht beeinflussen oder gar hemmen. Beim Al_2O_3 erreicht man dies durch CuO, MgO oder NiO.

Vollkommen dichte Produkte können nur dann erhalten werden, wenn die in den Poren befindlichen Gase eine genügende Diffusionsgeschwindigkeit haben. N_2 als reaktionsträges Gas diffundiert sehr langsam, dagegen haben O_2 und H_2 über eine chemische Löslichkeit eine höhere Diffusionsgeschwindigkeit. Diese kann man auch erreichen in einer Atmosphäre aus sehr kleinen Gasmolekülen oder -atomen. Dazu gehört neben H_2 vor allem He. Wichtig ist in der Atmosphäre noch der H_2O-Dampf. Beim BeO verlangsamt er das Sintern, da das sich bildende $Be(OH)_2$ leicht flüchtig ist und zu einem Verdampfungs-Kondensations-Mechanismus führt, der nicht zur Schwindung beiträgt. Dagegen konnten P. F. EASTMAN und CUTLER [159] zeigen, daß beim MgO eine Beschleunigung eintritt, die durch eine Leerstellenbildung nach $Mg^{2+} +$
$+ O^{2-} + H_2O \rightleftharpoons Mg^{2+} + 2\,(OH)^- + \square$ bedingt ist.

Dichtere Produkte erhält man auch durch das Heißpressen (S. 253). Mit diesem Verfahren kann man nach VASILOS und SPRIGGS [726] gut durchscheinendes Al_2O_3 und vollkommen transparentes MgO herstellen, nach GARDNER u. Mitarb. [215] auch durchscheinendes BeO. Alle diese Materialien sind vollkommen dicht und bestehen aus einzelnen Kristallen, deren Korngröße z. B. beim BeO nach dem Sintern etwa 35 μm beträgt. Die Kristalle sind nicht orientiert, so daß an den Berührungsflächen verschiedene Kristallrichtungen zusammentreffen. Da BeO eine Doppelbrechung von 0,014 und Al_2O_3 eine solche von 0,009 hat, wird das Licht an den Grenzflächen reflektiert, und die Probe zeigt ein milchiges Aussehen. MgO dagegen ist kubisch und kann deshalb vollkommen klar werden.

Vollkommen transparent sind auch Einkristalle, die z. B. aus bestimmten Schmelzen oder durch Aufschmelzen von Pulvern (Verneuilverfahren) hergestellt werden. Sie finden zunehmende Verwendung, z. B. Al_2O_3 in Form von Saphirfenstern oder MgO als Periklastiegel, wofür man einen Einkristall ausbohrt.

Neben der Formgebung durch Pressen ist nach den grundlegenden Arbeiten von RUFF u. Mitarb. [593] auch das Schlickergießen (S. 247) möglich. Von den Oxidoberflächen, die immer mit OH-Gruppen belegt sind, können je nach pH-Wert H^+- oder OH^--Ionen abdissoziieren. Man beobachtet deshalb sowohl mit Säuren als auch mit Basen eine Verflüssigung des Schlickers. Nach HAUTH [270] ist die scheinbare Viskosität eines Al_2O_3-Schlickers am größten bei pH $\approx$ 8. Bei sehr geringem und sehr hohem pH tritt dann wieder eine Ansteifung ein. Nach ANDERSON und MURRAY [14], die dieses Verhalten mit der Änderung des ζ-Potentials (S. 233) erklären können, liegt das Minimum der Viskosität eines Schlickers mit UO_2 bei pH 3,5 bis 4 und mit ThO_2 bei pH 4. ZrO_2 zeigt dieses Minimum bei pH 1,5 bis 2.

Bei wasserempfindlichen Oxiden (MgO, CaO) kann man das Gießverfahren anwenden, wenn man den Schlicker mit organischen Flüssigkeiten anmacht, z. B. mit Äthanol oder Isobutylalkohol. Auch hier läßt sich die Viskosität beeinflussen; z. B. erreichen COWAN u. Mitarb. [119] Verflüssigung durch Zugabe von Ölsäure oder Triäthanolamin. Wegen der H_2O-Empfindlichkeit empfiehlt es sich jedoch, von gemahlenem, vorgeschmolzenem oder vorgebranntem Material auszugehen. Dann ist die Hydratation so weit herabgesetzt, daß nach STODDARD und ALLISON [695] bei nicht zu feinem Korn MgO sogar als wäßriger Schlicker angemacht werden kann.

6.4.2 Eigenschaften

In den Abschnitten über Festigkeit (6.2.4), Wärmetransport (6.3.1.2) und Temperaturwechselbeständigkeit (6.3.1.3) wurden oft als Beispiele oxidkeramische Werkstoffe genannt. Die dort behandelten Grundlagen gelten ganz entsprechend hier, so daß sie nicht wiederholt werden müssen. Es sei nur nochmals die Abnahme der Festigkeit mit steigender Korngröße und Porosität erwähnt. Den großen Einfluß der Oberflächenreinheit hat man auch bei den Oxiden festgestellt. An Whiskern aus Al_2O_3 und MgO wurden Zugfestigkeiten gemessen, die fast 1/10 des Elastizitätsmoduls betragen und damit der theoretischen Festigkeit nahe kommen. MALLINDER und PROCTOR [470] haben dickere Proben von Saphireinkristallen durch eine Flammpolitur oder durch chemisches Ätzen in einer Boraxschmelze oberflächlich gereinigt und dann im Biegeversuch eine Festigkeit von 70000 kp/cm² gemessen, was etwa 1/40 E entspricht.

Bei Belastungsversuchen von oxidkeramischen Werkstoffen hat man festgestellt, daß neben der rein elastischen Verformung vor dem Bruch eine *plastische Verformung* eintreten kann. Zahlreiche Literaturangaben dazu findet man bei WACHTMAN [735]. Diese Verformbarkeit oder Duktilität ist bei kubischen Ionenkristallen, z. B. NaCl, schon längere Zeit bekannt. GORUM u. Mitarb. [227] fanden sie auch bei Einkristallen des ebenfalls kubischen MgO. Nach Überschreiten einer kritschen Spannung, die bei etwa 1700 kp/cm² lag, beobachteten sie bei Raumtemperatur eine Verlängerung bis zu 20%. Weitere Versuche ergaben Spannungs-Verformungs-Kurven, die genau der Abb. 117c (S. 227) entsprachen. Die Ursache dieser Erscheinung liegt im Gleiten entlang bestimmter Gitterebenen. Diese sind meist dicht mit Ionen besetzt, beim kubischen Gitter also die Ebene {110}. Die Gleitrichtung wird dadurch bestimmt, daß bei der Bewegung jedes Ion möglichst schnell wieder seine richtige Lage findet und auf diesem Weg möglichst nicht an gleichgeladenen Ionen direkt vorbeikommt. Damit ergibt sich beim kubischen Gitter als Gleitrichtung $\langle 1\bar{1}0\rangle$. Der Mechanismus des Gleitens erfolgt durch Versetzungen (S. 29). Meist sind genügend Versetzungen vorhanden, anderenfalls müssen sie erst gebildet werden, was eine höhere Energie, d. h. höhere

Fließgrenze erfordert. Die Gleitgeschwindigkeit ist abhängig von der Zahl der Versetzungen und deren Wanderungsgeschwindigkeit. Somit ist das Gleiten stark strukturabhängig, und die Meßergebnisse können sehr variieren. STOKES und LI [697] konnten zeigen, daß MgO-Einkristalle mit sehr sauberer Oberfläche rein elastisches Verhalten bis über 11000 kp/cm² Zugspannung zeigen, während bei Oberflächen mit Fehlstellen schon ab 700 kp/cm² plastisches Fließen einsetzen kann. Die Fließgrenze nimmt mit steigender Temperatur ab, während steigender Gehalt an geringen Verunreinigungen die Fließgrenze erhöht, da an diesen die Versetzungen gebremst werden. Da ein Anstieg der Fließgrenze gleichbedeutend mit einem Anstieg der Festigkeit ist, können also geringe Verunreinigungen die Festigkeit erhöhen. Während des Fließens kann es ebenfalls zu einer Hemmung der Wanderungsgeschwindigkeit der Versetzungen, also zu einer Verfestigung kommen. Versetzungen lassen sich durch chemisches oder thermisches Ätzen der Oberfläche sichtbar machen.

Beim Al_2O_3 mit seiner hexagonalen Struktur wird dem Gleiten durch die andere Anordnung der Ionen größerer Widerstand entgegengesetzt, so daß es einer gewissen thermischen Anregung bedarf. An Einkristallen wurde daher plastisches Fließen erst oberhalb 900 °C beobachtet. Nach KRONBERG [417] ist beim Saphir {0001} die Gleitebene und $\langle 11\bar{2}0 \rangle$ die Gleitrichtung. Abb. 182 zeigt einen seiner Versuche, bei dem ein etwa 5 cm langer Stab kontinuierlich gezogen und die dabei auftretende Verlängerung und Spannung gemessen wurden. Danach ist zunächst rein elastisches Verhalten zu beobachten, bis bei 700 kp/cm² das Fließen einsetzt und die Spannung dadurch erniedrigt wird. Es stellt sich dann eine neue untere Fließgrenze ein, wobei das Verhältnis obere : untere Fließgrenze ≈ 2 ist. Mit sinkender Temperatur nehmen beide Werte zu, bis eine Temperatur erreicht wird, wo die obere Fließgrenze die Zugfestigkeit erreicht. Diese Temperatur hängt von der Ziehgeschwindigkeit ab.

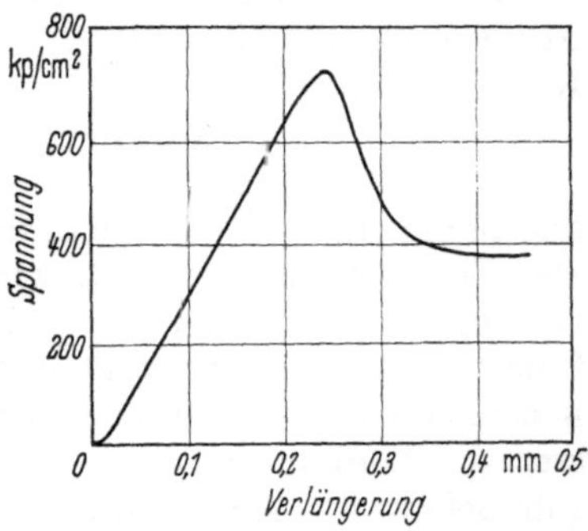

Abb. 182. Fließkurve von einem Al_2O_3-Einkristall bei 1500 °C bei kontinuierlicher Verlängerung von 0,05 cm/min

Entsprechendes Verhalten hat man nicht nur an Einkristallen, sondern auch an Polykristallen festgestellt. Voraussetzung für ein plastisches Fließen ist dann aber, daß mindestens fünf unabhängige Gleitsysteme vorhanden sind, die beim MgO bei hohen Temperaturen zur Verfügung stehen.

Hält man die Belastung konstant, kann ebenfalls ein Fließen eintreten, das man als *Kriechen* bezeichnet. Für diesen Vorgang ist ebenfalls das Gleiten durch Versetzungen verantwortlich. Bei polykristallinem Material kann außerdem noch ein Korngrenzeneinfluß eintreten. Auch ist mit einer Diffusion infolge des Druckes nach dem Nabarro-Herring-Mechanismus (S. 153) zu rechnen. Das Ineinandergreifen vieler Erscheinungen erschwert das genaue Erkennen der einzelnen Vorgänge.

Das Kriechen findet auch bei der früher (S. 326) beschriebenen
Druckfeuerbeständigkeitsprüfung statt, jedoch ist dort meist die flüssige
Phase ausschlaggebend. Schließlich sei noch bemerkt, daß das Kriechen
stark von der Porosität abhängt. So fanden COBLE und KINGERY [110]
an polykristallinem Al_2O_3, daß die Kriechgeschwindigkeit bei Zunahme
der Porosität von 5 auf 50 Vol.-% um den Faktor 50 anstieg.

Oxidkeramische Werkstoffe werden oft bei hohen Temperaturen im
Vakuum verwendet. Ihre Beständigkeit dabei wird durch den *Dampfdruck* bestimmt. Die aus den thermodynamischen Daten berechneten
Dampfdrücke sowie die nach verschiedenen Methoden gefundenen Meßwerte zeigen allerdings erhebliche Streuungen, die nicht nur durch die
Schwierigkeit der Messungen und die Ungenauigkeit der thermodynamischen Daten bedingt sind, sondern auch durch die bei hohen Temperaturen eintretende Dissoziation. Beim Al_2O_3 hat man z. B. in Gasphase
als Teilchen O, Al, AlO und Al_2O festgestellt. Es tritt also eine Reduktion des Kations ein, die früher (S. 117) bereits beim SiO_2 erwähnt
wurde und auch bei einigen anderen Oxiden möglich ist. Die in Tab. 51
angegebenen Dampfdrücke für 2000 °C sind daher nur Anhaltswerte.
Trotzdem kann man erkennen, daß die Dampfdrücke nicht vernachlässigt werden können. Für noch höhere Temperaturen gilt als grobe
Näherung, daß der Dampfdruck um den Faktor 10 vergrößert wird
bei 2000 °C bei einem Temperaturanstieg von etwa 150 grd und bei
3000 °C bei einem Temperaturanstieg von etwa 350 grd.

Die eben erwähnte Reduktionsneigung wird verstärkt, wenn die
Atmosphäre reduzierende Stoffe enthält. Für Al_2O_3 wird dabei die
Reaktionsgleichung

$$Al_2O_3 + 2\,H_2 \rightleftarrows Al_2O + 2\,H_2O$$

angenommen, wobei sich das flüchtige Al_2O bildet. Da diese Reaktion
ein Gleichgewicht darstellt, wird H_2O-Dampf in der Atmosphäre das
Gleichgewicht nach links verschieben, so daß in feuchtem H_2 die Verdampfung von Al_2O_3 geringer als in trockenem H_2 ist. Andererseits trägt in
neutraler oder oxydierender Atmosphäre H_2O-Dampf oft zu einer verstärkten Verdampfung bei, da sich leichter flüchtige Hydroxide bilden.
Für BeO wurde diese Erscheinung oben schon erwähnt (S. 351). Weitere
Angaben über die Verdampfung von Oxiden findet man bei ACKERMAN
und THORN [1] und ALCOCK [10].

6.4.3 Spezielle Eigenschaften einiger Oxide

Al_2O_3 wurde so oft als typisches Beispiel herangezogen, daß sich
eine weitere Behandlung erübrigt. Al_2O_3 ist als oxidkeramischer Werkstoff gut geeignet, da im ganzen Temperaturbereich nur eine feste Modifikation thermodynamisch stabil ist, der Korund.

BeO, dessen Eigenschaften zusammenfassend von BUDNIKOV und
BELYAEV [81] und ROTHMAN [588] beschrieben werden, zeigt dagegen
bei etwa 2050 °C eine Modifikationsänderung, die mit einer Volumenzunahme von etwa 5% verbunden ist und deshalb die Anwendungs-

grenze bestimmt. Tief-BeO hat eine Struktur vom Wurtzittyp mit hexagonal dichtester Packung ($a = 2{,}698$, $c = 4{,}377$ Å). Beim Übergang in Hoch-BeO wandert nach D. K. SMITH u. Mitarb. [676] die Hälfte der Be-Ionen in benachbarte Tetraederlücken, so daß eine tetragonale Struktur vom Rutiltyp entsteht, bei der sich aber die Be-Ionen in tetraedrischen Lagen befinden. Bei 2100 °C beträgt $a = 4{,}75$ und $c = 2{,}74$ Å, d. h., die Achsen sind gegenüber Tief-BeO ausgetauscht. Durch diese geringen Unterschiede der Strukturen, die sich auch in der geringen Umwandlungswärme von 1,2 kcal/mol widerspiegeln, ist diese Umwandlung nicht einfrierbar, tritt also immer auf.

Bei der Besprechung des BeO darf nicht die große Giftigkeit von BeO und anderen Be-Verbindungen unerwähnt bleiben. Besonders gefährlich sind feine Stäube oder die Berührung mit Wunden.

MgO hat nur eine stabile Modifikation, den Periklas. Für die Anwendung des MgO ist seine große Hydratationsneigung wichtig. Als Oberflächenreaktion hängt sie von der Größe der Oberfläche ab, ist daher bei dicht gebrannten Proben mit kleiner Oberfläche gering. Die Untersuchung des Hydratationsvorganges hat ergeben, daß die Reaktion von MgO mit H_2O mit nennenswerter Geschwindigkeit nur mit flüssigem H_2O abläuft, indem feinste Poren ausschlaggebend sind, in denen sich durch Kapillarkondensation flüssiges H_2O bilden kann.

ZrO$_2$ ist in seiner Anwendung durch Modifikationsänderungen entscheidend beeinflußt. Bei Raumtemperatur ist die monokline Modifikation des Baddeleyits stabil mit $a = 5{,}15$, $b = 5{,}21$, $c = 5{,}32$ Å und $\beta = 99°15'$. Die Struktur zeigt nach McCULLOUGH und TRUEBLOOD [476] die Besonderheit, daß das Zr-Ion gegenüber den O-Ionen in *KZ* 7 vorliegt. Idealisiert betrachtet befindet sich das Zr-Ion raumzentriert in einem Würfel, dessen untere Ecken entsprechend der Fluoritstruktur mit O-Ionen besetzt sind. Oben ist nur eine Ecke mit einem O-Ion besetzt, während sich die beiden restlichen O-Ionen etwa in der Mitte der beiden gegenüberliegenden Würfelkanten befinden.

Schon RUFF und EBERT [592] fanden bei ihren grundlegenden Untersuchungen, daß ZrO_2 bei etwa 1100 °C eine reversible Umwandlung in eine tetragonale Modifikation zeigt. Deren Struktur mit $a = 3{,}64$ und $c = 5{,}27$ Å bei 1250 °C entspricht nach TEUFER [713] einer leicht verzerrten Fluoritstruktur mit Zr jetzt in *KZ* 8. Dabei tritt eine theoretische Volumenschrumpfung um etwa 12% ein (experimentell wurden etwa 8% bestimmt), die entsprechende Körper zermürbt. Dies macht sich deutlich in der Dilatometerkurve bemerkbar, wie die ausgezogene Kurve der Abb. 183 zeigt. Der in Tab. 51 angegebene geringe Ausdehnungskoeffizient $\alpha_{20/1500} \approx 2 \cdot 10^{-6}$ grd^{-1} ist durch diese Umwandlung bedingt. Monoklines ZrO_2 hat $\alpha \approx 8 \cdot 10^{-6}$ grd^{-1}, während tetragonales ZrO_2 $\alpha_{1150/1700} \approx 21 \cdot 10^{-6}$ grd^{-1} aufweist.

Die auffallende Hysterese der Umwandlung des ZrO_2 in Abb. 183 war der Gegenstand vieler Untersuchungen. Nicht einheitlich sind die Angaben, ob man im Hysteresebereich durch längeres Tempern vollkommene Umwandlung erreichen kann. Aus einigen Versuchen folgt, daß sich für jede Temperatur eine bestimmte Verteilung einstellt, während andere Autoren berichten, daß mit der Zeit eine weitere, allerdings stark verlangsamte Umwandlung stattfindet. Jedenfalls ist sicher, daß sich diese Umwandlung nicht einfrieren läßt und die genaue Umwandlungstemperatur und die Breite der Hysterese von der Vorgeschichte abhängen. Für die verzögerte Umwandlung tetragonal → monoklin sind Keimbildungsschwierigkeiten verantwortlich zu machen. Strukturmäßige Betrachtungen von WOLTON [784] und D. K. SMITH und NEWKIRK [677] haben ergeben, daß bei dieser Umwandlung nur geringe Verschiebungen einiger Ionen stattfinden und wesentliche Strukturelemente erhalten bleiben (vgl. oben c_{monoklin} mit $c_{\text{tetragonal}}$). Damit kann man diese Umwandlung als displaziv annehmen, was die Unmöglichkeit des Einfrierens der tetragonalen Form durch Abschrecken erklärt.

Bei noch höheren Temperaturen (etwa 2300 °C) findet nach D. K. SMITH und CLINE [675] eine weitere Umwandlung in eine kubische Modifikation des ZrO_2 statt, die reine Fluoritstruktur aufweist. Bei 2400 °C beträgt $a = 5{,}27$ Å. Auch das ist eine displazive, nicht einfrierbare Umwandlung.

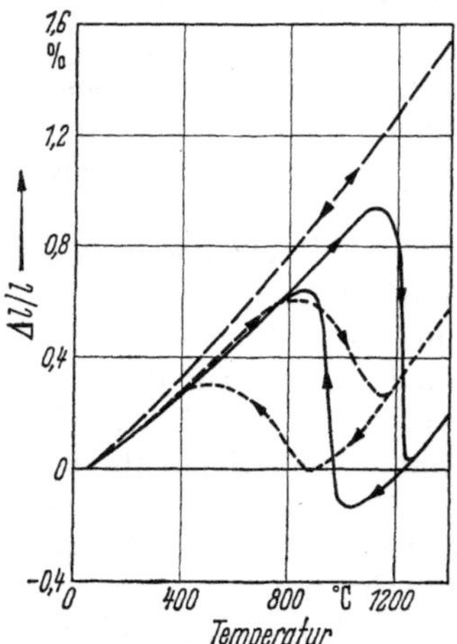

Abb. 183. Dilatometerkurven von ZrO_2 nach CURTIS [122]
(————: rein, ⋯⋯⋯: +8 Mol-% CaO, – – –: +19,8 Mol-% CaO)

Die sonst noch in der Literatur erwähnten Modifikationen des reinen ZrO_2 haben sich in der Zwischenzeit als Irrtümer herausgestellt. Durch thermische Zersetzung von Zr-Verbindungen bei tiefen Temperaturen kann man die Hochtemperaturformen auch bei Zimmertemperatur erhalten. Sie wandeln sich aber schon ab 400 °C (kubisches ZrO_2) bzw. 700 °C (tetragonales ZrO_2) in die stabile monokline Modifikation um. KRAUTH und H. MEYER [415] haben gezeigt, daß die tetragonale Form bei Raumtemperatur nur dann auftritt, wenn die Korngröße < 170 Å beträgt, daß also ein bestimmter Betrag an Oberflächenenergie zur Stabilisierung notwendig ist. Darüber hinaus können noch vorhandene Fremdionen zur Stabilisierung beitragen, nach CYPRÈS u. Mitarb. [123] z. B. OH^-- oder SO_4^{2-}-Ionen.

Zur Ausnutzung der guten thermischen Eigenschaften des ZrO_2 hat man vielfältig versucht, die störenden Umwandlungen bei 1000 bis 1200 °C durch *Stabilisierung* der Hochtemperaturmodifikation zu vermeiden. Dabei erhielt man durch Zusätze einiger Oxide kubische ZrO_2-Mischkristalle mit Fluoritstruktur. Als am besten geeignet haben sich Zusätze von etwa 10 bis 25 Mol.-% CaO oder MgO erwiesen, wobei der kubische MgO—ZrO_2-Mischkristall beim Tempern bei hohen Temperaturen nicht so stabil wie der CaO—ZrO_2-Mischkristall ist. DIETZEL und TOBER [150] konnten die Bildungsmöglichkeiten dieser Mischkristalle auf die Bindungen im Gitter zurückführen. Wichtig für die Stabilisierung des Gitters ist, daß das Gastkation einen hohen Anteil an heteropolarer

Bindung, also geringe Elektronegativität, und einen ähnlichen Ionenradius aufweist. Die unterschiedliche Stabilität ist auch aus den Phasendiagrammen abzulesen. Während nach DUWEZ u. Mitarb. [157] der kubische ZrO_2-Mischkristall mit CaO bis zur Raumtemperatur stabil ist, geht im System MgO—ZrO_2 nach VIECHNICKI und STUBICAN [730] der Stabilitätsbereich des entsprechenden Mischkristalls nur herab bis 1400 °C. Der Einbau von zweiwertigen Kationen in das ZrO_2-Gitter führt zu Sauerstoffleerstellen, die eine größere Diffusion erlauben (S. 141), was die erhöhte Sintergeschwindigkeit und elektrische Leitfähigkeit bedingt.

In Abb. 183 sind auch die Dilatometerkurven von teilweise und ganz mit CaO stabilisiertem ZrO_2 aufgenommen worden. Nach CURTIS [122] erhält man erhöhte Temperaturwechselbeständigkeit, wenn noch eine kleine Hysterese vorhanden ist, weil dann die Gesamtdehnung gering ist. Das vollkommen stabilisierte ZrO_2 hat eine Wärmedehnung von $\alpha_{25/1250} \approx 11 \cdot 10^{-6}$ grd^{-1}.

HfO_2 hat wegen der großen Verwandtschaft des Hf-Ions mit dem Zr-Ion dieselbe Struktur wie ZrO_2 mit $a = 5,12$, $b = 5,17$, $c = 5,29$ Å und $\beta = 99°11'$. Die Umwandlung der monoklinen in die tetragonale Modifikation erfolgt allerdings bei höheren Temperaturen, nach WOLTEN [783] bei 1540 bis 1650 °C, während die Rückwandlung bei 1590 bis 1500 °C eintritt. Die Hysterese ist also schmaler, was vielleicht dadurch bedingt ist, daß beim HfO_2 die Volumenänderung geringer ist, so daß weniger Spannungen auftreten.

Im System HfO_2—CaO werden nach DELAMARRE [136] nur oberhalb 1450 °C kubische Mischkristalle beobachtet. Unterhalb 1450 °C zerfällt der Mischkristall je nach Zusammensetzung in HfO_2, CaO · 4 HfO_2 und CaO · HfO_2. Die dem stabilisierten ZrO_2 entsprechende Verbindung CaO · 4 HfO_2 hat eine deformierte Fluoritstruktur und ist monoklin.

ThO_2, mit nur einer stabilen kubischen Modifikation, zeichnet sich durch seine hohe Schmelztemperatur von 3300 °C aus. Die dadurch bedingten hohen Sintertemperaturen kann man durch Zusätze erniedrigen. Nach ARENBERG u. Mitarb. [20] hat sich besonders CaF_2 bewährt.

6.5 Elektro- und Magnetokeramik

Mit der Entwicklung der Elektrotechnik zeigte es sich bald, daß für viele Zwecke keramische Werkstoffe mit Vorteil eingesetzt werden können. Während anfänglich dabei empirisch verfahren wurde, sind die neueren Werkstoffe ein Schulbeispiel für die gezielte Entwicklung auf Grund der Kenntnisse über die Abhängigkeit elektrischer und magnetischer Eigenschaften von der Kristallstruktur und dem Gefüge der keramischen Körper.

6.5.1 Elektrische Leitfähigkeit

Ein Körper zeigt dann elektrische Leitfähigkeit, wenn Ladungsträger vorhanden und diese beweglich sind. Die elektrische Leitfähigkeit σ ist um so höher, je größer die Zahl der Ladungsträger und deren Beweglichkeit ist. Die hohe Leitfähigkeit der Metalle ($\sigma_{Ag,\,20\,°C} = 6 \cdot 10^5\,\Omega^{-1}$ cm^{-1}) ist durch die metallische Bindung (S. 6) bedingt, bei der im Gitter leicht bewegliche Elektronen vorliegen, die als Ladungsträger fungieren. Keramische Stoffe enthalten normalerweise keine freien Elektronen, so daß ihre elektrische Leitfähigkeit um viele Größenordnungen niedriger und beim Porzellan bei Raumtemperatur $\sigma < 10^{-11}\,\Omega^{-1}$ cm^{-1} ist. Für die restliche Leitfähigkeit sind Ionen als Ladungsträger verantwortlich. Deren Beweglichkeit ist aber durch den Einbau in die Struktur gering.

Nach der Nernst-Einsteinschen Beziehung der Gl. (72) ist die elektrische Leitfähigkeit proportional dem Selbstdiffusionskoeffizienten. Aus den früher besprochenen Diffusionsvorgängen folgt daher, daß vorwiegend die schneller diffundierenden Kationen die elektrische Leitfähigkeit bewirken, besonders die kleineren Kationen mit niedriger Wertigkeit. Über die Diffusion ergibt sich die Temperaturabhängigkeit entsprechend Gl. (70) zu

$$\sigma = A \exp\left(\frac{-Q}{RT}\right) \quad \text{oder} \quad \ln\sigma = A' - \frac{Q}{RT}, \qquad (164)$$

d. h., mit steigender Temperatur nimmt σ zu.

Diese Abhängigkeit läßt Abb. 184 deutlich erkennen. Außerdem bestätigt sich in Abb. 184, daß σ um so größer ist, je höher der Gehalt an Alkali ist, wenn man z. B. Porzellan mit Steatit (Kurven *1* und *3*), Schamotte- mit Silikastein (Kurven *7* und *8*) oder β-Al$_2$O$_3$- mit α-Al$_2$O$_3$-haltigem Stein (Kurven *12* und *11*) vergleicht. Insgesamt aber ist σ gering, und die meisten keramischen Werkstoffe können auch noch bei erhöhter Temperatur als Isolatoren angesprochen werden.

Nun zeigt Abb. 184 auch oxidische Werkstoffe mit einer überraschend hohen elektrischen Leitfähigkeit. Diese erklärt sich durch die früher beim CaO-stabilisierten ZrO$_2$ (Kurve *5*) erwähnte hohe Selbstdiffusion, die durch das Vorhandensein von Sauerstoffleerstellen bedingt ist. Damit kommt man zu der allgemeinen Aussage, daß Fehlstellen die Diffusion und damit auch die elektrische Leitfähigkeit erhöhen.

Die verschiedenen Möglichkeiten der Fehlstellen wurden früher besprochen (S. 30). Abb. 15 bringt zwei Beispiele. Beim Anlegen eines elektrischen Feldes ist durch die Leerstellen eine leichtere Bewegung möglich, wobei beim Wüstit die Fe-Ionen zur Kathode und beim ZrO$_2$ die O-Ionen zur Anode wandern. Gleichzeitig wandern die Leerstellen in entgegengesetzter Richtung, d. h., beim Wüstit verhalten sich die Kationenleerstellen wie negative Ladungsträger und beim ZrO$_2$ die Sauerstoffleerstellen wie positive Ladungsträger.

Dieses Bild läßt sich weiter verfeinern. MITOFF [495] hat darüber einen zusammenfassenden Überblick gegeben. Man kann daraus folgern, daß diese Erscheinungen besonders bei nichtstöchiometrischen Verbindungen oder bei Substitution mit Ionen anderer Wertigkeit auftreten. Da die Wertigkeitsänderungen bei den nichtstöchiometrischen Verbindungen von der Atmosphäre abhängen, beobachtet man bei Oxiden auch eine Abhängigkeit von σ vom O$_2$-Partialdruck.

Mit diesen Stoffen nähert man sich bereits der Gruppe der *Halb-leiter*, deren elektrische Leitfähigkeiten zwischen denen der Metalle und der Isolatoren liegen. Für ihre Leitfähigkeit sind jedoch Elektronen als Ladungsträger verantwortlich. Elektronenleitfähigkeit aber ist nur dann möglich, wenn freie Elektronenzustände zur Verfügung stehen. Bei der üblichen Ionen- oder Atombindung sind die Valenzelektronen immer paarig angeordnet, d. h., die mit zwei Elektronen besetzbaren

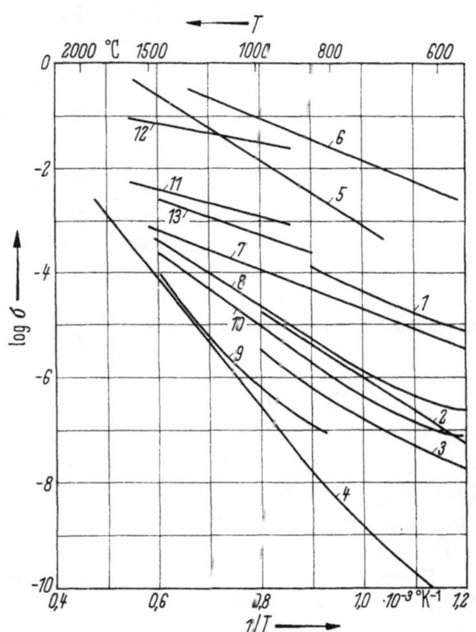

Abb. 184. Temperaturabhängigkeit der elektrischen Leitfähigkeit σ (in Ω^{-1} cm^{-1}) einiger keramischer Werkstoffe

Dichte feinkeramische Werkstoffe:
Feldspatporzellan: Kurve *1*
Zirkonporzellan: Kurve *2*
Sondersteatit: Kurve *3*

Oxidkeramische Werkstoffe:
Sinterkorund: Kurve *4*
$Zr_{0,85}Ca_{0,15}O_{1,85}$: Kurve *5*
$Zr_{0,85}Y_{0,15}O_{1,93}$: Kurve *6*

Poröse feuerfeste Werkstoffe:
Schamottestein, 40 Gew.-% Al_2O_3, 20 Vol.-% Porosität: Kurve *7*
Silikastein, 97 Gew.-% SiO_2, 26 Vol.-% Porosität: Kurve *8*
Magnesitstein, 93 Gew.-% MgO, 17 Vol.-% Porosität: Kurve *9*
Zirkonsilicatstein, 65 Gew.-% ZrO_2, 30 Vol.-% Porosität: Kurve *10*

Schmelzgegossene feuerfeste Werkstoffe:
Al_2O_3-Stein, 99,4 Gew.-% Al_2O_3, α-Al_2O_3: Kurve *11*
Al_2O_3-Stein, 94,5 Gew.-% Al_2O_3, β-Al_2O_3: Kurve *12*
Al_2O_3-ZrO_2-Stein: Kurve *13*

Elektronenzustände sind voll aufgefüllt. In einem Gitter ist eine gegenseitige Beeinflussung der Elektronenzustände vorhanden, wobei sie sich in ihrer Energie etwas verändern, so daß mehrere, aber immer voll besetzte Elektronenzustände ein Band, das Valenzband ausbilden. Die volle Besetzung erlaubt beim Anlegen eines Feldes keine Bewegung der Elektronen, d. h., man hat es mit einem Isolator zu tun.

Für die Elektronen gibt es auch Zustände höherer Energie, die normalerweise frei sind. Wenn sich aber ein Elektron in einem solchen Zustand befindet, dann hinterbleibt im Valenzband ein freier Zustand, und Elektronenleitfähigkeit wird möglich. Man bezeichnet deshalb die Zustände höherer Energie, die wiederum in Bandform auftreten, als Leitfähigkeitsband. Da nur bestimmte Energieniveaus möglich sind, tritt zwischen dem Valenz- und Leitfähigkeitsband eine Lücke auf, die auch als „verbotene Zone" bezeichnet wird. Damit ergibt sich das Energieschema der Abb. 185a.

Die Anhebung eines Elektrons aus dem Valenz- in das Leitfähigkeitsband erfordert Energie, die durch die thermische Energie aufgebracht werden kann, d. h., bei hohen Temperaturen kann Elektronenleitfähigkeit auftreten. Liegen jedoch die Niveaus der beiden Bänder näher zusammen, wie in Abb. 185b skizziert, kann diese Anhebung schon bei Raumtemperatur erfolgen, und man hat einen Halbleiter vorliegen, wofür PbS ein Beispiel ist.

Die Elektronenleitfähigkeit der Metalle ist dadurch bedingt, daß entweder das Valenzband nur teilweise besetzt ist oder daß sich Valenz- und Leitfähigkeitsband überlappen.

Das Energieschema der Abb. 185a wird beim Einbau von Fremd- atomen in ein Gitter beeinflußt. Ersetzt man z. B. in SiC ein Si-Atom

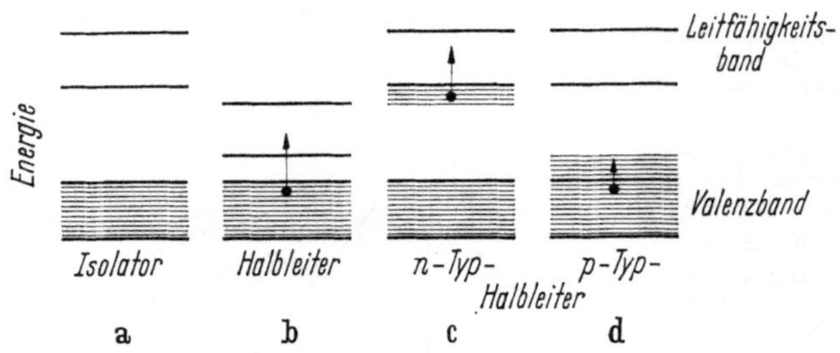

Abb. 185 a—d. Schematische Darstellung der Energieniveaus der Elektronen in Festkörpern zur Deutung der Halbleitung

durch ein N-Atom, dann ist wegen der höheren Elektronenzahl des N ein Überschußelektron vorhanden, dessen Energieniveau knapp unter- halb des Leitfähigkeitsbandes liegt (Abb. 185c). Es kann leicht in das Leitfähigkeitsband angehoben werden, weshalb man diese Zustände als Donatorniveau bezeichnet. Man spricht dann von Halbleitern vom n-Typ oder von Überschußhalbleitern.

Beim SiC kann man ein Si-Atom auch durch ein Al-Atom ersetzen. Man hat dann ein Elektron weniger und dadurch neue Zustände knapp oberhalb des Valenzbandes (Abb. 185d). Diese können leicht Elektronen aufnehmen und werden deshalb Acceptorniveau genannt. Im Valenz- band hinterbleiben dann freie Plätze, weshalb Elektronenleitung mög- lich wird. Da sich die freien Plätze hierbei wie positive Ladungsträger benehmen, nennt man solche Stoffe Halbleiter vom p-Typ oder Defizit- halbleiter.

Ähnliche Wirkung wie die Fremdionen haben Leerstellen im Gitter. Es sind z. B. im TiO_2 oft einige Ti^{4+}-Ionen durch Ti^{3+}-Ionen oder im Fe_2O_3 einige Fe^{3+}- durch Fe^{2+}-Ionen eretzt. Die fehlende Wertigkeit wird durch Sauerstoffleerstellen ausgeglichen. Die Ionen mit geringerer Wertigkeit kann man nach $Ti^{3+} = Ti^{4+} + \ominus$ oder $Fe^{2+} = Fe^{3+} + \ominus$ als Donatoren auffassen, so daß Halbleitung vom n-Typ resultiert. Umge- kehrt sind bei Verbindungen, bei denen ein Teil der Kationen höhere Wertigkeiten hat, Acceptoren vorhanden und p-Halbleitung tritt auf. Ein Beispiel ist NiO mit $Ni^{3+} + \ominus = Ni^{2+}$.

Die Summenformel dieser Verbindungen weicht von der reinen Stöchiometrie ab, weshalb man von nichtstöchiometrischen Verbin- dungen spricht. Da das Gleichgewicht zwischen den verschiedenen Wertig- keiten außer von der Temperatur auch vom O_2-Partialdruck abhängt, beobachtet man auch eine Abhängigkeit der Halbleitereigenschaften von der Atmosphäre. Substanzen dieser Art mit genau definierten Eigenschaften sind schwierig herzustellen. Man kann aber die anderen Wertigkeiten durch Zugabe von Ionen mit der entgegengesetzten Wertigkeit stabilisieren, z. B. in der Art $(Fe^{3+}_{1-2x}Fe^{2+}_{x}Ti^{4+}_{x})_2O_3$ oder $(Ni^{2+}_{1-2x} \cdot Ni^{3+}_{x}Li^{+}_{x})O$, worin die Ladungen auch noch relativ frei sind. Ein Grenzfall dieser Art von Verbindungen ist Fe_3O_4, in dem von vornherein Fe^{2+}- neben Fe^{3+}-Ionen vorliegen, die in dieser Spinellstruktur gleichwertige Plätze einnehmen, so daß ein Wertigkeitswechsel leicht möglich ist. Die elektrische Leitfähigkeit beträgt daher bei Raumtemperatur etwa $150 \, \Omega^{-1} \, cm^{-1}$.

Zusammenfassend ergibt sich, daß es drei Gründe für das Auftreten der Halbleitung gibt: Anregung durch hohe Temperaturen, Einbau von Fremdionen (oder Verunreinigungen) und Wertigkeitswechsel bei nichtstöchiometrischen Verbindungen.

6.5.2 Dielektrische Eigenschaften

Für das praktische Verhalten von Isolierstoffen sind neben der elektrischen Leitfähigkeit noch die dielektrischen Eigenschaften wichtig. Bringt man einen Stoff als Dielektrikum in einen Kondensator, so erhöht sich dessen Kapazität, was durch die Dielektrizitätskonstante (DK) ε gekennzeichnet wird. Sie liegt z. B. für Porzellan bei 6, für Al_2O_3 bei 10 und für TiO_2 bei 100 (Raumtemperatur, 10^6 Hz), kann aber auch Werte > 1000 erreichen (s. u.). Die Ursache dafür liegt in der Verschiebung von Ladungen, d. h. von Polarisationen, die verschiedener Art sein können. Für die Keramik ist am wichtigsten die Ionenpolarisation, bei der sich die Ionen im Feld etwas aus ihrer Gleichgewichtslage bewegen. Dazu kommt beim Vorhandensein leicht polarisierbarer Ionen eine Deformation der Elektronenhülle gegenüber dem Kern, die Elektronenpolarisation.

Im Wechselfeld wird mit steigender Frequenz die Fähigkeit der Ionen geringer, dem Feld zu folgen, so daß mit steigender Frequenz die Dielektrizitätskonstanten abnehmen. Mit steigender Temperatur wird die Beweglichkeit der Ionen erleichtert, so daß eine Zunahme der DK eintritt, vor allem bei niedrigen Frequenzen.

Im Kondensator mit Dielektrikum beobachtet man weiterhin eine gegenüber dem Vakuumkondensator um den sog. Verlustwinkel δ verschobene Phase. Dieser kennzeichnet die durch die Bewegung der Ladungen eintretenden Verluste, die proportional $\tan \delta$, dem dielektrischen Verlust oder Verlustfaktor sind. Hierfür sind ebenfalls mehrere Erscheinungen verantwortlich. Bei sehr geringen Frequenzen entstehen sie durch Leitungsverluste bei der Bewegung der Ionen durch das Gitter, was aber bereits bei 100 Hz vernachlässigbar ist. Dann werden die dielektrischen Verluste vor allem durch nur kurze Ionensprünge oder Ionenschwingungen hervorgerufen. Dabei kann es im Resonanzfall zu höheren Werten kommen, aber im allgemeinen wird mit steigender Frequenz eine Abnahme von $\tan \delta$ gefunden. So liegen die Verlustfaktoren für Raumtemperatur von Feldspatporzellan — Tonerdeporzellan — Sondersteatit für 50 Hz bei (in derselben Reihenfolge) 0,02 — 0,003 — 0,001 und sinken für 10^6 Hz auf etwa 0,01 — 0,002 — 0,0004. Mit steigender Temperatur bringt die Erleichterung der Ionenbeweglichkeit eine Erhöhung von $\tan\delta$. Bei Porzellan steigt dabei im Temperaturbereich von 20 bis 100 °C bei 50 Hz der $\tan\delta$-Wert um das 5- bis 10fache. Bei höheren Frequenzen ist der Anstieg geringer.

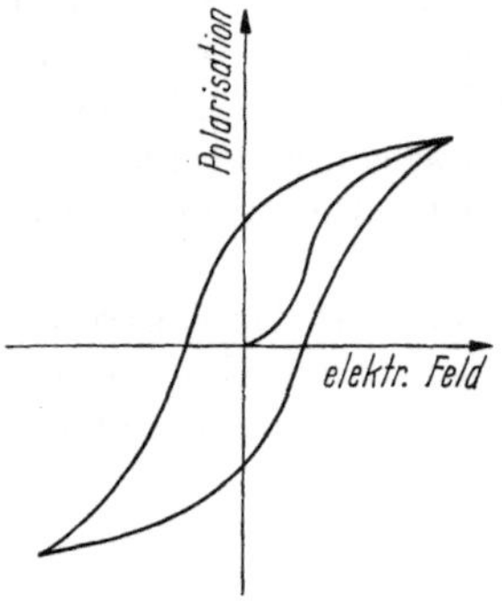

Bei der Untersuchung von Stoffen mit hoher Dielektrizitätskonstante fand man beim $BaTiO_3$, daß die Polarisation mit steigendem Feld zunächst proportional ansteigt, der bald eine weitere spontane Polarisation folgt, die bei höherem Feld wieder abklingt (Abb. 186). Nach Abschalten des Feldes bleibt eine Restpolarisation zurück, die erst bei einem bestimmten Gegenfeld verschwindet. So entsteht eine Hysterese, wie sie ähnlich beim Ferromagnetismus beobachtet wird, weshalb man diese Erscheinung als *Ferroelektrizität* bezeichnet. (Manchmal findet man auch den Begriff Seignetteelektrizität, da dieser Effekt beim Seignettesalz zuerst festgestellt wurde.)

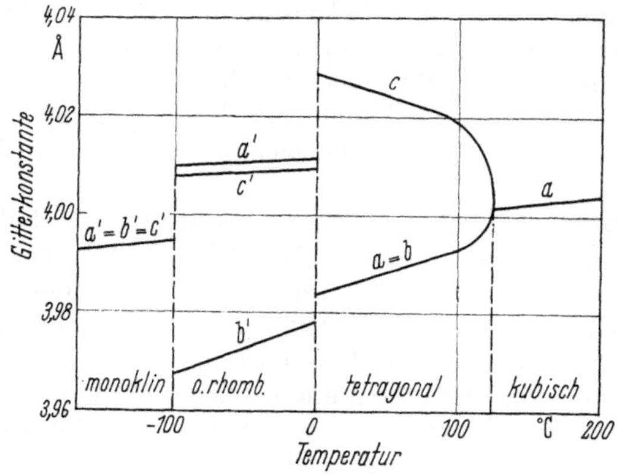

Abb. 186.
Ferroelektrische Hysterese

Die Ferroelektrizität ist eng mit der Kristallstruktur verbunden und wird besonders oft bei Verbindungen beobachtet, die ein Perowskitgitter (Abb. 12, S. 23) haben. Im Idealfall, wenn die Ionen A und B im

Abb. 187. Temperaturabhängigkeit der Gitterkonstanten von $BaTiO_3$

Gitter ABO_3 das richtige Größenverhältnis haben, ergibt sich eine kubische Modifikation, z. B. beim $SrTiO_3$ bei Raumtemperatur. $BaTiO_3$ zeigt eine kubische Struktur nur oberhalb 120 °C, während bei tieferen Temperaturen durch das zu große Ba-Ion eine Dehnung hervorgerufen wird, wobei bis 0 °C eine tetragonale, darunter eine orthorhombische und schließlich eine monokline Struktur stabil wird. Dieses Verhalten zeigt Abb. 187 nach McQUARRIE [480], der die Angaben mehrerer Autoren zusammengefaßt hat (was auch für die Abb. 188 und 189 gilt). Eine anschauliche Deutung der Ferroelektrizität kann man von der tetragonalen Struktur ableiten, in der in Richtung der verlängerten c-Achse im Ti-Ion zwei gleichwertige Lagen etwas außerhalb des Mittelpunkts

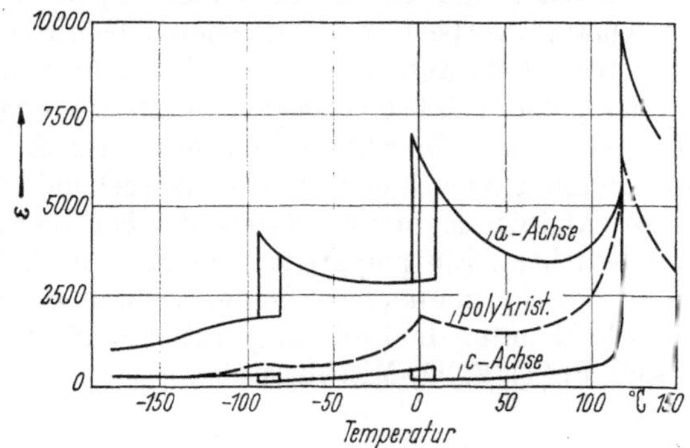

Abb. 188. Temperaturabhängigkeit der Dielektrizitätskonstante ε von BaTiO₃ als Einkristall (——) und polykristalline Keramik (— — —)

zur Verfügung stehen. Durch das Feld findet eine Ausrichtung der Ti-Ionen statt, wobei in bestimmten Bereichen, sog. Domänen (Größenordnung 1 μm), durch eine gegenseitige Beeinflussung eine einheitliche Orientierung der induzierten Dipole hervorgerufen wird. Die hohe Polarisation ist die Ursache für die hohen DK-Werte. Sie ist jedoch an die Kristallstruktur gebunden. Beim Übergang in andere Strukturen beobachtet man Extremwerte der DK. Im kubischen $BaTiO_3$-Gitter ist Ferroelektrizität nicht mehr möglich. Wiederum in Analogie zum Magnetismus bezeichnet man die Grenztemperatur als Curietemperatur. Die Temperaturabhängigkeit der DK von $BaTiO_3$ bringt Abb. 188. Danach gibt es Bereiche, in denen die DK mit steigender Temperatur ab- bzw. zunimmt.

Ähnliche Erscheinungen hat man auch bei anderen Titanaten und bei den verwandten Zirconaten gefunden. Ebenfalls wurden sie bei

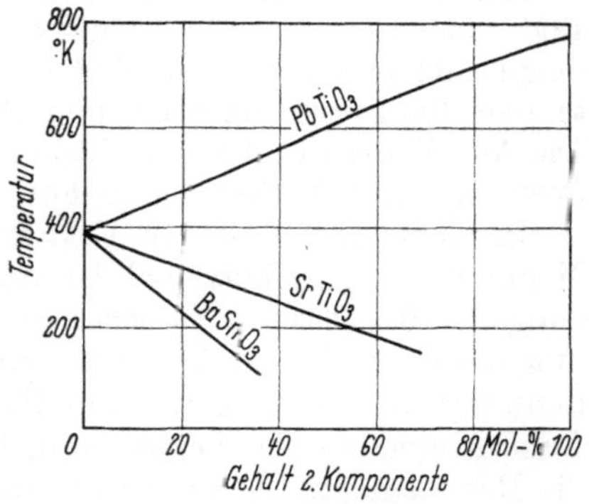

Abb. 189. Änderung der ferroelektrischen Curietemperatur von BaTiO₃-haltigen Mischkristallen

Strukturen ABO_3 festgestellt, bei denen A und B andere Wertigkeiten als beim Perowskit haben, z. B. Niobate und Tantalate. Die Werte für die DK und die Curietemperatur liegen dann anders. Eine weitere Variationsmöglichkeit ergibt sich durch Mischkristallbildung. Abb. 189 zeigt, daß man dadurch bestimmte Curietemperaturen einstellen kann.

Hier sei von den zahlreichen weiteren Untersuchungen nur noch erwähnt, daß man eine Zunahme der DK mit der Feldstärke festgestellt hat und daß KNIEPKAMP und HEYWANG [379] gefunden haben, daß sehr feinkörniges $BaTiO_3$ eine DK von etwa 4000 hat (gegenüber 1200 bei grobkristallinem Material) und nur geringe ferroelektrische Eigenschaften zeigt. (Deutung siehe später S. 376.)

Eng verknüpft mit den ferroelektrischen Eigenschaften ist das Auftreten der *Piezoelektrizität*, die an Kristalle ohne Symmetriezentrum gebunden ist, z. B. Quarz, aber bei ferroelektrischen Substanzen besonders deutlich wird. Sie beruht darauf, daß bei mechanischem Druck oder Zug in Richtung der polaren Achse entgegengesetzte Ladungen an den Enden des Kristalls auftreten. Umgekehrt stellt man daher in einem elektrischen Feld eine Dehnung oder Stauchung fest. Ausgehend vom $BaTiO_3$ hat sich eine piezoelektrische Keramik entwickelt, über die STÄRK [688] zusammenfassend berichtet. Ein polykristallines Material hat zunächst keine Vorzugsrichtung. Sie kann aber erzeugt werden, wenn man in einem elektrischen Feld unter die Curietemperatur abkühlt. Besonders bewährt haben sich $Pb(Ti, Zr)O_3$-Mischkristalle.

6.5.3 Magnetische Eigenschaften

Jedes Elektronenniveau kann zwei Elektronen aufnehmen, deren Spins entgegengesetzt sind, so daß sich deren magnetische Momente kompensieren. Alle Substanzen, die aus Ionen aufgebaut sind, deren Elektronenzahl gerade ist und die paarig angeordnet sind, sind daher diamagnetisch. Dies gilt insbesondere für Ionen mit Edelgasschalen, z. B. Si^{4+}, Al^{3+}, Ca^{2+}, K^+, O^{2-}, weshalb die meisten keramischen Produkte diamagnetisch sind.

Ionen mit Elektronenniveaus, die nur von einem Elektron besetzt sind, zeigen in einem magnetischen Feld eine Ausrichtung der freien magnetischen Momente und sind daher paramagnetisch. Man findet sie unter den Übergangselementen, die nicht voll besetzte innere Schalen haben. Die Anzahl der ungepaarten Elektronen beträgt z. B. bei Cu^{2+} 1, Ni^{2+} 2, Co^{2+} und Cr^{3+} 3, Fe^{2+} 4 und Fe^{3+} und Mn^{2+} 5.

In einem magnetischen Feld ist bei paramagnetischen Stoffen die Magnetisierung proportional der angelegten Feldstärke. Man kennt aber einige Stoffe, Eisen z. B. schon seit langem, bei denen mit steigender magnetischer Feldstärke eine spontane Magnetisierung erfolgt, die dann mit weiterer Feldstärke in die Sättigungsmagnetisierung übergeht. Beim Abschalten des Feldes verbleibt eine gewisse Restmagnetisierung, die Remanenz, zu deren Verschwinden man ein bestimmtes Gegenfeld, die Koerzitivkraft, anlegen muß. Die dabei sich ergebende Hysterese entspricht der der Abb. 186. Diese Erscheinung wird als *Ferromagnetismus* bezeichnet. Sie ist dadurch bedingt, daß in kleinen Kristallbereichen (= Domänen = Weißsche Bezirke, Größenordnung 1 μm) durch gegenseitige Beeinflussung eine parallele Ausrichtung der magnetischen Momente erfolgt. Im Feld tritt eine Orientierung dieser Bezirke ein, wobei sich die Übergangsbereiche zwischen den Weißschen Bezirken, die Blochwände, verschieben können.

Dieser Orientierung steht die thermische Bewegung entgegen, d. h., mit steigender Temperatur nimmt die Magnetisierung ab, um bei der

Curietemperatur Null zu werden. Oberhalb ist dann nur noch Paramagnetismus vorhanden.

Nach der oben in vereinfachter Form geschilderten Ursache des Ferromagnetismus muß dieser nicht auf Metalle beschränkt bleiben, sondern wird immer dann auftreten, wenn zwischen den für den Magnetismus verantwortlichen Ionen eine Wechselwirkung derart möglich ist, daß eine gegenseitige Beeinflussung der magnetischen Momente erfolgt. Das erfordert eine bestimmte Lage der Ionen im Gitter, d. h., daß sie von der Struktur abhängig sein wird. Direkte Nachbarschaft dieser Ionen ist in keramischen Stoffen nicht möglich. Es besteht aber z. B. über ein O^{2-}-Ion, das den Koordinationen beider Ionen gleichzeitig angehört, eine gewisse Wechselwirkung, d. h., auch bei keramischen Stoffen ist mit Ferromagnetismus zu rechnen. Zusammenfassende Darstellungen haben ECONOMOS [160], SMIT und WIJN [674] und BLASSE [48] gegeben.

Reiner Ferromagnetismus wird relativ selten beobachtet. Ein Beispiel ist das in der Steinsalzstruktur kristallisierende Europiumoxid EuO. Die Ursache für das seltene Auftreten liegt in dem Wechselwirkungsmechanismus, der bei einfachen Strukturen meist zu einer antiparallelen Orientierung der Spinmomente führt. Diese Erscheinung bezeichnet man als *Antiferromagnetismus*. Sie ist zuerst beim MnO beobachtet worden, das Steinsalzstruktur hat, und tritt auch z. B. beim FeO und NiO mit derselben Struktur und in vielen anderen Strukturen auf. Auch hier gibt es eine Temperatur, oberhalb der nur noch Paramagnetismus vorliegt. Sie wird als Néeltemperatur bezeichnet. Im Gegensatz zum Ferromagnetismus nimmt beim Antiferromagnetismus mit sinkender Temperatur die Magnetisierung ab.

Abb. 190 zeigt schematisch in a) und b) die Spinanordnungen in ferro- und antiferromagnetischen Strukturen. Dazu kommt in c) eine weitere Möglichkeit, die dann zu beobachten ist, wenn in der Struktur

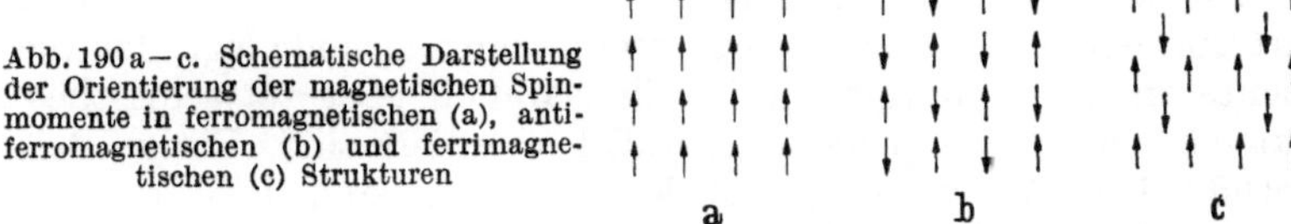

Abb. 190 a–c. Schematische Darstellung der Orientierung der magnetischen Spinmomente in ferromagnetischen (a), antiferromagnetischen (b) und ferrimagnetischen (c) Strukturen

unterschiedliche Lagen für die Kationen vorhanden sind. Für solche Strukturen nimmt man nach NÉEL [508] an, daß die gegenseitige Wechselwirkung dazu führt, daß die Momente in jeweils gleichen Lagen in einem Untergitter parallel, aber die in verschiedenen Untergittern antiparallel orientiert sind. Wenn die Besetzungszahl der Untergitter unterschiedlich ist und/oder die Ionen verschiedene magnetische Momente haben, resultiert ein Gesamtmoment. Man bezeichnet diese Erscheinung im Gegensatz zum Ferromagnetismus als *Ferrimagnetismus*. (Diese Bezeichnung hat keinen Zusammenhang mit der Benennung der Fe^{3+}- und Fe^{2+}-Ionen als Ferro- und Ferri-Ionen.)

Eine typische Struktur mit unterschiedlichen Atomlagen für die Kationen ist das Spinellgitter AB_2O_4, bei dem auch die magnetischen

Eigenschaften keramischer Stoffe am besten untersucht sind. Nach S. 23 enthält die Elementarzelle 32 O-Ionen in dichtester Packung. Im normalen Spinell befinden sich die 16 B-Ionen in oktaedrischen und die 8 A-Ionen in tetraedrischen Lücken. Dies gilt z. B. für den klassischen Spinell $MgAl_2O_4$, der aber wegen der Edelgaskonfiguration aller Ionen diamagnetisch ist. Bei anderen Spinellen beobachtet man einen Austausch eines Teils der dreiwertigen B-Ionen mit den zweiwertigen A-Ionen in ihren Lagen bis zum Grenzfall $B(AB)O_4$, wobei hier und im folgenden die zuerst stehenden Kationen sich in tetraedrischer, die danach stehenden in oktaedrischer Lage befinden. Diese Austauschspinelle werden auch Inversspinelle genannt. Die Inversionszahl λ ist dann das Verhältnis der B-Ionen in Tetraederkoordination zur Gesamtzahl der B-Ionen. Die Normalspinelle haben $\lambda = 0$, die reinen Austauschspinelle $\lambda = 0{,}5$. Dazwischen findet man alle Übergänge mit der allgemeinen Formel $(A_{1-x}B_x)\,(A_x B_{2-x})O_4$.

Die Besetzung wird durch die Art der Kationen bestimmt. $B = Al$ oder Cr, also Aluminate oder Chromite ergeben normale Spinelle, während bei $B = Fe^{3+}$, den Ferriten, eine Abhängigkeit vom Kation A besteht. Da der Ionenradius der betreffenden zweiwertigen Kationen meist größer als der der dreiwertigen Kationen ist, bevorzugen erstere die größere Oktaederlücke, d. h., die Austauschspinelle sind begünstigt. Man findet sie z. B. mit $A = Fe^{2+}$, Co^{2+} und Ni^{2+}, während teilweiser Austausch mit $A = Mn^{2+}$ angenommen wird. Mit $A = Mg^{2+}$ und Cu^{2+} hängt λ von der Vorbehandlung ab. Normale Spinelle treten mit $A = Zn^{2+}$ oder Cd^{2+} auf.

Wegen der hohen Zahl 5 der magnetischen Momente beim Fe^{3+} sind die *Ferrite* für die Keramik besonders interessant. (Der Begriff „Ferrite" hat in der Zwischenzeit eine Erweiterung erlebt und wird jetzt allgemein für magnetische Oxide verwandt. Bei den Spinellen ist der Begriff Ferrospinelle klarer.)

Die strukturellen Grundlagen erlauben jetzt Aussagen über die Art und Größe des Magnetismus, wenn man zugrunde legt, daß die Momente in den Untergittern jeweils parallel, aber tetraedrisches und oktaedrisches Untergitter antiparallel orientiert sind. Einige Beispiele enthält Tab. 52, deren erste Zeile den Normalspinell $ZnFe_2O_4$ bringt, in dem die Fe^{3+}-Ionen sich nur in den oktaedrischen Lagen befinden. Die magnetischen Momente orientieren sich dort antiparallel, d. h., es tritt Antiferromagnetismus auf, der allerdings die sehr tiefe Néeltemperatur von nur 9 °K zeigt.

Die nächsten drei Zeilen der Tab. 52 zeigen die Werte für vollkommene Austauschspinelle, während in den beiden folgenden Spinellen der Austausch nur teilweise erfolgt ist. Man kann erkennen, daß die Übereinstimmung zwischen berechneten und experimentellen magnetischen Momenten recht gut ist.

Neben diesen Spinellen mit nur zwei Kationen besteht eine große Vielfalt in der Bildung von Mischkristallen. Ein besonders interessantes Beispiel sind nach GUILLAUD [244] die Mischkristalle aus dem ferrimagnetischen $NiFe_2O_4$ mit dem nichtmagnetischen $ZnFe_2O_4$, die in den

Tabelle 52. *Kationenverteilung und magnetische Momente von Ferriten mit Spinellstruktur*

Ferrit	Kationenverteilung (Tetr.) $(Okt._2)O_4$	Magnetische Momente der		Resultierendes magnetisches Moment	
		tetraedrischen	oktaedrischen		
		Ionen		theoretisch	beobachtet
$ZnFe_2O_4$	$ZnFe_2O_4$	0	0 (antiferro-magnetisch)	0	0
Fe_3O_4	$Fe^{3+}(Fe^{2+}Fe^{3+})O_4$	5	$4+5$	4	4,1
$CoFe_2O_4$	$Fe^{3+}(Co^{2+}Fe^{3+})O_4$	5	$3+5$	3	3,7
$NiFe_2O_4$	$Fe^{3+}(Ni^{2+}Fe^{3+})O_4$	5	$2+5$	2	2,3
$MnFe_2O_4$	$(Mn^{2+}_{0,86}Fe^{3+}_{0,14})(Mn^{2+}_{0,14}Fe^{3+}_{1,86})O_4$	$(0,86+0,14)\cdot 5$	$(0,14+1,86)\cdot 5$	5	4,6
$MgFe_2O_4$	$(Mg^{2+}_{0,1}Fe^{3+}_{0,9})(Mg^{2+}_{0,9}Fe^{3+}_{1,1})O_4$	$0,9\cdot 5$	$1,1\cdot 5$	1	1,1
$Ni_{0,8}Zn_{0,2}Fe_2O_4$	$(Zn^{2+}_{0,2}Fe^{3+}_{0,8})(Ni^{2+}_{0,8}Fe^{3+}_{1,2})O_4$	$0,8\cdot 5$	$0,8\cdot 2+1,2\cdot 5$	3,6	3,8
$Ni_{0,6}Zn_{0,4}Fe_2O_4$	$(Zn^{2+}_{0,4}Fe^{3+}_{0,6})(Ni^{2+}_{0,6}Fe^{3+}_{1,4})O_4$	$0,6\cdot 5$	$0,6\cdot 2+1,4\cdot 5$	5,2	5,1
$Ni_{0,4}Zn_{0,6}Fe_2O_4$	$(Zn^{2+}_{0,6}Fe^{3+}_{0,4})(Ni^{2+}_{0,4}Fe^{3+}_{1,6})O_4$	$0,4\cdot 5$	$0,4\cdot 2+1,6\cdot 5$	6,8	5,2

letzten Zeilen der Tab. 52 angeführt sind. Die Bevorzugung der tetraedrischen Koordination durch das Zn-Ion hat zur Folge, daß die entsprechende Anzahl Fe^{3+}-Ionen in die oktaedrische Lage gedrängt wird, wodurch sich das magnetische Moment erhöht. Die Einführung einer nichtmagnetischen Komponente kann daher die magnetischen Eigenschaften verbessern. Tab. 52 zeigt aber, daß dieser Effekt nicht beliebig weit geht, sondern daß etwa ab dem Molverhältnis 1 : 1 die Werte wieder absinken.

Diese Beispiele sollen ausreichen zu zeigen, welche Möglichkeiten allein bei Substanzen mit Spinellstruktur bestehen. Man ist dabei nicht nur auf Fe-haltige Spinelle beschränkt, sondern kann auch andere dreiwertige Ionen mit magnetischen Momenten heranziehen und auch zu den Thiospinellen übergehen, bei denen das O^{2-}-Anion durch das S^{2-}-Anion ersetzt ist.

Die Eigenschaften der Spinelle wurden nach vielen Methoden untersucht. Wertvolle Aussagen erhält man aus der Temperaturabhängigkeit der magnetischen Momente. Da auch der Ferrimagnetismus an eine Ordnung in der Struktur gebunden ist und steigende Temperatur dieser entgegenwirkt, beobachtet man bei steigender Temperatur eine Abnahme der magnetischen Momente und kommt schließlich zu einer Temperatur, wo der Ferrimagnetismus verschwindet. Sie wird ebenfalls als Curietemperatur bezeichnet und hängt ab von der Wechselwirkung zwischen den Ionen und deren Verteilung. Sie liegt bei den Ferriten zwischen 300 und 700 °C.

Magnetische keramische Stoffe hat man auch bei Verbindungen gefunden, die eine andere als Spinellstruktur haben. In der Perowskitstruktur ABO_3 fanden JONKER und VAN SANTEN [338] Ferromagnetismus bei den Manganiten mit $B = Mn^{3+}$ oder Mn^{4+}, der auf einer parallelen Orientierung der Momente dieser Kationen beruht. Ihre Curietemperaturen sind allerdings sehr gering, kommen aber in Bereiche bis zu 100 °C bei Mischkristallen von $La^{3+}Mn^{3+}O_3$ mit Erdalkalimanganiten des Typs $R^{2+}Mn^{4+}O_3$. Ähnliches gilt für die Cobaltite mit Co statt Mn. Sonst sind die Verbindungen mit Perowskitstruktur antiferromagnetisch.

In der kubischen Granatstruktur $A^{2+}_3B^{3+}_2C^{4+}_3O_{12}$ (z. B. Grossularit $Ca_3Al_2[SiO_4]_3$) sind drei Untergitter vorhanden: A in *KZ* 8, B in *KZ* 6 und C in *KZ* 4. Durch geeignete Substitution ist es möglich, Si-freie Granate herzustellen, von denen sich Yttriumeisengranat $Y_3Fe_5O_{12}$ $= Y^{3+}_3Fe^{3+}_2Fe^{3+}_3O_{12}$ nach BERTAUT und FORRET [40] als ferrimagnetisch erwies. Während das Y^{3+}-Ion diamagnetisch ist, sind die Momente der Fe^{3+}-Ionen in den tetraedrischen und oktaedrischen Lagen antiparallel ausgerichtet. Das resultierende magnetische Moment ist in Übereinstimmung damit von GELLER und GILLEO [218] zu 5 gemessen worden.

Durch Substitution der Ionen dieser Verbindung kann man den Magnetismus beeinflussen. So bewirkt der Ersatz von Fe^{3+} in der tetraedrischen Lage durch z. B. Al^{3+} eine Erniedrigung, von Fe^{3+} in der oktaedrischen Lage durch z. B. Cr^{3+} eine Erhöhung des Magnetismus. Während dabei nur zwei Untergitter wirksam sind, führt der Ersatz des diamagnetischen Y-Ions durch paramagnetische Ionen der seltenen Erden zu Verbindungen, in denen die magnetischen Momente dieser Ionen parallel in der oktaedrischen Lage sind. Mit Gd^{3+}, dessen Moment 7 beträgt, erhält man beim $Gd_3Fe_2Fe_3O_{12}$ dann $3 \cdot 7 + 2 \cdot 5 - 3 \cdot 5 = 16$. Wegen der schwachen Kopplung der Ionen beobachtet man diesen hohen Wert nur bei sehr tiefen Temperaturen. Mit steigender Temperatur tritt sehr schnell eine Abnahme ein.

Variiert man die Korundstruktur Al_2O_3 zu $Me^{2+}Me^{4+}O_3$, dann kann bei geordneter Verteilung der beiden Kationen Ferrimagnetismus eintreten. Dieser Typ ist beim $Co^{2+}Mn^{4+}O_3$ von SWOBODA u. Mitarb. [706] beobachtet worden.

Eine weitere wichtige Gruppe sind die von WENT u. Mitarb. [758] und JONKER u. Mitarb. [339] beschriebenen Ferrite aus dem System BaO—MeO—Fe_2O_3. Die wichtigsten Verbindungen davon werden wie folgt bezeichnet: $BaFe_{12}O_{19} = M$, $BaMe_2Fe_{16}O_{27} = W$, $Ba_2Me_2Fe_{12}O_{22} = Y$ und $Ba_3Me_2Fe_{24}O_{41} = Z$. Ihre Strukturen bestehen aus Spinellschichten, die durch Ba-haltige Schichten getrennt sind. Da sich für M, W und Z eine hexagonale, für Y eine trigonale Struktur ergibt, bezeichnet man die ganze Gruppe auch als hexagonale Ferrite. Die einzelnen Strukturen können hier nicht näher behandelt werden; SMIT und WIJN [674] haben sie übersichtlich dargestellt. Es sei nur erwähnt, daß die M-Struktur mit der des Magnetoplumbits mit der (idealen) Formel $PbO \cdot 6\,Fe_2O_3$ übereinstimmt. Auch die Deutung der magnetischen Eigenschaften ist relativ kompliziert. Es sind die Orientierungen der magnetischen Momente in bis zu fünf verschiedenen Lagen zu berücksichtigen. Durch geeignete Wahl von Me und weitere Substitutionen hat man ferromagnetische Verbindungen mit sehr hohen Sättigungsmagnetisierungen gefunden, die sich vor allem für Hartmagnete bewährt haben.

6.5.4 Spezielle Werkstoffe

Die bisher besprochenen Eigenschaften gelten oft nur für einheitliche Körper, insbesondere wenn diese Eigenschaften strukturabhängig sind. In der Anwendung werden aber nur in seltenen Fällen Einkristalle eingesetzt, sondern fast immer Körper verwendet, die aus Pulvern nach verschiedenen Formgebungsverfahren (meist Pressen, aber auch z. B. Schlickergießen) durch Brennen hergestellt werden. Es ist deshalb der *Einfluß des Gefüges* zu beachten. Eine Übersicht dazu hat ECONOMOS [161] gegeben. Als Einflußgrößen kommen besonders Korngröße, Korngrenzen und deren Zusammensetzung und die Porosität in Betracht.

Auf die elektrische Leitfähigkeit hat die Korngröße keinen Einfluß, wohl aber auf Eigenschaften, die durch Domänen bedingt sind. Besteht ein keramischer Körper aus mehreren Komponenten, dann ergibt sich die resultierende elektrische Leitfähigkeit analog wie bei der Wärmeleitfähigkeit (S. 333). Für den häufig interessierenden Fall geringer Porosität ist danach die elektrische Leitfähigkeit umgekehrt proportional der Porosität.

Tabelle 53. *Einteilung und Eigenschaften einiger keramischer Isolierstoffe*

Gruppe	100		200	
Hauptbestandteil im Scherben	Aluminiumsilicat		Magnesiumsilicate	
Typ: KER …	110	120	220	221
Scherben	dicht	dicht	dicht	dicht
Stoffart	Hart-porzellan	steinzeug-artig	Steatit	Sonder-steatit
kennzeichnende Eigenschaft	mechanisch und elektrisch gut		kleiner Verlustfaktor mechanisch sehr gut	
Hauptanwendung[1]	H, N	N	Hh, Nh, Ie Kh	
Spez. Durchgangswiderstand bei 50 Hz [$\Omega \cdot$ cm] bei 20 °C 600 °C	10^{11}—10^{12} 10^4 —10^5	10^{11} 10^5	$\approx 10^{12}$ 10^5—10^6	10^{12}—10^{13} 10^7 —10^8
Dielektrizitätskonstante	≈ 6	—	≈ 6	≈ 6
Dielektrischer Verlustfaktor (in 10^{-3}) bei 20 °C und 50 Hz bei 20 °C und 10^6 Hz bei 80 °C und 10^6 Hz	17—25 6—12 —	— — —	2,5—3,0 1,5—2,0 —	1,0—1,5 0,3—0,5 0,5—0,6
Durchschlagsfestigkeit bei 50 Hz, unglasiert [kV/cm]	300—400	—	200—300	300—450

[1] H: Hochspannungsisolation, N: Niederspannungsisolation, I: Isolierteile, Elektrowärmetechnik, t: für hohe Temperaturen, w: mit hoher Temperaturwech-

Die Berechnung der Dielektrizitätskonstante ε eines Mehrkomponentenkörpers kann in guter Näherung nach der logarithmischen Mischungsregel

$$\log \varepsilon = \sum_i V_i \log \varepsilon_i \tag{165}$$

erfolgen, in der V_i die Volumenanteile der Komponenten i sind. Daraus folgt, daß schon geringe Anteile einer Komponente mit geringer DK die Gesamt-DK stark erniedrigen. Das gilt insbesondere für Poren, deren DK mit 1 eingesetzt werden kann. Bei einer Substanz mit $\varepsilon = 100$ ruft eine Porosität von 1 Vol.-% eine Erniedrigung auf $\varepsilon = 95{,}5$, von 5 Vol.-% auf $\varepsilon = 89$ und von 10 Vol.-% auf $\varepsilon = 63$ hervor.

für die Elektrotechnik (Auswahl nach DIN 40 685)

300				400	500	
TiO$_2$ oder Titanverbindungen				Cordierit	Aluminiumsilicat, z. T. Cordierit	
310	320	340	350	410	520	530
dicht	—	—	—	dicht	feinporös	
Rutil	Mg-Titanat	Ca- oder Sr-Titanat	Ba-Titanat	—	Cordierit enthaltend	überwiegend Al$_2$O$_3$
Dielektrizitätskonstante				große Temperaturwechselbeständigkeit	große Temperaturwechselbeständigkeit	
groß	mittel	sehr groß	sehr groß			
Dielektrischer Verlustfaktor						
klein	sehr klein	klein	mittel			
Temperaturkoeff. der Dielektrizitätskonstanten						
stark negativ	sehr klein	stark negativ	groß			
Kh				Iw	Te	
				10^{11}—10^{12} $10^{\,4}$—10^{5}	— $\approx 10^6$	— 10^6—10^7
60—100	12—25	180—350	350—3000	≈ 5		
—	—	—	—	20		
0,3—0,8	0,05—0,3	0,3—5,0	≈ 20	4—7		
0,3—0,8	0,1 —0,3	0,3—5,0	2—20	—		
100—200	100—200	50—100	30—50	100—200		

K: Kondensatoren, T: Träger für Heizleiter, h: für Hochfrequenztechnik, e: für selbeständigkeit

Die dielektrischen Verluste werden wesentlich durch eine vorhandene Glasphase bestimmt, deren Alkaliionen sie deutlich erhöhen. Will man Produkte mit geringen dielektrischen Verlusten herstellen, muß man entweder den Gehalt an Glasphase gering halten und/oder die alkalihaltigen Flußmittel durch erdalkalihaltige ersetzen.

In glasphasenfreien keramischen Produkten reichern sich die meist nicht zu vermeidenden Verunreinigungen in den Korngrenzen an. Das kann bei Produkten mit geringer Leitfähigkeit zu deren Erhöhung führen, besonders bei höheren Temperaturen. Ist die Hauptphase ein Halbleiter, kann aber auch der gegenteilige Effekt eintreten. Im Wechselfeld können durch die Fremdsubstanz in den Korngrenzen Polarisations-

Tabelle 53. (Fortsetzung)

Gruppe	600	700		
		Typ: KER...		
	610	**710**	**720**	**730**
Hauptbestandteil im Scherben	hoher Al_2O_3-Gehalt	fast reine, hochfeuerfeste Oxide		
Scherben	dicht	dicht	porös	dicht
Stoffart	50—80 Gew.-% Al_2O_3	Al_2O_3	MgO	ZrO_2
kennzeichnende Eigenschaft	mechanisch gut hohe Wärmeleitfähigkeit	sehr hohe Feuerfestigkeit mechanisch sehr gut	gut	sehr gut
Hauptanwendung[1]	It	It		
Spez. Durchgangswiderstand bei 50 Hz [$\Omega \cdot$ cm] bei 20 °C 600 °C	— 10^5—10^6	— 10^9—10^{10}		
Dielektrizitätskonstante		9—10	10	24
Dielektrischer Verlustfaktor (in 10^{-3}) bei 20 °C und 50 Hz bei 20 °C und 10^6 Hz bei 80 °C und 10^6 Hz		$\leqq 0{,}2$ $\leqq 0{,}2$ —	— $\leqq 0{,}6$ —	— 2 —
Durchschlagsfestigkeit bei 50 Hz, unglasiert [kV/cm]	250—350	250—300	—	—

[1] H: Hochspannungsisolation, N: Niederspannungsisolation, I: Isolierteile, K: Kondensatoren, T: Träger für Heizleiter, h: für Hochfrequenztechnik, e: für Elektrowärmetechnik, t: für hohe Temperaturen, w: mit hoher Temperaturwechselbeständigkeit

erscheinungen auftreten, die sich besonders bei Halbleitern mit einer Substanz geringerer Leitfähigkeit in den Korngrenzen bemerkbar machen können, indem bei niedrigen Frequenzen eine Erhöhung der Dielektrizitätskonstante auftritt und der Verlustfaktor bei einer bestimmten Frequenz ein Maximum zeigt.

Die Abhängigkeit der Zusammensetzung der nichtstöchiometrischen Verbindungen von der Atmosphäre wurde schon erwähnt. Ähnliches gilt für die Ferrite. Jeder Temperatur entspricht ein bestimmter Gleichgewichtszustand, so daß ebenfalls eine Abhängigkeit der Eigenschaften von der Abkühlgeschwindigkeit besteht. Diese wirkt sich auf die Eigenschaften aus, die von bestimmten Orientierungen oder Ordnungs-Unordnungs-Erscheinungen in der Struktur abhängen.

Entsprechend der großen Variation der Eigenschaften sind die Anwendungsgebiete der keramischen Produkte sehr zahlreich. Von den vielen Einteilungsmöglichkeiten bringt Tab. 53 die nach DIN 40685 [810] für keramische Isolierstoffe. Man kann danach für diese Stoffe Kurzbezeichnungen z. B. in der Form KER 221 DIN 40685 verwenden. Für Isolierstoffe ist neben einem hohen elektrischen Widerstand ein geringer Verlustfaktor wichtig, besonders für die Anwendung in der Hochfrequenztechnik. Im Kondensatorbau benötigt man hohe Dielektrizitätskonstanten, und für magnetische Zwecke spielt die Form und Größe der Hysteresekurve eine wichtige Rolle. Ehe im folgenden einige Werkstoffe näher besprochen werden, sei noch auf die Monographie von HECHT [272] verwiesen, in der die jetzt schon als klassisch zu bezeichnenden Werkstoffe der Elektrokeramik und ihre Technologie behandelt werden, während JONKER [336] in einem Artikel die neueren Werkstoffe schildert.

6.5.4.1 Elektroporzellan

Porzellan, dessen Struktur und Eigenschaften schon früher beschrieben wurden, erfüllt bereits die wesentlichen Eigenschaften, die man an einen Isolierstoff stellt: gute elektrische neben guten mechanischen und thermischen Eigenschaften. Die Möglichkeiten zur Verbesserung dieser Eigenschaften ergeben sich sofort aus dem oben Gesagten. Den größten Einfluß übt die Verringerung des Alkaligehaltes aus, sowohl auf eine Erniedrigung der elektrischen Leitfähigkeit als auch auf eine Verringerung der dielektrischen Verluste. Diesem Zweck dient z. B. die Einführung von BaO als Flußmittel oder der Zusatz von Sillimanit, Tonerde oder Zirkon. Dadurch entstehen bestimmte Typen von Porzellanen. So zeigt Zirkon $ZrSiO_4$ einen geringen dielektrischen Verlust, und die Zirkonporzellane sind gut in der Hochfrequenztechnik verwendbar.

Die bisher geschilderten Eigenschaften gelten für das unglasierte Produkt. Glasuren beeinflussen das Verhalten der Oberfläche und sind dem entsprechenden Anwendungszweck anzupassen. Für besondere Einsätze kann man halbleitende Glasuren verwenden.

6.5.4.2 Steatit

Mit Steatit wird in der Mineralogie manchmal das Mineral Speckstein bezeichnet, die dichte und sehr feinkristalline Form des Talkes $3\,MgO \cdot 4\,SiO_2 \cdot H_2O$. In der Keramik versteht man darunter jedoch Werkstoffe, die Speckstein als hauptsächliche Massekomponente enthalten oder deren Scherben analog aufgebaut ist, wenn man von anderen Rohstoffen ausgeht. Zusammenfassend hat SCHÜLLER [639] Steatit und die damit verbundenen Probleme beschrieben.

Die leichte Bearbeitbarkeit des Specksteins und die Formbeständigkeit beim Brennen hat zu einer frühzeitigen Verwendung geführt. Auch der Einsatz als Träger für Heizleiter ist schon mehr als 100 Jahre bekannt. Aus der Verwertung des bei der Herstellung entstehenden Abfalls ist dann die Steatitkeramik entstanden.

Der Rohstoff Speckstein hat nur gering plastische Eigenschaften. Wichtig für seinen Einsatz ist, daß die kleinen blättchenförmigen Kristalle unregelmäßig angeordnet sind und daher beim Brand keine Texturen entstehen. Verwendet man den grobkristallinen Talk als Rohstoff, ist ein Vorbrennen zur Beseitigung der Vorzugsrichtungen notwendig. Ganz kann man sie vermeiden, wenn man von synthetisch hergestelltem $MgSiO_3$ ausgeht. Dann ist auch gleich die Zusammensetzung besser festgelegt, die bei den natürlichen Rohstoffen bestimmte Grenzwerte von CaO, Al_2O_3 und Fe_2O_3 nicht überschreiten darf.

Bei der Masseherstellung erhöht man die plastischen Eigenschaften durch einen Zusatz von 5 bis 10 Gew.-% Ton. Man kommt damit aus dem Zweistoffsystem $MgO-SiO_2$ in das Dreistoffsystem $MgO-Al_2O_3-$ $-SiO_2$, in dem nach Abb. 105 schon bei 1355 °C ein ternäres Eutektikum liegt. Durch den K_2O-Gehalt bei illitischen Tonen wird diese Temperatur weiter gesenkt, d. h., man erreicht dadurch die Bildung einer Schmelzphase bei relativ niedriger Temperatur. Nach dem Abkühlen erstarrt diese meist zu einer Glasphase. Nach dem Phasendiagramm der Abb. 105 (S. 192) ist das Brennintervall nur gering. Man verbreitert es durch Zugabe von 5 bis 10 Gew.-% Feldspat als Flußmittel.

Man nennt die auf einem derartigen Versatz beruhenden Werkstoffe auch Feldspat- oder Normalsteatit. Oben wurde bereits gezeigt, daß verbesserte Eigenschaften durch Ersatz von Alkalien durch Erdalkalien als Flußmittel zu erreichen sind. Anstatt Feldspat wird dann $BaCO_3$ in Mengen bis zu 10 Gew.-% in den Versatz eingeführt, womit man zum Barium- oder *Sondersteatit* kommt.

Nach der Formgebung, meist durch Pressen, erfolgt der Brand bei 1300 bis 1400 °C. Die Vorgänge dabei entsprechen im wesentlichen denen beim Erhitzen von reinem Talk, die früher (S. 207) beschrieben wurden. Unterschiede bestehen nur darin, daß ein Teil des sich bildenden Protoenstatits in der Schmelzphase gelöst wird. Das geschieht auch mit dem Cristobalit ganz oder teilweise. Beim Abkühlen erstarrt die Schmelzphase glasig, so daß nach Abkühlen ein Gefüge vorliegt, bei dem Protoenstatit in Glasphase eingebettet ist. Letztere hat in Übereinstimmung mit theoretischen Berechnungen aus dem Phasendiagramm einen Anteil von 25 bis 50 Gew.-%. Die elektronenmikroskopische Aufnahme der Abb. 191 zeigt deutlich die einzelnen Protoenstatitkristalle, die eine durchschnittliche Größe von 3 μm haben. Im Sondersteatit sind diese Kristalle etwas größer, was auf die geringere Viskosität der darin vorliegenden Schmelzphase zurückgeführt werden kann. Durch die Glasphase wird der bei Raumtemperatur metastabile Protoenstatit stabilisiert (S. 182) und damit die durch die Umwandlung in Klinoenstatit entstehende sog. Lagerporosität vermieden. Die Ursachen dieser auch mit Steatitzerfall bezeichneten Erscheinungen sind noch nicht restlos geklärt.

Die wichtigsten elektrotechnischen Eigenschaften von Steatit findet man in Tab. 53, nach der Normalsteatit die Bezeichnung KER 220 und Sondersteatit KER 221 DIN 40685 trägt. Man erkennt daraus, daß entsprechend den oben geschilderten Einflußgrößen die dielektrischen Verluste gering sind, besonders beim Sondersteatit.

Werkstoffe mit geringen dielektrischen Verlusten erhält man auch, wenn man zum Rohstoff Talk neben Ton noch $Mg(OH)_2$ gibt. Während des Brandes entsteht dann Forsterit, und man gelangt zur *Forsteritkeramik*. Die Zugabe von Tonerde an Stelle des $Mg(OH)_2$ führt entsprechend dem Phasendiagramm zum Cordierit. Die cordierithaltigen

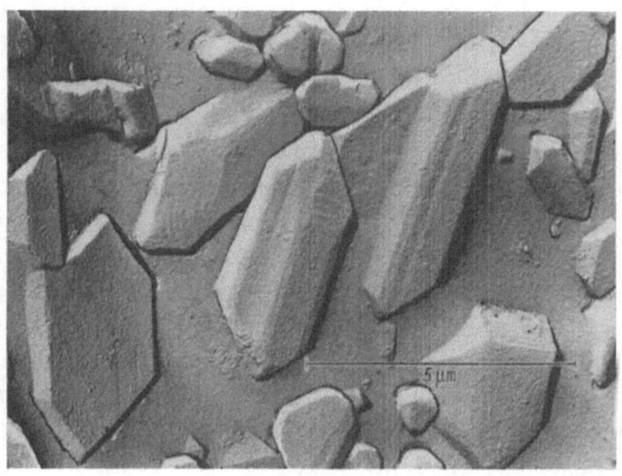

Abb. 191. Elektronenmikroskopische Aufnahme der Bruchfläche von Steatit nach SCHÜLLER (mit HF geätzt)

Werkstoffe, die zum Typ KER 400 und KER 500 gehören, haben nicht nur geringe dielektrische Verluste, sondern wegen der geringen Wärmedehnung des Cordierits (S. 323) auch hohe Temperaturwechselbeständigkeit.

6.5.4.3 Oxide

In der Elektrotechnik finden vor allem die feuerfesten Oxide Verwendung, die sich meist durch geringe elektrische Leitfähigkeit auch bei erhöhter Temperatur auszeichnen. Bei sehr hoher Temperatur treten die früher erwähnten (S. 359) Hochtemperaturhalbleitereigenschaften hervor.

Ein ganz anderer Anwendungsbereich liegt in der schon im 19. Jh. gemachten Beobachtung, daß Massen aus ZrO_2 mit anderen Oxiden bei hohen Temperaturen relativ gut leitend sind. Eine der bekanntesten dieser Massen ist die Nernstmasse mit 15 Mol.-% Y_2O_3, deren Leitfähigkeit aus Abb. 184 zu entnehmen ist. Der Grund für die hohe Leitfähigkeit liegt in der hohen Beweglichkeit der O^{2-}-Ionen durch die Sauerstoffleerstellen im Gitter, die auch beim CaO-stabilisierten ZrO_2 für die hohe elektrische Leitfähigkeit verantwortlich sind.

6.5.4.4 Rutil und Titanate

Zu den elektrotechnischen Oxiden gehört wegen seiner hohen Dielektrizitätskonstante auch TiO_2. Es kommt in den drei Modifikationen Rutil, Brookit und Anatas vor, in denen übereinstimmend TiO_6-Oktaeder vorhanden sind, die aber unterschiedlich verknüpft sind. Thermodynamisch stabil bis zum Schmelzpunkt ist nur der Rutil. Beim Erhitzen wandeln sich Brookit und Anatas irreversibel in Rutil um.

Der Schmelzpunkt des reinen TiO_2 liegt nach BRAUER und LITTKE [62] in O_2 bei 1870 °C, in Luft dagegen nur bei 1830 °C, weil gleichzeitig dabei durch die Reduktion eines Teils der Ti^{4+}- zu Ti^{3+}-Ionen eine Sauerstoffabgabe stattfindet. Dem Schmelzprodukt kommt dann die Formel $TiO_{1,996}$ zu. Äußerlich kann man die Reduktion an einer starken Blauverfärbung erkennen. Durch die Fehlstellen im reduzierten TiO_2 entsteht Halbleitung vom n-Typ.

Die durch das Rutilgitter bedingte leichte Polarisierbarkeit ist die Ursache der hohen Dielektrizitätskonstante von $\varepsilon = 114$ als Mittelwert. Da sich die induzierten Dipole gegenseitig beeinflussen, ist die DK auch von der Packungsdichte im Gitter abhängig. So wird verständlich, daß beim Brookit mit einer geringeren Dichte von $\varrho = 4,11$ g/cm^3 (gegenüber $\varrho = 4,21$ g/cm^3 beim Rutil) die DK nur $\varepsilon = 78$ beträgt und beim Anatas mit $\varrho = 3,87$ g/cm^3 auf $\varepsilon = 48$ abfällt.

Substanzen mit noch höherer DK und günstigen keramischen und dielektrischen Eigenschaften hat man in den Titanaten gefunden. Oben wurde bereits gezeigt, daß scharfe Maxima der DK bei den Curietemperaturen bestehen (S. 363). Wegen der Schärfe besteht jedoch gleichzeitig eine starke Temperaturabhängigkeit, die der praktischen Anwendung entgegensteht. Bei der Verschiebung der Curietemperatur durch Mischkristallbildung verändert sich die Form nur wenig. Man hat versucht, mehrere Titanate mit verschiedenen Maxima zusammenzusintern, um eine größere Breite der maximalen DK zu erreichen. Es ist aber schwierig, beim Sintern Reaktionen und damit neue Mischkristallbildung zwischen den einzelnen Titanaten zu vermeiden.

Für den praktischen Einsatz der Titanate ist das Gefüge sehr wichtig, worauf besonders JONKER [337] hinweist. Für Kondensatorzwecke sind piezo- und ferroelektrische Erscheinungen unerwünscht. Man vermeidet sie mit Korngrößen < 1 μm. Zur Ausbildung der Ferroelektrizität müssen sich die Domänen, die selbst eine Größe von etwa 1 μm haben, orientieren, was nur in größeren Kristallen (> 10 μm) möglich ist. Kleine Kristallite, die dann nur aus einer Domäne bestehen, müßten ihre Lage ändern, was aber im Gefüge nicht möglich ist. Gleichzeitig wird dadurch die tetragonale Verzerrung bei der Orientierung verringert, wodurch die DK von $BaTiO_3$ bis auf 4000 ansteigt. Für grobkristallines Material liegt sie bei $\varepsilon = 1200$. Aus dem eben Gesagten folgt sofort, daß man beim Einsatz für piezoelektrische Zwecke ein grobkristallines Produkt benötigt.

Titanate sind auch als Halbleiter verwendbar, wenn man geringe Gehalte an höherwertigen Ionen an Stelle von Ba oder Ti einführt, in $BaTiO_3$ z. B. La^{3+} oder Bi^{3+} für Ba^{2+}, oder Sb^{5+} oder Nb^{5+} für Ti^{4+}. Während reines $BaTiO_3$ bei Raumtemperatur eine Leitfähigkeit von $\sigma \approx 10^{-11}$ Ω^{-1} cm^{-1} hat, steigt sie bei Zugabe geeigneter Mengen an Fremdoxiden ($\approx 0,2$ Mol-%) auf 10^{-4} bis 10^{-3} an. Bei den Umwandlungstemperaturen des $BaTiO_3$ treten in der Leitfähigkeit Unstetigkeiten auf, von denen sich die bei der Curietemperatur von 120 °C dadurch auszeichnet, daß der Widerstand um den Faktor 10^3 bis 10^4 ansteigt, also σ nur noch $\approx 10^{-7}\,\Omega^{-1}\,\mathrm{cm}^{-1}$ beträgt. Die Ursachen liegen in einem Korngrenzeneffekt. Durch die Dotierung mit höherwertigen Ionen sind keine Sauerstoffleerstellen vorhanden, so daß das Sintern erschwert wird. Man erhält nur kleine Kristalle und daher obigen Widerstandssprung in sehr deutlicher Form.

6.5.4.5 Ferrite

Ferrite sind infolge ihres hohen Gehalts an Eisenoxid und anderen Übergangselementen dunkel gefärbt, weshalb man sie auch als schwarze Keramik bezeichnet. Ausführlich sind sie in der Monographie von SMIT und WIJN [674] behandelt, weitere Angaben, auch über Herstellungs- und Anwendungsfragen, findet man u. a. in den Artikeln von SNELLING [682] oder CLEVENGER [103].

Die Ursachen für den Magnetismus bei dieser Stoffklasse wurden früher beschrieben (S. 364ff.). Gegenüber den metallischen Werkstoffen haben sie den Vorteil eines erheblich größeren elektrischen Widerstands, was die Wirbelstromverluste klein hält. Für weichmagnetische Zwecke verwendet man vor allem Ferrospinelle der Typen $(\mathrm{Ni},\mathrm{Zn})\mathrm{Fe_2O_4}$ (elektrischer Widerstand bei Raumtemperatur 10^4 bis $10^7\,\Omega\cdot\mathrm{cm}$) oder $(\mathrm{Mn},\mathrm{Zn})\mathrm{Fe_2O_4}$ (etwa $10^2\,\Omega\cdot\mathrm{cm}$). Nach DIN 41280 [811] werden sie nach der Anfangspermeabilität gegliedert, die von 4 bis zu 10000 reicht.

Die Form der Hysteresekurve ist abhängig von der Zusammensetzung. Abb. 192 zeigt zwei typische Kurven. Die Rechteckferrite finden Einsatz für Schaltzwecke. Nach ALBERS-SCHÖNBERG und ECKERT [9] findet man sie bei Ferriten aus dem System MnO—MgO—$\mathrm{Fe_2O_3}$ mit $\mathrm{Fe_2O_3}$-Unterschuß.

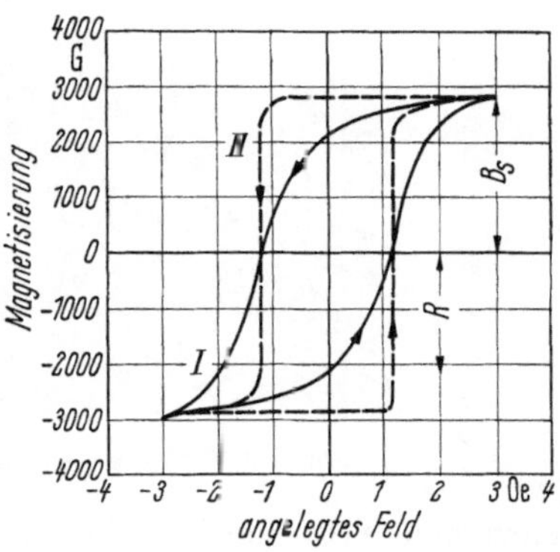

Abb. 192.
Hysteresekurven eines normalen (*I*) und eines Rechteckferrits (*II*)

Bei Hart- (oder Permanent-) Magneten ist hohe Remanenz und Koerzitivkraft erwünscht. Diese Eigenschaften zeigen die hexagonalen Ferrite und einige Co-haltige Ferrospinelle.

Bei der keramischen Herstellung von Ferritkörpern, die meist durch Pressen von Pulvern und anschließendes Sintern erfolgt, ist zu beachten, daß die Eigenschaften z. T. empfindlich auf die Zusammensetzung reagieren. Das erfordert nicht nur die Verwendung reiner Rohstoffe, sondern auch genaue Einhaltung von Brenntemperatur, Brennatmosphäre und Abkühlbedingungen, da davon die Wertigkeiten abhängen.

Poren bewirken eine Entmagnetisierung, die bei den Ferrospinellen etwa linear bis zu einer Porosität von 30 Vol.-% ansteigt, um bei höherer Porosität wesentlich stärker zu werden.

Bei den hexagonalen Ferriten besteht eine ausgeprägte Abhängigkeit der Magnetisierung von der Kristallorientierung. Maximale Werte erfordern daher eine Ausrichtung der einzelnen Körner. Man erreicht das, wenn man den Preßvorgang, manchmal zur leichteren Beweglichkeit der einzelnen Körner mit besonderen Zusätzen, im Magnetfeld durchführt. Während des Sinterns bleibt die Orientierung erhalten. Das Gefüge eines derartigen Produktes zeigt Abb. 193. Man kann in den

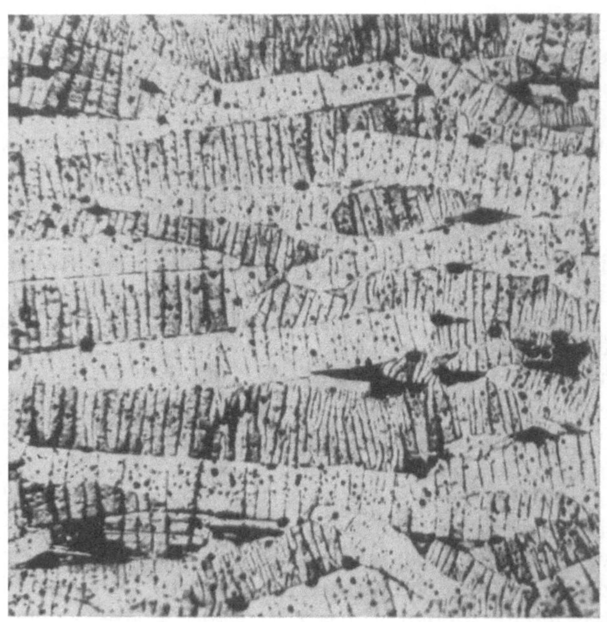

Abb. 193. Gefüge eines hexagonalen Ferrits nach JONKER [335]

einzelnen Kristallen deutlich die Weißschen Bezirke erkennen. Liegen in einem solchen Gefüge vereinzelte Kristalle in einer anderen Richtung, dann tritt eine deutliche Entmagnetisierung ein. Diese wirkt wie ein bestimmter Porengehalt, so daß in solchen Werkstoffen schon eine geringe Porosität zu stärkerer Entmagnetisierung führt.

Hohe Remanenz ist strukturell dadurch bedingt, daß beim Abschalten des Feldes die Orientierung der magnetischen Momente erhalten bleibt. Das Zurückklappen der Momente wird durch Gitterfehler erleichtert, die daher bei den hartmagnetischen Ferriten vermieden werden müssen. Der Sinterprozeß muß auch aus diesem Grund sorgfältig geführt werden.

Eine vollkommen andere Herstellungs- und Formgebungsmethode geht von einer Glasschmelze aus, die entsprechend der Glastechnologie verformt und anschließend entglast wird. HERCZOG [283] gibt dazu einen Überblick. Man hat auf diese Weise Ferrospinelle und Titanate erhalten, deren Eigenschaften sich nach der Menge der Kristalle und deren Korngröße richten.

6.6 Nichtoxidische Keramik

Wenn man, wie eingangs dieses Buches erwähnt, die Keramik als die Wissenschaft der nichtmetallischen, anorganischen Feststoffe auffaßt, dann gehören zu ihr auch die nichtoxidischen Stoffe. Aber auch technologische Gesichtspunkte haben das Gebiet der klassischen Keramik erweitert. So ist es seit langem üblich, das Siliciumcarbid SiC zur Keramik zu rechnen, da seine Verarbeitung nach keramischen Methoden erfolgt. Unter den vielen nichtmetallischen, anorganischen Stoffen haben aber nur die stärkeres Interesse gewonnen, die sich durch besondere Eigenschaften auszeichnen, wobei eine große Härte und hohe thermische Beständigkeit im Vordergrund stehen. Da gleichzeitig eine gute chemische Beständigkeit gefordert wird, engt sich der Kreis der interessanten Stoffe weiter ein. Nur diese Stoffe werden im folgenden behandelt. Trotzdem sollte man nicht vergessen, daß auch bei den restlichen Verbindungen viele Erscheinungen auftreten und untersucht wurden, die eng mit keramischen Problemen zusammenhängen und oft auf analoge Probleme übertragen werden könen. Als Beispiel seien nur die zahlreichen Untersuchungen am NaCl erwähnt.

Tab. 54, zusammengestellt aus vielen Veröffentlichungen, bringt einige Eigenschaften hochschmelzender Stoffe. An erster Stelle steht der Kohlenstoff, dessen besondere Eigenschaften, sei es als Graphit, sei es als Diamant, seit langem bekannt sind. Die weiteren Verbindungen sind typische Vertreter der neuen Keramik, die immer mehr an Bedeutung gewinnt. Viele Angaben darüber findet man in Büchern von POPPER [558, 559], HOVE und RILEY [316, 317] und STROMS [700] sowie in den zusammenfassenden Arbeiten von GUGEL [240] und KENDALL [351] und der Datensammlung von HAGUE u. Mitarb. [256]. Zusätzlich zu den in Tab. 54 angeführten Eigenschaften ist die große Härte der meisten der Stoffe zu erwähnen. Die Überlegenheit der Boride und vieler Carbide gegenüber den Oxiden, vor allem auch bei hohen Temperaturen, zeigt Abb. 194. Hohe Härten haben auch einige Nitride, und das kubische BN erreicht mit

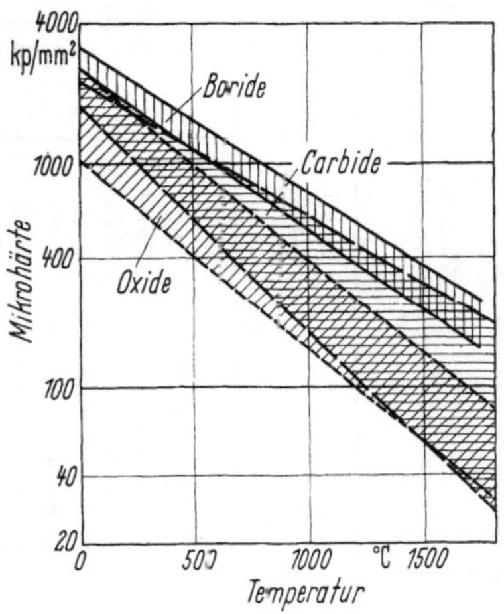

Abb. 194.
Temperaturabhängigkeit der Vickersmikrohärte einiger Hartstoffe nach KOESTER und MOAK [408]

10000 kp/mm² fast die Härte des Diamanten. Man bezeichnet daher diese Gruppe von Verbindungen auch als Hartstoffe, über die von R. KIEFFER und BENESOVSKY [357] eine ausführliche Monographie vorliegt.

Die Hartstoffe, deren Mohssche Härte > 8 ist, lassen sich nach ihrem Vorkommen bzw. ihrer Herstellung gliedern in natürliche Hartstoffe

Tabelle 54. *Eigenschaften einiger nichtoxidischer Substanzen*

Substanz		Kristallsystem	Schmelz-temperatur °C	Dichte (20 °C) g/cm³	linearer Ausdehnungs-koeffizient (25/1000 °C)·10⁶ grd⁻¹	Elastizitäts-modul (20 °C)·10⁻⁶ kp/cm²	Wärmeleit-fähigkeit (20 °C) cal/cm sec grd	elektrischer Widerstand (20 °C) Ω cm
Kohlenstoff	Graphit	hexagonal	3800[1]	2,26	1—5	0,1	0,008—0,55	10^{-3}
	Diamant	kubisch	3800[1]	3,52	1,0	9,0	0,33	10^{+12}
	„glasig"	amorph	—	1,5	2,0	0,2	0,02	—
Carbide	Be_2C	kubisch	2150	2,26	7,4	3,5	0,05	10^{-3}
	B_4C	rhomboedrisch	2450	2,52	6,0	4,5	0,07	400
	SiC	hexagonal	2300[1]	3,21	5,0	4,8	0,14	>5
	TiC	kubisch	3140	4,93	7,4	3,2	0,07	$7 \cdot 10^{-5}$
	ZrC	kubisch	3420	6,6	6,7	3,9	0,045	$6 \cdot 10^{-5}$
	HfC	kubisch	3890	12,3	6,4	4,0	0,03	$4 \cdot 10^{-5}$
	TaC	kubisch	3880	14,5	6,3	2,9	0,05	$3 \cdot 10^{-5}$
	WC	hexagonal	2780	15,7	5,2	7,3	0,28	$2 \cdot 10^{-5}$
Nitride	BN	hexagonal	3000[1]	2,25	3,8	0,9	0,06	10^{+9}
	BN	kubisch	—	3,45	—	—	—	$>10^{+10}$
	AlN	hexagonal	2300[1]	3,25	6,0	3,5	0,025	10^{+5}
	Si_3N_4	hexagonal	1900[1]	3,2	2,8	2,2	0,028	10^{+9}
	TiN	kubisch	2950	5,4	9,4	2,6	0,09	$3 \cdot 10^{-5}$
	ZrN	kubisch	2980	7,3	6,5	—	0,045	$2 \cdot 10^{-5}$
Boride	TiB_2	hexagonal	2900	4,5	7,4	3,7	0,065	10^{-5}
	ZrB_2	hexagonal	2990	6,1	6,8	3,5	0,055	10^{-5}
Silicide	Ti_5Si_3	hexagonal	2120	4,3	10,0	—	—	$5 \cdot 10^{-5}$
	$MoSi_2$	tetragonal	2030	6,2	8,5	3,8	0,075	$2 \cdot 10^{-5}$
Sulfide	BaS	kubisch	>2200	4,3	12	—	—	10^{+6}
	CeS	kubisch	2450	5,9	—	—	0,05	$6 \cdot 10^{-5}$
	ThS	kubisch	>2200	9,5	10,2	—	—	$2 \cdot 10^{-5}$
Fluoride	CaF_2	kubisch	1360	3,18	25	1,5	0,02	$>10^{+15}$

[1] Sublimation oder Zersetzung

(z. B. Diamant, Korund) und synthetische Hartstoffe (z. B. SiC, WC, B_4C, Si_3N_4). Ein anderes Einteilungsprinzip unterscheidet zwischen nichtmetallischen und metallischen Hartstoffen, da eine Gruppe von ihnen metallähnliche Eigenschaften zeigt. Es hat sich aber herausgestellt, daß es nicht möglich ist, scharfe Grenzen zu ziehen. So verstehen jetzt R. KIEFFER und BENESOVSKY [357] unter metallischen Hartstoffen die Carbide, Silicide, Nitride und Boride der Übergangselemente der vierten bis sechsten Gruppe des periodischen Systems. Dieser Einteilung soll sich hier angeschlossen werden. Abschließend werden einige weitere Verbindungen besprochen, die keine besondere Härte zeigen. Bei den fließenden Übergängen in den chemischen Bindungen, die für das Verhalten verantwortlich sind, muß jede Einteilung mit einer gewissen Willkür behaftet bleiben.

6.6.1 Kohlenstoff

Der Kohlenstoff hat die Modifikationen Diamant und Graphit, wobei letzterer nach dem Phasendiagramm der Abb. 195, aufgestellt im wesentlichen nach den Angaben von BUNDY [85], die bei Normaldruck stabile Modifikation ist. Zur Synthese von Diamant benötigt man danach Drücke von 20 kbar und — zur Erzielung einer genügenden Reaktionsgeschwindigkeit — Temperaturen von etwa 1500 °C. Im Diamantgitter ist jedes C-Atom tetraedrisch von vier weiteren in reiner Atombindung umgeben. Dadurch ent-

steht ein sehr stabiles Gitter, das sich in den hervorragenden Eigenschaften des Diamants bemerkbar macht (Tab. 54). Das Diamantgitter entspricht dem der Zinkblende (Abbildung 10c, S. 21), nur daß alle Plätze mit C besetzt sind. Der C—C-Abstand beträgt 1,54 Å. Nach dem optischen Verhalten im UV und UR unterscheidet man die Typen I und II. Die Ursache der Absorptionsbanden sind in das Gitter eingebaute Fremd-

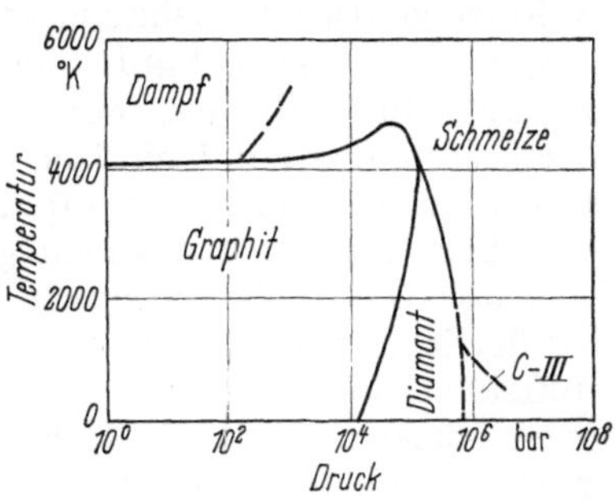

Abb. 195. p, T-Phasendiagramm des Kohlenstoffs

atome, die dem Diamant auch Halbleitereigenschaften verleihen können (z. B. B, Al, N). Bei sehr hohen Drücken nimmt BUNDY [85] an, daß eine weitere Phasenumwandlung in die Modifikation C-III eintritt. Deren Dichte soll etwa 15 bis 20% größer sein, die Koordinationszahl müßte ansteigen und es wäre mit metallischen Eigenschaften zu rechnen.

Der Graphit zeigt das Schichtgitter der Abb. 196. Hier bilden die C-Atome ebene hexagonale Netze, wobei jedes C-Atom durch drei σ-Bindungen unter Ausbildung eines sp^2-Hybrids mit den nächsten Nachbarn verbunden ist. Die restlichen vierten Valenzelektronen treten als π-Elektronen auf. Da sich Valenz- und Leitfähigkeitsband etwas überlappen, ist parallel der Schichten eine große elektrische Leitfähigkeit vorhanden ($\sigma_{||} = 2{,}5 \cdot 10^4\ \Omega^{-1}\ \mathrm{cm}^{-1}$), während sie senkrecht dazu gering ist $(\sigma_{\perp} = 4\ \Omega^{-1}\,\mathrm{cm}^{-1})$. (Der Widerstandswert in Tab. 54 gilt für ein polykristallines Produkt.)

Diese Struktur erlaubt viele Eigenschaften des Graphits zu erklären. Zusammenfassende Darstellungen findet man bei Boehm und Hofmann [54] und Riley [584]. Normalerweise ist der Packungsrhythmus der Schichten $ABAB\ldots$ wie in Abb. 196. Durch gleitende Verformung kann nach Boehm und Hofmann [53] teilweise die Schichtenfolge $ABCA\ldots$ und damit eine rhomboedrische Modifikation entstehen, die aber instabil ist. Noch stärkere Verformung führt zu einer vollkommen unregelmäßigen Schichtenfolge. Man beobachtet diese Fehlordnung meist bei natürlichen Graphiten und fast immer bei Kunstgraphiten. Schließlich können sich die Schichten noch gegeneinander verdrehen. Man bezeichnet das auch als turbostratische Ordnung. Sie tritt vor allem bei sehr feinkristallinen Produkten auf. Diese Vielfalt, zu der noch Unterschiede in der Größe der Kristalle und in deren Orientierung kommen, bedingt die große Breite einiger Meßwerte in Tab. 54.

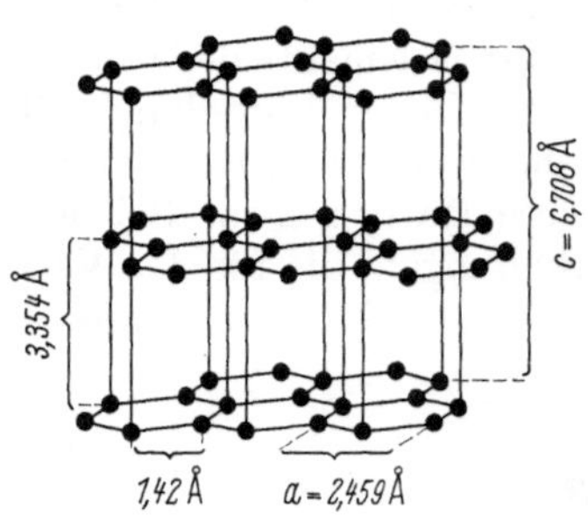

Abb. 196. Gitter des Graphits (hexagonal)

Durch das Schichtgitter zeigen viele Eigenschaften eine starke Anisotropie. Der Ausdehnungskoeffizient parallel der Schichten ist sogar mit $\alpha_a = -1{,}3 \cdot 10^{-6}\,\mathrm{grd}^{-1}$ negativ, während senkrecht dazu mit $\alpha_c = 27 \cdot 10^{-6}\,\mathrm{grd}^{-1}$ ein sehr hoher positiver Wert besteht. Die Härte (nach Mohs) ist mit 1 bis 2 im allgemeinen gering. Man nimmt an, daß sie parallel der Schichten nur 0,5, aber senkrecht dazu 9 beträgt. Wirklich erreichen Graphite mit einem günstigen Gefüge Härten bis zu 9.

Durch seine hohe thermische und auch gute chemische Beständigkeit hat der Kohlenstoff einen weiten Anwendungsbereich gefunden. Kohlenstoffsteine werden meist aus Koks mit etwa 20 Gew.-% Teer, teils unter Zusatz von Asphalt, hergestellt, wobei nach dem Pressen der Brand bei 1200 bis 1400 °C erfolgt. Sie haben eine hohe Wärmeleitfähigkeit. Andere Gegenstände werden aus Kunstkohle oder Elektrographit gefertigt, die aus natürlichen oder künstlichen Rohstoffen gewonnen werden. Jeitner u. Mitarb. [330] untersuchten einige Eigenschaften, wobei der starke Einfluß von Gefüge und Textur deutlich erkennbar wird.

Durch thermische Zersetzung von kohlenwasserstoffhaltigen Gasen kommt man zum Pyrographit, der sich nicht nur durch seine größere Reinheit, sondern auch durch seinen geringen Fehlordnungsgrad, starke Orientierung und hohe Dichte auszeichnet. Man kann damit sehr günstige Eigenschaften erreichen. Die thermische Zersetzung von Zellulose, Kunststoffen oder anderem organischem Material führt zu einem Kohlenstoff, bei dem sich die Graphitschichten noch nicht ausgebildet haben und der glasartige Bruchflächen zeigt. Man nennt ihn deshalb glasigen Kohlenstoff. Er enthält nur geschlossene submikroskopische Poren, und Gegenstände aus diesem Material sind deshalb sehr gasdicht. Durch seinen geringen Ausdehnungskoeffizienten ist er sehr temperaturwechselbeständig. Auf den Einsatz von Graphit in der Reaktortechnik wird später (S. 389 ff.) eingegangen.

6.6.2 Nichtmetallische Hartstoffe

Von den in Tab. 54 angeführten Verbindungen rechnet man zu den nichtmetallischen Hartstoffen Diamant, SiC, Si_3N_4, BN und B_4C. Letztere vier sollen hier behandelt werden, obwohl noch mehr zu dieser Stoffgruppe gehören. Sie sind aber die wichtigsten, wenn man vom bereits besprochenen Diamant bzw. Graphit und den Oxiden absieht.

6.6.2.1 Siliciumcarbid

Der bekannteste synthetische nichtoxidische Hartstoff ist das Siliciumcarbid SiC (manchmal auch als Carborund bezeichnet). Sein Anwendungsgebiet hat sich vom ursprünglichen Einsatz als Schleifmittel und feuerfestes Material stark verbreitert. Viele der damit zusammenhängenden Fragen sind auf einem Symposium behandelt worden, dessen Vorträge O'Connor und Smiltens [522] herausgegeben haben.

Die Herstellung von SiC erfolgt nach dem Achesonverfahren aus Quarz, Kohle und Sägespänen im Lichtbogenofen nach der Gleichung

$$SiO_2 + 3\,C = SiC + 3\,CO.$$

Diese ist jedoch nur die Summe mehrerer sich abspielender Reaktionen; denn entscheidend greift das sich zwischenzeitlich bildende SiO in die Reaktion ein. Nach Poch und Dietzel [556] laufen dabei je nach Temperatur verschiedene Vorgänge ab.

Nach dem *Phasendiagramm* der Abbildung 197 tritt im System Si—C nur das SiC mit einem inkongruenten Schmelzpunkt bei 2830 °C auf. Unter Normaldruck beobachtet man aber ab 2000 °C eine Dissoziation. Nach Davies u. Mitarb. [128] beträgt bei 1850 °C der Si-Druck über SiC etwa 10^{-5} atm.

Das handelsübliche SiC ist hexagonal ($= \alpha$-SiC). Es wird als die stabile Hochtemperaturmodifikation angesehen. Die stabile Tieftemperaturmodifikation ist kubisch ($= \beta$-SiC). Die Umwandlungstemperatur wird mit etwa 2100 °C angegeben. Die Umwandlungsgeschwindigkeiten sind aber sehr gering, und die direkte Umwandlung von α-SiC in β-SiC in dessen Stabilitätsbereich ist nicht beobachtet worden. Bis jetzt ist noch keine vollständige Klärung der Stabilitätsbereiche von α- und β-SiC erreicht worden. Einige Autoren erhielten kubisches SiC

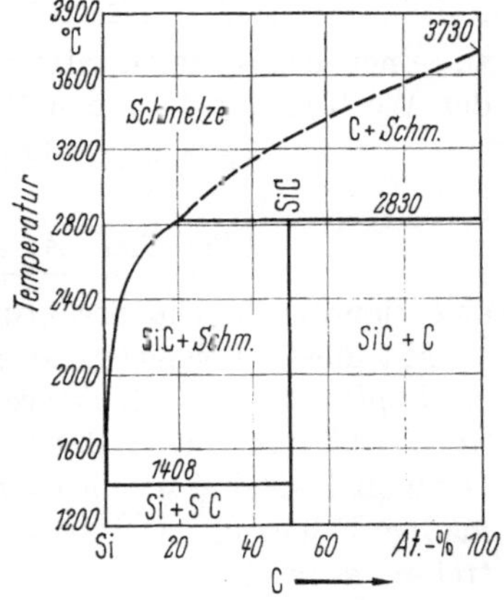

Abb. 197.
System Si—C (unter Ar-Druck von 35 atm) nach Scace und Slack [611]

bei Syntheseversuchen bis zu 2700 °C. Es ist möglich, daß die Umwandlungen bei den hohen Temperaturen über die Gasphase ablaufen. Außerdem hat der N_2-Druck einen Einfluß; denn R. KIEFFER u. Mitarb. [358] fanden, daß bei hohen Temperaturen in Gegenwart von N_2 die β-SiC-Phase stabilisiert wird und durch Variation des N_2-Druckes eine reversible Umwandlung erreicht werden kann.

Die *Struktur* des SiC ergibt sich aus den sp^3-Hybriden beider Atome mit hohem Anteil an kovalenter Bindung. Jede Atomart bildet eine dichteste Kugelpackung, in deren tetraedrischen Lücken die andere Atomart eingelagert ist. Faßt man eine Si- und eine C-Schicht zu einer Doppelschicht zusammen, kommt man mit dem früher beschriebenen Packungsrhythmus *ABC ABC* . . . zum kubischen β-SiC mit Zinkblendestruktur (Abb. 10c). Der andere einfache Packungsrhythmus *AB AB* . . . mit der hexagonalen Wurtzitstruktur (Abb. 10d) wird beim SiC nur selten beobachtet. Die nähere Untersuchung von α-SiC hat ergeben, daß es in verschiedenen Strukturen vorkommt, die sich durch die Stapelfolge der Doppelschichten unterscheiden. Die Stapelfolge *ABAC ABAC* . . . führt zu einer hexagonalen Symmetrie, die nach der Ramsdellschen Nomenklatur als 4 H-Struktur bezeichnet wird, da die Zahl der Schichten bis zur Identität 4 beträgt und das Kristallsystem hexagonal ist. JAGODZINSKI [325, 326], der eine etwas ausführlichere Nomenklatur verwendet, hat gezeigt, daß man weitere Strukturen aus der kubischen Stapelfolge erhält, wenn in bestimmtem Rhythmus Doppelfehler eintreten. So führt ein Wechsel der jeweils 5. und 6. Schicht nach

$$ABC \;\; ABC \;\; ABC \;\; ABC \;\; ABC \;\; ABC \;\; ABC \; \ldots$$
$$ABC \;\; ACB \;\; ABC \;\; ACB \;\; ABC \;\; ACB \;\; ABC \; \ldots$$

zu einer hexagonalen Struktur mit sechs Schichten (6 H), während der Wechsel der 4. und 5. Schicht nach

$$ABC \;\; ABC \;\; ABC \;\; ABC \;\; ABC \;\; ABC \;\; ABC \; \ldots$$
$$ABC \;\; BAC \;\; ABA \;\; CBC \;\; ACB \;\; ABC \;\; BAC \; \ldots$$

eine rhomboedrische Struktur mit 15 Schichten (15 R) ergibt.

Mit diesen Beispielen ist die Zahl der Überstrukturen des SiC nicht erschöpft. Weitere Strukturen haben Identitätsperioden mit z. B. 10, 21, 51, 87 oder mehr Doppelschichten. Bis auf die 10er Struktur, die hexagonal ist, sind sie alle rhomboedrisch. Zusätzlich kann durch unregelmäßige Fehler in der Stapelfolge eine eindimensionale Fehlordnung eintreten. α-SiC kann daher verschieden aufgebaut sein. Am häufigsten treten die Strukturen 6 H, 4 H und 15 R auf. Für die Anwendung ist das allerdings von untergeordneter Bedeutung, da sie sich nur durch wenige Eigenschaften voneinander unterscheiden.

Reines SiC ist farblos, die technischen Produkte aber meist grün bis schwarz gefärbt. Der Grund liegt im Einbau von Fremdatomen in das SiC-Gitter, was gleichzeitig mit einer starken Erhöhung der elektrischen Leitfähigkeit, also einem Halbleitereffekt, verbunden ist. Ausgehend von farblosem SiC fand z. B. CARROLL [97], daß nach 5stündigem Erhitzen auf 1950 °C in N_2 der Widerstand um den Faktor 10^7 gesunken war. Der Einbau von N ergibt Halbleitung vom n-Typ (S. 360), und die Farbe wird je nach Konzentration gelb bis grün. Dreiwertige Elemente (B, Al) rufen p-Typ-Halbleitung und eine blaue bis schwarze Farbe hervor. Schon geringe Mengen machen sich bemerkbar, doch kann man deren Einbau nach LELY [451] beherrschen. Die Angaben über die elektrische Leitfähigkeit von SiC schwanken sehr stark, da der Gehalt an Verunreinigungen sehr unterschiedlich ist. In Tab. 54 wurde deshalb ein relativ hoher Widerstand als Grenzwert eingesetzt.

Abweichungen von der Stöchiometrie Si : C = 1 : 1 sind nicht beobachtet worden. Die in Handelsprodukten zu beobachtenden Verunreinigungen, vor allem an Fe, Mg und Ca, sind nicht in das Gitter eingebaut, sondern nach Untersuchungen von KONOPICKY u. Mitarb. [406] an Korngrenzen oder in Poren angereichert.

SiC zeichnet sich durch seine große Härte aus (nach MOHS 9,5). Mikrohärtemessungen von SHAFFER [664, 665] haben beim kubischen β-SiC nur geringe Unterschiede bei den verschiedenen Flächen gegeben. Das hexagonale α-SiC zeigte meist ähnliche Werte, aber bei einigen Orientierungen deutlich geringere Härten. Bei der Härte besteht daher ein Einfluß der Modifikation.

Für die Anwendung als Feuerfestmaterial ist das *Reaktionsverhalten* des SiC wichtig. SiC ist ein starkes Reduktionsmittel, was auch die thermodynamischen Berechnungen in [145] zeigen. Die im praktischen Betrieb demgegenüber beobachtete große Beständigkeit wird durch die Ausbildung einer SiO_2-Schutzschicht hervorgerufen. Wegen ihrer großen Bedeutung wurde sie oft untersucht. Geschwindigkeitsbestimmend in O_2-haltiger Atmosphäre ist die Diffusion des O_2 durch die SiO_2-Schicht. Gegenwart von H_2O-Dampf erhöht den Umsatz erheblich. In reduzierender Atmosphäre ist SiC stabil.

Der Abbrand des SiC wird geringer, wenn durch Gegenwart anderer Stoffe der Zutritt der Atmosphäre verringert wird. Das ist bei den gebundenen SiC-Körpern der Fall, die meist mit einem Zusatz von 5 bis 15 Gew.-% Ton gebrannt werden. Man kann dabei aber nicht den Abbrand des SiC durch neutrale oder reduzierende Atmosphäre zu erreichen suchen, weil dann SiC das SiO_2 des Bindetons reduziert, wobei sich schließlich Si und C bilden, die die Ursache des manchmal zu beobachtenden schwarzen Kerns in solchen Produkten sind. Die starke Reduktionswirkung des SiC beobachtet man auch bei Siliciumcarbidkapseln, die, besonders bei den ersten Bränden, durch Reduktion des SiO_2 gasförmiges SiO entwickeln, das sich auf der Ware zu Si + SiO_2 disproportioniert und eine Schwarzverfärbung hervorruft (S. 281).

Nach Tab. 54 zeichnet sich Siliciumcarbid durch seine hohe Wärmeleitfähigkeit aus (Abb. 172 und 173), weshalb SiC-Steine oft eingesetzt werden, wenn eine gute Wärmeübertragung erwünscht ist. Schließlich sei noch der Einsatz von SiC als Heizelement erwähnt.

Beim Sintern von reinem SiC bis zu 2400 °C konnten BILLINGTON u. Mitarb. [43] keine Schwindung beobachten, d. h., als Mechanismus kommt die Oberflächendiffusion oder Verdampfung — Kondensation in Frage. Man kann daher auf diese Weise kein dichtes Produkt erhalten. Dies gelingt aber mit Heißpressen oder einfacher durch das *Reaktionssintern* nach POPPER [557]. Zu diesem Zweck erhitzt man eine SiC—Si-Mischung in CO-Atmosphäre oder eine SiC—C-Mischung in Si-Dampf. Das sich dabei neu bildende SiC bewirkt eine sehr feste Bindung bei gleichzeitiger Abnahme der Porosität. Neben diesem eigengebundenen SiC haben sich das nitrid- oder oxynitridgebundene SiC eingeführt, bei denen die Bindung durch Si_3N_4 oder Si_2ON_2 vermittelt wird, die ebenfalls durch Reaktionssintern erzeugt werden.

6.6.2.2 Siliciumnitrid

Leitet man über Si-Pulver N_2 oder NH_3, dann bildet sich Siliciumnitrid Si_3N_4. Geschwindigkeitsbestimmend ist dabei die Diffusion durch die Reaktionsschicht. Vollständigen Umsatz erreicht man nach RABENAU [565] bei einer Si-Korngröße < 75 µm bei 1400 °C in 10 bis 20 h.

Si_3N_4 tritt in einer Tief(α)- und ab etwa 1500 °C in einer Hoch(β)-temperaturmodifikation auf. Die Umwandlung $\alpha \rightarrow \beta$ erfolgt sehr langsam, die umgekehrte Umwandlung $\beta \rightarrow \alpha$ konnte nicht beobachtet werden. Nach POPPER und RUDDLESDEN [560] zeigen beide Modifikationen das hexagonale Kristallsystem und leiten sich von der Struktur des Phenakits Be_2SiO_4 ab, indem die beiden Be durch Si und die vier O durch N ersetzt sind. Die Unterschiede bestehen in der Packungsfolge der Tetraederschichten und wirken sich auf die Eigenschaften nur wenig aus. Ab etwa 1900 °C sublimiert Si_3N_4.

In vielen Eigenschaften (Tab. 54) ähnelt Si_3N_4 dem SiC. Die Oxydationsbeständigkeit ist bis 1400 °C gut, und Si_3N_4-Körper können Härten bis zu 9 (nach MOHS) erreichen.

Die Herstellung von Si_3N_4-Körpern erfolgt durch Reaktionssintern nach POPPER [557], bei dem sich an die Formgebung des Si-Pulvers durch Pressen oder Schlickergießen die Nitrierung in N_2 oder NH_3 bei 1450 bis 1600 °C anschließt.

Die Anwendung des Si_3N_4 als Bindung von SiC wurde oben schon erwähnt. Eine andere Möglichkeit ist die Nitrierung von Kaolin. KUTATE-LADZE und ZEDGINIDZE [426] lassen Kaolin mit Al-Pulver reagieren unter gleichzeitigem Überleiten von N_2. Dabei entstehen Al_2O_3 und Si, das sofort mit dem N_2 zu Si_3N_4 weiterreagiert.

Eine weitere Entwicklung ist das Siliciumoxynitrid Si_2ON_2, das zunächst als Bindung für SiC-Körper, dann von WASHBURN [741] als eigenes Feuerfestmaterial vorgeschlagen wurde. Es hat ähnliche Eigenschaften wie SiC und Si_3N_4, ist aber oxydationsbeständiger als Si_3N_4, da es sich aus letzterem bei der Oxydation bildet.

6.6.2.3 Bornitrid

Ersetzt man in der Struktur des Graphits (Abb. 196) die C-Atome abwechselnd durch B- und N-Atome, dann kommt man zur Struktur des hexagonalen Bornitrids BN. Die nahe strukturelle Verwandtschaft

zum Graphit bedingt ähnliche Eigenschaften (Tab. 54). Zwischen den
Schichten ist die Bindung jedoch stärker. Der hohe elektrische Widerstand zeigt, daß keine freien Elektronen vorhanden sind. BN ist daher
farblos. Infolge der Schichtstruktur hat es eine talkartige Beschaffenheit, ist also kein Hartstoff. Bei etwa 3000 °C sublimiert es. Die einfachste Herstellungsmethode ist die Reaktion von B-Pulver mit N_2 bei
höheren Temperaturen.

In Analogie zur Diamantsynthese aus Graphit gelang WENTORF [759]
die Herstellung eines kubischen BN, auch Borazon genannt. Man benötigt dazu einen Druck von mindestens 40 kbar und Temperaturen
über 1200 °C. Das kubische BN hat Diamantstruktur und daher eine
Härte, die der des Diamanten gleichkommt.

Abschließend sei noch das Borcarbid erwähnt, dessen Formel meist
mit B_4C angegeben wird, das aber einen breiteren Homogenitätsbereich
hat. Es zeichnet sich durch seine große Härte von 9,3 nach MOHS aus.

6.6.3 Metallische Hartstoffe

Nach der oben gegebenen Definition von R. KIEFFER und BENE-
SOVSKY [357], die diese Stoffgruppe in allen Eigenschaften ausführlich
behandeln, versteht man unter den metallischen Hartstoffen die Verbindungen der Metalle der 4. bis 6. Nebengruppe des periodischen
Systems (Ti, Zr, Hf, V, Nb, Ta, Cr, Mo, W) mit den Metalloiden C, N,
B und Si. Die besonderen Eigenschaften dieser Stoffgruppe ergeben sich
aus dem Bindungscharakter und ihrer Struktur.

Die Struktur der meisten Carbide und Nitride läßt sich von der
der Metalle ausgehend erklären. Letztere zeigen dichteste kubische oder
hexagonale Kugelpackung. Bei vollständiger Besetzung aller oktaedrischen Lücken kommt man zur kubischen Steinsalzstruktur, die bei
vielen Carbiden und Nitriden realisiert ist. Wichtig für das Auftreten
einer solchen Struktur sind die Radienverhältnisse. Bei den größeren
Metalloiden B und Si treten deshalb andere Strukturen auf, und andere
Me : X-Verhältnisse sind begünstigt.

Über den Bindungscharakter in diesen Verbindungen ist noch keine
endgültige Aussage zu machen. Eine wichtige Rolle spielt die Resonanz
(S. 7) zwischen verschiedenen Bindungsmöglichkeiten, was die Stärke
der Bindung wesentlich vergrößert und die hohen Schmelztemperaturen
und Härten erklärt. Gleichzeitig ist damit eine Überlappung der Energie-
bänder verbunden, wodurch eine hohe elektrische Leitfähigkeit ermöglicht wird. Neben den Me-X-Bindungen treten bei den Diboriden und
Disiliciden auch noch X-X-Bindungen in Erscheinung. Diese Arten der
Bindungen erfordern keine exakte Stöchiometrie, weshalb sie oft mit
einem gewissen Homogenitätsbereich auftreten. Dies und die große
Beweglichkeit der Elektronen ruft die meist sehr intensive Färbung und
den metallischen Glanz hervor.

Einige Eigenschaftswerte sind in Tab. 54 angeführt. Eine heraus-
ragende Stellung nehmen in den einzelnen Gruppen die schwersten
Elemente ein, indem entweder die Hf- oder Ta-Verbindungen die höch-

sten Schmelztemperaturen zeigen: HfC 3890 °C, TaN 3090 °C, HfB$_2$ 3250 °C und TaSi$_2$ 2200 °C. Die elektrischen Widerstände heben sich deutlich von den anderen Substanzen ab, mit Ausnahme einiger Sulfide. Die Wärmeleitfähigkeiten sind hoch. Die Meßwerte verschiedener Autoren streuen sehr stark. Auffallend ist der zuerst von R. E. TAYLOR [710] am TiC gefundene Anstieg der Wärmeleitfähigkeit mit der Temperatur, der dann auch noch an einigen anderen Carbiden und Nitriden festgestellt wurde. Normalerweise nimmt die Wärmeleitfähigkeit mit der Temperatur ab (S. 330ff.). Ausnahmen bilden Glas und stabilisiertes ZrO$_2$, bei dem die Fehlstellenkonzentration wichtig ist. Bei obigen Hartstoffen wird die Wärmeleitung nicht nur durch Phononen, sondern auch durch die Elektronen vermittelt. Nach W. S. WILLIAMS [770] ist deren Zahl ebenfalls mit den Fehlstellen, deren Konzentration mit der Temperatur ansteigt, verbunden.

Neben reinen binären Verbindungen gibt es wegen der Ähnlichkeit der Strukturen viele Mischkristallreihen, die teilweise ein Maximum in der Liquiduskurve zeigen. Nach AGTE und ALTERTHUM [7] tritt ein solches auch im System HfC—TaC bei etwa 80 Mol-% TaC mit einer Liquidustemperatur von ≈ 3930 °C auf. Dieser Mischkristall ist die am höchsten schmelzende bisher bekannte Substanz. Weiterhin gibt es ternäre Verbindungen mit zwei Metalloiden und auch mit Sauerstoff, z. B. Oxycarbide und Oxynitride.

Die *Carbide* nehmen unter den Hartstoffen eine zentrale Stellung ein, da auch der Kohlenstoff im periodischen System in der Mitte der hier erwähnten Metalloide steht. Die Herstellung erfolgt durch Einwirkung von Kohlenstoff oder C-Verbindungen auf die Metalle oder deren Verbindungen bei hoher Temperatur. Dabei hat man verschiedene Verfahren entwickelt. WC, TiC und TaC sind die wichtigsten Ausgangsstoffe für die Herstellung von Sinterhartmetallen.

Nitride können aus den Metallen durch direkten Umsatz mit N$_2$ oder mit NH$_3$ gewonnen werden. Eine der anderen Möglichkeiten besteht in der Reduktion der Oxide mit C bei gleichzeitiger Anwesenheit von N$_2$ oder NH$_3$. Ähnliche Verfahren gibt es zur Herstellung der Boride, wobei als B-Träger elementares B oder B-Verbindungen eingesetzt werden, was sich analog auf die Silicide übertragen läßt.

Unter den *Siliciden* hat das Molybdändisilicid MoSi$_2$ als Werkstoff für Hochtemperaturheizleiter eine wichtige Bedeutung erhalten. Die Herstellung der Körper erfolgt nach dem Formen (Kaltpressen, Schlickergießen, Strangpressen mit Plastifizierungsmitteln) durch Sintern unter H$_2$ bei 1300 bis 1500 °C oder durch Heißpressen. Im binären System Mo—Si treten daneben noch die Verbindungen Mo$_3$Si und Mo$_5$Si$_3$ auf. Letzteres bildet sich beim Verzundern von MoSi$_2$ bei höheren Temperaturen nach 5 MoSi$_2$ + 7 O$_2$ → Mo$_5$Si$_3$ + 7 SiO$_2$. Das sich gleichzeitig bildende SiO$_2$ bewirkt als Schutzschicht die hohe Zunderbeständigkeit von MoSi$_2$. Wegen der großen technischen Bedeutung ist dieser Mechanismus mehrfach untersucht worden. In oxydierender Atmosphäre findet mit steigender Temperatur zunächst eine Oxydation in MoO$_3$ + SiO$_2$ statt, die bis zum vollständigen Zerfall in ein Pulver gehen kann. Am deutlichsten kann diese Reaktion durch eine maximale Gewichtszunahme bei etwa 450 °C beobachtet werden. Ab etwa 600 °C beginnt das sich bildende MoO_3 zu verdampfen, so daß dann Gewichtsverluste eintreten. Erst wenn die Temperatur so hoch wird, daß das entstehende SiO_2 eine dichte Schicht bildet, kommt dieser Vorgang zum Stehen, was bei etwa 1300 °C der Fall ist. Die weitere Verzunderung geschieht nach obiger Reaktionsgleichung und wird durch die langsame Diffusion des Sauerstoffs durch die Schutzschicht bestimmt. Oberhalb 1720 °C tritt eine starke Blasenbildung ein, die von RUBISCH [591] mit einer Reduktion des SiO_2 zum gasförmigen SiO durch das $MoSi_2$ erklärt wird. Damit ergibt sich die obere Anwendungsgrenze der $MoSi_2$-Heizleiter zu 1700 °C.

6.6.4 Sonstige Verbindungen

Einige der in Tab. 54 angeführten Verbindungen stehen außerhalb der bisher besprochenen Gruppen. Sie sollen hier kurz erwähnt werden.

Berylliumcarbid Be_2C mit Antifluoritstruktur (S. 25) zeichnet sich durch eine große Härte aus. Die Anwendung wird allerdings durch seine Reaktion mit H_2O eingeschränkt, wobei es ähnlich wie Aluminiumcarbid Al_4C_3 Methan CH_4 entwickelt.

Aluminiumnitrid AlN zeigt dagegen eine gute chemische Beständigkeit. Seine Struktur entspricht der des BeO (Wurtzitgitter). Wegen seiner guten Feuerfestigkeit wird es von REY [578] als Feuerfestmaterial vorgeschlagen.

Oft werden nichtoxidische keramische Produkte eingesetzt, wenn es auf Sauerstofffreiheit ankommt. Zu diesem Zweck haben E. D. EASTMAN u. Mitarb. [158] Tiegel aus den hochschmelzenden *Sulfiden* von Ba, Ce und Th vorgeschlagen. Sie sind gut geeignet zum Schmelzen von Metallen im Vakuum oder in reduzierender oder inerter Atmosphäre. Die Anwendungsgrenzen liegen für BaS bei 1600 °C, CeS bei 1850 °C und ThS bei 1950 °C. Der geringe elektrische Widerstand von CeS und ThS zeigt, daß in diesen beiden Verbindungen metallähnlicher Charakter vorhanden ist, ohne daß sie jedoch die großen Härten wie die metallischen Hartstoffe besitzen.

Auf der Suche nach weiteren Stoffen hat sich auch *Calciumfluorid* CaF_2 als geeignet erwiesen. Nach MURRAY u. Mitarb. [504] kann man Tiegel durch Schlickergießen herstellen, wenn man das CaF_2-Pulver einige Zeit in HCl stehenläßt. Das Sintern erfolgt dann bei 930 °C. Solche Tiegel eignen sich nach RADO [569] zum Schmelzen von Uran. Zur Herstellung von Formkörpern verwenden PEDREGAL und APARICIO-ARROYO [543] eine ganz andere Technik, indem sie die eutektische Schmelze des Systems CaF_2—MgF_2 direkt in die gewünschte Form gießen.

6.7 Reaktor- und Raumfahrtkeramik

Die Entwicklung der Reaktor- und Raketentechnik hängt eng mit der Suche nach geeigneten Werkstoffen zusammen, die den oft extremen Bedingungen an mechanisches, thermisches und chemisches Verhalten genügen. Man hat solche Werkstoffe in großer Zahl unter den keramischen Produkten gefunden, weshalb man von einer Reaktor- und Raumfahrtkeramik sprechen kann, die sich der Weiter- und Neuentwicklung geeigneter keramischer Werkstoffe und ihrer Technologien widmet. Hierzu gehören u. a. Untersuchungen der Phasendiagramme und der Eigenschaften der dabei auftretenden Verbindungen sowie — zur Erzielung einer hohen mechanischen Festigkeit — des Sinterns mit all seinen Varianten. Neben den Oxiden haben vor allem die Carbide und Graphit eine große Bedeutung erlangt, aber auch andere nicht-oxidische Werkstoffe haben günstige Eigenschaften. In den vorangegangenen Abschnitten wurden diese Stoffe schon besprochen, so daß im folgenden nur ergänzende Bemerkungen gebracht werden müssen. Viele der damit zusammenhängenden Probleme werden in den beiden Büchern von HOVE und RILEY [316, 317] behandelt, während eine ausführliche Sammlung von Eigenschaftswerten von HAGUE u. Mitarb. [256] vorgelegt wurde.

In der Kerntechnologie werden außerdem bestimmte Ansprüche an das kernphysikalische Verhalten der eingesetzten Werkstoffe gestellt. Viele keramische Werkstoffe genügen diesen Anforderungen, weshalb sie bevorzugt Eingang in die Kerntechnologie gefunden haben. So finden sie Verwendung als Spalt- und Brutstoffe, Moderatoren, Reflektoren, Regelstäbe und Strahlenschutz, um die typischen kern-technischen Einsatzgebiete zu nennen. Zahlreiche Arbeiten beschäftigen sich mit den dabei anfallenden Problemen. Mehrere findet man z. B. in den Vorträgen einer diesen Werkstoffen gewidmeten Tagung [825], während OEL [526] einen allgemeinen Überblick gegeben hat.

Das physikalische Verhalten der Wechselwirkung von Neutronen mit den Atomkernen wird durch die Angabe des Wirkungsquerschnitts gekennzeichnet, dessen Einheit 1 barn = 10^{-24} cm² ist. Zum Gesamtquerschnitt trägt bei der Streuquerschnitt σ_s (Streuung der Neutronen durch Stoß am Kern) und der Absorptionsquerschnitt σ_a, der sich zusammensetzt aus dem Einfangquerschnitt (Neutron und Kern gehen eine Kernreaktion ein unter Bildung eines neuen Isotops) und dem Spaltungsquerschnitt (Kernreaktion führt zur Kernspaltung, z. B. beim Uran).

Im Reaktor treten die Neutronen mit unterschiedlicher Energie = Geschwindigkeit auf. Meist wird das Verhalten gegenüber den sog. thermischen Neutronen angegeben, relativ energiearmen (0,0253 eV) und langsamen (2200 m/sec) Neutronen, die sich bei 20 °C im thermischen Gleichgewicht befinden. Mit steigender Energie der Neutronen wird der Wirkungsquerschnitt kleiner, doch können bei hohen Energien durch Resonanzeffekte scharfe Maxima auftreten.

Tab. 55 bringt für einige Elemente σ_a und σ_s für thermische Neutronen. Ist in der Spalte des natürlichen Vorkommens kein Wert angegeben, so beziehen sich die Werte auf die natürliche Isotopenverteilung. Bei den in Klammern gesetzten Werten bestimmt dieses vorherrschende Isotop das Verhalten. Die vollständige Tabelle findet man in den einschlägigen Fachbüchern.

Tabelle 55. *Wirkungsquerschnitte für thermische Neutronen*

Element	Isotop	natürliches Vorkommen Atom-%	Absorptionsquerschnitt σ_a in barn	Streuquerschnitt σ_s in barn
$_1$H	—	—	0,33	38
	^{1}H	99,9844	0,332	38
	^{2}H$=$D	0,0056	0,00046	7
$_4$Be	^{9}Be	100	0,001	7
$_5$B	—	—	760	4
	^{10}B	18,8	4000	—
	^{11}B	71,2	0,005	—
$_6$C	(^{12}C)	(98,9)	0,0035	4,8
$_7$N	(^{14}N)	(99,6)	1,88	10
$_8$O	(^{16}O)	(99,8)	0,0002	4,2
$_{13}$Al	^{27}Al	100	0,23	1,4
$_{14}$Si	—	—	0,16	1,7
	^{28}Si	92,28	0,08	—
	^{29}Si	4,67	0,28	—
	^{30}Si	3,05	0,4	—
$_{40}$Zr	—	—	0,18	8
$_{48}$Cd	—	—	2450	7
	^{113}Cd	12,3	20000	—
$_{63}$Eu	—	—	4300	8
	^{151}Eu	47,8	7700	—
	^{153}Eu	52,2	450	—
$_{64}$Gd	—	—	46000	$\approx$100
$_{72}$Hf	—	—	105	8
$_{82}$Pb	—	—	0,17	11
$_{90}$Th	^{232}Th	100	7,6	12,6
$_{92}$U	—	—	7,68	9
	^{233}U	0	581	—
	^{235}U	0,71	694	—
	^{238}U	99,28	2,7	—

6.7.1 Spalt- und Brutstoffe

^{235}U ist das einzige natürlich vorkommende Isotop, das die für
den Betrieb eines Kernreaktors notwendige Kettenreaktion zeigt,
bei der unter Aufnahme eines Neutrons eine Kernspaltung eintritt,
die leichtere Bruchstücke und zwei bis drei neue Neutronen liefert.
Durch Kernreaktionen von Neutronen mit ^{232}Th oder ^{238}U kann man
die künstlichen Spaltstoffe ^{233}U oder ^{239}Pu erhalten, was man als Brüten
bezeichnet. Die beiden Isotope ^{232}Th und ^{238}U sind dann die Brutstoffe.

Für den Ablauf der Kernreaktionen ist eine große Konzentration der
Brennstoffe wünschenswert. Außerdem soll zur Erzielung eines guten
Wirkungsgrades bei Leistungsreaktoren die Temperatur möglichst
hoch sein. Metallisches Uran hat zwar die höchste Urankonzentration,
hat sich aber als Werkstoff wenig bewährt. Man hat sich deshalb nach
U-Verbindungen umgesehen, bei denen das weitere Element einen möglichst geringen Absorptionsquerschnitt haben muß, da sonst Neutronen
für die Kettenreaktion verlorengehen. Nach Tab. 55 ist Sauerstoff dazu
gut geeignet. Von den verschiedenen Uranoxiden hat UO$_2$ den größten

U-Gehalt und zugleich eine sehr hohe Schmelztemperatur von 2800 °C. Die Herstellung dieser Brennelemente erfolgt durch Sintern, was in vielen Veröffentlichungen beschrieben wird.

Eine noch größere Spaltstoffdichte hat das Urancarbid UC. Nach Tab. 56, die einige Daten bringt, ist auch die Wärmeleitfähigkeit viel besser. THÜMMLER [715] gibt einen Überblick über weitere Uranverbindungen, von denen nach Tab. 56 noch UN interessant ist, aber N hat nach Tab. 55 einen wesentlich höheren σ_a-Wert.

Tabelle 56. *Eigenschaften einiger Uranverbindungen*

Verbindung	Schmelztemperatur °C	Dichte g/cm³	Urandichte g Uran/cm³	Wärmeleitfähigkeit (800 °C) cal/cm sec grd
U	1120	18,9	18,9	0,10
UO_2	2800	10,96	9,7	0,007
UC	2450	13,6	12,9	0,055
UN	2480	14,32	13,5	0,049
U_3Si_2	1665	12,20	11,3	0,028

6.7.2 Moderatoren und Reflektoren

In den langsamen Reaktoren müssen die bei den Kernreaktionen entstehenden schnellen Neutronen auf thermische Geschwindigkeit gebremst werden. Das geschieht durch die Moderatoren, die geringe σ_a-Werte, aber hohe σ_s-Werte und außerdem möglichst geringes Atomgewicht haben müssen, damit die Bremsung schnell erfolgt. Nach Tab. 55 sind dazu besonderes H, D, Be, C und O geeignet. Zum Vermischen mit dem Brennstoff kommen nur temperaturbeständige Verbindungen in Frage, d. h. BeO, Be_2C und Graphit. Diese Stoffe sind sehr oft untersucht worden. Einige Angaben findet man in früheren Abschnitten dieses Buches. Ausführlich schildern die Eigenschaften von BeO BUDNIKOV und BELYAEV [81] und ROTHMAN [588], die von Graphit RILEY [584]. BeO zeichnet sich durch seine hohe Wärmeleitfähigkeit aus (Abb. 172). Eine besondere Technik ist die Ummantelung von kleinen Brennstoffkügelchen mit Pyrographit.

Für den Einsatz der Moderatoren ist große Reinheit der Produkte erforderlich. Außerdem ist zu beachten, daß durch die starke Bestrahlung im Gitter Fehlstellen entstehen, die die Eigenschaften wesentlich beeinflussen, was in den oben angeführten Veröffentlichungen näher beschrieben wird. Allgemein ist dazu zu sagen, daß bei gesinterten Stoffen die Strahlungsschäden besser ausheilen.

Zur Vermeidung des Austritts von Neutronen aus dem Reaktionsraum wird dieser mit Reflektoren umgeben, die die Neutronen zurückstreuen. Für diese gelten ähnliche Anforderungen wie für die Moderatoren, nur fällt die Bremsung weg, d. h., man kann auch schwerere Elemente verwenden. Zu diesem Zweck eignet sich auch ZrO_2, nur muß es nach Tab. 55 frei von HfO_2 sein.

6.7.3 Regelstäbe

Zur Regelung der Neutronendichte im Reaktor verwendet man ein Material mit Elementen, die einen sehr hohen σ_a-Wert haben. Nach Tab. 55 sind das vor allem B, Cd und einige seltene Erden. Daneben sind gute mechanische, thermische und chemische Eigenschaften erforderlich. Neben Cd-Legierungen eignen sich daher u. a. B_4C oder einige Boride.

Den höchsten Absorptionsquerschnitt σ_a hat nach Tab. 55 Gadolinium Gd. Sein Verhalten gegenüber schnellen Neutronen ist nicht ganz so günstig. Der hohe σ_a-Wert bedingt aber, daß das absorbierende Isotop schnell verbraucht wird, d. h., es brennt schnell aus. Günstiger verhält sich Europium Eu, das nacheinander fünf Isotope bildet, die alle gut absorbieren. Der Einsatz dieser Elemente kann als Oxidkeramik oder Cermet (S. 400) erfolgen.

6.7.4 Strahlenschutz

Die im Reaktor entstehenden Neutronen und anderen Strahlen, vor allem γ-Strahlen, dürfen nicht austreten. Man benötigt daher einen Strahlenschutz, der sie absorbiert. Für Neutronen gilt das oben Gesagte, während γ-Strahlen durch Elemente mit hohem Atomgewicht am besten absorbiert werden. Im allgemeinen verwendet man Beton mit geeigneten Zuschlägen, wobei das darin enthaltene Wasser die Neutronen bremst und die übrigen Bestandteile sie absorbieren. Mit keramischen Werkstoffen läßt sich aber eine raumsparendere Konstruktion erreichen. H. LEHMANN und K. H. MÜLLER [442] haben gezeigt, daß sich aus den Oxiden der seltenen Erden, SiO_2 und $BaCO_3$, gut keramische Werkstoffe brennen lassen, die sowohl Neutronen als auch γ-Strahlen stark absorbieren. Nach H. SCHUMANN [642] kann man auch aus PbO, ZrO_2 und den Mineralen der seltenen Erden geeignete keramische Werkstoffe für diesen Zweck herstellen.

6.7.5 Raketenwerkstoffe

Große Werkstoffprobleme hat die Entwicklung der Raketen und Raumfahrt aufgeworfen. Die Beanspruchung des Materials kann dabei sehr verschieden sein. Zum Aufsteigen von Raketen wird ein großer Schub benötigt, der in den Raketendüsen erzeugt wird. Je nach Art des Treibmittels können dabei Temperaturen bis zu 2800 °C auftreten. Der Düsenwerkstoff muß nicht nur diesen Temperaturen widerstehen, sondern gleichzeitig auch beständig gegenüber den Reaktionsprodukten sein. Letztere hängen ab von der Art des Treibmittels. Es können dabei auftreten z. B. H_2O, CO und CO_2 oder HF und F_2. Unter diesen Bedingungen haben sich gut Graphit und SiC bewährt, die auch eine genügend hohe Temperaturwechselbeständigkeit haben. Diese Werkstoffe müssen mit anderen Werkstoffen zusammengebaut werden, d. h., ihre Ausdehnungskoeffizienten und andere mechanische Eigenschaften sollen günstig liegen. Die im Verband auftretenden Spannungen können jedoch durch geeignete Konstruktion stark verringert werden.

Als Isolationsmaterial werden Al_2O_3, ZrO_2, poröses SiC und Pyrographit (S. 382) eingesetzt. Letzterer verhält sich wegen seiner stark anisotropen Eigenschaften sehr gut, indem die Wärmeleitfähigkeit senkrecht zu den Schichten sehr gering ist.

In großer Entfernung von der Erdoberfläche ist die Rakete ungewöhnlichen Bedingungen ausgesetzt. In 100 km Höhe beträgt der Druck nur noch etwa $2 \cdot 10^{-4}$ Torr, und es herrscht eine Temperatur von -63 °C. In größerer Höhe sinkt der Druck weiter, bei 1000 km Höhe auf etwa 10^{-10} Torr, aber die Temperatur steigt wieder an, wobei je nach Intensität der Sonnenflecken Temperaturunterschiede bis zu 1000 grd und Maximaltemperaturen bis 1500 °C auftreten können. Daraus folgt, daß das eingesetzte Material unter solchen Bedingungen nicht verdampfen darf, d. h., daß seine Verdampfungsgeschwindigkeit gering sein muß. BORSON und McCLELLAND [56] erwähnen in einem Überblick über die Einflüsse der Raumbedingungen, daß viele keramische Werkstoffe sich sehr günstig verhalten. So beträgt die Verdampfungsgeschwindigkeit von ZrO_2 bei 1500 °C nur etwa 1 mm/Jahr. Dieselbe Verdampfungsgeschwindigkeit zeigt MgO bereits bei 1100 °C, dagegen ThO_2 erst bei 1900 °C.

Weiterhin ist das Material starken Strahlungen ausgesetzt, die zu Veränderungen der Struktur und damit auch der Eigenschaften führen können. Diese Einflüsse wirken sich vor allem auf die mechanischen Eigenschaften und die Wärmeleitfähigkeit aus. Schließlich ist noch mit Meteoriten zu rechnen, die aber in nennenswerter Menge nur in sehr geringer Größe auftreten. Durch ihre hohe Geschwindigkeit können sie aber zu Korrosionsschäden führen.

Besondere Probleme stellt der Wiedereintritt in die Erdatmosphäre. Örtlich tritt dabei eine hohe Temperatur auf, so daß die Werkstoffe nicht nur dieser Temperatur widerstehen, sondern auch eine hohe Temperaturwechselbeständigkeit haben müssen. Als Raketenspitzen finden deshalb u. a. ZrO_2 und Graphit Verwendung. Auch hier hat sich der Pyrographit bewährt, der durch seine ausgeprägte Textur senkrecht zur Oberfläche die Wärme schlecht leitet, also isoliert, während parallel zur Oberfläche die Wärme schnell abgeleitet und verteilt wird. Die Hitzeschilde von Raumkapseln bestehen meist aus anderen Werkstoffen, sind aber manchmal mit keramischen Fasern verstärkt.

Eine Zusammenfassung über diese Fragen hat SCALA [612] gegeben. Man hat viele Werkstoffe auf ihre Eignung für die verschiedenen Zwecke untersucht. Neben den hier erwähnten sei noch auf die keramischen Überzüge auf feuerfesten Metallen (z. B. Mo) und die metallfaserverstärkten keramischen Werkstoffe (z. B. W in ThO_2) hingewiesen (S. 402).

6.8 Glaskeramik

Der Gedanke, durch Entglasen eines Glases zu einem kristallinen Produkt zu kommen, das in seinen Eigenschaften den keramischen Produkten entspricht, ist schon recht alt. So stellte bereits RÉAUMUR in der ersten Hälfte des 18. Jh. durch Tempern von Glas in Formen aus

Gips und Sand porzellanähnliche Gegenstände her, die jedoch nur eine geringe Festigkeit hatten. Diese Versuche wurden später öfter wieder aufgegriffen. Vor nicht zu langer Zeit haben Lungu und Popescu-Has [461] die Herstellung von ,,Porzellan'' aus fluoridhaltigem Glas beschrieben.

Diese Methode gelangte aber erst dann zur allgemeineren Bedeutung, als man sich von dem Ziel trennte, Porzellan herzustellen und als man zur Steuerung der Vorgänge die Kenntnisse über die Kristallisationsvorgänge beim Glas besser ausnutzte. Diese Entwicklung ist eng mit den Arbeiten von Stookey [699] verbunden. Für durch Entglasen hergestellte Produkte hat sich jetzt der Begriff Glaskeramik durchgesetzt. Manchmal liest man dafür auch Vitrokeram, Devitrokeram oder Pyroceram, wobei letzterer Begriff der Handelsname des ersten technisch hergestellten Produkts ist. McMillan [479] hat den Stand der Kenntnisse in einer Monographie zusammengefaßt.

Es wurde früher (S. 136 ff.) bereits gezeigt, daß die Kristallisationsvorgänge durch Keimbildung und Kristallisationsgeschwindigkeit bestimmt werden. Da die Festigkeit keramischer Produkte mit abnehmender Korngröße zunimmt (S. 318), muß man eine möglichst große Keimbildung anstreben. Grundsätzlich ist das bei der homogenen Keimbildung möglich, doch hat sich bald ergeben, daß diese schwierig zu beherrschen ist. Gute Erfolge hat man mit der heterogenen Keimbildung durch Zusatz bestimmter Stoffe in geringer Menge erzielt. Zunächst verwendete man dazu kolloidale Edelmetalle, doch ging man bald zum TiO_2 über, das meist in Mengen von 2 bis 15 Gew.-% eingeführt wird. Damit gelang es, Glasgegenstände vollständig in einen feinkristallinen Zustand zu überführen. 1957 wurden die ersten Produkte dieser Art unter dem bereits erwähnten Handelsnamen Pyroceram vorgestellt.

Während bei der Keimbildung durch Metalle die Kristallisation durch Aufwachsen auf deren Oberfläche (Epitaxie) einsetzt, ist der Mechanismus bei der Keimbildung mit TiO_2 anders. Hier tritt zunächst eine Phasentrennung flüssig-flüssig ein mit Ausscheidung feinster TiO_2-reicher Tröpfchen, in denen die Kristallisation beginnt. Mit elektronenmikroskopischen Untersuchungen hat W. Vogel [734] diese Vorgänge näher erfassen können.

Neben dem TiO_2 eignen sich auch einige weitere nichtmetallische Substanzen als Keimbildner, z. B. P_2O_5, V_2O_5, Cr_2O_3, MoO_3, Fluoride oder Sulfide. Ihre Wirkung hängt vom jeweiligen Glas ab.

Vom Glas ist zu fordern, daß dessen Kristallisationsgeschwindigkeit nicht gering, aber auch nicht zu hoch ist, damit der Kristallisationsvorgang kontrollierbar bleibt. Diese Forderungen erfüllen Gläser z. B. aus den Systemen Li_2O—Al_2O_3—SiO_2, MgO—Al_2O_3—SiO_2 oder Li_2O—ZnO——SiO_2. Damit ergibt sich aber zugleich, daß man die Eigenschaften der glaskeramischen Werkstoffe stark variieren kann, insbesondere die thermische Ausdehnung. Wählt man im ersteren System die Zusammensetzung so, daß Eukryptit auskristallisiert, dann haben diese Produkte einen sehr kleinen Ausdehnungskoeffizienten und damit eine sehr hohe Temperaturwechselbeständigkeit. In diese Klasse fällt z. B. das Produkt Pyroceram 9608 mit $\alpha = 0{,}7 \cdot 10^{-6}$ grd^{-1}.

Bei der Herstellung von solchen Gegenständen erfolgt die Formgebung nach den Methoden der Glastechnologie. Das anschließende Tempern geschieht in zwei Stufen. Zunächst wird auf eine Temperatur erhitzt, bei der die Kristallisationsgeschwindigkeit noch sehr klein ist (Viskosität des Glases log $\eta = 9$ bis 12), aber bereits die Phasentrennung erfolgt. Anschließend wird die Temperatur möglichst bis zu der der maximalen Kristallisationsgeschwindigkeit erhöht, aber höchstens so hoch, daß noch keine Deformation eintritt.

Dieser Prozeß hat den Vorteil, daß während der Kristallisation die Dimensionsänderungen gering sind (linear meist $<2\%$). Weiterhin sind die Produkte frei von Poren. Diese Eigenschaft und die Möglichkeit, kleine Kristalle (bis zu $<1\,\mu m$) zu erzeugen, verleiht den Produkten eine hohe mechanische Festigkeit.

Glaskeramische Produkte kann man auch durch Sintern von Glaspulver herstellen, dem man Mineralisatoren zugesetzt hat. Dafür empfiehlt SACK [603] z. B. Li_2SiO_3, $LiAlO_2$ oder $MgSiO_3$.

Die Möglichkeiten der Glaskeramik sind sehr vielseitig. Wählt man die Glaszusammensetzung so, daß nach dem Tempern die Kristalle und die Restglasphase gleiche Lichtbrechung haben, dann sind die Produkte vollkommen transparent. BAUM [32] hat beobachtet, daß sich Verunreinigungen an den Korngrenzen anreichern und an die Oberfläche austreten. Durch Ausnutzung dieser Erscheinung konnte er nach Zusätzen von ungefähr 5 Gew.-% Nebengruppenoxiden halbleitende Oberflächenschichten auf Eukryptitglaskeramik erzielen. Die Herstellung von Ferrospinellen und $BaTiO_3$ durch Entglasung wurde früher (S. 378) schon erwähnt.

6.9 Keramik-Metall-Kombinationen

Viele keramische Werkstoffe sind den metallischen Werkstoffen in ihrer Temperatur- und Korrosionsbeständigkeit überlegen, während sich die Metalle durch eine größere Duktilität und Temperaturwechselbeständigkeit auszeichnen. Zur Vereinigung dieser Eigenschaften hat man verschiedene Wege eingeschlagen, von denen die wichtigsten im folgenden behandelt werden. Einheitlich bei allen diesen Entwicklungen ist die mikroskopische oder makroskopische Kombination von metallischen mit nichtmetallischen Substanzen. Voraussetzung für gute Eigenschaften ist eine feste Haftung zwischen beiden Partnern, die wesentlich durch das Benetzungsverhalten bestimmt wird. In vielen Fällen füllt die eine Phase die Unebenheiten der Oberfläche der anderen Phase aus, so daß eine mechanische Verankerung die Haftung fördert. Die direkte chemische Bindung zwischen Keramik- und Metallpartner ist im allgemeinen gering, kann aber stärker werden, wenn durch eine gewisse gegenseitige Löslichkeit der Komponenten die Unterschiede in den Bindungsarten verringert werden. Als Beispiel sei die geringe Löslichkeit von Sauerstoff in einigen Metallen und die Bildung nichtstöchiometrischer Verbindungen erwähnt. Eine weitere Voraussetzung für eine gute Haftung ist schließlich die Anpassung des Ausdehnungsverhaltens der Partner.

6.9.1 Keramische Überzüge auf Metallen

Die Aufgabe der keramischen Überzüge ist sehr vielseitig. Man erwartet von ihnen den Schutz des Metalls gegen Oxydation oder Korrosion, Erosion oder Abrieb und Strahlung sowie thermische und elektrische Isolierung. Je nach Anwendungszweck stehen eine oder mehr dieser Eigenschaften im Vordergrund. Außerdem muß man unterscheiden, ob der Schutz dauernd oder nur kurzzeitig gewährleistet sein soll.

Das älteste Verfahren der Herstellung einer Keramik-Metall-Kombination ist die *Emaillierung*, wenn man den glasigen Emailüberzug in den allgemeineren Begriff der Keramik einbezieht. Die frühesten Emaillierungen bestanden im Aufbrennen eines leichtschmelzenden Glasflusses auf Edelmetalle, dienten also der Verbesserung der Metalloberfläche in künstlerischer Hinsicht. Erst viel später wurde die Emaillierung von Eisen zum Schutz der Oberfläche gegen Korrosion entwickelt. Der dabei wirkende Haftmechanismus ist von DIETZEL [140] aufgeklärt worden. Beim Gußeisen besteht er in der oben erwähnten einfachen mechanischen Verankerung. Dasselbe geschieht auch beim Eisenblech, jedoch wird dabei die Rauhigkeit der Metalloberfläche erst während des Brandes durch lokale galvanische Korrosion durch dem Grundemail zugefügte Haftoxide erzeugt. Zu diesem Zweck eignet sich besonders Cobaltoxid. Bei der Einschichtemaillierung versieht man die Eisenoberfläche zuvor mit einer ähnlich wirkenden dünnen Nickelschicht. Nähere Angaben über Emails findet man in den Büchern von STUCKERT [704], PETZOLD [546] und ANDREWS [16].

Die Anwendungsgrenze emaillierter Gegenstände ist durch die Erweichung des glasigen Überzuges gegeben, so daß sie für höchste Beanspruchungen nicht in Frage kommen. Man hat zwar auch Emails zum Schutz von feuerfesten Metallen entwickelt, die wie z. B. Molybdän oder Wolfram leicht oxydierbar sind, doch haben sie nicht den gewünschten Anwendungsbereich. Bessere Ergebnisse wurden erhalten, wenn man der Emailfritte feuerfeste Oxide, z. B. Cr_2O_3, zumischte oder den Emailauftrag anschließend entglaste oder eine feuerfeste Zusammensetzung aufsinterte. Diese und weitere Entwicklungen zur Herstellung von keramischen Überzügen haben zusammenfassend LEEDS [434] und HUMINIK [318] beschrieben.

Beim *Flammspritzen* wird die aufzutragende Substanz als Pulver (Korngröße meist 30 bis 100 µm) durch eine Flamme auf den Gegenstand gespritzt. (Manchmal wird das Pulver als vorgepreßter Stab in die Flamme eingeführt.) Beim Durchtritt durch die Flamme schmelzen die Teilchen und haben beim Auftreffen die Möglichkeit, sich der Oberfläche anzupassen. Die Haftung wird daher ebenfalls durch eine mechanische Verankerung erreicht. Durch die schnelle Kristallisation der meist verwendeten Oxide Al_2O_3 und ZrO_2 sind die Spritzschichten nicht dicht, weshalb kein vollständiger Korrosionsschutz erreicht wird. Dagegen bilden sie einen wirksamen Schutz gegen Erosion und stellen eine gute Wärmeschranke und elektrische Isolierung dar. Die geringe Porosität verringert die Sprödigkeit dieser Überzüge, so daß sie eine hohe Temperaturwechselbeständigkeit haben. Sie eignen sich daher besonders für kurzzeitige hohe Beanspruchungen. Durch das schnelle Abschrecken der geschmolzenen Teilchen kann man das Auftreten von nichtstabilen Modifikationen beobachten, beim Spritzen von Aluminiumoxid z. B. γ-Al_2O_3. Dies wandelt sich bei etwa 1000 °C in α-Al_2O_3 um, was mit einer starken Dichtezunahme verbunden ist (S. 171). Bei vorsichtiger Führung dieses Nachsinterns gelingt es, die offene Porosität der Spritzschichten von anfänglich 10% auf 0,1% zu senken.

Wesentlich höhere Temperaturen, nach BRÜCKNER [77] bis zu 32 000 °K, sind mit dem *Plasmabrenner* zu erreichen, bei dem in einem elektrischen Lichtbogen ein teilweise ionisiertes Gas erzeugt wird. Damit sind die Spritzmöglichkeiten stark erweitert worden. Den Einsatz des Plasmaspritzens für keramische Zwecke beschreibt H. MEYER [487]. Als Trägergas dient meist N_2 oder Ar. Die Eigenschaften der Spritzschicht hängen ähnlich wie beim Flammspritzen ab von Flammentemperatur, Teilchengröße, Spritzabstand und Temperatur der Unterlage. Durch die hohen Temperaturen in der Flamme können Änderungen der Struktur oder Zusammensetzung des Materials eintreten.

Sehr dichte Überzüge lassen sich durch Umwandlung der äußersten Schicht eines Metalls in eine Verbindung erreichen. Da dieser Prozeß meist durch die Diffusion eines der Partner bestimmt wird, bezeichnet man sie auch als *Diffusionsüberzüge*. Das bekannteste Beispiel ist die oberflächliche Reaktion von Mo zu $MoSi_2$, indem man das Metall in eine Mischung aus Si + NH_4Cl bettet und erhitzt. Dabei entsteht zwischenzeitlich Siliciumchlorid, das dann mit dem Metall unter $MoSi_2$-Bildung weiterreagiert. In anderen Varianten verwendet man andere Halogene. Man kann diesen Prozeß auch direkt durch die thermische Zersetzung von gasförmigen Halogeniden oder durch deren Reduktion mit H_2 aus der Dampfphase führen. In ähnlicher Weise lassen sich Überzüge aus Carbiden durch thermische Zersetzung von Kohlenwasserstoffen erzeugen. Einige dieser Verfahren eignen sich auch dazu, Überzüge auf Nichtmetalle, z. B. Graphit, aufzubringen.

6.9.2 Metallisieren

Die gleichzeitige Anwendung von keramischen und metallischen Werkstoffen in einem Gerät erfordert zwischen den beiden Partnern eine mechanisch feste Verbindung, die oft auch noch vakuumdicht sein muß. Dies gilt besonders für die Röhrentechnik, worüber NAVIAS [507] berichtet.

Eine übliche Technik der Verbindung zweier Metalle ist das Löten. Diese scheitert bei den Keramik-Metall-Systemen im allgemeinen wegen der schlechten Benetzung der Keramik durch das Lot. Man hat deshalb versucht, durch besondere Vorbehandlung der Keramik eine bessere Benetzung zu erreichen. Da dies meist durch Aufbringen einer Metallschicht geschieht, wird dieser Vorgang auch als Metallisieren bezeichnet. Das Ziel dabei war vor allem das Ermöglichen des Hartlötens. Voraussetzung dazu ist u. a., daß das aufgebrachte Metall nicht mit den Lotbestandteilen (z. B. Ag, Cu) legiert, was die Bindung schwächen würde.

Eine schon lange bekannte Methode der Metallisierung ist die *Edelmetalldekoration* [828]. Dabei wird Gold oder Platin nach einer bestimmten Vorbehandlung kolloidal in ätherischen Ölen gelöst. Je nach Zugabe geringer Mengen an Löt- und Flußmitteln erhält man nach dem Einbrennen bei etwa 750 °C Glanz- oder Poliergold bzw. -silber (letzteres bestehend aus Au + Pt). Durch Weichlöten kann man anschließend zu Keramik-Metall-Verbindungen kommen.

Diese Methode ist für viele Zwecke nicht ausreichend, weshalb nach anderen Wegen gesucht wurde. Zusammenfassend berichten über die Keramik-Metall-Verbindungen z. B. van Houten [314] und Pulfrich und Kotowski [564]. Ausschlaggebend ist das Erreichen einer guten Benetzung. Die Grundlagen dazu wurden früher (S. 88) besprochen, im Hinblick auf die Metallisierung hat sie Kingery [361] behandelt. Man kann eine bessere Benetzung einer keramischen Oberfläche durch Metalle nach Gl. (11) erreichen, wenn es gelingt, die Grenzflächenenergie zu erniedrigen, wodurch nach Gl. (14) zugleich die Adhäsionsarbeit größer wird. In dieser Richtung wirken vor allem die Metalle, die eine große Affinität zu Sauerstoff haben, z. B. Ti oder Zr. Die Benetzung von Metallen durch ionische Flüssigkeiten ist meist besser.

Die Entwicklung brauchbarer Metallisierungen gelang bereits vor der genaueren Kenntnis der theoretischen Zusammenhänge. Zunächst hat man auf der Oberfläche eine Oxidschicht eingebrannt, die dann oberflächlich reduziert wurde. Hierzu eignen sich die Oxide von z. B. Fe, Co, Ni, Cu, Ag und Mn. Varianten davon sind die Vereisenung durch Aufbrennen von Fe-Pulver in schwach oxydierender Atmosphäre mit folgender Reduktion oder das Aufbrennen von Glasuren, die Metallpulver (z. B. Ti, Mo, W) enthalten. Für eine gute Haftung ist wichtig, daß sich die Oxide teilweise in der Glasphase der Keramik lösen und daß diese Schmelzphase die Metalle benetzt.

Eine der heute wichtigsten Methoden ist das Telefunkenverfahren, das ab 1935 von Pulfrich entwickelt wurde. Dieser sinterte zunächst auf Steatit in feuchter, reduzierender Atmosphäre Mo-Pulver auf, dem er später noch etwas Fe-Pulver zufügte. Daraus wurde durch Ersatz des Fe durch Mn von Nolte und Spurck [517] das heute weit verbreitete *Mo/Mn-Verfahren* für Al_2O_3-Keramik. Die Einbrenntemperaturen hängen vom Al_2O_3-Gehalt ab. Bei 96 Gew.-% liegen sie bei 1550 °C, bei höheren Al_2O_3-Gehalten noch höher. Zur Deutung der guten Haftung nahm Pincus [553] an, daß das aus Mn + H_2O sich bildende MnO in der Glasphase gelöst wird, die das Mo gut benetzt, und daß sich Verbindungen (Mn—Al-Spinelle) ausbilden. Demgegenüber ist nach S. S. Cole und Sommer [111] die Haftung nur durch das Eindringen der Schmelzphase in den gesinterten Mo-Überzug bedingt, wobei das sich lösende MnO das Verhalten der Schmelzphase günstig beeinflußt. Weitere Untersuchungen des Haftmechanismus u. a. von A. Meyer [486] und

HELGESSON [274] haben vor allem letzteren Mechanismus bestätigt, der wiederum auf der Benetzung des Metalls durch eine oxidische Schmelze beruht. Es bilden sich zwar auch Mn—Al-Spinelle, die aber allein keine ausreichende Haftung vermitteln. Varianten zu diesem Verfahren sind das Auftragen von MoO_3 oder Mo-Salzlösungen mit anschließender Reduktion.

Wesentlich für die Haftung ist das Vorhandensein einer ausreichenden Menge an Schmelzphase, weshalb bei Al_2O_3-Körpern mit höheren Al_2O_3-Gehalten die Brenntemperatur erhöht werden muß. Bei sehr reinen Al_2O_3-Körpern versagt das Verfahren. Man kommt aber auch zum Erfolg, wenn man dem Mo/Mn-Pulver eine künstliche Glasphase zufügt oder nach A. MEYER [486] neben reinem Mo-Pulver eine vorgesinterte Mischung aus $MnO_2 + SiO_2$ verwendet.

Bei der Weiterverarbeitung verbessert man die Benetzungseigenschaften dieser Metallisierungen vor dem Löten durch Auftragen einer weiteren Schicht aus Ni oder Cu, was meist galvanisch erfolgt..

Ein anderes wichtiges Verfahren beruht auf der oben ebenfalls erwähnten Grundlage des Erreichens einer Benetzung durch bestimmte Zusätze zum Lot. Als *„aktive" Metalle* eignen sich besonders Ti und Zr. Die Lötung muß dabei im Vakuum oder O_2-freier Atmosphäre erfolgen. Die gute Benetzung beruht auf der großen Affinität des Ti zum Sauerstoff, was an einer Anreicherung des Ti in der Grenzschicht erkannt werden kann. Jeder O_2-Gehalt in der Atmosphäre würde deshalb den Prozeß stören. Auch hier gibt es eine Variante, indem man vor dem Löten auf die Keramik Titanhydrid TiH_2 aufträgt, das sich beim Erhitzen zersetzt.

6.9.3 Cermets

Versuche zur Entwicklung eines neuen Werkstoffes, der die günstigen Eigenschaften von Keramik und Metall in sich vereint, begannen etwa 1940 in Deutschland an Systemen mit Oxiden, z. B. Al_2O_3/Fe. Diese Versuche wurden dann in den USA weiter bearbeitet, wo für diese Werkstoffe der Begriff Cermet (CERamic + METal) geprägt wurde. Unter Cermets versteht man danach Werkstoffe, die eine heterogene Kombination von Metallen oder Legierungen mit einer oder mehreren keramischen Phasen sind. 1949 erschien die erste Veröffentlichung, in der BLACKBURN u. Mitarb. [45] über einige Grundlagen berichten. TINKLEPAUGH und CRANDALL [718] haben später ein Buch über die Cermets mit mehreren Beiträgen verschiedener Autoren herausgegeben.

Das Ziel einer hohen Feuerfestigkeit erreicht man durch Verwendung feuerfester keramischer Verbindungen, meist Oxide oder Carbide. Das Metall bildet dann die kontinuierliche Phase. Voraussetzung für einen festen Verbund beider Phasen ist eine gute Benetzung der keramischen Oberfläche durch das Metall, d. h., auch bei den Cermets spielt das Benetzungsverhalten eine entscheidende Rolle. Grundlegende Untersuchungen dazu wurden von KINGERY u. Mitarb. [369] durchgeführt.

Nach Gl. (11) ergibt sich der Randwinkel Θ zu $\cos\Theta = (\gamma_{sv} - \gamma_{sl}):\gamma_l$. Meist haben die flüssigen Metalle eine Oberflächenspannung, die größer als die Oberflächenenergie der Oxide ist. Aus der Beziehung $\gamma_l > \gamma_{sv}$ folgt, daß $\cos\Theta < 1$ sein muß, d. h., der Randwinkel kann nicht Null werden und Spreitung ist nicht möglich (siehe dazu auch S. 89). Weiterhin zeigt obige Gleichung, daß der Randwinkel um so kleiner wird, je geringer die Grenzflächenenergie γ_{sl} ist. KINGERY u. Mitarb. [369] konnten zeigen, daß die Grenzflächenener bei Systemen mit Oxiden um so kleiner wird, je größer die Affinität des Metalls zum Sauerstoff wird. Dabei konnte eine gute Übereinstimmung des Benetzungsverhaltens mit thermodynamischen Berechnungen festgestellt werden. So nehmen die Bildungswärmen der Oxide in der Reihe Ni — Fe — Si — Ti zu, und gleichlaufend wird eine Zunahme der Adhäsionsarbeit beobachtet.

Ist die Affinität zwischen Metall und Oxid sehr groß, dann können Reaktionen an der Grenzfläche eintreten. Bei Benetzungsmessungen erkennt man das an einer Abnahme des Randwinkels mit der Zeit. Solche Systeme zeigen besonders gute Haftung. Man kann die Verbindungsbildung fördern, wenn man nicht in inerter, sondern in schwach oxydierender Atmosphäre brennt. Ist das sich bildende Oxid mit der Keramik gut verträglich, dann wird ein fester Kontakt erreicht. Das gilt besonders, wenn Mischkristallbildung möglich ist, wie z. B. bei Cr_2O_3—Al_2O_3.

Schließlich stellt sich noch ein inniger Kontakt ein, wenn die keramische Phase etwas in der Metallschmelze löslich ist. Dies findet man vor allem bei Carbiden, wobei das System Co/WC als Hartstoff schon lange bekannt ist. Übrigens werden Carbide und andere Hartstoffe durch Metalle besser benetzt als Oxide.

Nach diesen Grundlagen der Haftung zwischen Metall- und Keramikphase zeichnet sich bereits ab, daß aus der Vielzahl der Kombinationsmöglichkeiten einige Systeme herausragen werden. Bei anderen Systemen hat man aber die Möglichkeit, durch bestimmte Zusätze die Eigenschaften zu verbessern. Danach ist es auch verständlich, daß sich in der Praxis vor allem zwei Typen von Cermets durchgesetzt haben, Al_2O_3/Cr und TiC/Ni. Bei den Al_2O_3/Cr-Cermets hat sich am besten die Zusammensetzung 70 : 30 Gew.-% bewährt. Die Grundlage der guten Haftung ist die Ausbildung der oben erwähnten Cr_2O_3—Al_2O_3-Mischkristalle. Eine große Oxydationsbeständigkeit wird durch die sich auf dem Cr-Metall ausbildende Cr_2O_3-Schutzschicht gewährleistet. Bei den TiC/Ni-Cermets wirkt der Löslichkeitsmechanismus. Zugaben von geringen Mengen an Cr-Metall oder -Carbid verbessern die Oxydationsbeständigkeit.

Die Herstellung erfolgt z. B. bei Al_2O_3/Cr-Cermets durch Mischen der Ausgangskomponenten (Korngröße ≤ 10 μm $\varnothing$), Pressen und Sintern in feuchtem H_2 bei 1650 °C. Der Sintervorgang wird dabei durch den Lösungs-Niederschlags-Mechanismus (S. 158) bestimmt, den KINGERY u. Mitarb. [372] an den Systemen WC/Co und TiC/Ni bestätigen konnten.

Neben dem einfachen Sintern hat sich zur Herstellung von Cermets vor allem das Heißpressen eingeführt. Außerdem kann man poröse keramische Körper durch Imprägnieren mit Metallen in Cermets überführen. Auch das Flammspritzen von Cermets als Überzüge ist möglich.

Auf die Eigenschaften der Cermets kann hier nicht im einzelnen eingegangen werden. Sie hängen naturgemäß stark vom Gefüge ab. Oben wurde bereits ihre gute Oxydationsbeständigkeit erwähnt, zu der auch beiträgt, daß man vollkommen dichte Cermets herstellen kann. Cermets sind meist sehr hart und haben eine hohe Temperaturwechselbeständigkeit, die z. B. bei den Al_2O_3/Cr-Cermets höher als beim Al_2O_3 liegt. Weitere Eigenschaften kann man im Buch von TINKLEPAUGH und CRANDALL [718] finden.

6.9.4 Faserverstärkte Werkstoffe

Die guten Eigenschaften von faserverstärkten Werkstoffen wie z. B. glasfaserverstärkten Kunststoffen oder Asbestzement haben den Gedanken aufkommen lassen, die Eigenschaften keramischer Werkstoffe durch Metallfasern zu verbessern. Die ersten Versuche dieser Art mit Mo-, W- oder Ta-Fasern in verschiedenen keramischen Körpern hat TINKLEPAUGH ab 1958 in mehreren Forschungsberichten beschrieben, die er später zusammengefaßt hat [717]. BASKIN u. Mitarb. [29] untersuchten das System Mo-Faser/ThO_2, MILLER u. Mitarb. [494] die Systeme Mo- oder W-Faser/Mullitkeramik und U. HOFFMANN [293] Stahl-, NiCr- oder Ni-Fasern/Al_2O_3.

Auch bei diesen Verbundsystemen ist eine gute Haftung zwischen Metall und Keramik für den Erfolg ausschlaggebend. Durch die größere Länge der Faser macht sich aber zusätzlich noch das Ausdehnungsverhalten bemerkbar. Wenn die Ausdehnungskoeffizienten beider Partner nicht gut aufeinander abgestimmt sind, entstehen Risse in der Keramik, die sich im allgemeinen zwischen benachbarten Fasern erstrecken, also nur Mikrorisse darstellen. Dadurch wird der Elastizitätsmodul und auch die Festigkeit erniedrigt. Bei guter Haftung ist durch die Fasern ein besserer Zusammenhalt gegeben, so daß die Temperaturwechselbeständigkeit solcher Werkstoffe besser als die der reinen Keramik ist.

Die häufige Verwendung von Mo-Fasern bei diesen Untersuchungen erfolgte mit dem Ziel, Werkstoffe für höchste Beanspruchungen zu erhalten. Die Mikrorisse erlauben aber ein Eindringen von O_2 in den Körper und eine Oxydation der Mo-Fasern, so daß die Oxydationsbeständigkeit noch Wünsche offenläßt.

Je nach Art der Herstellung (meist Gießen oder Pressen) ist eine Orientierung der Fasern möglich, die sich dann auch durch eine Anisotropie der Eigenschaften bemerkbar machen kann.

Neben den Metallfasern sind seit der stärkeren Erforschung der Whisker auch keramische Fasern leichter zugänglich geworden. Man hat diese Fasern nicht nur zur Verstärkung einer keramischen Matrix eingesetzt, sondern es werden auch Versuche durchgeführt, mit keramischen Fasern Metalle zu verstärken.

Eine besondere Art der faserverstärkten Werkstoffe stellt die von KLANKE [377] beschriebene Spannkeramik dar, bei der vorgeschlagen

wird, in Analogie zum Spannbeton in die Keramik eine unter Zugspannung stehende Fasereinlage einzubringen. Man kann das leicht
erreichen, wenn die Faser einen größeren Ausdehnungskoeffizienten
als die Matrix hat. Nach KLANKE sollen sich dazu gut keramische Fasern
eignen, aber auch Metallfasern werden vorgeschlagen. Es werden dabei
allerdings hohe Anforderungen an die Haftung und Zugfestigkeit der
Einlage gestellt.

In den letzten Abschnitten wurden einige neuere Entwicklungen
der Keramik beschrieben. Es ist daraus zu erkennen, daß die Keramik
sich durch originelle Ideen einiger Forscher und durch folgerichtige Anwendung der physikalisch-chemischen Grundlagen stark erweitert hat,
ohne daß heute eine Grenze dieser Entwicklungen abzusehen ist.

Literaturverzeichnis

[1] ACKERMAN, R. J., and R. J. THORN: Vaporization of oxides. In [88], Bd. 1, S. 39—88.

[2] ACKERMANN, Ch., R. GAUGLITZ and H. W. HENNICKE: Das Bourry-Diagramm und die Trockenschwindung trocken verpreßter Massen. Actes IXe Congr. Internat. Céram., Bruxelles 1964, S. 115—123.

[3] —, — u. H. E. SCHWIETE: Untersuchung über den Einfluß von verschiedenen Tonmineralen auf die Trockeneigenschaften trockenverpreßter, feinkeramischer Massen. Ber. Dtsch. Keram. Ges. 42 (1965) 79—98.

[4] ADAMS, J., and M. D. ROGERS: The crystal structure of ZrO_2 and HfO_2. Acta Cryst. 12 (1959) 951.

[5] ADCOCK, D. S., and I. C. McDOWALL: The mechanism of filter pressing and slip casting. J. Amer. Ceram. Soc. 40 (1957) 355—362.

[6] AGRELL, S. O., and J. V. SMITH: Cell dimensions, solid solution, polymorphism, and identification of mullite and sillimanite. J. Amer. Ceram. Soc. 43 (1960) 69—76.

[7] AGTE, C., u. H. ALTERTHUM: Untersuchungen über Systeme hochschmelzender Carbide nebst Beiträgen zum Problem der Kohlenstoffschmelzung. Z. techn. Physik 11 (1930) 182—191.

[8] AITKEN, E. A.: Initial sintering kinetics of beryllium oxide. J. Amer. Ceram. Soc. 43 (1960) 627—633.

[9] ALBERS-SCHÖNBERG, E., u. O. ECKERT: Die keramischen „Rechteck"-Ferrite. Ber. Dtsch. Keram. Ges. 31 (1954) 311—314.

[10] ALCOCK, C. B.: La vaporisation sous vide des oxydes céramiques aux hautes températures. Bull. Soc. Franç. Céram. 72 (1966) 25—36.

[11] ALTHAUS, E.: Die Phasengrenze Andalusit/Sillimanit. Naturwiss. 53 (1966) 129.

[12] AMREIN, E., u. H. R. GLOOR: Beitrag zur Bestimmung der Frostwiderstandsfähigkeit grobkeramischer Produkte. Ber. Dtsch. Keram. Ges. 40 (1963) 483—493.

[13] AMRHEIN, E., A. DIETZEL u. K. METZNER: Untersuchungen zur vollautomatischen Feuchtigkeitsmessung an Sand und keramischen Massen. Ber. Dtsch. Keram. Ges. 37 (1960) 311—354, 520—523; 38 (1961) 339—341.

[14] ANDERSON, P. J., and P. MURRAY: Zeta potentials in relation to rheological properties of oxide slips. J. Amer. Ceram. Soc. 42 (1959) 70—74.

[15] ANDREASEN, A. H. M., u. J. J. V. LUNDBERG: Ein Apparat zur Feinheitsbestimmung nach der Pipettenmethode mit besonderem Hinblick auf Betriebsuntersuchungen. Ber. Dtsch. Keram. Ges. 11 (1930) 249—262.

[16] ANDREWS, A. I.: Porcelain enamels, 2. Aufl., Champaign (Ill.): Garrard Press Publ., 1961.

[17] APPEN, A. A.: Berechnung der Ausdehnung von Silikatglas, Glasuren und Emails. Steklo i Keram. 10 (1953) Nr. 1, 7—10.

[18] ARAMAKI, S., and R. ROY: Revised phase diagram for the system Al_2O_3—SiO_2. J. Amer. Ceram. Soc. 45 (1962) 229—242.

[19] —, —: A new polymorph of Al_2SiO_5 and further studies in the system Al_2O_3—SiO_2—H_2O. Amer. Miner. 48 (1963) 1322—1347.

[20] ARENBERG, C. A., H. H. RICE, H. Z. SCHOFIELD and J. H. HANDWERK: Thoria ceramics. Amer. Ceram. Soc. Bull. 36 (1957) 302—306.

[21] ARNOLD, H.: Die Struktur des Hochquarzes. Z. Krist. 117 (1962) 467—469.

[22] —: Diffuse Röntgenbeugung und Kooperation bei der α-β-Umwandlung von Quarz. Z. Krist. 121 (1965) 145—157.

[23] ASTBURY, N. F.: A plasticity model. Trans. Brit. Ceram. Soc. **62** (1963) 1—18.
[24] —, F. MOORE and J. A. LOCKETT: A cyclic torsion test for the study of plasticity. Trans. Brit. Ceram. Soc. **65** (1966) 435—462.
[25] BAILEY, S. W.: Polymorphism of the kaolin minerals. Amer. Miner. **48** (1963) 1196—1209.
[26] BALDUIN, H.: Zur Kennzeichnung der Trockenempfindlichkeit keramischer Formlinge. Ziegelind. **16** (1963) 601—603.
[27] BARANY, R., and K. K. KELLEY: Heats and free energies of formation of gibbsite, kaolinite, halloysite, and dickite. U. S. Bur. Mines Rept. Invest. **1961**, No. 5825, 13 S.
[28] BARTLETT, R. W., and J. K. HALL: Wetting of several solids by Al_2O_3 and BeO liquids. Amer. Ceram. Soc. Bull. **44** (1965) 444—448.
[29] BASKIN, Y., Y. HARADA, and J. H. HANDWERK: Some physical properties of thoria reinforced by metal fibers. J. Amer. Ceram. Soc. **43** (1960) 489—492.
[30] BATEL, W.: Einführung in die Korngrößenmeßtechnik, 2. Aufl. Berlin/Göttingen/Heidelberg: Springer 1964.
[31] BAUDRAN, A.: Die Plastizität und ihre Bedeutung für die keramische Industrie. Ber. Dtsch. Keram. Ges. **40** (1963) 625—634.
[32] BAUM, W.: Halbleitende Metalloxidschichten auf Eukryptit-Glaskeramik. Glastechn. Ber. **39** (1966) 483—489.
[33] BAUMGART, W.: Probleme zur Klassifizierung hochtcnerdehaltiger Steine. Ber. Dtsch. Keram. Ges. **42** (1965) 209—212.
[34] BEALS, R. J., and R. L. COOK: Low-expansion cordierite porcelains. J. Amer. Ceram. Soc. **35** (1952) 53—57.
[35] BELOV, N. V.: Chapter B of the crystal chemistry of silicates. Fortschr. Miner. **38** (1960) 4—6.
[36] BENEDICKS, C.: Wetting effect; liquostriction; a method for determining surface tension of solids. Proc. Intern. Symp. Reactivity of Solids, Gothenberg, 1952; Göteborg: Elanders Boktryckeri Aktiebolag 1954, 477—488.
[37] BERDEN, W. J. H., u. P. H. DAL: Die Eigenschaften von Gipsformen und die Bildung des Scherbens. In [692], Bd. 2, S. 171—188.
[38] BERENS, L. W., u. H. W. HENNICKE: Über Einflüsse der Korngröße der Hartmaterialien auf den Porzellanscherben. Tonind.-Ztg. **88** (1964) 245—258.
[39] BERG, R. H.: Electronic size analysis of subsieve particles by flowing through a small liquid resistor. A.S.T.M.Special Technical Publ. No. 234 (1958).
[40] BERTAUT, F., et F. FORRET: Structure des ferrites ferrimagnétiques des terres rares. C.R. hebd. Séances Acad. Sci. **242** (1956) 382—384.
[41] BEUTELSPACHER, H., u. H. W. VAN DER MAREL: Kennzeichen zur Identifizierung von Kaolinit, „Fireclay"-Mineral und Halloysit, ihre Verbreitung und Bildung. Tonind.-Ztg. **85** (1961) 517—525, 570—582.
[42] BEYERSDORFER, K., u. J. HAMMER: Qualitätskontrolle von Glasurfritten durch Bestimmung ihres Fließverhaltens. Ber. Dtsch. Keram. Ges. **43** (1966) 567—571.
[43] BILLINGTON, S. R., J. CHOWN, and A. E. S. WHITE: The sintering of silicon carbide. In [559], S. 19—34.
[44] BINNS, D. B., and A. DINSDALE: The texture of porous pottery bodies. The A. T. GREEN BOOK, Brit. Ceram. Res. Assoc., 1959, S. 277—288.
[45] BLACKBURN, A. R., T. S. SHEVLIN, and H. R. LOWERS: Fundamental study, and equipment for sintering and testing of cermet bodies. J. Amer. Ceram. Soc. **32** (1949) 81—98, 363—366; **34** (1951) 327—331.
[46] BLAKELY, A. M.: Life history of a glaze. J. Amer. Ceram. Soc. **21** (1938) 239—251.
[47] BLASCHKE, R.: Indirekte Volumen-, Oberflächen-, Größen- und Formfaktorbestimmung mittels Zählfiguren in Schnittebenen mit dem Leitz-Zählokular. Leitz-Mitt. **4** (1967) 44—49.
[48] BLASSE, G.: Properties of magnetic compounds in connection with their crystal chemistry. In [88], Bd. 4, S. 134—193.
[49] BLIN, C.: Etat de connaissances actuelles sur le bullage des émaux céramiques L'Ind. Céram. **1964**, Nr. 560, 75—82; Nr. 561, 139—143.

[50] BLOOR, E. C.: Plasticity: A critical survey. Trans. Brit. Ceram. Soc. **56** (1957) 423—481.

[51] BOEHM, H.-P.: Funktionelle Gruppen an Festkörper-Oberflächen. Angew. Chem. **78** (1966) 617—628.

[52] —, u. W. GROMES: Bestimmung der spezifischen Oberfläche hydrophiler Stoffe aus der Phenol-Adsorption. Angew. Chem. **71** (1959) 65—69.

[53] —, u. U. HOFMANN: Die rhomboedrische Modifikation des Graphits. Z. anorg. allg. Chem. **278** (1955) 58—77, 299.

[54] —, —: Einleitender Bericht über Graphit. Ber. Dtsch. Keram. Ges. **41** (1964) 128—134.

[55] DE BOER, J. H.: Changes in pore systems associated with sintering. Proc. Brit. Ceram. Soc. **5** (1965) 5—19.

[56] BORSON, E. N., and J. D. McCLELLAND: The space environment and its effects. In: [317], S. 397—422.

[57] BOWEN, N. L., and J. W. GREIG: The system Al_2O_3—SiO_2. J. Amer. Ceram. Soc. **7** (1924) 238—254.

[58] —, and J. F. SCHAIRER: The system MgO—FeO—SiO_2. Amer. J. Sci. **29** (1935) 151—217.

[59] BOWERS, D. J.: A critical compilation of ceramic forming methods. Amer. Ceram. Soc. Bull. **44** (1965) 145—150.

[60] BOWMAKER, E. J. C.: A suggested method for determining the plasticity of clays, and some applications of it. J. Soc. Glass Technol. **14** (1930) 330—348.

[61] BRAGG, W. L.: The structure of silicates. Z. Krist. **74** (1930) 237—305.

[62] BRAUER, G., u. W. LITTKE: Über den Schmelzpunkt und die thermische Dissoziation von Titandioxyd. J. Inorg. Nucl. Chem. **16** (1960) 67—76.

[63] BREHLER, B.: Über den Phosphorsäureaufschluß zur quantitativen Bestimmung der „freien Kieselsäure". Ber. Dtsch. Keram. Ges. **33** (1956) 329—331.

[64] BREMOND, P.: La viscosité des couvertes, glaçures et émaux céramiques à leur temperature de cuisson. Bull. Soc. Franç. Céram. **1951**, No. 11, 4—13.

[65] BRIL, J., et A. DINET: Le compteur coulter. Étude pratique de son utilisation. Bull. Soc. Franç. Céram. **69** (1965) 3—21.

[66] BRINDLEY, G. W.: X-ray identification and crystal structures of clay minerals. London: Taylor and Francis Ltd. 1951.

[67] —: Crystallographic aspects of some decomposition and recrystallization reactions. In [88], Bd. 3, S. 1—55.

[68] —, and J. O. CHOE: The reaction series, gibbsite → chi alumina → kappa alumina → corundum. Amer. Miner. **46** (1961) 771—785.

[69] —, and C. DE KIMPE: Identification of clay minerals by single crystal electron diffraction. Amer. Miner. **46** (1961) 1005—1016.

[70] —, and R. HAYAMI: Kinetics and mechanisms of dehydration and recrystallization of serpentine. In: Clays and clay minerals, Proc. 12. Nat. Conf. Oxford: Pergamon Press, 1964, S. 35—47.

[71] —, and S. S. KURTOSSY: Quantitative determination of kaolinite by X-ray diffraction. Amer. Miner. **46** (1961) 1205—1215.

[72] —, and M. NAKAHIRA: The kaolinite-mullite reaction series. J. Amer. Ceram. Soc. **42** (1959) 311—324.

[73] —, and R. M. Ougland: Quantitative studies of high-temperature reactions of quartz-kaolinite-felspar mixtures. Trans. Brit. Ceram. Soc. **61** (1962) 599—614.

[74] —, J. H. SHARP, J. H. PATTERSON and B. N. NARAHARI: Kinetics and mechanism of dehydroxylation processes. Amer. Miner. **52** (1967) 201—211.

[75] —, S. UDAGAWA, and D. M. MARONEY: High-temperature reactions of clay mineral mixtures and their ceramic properties. J. Amer. Ceram. Soc. **43** (1960) 59—65, 511—516; **44** (1961) 42—47.

[76] BRÜCKNER, R.: Zur Kinetik des Stoffaustausches an den Grenzflächen zwischen Silikatglas- und Salzschmelzen und des Stofftransportes in Silikatglasschmelzen unter besonderer Berücksichtigung des Verhaltens von Na_2SO_4 und seinen Zersetzungsprodukten. Glastechn. Ber. **34** (1961) 438—456, 515—528; **35** (1962) 93—105.

[77] Brückner, R.: Spektroskopische Temperaturmessung oberhalb 3500 °C und Bestimmung der Temperaturverteilung eines Plasmabrenners bei Atmosphärendruck. Ber. Dtsch. Keram. Ges. **40** (1963) 603—614.

[78] —: Studie über das Zusammenspiel von Grenzflächenspannungen und Fließverhalten beim Gießen von Schmelzen und keramischen Suspensionen. Ber. Dtsch. Keram. Ges. **41** (1964) 534—541.

[79] —: Der Einfluß mechanischer Schwingungen auf das Fließverhalten von Kaolin-Wasser-Mischungen. Ber. Dtsch. Keram. Ges. **43** (1966) 709—717.

[80] Brunauer, St., P. H. Emmett and E. Teller: Adsorption of gases in multimolecular layers. J. Amer. Chem. Soc. **60** (1938) 309—319.

[81] Budnikov, P. P., and R. A. Belyaev: Beryllium oxide and its properties. J. Appl. Chem. **33** (1960) 1901—1919 (= engl. Übers. aus Zh. Prikl. Khimii **33** (1960) 1921—1940).

[82] —, u. A. A. Litvakovskii: Phasendiagramm $Al_2O_3-SiO_2-ZrO_2$. Dokl. Akad. Nauk SSSR **106** (1956) 267—270.

[83] —, u. G. N. Maslennikowa: Über den Einfluß von Quarz auf die Eigenschaften von Hochspannungsporzellan. Actes IXe Congr. Internat. Céram., Bruxelles 1964, S. 173—185.

[84] Bugl, J.: Neue Verfahren zur Herstellung keramischer Sonderbaustoffe. Ber. Dtsch. Keram. Ges. **43** (1966) 577—580.

[85] Bundy, F. P.: Direct conversion of graphite to diamond in static pressure apparatus. J. Chem. Physics **38** (1963) 631—643.

[86] Bunzel, E.-G.: Das physikalisch-chemische Verhalten der Segerkegel. Tonind.-Ztg. **77** (1953) 353—362.

[87] —, u. H. Lehmann: Der Segerkegel und seine Bedeutung für die Kontrolle des Ofenbetriebes. Tonind.-Ztg. **86** (1962) 123—130.

[88] Burke, J. E. (Hrsg.): Progress in ceramic science. Oxford/London/New York/Paris: Pergamon Press, Bd. 1 (1961), Bd. 2 (1962), Bd. 3 (1963), Bd. 4 (1966).

[89] Burnham, C. W.: Refinement of the crystal structure of sillimanite. Z. Krist. **118** (1963) 127—148.

[90] —, and M. J. Buerger: Refinement of the crystal structure of andalusite. Z. Krist. **115** (1961) 269—290.

[91] Buessem, W. R.: Die Temperaturwechselbeständigkeit keramischer Massen. Sprechs. **93** (1960) 137—141.

[92] Butterworth, B.: The frost resistance of bricks and tiles. J. Brit. Ceram. Soc. 1 (1964) 203—236.

[93] Cahn, J. W., and R. J. Charles: The initial stages of phase separation in glasses. Phys. Chem. Glasses **6** (1965) 181—191.

[94] Cannon, J. H., and J. White: Some rate processes in ceramics. Trans. Brit. Ceram. Soc. **55** (1956) 82—111.

[95] Carlson, R. J., S. W. Porembka and C. C. Simons: Explosive compaction of ceramic materials. Amer. Ceram. Soc. Bull. **45** (1966) 266—270.

[96] Carnahan, R. D., and W. J. Knapp: Oxide ceramis. In [317], S. 76—106.

[97] Carroll, P.: Resistivity of granular silicon carbide. Impurity and crystal structure dependence. In [522], S. 341—346.

[98] Chaklader, A. C. D.: Particle size dependence of the quartz-cristobalite transformation. Trans. Brit. Ceram. Soc. **63** (1964) 289—300.

[99] —: Reactive hot pressing: a new ceramic process. Nature **206** (1965) 392—393.

[100] Charles, R. J.: A review of glass strength. In [88], Bd. 1, S. 1—38.

[101] Chesters, I. H.: Steelplant refractories. Sheffield: The United Steel Co. Ltd., 1957.

[102] Chown, J., and R. F. Deacon: The hydration of magnesia by water vapour. Trans. Brit. Ceram. Soc. **63** (1964) 91—102.

[103] Clevenger jr., Th. R.: Advances in ferrite technology. Amer. Ceram. Soc. Bull. **44** (1965) 216—220.

[104] Coble, R. L.: Initial sintering of alumina and hematite. J. Amer. Ceram. Soc. **41** (1958) 55—62.

[105] —: Effect of microstructure on the mechanical properties of ceramic materials. In [362], S. 213—228.

[106] —: Diffusion sintering in the solid state. In [365], S. 147—163.

[107] COBLE, R. L.: Sintering crystalline solids. J. appl. Physics **32** (1961) 787—799.
[108] —, and J. E. BURKE: Sintering in ceramics. In [88], Bd. 3, S. 197—251.
[109] —, and W. D. KINGERY: Effect of porosity on thermal stress fracture. J. Amer. Ceram. Soc. **38** (1955) 33—37.
[110] —, —: Effect of porosity on physical properties of sintered alumina. J. Amer. Ceram. Soc. **39** (1956) 377—385.
[111] COLE, S. S., and G. SOMMER: Glass-migration mechanism of ceramic-to-metal seal adherence. J. Amer. Ceram. Soc. **44** (1961) 265—271.
[112] COLE, W. F.: Moisture-expansion characteristics of a fired kaolinite — hydrous mica — quartz clay. J. Amer. Ceram. Soc. **45** (1962) 428—434.
[113] COLEGRAVE, E. B., and R. G. RIGBY: The decomposition of kaolinite by heat. Trans. Brit. Ceram. Soc. **51** (1952) 355—367.
[114] COLEMAN, D. S., and W. F. FORD: The effect of crystallite size and micro-porosity on the hydration of magnesia. Trans. Brit. Ceram. Soc. **63** (1964) 365—372.
[115] COMOFORO, J. E., R. B. FISCHER and W. F. BRADLEY: Mullitization of kaolinite. J. Amer. Ceram. Soc. **31** (1948) 254—259.
[116] COENEN, M.: Über die Hoch-Tief-Umwandlung von Quarz. Silic. Ind. **28** (1963) 147—156.
[117] CONRAD, H., and E. STOFEL: Mechanism of brittle fracture. In [316], S. 133—176.
[118] CORRENS, C. W., u. H. PILLER: Mikroskopie der feinkörnigen Silikatminerale. In [206], Bd. IV, Tl. 1, S. 697—780.
[119] COWAN, R. E., S. D. STODDARD and D. E. NUCKOLLS: Slip casting calcium oxide. Amer. Ceram. Soc. Bull. **41** (1962) 102—104.
[120] CREMER, E., u. H. HUCK: Über die Bestimmung sehr kleiner Oberflächen mit Hilfe einer modifizierten Sorptometermethode. Glastechn. Ber. **37** (1964) 511—515.
[121] CROWLEY, M. S., and R. ROY: Equilibrium and pseudo equilibrium low-temperature dehydration of montmorillonoids. J. Amer. Ceram. Soc. **42** (1959) 16—20.
[122] CURTIS, C. E.: Development of zirconia resistant to thermal shock. J. Amer. Ceram. Soc. **30** (1947) 180—196.
[123] CYPRÈS, R., R. WOLLAST u. J. RAUCQ: Beitrag zur Kenntnis der polymorphen Umwandlungen des reinen Zirkonoxids. Ber. Dtsch. Keram. Ges. **40** (1963) 527—532.
[124] CZANK, M., W. HOFFMANN u, F. LAVES: Tridymit. Zitiert in [194].
[125] CZERCH, W., K. FRÜHAUF u. U. HOFMANN: Über die Ursachen der Ver-flüssigung des Kaolins. Ber. Dtsch. Keram. Ges. **37** (1960) 255—265.
[126] DAL, P. H., and W. J. H. BERDEN: Bound water on clay. In [692], Bd. 2, S. 59—79.
[127] DARKEN, L. S., and R. W. GURRY: The system iron — oxygen. J. Amer. Chem. Soc. **67** (1945) 1398—1412; **68** (1946) 798—816.
[128] DAVIS, ST. G., D. F. ANTHROP and A. W. SEARCY: Vapor pressure of silicon and the dissociation pressure of silicon carbide. J. Chem. Physics **34** (1961) 659—664.
[129] DAWIHL, W., u. B. FRISCH: Das System α-Aluminiumoxid—Wasser bei geringen Wasserdampfdrücken. Ber. Dtsch. Keram. Ges. **44** (1967) 44—50.
[130] DEACON, R. F., S. F. A. MISKIN and B. J. LADELL: Gas entrapment during the sintering of magnesia in argon. Trans. Brit. Ceram. Soc. **65** (1966) 585—601.
[131] DEEG, E.: Bemerkungen zur Diffusionstheorie des Schlicker-Gießprozesses unter besonderer Berücksichtigung der Berechnung der Wasserkonzentra-tion in der Gipsform. Abh. VI. Internat. Keram. Kongr. Wiesbaden 1958, S. 243—259.
[132] —, A. DIETZEL u. E.-M. AMRHEIN: Eine Anordnung zur selbsttätigen Auf-zeichnung der Anisotropieverteilung in keramischen Körpern. Ber. Dtsch. Keram. Ges. **35** (1958) 391—398.
[133] DEEN, W.: Das Saugvermögen von Gips. Ber. Dtsch. Keram. Ges. **38** (1961) 107—110.

[134] DeKeyser, W. L., u. R. Cyprès: Beitrag zum Studium der Bildung des Tridymits. Mineralisatorwirkung von Feldspat und Kaolin auf die Umwandlung des Quarzes. Ber. Dtsch. Keram. Ges. **38** (1961) 303—308.

[135] DeKimpe, C., M. C. Gastuche and G. W. Brindley: Low-temperature syntheses of kaolin minerals. Amer. Miner. **49** (1964) 1—16.

[136] Delamarre, Cl.: Le système HfO_2—CaO. Comparaison avec le système correspondant à base de zircone. Silic. Ind. **32** (1967) 345—353.

[137] DeVries, R. C.: The system Al_2SiO_5 at high temperatures and pressures. J. Amer. Ceram. Soc. **47** (1964) 230—237.

[138] —, R. Roy and E. F. Osborn: The system TiO_2—SiO_2. Trans. Brit. Ceram. Soc. **53** (1954) 525—540.

[139] Dietz, K., R. Gauglitz u. H. E. Schwiete: Über die Verflüssigung von Schlämmen silikatischer Tonminerale und anderer mineralischer Schlämme. Ziegelind. **10** (1957) 353—359.

[140] Dietzel, A.: Die Aufklärung des Haftproblems bei der Eisenblechemaillierung. Sprechs. **68** (1935) 3—6, 20—23, 34—36, 53—56, 67—69, 84—85.

[141] —: Die Kationenfeldstärken und ihre Beziehungen zu Entglasungsvorgängen, zur Verbindungsbildung und zu den Schmelzpunkten von Silicaten. Z. Elektrochem. **48** (1942) 9—23.

[142] —: Glasstruktur und Glaseigenschaften. Glastechn. Ber. **22** (1948) 41—50, 81—86, 212—224.

[143] —: Bedeutung der Gleichgewichtsdiagramme für den Keramiker. Sprechs. **86** (1953) 251—252.

[144] —, u. B. Dhekne: Über die Rehydration von Metakaolin. Ber. Dtsch. Keram. Ges. **34** (1957) 366—377.

[145] —, H. Jagodzinski u. H. Scholze: Thermodynamische, röntgenographische, ultrarotspektroskopische und chemische Untersuchungen an technischem Siliziumkarbid. Ber. Dtsch. Keram. Ges. **37** (1960) 524—537.

[146] —, u. H. Knauer: Das Erweichungsverhalten keramischer Stoffe mit verschiedener Vorbrenntemperatur. Ber. Dtsch. Keram. Ges. **32** (1955) 285—287.

[147] —, u. H. Mostetzky: Vorgänge beim Wasserentzug aus einem keramischen Schlicker durch die Gipsform. Ber. Dtsch. Keram. Ges. **33** (1956)7—18, 47—52, 73—85, 115—118.

[148] —, u. N. N. Padurow: Einfluß verschiedener Rohstoffsorten auf die mineralische Zusammensetzung und die Transparenz von Porzellan. Ber. Dtsch. Keram. Ges. **31** (1954) 7—18.

[149] —, u. H. Saalfeld: Gefügeuntersuchungen an porösen Stoffen. Ber. Dtsch. Keram. Ges. **34** (1957) 363—366.

[150] —, u. H. Tober: Über Zirkonoxyd und Zweistoffsysteme mit Zirkonoxyd. Ber. Dtsch. Keram. Ges. **30** (1953) 47—61, 71—82.

[151] —, u. M. Weisner-Kieffer: Über die Frostbeständigkeit keramischer Erzeugnisse. Ber. Dtsch. Keram. Ges. **30** (1953) 275—286.

[152] Dinsdale, A., and W. T. Wilkinson: Strength of whiteware bodies. Proc. Brit. Ceram. Soc. **6** (1966) 119—136.

[153] —, —: Properties of whiteware bodies in relation to size cf constituent particles. Trans. Brit. Ceram. Soc. **65** (1966) 391—421.

[154] Duckworth, W.: Discussion of Ryshkewitch paper. J. Amer. Ceram. Soc. **36** (1953) 68.

[155] Ďurovič, S.: Isomorphism between sillimanite and mullite. J. Amer. Ceram. Soc. **45** (1962) 157—161.

[156] —: Die Kristallstruktur der Mullitmischkristallreihe und ihre Beziehung zur Struktur des Sillimanits. Ber. Dtsch. Keram. Ges. **40** (1963) 287—293.

[157] Duwez, P., F. Odell and F. H. Brown: Stabilization cf zirconia with calcia and magnesia. J. Amer. Ceram. Soc. **35** (1952) 107—113.

[158] Eastman, E. D., L. Brewer, L. A. Bromley, P. W. Gilles and N. L. Lofgren: Preparation and tests of refractory sulfide crucibles. J. Amer. Ceram. Soc. **34** (1951) 128—134.

[159] Eastman, P. F., and I. B. Cutler: Effect of water vapor on initial sintering of magnesia. J. Amer. Ceram. Soc. **49** (1966) 526—530.

[160] Economos, G.: Magnetic ceramic. J. Amer. Ceram. Soc. **38** (1955) 241—244, 292—297, 335—340, 353—357, 408—411; **42** (1959) 628—632.

[161] —: Effect of microstructure on the electrical and magnetic properties of ceramics. In [362], S. 201—213.

[162] Edelman, C. H. and J. Ch. L. Favejee: On the crystal structure of montmorillonite and halloysite. Z. Krist. **102** (1940) 417—431.

[163] Eipeltauer, E.: Porzellanfehler beim Brand in Siliziumkarbidkapseln. Silikattechn. **6** (1955) 157—158.

[164] —: Physikalisch-chemische Untersuchungen an Alumosilikatgläsern. Silikattechn. **17** (1966) 180—185.

[165] Eisenman, G.: On the elementary atomic origin of equilibrium ionic specificity. In: Membrane transport and metabolism. Hrsg. A. Kleinzeller und A. Kotyk, New York: Academic Press, 1960, S. 163—179.

[166] Eitel, W.: Die heterogenen Schmelzgleichgewichte silikatischer Mehrstoffsysteme. Leipzig: J. A. Barth-Verlag 1945.

[167] —: The physical chemistry of the silicates. Chicago: The Univ. Chicago Press 1954.

[168] —: Silicate science. New York—London: Academic Press 1964 bis 1966.

[169] —, H. O. Müller u. O. E. Radczewski: Übermikroskopische Untersuchungen an Tonmineralen. Ber. Dtsch. Keram. Ges. **20** (1939) 165—180.

[170] Embabi, H. K.: Untersuchungen über den Einfluß der Ofenatmosphäre auf die Farbe von Porzellan und Gläsern. Diss. Clausthal, 1961.

[171] Endell, K.: Über Verfestigung und Entspannung, Erweichung und Umkristallisation keramischer Erzeugnisse in Abhängigkeit von Gefüge, Temperatur, Zeit und Verformung. Ber. Dtsch. Keram. Ges. **13** (1932) 97—124.

[172] —, H. Fendius u. U. Hofmann: Basenaustauschfähigkeit von Tonen und Formgebungsprobleme in der Keramik (Gießen, Drehen, Pressen). Ber. Dtsch. Keram. Ges. **15** (1934) 595—625.

[173] —, u. W. Müllensiefen: Über elastische Verdrehung und plastische Verformung feuerfester Steine bei 20 °C und bei höheren Temperaturen. Ber. Dtsch. Keram. Ges. **14** (1933) 16—28.

[174] Endter, F., u. H. Gebauer: Ein einfaches Gerät zur statistischen Auswertung von mikroskopischen bzw. elektronenmikroskopischen Aufnahmen. Optik **13** (1956) 97—101.

[175] Enslin, H.: Über einen Apparat zur Messung der Flüssigkeitsaufnahme von quellbaren und porösen Stoffen und zur Charakterisierung der Benetzbarkeit. Chem. Fabrik **6** (1933) 147—148.

[176] Entress, K.: Die Bestimmung des Anmachwassers nach Pfefferkorn und die Eignung des Verfahrens für die Betriebskontrolle. Silikattechn. **10** (1959) 441—442.

[177] Ernsberger, F. M.: Current status of the Griffith crack theory of glass strength. In [88], Bd. 3, S. 57—76.

[178] Ernst, Th., W. Forkel u. K. von Gehlen: Vollständiges Nomenklatursystem der Tone. Ber. Dtsch. Keram. Ges. **36** (1959) 11—18.

[179] Eucken, A.: Die Wärmeleitfähigkeit keramischer feuerfester Stoffe. Ihre Berechnung aus der Wärmeleitfähigkeit der Bestandteile. Forschungsh. Nr. 353, Ausg. B, Berlin: VDI-Verlag 1932.

[180] Everett, D. H.: The thermodynamics of frost damage to porous solids. Trans. Faraday Soc. **57** (1961) 1541—1551.

[181] Fahn, R., A. Weiss u. U. Hofmann: Über die Thixotropie bei Tonen. Ber. Dtsch. Keram. Ges. **30** (1953) 21—25.

[182] Farmer, V. C., and J. D. Russell: The infra-red spectra of layer silicates. Spectrochim. Acta **20** (1964) 1149—1173.

[183] Fenner, D. N.: The stability relations of the silica minerals. Amer. J. Sci. **36** (1913) 331—384.

[184] Fichtner, M.: Materialbedingte Trocknungsempfindlichkeit von Steinzeugmassen. Silikattechn. **16** (1965) 180—182, 218—221.

[185] Findlay, A.: Die Phasenregel. Weinheim/Bergstr.: Verlag Chemie 1958.

[186] Fineman, M. A., and R. Daignault: Elektronegativities calculated using a modification of Pauling's equation. J. Inorg. Nucl. Chem. **10** (1959) 205—214.

[187] FLEMING, J. E., and H. LYNTON: A preliminary study of the crystal structure of low tridymite. Phys. Chem. Glasses 1 (1960) 148—154.

[188] FLÖRKE, O. W.: Der Einfluß der Alkali-Ionen auf die Kristallisation des SiO$_2$. Fortschr. Miner. 32 (1953) 33—35.

[189] —: Strukturanomalien bei Tridymit und Cristobalit. Ber. Dtsch. Keram. Ges. 32 (1955) 369—381.

[190] —: Über das Einstoffsystem SiO$_2$. Naturwiss. 43 (1956) 419—420.

[191] —: Über die Röntgen-Mineralanalyse und die thermische Ausdehnung von Cristobalit und Tridymit und über die Zusammensetzung von Silikamassen. Ber. Dtsch. Keram. Ges. 34 (1957) 343—353.

[192] —: Die Kristallarten des SiO$_2$ und ihr Umwandlungsverhalten. Ber. Dtsch. Keram. Ges. 38 (1961) 89—97.

[193] —: Zur Kristallchemie hochschmelzender Oxide. Ber. Dtsch Keram. Ges. 40 (1963) 451—459.

[194] —: Die Modifikationen von SiO$_2$. Fortschr. Miner. 44 (1967) 181—230.

[195] —, u. H. SAALFELD: Ein Verfahren zur Herstellung texturfreier Röntgen-Pulverpräparate. Z. Krist. 106 (1955) 460—466.

[196] FORD, R. W.: Drying. London: MacLaren & Sons Ltd., 1964.

[197] FORD, W. F.: Phase equilibrium principles in the corrosion of acid refractories. Glass Technol. 1 (1960) 17—24.

[198] FOSTER, W. R.: High temperature X-ray diffraction study of the polymorphism of MgSiO$_3$. J. Amer. Ceram. Soc. 34 (1951) 255—259.

[199] FRÉCHETTE, V. D.: Experimental techniques for microstructure investigation. In: Microstructure of ceramic materials. Nat. Bur. Stand. Misc. Publ. 257, Washington, 1964, S. 15—28.

[200] FREEMAN, I. L., and R. G. SMITH: Moisture expansion of structural ceramics. Trans. Brit. Ceram. Soc. 66 (1967) 13—35.

[201] FRENKEL, YA. I.: Viscous flow of crystalline bodies under action of surface tension. J. Techn. Physics USSR 9 (1945) 305ff.

[202] FREUND, F.: Die Deutung der exothermen Reaktion des Kaolinits als „Reaktion des aktiven Zustandes". Ber. Dtsch. Keram. Ges. 37 (1960) 209—218.

[203] —: Zum Entwässerungsmechanismus von Hydroxiden. Ber. Dtsch. Keram. Ges. 42 (1965) 23—25.

[204] —: Kaolinit — Metakaolinit, Modellfall eines Festkörpers mit extrem hohen Störstellenkonzentrationen. Ber. Dtsch. Keram. Ges. 44 (1967) 5—13.

[205] —: Beiträge zum keramischen Brennprozeß. Keram. Z. 19 (1967) 298—301, 433—436.

[206] FREUND, H. (Hrsg.): Handbuch der Mikroskopie in der Technik, Bd. IV: Mikroskopie der Silikate. Frankfurt/Main: Umschau Verlag, Tl. 1 (1955), Tl. 3 (1965), Tl. 4 (1964).

[207] FRIEDRICH, H., u. U. HOFMANN: Aktivitäten der austauschfähigen Kationen an Tonmineralen. Z. anorg. allg. Chem. 342 (1966) 10—19.

[208] FRIEL, P. J., and R. C. GOETZ: The composition and enthalpy of dissociated water vapor. J. Physic. Chem. 64 (1960) 175—177.

[209] FRIPIAT, J. J., A. JELLI, G. PONCELET and J. ANDRÉ: Thermodynamic properties of adsorbed water molecules and electrical conduction in montmorillonites and silicas. J. Physic. Chem. 69 (1965) 2185—2197.

[210] —, and F. TOUSSAINT: Dehydroxylation of kaolinite. J. Physic. Chem. 67 (1963) 30—36.

[211] FRISCH, B.: Die Hydratation von α-Aluminiumoxid. Ber. Dtsch. Keram. Ges. 42 (1965) 149—160.

[212] FRONDEL, C.: The system of mineralogy, Bd. III: Silica minerals. New York/London: John Wiley & Sons 1962.

[213] FULRATH, R. M.: Hot forming processes. Amer. Ceram. Soc. Bull. 43 (1964) 880—885.

[214] GALANULIS, E., u. H. SCHOLZE: Gasanalytische Untersuchungen zum Mechanismus der Blasenbildung in Porzellanglasuren. Ber. Dtsch. Keram. Ges. 44 (1967) 533—539.

[215] GARDNER, W. J., J. D. McCLELLAND and J. H. RICHARDSON: Hot-pressed translucent oxides. In [316], S. 215—234.

[216] GASTUCHE, M. C., F. TOUSSAINT, J. J. FRIPIAT, R. TOUILLEAUX and M. VAN MEERSCHE: Study of intermediate stages in the kaolin → metakaolin transformation. Clay Miner. Bull. 5 (1963) 227—236.

[217] GEHLEN, K. VON: Die orientierte Bildung von Mullit aus Al—Si-Spinell in der Umwandlungsreihe Kaolinit → Mullit. Ber. Dtsch. Keram. Ges. 39 (1962) 315—320.

[218] GELLER, S., and M. A. GILLEO: Crystal structure and ferrimagnetism of yttrium-iron garnet, $Y_3Fe_2(FeO_4)_3$. J. Phys. Chem. Solids 3 (1957) 30—36.

[219] GIBBS, G. V.: The polymorphism of cordierite. Amer. Miner. 51 (1966) 1068—1087.

[220] GIBBS, R. E.: The polymorphism of silicon dioxide and the structure of tridymite. Proc. Roy. Soc. A 113 (1927) 351—368.

[221] GIESS, E. A.: Equations and tables for analyzing solid-state reaction kinetics. J. Amer. Ceram. Soc. 46 (1963) 374—376.

[222] GILCHREST, G. I., and T. A. KLINEFELTER: Experimental investigation of porcelain mixtures. Electr. J. 15 (1918) 77ff.

[223] GILLERY, F. H., and E. H. BUSH: Thermal contraction of β-eucryptite $(Li_2O \cdot Al_2O_3 \cdot 2\,SiO_2)$ by X-ray and dilatometer methods. J. Amer. Ceram. Soc. 42 (1959) 175—177.

[224] GOLDSCHMIDT, V. M.: Geochemische Verteilungsgesetze der Elemente. Skrifter Norske Videnskaps Akad. (Oslo), I. Math.-naturwiss. Kl. 1926, Nr. 8.

[225] GONELL, H. W.: Ein Windsichtverfahren zur Bestimmung der Kornzusammensetzung staubförmiger Stoffe. VDI-Ztg. 72 (1928) 945—960.

[226] GOODMAN, G.: Relation of microstructure to translucency of porcelain bodies. J. Amer. Ceram. Soc. 33 (1950) 66—72.

[227] GORUM, A. E., E. R. PARKER and J. A. PASK: Effect of surface conditions on room-temperature ductility of ionic crystals. J. Amer. Ceram. Soc. 41 (1958) 161—164.

[228] GRAHAM, J.: Density of clay-water systems. Nature 190 (1962) 1124.

[229] —, G. F. WALKER and G. W. WEST: Nuclear magnetic resonance study of interlayer water in hydrated layer silicates. J. Chem. Physics 40 (1964) 540—550.

[230] GREEN, A. T., and L. S. THEOBALD: An investigation of the changes taking place during the industrial burning of fireclay bricks. Trans. Brit. Ceram. Soc. 24 (1925) 124—158.

[231] GREENWOOD G. W.: Growth of dispersed precipitates in solutions. Acta Metall. 4 (1956) 243—248.

[232] GREGG, S. J., T. W. PARKER and M. J. STEPHENS: Grinding of kaolinite. J. Appl. Chem. 4 (1954) 666—674.

[233] —, and K. S. W. SING: Adsorption, surface area and porosity. London/New York: Academic Press 1967.

[234] GRIM, R. E.: Applied clay mineralogy. New York/London: McGraw-Hill 1962.

[235] —, and G. KULBICKI: Montmorillonite: High temperature reactions and classification. Amer. Miner. 46 (1961) 1329—1369.

[236] GROFCSIK, J.: Mullite. Budapest: Akadémiai Kiadó 1961·

[237] GRUNER, E.: Betrachtungen zur Theorie der Plastizität. Ber. Dtsch. Keram. Ges. 31 (1954) 135—142.

[238] —: Zur Kenntnis der in den Tonen enthaltenen organischen Substanz. Ber. Dtsch. Keram. Ges. 32 (1955) 169—172, 199—203.

[239] GRUNER, J. W.: Crystal structure of kaolinite. Z. Krist. 83 (1932) 75—88.

[240] GUGEL, E.: Die hochschmelzenden Stoffe und ihre Verwendung für feuerfeste Zwecke. Ber. Dtsch. Keram. Ges. 40 (1963) 533—543.

[241] —, u. H. VOGEL: Grenzen der Anwendbarkeit von cordierithaltigen keramischen Werkstoffen. Ber. Dtsch. Keram. Ges. 41 (1964) 197—205.

[242] —, — u. O. OSTERRIED: Untersuchungen zur Verwendung von Bariumoxid enthaltenden keramischen Massen als Steinzeug für chemisch-technische Zwecke. Ber. Dtsch. Keram. Ges. 41 (1964) 520—526.

[243] GUGEL, E., H. VOGEL u. O. OSTERRIED: Untersuchungen zur Herstellung eines laugenbeständigen Steinzeugs. Ber. Dtsch. Keram. Ges. **43** (1966) 587—592.

[244] GUILLAUD, C.: Propriétés magnétiques des ferrites. J. Phys. Rad. **12** (1951) 239—284.

[245] GUYER JR,. A., B. BÖHLEN u. A. GUYER: Über die Bestimmung von Porengrößen. Helv. Chim. Acta **42** (1959) 2103—2110.

[246] HAASE, TH.: Die Temperaturwechselfestigkeit spröder Körper. Silikattechn. **1** (1950) 5—7.

[247] —: Erkennung und Vermeidung von inneren Spannungen bei keramischen Erzeugnissen. Silikattechn. **2** (1951) 323—326.

[248] —: Versuch einer allgemeinen Theorie der Bildsamkeit keramischer Massen. Silikattechn. **3** (1952) 265—267.

[249] —: Untersuchungen zur Bildsamkeit keramischer Massen. Silikattechn. **5** (1954) 429—432.

[250] —: Keramik. Freiberg: Bergakademie Freiberg 1961.

[251] —: Der Pfefferkorn-Apparat als absolutes Meßgerät. Ber. Dtsch. Keram. Ges. **43** (1966) 593—594.

[252] —, u. J. LANGE: Über die Packungsdichte bei keramischer Formgebung. Silikattechn. **7** (1956) 222—223.

[253] —, u. K. PETERMANN: Die Abhängigkeit der Viskosität bildsamer, keramischer Massen von der Deformationsgeschwindigkeit. Silikattechn. **6** (1955) 427—434.

[254] —, —: Der Einfluß der Verformungsgeschwindigkeit auf die Struktur plastischer keramischer Massen. Silikattechn. **7** (1956) 58—60.

[255] HAGEN, W.: Über die Struktur und ihre Beseitigung. Ber. Dtsch. Keram. Ges. **32** (1955) 114—119.

[256] HAGUE, J. R., J. F. LYNCH, A. RUDNICK, F. C. HOLDEN and W. H. DUCKWORTH: Refractory ceramics for aerospace. A materials selection handbook. Columbus (Ohio): The Amer. Ceram. Soc. Inc., 1964.

[257] HALL, F. P.: The influence of chemical composition on the physical properties of glazes. J. Amer. Ceram. Soc. **13** (1930) 182—199.

[258] HAMANO, K.: Studies on the microstructure of porcelain bodies. J. Ceram. Assoc. Japan **63** (1955) 432—441; **64** (1956) 167—179, 217—222, 236—246, 271—279; **65** (1957) 1—8, 44—54, 76—84, 193—200; **67** (1959) 172—178, 208—215; **69** (1961) 257—261.

[259] HARDERS, F., u. S. KIENOW: Feuerfestkunde. Berlin/Göttingen/Heidelberg: Springer 1960.

[260] HARKINS, W. D., and G. JURA: Surfaces of solids. J. Amer. Chem. Soc. **66** (1944) 1362—1366.

[261] HARKORT, D., u. R. HERMANN: Vorschlag zur Bestimmung der Gießfähigkeit von Tonen, Kaolinen und Massen. Ber. Dtsch. Keram. Ges. **35** (1957) 16—17.

[262] HARKORT, H: Die Bestimmung der Teilchengröße durch die Schlämmanalyse. Glas-Email-Keramo-Techn. **3** (1952) 165—168, 222—224, 256—258.

[263] —, u. H. J. HARKORT: Eine rationelle Schnellanalyse. Sprechs. **65** (1932) 705—707, 723—726, 739—741.

[264] HARRISON, R., and A. DINSDALE: The effect of temperature and pressure on moisture expansion. Trans. Brit. Ceram. Soc. **63** (1964) 63—75.

[265] HARTMANN, J., E. GUGEL u. G. WIEDENHORN: Untersuchungen zum Gedächtnis keramischer Massen. Ber. Dtsch. Keram. Ges. **43** (1966) 595—599.

[266] HASHIN, Z.: Elastic moduli of heterogenous materials. J. appl. Mechanics **29** (1962) 143—150.

[267] HASSELMAN, D. P. H.: On the porosity dependence of the elastic moduli of polycrystalline refractory materials. J. Amer. Ceram. Soc. **45** (1962) 452—453.

[268] —, and R. M. FULRATH: Effect of cylindrical porosity on Young's modulus of polycrystalline brittle materials. J. Amer. Ceram. Soc. **48** (1965) 545.

[269] HÄUSSER, A.: Rohstoffe — Strangpressen — Strukturen. Ziegelind. **19** (1966) 834—838, 869—874, 904—907; **20** (1967) 9—11, 26—30, 96—102.

[270] HAUTH JR., W. E.: Slip casting of aluminum oxide. J. Amer. Ceram. Soc. **32** (1949) 394—398.

[271] HAYNES, J. M.: Frost action as a capillary effect. Trans. Brit. Ceram. Soc. **63** (1964) 697—703.

[272] HECHT, A.: Elektrokeramik. Berlin/Göttingen/Heidelberg: Springer 1959.
[273] VAN HEEK, K. H., H. JÜNTGEN u. W. PETERS: Kinetik nicht isotherm ablaufender Reaktionen am Beispiel thermischer Zersetzungsreaktionen. Ber. Bunsenges. **71** (1967) 113—121.
[274] HELGESSON, C. I.: Investigation of the bonding mechanism between metals and ceramics. Chalm. Tekn. Högsk. Handl. Nr. 311 (1966), 121 S.
[275] HELLER, L.: The thermal transformation of pyrophyllite to mullite. Amer. Miner. **47** (1962) 156—157.
[276] HENNICKE, H. W.: Torsionsmessungen an dichten feinkeramischen Werkstoffen bei hohen Temperaturen. Ber. Dtsch. Keram. Ges. **38** (1961) 158—162.
[277] —: Das isostatische Preßverfahren in der Keramik. Ber. Dtsch. Keram. Ges. **44** (1967) 97—98.
[278] —: Zum Begriff Keramik und zur Einteilung keramischer Werkstoffe. Ber. Dtsch. Keram. Ges. **44** (1967) 209—211.
[279] —, u. K. NIESEL: Zur Kenntnis der Entwässerung des Pyrophyllits. Tonind.-Ztg. **89** (1965) 496—503.
[280] —, H. E. SCHWIETE u. J. SIECKMANN: Zur Bestimmung der Verschleißfestigkeit von Glasuren. Tonind.-Zgt. **90** (1966) 106—117, 147—155.
[281] HENNIG, A.: Kritische Betrachtungen zur Volumen- und Oberflächenmessung in der Mikroskopie. Zeiss-Werkzeitschr. **30** (1958) 78—86.
[282] HENZE, W.: Glasuren. Halle: Knapp 1951.
[283] HERCZOG, A.: Ferroelectrics and ferrites crystallized from glass. Glass Ind. **48** (1967) 445—450.
[284] HEROLD, P. G., and W. J. SMOTHERS: Survey of the literature on plasticity, viscosity, and allied properties. Amer. Ceram. Soc. Bull. **23** (1944) 184—188.
[285] HERRMANN, K. R.: Studie zur Messung der Thixotropie von keramischplastischen Massen. Sprechs. **97** (1964) 332—336.
[286] HEY, J. S., and W. H. TAYLOR: The coordination number of aluminium in the aluminosilicates. Z. Krist. **80** (1931) 428—441.
[287] HEYER, H.: Neuere Untersuchungen zur Kinetik des Kristallwachstums. Angew. Chem. **78** (1966) 130—141.
[288] HILL, V. G., and R. ROY: Silica structure studies. Trans. Brit. Ceram. Soc. **57** (1958) 496—510.
[289] HILLIG, W. B.: Sources of weakness and the ultimate strength of brittle amorphous solid . In: J. D. Mackenzie (Hrsg.): Modern aspects of the vitreous state. Bd. 2, S. 152—194. London: Butterworths 1962.
[290] HINZ, W.: Silikate. Berlin: VEB Bauwesen 1963.
[291] HIRSCH, H., u. W. DAWIHL, Die Einwirkung von Phosphorsäure auf keramische Rohstoffe sowie gebrannte Erzeugnisse und ein neues Verfahren der rationellen Analyse von Tonen. Ber. Dtsch. Keram. Ges. **13** (1932) 54—60.
[292] HOFFMANN, U.: Die Bestimmung der Verschleißbeständigkeit glasierter Oberflächen. Ber. Dtsch. Keram. Ges. **41** (1964) 240—246.
[293] —: Faserverstärkte keramische Werkstoffe. Ber. Dtsch. Keram. Ges. **43** (1966) 337—345.
[294] HOFFMANN, W.: Gitterkonstanten und Raumgruppe von Tridymit bei 20 °C. Naturwiss. **54** (1967) 114.
[295] —, u. F. LAVES: Zur Polytypie und Polytropie von Tridymit. Naturwiss. **51** (1964) 335.
[296] HOFMANN, U.: Über die Grundlagen der Plastizität der Kaoline und Tone. Ber. Dtsch. Keram. Ges. **26** (1949) 21—32.
[297] —: Neue Erkenntnisse auf dem Gebiete der Thixotropie, insbesondere bei tonhaltigen Gelen. Koll.-Z. **125** (1952) 86—99.
[298] —: Aus der Chemie der hochquellfähigen Tone (Bentonite). Angew. Chem. **68** (1956) 53—61.
[299] —: Die chemischen Grundlagen der griechischen Vasenmalerei. Angew. Chem. **74** (1962) 397—406.
[300] —: Oberflächenladung und Rheologie der Tonminerale. Ber. Dtsch. Keram. Ges. **41** (1964) 680—686.
[301] —, K. ENDELL u. D. WILM: Kristallstruktur und Quellung von Montmorillonit. Z. Krist. **86** (1933) 340—348.

[302] Hofmann, U., Th. Ernst u. A. Zwetsch: Vergleichende Prüfung der Verfahren zur quantitativen Mineralanalyse bei Tonen und Kaolinen. Fachausschußber. Nr. 12 d. Dtsch. Keram. Ges., 1958.

[303] —, u. H. Haacke: Ermittlung des Gehaltes an Kaolinit und Glimmer in einem Ton oder Kaolin. Ber. Dtsch. Keram. Ges. **39** (1962) 41—43.

[304] —, S. Morcos u. F. W. Schembra: Das sonderbarste Tonmineral, der Halloysit. Ber. Dtsch. Keram. Ges. **39** (1962) 474—482.

[305] —, F. W. Schembra, M. Schatz, D. Scheurlen, H. Friedrich u. I. Dammler: Die Trockenbiegefestigkeit von Kaolinen und Tonen. Ber. Dtsch. Keram. Ges. **44** (1967) 131—140.

[306] —, Ar. Weiss u. R. Fahn: Thixotropie bei Kaolinit und innerkristalline Quellung bei Montmorillonit. Koll.-Z. **151** (1957) 97—115.

[307] Holmquist, S. B.: Conversion of quartz to tridymite. J. Amer. Ceram. Soc. **44** (1961) 82—86.

[308] Holt, J. B., I. B. Cutler and M. E. Wadsworth: Rate of thermal dehydration of kaolinite in vacuum. J. Amer. Ceram. Soc. **45** (1962) 133—136.

[309] —, —, —: Kinetics of the thermal dehydration of hydrous silicates. In: Clays and clay minerals. Proc. 12. Nat. Conf. Oxford: Pergamon Press, 1964, S. 55—67.

[310] Hope, I. C., J. Gabriel and I. C. McDowall: Moisture movement and readsorption phenomena in dried clay articles. J. Amer. Ceram. Soc. **43** (1960) 553—560.

[311] Hoppe, R.: Über Madelungfaktoren. Angew. Chem. **78** (1966) 52—63.

[312] Hornstra, J.: Dynamic properties of grain boundaries. In [692], Bd. 2, S. 191—202.

[313] Hosking, J. S., H. V. Hueber and A. E. Holland: Long-term expansion and contraction of clay products. Nature **206** (1965) 888—890.

[314] van Houten, G. R.: A survey of ceramic-to-metal bonding. Amer. Ceram. Soc. Bull. **38** (1959) 301—307.

[315] Houwink, R.: Elastizität, Plastizität und Struktur der Materie, 3. Aufl. Dresden und Leipzig: Th. Steinkopff. 1958.

[316] Hove, J. E., and W. C. Riley (Hrsg.): Modern ceramics: Some principles and concepts. New York/London/Sydney: J. Wiley & Sons Inc. 1965.

[317] —, — (Hrsg.): Ceramics for advanced technologies. New York/London/Syndney: J. Wiley & Sons Inc. 1965.

[318] Huminik jr., J.: High-temperature inorganic coatings. London: Chapman & Hall Ltd. 1963.

[319] Hummel, F. A.: Thermal expansion properties of some synthetic lithia minerals. J. Amer. Ceram. Soc. **34** (1951) 235—239.

[320] —, T. Y. Tien and K. H. Kim: Studies in lithium oxide systems. J. Amer. Ceram. Soc. **43** (1960) 192—197.

[321] Iler, R. K.: The colloid chemistry of silica and silicates. Ithaka (N. Y.): Cornell Univ., 1955.

[322] Illgen, F.: Einfluß der Schamottekorngröße und -menge sowie der Brenntemperatur auf die physikalischen Eigenschaften von feuerfesten Baustoffen, insbesondere auf die Zugfestigkeit bei hohen Temperaturen. Ber. Dtsch. Keram. Ges. **11** (1930) 649—674.

[323] Insley, H., and V. D. Fréchette: Microscopy of ceramics and cements. New York: Academic Press 1955.

[324] Irani, R. R., and C. F. Callis: Particle size: Measurement, interpretation, and application. New York: J. Wiley & Sons Inc. 1963.

[325] Jagodzinski, H.: Fehlordnungserscheinungen und ihr Zusammenhang mit der Polytypie des SiC. N. Jb. Miner. Mh. **1954**, 49—35.

[326] —: Wachstums- bzw. Umwandlungspolytypie beim SiC und ZnS. N. Jb. Miner. Mh. **1954**, 209—225.

[327] —, u. G. Kunze: Die Röllchenstruktur des Chrysotils. N. Jb. Miner. Mh. **1954**, 95—108, 113—130, 137—150.

[328] Jasmund, K.: Die silikatischen Tonminerale. Weinheim: Verlag Chemie 1955.

[329] JEBSEN-MARWEDEL, H.: Dynaktive Flüssigkeitspaare. Koll.-Z. **137** (1954) 118—120.

[330] JEITNER, F., E. NEDOPIL u. O. VOHLER: Elektrographit, seine Herstellung, seine Eigenschaften. Ber. Dtsch. Keram. Ges. **41** (1964) 135—142.

[331] JESSBERGER, H. L.: Die viskosen und thixotropen Eigenschaften von Ton-Wasser-Gemischen. VDI-Ztg. **105** (1963) 8—13, 59—66, 187—194.

[332] —: Schrifttum über die physikalisch-chemischen Eigenschaften, das Fließverhalten und die Frostempfindlichkeit von Ton-Wasser-Gemischen. Ber. Dtsch. Rheolog. Ges., Sonderheft, 1965.

[333] JOHNSON, A. L., and F. H. NORTON: Fundamental study of clay. J. Amer. Ceram. Soc. **25** (1942) 336—344.

[334] JOHNSON, D. L. and I. B. CUTLER: Diffusion sintering. J. Amer. Ceram. Soc. **46** (1963) 541—550.

[335] JONKER, G. H.: Ceramic materials for electrical engineering. Chem. Weekblad **49** (1953) 932—936.

[336] —: Zur Entwicklung elektrotechnischer Werkstoffe. Angew. Chem. **76** (1964) 175—183.

[337] —: Optimale keramische Struktur für verschiedene Anwendungen von Bariumtitanat. Ber. Dtsch. Keram. Ges. **44** (1967) 265—266.

[338] —, and J. H. VAN SANTEN: Ferromagnetic compounds of manganese with perovskite structure. Physica **16** (1950) 337—349.

[339] —, H. P. J. WIJN u. P. B. BRAUN: Ferroxplana, hexagonale ferromagnetische Eisenoxidverbindungen für sehr hohe Frequenzen. Philips techn. Rundsch. **18** (1956/57) 249—258.

[340] JOUENNE, C. A.: Céramique générale. Notions de physico-chimie. Paris: Gauthiers-Villars & Cie. 1960.

[341] KACKER, K. P., and V. S. RAMACHANDRAN: Identification of clay minerals in binary and ternary mixtures by differential thermal analysis of dye-clay complexes. Actes IXe Congr. Internat. Céram., Bruxelles 1964, S. 483—500.

[342] KALLAUNER, O.: Das Mauken von keramischen bildsamen Massen und seine Kinetik. Silikattechn. **5** (1954) 216—218.

[343] —, u. J. MATEJKA: Beitrag zu der rationellen Analyse. Sprechs. **47** (1914) 423.

[344] KALTNER, E., u. F. NEMEC: Mechanisches Verhalten chemisch gebundener Magnesitchromsteine in Abhängigkeit von der Temperatur. Tonind.-Ztg. **90** (1966) 209—214.

[345] KAMB, B.: A clathrate crystalline form of silica. Science **148** (1965) 232—234.

[346] KARSCH, K.-H.: Über den Einfrierbereich der Glasphase keramischer Scherben. Sprechs. **95** (1962) 250—255.

[347] KEDESDY, H.: Elektronenmikroskopische Untersuchungen über den Brennvorgang von Talk und Speckstein. Ber. Dtsch. Keram. Ges. **24** (1943) 201 bis 232.

[348] KEELING, P. S.: The common clay minerals as a continuous series. In [692], Bd. 1, S. 153—165.

[349] —: IL/MA: A practical method of assessing pottery clays. Trans. Brit. Ceram. Soc. **65** (1966) 463—477.

[350] KEMPCKE, E., u. H. VON TREUFELS: Zur Ordnung der Porzellangruppen im Dreistoffsystem und Kennzeichnung einiger typischer Massekomponenten. Sprechs. **83** (1950) 233—235, 253—256.

[351] KENDALL, E. G.: Intermetallic materials: Carbide, borides, beryllides, nitrides, and silicides. In [317], S. 143—183.

[352] KENNEDY, G. C., G. J. WASSERBURG, H. C. HEARD and R. C. NEWTON: The upper three-phase region in the system SiO_2—H_2O. Amer. J. Sci. **260** (1962) 501—521.

[353] KEPPELER, G., u. H. GOTTHARDT: Untersuchungen über Kaoline und Tone. Sprechs. **64** (1931) 863—866, 883—887, 908—915, 929—932, 947—950, 968—971.

[354] KERSTAN, W.: Über Haarrisse in Glasuren auf porösen keramischen Erzeugnissen. Sprechs. **85** (1952) 139—141, 163—166, 189—193.

[355] —: Über die Prüfung der Glasurrissigkeit. Sprechs. **92** (1959)) 575—577.

[356] KIEFFER, E., u. E. WETTIG: Über ein neues Verfahren zur Prüfung der mechanischen Widerstandsfähigkeit von Glasuren. Ber. Dtsch. Keram. Ges. 17 (1936) 387—391.

[357] KIEFFER, R., u. F. BENESOVSKY: Hartstoffe. Wien: Springer 1963.

[358] —, E. GUGEL, P. ETTMAYER u. A. SCHMIDT: Beitrag zur Frage der Phasenstabilität von Siliziumkarbid. Ber. Dtsch. Keram. Ges. 43 (1966) 621—623.

[359] KIELY, P. V., and M. L. JACKSON: Selective dissolution of micas from potassium feldspars by sodium pyrosulfate fusion of soils and sediments. Amer. Miner. 49 (1964) 1648—1659.

[360] KINGERY, W. D.: Factors affecting thermal stress resistance of ceramic materials. J. Amer. Ceram. Soc. 38 (1955) 3—15.

[361] —: Role of surface energies and wetting in metal-ceramic sealing. Amer. Ceram. Soc. Bull. 35 (1956) 108—112.

[362] — (Hrsg.): Ceramic fabrication processes. New York/London: J. Wiley & Sons 1958.

[363] —: Sintering in the presence of a liquid phase. In [362], S. 131—143.

[364] —: Pressure forming of ceramics. In [362], S. 55—61.

[365] — (Hrsg.): Kinetics of high-temperature processes. New York: J. Wiley & Sons; London: Chapman & Hall 1959.

[366] —: Introduction to ceramics. New York/London: J. Wiley & Sons 1960.

[367] —: The thermal conductivity of ceramic dielectrics. In [88], Bd. 2, S. 182 bis 235.

[368] —, and M. BERG: Study of initial stages of sintering solids by viscous flow, evaporation-condensation, and self-diffusion. J. appl. Physics 26 (1955) 1205—1212.

[369] —, G. ECONOMOS and M. HUMENIK jr.: Metal-ceramic interactions. J. Amer. Ceram. Soc. 36 (1953) 362—365, 403—409; 37 (1954) 18—23.

[370] —, J. FRANCL, R. L. COBLE, and T. VASILOS: Thermal conductivity: Data for several pure oxide materials corrected to zero porosity. J. Amer. Ceram. Soc. 37 (1954) 107—110.

[371] —, and B. FRANÇOIS: Grain growth in porous compacts. J. Amer. Ceram. Soc. 48 (1965) 546—547.

[372] —, E. NIKI and M. D. NARASIMHAN: Sintering of oxide and carbide-metal compositions in presence of a liquid phase. J. Amer. Ceram. Soc. 44 (1961) 29—35.

[373] —, J. M. WOULBROUN and F. R. CHARVAT: Effects of applied pressure on densification during sintering in the presence of a liquid phase. J. Amer. Ceram. Soc. 46 (1963) 391—395.

[374] —, and J. F. WYGANT: Thermodynamics in ceramics. Amer. Ceram. Soc. Bull. 31 (1952) 165—168, 213—217, 251—255, 294—297, 344—347, 386—388.

[375] KIRCHNER, H. P., R. M. GRUVER and R. E. WALKER: Chemically strengthened, leached alumina and spinel. J. Amer. Ceram. Soc. 50 (1967) 169—173.

[376] KLAARENBEEK, F. W.: The development of yellow colours in calcareous bricks. Trans. Brit. Ceram. Soc. 60 (1961) 738—772.

[377] KLANKE, G.: Spann-Keramik. Keram. Z. 14 (1962) 340—347.

[378] KNAPP, W. J.: Use of free energy data in the construction of phase diagrams. J. Amer. Ceram. Soc. 36 (1953) 43—47.

[379] KNIEPKAMP, H., u. W. HEYWANG: Über Depolarisationseffekte in polykristallinem $BaTiO_3$. Z. angew. Physik 6 (1954) 385—390.

[380] KNIZEK, I.: Die Entmischungstrübung durch die Bildung von Glasemulsionen. Sprechs. 95 (1962) 569—585.

[381] KNUDSEN, F. P.: Dependence of mechanical strength of brittle polycrystalline specimens on porosity and grain size. J. Amer. Ceram. Soc. 42 (1959) 376—387.

[382] KOHL. H.: Die Biegefestigkeit getrockneter Tone als Maß ihres Bindevermögens. Ber. Dtsch. Keram. Ges. 7 (1926) 19—31.

[383] —: Zur Trockenfestigkeit der Tone. Ber. Dtsch. Keram. Ges. 11 (1930) 325—333.

[384] —: Die Materialprüfung keramischer Oberflächen, Farben und Überzüge. Sprechs. 83 (1950) 101—104, 125—128, 145—147, 163—166, 184—189.

[385] Köhler, E., U. Hofmann, E. Scharrer u. K. Frühauf: Über den Einfluß der Mahlung auf Kaolin und Bentonit. Ber. Dtsch. Keram. Ges. **37** (1960) 493—503.

[386] — u. G. Routschka: Brennverhalten von Tonen in verschiedenen Atmosphären. Forschungsber. d. Landes Nordrh.-Westf. Nr. 1537, 54 S. Köln/Opladen: Westdeutscher Verlag 1965.

[387] Koltermann, M.: Die Wärmeleitfähigkeit keramischer Werkstoffe. Tonind.-Ztg. **85** (1961) 399—407.

[388] —: Die Torsionsprüfung keramischer Werkstoffe bei hohen Temperaturen. Tonind.-Ztg. **86** (1962) 305—316.

[389] —: Die Torsionsfestigkeit basischer gebrannter und chemisch gebundener feuerfester Werkstoffe bei hohen Temperaturen. Ber. Dtsch. Keram. Ges. **41** (1964) 632—638.

[390] —: Der thermische Zerfall von Talk. N. Jb. Miner. Mh. **1964**, 97—106.

[391] —: Der thermische Zerfall der wasserhaltigen Magnesiumsilikate. Ber. Dtsch. Keram. Ges. **42** (1965) 373—384.

[392] — u. K. E. Maass: Herstellung, Verwendung und Prüfung von Forsteritsteinen. Ber. Dtsch. Keram. Ges. **41** (1964) 429—437.

[393] — u. K.-P. Müller: Kristallchemie und thermisches Verhalten von Sepiolith, Hectorit, Saponit, Bergleder und Anthophyllit. Tonind.-Ztg. **89** (1965) 406—411.

[394] Konopicky, K.: Zur Theorie der Schamotte-Erzeugnisse. Ber. Dtsch. Keram. Ges. **32** (1955) 257—261.

[395] —: Feuerfeste Baustoffe. Düsseldorf: Stahleisen 1957.

[396] —: Allgemeines zum Aufbau der Schamottesteine. Ber. Dtsch. Keram. Ges. **36** (1959) 367—371.

[397] —: Diskussionsbemerkung zum Schmelzdiagramm Al_2O_3—SiO_2. Ber. Dtsch. Keram. Ges. **40** (1963) 286.

[398] —: Über den Einfluß der Ausbildung des Mullits auf die Erweichungseigenschaften von Schamottesteinen. Ber. Dtsch. Keram. Ges. **40** (1963) 327—329.

[399] —: Untersuchungen zur Prüfung auf Druckfeuerbeständigkeit. Ber. Dtsch. Keram. Ges. **41** (1964) 27—37.

[400] —, u. E. Köhler: Beitrag zur Ermittlung des Mullits und des Glasanteils in keramischen Erzeugnissen. Ber. Dtsch. Keram. Ges. **35** (1958) 187—193.

[401] —, — u. W. Lohre: Aufbau und Eigenschaften des Kanalisationssteinzeugrohres — Einfluß der Rohstoffe und Herstellungsbedingungen. Sprechs. **96** (1963) 51—58, 80—83, 102—105.

[402] —, u. W. Lohre: Die Porengrößenverteilung in feuerfesten Erzeugnissen. Ber. Dtsch. Keram. Ges. **33** (1956) 101—108.

[403] —, I. Patzak u. K. Wohlleben: Über den Glasanteil in Silikasteinen. Ber. Dtsch. Keram. Ges. **38** (1961) 403—410.

[404] —, u. E. Wilkendorf: Die Biegeerweichung feuerfester Erzeugnisse. Actes IXe Congr. Internat. Céram., Bruxelles 1964, S. 339—350.

[405] —, u. K. Wohlleben: Untersuchungen zum Gang des Torsionsmoduls von Schamottesteinen mit der Temperatur. Glastechn. Ber. **33** (1960) 357—363.

[406] —, — u. I. Patzak: Studien zu den Verunreinigungen im SiC. Ber. Dtsch. Keram. Ges. **42** (1965) 50—54.

[407] Köppen, N., u. F. Oberlies: Tonüberzüge, ein Veredlungsverfahren für Keramiken. Ber. Dtsch. Keram. Ges. **31** (1954) 287—301.

[408] Koester, R. D., and D. P. Moak: Hot hardness of selected borides, oxides, and carbides to 1900 °C. J. Amer. Ceram. Soc. **50** (1967) 290—296.

[409] Kracek, F. C.: Cristobalite liquidus in alkali oxide — silica systems and heat of fusion of cristobalite. J. Amer. Chem. Soc. **52** (1930) 1436—1442.

[410] —, N. L. Bowen and G. W. Morey: Equilibrium relations and factors influencing their determination in the system K_2SiO_3—SiO_2. J. Physic. Chem. **41** (1937) 1183—1193.

[411] Kranz, R.: Stickstoffverbindungen in Silikatmineralen und deren Bedeutung für das technologische Verhalten der Feldspate. Ber. Dtsch. Keram. Ges. **44** (1967) 430—435.

[412] KRAUSE, E.; Technologie der Grobkeramik. Bd. 2: Trockentechnische Grundlagen. Berlin: VEB Bauwesen, 1964.

[413] KRAUSE, O., u. U. KLEMPIN: Über Beziehungen zwischen Quarzkorngröße und Eigenschaften beim Hartporzellan. Sprechs. 70 (1937) 611—612, 623—625, 633—635, 647—648; 75 (1942) 229—231, 251—255, 273—276, 480.

[414] KRAUSZ, F., u. R. GRAMSZ: Der Eisen-Titan-Spinell als Ursache beim Brennen von Porzellan auftretender Verfärbungen und deren Beseitigung. Keram. Rundsch. 43 (1935) 179—181, 192—194, 216—218, 229—233.

[415] KRAUTH, A., u. H. MEYER: Über Abschreckmodifikationen und ihr Kristallwachstum in Systemen mit Zirkondioxid. Ber. Dtsch. Keram. Ges. 42 (1965) 61—72.

[416] KRISEMENT, O., u. G. TRÖMEL: Die Umwandlung des Cristobalits. Z. Naturforsch. 14a (1959) 912—919.

[417] KRONBERG, M. L.: Dynamical flow properties of single crystals of sapphire. J. Amer. Ceram. Soc. 45 (1962) 274—279.

[418] KRÖNERT, W., H. E. SCHWIETE u. A. SUCKOW: Die Bildung von Cordierit aus Talk, Kaolin und den Oxiden im Dreistoffsystem $MgO—Al_2O_3—SiO_2$. Ziegelind. 17 (1964) 729—733.

[419] KRUITHOF, A. M., and A. L. ZYLSTRA: Different breaking strength phenomena of glass objects. Glastechn. Ber. 32 K (1959) III/1—6.

[420] KUBASCHEWSKI, O., u. E. L. EVANS: Metallurgische Thermochemie. Berlin: VEB Verlag Technik 1959.

[421] KUCZYNSKI, G. C.: Self-diffusion in sintering of metallic particles. Trans. AIME 185 (1949) 169—178.

[422] —: Study of sintering of glass. J. appl. Physics 20 (1949) 1160—1163.

[423] —, and I. ZAPLATYNSKYJ: Sintering of glass. J. Amer. Ceram. Soc. 39 (1956) 349—350.

[424] KUELLMER, F. J., and T. I. POE: The quartz-cristobalite transformation. J. Amer. Ceram. Soc. 47 (1964) 311—312.

[425] KUNZE, G.: Antigorit. Strukturtheoretische Grundlagen und ihre praktische Bedeutung für die weitere Serpentinforschung. Fortschr. Miner. 39 (1961) 206—324.

[426] KUTATELADZE, K. S., and E. N. ZEDGINIDZE: Nitriding of kaolin. J. Appl. Chem. USSR (engl. Übers.) 36 (1963) 267—270.

[427] LANDOLT-BÖRNSTEIN, Bd. II, Tl. 3: Schmelzgleichgewichte und Grenzflächenerscheinungen. Berlin/Göttingen/Heidelberg: Springer 1956.

[428] LANG, S. M.: Axial thermal expansion of tetragonal ZrO_2 between 1150 and 1700 °C. J. Amer. Ceram. Soc. 47 (1964) 641—644.

[429] LAVES, F.: Al/Si-Verteilungen, Phasen-Transformationen und Namen der Alkalifeldspäte. Z. Krist. 113 (1960) 265—296.

[430] LAWRENCE, W. G.: Theory of ion exchange and development of charge in kaolinite-water systems. J. Amer. Ceram. Soc. 41 (1958) 136—140.

[431] LEA, F. M., and R. W. NURSE: Specific surface of fine powders. J. Soc. Chem. Ind. (London) 58 (1939) 277—283.

[432] LeCHATELIER, H.: De l'action de la chaleur sur les argiles. Bull. Soc. Franç. Minér. 10 (1887) 204—211.

[433] LEE, D. W., and W. D. KINGERY: Radiation energy transfer and thermal conductivity of ceramic oxides. J. Amer. Ceram. Soc. 43 (1960) 594—607.

[434] LEEDS, D. H.: Coatings on refractory metals. In [317], S. 197—217.

[435] LEHMANN, H.: Beiträge zur genaueren und schnelleren Korngrößenanalyse nach Andreasen. Tonind.-Ztg. 78 (1954) 326—331.

[436] —, S. S. DAS u. H. H. PAETSCH: Die Differentialthermoanalyse. Tonind.-Ztg., 1. Beiheft, 1954.

[437] —, K. ENDELL u. H. HELLBRÜGGE: Über Zusammenhänge zwischen chemischer Zusammensetzung und Flüssigkeitsgrad von Steingutglasuren sowie ihre technische Bedeutung. Sprechs. 73 (1940) 307—312, 321—326.

[438] —, u. H. KOLKMEIER: Der Einfluß von Rauchgasen auf das Schmelzverhalten von Porzellanglasuren. Tonind.-Ztg. 80 (1956) 33—38, 69—76.

[439] —, u. M. KOLTERMANN: Die Messung der spezifischen Oberfläche mit dem Gerät von Blaine. Tonind.-Ztg. 85 (1961) 233—235.

[440] Lehmann, H., u. M. Koltermann: Untersuchungen mit dem Enslin-Gerät. Ber. Dtsch. Keram. Ges. **39** (1962) 222—226.

[441] —, u. K.-H. Lindner: Über den Einfluß der Feinstmahlung auf das Umwandlungsverhalten von Quarz- und Quarz-Mineralisator-Mischungen beim Brennen. Tonind.-Ztg. **90** (1966) 393—398.

[442] —, u. K. H. Müller: Beitrag zur Kenntnis keramischer Werkstoffe mit Seltenen Erden zur Absorption radioaktiver Strahlung. Tonind.-Ztg. **86** (1962) 195—212.

[443] —, u. W. Ohnemüller: Die Bestimmung der Frostempfindlichkeit poröser keramischer Werkstoffe mit Hilfe physikalischer Meßgrößen. Tonind.-Ztg. **84** (1960) 457—471.

[444] —, u. D. Roddewig: Der Einfluß der Gipsaufbereitung auf den Diffusionskoeffizienten und die Scherbenbildung keramischer Gießschlicker. Tonind.-Ztg. **87** (1963) 526—529.

[445] —, S. Traustel u. W. Ohnemüller: Der Spannungszustand in einem gleichmäßig porösen, mit Wasser getränkten Körper beim fortschreitenden Gefrieren. Tonind.-Ztg. **84** (1960) 219—222.

[446] Lehmann, L.: Der Einfluß der maschinellen Aufbereitung des Gipsbreies auf die Eigenschaften von Gipsformen für die keramische Industrie. Ber. Dtsch. Keram. Ges. **34** (1957) 232—236.

[447] —: Gipsformen und der Einfluß ihrer Eigenschaften auf die Scherbenbildung beim Schlickergießverfahren. Ber. Dtsch. Keram. Ges. **35** (1958) 273—277.

[448] —: Zur Prüfung keramischer Gießmassen. Ber. Dtsch. Keram. Ges. **37** (1960) 429—433.

[449] —, u. H. Mostetzky: Zur Kennzeichnung der Saugfähigkeit von Gipsformen. Ber. Dtsch. Keram. Ges. **38** (1961) 567—569.

[450] Lehnhäuser, W.: Glasuren und ihre Farben. 2. Aufl. Düsseldorf: Knapp, 1966.

[451] Lely, J. A.: Darstellung von Einkristallen von Siliciumcarbid und Beherrschung von Art und Menge der eingebauten Verunreinigungen. Ber. Dtsch. Keram. Ges. **32** (1955) 229—231.

[452] Levin, E. M., C. R. Robbins and H. F. McMurdie: Phase diagrams for ceramists. Columbus (Ohio): The Amer. Ceram. Soc., 1964.

[453] Liebau, F.: Ein Stabilitätskriterium für Silikatstrukturen. Ber. Dtsch. Keram. Ges. **39** (1962) 72—74.

[544] —: Die Systematik der Silikate. Naturwiss. **49** (1962) 481—491.

[455] Linseis, M.: Zusammenhänge zwischen mineralogischem Aufbau und keramischen Eigenschaften von Kaolinen und Tonen. Sprechs. **83** (1950) 352—356, 389—391, 409—410, 433—436, 456—458.

[456] —: Beiträge zur Plastizitätsmessung unter Berücksichtigung praktischer Erfordernisse. Ber. Dtsch. Keram. Ges. **29** (1952) 35—37.

[457] Litvakovskii, A. A.: Fused cast refractories. Moskau, 1959. Engl. Übers.: Nat. Sci. Found., Washington 1961.

[458] Loeb, A. L.: Thermal conductivity. J. Amer. Ceram. Soc. **37** (1954) 96—99.

[459] Luck, W.: Über die Assoziation des flüssigen Wassers. Fortschr. Chem. Forsch. **4** (1965) 653—781.

[460] Lundin, S. T.: Studies on triaxial whiteware bodies. Diss. Royal Inst. Techn., Stockholm, 1959, 197 S.

[461] Lungu, St. N., et D. Popescu-Has: Les fondements théoriques de l'obtention de la porcelaine à partir du verre. Silic. Ind. **23** (1958) 391—395.

[462] MacChesney, J. B., and A. Muan: Phase equilibria at liquidus temperatures in the system iron oxide—titanium oxide at low oxygen pressures. Amer. Miner. **46** (1961) 572—582.

[463] Macey, H. H.: Experiments on plasticity. Trans. Brit. Ceram. Soc. **43** (1944) 5—28; **47** (1948) 183—190, 259—267, 291—326.

[464] Machatschki, F.: Zur Frage der Struktur und Konstitution der Feldspate. Zbl. Miner. Geol. Paläont., Abt. A, **1928**, 97—104.

[465] Mackenzie, J.: Low-alumina silica bricks. Properties and performance. Trans. Brit. Ceram. Soc. **51** (1952) 136—171.

[466] MACKENZIE, J. D.: Fusion of quartz and cristobalite. J. Amer. Ceram. Soc. 43 (1960) 615—620.

[467] MACKENZIE, J. K., and R. SHUTTLEWORTH: A phenomenological theory of sintering. Proc. Phys. Soc. (London) B 62 (1949) 833—852.

[468] MACKENZIE, R. C.: The differential thermal investigation of clays. Miner. Soc., London 1957.

[469] —: Hydratationseigenschaften von Montmorillonit. Ber. Dtsch. Keram. Ges. 41 (1964) 696—708.

[470] MALLINDER, F. P., and B. A. PROCTOR: Preparation of high-strength sapphire crystals. Proc. Brit. Ceram. Soc. 6 (1966) 9—16.

[471] MARSHALL, C. E.: The colloid chemistry of the silicate minerals. New York: Academic Press 1949.

[472] MARTIN, G., CH. E. BLYTH and H. TONGUE: Researches on the theory of fine grinding. Trans. Brit. Ceram. Soc. 23 (1923) 61—120.

[473] MARTIN, R. T.: Adsorbed water on clay: A review. In: Clays and clay minerals. Proc. 9. Nat. Conf. Oxford/London/New York/Paris: Pergamon Press 1962, S. 28—70.

[474] MAZDIYASNI, K. S., C. T. LYNCH and J. S. SMITH: Preparation of ultra-purity submicron refractory oxides. J. Amer. Ceram. Soc. 48 (1965) 372—375.

[475] MCCREIGHT, L. R., H. W. RAUCH SR. and W. H. SUTTON: Ceramic and graphite fibers and whiskers. New York/London: Academic Press 1965.

[476] MCCULLOUGH, J. D., and K. N. TRUEBLOOD: Crystal structure of baddeleyite (monoclinic ZrO_2). Acta Cryst. 12 (1959) 507—511.

[477] MČEDLOV-PETROSJAN, O. P.: Thermodynamik der Silikate, 2. Aufl., Berlin: VEB Verlag Bauwesen 1966.

[478] MCGEE, TH. D.: Constitution of fireclays at high temperatures. J. Amer. Ceram. Soc. 49 (1966) 83—94.

[479] MCMILLAN, P. W.: Glass-ceramics. London/New York: Academic Press 1964.

[480] MCQUARRIE, M.: Barium titanate and other ceramic ferroelectrics. J. Amer. Ceram. Soc. 34 (1955) 169—172, 225—230, 256—260, 295—297, 328—331.

[481] MEHLER, A., u. N. KÖPPEN: Die Mikroskopie des Steinzeugs. In [206], Bd. IV, Tl. 3, S. 3—52.

[482] MELLOR, J. W.: Das Rissigwerden und Abrollen von Glasuren. Sprechs. 69 (1936) 386 (in mehreren Fortsetzungen) bis 548.

[483] MERKER, L., u. H. SCHOLZE: Der Einfluß des Wassergehaltes von Silikatgläsern auf ihr Transformations- und Erweichungsverhalten. Glastechn. Ber. 35 (1962) 37—43.

[484] METZEL, H.: Wärmeausdehnungen an gefritteten Steingutglasuren. Einfluß einer verschiedenartigen Prüfkörperherstellung. Ber. Dtsch. Keram. Ges. 31 (1954) 179—188.

[485] METZGER, C., u. H.-E. SCHWIETE: Untersuchungen über die thermische Ausdehnung und das Dauerstandverhalten von Silikasteinen. Glastechn. Ber. 39 (1966) 190—202.

[486] MEYER, A.: Zum Haftmechanismus von Molybdän/Mangan-Metallisierungsschichten auf Korundkeramik. Ber. Dtsch. Keram. Ges. 42 (1965) 405—415, 452—454.

[487] MEYER, H.: Das Verhalten von Pulvern im Plasmastrahl. Ber. Dtsch. Keram. Ges. 39 (1962) 115—124.

[488] —: Nachweis von hitzebeständigen Stickstoffverbindungen in Glasur und Scherben von Porzellan und seinen Rohstoffen. Ber. Dtsch. Keram. Ges. 41 (1964) 532—533.

[489] —: Über den Einfluß von stickstoffhaltigen Verbindungen in Feldspaten auf die Blasenbildung. Ber. Dtsch. Keram. Ges. 42 (1965) 248—250.

[490] MICHAELS, A. S.: Rheological properties of aqueous clay systems. In [362], S. 23—31.

[491] MICHALTSCHIKOW, N.: Ziegelbrennen mit Wasserdampf in der Brennzone. Silikattechn. 9 (1958) 18—19.

[492] MIELDS, A., u. C. ZOGRAFOU: Cristobalit als Gefügebestandteil im Porzellan. Ber. Dtsch. Keram. Ges. 44 (1967) 453—457.

[493] MIELDS, M.: Die Bildung von Siliziummonoxyd beim Porzellanbrand. Sprechs. 89 (1956) 248—250.

[494] MILLER, D. G., R. H. SINGLETON and A. V. WALLACE: Metal fiber reinforced ceramic composites. Amer. Ceram. Soc. Bull. 45 (1966) 513—517.

[495] MITOFF, S. P.: Electrical conduction mechanisms in oxides. In [88], Bd. 4, S. 217—264.

[496] MÖHL, H.: Bemerkungen zu einer unscheinbaren, aber wichtigen Feststellung in der Mellorschen Arbeit: Das Rissigwerden und Abrollen von Glasuren. Sprechs. 69 (1936) 690—691.

[497] MOLLOY, M. W., and P. F. KERR: Diffractometer patterns of A. P. I. reference clay minerals. Amer. Miner. 46 (1961) 583—605.

[498] MOORE, F.: The rheology of ceramic slips and bodies. Trans. Brit. Ceram. Soc. 58 (1959) 470—494.

[499] —: Rheology of ceramic systems. London: MacLaren and Sons Ltd., 1965.

[500] —, and L. J. DAVIES: The consistency of ceramic slips. A new rotational viscometer and some preliminary results. Trans. Brit. Ceram. Soc. 55 (1956) 313—338.

[501] MÜLLER-HESSE, H.: Entwicklung und Stand der Untersuchungen über das System Al_2O_3—SiO_2. Ber. Dtsch. Keram. Ges. 40 (1963) 281—285.

[502] MUNIER, P., et J. MÉNERET: Contribution à l'étude des bulles dans les couvertes et glaçures céramiques. Bull. Soc. Franç. Céram. 1951, Nr. 13, 40—51.

[503] MURRAY, P., D. T. LIVEY and J. WILLIAMS: The hot pressing of ceramics. In [362], S. 147—171.

[504] —, R. W. THACKRAY, P. RADO and D. GEORGE: Preparation and properties of slip-cast calcium fluoride crucibles. Trans. Brit. Ceram. Soc. 54 (1955) 693—697.

[505] —, and J. WHITE: Kinetics of the thermal dehydration of clays. Trans. Brit. Ceram. Soc. 54 (1955) 137—238.

[506] MURTHY, M. K., and F. A. HUMMEL: Phase equilibria in the system lithium metasilicate-β-eukryptite. J. Amer. Ceram. Soc. 37 (1954) 14—17.

[507] NAVIAS, L.: Advances in ceramics related to electronic tube developments. J. Amer. Ceram. Soc. 37 (1954) 329—350.

[508] NÉEL, L.: Propriétés magnétiques des ferrites: Ferrimagnétisme et antiferromagnétisme. Ann. Phys. 3 (1948) 137—198.

[509] NELSEN, F. M., and F. T. EGGERTSEN: Determination of surface area. Adsorption measurements by a continuous flow method. Anal. Chem. 30 (1958) 1387—1390.

[510] NEUBAUER, F.: Über den Einfluß der chemischen Zusammensetzung von Glasuren und der Spannung zwischen Glasur und Scherben auf einige physikalische Eigenschaften von Hartporzellanen. Sprechs. 75 (1942) 397—399, 417—420, 433—436, 451—454, 473—475.

[511] NEUHAUS, A., C. BALLHAUSEN, H.-J. MEYER u. R. F. STEFFEN: Arbeiten und Betrachtungen zur Synthese und Kristallchemie anorganischer Verbindungen bei hohen Drücken und Temperaturen. Jb. d. Landesamtes f. Forschung Nordrh.-Westf., 1965, S. 487—548.

[512] NEWNHAM, R. E.: A refinement of the dickite structure and some remarks on polymorphism in kaolin minerals. Miner. Mag. 32 (1961) 683—704.

[513] NOLL, W.: Synthese des Kaolins. Naturwiss. 20 (1932) 366.

[514] —: Synthese des Montmorillonits. Naturwiss. 23 (1935) 197.

[515] —: Kristallchemie der Silikate und Strukturchemie der Organopolysiloxane. Naturwiss. 49 (1962) 505—512.

[516] —: Die silicatische Bindung vom Standpunkt der Elektronentheorie. Angew. Chem. 75 (1963) 123—130.

[517] NOLTE, H. J., and R. F. SPURCK: Metal-ceramic sealing with manganese. Television Engrg. 1 (1950) 14-18, 39.

[518] NORRIS, A. W., F. VAUGHAN, R. HARRISON and K. C. J. SEABRIDGE: Size changes of porous ceramics caused by water and soluble salts. Abh. VI. Internat. Keram. Kongr. Wiesbaden, 1958, S. 63—79.

[519] NORTON, F. H.: An instrument for measuring the workability of clays. J. Amer. Ceram. Soc. 21 (1938) 33—36.

[520] NORTON, F. H.: Fundamental study of clay: A new theory for the plasticity of clay-water masses. J. Amer. Ceram. Soc. **31** (1948) 236—241.

[521] OBERLIES, F., u. G. POHLMANN: Über die Einwirkung von Mikroorganismen auf Ton, Feldspat und Kaolin. Abh. VI. Internat. Keram. Kongr. Wiesbaden, 1958, S. 149—168.

[522] O'CONNOR, J. R., and J. SMILTENS (Hrsg.): Silicon carbide. Oxford/London/New York/Paris: Pergamon Press 1960.

[523] OEL, H. J.: Das Sintern von Gläsern als Auswirkung von Zähigkeit und Oberflächenspannung. Ber. Dtsch. Keram. Ges. **37** (1960) 424—428.

[524] —: Die Benetzung von Glas- und Metallschmelzen an festen metallischen und keramischen Hochtemperaturwerkstoffen. Ber. Dtsch. Keram. Ges. **38** (1961) 258—267.

[525] —: Pulvereigenschaften und das Sintern von reinem Magnesiumoxid und Magnesiumoxid mit Nickel. Ber. Dtsch. Keram. Ges. **39** (1962) 78—95.

[526] —: Keramische Werkstoffe für Brutstoffe, Moderatoren, Reflektoren, Regelstäbe, Abschirmmaterialien und Konstruktionselemente sowie für die thermoelektrische Stromerzeugung. Ber. Dtsch. Keram. Ges. 40 (1963) 73—84.

[527] —, and V. D. FRÉCHETTE: Stress distribution in multiphase systems. J. Amer. Ceram. Soc. **50** (1967) 542—549.

[528] VAN OLPHEN, H.: An introduction to clay colloid chemistry. New York/London: J. Wiley & Sons 1963.

[529] ORMSBY, W. C.: The role of surface tension in determining certain clay-water properties. Amer. Ceram. Soc. Bull. **39** (1960) 408—412.

[530] ORR jr., C., and J. M. DALLAVALLE: Fine particle measurement. New York: MacMillan Comp. 1959.

[531] OSBORN, E. F., and A. MUAN: System $MgO—Al_2O_3—SiO_2$. Phase equilibrium diagrams of oxide systems, Plate 3. Amer. Ceram. Soc., 1960.

[532] PANKRATZ, L. B., and K. K. KELLEY: High-temperature heat contents and entropies of andalusite, kyanite, and sillimanite. U. S. Bur. Mines Rept. Invest. **1964**, No. 6370.

[533] —, — and W. W. WELLER: Low-temperature heat capacity and high temperature heat content of mullite. U. S. Bur. Mines Rept. Invest. **1963**, No. 6287.

[534] PARIKH, N. M.: Effect of atmosphere on surface tension of glass. J. Amer. Ceram. Soc. **41** (1958) 18—22.

[535] PARMELEE, C. W.: Ceramic glazes. 3. Aufl. Chicago: Cahners Publ. Comp., 1951.

[536] —, and A. E. BADGER: Method of comparing the viscosities of porcelain bodies. J. Amer. Ceram. Soc. **13** (1930) 376—385.

[537] PASSMORE, E. M., R. M. SPRIGGS and T. VASILOS: Strength-grain size-porosity relations in alumina. J. Amer. Ceram. Soc. 48 (1965) 1—7.

[538] PATZAK, I.: Studien zur Bildung von Quarz bei niedrigen Temperaturen und Umwandlung in Cristobalit. Glastechn. Ber. **37** (1964) 493—499.

[539] —, u. K. KONOPICKY: Studien an Tridymiten. Ber. Dtsch. Keram. Ges. **39** (1962) 168—174.

[540] PAULING, L.: Structure of micas and related minerals. Proc. Nat. Acad. Sci. **16** (1930) 123—129.

[541] —: Interatomic distances and bond character in the oxygen acids and related substances. J. Physic. Chem. **56** (1952) 361—365.

[542] —: Die Natur der chemischen Bindung. Weinheim: Verlag Chemie 1962.

[543] PEDREGAL, J. D., and E. APARICIO-ARROYO: Fluoride-based ceramics. In [692], Bd. 1, S. 305—314.

[544] PELS LEUSDEN, C. O.: Die Bestimmung von Stoffkenngrößen der Plastizität grobkeramischer Massen. Ber. Dtsch. Keram. Ges. **39** (1962) 181—187.

[545] —: Über die Fließvorgänge in der Schneckenpresse. Ziegelind. **19** (1966) 613 bis 622.

[546] PETZOLD, A.: Email. Berlin: VEB Verlag Technik 1955.

[547] —: Zur Frage der Bestimmung der „Tonsubstanz" durch die rationelle Analyse nach Kallauner-Matejka. Silikattechn. 8 (1957) 511—513.

[548] PFAFF, A., u. F. STEINBRECHER: Beiträge zur rationellen Analyse nach Kallauner-Matejka. Sprechs. 58 (1925) 231—235.

[549] PFEFFERKORN, K.: Ein Beitrag zur Bestimmung der Plastizität in Tonen und Kaolinen. Sprechs. **57** (1924) 297—299.

[550] PIERRE, P. D. S. St.: Constitution of bone china. J. Amer. Ceram. Soc. **37** (1954) 243—258; **38** (1955) 217—222; **39** (1956) 147—150.

[551] PILTZ, G.: Arten der Ziegelrohstoffe. Ziegelind. **17** (1964) 493—498.

[552] —: Einflüsse der Fabrikation auf die Frostbeständigkeit von Ziegeln. Ziegelind. **20** (1967) 225—234.

[553] PINCUS, A. G.: Metallographic examination of ceramic-metal seals. J. Amer. Ceram. Soc. **36** (1953) 152—158.

[554] VON PLATEN, H., u. H. G. F. WINKLER: Plastizität und Thixotropie von fraktionierten Tonmineralien. Koll.-Z. **158** (1958) 3—22.

[555] PLAUL, TH.: Die Masseeigenschaften im Winklerdiagramm. Silikattechn. **13** (1962) 361—365.

[556] POCH, W., u. A. DIETZEL: Die Bildung von Siliziumkarbid aus Siliziumdioxid und Kohlenstoff. Ber. Dtsch. Keram. Ges. **39** (1962) 413—426.

[557] POPPER, P.: Reaction-sintering with special reference to non-oxide ceramics. Trans. VII. Internat. Ceram. Congr. London, 1960, S. 451—460.

[558] — (Hrsg.): Special ceramics 1962. London/New York: Academic Press 1963.

[559] — (Hrsg.): Special ceramics 1964. London/New York: Academic Press 1965.

[560] —, and S. N. RUDDLESDEN: The preparation, properties and structure of silicon nitride. Trans. Brit. Ceram. Soc. **60** (1961) 603—626.

[561] PREISINGER, A.: Struktur des Stishovits, Höchstdruck-SiO_2. Naturwiss. **49** (1962) 345.

[562] PRINS, J, A.: Structure of non-crystalline solids. In: Physics of non-crystalline solids. S. 1.—11. Hrsg.: J. A. Prins. Amsterdam: North-Holland Publ. Comp. 1965.

[563] PUKALL, W.: Über die Vorgänge beim Trocknen keramischer Rohwaren. Sprechs. **59** (1926) 367—370.

[564] PULFRICH, H., u. J. KOTOWSKI: Heutiger Entwicklungsstand der Keramik-Metall-Verbindung. Keram. Z. **14** (1962) 466—471.

[565] RABENAU, A.: Siliziumnitrid, ein keramisches Material für hohe Temperaturen. Ber. Dtsch. Keram. Ges. **40** (1963) 6—12.

[566] RADCZEWSKI, O. E.: Die Unterscheidung von Mineralen durch optische Anfärbung im Grenzdunkelfeld. Ber. Dtsch. Keram. Ges. **38** (1961) 389—395.

[567] —: Über die Untersuchung keramischer Feldspäte und ihr Verhalten bei hohen Temperaturen. In [692], Bd. 2, S. 81—100.

[568] —, und R. RATH: Zur Bestimmung des Mineralbestandes von Tonen mit Hilfe der thermischen Analyse (Entwässerungskurven). Ber. Dtsch. Keram. Ges. **29** (1952) 247—252.

[569] RADO, P.: Herstellung und Eigenschaften gegossener Schmelztiegel aus Kalziumfluorid und ihre Verwendung beim Schmelzen von Uran. Ber. Dtsch. Keram. Ges. **40** (1963) 85—90.

[570] RADOSLOVICH, E. W.: The cell dimensions and symmetry of layer-lattice silicates. Amer. Miner. **47** (1962) 599—636; **48** (1963) 62—99, 348—378.

[571] REDFERN, J. P. (Hrsg.): Thermal analysis 1965. London: MacMillan & Co. Ltd., 1965.

[572] REH, H. H.: Wege zur Entwicklung einer dichten Cordieritmasse. Sprechs. **97** (1964) 145—159.

[573] —: Vitreous-China-Geschirrmassen in Literatur und Praxis. Sprechs. **99** (1966) 784—794, 863—871, 975—978.

[574] REICHELT, W., u. B. GROSS: Methoden zur Berechnung von Schmelzdiagrammen binärer Oxidsysteme. Chem.-Ing.-Techn. **39** (1967) 1175—1179.

[575] REINER, M.: Rheology. In: Handbuch der Physik, Bd. VI. Hrsg.: S. Flügge, S. 434—550. Berlin/Göttingen/Heidelberg: Springer 1958.

[576] REUMANN, O.: Die Bestimmung der Durchbiegung keramischer Rohstoffe und Massen im Brande. Ber. Dtsch. Keram. Ges. **31** (1954) 143—148.

[577] —: Porzellanglasuren, Aufbau und Eigenschaften. Glas-Email-Keramo-Techn. **13** (1962) 388—392, 430—436.

[578] REY, M.: Un réfractaire nouveau: Le nitrure d'aluminium. Silic. Ind. **23** (1958) 453—455.

[579] RIEKE, R.: Untersuchungen an deutschen Kaolinen. Ber. Dtsch. Keram. Ges. **4** (1923) 176—187.

[580] —, u. W. FAUST: Die Ursachen gelber Verfärbungen von Porzellan. Ber. Dtsch. Keram. Ges. **10** (1929) 567—576.

[581] —, u. K. HEINSTEIN: Sanitär-Porzellan. Aufbau, Eigenschaften und Versuche zur Feststellung der zweckmäßigsten Zusammensetzung. Ber. Dtsch. Keram. Ges. **21** (1940) 62—78, 81—128.

[582] —, u. K. SAMSON: Versuche über die Transparenz von Porzellan. Ber. Dtsch. Keram. Ges. **6** (1925) 189—201.

[583] —, u. C. TANNE: Der Sinterungs- und Schmelzvorgang bei Porzellanglasuren. Ber. Dtsch. Keram. Ges. **16** (1935) 147—158.

[584] RILEY, W. C.: Graphite. In [317], S. 14—75.

[585] RITTER, H. L., and L. C. DRAKE: Pore-size distribution in porous materials. Pressure porosimeter and determination of complete macropore-size distribution. Ind. Eng. Chem., Anal. Ed. **17** (1945) 782—786.

[586] ROSENTHAL, G.: Über das Gefrierverhalten von Wasser in Ziegeln. Ber. Dtsch. Keram. Ges. **39** (1962) 304—309.

[587] —: Über die Plastizität von Tonen. Ber. Dtsch. Keram. Ges. **40** (1963) 544 bis 555.

[588] ROTHMAN, A. J.: Beryllium oxide. In [317], S. 107—142.

[589] ROY, R., and E. F. OSBORN: The system lithium metasilicate — spodumene — silica. J. Amer. Chem. Soc. **71** (1949) 2086—2095.

[590] —, E. C. SHAFER and M. W. SHAFER: Silica structure studies. J. Amer. Ceram. Soc. **39** (1956) 330—336; Z. Krist. **108** (1956) 263—275; Z. physik. Chem. **11** (1957) 30—40.

[591] RUBISCH, O.: Über die Oxydation von Molybdändisilizid. Ber. Dtsch. Keram. Ges. **41** (1964) 120—127.

[592] RUFF, O., u. F. EBERT: Beiträge zur Keramik hochfeuerfester Stoffe. Z. anorg. allg. Chem. **180** (1929) 19—41.

[593] —, J. MOCZALA, W. GOEBEL u. A. RIEBETH: Plastizität. Z. anorg. allg. Chem. **133** (1924) 187—229; **173** (1928) 373—394.

[594] RUMPF, H., W. ALEX, R. JOHNE u. K. LESCHONSKI: Korngrößenanalyse feiner Teilchen, eine kritische Betrachtung der Methoden. Ber. Bunsenges. **71** (1967) 253—270.

[595] RYSHKEWITCH, E.: Oxide ceramics. New York/London: Academic Press 1960.

[596] —: Compression strength of porous sintered alumina and zirconia. J. Amer. Ceram. Soc. **36** (1952) 65—68.

[597] SAALFELD, H.: Hydrothermale Bildungen aus Metakaolin. Naturwiss. **41** (1954) 372—373.

[598] —: Strukturen des Hydrargillits und der Zwischenstufen beim Entwässern. N. Jb. Miner. Abh. **95** (1960) 1—87.

[599] —: Zur thermischen Umwandlung und Kristallographie von Petalit und Spodumen. Z. Krist. **115** (1961) 420—432.

[600] —: Struktur und Ausdehnungsverhalten von Li—Al-Silikaten. Ber. Dtsch. Keram. Ges. **38** (1961) 281—286.

[601] —: A modification of Al_2O_3 with sillimanite structure. Trans. VIII. Internat. Ceram. Congr. Copenhagen, 1962, S. 71—74.

[602] —, u. B. B. MEHROTRA: Zur Struktur von Nordstrandit $Al(OH)_3$. Naturwiss. **53** (1966) 128—129.

[603] SACK, W.: Herstellung kristalliner Körper durch Sinterung und Entglasung von Glaspulver unter Verwendung von Mineralisatoren. In: E. Schott (Hrsg.): Beiträge zur angewandten Glasforschung, S. 111—120. Stuttgart: Wiss. Verlagsges. 1959.

[604] SADANAGA, R., M. TOKONAMI and Y. TAKÉUCHI: The structure of mullite, $2 Al_2O_3 \cdot SiO_2$, and relationship with the structures of sillimanite and andalusite. Acta Cryst. **15** (1962) 65—68.

[605] SALMANG, H.: Das Gefüge des keramischen Scherbens. Ber. Dtsch. Keram. Ges. **30** (1953) 247—251.

[606] —: Das Gefüge der keramischen Oberfläche. Ber. Dtsch. Keram. Ges. **32** (1955) 251—256.

[607] SALMANG, H., W. DEEN u. A. VROEMEN: Die Gestaltung der keramischen Oberfläche durch Auswirkung der Tonoberflächenspannung. Ber. Dtsch. Keram. Ges. **34** (1957) 33—38.

[608] —, u. J. KIND: Über Beziehungen verschiedener physikalischer, chemischer und technischer Eigenschaften von Tonen. Ber. Dtsch. Keram. Ges. **17** (1934) 331—357.

[609] —, u. A. RITTGEN: Die Wärmeausdehnung roher und gebrannter Tone. Sprechs. **64** (1931) 447—449, 465—468, 481—485, 501—504, 517—521.

[610] SANDFORD, F. and B. LILJEGREN: The formation of colour in red and yellow brick. Trans. Chalmers Univ. Techn. **282** (1963) 16 S.

[611] SCACE, R. I., and G. A. SLACK: The Si—C and Ge—C phase diagrams. In [522], S. 24—30.

[612] SCALA, E.: Materials aspects of missile and satellite reentry. In [317], S. 286 bis 305.

[613] SCHAIRER, J. F., and N. L. BOWEN: The system $K_2O—Al_2O_3—SiO_2$. Amer. J. Sci. **253** (1955) 681—746.

[614] —, —: The system $Na_2O—Al_2O_3—SiO_2$. Amer. J. Sci. **254** (1956) 129—195.

[615] SCHARRER, E., u. U. HOFMANN: Untersuchungen über die Plastizität der Tone und Kaoline. Ber. Dtsch. Keram. Ges. **35** (1958) 278—285.

[616] SCHICK, H. L.: A thermodynamic analysis of the high-temperature vaporization properties of silica. Chem. Reviews **60** (1960) 331—362.

[617] —: Thermodynamics of certain refractory compounds. New York/London: Academic Press 1966.

[618] SCHMID, O.: Die Quarzumwandlung in Silikasteinen. Glastechn. Ber. **34** (1961) 170—175.

[619] —: Über die Glasphase in schmelzflüssig gegossenen Aluminium-Zirkonoxyd-steinen. Glastechn. Ber. **38** (1965) 200—206.

[620] SCHMIDT, K. G.: Der Phosphorsäureaufschluß zur Bestimmung des Gehaltes an freier Kieselsäure. Ber. Dtsch. Keram. Ges. **31** (1954) 402—404.

[621] SCHNEIDER, H.: Über den Frostwiderstand von Dachziegeln und seine Prüfung. Ziegelind. **15** (1962) 227—238, 283—294, 391—402, 413—424, 485—495.

[622] SCHOBLIK, A.: Der Glasurbrand. (Eine mikroskopische Betrachtung.) Sprechs. **83** (1950) 369—375, 391—395.

[623] SCHOLZ, S., u. B. LERSMACHER: Der Verdichtungsablauf beim Drucksintern. Ber. Dtsch. Keram. Ges. **41** (1964) 98—107.

[624] SCHOLZE, H.: Zum Sillimanit-Mullit-Problem. Ber. Dtsch. Keram. Ges. **32** (1955) 381—385.

[625] —: Zur Frage der Unterscheidung zwischen H_2O-Molekeln und OH-Gruppen in Gläsern und Mineralen. Naturwiss. **47** (1960) 226—227.

[626] —: Ergänzende Versuche zum Kontaktverhalten von feuerfesten Baustoffen. Ber. Dtsch. Keram. Ges. **41** (1964) 484—486.

[627] —: Glas — Natur, Struktur und Eigenschaften. Braunschweig: F. Vieweg & Sohn 1965.

[628] —: Blasen in Glasuren. Ber. Dtsch. Keram. Ges. **44** (1967) 59—63.

[629] —, u. H.-O. MULFINGER: Zur Frage der schmelzflüssigen Phase in Corhart-Zac-Steinen. Glastechn. Ber. **34** (1961) 37—38.

[630] SCHRADER, A.: Ermittlung optimaler Trocknungsbedingungen bei der Trocknung keramischer Massen. Ber. Dtsch. Keram. Ges. **36** (1959) 64—71.

[631] SCHRÄMLI, W., u. F. BECKER: Die Vakuumdifferentialthermoanalyse einiger Minerale und einiger Erden im Vergleich zur Differentialthermoanalyse in Luft. Ber. Dtsch. Keram. Ges. **37** (1960) 227—236.

[632] SCHREYER, W.: Synthetische und natürliche Cordierite. N. Jb. Miner. Abh. **102** (1964) 39—67.

[633] SCHÜLLER, K.: Nachweis und Bestimmung von Begleitmineralen im Speckstein. Stemag-Nachr. **1959**, H. 27, 742—750.

[634] —: Untersuchungen über die Gefügeausbildung im Porzellan. Ber. Dtsch. Keram. Ges. **38** (1961) 150—157, 208—211, 241—246; **40** (1963) 320—326; **41** (1964) 527—531; **42** (1965) 299—307.

[635] —: Der Einfluß des Quarzes auf die Gefügespannungen im Porzellan. Ber. Dtsch. Keram. Ges. **39** (1962) 286—293.

[636] SCHÜLLER, K.: Die Kristallmodifikationen des MgSiO$_3$ und ihre Stabilitätsbeziehungen. Eine Literaturübersicht. Stemag-Nachr. 1963, H. 37, 995—1002.

[637] —: Neuere Fortschritte in der Keramik durch Anwendung mineralogischer Methoden. Fortschr. Miner. 40 (1963) 198—260.

[638] —: Hochfeste Porzellane auf Quarz- und Cristobalitbasis. Ber. Dtsch. Keram. Ges. 44 (1967) 212—223, 284—293, 387—391.

[639] —: Steatit. In: Handbuch der Keramik, II J 2, Freiburg/Brg.: Verlag Schmid GmbH, 1967.

[640] —, u. K. STÄRK: Zur Theorie der Gefügespannungen im Porzellan. Ber. Dtsch. Keram. Ges. 44 (1967) 458—462.

[641] SCHULZE, H. J., u. F. KÄSTNER: Wie sind die Begriffe Viskosität, Bildsamkeit, Plastizität und Bindefähigkeit auseinanderzuhalten? Tonind.-Ztg. 89 (1965) 395—400.

[642] SCHUMANN, H.: Über die Eigenschaften neuer keramischer Werkstoffe für die Kernreaktortechnik aus Bleioxid und Seltenen Erden. Ber. Dtsch. Keram. Ges. 42 (1965) 39—43.

[643] SCHURECHT, H. G.: Methods for testing crazing of glazes caused by increases in size of ceramic bodies. J. Amer. Ceram. Soc. 11 (1928) 271—277.

[644] — and G. R. POLE: Effect of water in expanding ceramic bodies of different compositions. J. Amer. Ceram. Soc. 12 (1929) 596—604.

[645] —, —: Method of measuring strains between glazes and ceramic bodies. J. Amer. Ceram. Soc. 13 (1930) 369—375.

[646] —, J. K. SHAPIRO and Z. ZABAWSKY: Influence of fluxes of spodumene and feldspar mixtures on properties of chinaware bodies. J. Amer. Ceram. Soc. 25 (1942) 321—326.

[647] SCHWIETE, H. E.: Schwarze Silikasteine. Silic. Ind. 27 (1962) 129—136.

[648] —: Beitrag zur Entwicklung von Methoden für die Prüfung feuerfester Baustoffe auf Temperaturwechselbeständigkeit. Trans. VIII. Internat. Ceram. Congr. Copenhagen, 1962, S. 193—203.

[649] —: Heißabrieb schmelzgegossener und keramisch gebundener Steine. Ber. Dtsch. Keram. Ges. 42 (1965) 222—232.

[650] —, K. E. GRANITZKI u. K. H. KARSCH: Wärmeleitfähigkeit feuerfester Materialien des Systems Al$_2$O$_3$—SiO$_2$ zwischen 200 und 1600 °C. Ber. Dtsch. Keram. Ges. 38 (1961) 529—534.

[651] —, u. H. KLEIN: Über das Verformungsverhalten feuerfester Materialien bei hohen statischen, schwingenden und thermischen Beanspruchungen. Ber. Dtsch. Keram. Ges. 41 (1964) 315—322.

[652] —, u. K. KONOPICKY: Klassifikation und Eigenschaften wärmedämmender Steine. Tonind.-Ztg., 4. Beiheft, 1967.

[653] —, u. H. WESTMARK: Die Wärmeleitfähigkeit feuerfester Steine im Spiegel der Literatur. Forschungsber. d. Landes Nordrh.-Westf. Nr. 689, 54 S. Köln u. Opladen: Westdeutscher Verlag 1959.

[654] —, u. G. ZIEGLER: Beitrag zur Thermochemie des Kalkes. Tonind.-Ztg. 80 (1956) 97—100.

[655] —, —: Berechnung der Nutzwärme von keramischen Scherben. Ber. Dtsch. Keram. Ges. 33 (1956) 184—194.

[656] —, —: Grundlagen und Anwendungsbereiche der dynamischen Differenzkalorimetrie. Ber. Dtsch. Keram. Ges. 35 (1958) 193—204.

[657] SCOTT, W. J.: An apparatus for measuring the abrasive hardness of glazes. J. Amer. Ceram. Soc. 7 (1924) 342—346.

[658] SCOTT BLAIR, G. W.: Plastic flow measurements and their bearing on the plasticity problem. Trans. Brit. Ceram. Soc. 30 (1931) 138—149.

[659] SEARLE, A. B.: Refractory materials. London: Charles Griffin & Comp. Ltd. 1953.

[660] —, and R. W. GRIMSHAW: The chemistry and physics of clays and other ceramic materials. 3. Aufl., London: Benn Ltd., 1960.

[661] SEGNIT, E. R.: Microscope studies on salt glazes on low-iron bodies. Trans. Brit. Ceram. Soc. 64 (1965) 71—84.

[662] SELL, P.-J., u. A. W. NEUMANN: Die Oberflächenspannung fester Körper. Angew. Chem. 78 (1966) 321—331.

[663] SERRATOSA, J. M., A. HIDALGO and J. M. VINAS: Infrared study of the OH groups in kaolin minerals. In: I. Th. Rosenqvist and P. Graff-Petersen (Hrsg.): International clay conference 1963. S. 17—26. Oxford/London/New York/ Paris: Pergamon Press 1963.

[664] SHAFFER, P. T. B.: Effect of crystal orientation on hardness of silicon carbide. J. Amer. Ceram. Soc. 47 (1964) 466.

[665] —: Effect of crystal orientation on hardness of beta silicon carbide. J. Amer. Ceram. Soc. 48 (1965) 601—602.

[666] SHARP, J. H., G. W. BRINDLEY and B. N. NARAHARI ACHAR: Numerical data for some commonly used solid state reaction equations. J. Amer. Ceram. Soc. 49 (1966) 379—382.

[667] SHELTON, G. R.: Method of correlating chemical composition, relative amounts of glassy bond, and properties of ceramic bodies. J. Amer. Ceram. Soc. 31 (1948) 39—49.

[668] SINGER, F.: Über neuartige Steinzeugmassen. Ber. Dtsch. Keram. Ges. 10 (1929) 269—271.

[669] —: Barium aluminium silicates as refractories and their use for different technical purposes. Trans. Brit. Ceram. Soc. 35 (1936) 389—400.

[670] —: Sanitary vitreous china. Trans. Brit. Ceram. Soc. 40 (1941) 119—156.

[671] —, u. S. S. SINGER: Industrielle Keramik, Bd. I Berlin/Göttingen/Heidelberg: Springer 1964. Bd. II Berlin/Heidelberg/New York: Springer 1968. Bd. III 1966.

[672] SKARBYE, H.: Strength of high tension porcelain. Actes IXe Congr. Internat. Céram., Bruxelles 1964, S. 149—162.

[673] —: Influence of glaze on strength of high tension porcelain. Abh. X. Internat. Keram. Kongr., Stockholm 1966, S. 167—188.

[674] SMIT, J., and H. P. J. WIJN: Ferrite. Eindhoven: Philips Techn. Bibl., 1962.

[675] SMITH, D. K. and C. F. CLINE: Verification of existence of cubic zirconia at high temperature. J. Amer. Ceram. Soc. 45 (1962) 249—250.

[676] —, — and S. B. AUSTERMAN: The crystal structure of β-beryllia. Acta Cryst. 18 (1965) 393—397.

[677] —, and H. W. NEWKIRK: The crystal structure of baddeleyite (monoclinic ZrO_2) and its relation to the polymorphism of ZrO_2. Acta Cryst. 18 (1965) 983—991.

[678] —, — and J. S. KAHN: Crystal structure and polarity of BeO. J. electrochem. Soc. 111 (1964) 78—87.

[679] SMITH, J. V., and S. W. BAILEY: Second review of Al—O and Si—O tetrahedral distances. Acta Cryst. 16 (1963) 801—811.

[680] SMOKE, E. J.: Ceramic compositions having negative linear thermal expansion. J. Amer. Ceram. Soc. 34 (1951) 87—90.

[681] SMOTHERS, W. J.: Effect of water on mechanical strength of selected ceramic compositions. J. Amer. Ceram. Soc. 41 (1958) 440—444.

[682] SNELLING, E. C.: The properties of ferrites in relation to their application. Proc. Brit. Ceram. Soc. 2 (1964) 151—174.

[683] SOKOLOFF, A. M.: Zur Frage des molekularen Zerfalles des Kaolinits im Anfangsstadium des Glühens. Tonind.-Ztg. 36 (1912) 1107—1110.

[684] SOLACOLU, S., et R. DINESCU: Le rôle des équilibres thermiques des systèmes $Me_2O—Al_2O_3—SiO_2$ sur la cinétique de la cuisson de la porcelaine. Bull. Soc. Franç. Céram. 1961, Nr. 53, 3—27.

[685] SOSMAN, R. B.: The phases of silica. New Brunswick (N. J.): Rutgers University Press 1965.

[686] SPRIGGS, R. M.: Effect of open and closed pores on elastic moduli of polycrystalline alumina. J. Amer. Ceram. Soc. 45 (1962) 454.

[687] —, L. A. BRISSETTE and T. VASILOS: Preparation of magnesium oxide of submicron grain size and very high density. J. Amer. Ceram. Soc. 46 (1963) 508—509.

[688] STÄRK, K.: Piezoelektrische Keramik. Stemag-Nachr. 1967, H. 40, 1095 bis 1100.

[689] STEADMAN, R.: The structures of trioctahedral kaolin-type silicates. Acta Cryst. 17 (1964) 924—927.

[690] STEGER, W.: Messungen von Spannungszuständen in gebrannten keramischen Massen. Ber. Dtsch. Keram. Ges. 11 (1930) 124—152.
[691] STEINHOFF, E.: Korrosionsvorgänge an feuerfesten Steinen in Chemieöfen. Chem.-Ing.-Techn. 32 (1960) 267—278.
[692] STEWART, G. H. (Hrsg.): Science of ceramics. London/New York: Academic Press, Bd. 1 (1962), Bd. 2 (1965), Bd. 3 (1967).
[693] STISHOV, S. M., and N. V. BELOV: The crystal structure of a new dense modification of silica SiO_2. Dokl. Akad. Nauk SSSR 143 (1962) 951—954.
[694] —, and S. V. POPOVA: New dense polymorphic modification of silica. Geochem. USSR 1961, 837—839.
[695] STODDARD, S. D., and A. G. ALLISON: Casting of magnesium oxide in aqueous slips. Amer. Ceram. Soc. Bull. 37 (1958) 409—413.
[696] STOKES, R. J.: Correlation of mechanical properties with microstructure. In: Microstructure of ceramic materials. Nat. Bur. Stand. Misc. Publ. 257, Washington, 1964, S. 41—72.
[697] —, and C. H. LI: Dislocations and the tensile strength of magnesium oxide. J. Amer. Ceram. Soc. 46 (1963) 423—434.
[698] STONE, R. L.: Differential thermal analysis of kaolin group minerals under controlled partial pressure of H_2O. J. Amer. Ceram. Soc. 35 (1952) 90—99.
[699] STOOKEY, S. D.: Catalyzed crystallization of glass in theory and practice. Glastechn. Ber. 32 K (1959) V/1—8.
[700] STORMS, E. K.: The refractory carbides. London/New York: Academic Press 1967.
[701] STRICKLER, D. W., and R. ROY: Studies in the system $Li_2O—Al_2O_3—Fe_2O_3—H_2O$. J. Amer. Ceram. Soc. 44 (1961) 225—230.
[702] STRUNZ, H.: Die Beziehungen der Isotypie zwischen Silikaten und Germanaten. Versuch einer Germanatklassifikation. Z. Naturwiss. 47 (1960) 154—155.
[703] STUBIČAN, V.: Residual hydroxyl groups in the metakaolin range. Miner. Mag. 32 (1959) 38—52.
[704] STUCKERT, L.: Die Emailfabrikation. Berlin: Springer 1941.
[705] SUNDIUS, N.: The temperature at which glass formation begins in feldspathic porcelain. Trans. Brit. Ceram. Soc. 59 (1960) 87—89.
[706] SWOBODA, T. J., R. C. TOOLE and J. D. VAUGHAN: New magnetic compounds of the ilmenite-type structure. J. Phys. Chem. Solids 5 (1958) 293—298.
[707] TAKÁTS, T.: Derivatographische Untersuchungen an Rohstoffen der Silikatindustrie. Silikattechn. 14 (1963) 3—8.
[708] TARTE, P.: Etude des silicates par spectrométrie infra-rouge. Résultats actuels et perspectives d'avenir. Bull. Soc. Franç. Céram. 1963, Nr, 58, 13—34.
[709] TAYLOR, H. F. W.: Homogeneous and inhomogeneous mechanisms in the dehydroxylation of minerals. Clay Miner. Bull. 5 (1962) 45—55.
[710] TAYLOR, R. E.: Thermal conductivity of titanium carbide at high temperatures. J. Amer. Ceram. Soc. 44 (1961) 525.
[711] TAYLOR, R. W.: Phase equilibria in the system $FeO—Fe_2O_3—TiO_2$ at 1300 °C. Amer. Miner. 49 (1964) 1016—1030.
[712] TAYLOR, W. H.: The structure of sillimanite and mullite. Z. Krist. 68 (1928) 503—521.
[713] TEUFER, G.: The crystal structure of tetragonal ZrO_2. Acta Cryst. 15 (1962) 1187.
[714] THIESSEN, P. A.: Wechselseitige Adsorption von Kolloiden. Z. Elektrochem. 48 (1942) 675—681.
[715] THÜMMLER, F.: Weniger bekannte Uranverbindungen als mögliche Kernbrennstoffe. Ber. Dtsch. Keram. Ges. 40 (1963) 159—172.
[716] —, and W. THOMMA: The sintering process. Metallurg. Rev. 115 (1967) 69—108.
[717] TINKLEPAUGH, J. R.: Metal reinforcement and cladding of cermets and ceramics. In [718], S. 170—180.
[718] —, and W. B. CRANDALL (Hrsg.): Cermets. New York: Reinhold Publ. Corp. 1960.
[719] TOROPOW, N. A., u. F. J. GALACHOW: Neue Ergebnisse über das System $Al_2O_3—SiO_2$. Ber. Akad. d. Wiss. UdSSR 78 (1951) 299—302.

[720] TOUSSAINT, F., J. J. FRIPIAT and M. C. GASTUCHE: Dehydroxylation of kaolinite. J. Physic. Chem. **67** (1963) 26—30.

[721] TREFFNER, W. S., u. D. W. ROBERTSON: Elektronische Teilchengrößenanalyse im Subsiebgrößenbereich. Radex-Rd. **1962**, 55—69.

[722] TSCHEISCHWILI, L., W. BÜSSEM u. W. WEYL: Über den Metakaolin. Ber. Dtsch. Keram. Ges. **20** (1939) 249—276.

[723] TURNBULL, D., and J. C. FISHER: Rate of nucleation in condensed systems. J. Chem. Physics **17** (1949) 71—73.

[724] UBBELOHDE, A. R.: Melting and crystal structure. Oxford: Clarendon Press 1965.

[725] UMSTÄTTER, H.: Einführung in die Viskosimetrie und Rheometrie. Berlin/Göttingen/Heidelberg: Springer 1952.

[726] VASILOS, T., and R. M. SPRIGGS: Pressure sintering: Mechanisms and microstructure for alumina and magnesia. J. Amer. Ceram. Soc. **46** (1963) 493—496.

[727] —, —: The hot pressing of ceramics. Proc. Brit. Ceram. Soc. **3** (1965) 195 bis 221.

[728] VAUGHAN, F., and A. DINSDALE: Moisture expansion. Trans. Brit. Ceram. Soc. **61** (1962) 1—19.

[729] VERGANO, P. J., D. C. HILL and D. R. UHLMANN: Thermal expansion of feldspar glasses. J. Amer. Ceram. Soc. **50** (1967) 59—60.

[730] VIECHNICKI, D., and V. S. STUBICAN: Mechanism of decomposition of the cubic solid solutions in the system ZrO_2—MgO. J. Amer. Ceram. Soc. **48** (1965) 292—297.

[731] VINES, R. F., J. O. SEMMELMAN, P. W. LEE and F. P. FONVIELLE JR.: Mechanisms involved in securing dense, vitrified ceramics from preshaped partly crystalline bodies. J. Amer. Ceram. Soc. **41** (1958) 304—309.

[732] VAN VLACK, L. H.: Geometry of microstructures. In: Microstructure of ceramic materials. Nat. Bur. Stand. Misc. Publ. 257, Washington, 1964, S. 1—14.

[733] —: Physical ceramics for engineers. Reading (Mass.)/London: Addison-Wesley Publ. Comp. Inc. 1964.

[734] VOGEL, W.: Struktur und Kristallisation der Gläser. Leipzig: VEB Deutscher Verlag für Grundstoffindustrie 1965.

[735] WACHTMAN JR., J. B.: Mechanical properties of ceramics: An introductory survey. Amer. Ceram. Soc. Bull. **46** (1967) 756—774.

[736] —, and D. G. LAM JR.: Young's modulus of various refractory materials as a function of temperature. J. Amer. Ceram. Soc. **42** (1959) 254—260.

[737] WAHLER, W.: Eine neue Prüfsiebmaschine nach dem Luftstrahlprinzip für beliebig viele Fraktionen. Tonind.-Ztg. **84** (1960) 93—95.

[738] WALTON, A. G.: Calculation of ionic crystal surface energies from thermodynamic data. J. Amer. Ceram. Soc. **48** (1965) 151—152.

[739] WARE, R. K., and R. RUSSELL JR.: Porcelain having low-firing shrinkage. Amer. Ceram. Soc. Bull. **43** (1964) 383—389.

[740] WARREN, B. E.: Summary of work on atomic arrangement in glass. J. Amer. Ceram. Soc. **24** (1941) 256—261.

[741] WASHBURN, M. E.: Silicon oxynitride refractories. Amer. Ceram. Soc. Bull. **46** (1967) 667—671.

[742] WATSON, A., J. O. MAY and B. BUTTERWORTH: Studies of pore size distribution. In [692], Bd. 1, S. 187—199.

[743] WEBER, J. N., and R. ROY: Dehydroxylation of kaolinite, dickite, and halloysite: DTA curves under P_{H_2O} = 15 to 10000 psi. J. Amer. Ceram. Soc. **48** (1965) 309—311.

[744] WEISS, AR.: Über das Kationenaustauschvermögen der Tonminerale. Z. anorg. allg. Chem. **297** (1958) 232—268; **299** (1959) 92—120.

[745] —: Organische Derivate der glimmerartigen Schichtsilicate. Angew. Chem. **75** (1963) 113—122.

[746] —: Ein Geheimnis des chinesischen Porzellans. Angew. Chem. **75** (1963) 755—762.

[747] —, u. R. FRANK: Über eine anomale Gefrierpunktserniedrigung in thixotrop erstarrten Gelen. Naturwiss. **48** (1961) 45—46.

[748] WEISS, AR., A. HÄBICH u. AL. WEISS: Einige Eigenschaften der 1. bis 4. Wasserschicht in quellungsfähigen Schichtsilikaten. Ber. Dtsch. Keram. Ges. 41 (1964) 687—690.

[749] —, u. I. KANTNER: Über eine einfache Möglichkeit zur Abschätzung der Schichtladung glimmerartiger Schichtsilicate. Z. Naturforsch. 15b (1960) 804—807.

[750] —, A. MEHLER, G. KOCH u. U. HOFMANN: Über das Anionenaustauschvermögen der Tonmineralien. Z. anorg. allg. Chem. 284 (1956) 247—271.

[751] —, u. J. RUSSOW: Über das Einrollen von Kaolinitkristallen zu halloysitähnlichen Röhren und einen Unterschied zwischen Halloysit und röhrchenförmigem Kaolinit. In: I. TH. ROSENQVIST and P. GRAFF-PETERSEN (Hrsg.): Internat. clay conf. 1963. Bd. 2, S. 69—74. Oxford: Pergamon Press 1965.

[752] —, —: Über die Lage der austauschbaren Kationen bei Kaolinit. Wie [751], Bd. 1, 1963, S. 203—213.

[753] —, — u. K. J. RANGE: Neuere Ergebnisse zum thermischen Abbau von Kaolin. Ber. Dtsch. Keram. Ges. 42 (1965) 397.

[754] —, W. THIELEPAPE, G. GÖRING, W. RITTER u. H. SCHÄFER: Kaolinit-Einlagerungs-Verbindungen. Wie [751], Bd. 1, 1963, S. 287—305.

[755] —, u. AL. WEISS: Zur Kenntnis der faserigen Siliziumdioxydmodifikation. Z. anorg. allg. Chem. 276 (1954) 95—112.

[756] WELLINGER, K., u. H. UETZ: Verschleiß durch körnige, mineralische Stoffe. Aufbereitungstechn. 4 (1963) 319—335.

[757] WENDTLAND, H. G., u. O. GLEMSER: Untersuchungen über die Reaktion von Oxyden mit Wasser bei höheren Drucken und Temperaturen. Angew. Chem. 75 (1963) 949—957.

[758] WENT, J. J., G. W. RATHENAU, E. W. GORTER u. G. W. VAN OOSTERHOUT: Ferroxdure, eine Gruppe neuer Werkstoffe für Dauermagnete. Philips techn. Rdsch. 13 (1951/52) 361—376.

[759] WENTORF, R. H.: Cubic form of boron nitride. J. Chem. Physics 26 (1957) 956.

[760] WESTMAN, A. E. R.: The capillary suction of some ceramic materials. J. Amer. Ceram. Soc. 12 (1929) 585—595.

[761] —: The effect of mechanical pressure on the drying and firing properties of typical ceramic bodies. J. Amer. Ceram. Soc. 17 (1934) 128—134.

[762] WEYL, W. A., and E. CH. MARBOE: Formation of amorphous solids and characterization of their structures by energy profiles. J. Soc. Glass Technol. 43 (1959) 191—210 T.

[763] —, —: The constitution of glasses. New York/London: Interscience Publ. 1962.

[764] WHITE, J.: Basic phenomena in sintering. In [692], Bd. 1, S. 1—19.

[765] —: Sintering—an assessment. Proc. Brit. Ceram. Soc. 3 (1965) 155—176.

[766] WIEDMANN, T.: Beitrag zur Erfassung des Festigkeitsträgers im Porzellan. Sprechs. 92 (1959) 2—5, 29—30, 52—55.

[767] —: Hochfestporzellane. Sprechs. 99 (1966) 428—438; 100 (1967) 228—239, 555—565, 582—584.

[768] WIEGMANN, J., u. G. KRANZ: Einige Beobachtungen über die Veränderungen des Kaolinits beim Mahlen. Silikattechn. 8 (1957) 520—523.

[769] WILLIAMS, I.: The plasticity of rubber and its measurements. Ind. Eng. Chem. 16 (1924) 362ff.

[770] WILLIAMS, W. S.: High-temperature thermal conductivity of transition metal carbides and nitrides. J. Amer. Ceram. Soc. 49 (1936) 156—159.

[771] WILLIAMSON, W. O.: Oriented aggregation, differential drying-shrinkage and recovery from deformation of a kaolinite-illite clay. Trans. Brit. Ceram. Soc. 54 (1955) 413—442.

[772] —: Particle orientation in clays and whitewares and its relation to forming processes. In [362], S. 89—98.

[773] —: Bubbles and associated structures in fired glazes: Hypotheses and microscopical observations. Trans. Brit. Ceram. Soc. 59 (1960) 455—478.

[774] WILSON, EARL O.: The plasticity of finely ground minerals with water. J. Amer. Ceram. Soc. 19 (1936) 115—120.

[775] WINKELMANN, A. u. O. SCHOTT: Über thermische Widerstandskoeffizienten verschiedener Gläser in ihrer Abhängigkeit von der chemischen Zusammensetzung. Ann. Physik 51 (1894) 730—746.

[776] WINKLER, H. G. F.: Synthese und Kristallstruktur des Eukryptits, $LiAlSiO_4$. Acta Cryst. **1** (1948) 27—34.

[777] —: Bedeutung der Korngrößenverteilung und des Mineralbestandes von Tonen für die Herstellung grobkeramischer Erzeugnisse. Ber. Dtsch. Keram. Ges. **31** (1954) 337—343.

[778] —: Das Problem der Frostbeständigkeit von Dachziegeln. Ber. Dtsch. Keram. Ges. **36** (1959) 327—332.

[779] WOHLLEBEN, K., u. K. KONOPICKY: Elastische Konstanten und Gasdurchlässigkeit feuerfester Erzeugnisse. Chem.-Ing.-Techn. **37** (1965) 1273.

[780] —, — u. F. KOWALCZYK: Eine neue Prüfanlage zur Ermittlung der wahren DFB feuerfester Erzeugnisse und ihres Fließverhaltens. Tonind.-Ztg. **88** (1964) 548—551.

[781] WOLF, H.: Systematik und Schmelzverhalten der Feldspate. Keram. Z. **7** (1955) 128.

[782] WOLF, J.: Keramische Massen, dargestellt nach ihren mineralischen Zusammensetzungen und als Silikate. Sprechs. **60** (1927) 785—789, 807—810, 827—830.

[783] WOLTEN, G. M.: Diffusionsless phase transformations in zirconia and hafnia. J. Amer. Ceram. Soc. **46** (1963) 418—422.

[784] —: Direct high-temperature single-crystal observation of orientation relationship in zirconia phase transformation. Acta Cryst. **17** (1964) 763—765.

[785] YOUNG, J. E.: Some factors affecting the development and removal of vanadium efflorence. Amer. Ceram. Soc. Bull. **38** (1959) 260—263.

[786] ZACHARIASEN, W. H.: Die Struktur der Gläser. Glastechn. Ber. **11** (1933) 120—123.

[787] ŽAGAR, L.: Ermittlung der Größenverteilung von Poren in feuerfesten Baustoffen. Arch. Eisenhüttenw. **26** (1955) 561—562; **27** (1956) 657—663.

[788] —: Die Grundlagen zur Ermittlung der Gasdurchlässigkeit von feuerfesten Baustoffen. Arch. Eisenhüttenw. **26** (1955) 777—782.

[789] —: Über die Gitterenergie von keramischen Oxyden. Sprechs. **93** (1960) 153—154.

[790] —: Über die mikromeren Eigenschaften von Glaspulvern. Sprechs. **93** (1960) 581—588.

[791] —: Der gegenwärtige Stand der Forschung auf dem Gebiete der Textur von keramischen Werkstoffen und Erzeugnissen. In [692], Bd. 1, S. 167—185.

[792] —: Ermittlung des Anteils von durchgehenden Porenkanälen in feinporigen keramischen Werkstoffen. Sprechs. **100** (1967) 2—4, 128—135, 143—148.

[793] —, u. C. SCHUMANN: Über die Absolutbestimmung der spezifischen Oberfläche an pulverförmigen Stoffen mit dem Blaine-Gerät. Zement-Kalk-Gips **7** (1954) 282—284.

[794] —, —: Über die Viskosität von Kaolinsuspensionen. Ziegelind. **10** (1957) 585—590.

[795] ZAPP, F.: Richtlinien und Vorschläge des Materialprüfungsausschusses Feinkeramik der DKG nach dem Stand vom 19. 12. 1956. Ber. Dtsch. Keram. Ges. **34** (1957) 12—17.

[796] ZIMMERMANN, K.: Farbkennzeichnung bei gebrannten Tonen. Ber. Dtsch. Keram. Ges. **42** (1965) 350—356.

[797] ZIVANOVIC, B., u. M. M. RISTIC: Einfluß von Frequenz und Beschleunigung während der Vibration auf die Verdichtung keramischer Oxide. Keram. Z. **18** (1966) 822—824.

[798] ZOELLNER, H.: Die Rohbiegefestigkeit, ein betriebsmäßiges Maß für die Plastizität von Tonen, Kaolinen und keramischen Massen. Sprechs. **83** (1950) 271—275.

[799] ZOLTAI, T.: Classification of silicates and other minerals with tetrahedral structures. Amer. Miner. **45** (1960) 960—973.

[800] ZVYAGIN, B. B.: Polymorphism of double-layer minerals of the kaolinite type. Kristallografiya **7** (1962) 51—65.

[801] ZWETSCH, A.: Dilatometrische Messungen an keramischen Rohstoffen. Ber. Dtsch. Keram. Ges. **32** (1955) 63—69.

[802] —: Untersuchungen zur Kennzeichnung von Feldspaten. Ber. Dtsch. Keram. Ges. **33** (1956) 349—357.

[803] —: Über die Texturbildung in keramischen Körpern. Ber. Dtsch. Keram. Ges. **36** (1959) 388—393.

[804] ZWICKER, J. D.: Sieve analysis to below two microns using micromesh sieves. Amer. Ceram. Soc. Bull. **45** (1966) 716—719.

[805] —: Comparison of particle size analysis methods. Amer. Ceram. Soc. Bull. **46** (1967) 303—306.

[806] DIN 4188: Drahtgewebe für Prüfsiebe. Febr. 1957 (Blatt 1), Juni 1962 (Blatt 2).

[807] DIN 4190: Prüfsiebung. Doppeltlogarithmisches Körnungsnetz. Erläuterungen. Okt 1955 (Blatt 1 und 2).

[808] DIN 4193: Kornmessung. Prüfsiebung. Richtlinien für die Durchführung. Okt. 1966 (Entwurf).

[809] DIN 6164: DIN-Farbkarte. Farbsystem. Überwachte Farbmuster und Farbkarten. Mai 1962 (Vornormen).

[810] DIN 40685: Keramische Isolierstoffe für die Elektrotechnik. Gruppeneinteilung und Technische Werte. Nov. 1967.

[811] DIN 41280: Weichmagnetische Ferritkerne. Werkstoff-Eigenschaften. März 1965.

[812] DIN 51030: Prüfung keramischer Roh- und Werkstoffe. Bestimmung der Trockenbiegefestigkeit. Dez. 1954.

[813] DIN 51033: Prüfung keramischer Roh- und Werkstoffe. Bestimmung der Korngröße durch Siebung und Sedimentation. Verfahren nach Andreasen. Aug. 1962 (Blatt 1).

[814] DIN 51053: Prüfung keramischer Roh- und Werkstoffe. Bestimmung des Erweichungsverhaltens in Abhängigkeit von Temperatur und Belastung. Druckerweichung (DE) bei steigender Temperatur und konstantem Druck. Okt. 1967 (Entwurf).

[815] DIN 51056: Prüfung keramischer Roh- und Werkstoffe. Bestimmung des offenen Porenraumes. Sept. 1959.

[816] DIN 51058: Prüfung keramischer Roh- und Werkstoffe. Bestimmung der spezifischen Gasdurchlässigkeit feuerfester Steine. Juni 1963.

[817] DIN 51060: Feuerfeste keramische Roh- und Werkstoffe. Begriffe. Sept. 1959.

[818] DIN 51063: Prüfung keramischer Roh- und Werkstoffe. Bestimmung des Kegelfallpunktes nach Seger (SK). Dez. 1954 (Blatt 1), Jan. 1961 (Blatt 2).

[819] DIN 51064: Prüfung keramischer Roh- und Werkstoffe. Bestimmung der Druckfeuerbeständigkeit (DFB) an feuerfesten Steinen. Juli 1963.

[820] DIN 51068: Prüfung keramischer Roh- und Werkstoffe. Bestimmung des Widerstandes gegen schroffen Temperaturwechsel. Wasserabschreckverfahren für feuerfeste Steine. Febr. 1966 (Entwurf).

[821] DIN 51100: Prüfung keramischer Roh- und Werkstoffe. Bestimmung der löslichen Salze (Perkolatorverfahren). April 1957.

[822] DIN 52324: Prüfung von Glas. Bestimmung der Transformationstemperatur. Dez. 1960.

[823] Analytical methods committee: Classification of methods for determining particle size. A review. Analyst **88** (1963) 156—187.

[824] Mehrere Autoren: Point defects. Proc. Brit. Ceram. Soc. **1** (1964) 218 S.; **9** (1967) 286 S.

[825] Mehrere Autoren: Nuclear and engineering ceramics. Proc. Brit. Ceram. Soc. **7** (1967) 459 S.

[826] Mehrere Autoren: Basische Erzeugnisse. Ber. Dtsch. Keram. Ges. **44** (1967) Heft 7.

[827] Anon.: Über ein neues Viskosimeter für die Keramik. Ber. Dtsch. Keram. Ges. **16** (1935) 431—433.

[828] Anon.: Keramische Edelmetalldekoration. Sprechs. **84** (1951) 127—132, 150—153.

[829] Anon.: Mauerwerksausblühungen und -flecken. Ziegelind. **18** (1965) 664—667, 701—704, 757—759, 779—782.

Namenverzeichnis

Sachverzeichnis